Leitfäden der Informatik

Reihen-Herausgaber:
Prof. Dr. Bernd Becker
Prof. Dr. Friedemann Mattern
Prof. Dr. Heinrich Müller
Prof. Dr. Wilhelm Schäfer
Prof. Dr. Dorothea Wagner
Prof. Dr. Ingo Wegener

Die "Leitfäden der Informatik" behandeln

- Themen aus der Theoretischen, Praktischen und Technischen Informatik entsprechend dem aktuellen Stand der Wissenschaft in einer systematischen und fundierten Darstellung des jeweiligen Gebietes.
- Methoden und Ergebnisse der Informatik, ausgearbeitet und dargestellt aus der Sicht der Anwendung in einer für Anwender verständlichen, exakten und präzisen Form.

Die Bände der Reihe wenden sich zum einen als Grundlage und Ergänzung zu Vorlesungen der Informatik an Studierende und Lehrende in Informatik-Studiengängen an Hochschulen, zum anderen an „Praktiker", die sich einen Überblick über die Anwendungen der Informatik (-Methoden) verschaffen wollen; sie dienen aber auch in Wirtschaft, Industrie und Verwaltung tätigen Informatikerinnen und Informatikern zur Fortbildung in praxisrelevanten Fragestellungen ihres Faches.

Sven Oliver Krumke • Hartmut Noltemeier

Graphentheoretische Konzepte und Algorithmen

3. Auflage

 Springer Vieweg

Prof. Dr. Sven Oliver Krumke
Technische Universität Kaiserslautern
Deutschland

Prof. Dr. Hartmut Noltemeier
Universität Würzburg
Deutschland

ISBN 978-3-8348-1849-2
DOI 10.1007/978-3-8348-2264-2

ISBN 978-3-8348-2264-2 (eBook)

Die Deutsche Nationalbibliothek verzeichnet diese Publikation in der Deutschen Nationalbibliografie; detaillierte bibliografische Daten sind im Internet über http://dnb.d-nb.de abrufbar.

Springer Vieweg
© Vieweg+Teubner Verlag | Springer Fachmedien Wiesbaden 2005, 2009, 2012

Einbandentwurf: KünkelLopka GmbH, Heidelberg

Gedruckt auf säurefreiem und chlorfrei gebleichtem Papier

Springer Vieweg ist eine Marke von Springer DE. Springer DE ist Teil der Fachverlagsgruppe Springer Science+Business Media
www.springer-vieweg.de

Vorwort

Graphen und Netzwerke sind wichtige Modellierungs-Werkzeuge in natur-, ingenieur-, wirtschafts- und sozialwissenschaftlichen Problembereichen. Der Entwurf und die Analyse von effizienten Methoden zur Lösung von »Problemen auf Graphen« sind daher Schlüssel zur Lösung vieler praktischer Probleme.

Der Schwerpunkt dieses Buches liegt auf einer Einführung in *graphentheoretische Konzepte und Algorithmen*. Es basiert auf den Vorlesungen »Graphentheoretische Konzepte und Algorithmen« und »Netzwerk-Optimierung«, welche die Autoren in den letzten Jahren an den Universitäten Würzburg und Kaiserslautern gehalten haben, sowie dem Selbststudienkurs »Graphentheoretische Konzepte und Algorithmen« der Virtuellen Hochschule Bayern (VHB). Wir richten uns an Leser, die mathematische Grundkenntnisse besitzen, insbesondere an Informatik- und Mathematik-Studentinnen und -Studenten im Bachelor- und Masterstudium.

Das Buch ist aus einem gleichnamigen Skript hervorgegangen. Ingo Demgensky und Dr. Hans-Christoph Wirth haben hier viele Anregungen und Beiträge geliefert, wofür wir uns bedanken. Wir bedanken uns außerdem bei Dr. Elisabeth Gassner, Stefan Ruzika, Sleman Saliba, Prof. Dr. Martin Skutella, Stephan Westphal und Johannes Hoffart für das sorgfältige Korrekturlesen, zahlreiche Verbesserungsvorschläge und anregende Diskussionen. Alle verbleibenden Fehler sind allein unser Versäumnis.

Kaiserslautern / Würzburg, im April 2005 *Sven O. Krumke, Hartmut Noltemeier*

Vorwort zur zweiten Auflage

Wir bedanken uns bei all denen, die uns auf Fehler in der ersten Auflage aufmerksam gemacht haben. Insbesondere möchten wir Herrn Clemens Thielen danken, der mit Sorgfalt viele Tippfehler und eine Lücke im Beweis von Lemma 6.47 aufgespürt hat.

Kaiserslautern / Würzburg, im Juli 2009 *Sven O. Krumke, Hartmut Noltemeier*

Vorwort zur dritten Auflage

In der dritten Auflage wurden kleinere Fehler korrigiert und Bilder sowie der Index ergänzt. Inhaltlich neu sind der Beweis des Satzes von Vizing sowie ein Kapitel zum wichtigen Konzept der Baumweite.

Wir bedanken uns bei allen, die uns Rückmeldungen zum Buch gegeben haben, insbesondere Matthias Altenhöfer, Sabine Büttner, Martin Busley, Neele Hansen und Dr. Clemens Thielen. Ein herzlicher Dank geht auch an Nico Behrent, ohne dessen Einsatz für die Computertechnik das ganze Projekt kaum möglich gewesen wäre.

Kaiserslautern / Würzburg, im Februar 2012 *Sven O. Krumke, Hartmut Noltemeier*

Inhaltsverzeichnis

1 Einleitung

Graphentheoretische Konzepte und Algorithmen haben in vielen Bereichen des modernen Lebens Anwendungen. Wenn wir heute einen Routenplaner oder das Mobiltelefon benutzen, so stecken in der Mathematik im Hintergrund meist (auch) Graphen und effiziente Verfahren, die graphentheoretische Probleme lösen.

1.1 Routenplanung

Ein Autofahrer befindet sich in der Berliner Innenstadt, die wegen Bauarbeiten zum größten Teil aus Einbahnstraßen besteht. Er möchte gerne einen (schnellsten) Weg zurück nach Hause finden. Das Straßennetz lässt sich in naheliegender Weise als *gerichteter Graph* modellieren: Kreuzungen werden als Ecken, Einbahnstraßen als Pfeile umgesetzt. Die Frage nach einem Weg vom aktuellen Standort a zum Heimatort h wird dann zu einem Wegeproblem im Graphen: Gibt es einen Weg von a nach h? Wie lautet ein kürzester Weg von a nach h?

Es ist offensichtlich, dass bei größeren Straßennetzen das naive Ausprobieren aller Möglichkeiten nicht praktisch durchführbar ist. So enthält das Straßennetz Deutschlands zirka 5 022 028 Kreuzungen und 6 169 904 Straßen [122], und für eine *Brute-Force* Bestimmung eines Wegs von Berlin nach München müsste man etwa 10^{100} Möglichkeiten betrachten (die geschätzte Anzahl der Atome im Universum beträgt etwa 10^{80}). Selbst der schnellste verfügbare Computer benötigte für eine derartige Berechnung mehrere tausend Jahre! Wir erwarten von einem Routenplaner jedoch Antworten im Bereich von Sekunden oder sogar Sekundenbruchteilen.

In Kapitel 7 beschäftigen wir uns mit Verfahren, die effizient die Frage nach der Existenz eines Weges zwischen zwei Endecken beantworten können. Kapitel 8 geht dann intensiv auf Algorithmen für die Berechnung kürzester Wege ein.

Routenplanung als (kürzeste-) Wege-Problem in einem Graphen

1.2 Frequenzplanung im Mobilfunk

Die Verfügbarkeit von Frequenzen im Mobilfunk wird lokal durch nationale Behörden und international durch die *International Telecommunication Union* geregelt. Die Betreiber können einzelne oder mehrere Frequenzbänder nutzen. Das gesamte Frequenzband unterteilt sich normalerweise in eine Menge von *Kanälen*, die alle jeweils die gleiche Bandbreite besitzen. Damit stehen einem Betreiber dann eine Anzahl von Kanälen $F =$

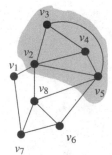

Interferenzgraph bei der
Frequenzplanung

Interferenzgraph

Färbungsproblem

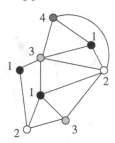

Färbung des
Interferenzgraphen mit vier
Farben

planarer Graph

Vierfarbensatz

chordaler Graph

$\{1, \ldots, f\}$ (oft auch *Frequenzen* genannt) zur Übertragung von Kommunikation zur Verfügung.

Beim gleichzeitigen Senden von zwei verschiedenen Standorten auf dem gleichen Kanal entsteht mitunter *Interferenz*, welche die Qualität des Signals beim Empfänger verschlechtert. Falls die Interferenz, die man üblicherweise durch das Verhältnis von Signal zu Rauschen misst, einen bestimmten Schwellenwert überschreitet, wird das Signal unbrauchbar.

Wir versetzen uns nun in die Situation eines Mobilfunkbetreibers *GT-Minus*, der an acht Standorten $v_1, \ldots, v_8$ Antennen positioniert hat. *GT-Minus* möchte jedem Standort eine Frequenz aus dem ihm verfügbaren Bereich $F = \{1, \ldots, 4\}$ zuweisen, so dass die Interferenz überall unter der Vertretbarkeitsschwelle bleibt.

Wir verbinden zwei Standorte v_i und v_j mit einer Kante, wenn v_i und v_j wegen entstehender Interferenz nicht die gleiche Frequenz zugeteilt bekommen dürfen. Wir erhalten so einen *ungerichteten Graphen*, den *Interferenzgraphen* für die Frequenzplanung. In diesem Graph suchen wir eine Zuweisung von Frequenzen an die Ecken, so dass durch eine Kante verbundene Ecken (»benachbarte Ecken«) verschiedene Frequenzen erhalten.

In der Graphentheorie spricht man hier von einem *Färbungsproblem*: Der Interferenzgraph soll mit vier Farben »gefärbt« werden, so dass benachbarte Ecken unterschiedliche Farben bekommen. In unserem Beispiel existiert eine solche Färbung. In der Tat gehört der gezeigte Interferenzgraph zu der Klasse der *planaren Graphen*, das sind solche Graphen, die man überschneidungsfrei in der Ebene zeichnen kann. Der berühmte Vierfarbensatz besagt, dass jeder solche planare Graph mit vier Farben gefärbt werden kann.

Für den Mobilfunkbetreiber ist es nun interessant zu wissen, ob er möglicherweise mit weniger als vier Frequenzen auskommt: immerhin besitzt im Beispiel nur eine einzige Ecke die Frequenz (Farbe) 4. Kann man also den Interferenzgraphen mit weniger Farben färben? Die Antwort ist »nein«, wie man leicht sieht: Die Ecken v_2, v_3, v_4 und v_5 sind jeweils paarweise miteinander verbunden, sie bilden eine sogenannte *Clique*. Daher muss jede der vier Ecken eine unterschiedliche Farbe erhalten, man benötigt also insgesamt auch mindestens vier Farben.

In Kapitel 4 untersuchen wir Färbbarkeitsfragen für Graphen. Es stellt sich heraus, dass das Färbbarkeitsproblem im allgemeinen ein schwieriges Problem ist. Allerdings können wir für spezielle Graphenklassen, etwa *chordale Graphen*, oder Graphen mit beschränkter Baumweite (Kapitel 14) optimale Färbungen schnell bestimmen. Für andere Graphenklassen wie die bereits erwähnten planaren Graphen lassen sich allgemeine obere Schranken für die maximal notwendige Farbanzahl beweisen (siehe Kapitel 12).

1.3 Museumswärter

In einem Museum möchte man aus Sicherheitsgründen erreichen, dass zu jedem Zeitpunkt die gesamte Ausstellungsfläche bewacht ist. Im idealisierten Fall ist die Ausstellungsfläche ein einfaches Polygon, ein Vieleck ohne Löcher. Zur Bewachung stehen Wärter zur Verfügung, die im Modell punktförmig dargestellt werden; wir nehmen weiter an, dass ein Wärter eine absolute Rundumsicht hat.

Damit ergibt sich folgendes »Bewachungsproblem«: Gegeben sei ein einfaches Polygon mit n Ecken; wie viele Wärterpunkte muss man mindestens im Inneren oder auf dem Rand des Polygons platzieren, so dass jeder Punkt des Polygons mit mindestens einem Wärterpunkt durch eine Strecke verbunden ist, die nicht im Äußeren des Polygons verläuft?

Um diese Frage zu beantworten, kann man folgendermaßen vorgehen: Wir zerlegen das Innere des Polygons in Dreiecke. Anschließend färben wir die Ecken des Polygons mit drei Farben, so dass jedes Dreieck drei verschiedenfarbige Ecken erhält. Es ist übrigens keineswegs von vornherein klar, dass eine solche Färbung überhaupt existiert. Wir werden aber später bei der Betrachtung von planaren und kreisplanaren Graphen auf dieses Problem zurückkommen und in Satz 12.28 auch die Existenz einer solchen Färbung nachweisen. Wenn wir uns für die Farbe entscheiden, mit der am wenigsten Ecken gefärbt sind – ohne Beschränkung der Allgemeinheit sei diese Farbe »weiß« –, dann haben wir höchstens $\lfloor n/3 \rfloor$ weiße Ecken gewählt. Platzieren wir je einen Wärter auf jeder weißen Ecke, dann ist jedes Dreieck und damit das gesamte Polygon bewacht. Also reichen $\lfloor n/3 \rfloor$ Wärter zur Bewachung aus.

1.4 Das Königsberger Brückenproblem

Bei einem alten Kinderspiel soll das »Haus vom Nikolaus« in einem Zug ohne Absetzen des Stifts gezeichnet werden. Man spricht dabei den Satz »Das-ist-das-Haus-vom-Ni-ko-laus«, und zieht bei jeder Silbe einen Strich.

In der Sprache der Graphentheorie besteht das »Haus des Nikolaus« aus fünf Ecken, die durch Kanten verbunden sind. Der Graph ist planar, da die Kanten so gezeichnet werden können, dass sie sich nicht kreuzen. Die Frage, wie man das »Haus des Nikolaus« zeichnet, reduziert sich dann auf die Frage, ob es im Graphen einen Weg gibt, der jede Kante genau einmal durchläuft.

Mit einem ähnlichen Problem, dem *Königsberger Brückenproblem*, beginnt die dokumentierte Geschichte der Graphentheorie im Jahr 1736 [60]. Bild 1.1 zeigt einen skizzierten Stadtplan der Stadt Königsberg im 18. Jahrhundert (die Abbildung ist Leonhard Eulers Arbeit [60] entnommen). Die beiden Arme des Flusses Pregel umfließen eine Insel, den Kneiphof. Es gibt insgesamt sieben Brücken über den Fluss. Das Brückenproblem bestand darin zu entscheiden, ob es einen Rundweg durch Königsberg gibt,

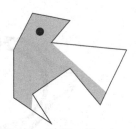

Polygonaler Grundriss eines Museums ($n = 10$). Die schattierte Fläche kann vom Wärter eingesehen werden.

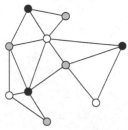

Triangulierung und Färbung. Wenn auf den drei weiß gefärbten Ecken je ein Wärter platziert wird, ist das gesamte Polygon bewacht.

»Haus vom Nikolaus«

Graph für das Nikolaus-Spiel

Planare Einbettung des Nikolaus-Graphen

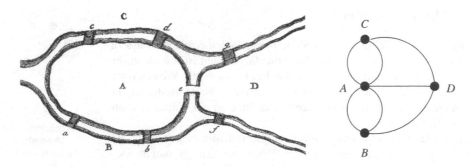

Bild 1.1: Skizzierter Stadtplan von Königsberg und zugehöriger Graph.

Königsberg im
18. Jahrhundert

Eulerscher Kreis

der jede der Brücken genau einmal überquert.

Euler erkannte, dass man von der genauen Form der Ufer und Brücken abstrahieren kann. Man stellt die einzelnen Ufer durch Punkte (Ecken) dar, die durch Linien (Kanten) verbunden sind, die die einzelnen Brücken repräsentieren. Dabei erhält man den ebenfalls in Bild 1.1 gezeichneten *Graphen*. Das Problem reduziert sich nun darauf zu entscheiden, ob es in diesem Graphen einen Rundweg (Kreis) gibt, der jede Kante genau einmal durchläuft. Ein solcher Kreis wird in Referenz auf die Arbeit Eulers in der Graphentheorie auch als *Eulerscher Kreis* bezeichnet.

Euler fand nicht nur heraus, dass für das Königsberger Problem kein Eulerscher Kreis existiert (dies ist in der Tat leicht zu zeigen, wie wir gleich sehen werden), sondern er bewies ein notwendiges und hinreichendes Kriterium für die Existenz eines solchen Kreises in allgemeinen Graphen.

Betrachten wir die Situation in Königsberg bzw. im ungerichteten Graphen aus Bild 1.1 genauer und denken wir kurz darüber nach, warum hier kein Eulerscher Kreis existiert. Dazu starten wir eine gedachte Rundtour im Punkt C des Graphen. Wir verlassen C über eine der drei einmündenden Kanten. Wenn wir das erste mal wieder nach C zurückkehren (und dies müssen wir, da wir einen Rundweg suchen), haben wir zu diesem Zeitpunkt zwei der drei in C einmündenden Brücken überquert. Wenn wir nun C wieder verlassen, besteht keine Möglichkeit mehr, zu C zurückzukehren, ohne eine Brücke mindestens zweimal durchlaufen zu haben.

Das Problem bei der Erstellung eines Rundweges, der alle Brücken genau einmal durchläuft, besteht offenbar darin, dass im Punkt C (und in allen anderen Ecken des Graphen) eine ungerade Anzahl von Kanten mündet. Es folgt nun leicht, dass in einem Graphen höchstens dann ein Eulerscher Kreis, d.h. ein Kreis, der jede Kante eines Graphen genau einmal durchläuft, existiert, wenn in jeder Ecke eine gerade Anzahl von (ungerichteten) Kanten mündet.

Euler war darüberhinaus in der Lage zu zeigen, dass die obige Bedingung nicht nur notwendig sondern auch hinreichend für die Existenz eines Eulerschen Kreises ist. Den berühmten Satz von Euler werden wir in Kapitel 3 vorstellen und beweisen.

1.5 Schiebepuzzle

Wir betrachten ein quadratisches Brett mit 9 gleich großen Feldern, auf dem acht (Puzzle-) Teilchen mit den Marken $1,2,\ldots,8$ abgelegt sind. Ein Feld (»Loch«) ist dabei unbelegt. Ziel ist es allein durch Verschieben einzelner Teilchen eine gewünscht »Ziel-Konfiguration« zu erreichen, z.B. die zyklische Sortierfolge in nebenstehender Abbildung.

3	7	6
	1	4
8	5	2

Start-Konfiguration Z_S

Verschieben darf man dabei jeweils nur ein Teilchen, das horizontaler oder vertikaler Nachbar des Loches ist: dieses Teilchen und das Loch werden vertauscht. Gibt es eine endliche Folge von legitimen Verschiebe-Operationen (»Züge«), so dass die Start-Konfiguration in die gewünschte Ziel-Konfiguration überführt werden kann? Wie viele Züge sind gegebenenfalls mindestens notwendig?

Zur Klärung dieser Fragen ist etwa folgende Modellierung nützlich. Wir repräsentieren alle denkbaren Konfigurationen durch Zustände z einer Zustandsmenge Z und jede (legitime) Verschiebe-Operation durch einen Pfeil von ihrem »Ausgangs« -Zustand zu ihrem »Folge«-Zustand. Da offenbar alle Züge reversibel sind, bietet sich an, zwei zueinander entgegengerichtete (»inverse«) Pfeile durch eine (ungerichtete) Kante zu ersetzen. Man erkennt unmittelbar: jeder Zustand erlaubt mindestens 2, höchstens 4 Züge. Aber: die Anzahl aller Zustände ist »riesig«, genauer: $|Z| = 9! = 362880$.

1	2	3
8		4
7	6	5

Ziel-Konfiguration Z_F

Daher ist die entscheidende Frage: gibt es einen »Weg« (Folge von Zügen) von dem Startzustand Z_S zum Zielzustand Z_F? Dies ist offenbar nicht ganz leicht zu beantworten. Insbesondere ist es - falls die Antwort »Ja« lautet - nicht unmittelbar klar, wie wir einen »kürzesten« Weg (Folge von Zügen mit minimaler Anzahl) bestimmen können. Zusätzliche Informationen könnten dabei vielleicht von Nutzen sein; z.B. ist die Anzahl der Fehlstellungen (Zahl der Teilchen, die bei einem aktuellen Zustand nicht auf ihrem »Ziel«-Feld stehen) eine untere Schranke für die notwendige Anzahl an restlichen Zügen (warum?).

Die Existenz von Wegen zu entscheiden, ggf. kürzeste Wege zu bestimmen und Schätzungen des Restaufwandes evtl. nützlich einzusetzen, dies alles wollen wir in Kapitel 3 und 8 aufgreifen und systematisch klären.

1.6 Konzept des Buchs

Das Ziel dieses Buches ist es, eine Einführung in graphentheoretische Konzepte und Algorithmen zu geben. Wir haben uns bemüht, dieses Buch so zu gestalten, dass nur minimale mathematische Vorkenntnisse für das Verständnis des Stoffes notwendig sind. Wir haben bewusst auf das (sehr hilfreiche Konzept) der Linearen Programmierung verzichtet, um die »Einstiegshürde« niedrig zu halten. Zahlreiche Randbilder sollen die Darstellung illustrieren. Die Idee war es dabei, der Leserin und dem Leser gerade die Skizzen zur Hand zu geben, die er sich sonst »mal eben schnell« selbst entwerfen muss, um einen Begriff oder einen Beweis zu verstehen.

Am Ende jedes Kapitels finden sich Übungsaufgaben zur Wiederholung der Begriffe und Konzepte des jeweiligen Kapitels sowie zur Vertiefung des Stoffs. Wir stellen die Lösungen zu den Aufgaben im Anhang vor, um der Leserin und dem Leser eine Selbstkontrolle zu ermöglichen. Wir ermutigen, sich mit den Übungsaufgaben zu beschäftigen.

Das Buch kann man unserer Erfahrung nach unter anderem wie folgt für die Lehre nutzen:

- Für einen vierstündigen Modul über die Grundlagen von graphentheoretischen Konzepten und Algorithmen:

  Kapitel 2 und 3, Kapitel 4 (ohne Abschnitt 4.4), Kapitel 5, Kapitel 6 (ohne Abschnitt 6.8), Kapitel 7 (ohne Abschnitt 7.5), Kapitel 8 , Kapitel 9 (ohne Abschnitt 9.12), Kapitel 12 und Kapitel 13 (ohne Abschnitte 13.5, 13.6)

- Für einen weiterführenden vierstündigen Modul über Netzwerk-Optimierung, wenn bereits grundlegende Vorkenntnisse aus der Graphentheorie vorhanden sind:

  Kapitel 3 (als kurze Wiederholung), Kapitel 6, Kapitel 8, Kapitel 9, Kapitel 10, Kapitel 11

- Für einen zweistündigen Modul über Graphen und Algorithmen, wenn ebenfalls Vorkenntnisse aus der Graphentheorie vorhanden sind:

  Kapitel 4, Kapitel 5, Kapitel 7, Kapitel 12, Kapitel 13 und Kapitel 14

- Für eine Lehrveranstaltung zur Standortplanung und Logistik:

  Teile aus Kapitel 4 (insbesondere Abschnitt 4.8), Kapitel 6 (ohne Abschnitte 6.7 und 6.6), Kapitel 8 (Abschnitte 8.1 bis 8.4), Kapitel 9 (Abschnitte 9.1 bis 9.4 und 9.10 bis 9.11), Abschnitt 10.7, Kapitel 11.

1.7   Ergänzungsmaterial und Webseite zum Buch

Wie jedes Buch enthält auch dieses unweigerlich Fehler. Wir werden Korrekturen auf den beiden Webseiten

```
http://www-info1.informatik.uni-wuerzburg.de/GKA
    http://www.mathematik.uni-kl.de/~krumke/GKA
```

zur Verfügung stellen. Für Mitteilungen über Fehler sowie Anregungen sind wir jederzeit dankbar.

Auf der oben genannten Webseite bieten wir auch Ergänzungsmaterial, unter anderem zum A^*-Algorithmus, *maximum cardinality search* und zur Modellierung kooperativer Prozesse (Petri-Netze) an. Darüberhinaus sind für wichtige Algorithmen Java-Applets verfügbar.

2 Grundbegriffe

2.1 Gerichtete Graphen

Definition 2.1: **Gerichteter Graph**

Ein *gerichteter Graph* (kurz *Graph*) ist ein Quadrupel $G = (V, R, \alpha, \omega)$ mit folgenden Eigenschaften:

(i) V ist eine nicht leere Menge, die *Eckenmenge* des Graphen.

(ii) R ist eine Menge, die *Pfeilmenge* des Graphen.

(iii) Es gilt $V \cap R = \emptyset$.

(iv) $\alpha \colon R \to V$ und $\omega \colon R \to V$ sind Abbildungen ($\alpha(r)$ ist die *Anfangsecke*, $\omega(r)$ die *Endecke* des Pfeils r).

Der Graph G heißt *endlich*, wenn sowohl die Eckenmenge V als auch die Pfeilmenge R endlich sind.

Wenn G ein Graph ist, so referenzieren wir seine Eckenmenge auch mit $V(G)$ und seine Pfeilmenge mit $R(G)$. Zur Verkürzung der Schreibweise bezeichnen wir mit $n := |V(G)|$ die Anzahl der Ecken und $m := |R(G)|$ die Zahl der Pfeile eines Graphen G, soweit keine Verwechslungen möglich sind.

Bild 2.1 zeigt den endlichen Graphen $G = (V, R, \alpha, \omega)$ mit Eckenmenge $V = \{v_1, \ldots, v_5\}$ und Pfeilmenge $R = \{r_1, \ldots, r_6\}$, sowie α und ω gemäß der Tabelle. Ein Beispiel für einen unendlichen Graphen ist in Bild 2.2 zu sehen. Der dort dargestellte Graph $G' = (V', R', \alpha', \omega')$ besitzt als Eckenmenge die Menge $\mathbb{N} = \{0, 1, 2, \ldots\}$ der natürlichen Zahlen, also $V' := \mathbb{N}$ und als Pfeilmenge die Menge $R' = \{(i, i+1) : i \in \mathbb{N}\}$. Ferner ist $\alpha'((i, i+1)) = i$ und $\omega'((i, i+1)) = i+1$.

In diesem Buch setzen wir alle Graphen als endlich voraus, es sei denn, sie sind explizit als unendliche Graphen gekennzeichnet.

Definition 2.2: **Schlinge, parallele/inverse Pfeile, einfacher Graph**

Sei $G = (V, R, \alpha, \omega)$ ein Graph. Ein Pfeil $r \in R$ heißt *Schlinge*, wenn[1] $\alpha(r) = \omega(r)$. Der Graph G heißt *schlingenfrei*, wenn er keine Schlingen enthält.

Zwei Pfeile $r, r' \in R$, $r \neq r'$ heißen *parallel*, wenn $\alpha(r) = \alpha(r')$ sowie $\omega(r) = \omega(r')$. Die Pfeile r und r' heißen *invers* oder *antiparallel*, wenn

---

[1] Der Leser möge bei dieser Kurzschreibweise das Zeichen = stets als »gleich... ist« bzw. »ist gleich« lesen.

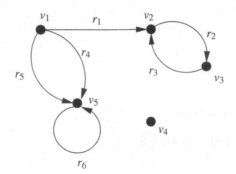

Bild 2.1: Ein gerichteter Graph

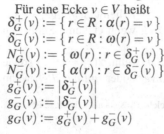

Bild 2.2: Ein unendlicher Graph $G' = (V', R', \alpha', \omega')$ mit Eckenmenge $V' = \{0,1,2,\dots\}$ und Pfeilmenge $R' = \{(i, i+1) : i \in \mathbb{N}\}$.

$\alpha(r) = \omega(r')$ sowie $\omega(r) = \alpha(r')$.

einfacher Graph

Eine Schlinge an v

Der Graph G heißt *einfach*, wenn er keine Schlingen und keine Parallelen enthält. In diesem Fall ist jeder Pfeil $r \in R$ eindeutig durch das Paar $(\alpha(r), \omega(r))$ charakterisiert. Man schreibt dann auch kürzer $G = (V, R)$ für den gerichteten Graphen G, wobei $R \subseteq V \times V$.

Der Graph aus Bild 2.1 ist kein einfacher Graph. Der Pfeil r_6 ist eine Schlinge an der Ecke v_5, die Pfeile r_4 und r_5 sind parallel. Hier sind r_2 und r_3 zueinander inverse Pfeile. Der unendliche Graph G' aus Bild 2.2 ist hingegen einfach.

Definition 2.3:   Inzidenz, Adjazenz, Grad, Maximalgrad

inzident

Sei $G = (V, R, \alpha, \omega)$ ein Graph. Eine Ecke v und ein Pfeil r heißen *inzident*, wenn v entweder Anfangs- oder Endecke von r ist, also $v \in \{\alpha(r), \omega(r)\}$ gilt. Zwei Pfeile r und r' heißen *inzident*, wenn es eine Ecke v gibt, die mit r und r' inzidiert. Zwei Ecken u und v heißen *adjazent* oder *benachbart*,

adjazent/benachbart

wenn es einen Pfeil $r \in R$ gibt, der zu u und v inzident ist.

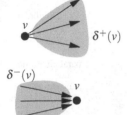

Für eine Ecke $v \in V$ heißt

$\delta_G^+(v) := \{r \in R : \alpha(r) = v\}$ das *von v ausgehende Pfeilbüschel*,

$\delta_G^-(v) := \{r \in R : \omega(r) = v\}$ das *in v mündende Pfeilbüschel*,

$N_G^+(v) := \{\omega(r) : r \in \delta_G^+(v)\}$ die *Nachfolgermenge von v*,

$N_G^-(v) := \{\alpha(r) : r \in \delta_G^-(v)\}$ die *Vorgängermenge von v*,

$g_G^+(v) := |\delta_G^+(v)|$ der *Außengrad von v*,

$g_G^-(v) := |\delta_G^-(v)|$ der *Innengrad von v*,

$g_G(v) := g_G^+(v) + g_G^-(v)$ der *Grad von v*.

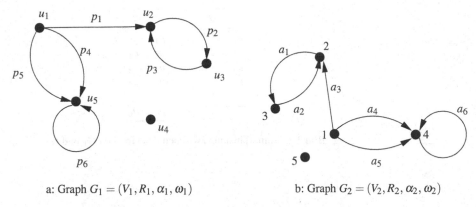

| a: Graph $G_1 = (V_1, R_1, \alpha_1, \omega_1)$ | b: Graph $G_2 = (V_2, R_2, \alpha_2, \omega_2)$ |

Bild 2.3: Zwei isomorphe Graphen G_1 und G_2.

Letztlich bezeichnen wir mit $\Delta(G) := \max\{g_G(v) : v \in V\}$ noch den *Maximalgrad* und mit $\delta(g) := \min\{g_G(v) : v \in V\}$ den *Minimalgrad* von G.

$\Delta(G), \delta(G)$

Normalerweise verzichten wir auf die explizite Nennung von G und schreiben einfach $\delta^+(v)$, $\delta^-(v)$, $N^+(v)$, etc., sofern der Graph G aus dem Kontext klar ist. Man beachte, dass eine Schlinge an einer Ecke v sowohl zum Außengrad als auch zum Innengrad von v beiträgt. So gilt für die Ecke v_5 in Bild 2.1: $g^+(v_5) = 1$, $g^-(v_5) = 3$ und $g(v_5) = 4$.

$G = (V, R, \alpha, \omega)$

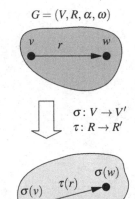

$\sigma : V \to V'$
$\tau : R \to R'$

Ein Graph beschreibt Adjazenz- bzw. Inzidenzbeziehungen zwischen den Ecken und Pfeilen. Die »Namen« der Ecken und Pfeile sind dabei offenbar sekundär. Wenn man beispielsweise die zwei Graphen in Bild 2.3 mit dem Graphen aus Bild 2.1 vergleicht, so erkennt man, dass es sich eigentlich drei mal um das gleiche abstrakte Objekt – nur mit anderen Namen für die Ecken und Pfeile – handelt. Dies lässt sich durch den Begriff der *Isomorphie* von Graphen präzisieren: Wir nennen zwei Graphen $G = (V, R, \alpha, \omega)$ und $G' = (V', R', \alpha', \omega')$ *isomorph*, wenn es bijektive Abbildungen zwischen den Eckenmengen von G und G' und zwischen den Pfeilmengen von G und G' gibt, die in G inzidente bzw. adjazente Objekte auf solche in G' abbilden (Invarianz der Adjazenz und Inzidenz). Die folgende Definition beschreibt dies exakt:

$G' = (V', R', \alpha', \omega')$
Isomorphismus von G auf G'

Definition 2.4: (Graphen-) Isomorphie

isomorph

Zwei Graphen $G = (V, R, \alpha, \omega)$ und $G' = (V', R', \alpha', \omega')$ heißen *isomorph*, in Zeichen $G \cong G'$, wenn es zwei bijektive Abbildungen $\sigma : V \to V'$ und $\tau : R \to R'$ mit folgenden Eigenschaften gibt. Für jedes $r \in R$ gilt:

(i) $\alpha'(\tau(r)) = \sigma(\alpha(r))$

(ii) $\omega'(\tau(r)) = \sigma(\omega(r))$.

Die Bedingung (i) in obiger Definition besagt, dass ein Pfeil r von G mit Anfangsecke $v = \alpha(r)$ auf einen Pfeil $r' = \tau(r)$ abgebildet wird, der $\sigma(v)$

	σ		τ
u_1	1	p_1	a_3
u_2	2	p_2	a_1
u_3	3	p_3	a_2
u_4	5	p_4	a_4
u_5	4	p_5	a_5
		p_6	a_6

Bild 2.4: Isomorphismus zwischen den Graphen G_1 und G_2

als Anfangsecke besitzt. Die Bedingung (ii) ist die analoge Forderung für die Endecke $w = \omega(r)$. Es gilt also $\alpha(r') = \sigma(v)$ und $\omega(r') = \sigma(w)$.

Die Isomorphie zwischen G aus Bild 2.1 und G_1 aus Bild 2.3 (a) ist offensichtlich: Wir setzen einfach $\sigma(v_i) = u_i$ für $i = 1, \dots, 5$ und $\tau(r_j) = p_j$ für $j = 1, \dots, 6$. Für die Graphen G_1 und G_2 aus Abbildung 2.3 liefern die Tabellen in Bild 2.4 einen Isomorphismus. In Kapitel 13 werden wir uns eingehender mit der Isomorphie beschäftigen.

Sei $G = (V, R, \alpha, \omega)$ ein Graph mit endlicher Pfeilmenge, $|R| < +\infty$. Dann gilt

$$\sum_{v \in V} g^+(v) = \sum_{v \in V} g^-(v) = |R|. \tag{2.1}$$

Insbesondere ist also die Summe der Eckengrade gerade:

$$\sum_{v \in V} g(v) = 2|R|. \tag{2.2}$$

Aus dieser einfachen Beobachtung ergibt sich das folgende nützliche Lemma:

Lemma 2.5:
Sei $G = (V, R, \alpha, \omega)$ ein endlicher Graph. Die Anzahl der Ecken in G mit ungeradem Grad ist gerade.

Beweis:
Sei $U \subseteq V$ die Menge der Ecken in G mit ungeradem Grad. Dann gilt

$$\underbrace{2|R|}_{\text{gerade}} = \sum_{v \in V} g(v) = \underbrace{\sum_{v \in V \setminus U} g(v)}_{\text{gerade}} + \underbrace{\sum_{v \in U} (g(v) - 1)}_{\text{gerade}} + |U|.$$

also muss $|U|$ als Differenz von geraden Zahlen gerade sein.   ∎

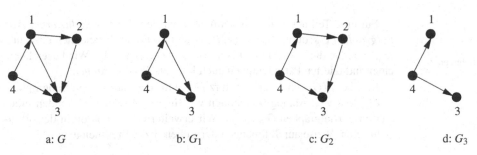

a: G b: G_1 c: G_2 d: G_3

Bild 2.5: Ein Graph G und drei Teilgraphen G_1, G_2 und G_3

2.2   Teilgraphen und Obergraphen

Definition 2.6:   **Teilgraph, Obergraph**

Ein Graph $G' = (V', R', \alpha', \omega')$ heißt *Teilgraph* von $G = (V, R, \alpha, \omega)$ (in   Teilgraph
Zeichen: $G' \sqsubseteq G$), wenn

(i) $V' \subseteq V$ und $R' \subseteq R$ sowie

(ii) Die Einschränkungen von α und ω auf V' und R' stimmen mit α' bzw.
   ω' überein: $\alpha|_{R'} = \alpha'$ und $\omega|_{R'} = \omega'$.

Der Graph G heißt dann *Obergraph* von G'. Falls $V' \subset V$ oder $R' \subset R$, so   Obergraph
ist G' ein *echter Teilgraph* von G und G ein *echter Obergraph* von G'. Wir   echter Teilgraph
schreiben dann $G' \sqsubset G$.

                                                               $G' \sqsubset G$

Bild 2.5 zeigt einen Graphen G und drei Teilgraphen. Es ist leicht zu sehen,
dass die Teilgraphrelation »$\sqsubseteq$« reflexiv, antisymmetrisch und transitiv ist,
d.h. sie erfüllt folgende drei Bedingungen:

1. $G \sqsubseteq G$ (Reflexivität)

2. Falls $G \sqsubseteq G'$ und $G' \sqsubseteq G$, so gilt $G = G'$.   (Antisymmetrie)

3. Falls $G \sqsubseteq G'$ und $G' \sqsubseteq G''$, so gilt auch $G \sqsubseteq G''$ (Transitivität).

Oft ist es nützlich, für besondere Teilgraphentypen eine eigene Bezeichnung zu haben. So entsteht in Bild 2.5 der Teilgraph G_1 aus G, indem wir
die Eckenmenge $V(G_1)$ und alle Pfeile aus $R(G)$ mit Anfangs- und Endecken in $V(G_1)$ nehmen. Der Teilgraph G_1 wird also durch die Eckenmenge $V(G_1) \subseteq V(G)$ *induziert*. Alternativ entsteht G_1 auch dadurch, dass wir
alle Ecken aus $V(G) \setminus V(G_1)$ aus dem Graphen G entfernen, wobei wir ebenfalls alle Pfeile eliminieren, die mit Ecken aus $V(G) \setminus V(G_1)$ inzidieren.

Definition 2.7:   **Induzierter Subgraph/Partialgraph**

Sei G ein Graph. Für eine Menge $V' \subseteq V(G)$ ist der *induzierte Subgraph*   induzierter Subgraph
$G[V']$ definiert als der Teilgraph G' von G mit Eckenmenge $V(G') := V'$ und
Pfeilmenge $\{\, r \in R : \alpha(r) \in V'$ und $\omega(r) \in V' \,\}$. Der Teilgraph H von G $G[V']$
heißt kurz *Subgraph*, wenn H durch eine Eckenmenge induziert wird.   Subgraph

$G_{R'}$

induzierter Partialgraph

Partialgraph

$G - v$

$G - r$

Für eine Teilmenge $R' \subseteq R$ definieren wir den *durch R' induzierten Partialgraphen* $G_{R'}$ durch $G_{R'} := (V, R', \alpha|_{R'}, \omega|_{R'})$. Hier bezeichnen $\alpha|_{R'}$ und $\omega|_{R'}$ wieder die Einschränkungen von α bzw. ω auf R'. Wir bezeichnen einen induzierten Partialgraphen auch kurz als *Partialgraphen*.

Für $v \in V(G)$ schreiben wir kurz $G - v$ für den induzierten Subgraphen $G[V(G) \setminus \{v\}]$. Analog bezeichnen wir für $r \in R(G)$ mit $G - r$ den induzierten Partialgraphen $G_{R(G) \setminus \{r\}}$. Wir erweitern die Notation in der offensichtlichen Weise auf Teilmengen der Ecken- bzw. Pfeilmenge.

Wie wir bereits gesehen haben, ist in Bild 2.5 der Graph $G_1 = G[\{1,3,4\}]$ ein induzierter Subgraph von G. Der Graph G_2 ist ein Partialgraph, der durch die Pfeilmenge $R_2 = \{(1,2), (2,3), (4,3), (4,1)\}$ induziert wird. Dagegen ist G_3 zwar ein Teilgraph von G, aber weder ein Subgraph noch ein Partialgraph.

2.3   Ungerichtete Graphen, symmetrische Hülle und Orientierungen

In manchen Anwendungen spielt die Orientierung der Pfeile im Graphen keine Rolle. So ist es etwa bei der Frequenzplanung in Abschnitt 1.2 oder beim Museumswärterproblem in Abschnitt 1.3 nur wichtig, ob zwei Ecken adjazent sind oder nicht.

Definition 2.8:   **Ungerichteter Graph**

ungerichteter Graph

Ein *ungerichteter Graph* ist ein Tripel $G = (V, E, \gamma)$ aus einer nichtleeren Menge V, einer Menge E mit $V \cap E = \emptyset$ und einer Abbildung

$$\gamma: E \to \{X : X \subseteq V \text{ mit } 1 \leq |X| \leq 2\},$$

Kante

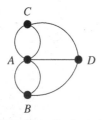

die jeder *Kante* ihre *Endecken* $\gamma(e) \in V$ zuordnet. Die Elemente von V heißen wieder *Ecken* von G, die Elemente von E heißen *Kanten*. Für eine Kante e heißen die Elemente von $\gamma(e)$ die *Endpunkte* von e.

Begriffe wie Inzidenz, Adjazenz, Grad, Teilgraph, Obergraph etc. sind analog zu den gerichteten Graphen erklärt. Im ungerichteten Graphen aus dem Königsberger Brückenproblem sind etwa die Ecken A und B adjazent, sie sind durch zwei parallele Kanten verbunden. Jede Ecke in diesem Graphen hat einen ungeraden Grad.

Ungerichteter Graph aus dem Königsberger Brückenproblem

Schlinge

regulärer Graph

Falls für eine Kante e in einem ungerichteten Graphen $G = (V, E, \gamma)$ die Menge $\gamma(e)$ einelementig ist, also $\gamma(e) = \{v\}$ gilt, so wird e analog zum gerichteten Fall als *Schlinge* an v bezeichnet, sie trägt –wie im gerichteten Fall– mit der Zahl 2 zum Grad der Ecke v bei. Ist $\Delta \in \mathbb{N}$ und $g(v) = \Delta$ für alle $v \in V$, so heißt G *regulär* vom Grad Δ, kurz Δ-*regulär*. Wir verwenden die folgenden Notationen für ungerichtete Graphen:

$$\delta(v) := \{\, e \in E : v \in \gamma(e)\,\} \qquad \text{die } \textit{zu } v \textit{ inzidenten Kanten,}$$

$$N_G(v) := \Big\{\, u \in V : \begin{array}{l}\gamma(e) = \{u,v\} \\ \text{für ein } e \in E\end{array} \,\Big\} \qquad \text{die } \textit{zu } v \textit{ adjazenten Ecken oder Nachbarn von } v,$$

$$g_G(v) := \sum_{e \in E : v \in \gamma(e)} (3 - |\gamma(e)|) \qquad \text{der } \textit{Grad von } v$$

$$\Delta(G) := \max\{\, g_G(v) : v \in V \,\} \qquad \text{der } \textit{maximale Grad von } G$$

Wie im gerichteten Fall lassen wir die Referenz auf den Graphen G fort, wenn keine Missverständnisse auftreten können.

Der ungerichtete Graph G heißt *einfach*, wenn er keine Schlingen und Parallelen enthält. Für einfache Graphen, allgemeiner für ungerichtete Graphen ohne Parallelen, kann man jede Kante $e \in E$ als eine höchstens zweielementige Menge $e = \{u, v\} \subseteq V$ auffassen. Wir schreiben dann auch $e = [u, v]$ und $G = (V, E)$ für den ungerichteten Graphen G. Eine Schlinge wird dann mit $[u, u]$ bezeichnet.

Es gilt nun das folgende Analogon zu Lemma 2.5:

einfacher Graph

$[u, u]$

Lemma 2.9:
Sei $G = (V, E, \gamma)$ ein endlicher ungerichteter Graph. Die Anzahl der Ecken in G mit ungeradem Grad ist gerade.

Beweis:
Es gilt $\sum_{v \in V} g(v) = 2|E|$, da in dieser Summation jede ungerichtete Kante genau zweimal gezählt wird. Sei wieder $U \subseteq V$ die Menge der Ecken mit ungeradem Grad. Es folgt wieder wie im Beweis von Lemma 2.5

$$\sum_{v \in U} g(v) = 2|E| - \sum_{v \in V \setminus U} g(v),$$

und da die rechte Seite der Gleichung gerade ist, muss die Anzahl der ungerade Summanden auf der linken Seite ebenfalls gerade sein.   ∎

Analog zu den gerichteten Graphen können wir die *Isomorphie* von zwei ungerichteten Graphen definieren. Zwei ungerichtete Graphen $G = (V, E, \gamma)$ und $G' = (V', E', \gamma')$ sind isomorph, wenn bijektive Abbildungen $\sigma \colon V \to V'$ und $\tau \colon E \to E'$ existieren, die Adjazenzen und Inzidenzen invariant lassen, wenn also

$$\gamma'(\tau(e)) = \sigma(\gamma(e))$$

für alle Kanten $e \in E$ gilt, wobei hier $\sigma(\{\, u, v\,\}) := \{\, \sigma(u), \sigma(v)\,\}$ bezeichnet. Falls also $\gamma(e) = \{v, w\}$ gilt, so haben wir $\gamma'(e') = \{\, \sigma(v), \sigma(w)\,\}$ für die Bildkante $e' = \tau(e)$. Insbesondere werden also Schlingen in G auf Schlingen in G' abgebildet.

Zur Eckenmenge $V = \{1, \dots, n\}$ heißt der einfache Graph $G = (V, E_n)$ mit $E_n = \{\, [i, j] : i, j \in V, i \neq j\,\}$ der *vollständige Graph der Ordnung n*. Er

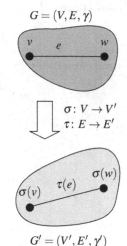

$G = (V, E, \gamma)$

$\sigma \colon V \to V'$
$\tau \colon E \to E'$

$G' = (V', E', \gamma')$

Isomorphismus von G auf G'

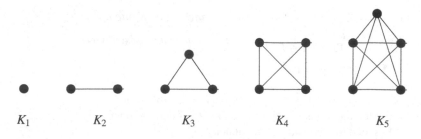

$$K_1 \qquad\qquad K_2 \qquad\qquad K_3 \qquad\qquad K_4 \qquad\qquad K_5$$

Bild 2.6: Vollständiger Graph K_n für $n = 1, \ldots, 5$

wird üblicherweise mit K_n bezeichnet. Bild 2.6 zeigt den Graphen K_n für $n = 1, \ldots, 5$.

Manchmal ist es nützlich, in einem gerichteten Graphen die Pfeilrichtungen umzukehren bzw. zu ignorieren. Dies führt zum *inversen Graphen* und zur *symmetrischen Hülle*:

Definition 2.10:   Inverser Graph, Symmetrische Hülle

Sei $G = (V, R, \alpha, \omega)$ ein gerichteter Graph. Zu $r \in R$ definieren wir den zu r *inversen Pfeil r^{-1}* als einen neuen Pfeil, der durch

inverser Pfeil r^{-1}

$$\alpha(r^{-1}) := \omega(r) \quad \text{und} \quad \omega(r^{-1}) := \alpha(r)$$

festgelegt ist.[2] Wir setzen

R^{-1}

$$R^{-1} := \left\{\, r^{-1} : r \in R \,\right\}$$

inverser Graph G^{-1}

mit $R \cap R^{-1} = \emptyset$ und definieren damit den zu G *inversen Graphen* durch

$$G^{-1} = (V, R^{-1}, \alpha, \omega).$$

symmetrische Hülle G^{sym}

Die *symmetrische Hülle* von G ist dann der Graph

$$G^{\mathrm{sym}} = (V, R \cup R^{-1}, \alpha, \omega).$$

Die *einfache symmetrische Hülle* entsteht aus der symmetrischen Hülle durch Entfernen von Schlingen und von Parallelen – letztere bis auf jeweils einen Repräsentanten.

Bild 2.7 zeigt einen Graphen G, den zugehörigen inversen Graphen, die symmetrische Hülle G^{sym}, sowie die einfache symmetrische Hülle.

Ein gerichteter Graph heißt *symmetrisch*, wenn er identisch mit seiner einfachen symmetrischen Hülle ist (er enthält also zu jedem Pfeil auch den inversen).

---

2 Einfachheitshalber benutzen wir den gleichen Buchstaben für die vorgegebene Abbildung α (bzw. ω) und die erweiterte Abbildung (»Fortsetzung«)

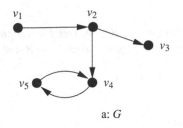

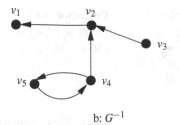

a: G

b: G^{-1}

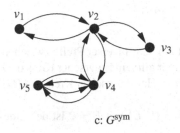

c: G^{sym}

d: einfache symmetrische Hülle

Bild 2.7: Ein gerichteter Graph G, der inverse Graph G^{-1}, die symmetrische Hülle G^{sym} und die einfache symmetrische Hülle.

Die symmetrische Hülle erzeugt aus einem gerichten Graphen einen echten Obergraphen, bei dem die Orientierungen der Pfeile quasi sekundär sind, da der entstehende Graph symmetrisch ist. In ähnlicher Weise können wir auch jedem gerichteten Graphen einen ungerichteten Graphen mit gleicher Eckenmenge zuordnen.

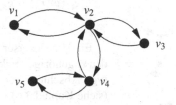

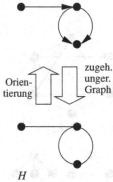

Orientierung G und zugeordneter ungerichteter Graph H

Definition 2.11:   Zugeordneter ungerichteter Graph, Orientierung

Sei $G = (V, R, \alpha, \omega)$ ein gerichteter Graph und der ungerichtete Graph $H = (V, E, \gamma)$ definiert durch:

$$E := R \text{ und } \gamma(e) := \{\, \alpha(e), \omega(e) \,\} \text{ für } e \in E.$$

Der Graph H heißt dann der zu G zugeordnete ungerichtete Graph. Umgekehrt nennen wir G dann eine *Orientierung* von H.

2.4   Linegraphen

Als gelegentlich vorteilhafte Modellierungsvariante erweist sich der Linegraph, bei dem ein Rollentausch von Pfeilen (Kanten) und Ecken stattfindet.

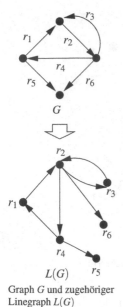

G

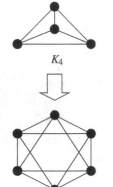

$L(G)$

Graph G und zugehöriger
Linegraph $L(G)$

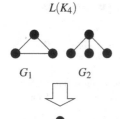

K_4

$L(K_4)$

G_1 G_2

$L(G_1) = L(G_2)$

Zwei nicht-isomorphe
Graphen mit gleichem
Linegraphen

Definition 2.12:   **Linegraph**

Sei $G = (V, R)$ ein einfacher endlicher Graph mit $R \neq \emptyset$. Der *Linegraph*
$L(G) = (V_L, R_L)$ ist ein einfacher Graph mit den Eigenschaften $V_L = R$ und

$$R_L = \{ (r, r') : r = (u, v) \in R \text{ und } r' = (v, w) \in R \} .$$

Für die Grade gilt offenbar (in G bzw. $L(G)$):

$$g_G^+(\omega(r)) = g_{L(G)}^+(r) \text{ und } g_G^-(\alpha(r)) = g_{L(G)}^-(r).$$

Ein Paar inverser Pfeile in G induziert ein Paar inverser Pfeile zwischen
den zugehörigen Ecken in $L(G)$. Allgemeiner gilt: ein Eulerscher Kreis in G
(vgl. Abschnitte 1.4 und 3.5) induziert einen Hamiltonschen Kreis in $L(G)$
(siehe Kapitel 3.6).

Für ungerichtete einfache Graphen $H = (V, E)$ mit $E \neq \emptyset$ ist der Linegraph $L(H) = (V_L, E_L)$ analog definiert:

$$V_L := E \text{ und } E_L := \{ [e, e'] : e \text{ und } e' \text{ inzidieren in } G \}$$

Für die Grade gilt offenbar:

$$g_{L(H)}([u, v]) = g_H(u) + g_H(v) - 2 \text{ und } \Delta(L(G)) \leq 2(\Delta(G) - 1).$$

Die mit einer Ecke $v \in H$ inzidenten Kanten ergeben $\binom{g_H(v)}{2}$ Kanten in E_L,
also folgt

$$|E_L| = \sum_{v \in V} \binom{g_H(v)}{2} = \frac{1}{2} \sum_{v \in V} g(v)(g(v) - 1)$$

$$= \frac{1}{2} \sum_{v \in V} g^2(v) - \frac{1}{2} \sum_{v \in V} g(v) = \frac{1}{2} \sum_{v \in V} g^2(v) - |E|.$$

Unterschiedliche Graphen können gleiche (genauer: isomorphe) Linegraphen aufweisen.

2.5   Graphentheoretische Algorithmen

Für den größten Teil dieses Buches genügt eine informelle Vorstellung eines Algorithmus als eine endliche Menge von Instruktionen, die Operationen auf Daten ausführen. Die Daten sind mathematische Objekte wie Zahlen, Buchstaben, Matrizen oder Vektoren. Wir präzisieren diese informelle
Vorstellung im Folgenden kurz und gehen insbesondere darauf ein, wie (bewertete) Graphen gespeichert und verarbeitet werden.

Bei der Laufzeitanalyse verwenden wir die üblichen Notationen für die asymptotische Komplexität. Sei M die Menge aller reellwertigen Funktionen $f \colon \mathbb{N} \to \mathbb{R}$ auf den natürlichen Zahlen. Jede Funktion $g \in M$ legt dann drei Klassen von Funktionen wie folgt fest:

$$\mathscr{O}(g) := \{\, f \in M : \exists c \in \mathbb{R}, n_0 \in \mathbb{N} : \forall n \geq n_0 : f(n) \leq c \cdot g(n) \,\}$$
$$\Omega(g) := \{\, f \in M : \exists c \in \mathbb{R}, n_0 \in \mathbb{N} : \forall n \geq n_0 : f(n) \geq c \cdot g(n) \,\}$$
$$\Theta(g) := \mathscr{O}(g) \cap \Omega(g)$$

Man nennt eine Funktion f *von polynomieller Größenordnung* oder einfach *polynomiell*, wenn es ein Polynom g (beispielsweise $g(n) = n^3$) gibt, so dass $f \in \mathscr{O}(g)$ gilt.

2.5.1 Berechnungsmodell

Wir verwenden in diesem Buch bei der Laufzeit-Analyse als Berechnungsmodell die sogenannte *Unit-Cost RAM* (*Random Access Machine*). Diese Maschine besitzt abzählbar viele Register, die jeweils eine ganze Zahl beliebiger Größe aufnehmen können.

Folgende Operationen sind jeweils in einem Takt der Maschine durchführbar: Ein- oder Ausgabe eines Registers, Übertragen eines Wertes zwischen den Registern (evtl. mit indirekter Adressierung), Vergleich zweier Register und bedingte Verzweigung, sowie die arithmetischen Operationen Addition, Subtraktion, Multiplikation und Division [140, 158, 160].

Die Komplexität eines Algorithmus ist ein Maß dafür, welchen Aufwand an Ressourcen ein Algorithmus bei seiner Ausführung braucht. Man unterscheidet die Zeitkomplexität, die die benötigte Laufzeit beschreibt, und die Speicherplatzkomplexität, die Aussagen über die Größe des benutzten Speichers macht. Speicherplatzkomplexitäten werden in diesem Buch nur sporadisch untersucht.

Die Komplexität wird in der Regel als Funktion über der Größe oder Länge der Eingabe angegeben (»Beschreibungskomplexität«). Dabei ist es natürlich wichtig, wie diese Größe gemessen wird. Üblicherweise werden natürliche Zahlen binär codiert, so dass die Zahl $p \in \mathbb{N}$ die *Codierungslänge* $\lceil \log_2(p+1) \rceil + 1$ besitzt: wir benötigen $\lceil \log_2(p+1) \rceil$ Bits zur Darstellung von $|p|$ und ein zusätzliches Bit für das Vorzeichen. Die Codierungslänge einer rationalen Zahl p/q mit $q \geq 1$ sowie teilerfremden p und q ist dann $\lceil \log_2(p+1) \rceil + \lceil \log_2(q+1) \rceil + 1$.

Einen einfachen gerichteten Graphen $G = (V, R)$ können wir unter anderem durch eine $n \times n$-Matrix $A(G)$ repräsentieren (zur Erinnerung: $n = |V|$), wobei für den Eintrag a_{ij} gilt $a_{ij} = 1$, falls $(i, j) \in R$ und $a_{ij} = 0$, falls $(i, j) \notin R$. Damit ergibt sich dann eine Codierungslänge von $\Theta(n^2)$ für G. Die Matrix $A(G)$ nennt man auch *Adjazenzmatrix* von G. Im Abschnitt 2.5.2 werden wir diese und weitere Speicherungstechniken eingehender betrachten.

Register 1
Register 2
Register 3
Register 4

Random Access Machine
(RAM)

Zeitkomplexität

Codierungslänge

Adjazenzmatrix

polynomieller Algorithmus

Man nennt einen Algorithmus *von der (worst-case) Komplexität T*, wenn die Laufzeit für alle Eingaben der Länge ℓ durch die Funktion $T(\ell)$ nach oben beschränkt ist. Ein Algorithmus heißt *polynomiell*, wenn seine Komplexität polynomiell ist, also seine Laufzeit durch ein Polynom nach oben beschränkt ist.

In den meisten Fällen werden wir die Laufzeit von Algorithmen als Funktion der Eckenzahl n und Kantenzahl m des eingegebenen Graphen angegeben. Wie bereits kurz oben für die Adjazenzmatrix skizziert, ist dies sinnvoll.

Das Standard-Berechnungsmodell in der Komplexitätstheorie, um Aussagen über Laufzeit- und Speicherplatzaufwand zu treffen, ist die *Turing-Maschine*, siehe etwa [76, 140, 160] (vgl. auch Abschnitt 2.6). Das Modell der *Unit-Cost RAM* ist im allgemeinen nicht polynomiell äquivalent zur Turing-Maschine. Dies liegt daran, dass die *Unit-Cost RAM* in einem Takt Zahlen beliebiger Größe verarbeiten kann. Durch geeignete Codierungen können damit ausgedehnte Berechnungen in einem einzigen Takt versteckt werden, ferner sind beliebig lange Daten in einem Takt zu bewegen. Es gibt keine Simulation einer Unit-Cost RAM auf einer (deterministischen) Turing-Maschine, die mit einem polynomiell beschränkten Mehraufwand auskommt.

Um diesem Problem der zu großen Zahlen vorzubeugen, kann man auf das Modell der *Log-Cost RAM* [15, 140, 160] zurückgreifen. Bei einer solchen Maschine wird für jede Operation ein Zeitbedarf angesetzt, der proportional zum Logarithmus der Operanden, also proportional zur Codierungslänge ist.

Eine andere Möglichkeit, das Problem auszuschließen, besteht darin, sicherzustellen, dass die während der Berechnung auftretenden Zahlen »nicht zu groß werden«. Sofern man garantiert, dass die Codierungslänge der berechneten Zahlen polynomiell in der Eingabelänge beschränkt bleibt, überträgt sich ein polynomieller Algorithmus auf der *Unit-Cost RAM* auf einen polynomiellen Algorithmus auf der Turing-Maschine. Diese Voraussetzung ist bei den hier vorgestellten Algorithmen stets erfüllt. Wegen der einfacheren Analyse legen wir hier daher das Modell der Unit-Cost RAM zugrunde.

Arbeitsband

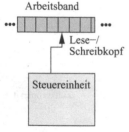

Lese–/ Schreibkopf

Steuereinheit

Turing-Maschine

2.5.2   Speicherung von Graphen

Wir kommen nun zur Darstellung bzw. Speicherung von Graphen. In diesem Abschnitt bezeichne $G = (V, R, \alpha, \omega)$ stets einen gerichteten und $H = (V, E, \gamma)$ einen ungerichteten Graphen. Dabei setzen wir voraus, dass in $V = \{ v_1, \ldots, v_n \}$ und $R = \{ r_1, \ldots, r_m \}$ bzw. $E = \{ e_1, \ldots, e_m \}$ die Elemente in einer beliebigen Reihenfolge durchnummeriert sind. Zur Illustration der Speicherungstechniken verwenden wir die beiden Graphen aus Bild 2.8.

Die einfachste Speicherungstechnik erfolgt über die Adjazenzmatrix eines Graphen.

Definition 2.13:   Adjazenzmatrix

Adjazenzmatrix

Die *Adjazenzmatrix* eines gerichteten Graphen $G = (V, R, \alpha, \omega)$ ist die $n \times$

Bild 2.8: Ein gerichteter Graph G und ein ungerichteter Graph H.

n-Matrix $A(G)$ mit

$$a_{ij} = \left| \{ r \in R : \alpha(r) = v_i \quad \text{und} \quad \omega(r) = v_j \} \right|.$$

Im Fall eines ungerichteten Graphen H definieren wir $A(H)$ analog als die $n \times n$-Matrix $A(H)$ mit

$$a_{ij} = \left| \{ e \in E : \gamma(e) = \{v_i, v_j\} \} \right|.$$

Für die Graphen G und H aus Bild 2.8 gilt dann

$$A(G) = \begin{pmatrix} 0 & 1 & 1 & 0 & 0 \\ 0 & 0 & 0 & 0 & 0 \\ 0 & 0 & 0 & 0 & 0 \\ 0 & 0 & 2 & 0 & 0 \\ 0 & 0 & 0 & 0 & 1 \end{pmatrix} \quad A(H) = \begin{pmatrix} 0 & 1 & 1 & 0 & 0 \\ 1 & 0 & 0 & 0 & 0 \\ 1 & 0 & 0 & 2 & 0 \\ 0 & 0 & 2 & 0 & 0 \\ 0 & 0 & 0 & 0 & 1 \end{pmatrix}$$

Wie man leicht sieht, ist die Adjazenzmatrix im Falle eines ungerichteten Graphen symmetrisch. In diesem Falle genügt es also, wenn man die obere Hälfte der Matrix, also die Einträge a_{ij} mit $i \leq j$ speichert. Damit halbiert sich in der Praxis der Speicherungsaufwand, asymptotisch bleibt die Größenordnung (siehe nächster Absatz) aber erhalten.

Bei der *Adjazenzmatrix-Speicherung* von $G = (V, R, \alpha, \omega)$ (bzw. $H = (V, E, \gamma)$) speichern wir die Zahl $n = |V|$ der Ecken, die Anzahl $m = |R|$ der Pfeile (bzw. $m = |E|$ der Kanten) und die Adjazenzmatrix. Der Speicheraufwand beträgt bei parallelenfreien Graphen also $\Theta(n^2)$ unabhängig von der Anzahl der Pfeile/Kanten.

Die Adjazenzmatrix-Speicherung lässt sich in einfacher Weise auf bewertete parallelenfreie Graphen verallgemeinern. Ist etwa $c : R \to \mathbb{R}$ eine *Pfeilbewertung*, so können wir das Gewicht $c(i, j) \in \mathbb{R}$ des Pfeils (i, j) im Eintrag a_{ij} speichern. Falls ein Pfeil nicht existiert, können wir dies durch einen speziellen Wert »nil« ausdrücken. Je nach Anwendung ist hier auch der Wert 0 oder »∞« verwendbar.

Eine zweite Möglichkeit, einen Graphen zu speichern, ist seine Inzidenzmatrix:

Adjazenzmatrix-Speicherung:
$n, m, A(G)$

Pfeilbewertung

Definition 2.14:   Inzidenzmatrix

Die *Inzidenzmatrix* $I(G)$ eines schlingenfreien gerichten Graphen G ist eine $n \times m$ Matrix mit

$$i_{kl} := \begin{cases} 1, & \text{falls } \alpha(r_l) = v_k \\ -1, & \text{falls } \omega(r_l) = v_k \\ 0, & \text{sonst.} \end{cases}$$

Im Fall eines ungerichteten Graphen H, gilt

$$i_{kl} := \begin{cases} 1, & \text{falls } v_k \in \gamma(e_l) \\ 0, & \text{sonst.} \end{cases}$$

Die beiden Graphen aus Bild 2.8 sind nicht schlingenfrei, für sie ist daher die Inzidenzmatrixdarstellung nicht möglich. Entfernen wir die Schlingen, so erhalten wir für die resultierenden Graphen G' und H' (bei naheliegender Nummerierung der Ecken und Pfeile/Kanten) die Inzidenzmatrizen:

$$I(G') = \begin{pmatrix} 1 & 1 & 0 & 0 \\ -1 & 0 & 0 & 0 \\ 0 & -1 & -1 & -1 \\ 0 & 0 & 1 & 1 \\ 0 & 0 & 0 & 0 \end{pmatrix} \quad I(H') = \begin{pmatrix} 1 & 1 & 0 & 0 \\ 1 & 0 & 0 & 0 \\ 0 & 1 & 1 & 1 \\ 0 & 0 & 1 & 1 \\ 0 & 0 & 0 & 0 \end{pmatrix}.$$

Bei der *Inzidenzmatrix-Speicherung* speichern wir n, m und $I(G)$. Der Speicheraufwand beträgt $\Theta(nm)$.

Bemerkung 2.15:

Im Falle eines gerichteten Graphen G ist die Inzidenzmatrix $I(G)$ *unimodular*, d.h. jede quadratische Teilmatrix hat Determinante $+1$, 0 oder -1. Bei Division durch eine nichtverschwindende Determinante bleibt damit Ganzzahligkeit invariant (vgl. [132, 157]).

Die gebräuchlichste und für die meisten Anwendungen sinnvollste Speicherung eines Graphen ist die *Adjazenzlisten-Repräsentation*. Diese besteht aus einem Array ADJ aus n Adjazenzlisten, wobei für jede Ecke $v \in V$ eine Liste ADJ$[v]$ vorhanden ist. Die Liste ADJ$[v]$ enthält (Zeiger auf) alle Ecken w mit $w \in N^+(v)$ bzw. $w \in N(v)$ im ungerichten Fall. Falls mehrere Pfeile/Kanten von v nach w existieren, so wird die Ecke w entsprechend mehrmals aufgeführt. Bild 2.9 zeigt die Adjazenzlisten der beiden Beispielsgraphen aus Bild 2.8. Man beachte, dass im Fall des ungerichten Graphen H jede ungerichtete Kante e mit $\gamma(e) = \{v, w\}$ und $v \neq w$ zweimal in der Adjazenzlisten-Repräsentation erscheint, einmal via $w \in$ ADJ$[v]$ und einmal via $v \in$ ADJ$[w]$).

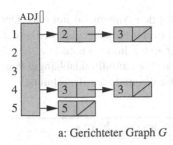

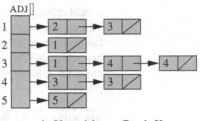

a: Gerichteter Graph G b: Ungerichteter Graph H

Bild 2.9: Adjazenzlisten-Repräsentation der beiden Graphen G und H aus Bild 2.8

Normalerweise werden die Listen als einfach verkettete Listen gespeichert. Damit kann man an den Anfang der Liste in konstanter Zeit Elemente einfügen. Hält man sich zusätzlich einen Zeiger auf das Ende jeder Liste ADJ$[v]$, so kann man auch an das Ende in konstanter Zeit anfügen. In manchen Anwendungen, beispielsweise, wenn auch Pfeile/Kanten aus dem Graphen gelöscht werden sollen, sind aber auch doppelt verkettete Listen gebräuchlich. Diese ermöglichen dann Einfügen und Löschen an beliebiger Position in konstanter Zeit, sofern ein Zeiger auf das entsprechende Vorgänger- bzw. Nachfolgeelement bereits bekannt ist. Details über Listenorganisation finden sich etwa in [45, 125, 139].

Der Speicheraufwand für die Adjazenzlisten-Repräsentation ist unabhängig von der Verwendung einfach oder doppelt verketteter Listen $\Theta(n + m)$. Dies ist im Vergleich zur Adjazenzmatrix-Speicherung insbesondere dann ein Vorteil, wenn der Graph »dünn« ist, also $m \ll n^2$ gilt, etwa $m \in \mathcal{O}(n)$ für planare Graphen (siehe Kapitel 12) oder $m \in \mathcal{O}(n \log n)$. In Varianten der Adjazenlisten-Repräsentation speichert man neben der Liste ADJ$[v]$ auch noch die Grade $g^+(v)$ und $g^-(v)$ bzw. $g(v)$ für ungerichtete Graphen.

dünner Graph

Wie die Adjazenzmatrix-Speicherung kann man die Adjazenzlisten-Repräsentation zur Speicherung bewerteter Graphen verallgemeinern. Das Gewicht des Pfeils r mit $\alpha(r) = v$ und $\omega(r) = w$ können wir einfach mit im entsprechenden Eintrag von w in der Liste ADJ$[v]$ speichern. Für ungerichtete Graphen wird so wieder jede Kante (und ihr Gewicht) zweimal gespeichert.

2.5.3 Speicherungstechniken und Laufzeit

Abschließend vergleichen wir kurz die drei Speicherungstechniken und weisen auf ihre Vor- und Nachteile hin. Wie bereits erwähnt, ist die Repräsentation über die Adjazenzlisten für viele Anwendungen am besten geeignet. Der geringe Speicherplatzaufwand und die einfache Iteration über die Nachbarn einer Ecke sprechen häufig für diese Technik.

Wir illustrieren dies zunächst an der Aufgabe, für eine vorgegebene Ecke $v \in V(G)$ ihren Außengrad $g^+(v)$ zu bestimmen. Dabei setzen wir natürlich voraus, dass wir die Grade nicht bereits explizit gespeichert haben. In der Adjazenzlisten-Repräsentation können wir einfach die Liste ADJ$[v]$

$\delta^+(v)$

$g^+(v) = |\delta^+(v)|$

durchlaufen, jeder Eintrag in ADJ[w] erhöht den Außengrad um eins. Der Berechnungsaufwand ist daher $\Theta(g^+(v))$. In der Adjazenzmatrix-Darstellung müssen wir hingegen jeden Eintrag der zu v gehörenden Zeile von $A(G)$ betrachten, so dass ein Gesamtaufwand von $\Theta(n)$ anfällt, unabhängig vom Grad. In Algorithmus 2.1 ist für beide Fälle das einfache Berechnungsverfahren dargestellt.

Algorithmus 2.1 Berechnung des Außengrades einer Ecke v

AUSSENGRAD-ADJAZENZLISTE(G, v_j)

  Input: Ein gerichteter Graph G in Adjazenzlisten-Repräsentation, eine
                Ecke $v_j \in V(G)$
  1 agrad $:= 0$
  2 **for all** $w \in$ ADJ$[v_j]$ **do**
  3   agrad $:=$ agrad $+ 1$
  4 **return** agrad

AUSSENGRAD-ADJAZENZMATRIX(G, v_j)

  Input: Ein gerichteter Graph G in Adjazenzmatrix-Speicherung, eine
                Ecke $v_j \in V(G)$
  1 agrad $:= 0$
  2 **for** $i = 1, \ldots, n$ **do**
  3   agrad $:=$ agrad $+ a_{ji}$
  4 **return** agrad

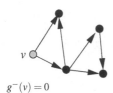

$g^-(v) = 0$

Nicht ganz so trivial ist es, schnell zu entscheiden, ob in einem gerichteten Graphen G eine Ecke $v \in V(G)$ mit Innengrad $g^-(v) = 0$ existiert. Ist G in Adjazenzmatrix-Darstellung gegeben, so ist diese Frage äquivalent dazu, ob in $A(G)$ eine Nullspalte existiert. Dieser Test benötigt $\Theta(n^2)$ Zeit, da wir jeden Eintrag in $A(G)$ testen müssen. In der Adjazenzlisten-Darstellung können wir wieder über die Adjazenzlisten iterieren (vgl. Algorithmus 2.2): Falls $w \in$ ADJ$[v]$, so erhöhen wir den aktuellen Innengrad von w um eins. In $\Theta(n + m)$ Zeit können wir so alle Innengrade bestimmen, wie Algorithmus 2.2 zeigt. Danach können wir in $\Theta(n)$ Zeit durch einen einfachen numerischen Test (Durchsuchen des Arrays `igrad` nach 0) entscheiden, ob eine Ecke v mit $g^-(v) = 0$ existiert.

Algorithmus 2.2 Berechnung aller Innengrade

INNENGRADE-ADJAZENZLISTE(G)

  Input: Ein gerichteter Graph G in Adjazenzlisten-Repräsentation
  1 **for all** $v \in V$ **do**
  2   `igrad`$[v] := 0$
  3 **for all** $v \in V$ **do**
  4   **for all** $w \in$ ADJ$[v]$ **do**
  5   `igrad`$[w] :=$ `igrad`$[w] + 1$
  6 **return** `igrad`$[]$

Tabelle 2.1: Vergleich der einzelnen Graphspeicherungstechniken: wie üblich bezeichnet $n = |V(G)|$ und $m = |R(G)|$ bzw. $m = |E(G)|$ für ungerichtete Graphen. Für ungerichteten Graphen ist R durch E sowie $g^+(v)$ und $g^-(v)$ durch $g(v)$ zu ersetzen.

Speicherung	Speicherplatz	$(v,w) \in R?$	$g^+(v) =?$	$\exists v : g^-(v) = 0?$
Adjazenzmatrix	$\Theta(n^2)$	$\mathscr{O}(1)$	$\mathscr{O}(n)$	$\mathscr{O}(n^2)$
Inzidenzmatrix	$\Theta(nm)$	$\mathscr{O}(m)$	$\mathscr{O}(m)$	$\mathscr{O}(nm)$
Adjazenzlisten	$\Theta(n+m)$	$\mathscr{O}(g^+(v))$	$\mathscr{O}(g^+(v))$	$\mathscr{O}(n+m)$

Die Speicherung über die Adjazenzlisten hat jedoch nicht nur Vorteile. So benötigen wir für den Test, ob ein Pfeil von v nach w existiert (bzw. eine Kante zwischen v und w im ungerichteten Fall) Zeit $\Theta(\mathrm{ADJ}[v]) = \Theta(g^+(v))$, während wir dies in der Adjazenzmatrix-Speicherung in Zeit $\mathscr{O}(1)$, d.h. in konstanter Zeit, durch numerischen Test von a_{ij} beantworten können.

Tabelle 2.1 zeigt zusammenfassend den Speicheraufwand für die drei Speicherungstechniken, sowie den Zeitaufwand für drei elementare Fragestellungen:

- Gibt es einen Pfeil von v nach w? (kurz: $(v,w) \in R$?)

- Wie groß ist der Außengrad $g^+(v)$? (kurz: $g^+(v) =?$)

- Gibt es eine Ecke mit Innengrad $g^-(v) = 0$? (kurz: $\exists v : g^-(v) = 0$?)

Weitere Speicherungstechniken wie die Standardliste, die eckenorientierte Liste (eine Variante der Adjazenzlisten-Speicherung) finden sich etwa in [135]).

2.6   Komplexität und NP-Vollständigkeit

In diesem Abschnitt geben wir eine kurze Einführung in die Komplexitätstheorie und Approximations-Algorithmen, soweit sie für dieses Buch von Belang sind. Details finden sich etwa in den Büchern [15, 76, 140, 160]. Dieser Abschnitt ist für das grundsätzliche Verständnis des Buches nicht unbedingt notwendig und kann beim ersten Lesen übersprungen werden.

Um die Ergebnisse in Zusammenhang mit NP-Vollständigkeit in diesem Buch einordnen zu können, genügen zudem die folgenden (nicht ganz präzisen) Erklärungen und Ergebnisse:

1. Die Klasse P ist die Klasse aller Probleme, die in polynomieller Zeit gelöst werden können.

2. Die Klasse NP ist die Klasse aller Probleme, für die man in polynomieller Zeit überprüfen kann, dass eine vorgeschlagenene (»geratene«) Lösung auch tatsächlich eine Lösung ist. Es gilt $P \subseteq NP$, ob jedoch $P = NP$ gilt, ist ein bis heute ungelöstes offenes Problem.

Gelegentlich wird NP irrtümlich als die Klasse der nicht in Polynomialzeit lösbaren Probleme bezeichnet. Dies ist aber falsch, da die Menge der in Polynomialzeit deterministisch lösbaren Probleme eine (vermutlich echte) Teilmenge von NP ist.

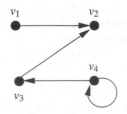

$$(\{ 1,10,11,100 \} , \{(1,10),(11,10),(100,11),(100,100)\})$$

a: Ein gerichteter Graph G b: Codierung des Graphen

Bild 2.10: Codierung eines gerichteten Graphen

3. Die Menge der NP-vollständigen Probleme umfasst die »schwierigs-
   ten« Probleme in NP. Falls man für ein NP-vollständiges Problem
   einen polynomiellen Algorithmus findet, so folgt P = NP.

Entscheidungsproblem

Wir kommen nun zu einer präziseren Darstellung der Begriffe. Dazu benötigen wir zunächst eine exakte Definition eines *Entscheidungsproblems*.
Informell ist ein Entscheidungsproblem ein Problem, das wir mit »Ja« oder
»Nein« beantworten können. Ein Beispiel ist das bereits in Abschnitt 2.5.2
betrachtete Problem, ob ein gegebener gerichteter Graph G eine Ecke v mit
$g^-(v) = 0$ besitzt:

INNENGRAD-NULL

Instanz: Gerichteter Graph G
Frage: Besitzt G eine Ecke $v \in V(G)$ mit $g^-(v) = 0$?

Ein solches Entscheidungsproblem lässt sich über diejenigen Eingaben charakterisieren, für welche die Antwort positiv, also mit »Ja« ausfällt.

Σ

Alphabet Σ

Σ^*

Sei Σ eine endliche Menge mit mindestens zwei Elementen, die wir ohne Beschränkung als 0 und 1 wählen. Wir nennen Σ ein *Alphabet Σ* und
bezeichnen mit Σ^* die Menge aller endlichen Zeichenketten oder *Wörter*
über Σ. Es ist nützlich anzunehmen, dass Σ etwa auch die Symbole (,), {, },
[,] und das Komma enthält. Notwendig ist diese Annahme allerdings nicht,
da wir alle diese Zeichen wiederum als Zeichenketten aus 0en und 1en
schreiben können (vgl. hierzu auch die ASCII-Darstellung von Zeichen).

Länge $|x|$

Die *Länge $|x|$* einer Zeichenkette $x \in \Sigma^*$ ist die Anzahl der Zeichen in x.
Es ist nicht schwer, Objekte wie rationale Zahlen, Vektoren, Matrizen oder
Graphen als Zeichenketten zu »codieren« (vgl. hierzu auch die Abschnitte 2.5.1 und 2.5.2). Bild 2.10 zeigt einen gerichteten Graphen G und eine
Codierung für G: In der Codierung in Bild 2.10(b) haben wir die Ecke v_i,
$i = 1, \ldots, 4$ in naheliegender Weise als binäre Zahl i codiert.
In einem Entscheidungsproblem geht es darum, ob ein gegebenes Objekt (ein Graph, eine Matrix, etc.) eine bestimmte Eigenschaft besitzt. Da
wir Objekte über dem Alphabet Σ codieren, ist dies gleichbedeutend mit
der Frage, ob ein gegebenes Wort eine bestimmte Eigenschaft hat. Das

Entscheidungsproblem wird daher vollständig durch die »bestimmte Eigenschaft« beschrieben. Dies legt folgende Definition nahe:

Definition 2.16:   Entscheidungsproblem

Ein *Entscheidungsproblem* ist eine Teilmenge $\Pi \subseteq \Sigma^*$.   Entscheidungsproblem

Ein Entscheidungsproblem zu lösen, bedeutet dann für gegebenes $x \in \Sigma^*$ zu entscheiden, ob $x \in \Pi$ gilt. Das Wort x heißt dann auch *Instanz* des Problems. Das Problem INNENGRAD-NULL besteht aus allen Wörtern x, die einen gerichteten Graphen codieren, der eine Ecke mit Innengrad 0 besitzt.

Beispiel 2.17:   Cliquen-Problem

Eine *Clique* in einem ungerichteten Graphen $G = (V, E)$ ist eine Teilmenge $C \subseteq V$, so dass alle Ecken in C paarweise durch Kanten verbunden sind.[3]
Die Menge der Instanzen des Problems CLIQUE besteht dann aus allen Wörtern (G, k) mit folgenden Eigenschaften:

- G codiert einen ungerichteten Graphen $G = (V, E)$;

- k codiert eine natürliche Zahl mit $0 \leq k \leq |V|$;

- G enthält eine Clique der Größe mindestens k.

Clique der Größe 3

Alternativ können wir auch folgende handlichere Beschreibung des Problems geben:

CLIQUE	
Instanz:	Ungerichteter Graph $G = (V, E)$ und eine natürliche Zahl k mit $0 \leq k \leq |V|$
Frage:	Hat G eine Clique der Größe mindestens k?

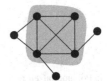

Clique der Größe 4

Wir sagen, dass ein Algorithmus[4] ein Entscheidungsproblem Π löst, falls für jedes $x \in \Sigma^*$ der Algorithmus nach endlich vielen Schritten terminiert und genau dann »1« ausgibt, wenn $x \in \Pi$.

Definition 2.18:   Komplexitätsklassen P und NP

Die Klasse P besteht aus allen Entscheidungsproblemen, die in polynomieller Zeit durch einen deterministischen Algorithmus gelöst werden können. Die Klasse NP besteht aus allen Entscheidungsproblemen Π, so dass es ein Entscheidungsproblem $\Pi' \in$ P und ein Polynom p gibt mit folgender Eigenschaft:

$x \in \Pi \Leftrightarrow$
es gibt ein $y \in \Sigma^*$ mit $|y| \leq p(|x|)$ und $(x, y) \in \Pi'$.

---

3 Äquivalent: $C \subseteq V$ ist eine Clique, falls $G[C]$ vollständig ist.
4 d.h. eine Turing-Maschine bzw. eine Log-Cost RAM oder eine Unit-Cost RAM

Das Wort y nennt man dann auch *Zertifikat* oder *Zeugen* für x. (»Wir raten y und verifizieren mittels Π'.«)

Der Begriff »NP« steht für *nondetermistic polynomial time* (nondeterministische Polynomialzeit) und stammt daher, dass man NP auch alternativ als die Klasse aller Entscheidungsprobleme definieren kann, die auf einer nondeterministischen Turingmaschine in Polynomialzeit gelöst werden können [76, 160].

Aus Definition 2.18 auf der vorherigen Seite folgt unmittelbar, dass P eine Teilmenge von NP ist, also P $\subseteq$ NP gilt (man wähle einfach $\Pi' := \Pi$ und $p \equiv 0$). Es ist bis heute ein offenes Problem, ob P = NP gilt. Intuitiv sollte NP eine echte Obermenge sein, da die Verifikation einer Lösung »leichter« scheint, als tatsächlich eine Lösung zu berechnen.

Beispiel 2.19:   **Cliquen-Problem (Fortsetzung)**
Das Problem CLIQUE aus Beispiel 2.17 liegt in NP. Hat nämlich $G = (V, E)$ eine Clique C der Größe mindestens k, so liefert die Clique C einen Zeugen polynomieller Größe, den wir in Polynomialzeit verifizieren können: Wir müssen nur für alle Ecken $u, v \in C$ mit $u \neq v$ testen, ob $[u, v] \in E$ gilt.   ◇

Intuitiv *reduziert* sich ein Problem Π auf ein anderes Problem Π', falls wir jede Instanz x von Π »leicht« in eine Instanz x' von Π' umrechnen können, so dass die Antwort für x' eine Lösung für x liefert.

Definition 2.20:   **Polynomialzeitreduktion**

in Polynomialzeit reduzierbar

$\Pi \leq_P \Pi'$

Wir sagen, dass ein Entscheidungsproblem $\Pi \subseteq \Sigma^*$ auf ein Entscheidungsproblem $\Pi' \subseteq \Sigma^*$ *in Polynomialzeit reduzierbar* ist und schreiben $\Pi \leq_P \Pi'$, falls es eine in Polynomialzeit berechenbare Funktion $f \colon \Sigma^* \to \Sigma^*$ gibt mit

$$x \in \Pi \Leftrightarrow f(x) \in \Pi'.$$

Die obige Definition impliziert, dass aus $\Pi \leq_P \Pi'$ und $\Pi' \in$ P folgt, dass auch $\Pi \in$ P gilt: ein Polynomialzeitalgorithmus für Π' lässt sich in einen Polynomialzeitalgorithmus für Π »konvertieren«.

Definition 2.21:   **NP-vollständiges Problem**

NP-vollständig

Ein Problem $\Pi' \in$ NP heißt NP-*vollständig*, wenn für alle Probleme $\Pi \in$ NP gilt: $\Pi \leq_P \Pi'$.

Es ist zunächst nicht klar, ob es überhaupt NP-vollständige Probleme gibt. Steven Cook [41] und Richard Karp [99] konnten jedoch beweisen, dass das sogenannte *aussagenlogische Erfüllbarkeitsproblem* SAT und weitere Probleme der kombinatorischen Optimierung NP-vollständig sind.

Sei $X = \{x_1, \dots, x_n\}$ eine Menge von Booleschen Variablen. Eine *Bele*

Belegung

gung für X ist eine Funktion $t \colon X \to \{0,1\}$. Falls $t(x_i) = 1$, so sagen wir auch, dass x_i unter t *wahr* ist, andernfall ist x_i falsch. Für eine Variable x_i sind x_i und $\bar{x}_i$ *Literale* über X. Das Literal $\bar{x}_i$ ist genau dann unter t wahr, wenn x_i falsch ist. Eine *Klausel* C_j über X ist eine Menge von Literalen über X. Die Klausel C_j ist erfüllt unter der Belegung t, wenn mindestens eines ihrer Literale unter t wahr ist. Damit können wir nun das Erfüllbarkeitsproblem SAT definieren:

Erfüllbarkeitsproblem SAT

Instanz: Eine Menge X von Variablen und eine Menge F von Klauseln über X

Frage: Gibt es eine Belegung, so dass alle Klauseln in F erfüllt sind?

Satz 2.22:   **Satz von Cook**
SAT *ist* NP-*vollständig*.   ∎

Für den Beweis verweisen wir etwa auf [76, 140, 160]. Mit k-SAT bezeichnen wir die Einschränkung von SAT auf diejenigen Instanzen, in denen jede Klausel genau k Literale enthält. Man kann zeigen, dass bereits 3-SAT NP-vollständig ist (siehe etwa [76]). In den Kapiteln 5 und 7 werden wir polynomielle Algorithmen für 2-SAT kennenlernen.

Aus der Definition von NP-Vollständigkeit folgt, dass die Existenz eines polynomiellen Algorithmus für ein einziges NP-vollständiges Problem impliziert, dass P = NP gilt.

2.7   Approximations-Algorithmen

Viele Probleme sind sogenannte *Optimierungsprobleme*, bei denen jede zulässige Lösung x einen zugeordneten Zielfunktionswert $f(x)$ besitzt und wir eine bestmögliche Lösung finden möchten. Im Routenplanungs-Beispiel aus der Einleitung suchen wir etwa einen kürzesten Weg zum Ziel.

Obwohl NP-Vollständigkeit sich zunächst nur auf Entscheidungsprobleme beschränkt, können wir jedem Optimierungsproblem ein Entscheidungsproblem zu ordnen, in dem die Frage gestellt wird, ob es eine Lösung mit Zielfunktionswert höchstens k (bzw. mindestens k bei Maximierungsproblemen) gibt.

Beispiel 2.23:   **Minimaler Innengrad**
Eine Instanz des Problems MIN-INNENGRAD besteht aus einem gerichteten Graphen G. Das Ziel ist es, eine Ecke v mit kleinstmöglichem Innengrad $g^-(v)$ zu finden.

Beispiel 2.24:   **Maximale Clique**
Eine Instanz des Problems MAX-CLIQUE besteht aus einem ungerichteten

Margin notes: Literal, Klausel, SAT, Optimierungsproblem, MAX-CLIQUE

Graphen $G = (V, E)$. Das Ziel besteht darin, eine Clique C in G mit maximaler Kardinalität $|C|$ zu finden. Das zugeordnete Entscheidungsproblem ist dann das Problem CLIQUE aus Beispiel 2.17.

Clique der Größe 3

MAX-SAT

Beispiel 2.25:   Maximale Erfüllbarkeit

Eine Instanz des Problems MAX-SAT besteht aus einer Menge X von Variablen und eine Menge F von Klauseln über X. Das Ziel ist es, eine Belegung der Variablen zu finden, so dass eine größtmögliche Anzahl von Klauseln aus F erfüllt sind.

Wenn ein Optimierungsproblem in polynomieller Zeit lösbar ist (beispielsweise MIN-INNENGRAD), so können wir offenbar auch das zugeordnete Entscheidungsproblem (INNENGRAD-NULL) in polynomieller Zeit lösen: das Entscheidungsproblem ist »nicht schwieriger« als das Optimierungsproblem. Falls also für ein Optimierungsproblem (MAX-CLIQUE, MAX-SAT) das zugehörige Entscheidungsproblem (CLIQUE, SAT) NP-vollständig ist, so existiert unter der Voraussetzung P $\neq$ NP kein Polynomialzeitalgorithmus für das Optimierungsproblem. In diesem Fall bezeichnen wir das Optimierungsproblem auch als NP-*schweres Problem*. Man interessiert sich dann für Algorithmen, die effizient (insbesondere also in Polynomialzeit) »fast optimale« Lösungen liefern.

NP-schwer

Definition 2.26:   Approximations-Algorithmus

c-Approximationsalgorithmus

Sei $c \geq 1$. Ein c-*Approximationsalgorithmus* für ein Minimierungsproblem ist ein polynomieller Algorithmus ALG, der für jede Instanz des Problems eine Lösung mit Zielfunktionswert ALG(I) liefert, so dass

$$\text{ALG}(I) \leq c \cdot \text{OPT}(I),$$

wobei OPT(I), den Wert einer Optimallösung für die Instanz I bezeichnet.

Analog liefert für $c \leq 1$ ein c-Approximations-Algorithmus für ein Maximierungsproblem eine Lösung mit

$$\text{ALG}(I) \geq c \cdot \text{OPT}(I).$$

Beispiel 2.27:

1. Das Problem MIN-INNENGRAD ist in Polynomialzeit (sogar in linearer Zeit) mit Hilfe des Algorithmus 2.2 lösbar: Wir berechnen alle Innengrade in Zeit $\mathcal{O}(n + m)$ und finden dann in $\mathcal{O}(n)$ Zeit eine Ecke mit minimalem Innengrad. Dieser exakte Algorithmus ist dann auch ein 1-Approximationsalgorithmus.

2. Für MAX-CLIQUE ist der Algorithmus, der eine einzelne Ecke als Lösung ausgibt, ein $1/n$-Approximationsalgorithmus, da die Optimallösung höchstens aus allen n Ecken des Graphen besteht.

3. Für MAX-SAT können wir einen $1/2$-Approximations-Algorithmus mit Hilfe folgender Beobachtung konstruieren. Wir wählen eine beliebige Belegung $t\colon X \to \{0,1\}$ der Variablen und betrachten die »inverse Belegung« $\bar{t}\colon X \to \{0,1\}$ definiert durch $\bar{t}(x_i) = 1 - t(x_i)$. Falls unter t eine Klausel $C_j = \{L_{j_1}, \ldots, L_{j_r}\}$ nicht erfüllt ist, so gilt $t(L_{j_i}) = 0$ für $i = 1, \ldots, r$, also $\bar{t}(L_{j_i}) = 1$ für $i = 1, \ldots, r$. Folglich ist C_j unter $\bar{t}$ erfüllt. Jede der m Klauseln $C_1, \ldots, C_m$ einer Instanz von MAX-SAT ist also mindestens unter einer der beiden Belegungen erfüllt, so dass diejenige der beiden Belegungen mit den meisten erfüllten Klauseln mindestens $m/2$ Klauseln erfüllt. Da die Optimallösung höchstens alle m Klauseln erfüllt, haben wir eine Approximation der Güte $1/2$.

2.8 Übungsaufgaben

Aufgabe 2.1: Speicherung von Graphen

Sei $G = (V, R, \alpha, \omega)$ ein endlicher gerichteter Graph. Geben Sie sowohl für die Adjazenzmatrix-Speicherung als auch für die Adjazenzlisten-Speicherung von G effiziente Algorithmen an, um G^{-1} aus G zu berechnen. Bestimmen Sie die Laufzeit Ihrer Algorithmen.

Aufgabe 2.2: Graph-Algorithmen

Geben Sie einen Algorithmus an, der in Zeit $\mathcal{O}(n)$ feststellt, ob ein einfacher Graph G in Adjazenzmatrixspeicherung eine Ecke v mit $g^+(v) = 0$ und $g^-(v) = n - 1$ enthält.
(**Hinweis:** G kann höchstens *eine* solche Ecke v enthalten.)

Aufgabe 2.3: Einfache Graphen

Für einige Zwecke ist es dienlich, wenn der zu bearbeitende Graph einfach ist. Geben sie einen Algorithmus an, der in linearer Zeit aus einem (gerichteten oder ungerichteten) Graphen in Adjazenzlisten-Repräsentation alle Parallelen und Schlingen entfernt.

Aufgabe 2.4: Linegraphen

Sei $G - (V, E)$ ein einfacher ungerichteter endlicher Graph mit $E \neq \emptyset$ und $L(G) = (E, E_L)$ scin Linegraph.

   a) Zeigen Sie: Ist der maximale Eckengrad $\Delta(G) \leq 2$, so ist auch $\Delta(L(G)) \leq 2$.
   b) Sei G regulär; ist dann auch $L(G)$ regulär?
   c) Sei ein Graph G' vorgegeben. Gibt es dazu einen Graphen G mit $L(G) = G'$? Beantworten Sie die Frage für die Beispiele aus Bild 2.11(a).

Aufgabe 2.5: Reguläre Graphen

Wir betrachten ungerichtete einfache endliche Graphen $G = (V, E)$ mit n Ecken:

   a) Geben Sie 3-reguläre Graphen mit $n = 4$, $n = 6$, $n = 8$ Ecken an.

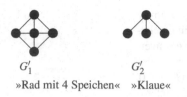

G_1' G_2' G_3'

»Rad mit 4 Speichen«   »Klaue«   »Rad mit 5 Speichen«

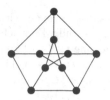

a: Graphen für Aufgabe 2.4   b: $PG^2 = K_{10}$ (»der Petersen-Graph
PG hat Diameter 2«)

Bild 2.11: Zu den Aufgaben 2.4 und 2.6

b) Gibt es einen 3-regulären Graphen mit 5 Ecken?

Aufgabe 2.6:   Potenzen von Graphen

Sei $G = (V, E)$ ein ungerichteter einfacher endlicher Graph. Sei $G^2 := (V, E^2)$ mit $E^2 := \{\, [u, v] :$ es existiert $z \in V$ mit $[u, z] \in E$ und $[z, v] \in E \,\} \cup E$. Verifizieren Sie für den 3-regulären Graphen PG mit 10 Ecken aus Bild 2.11(b), dass $PG^2 = K_{10}$.

Aufgabe 2.7:   Cliquen

Eine Clique in G ist eine Teilmenge $C \subseteq V(G)$, so dass alle Ecken in C paarweise adjazent sind. Mit $\omega(G)$ bezeichnen wir die Kardinalität einer größten Clique in G. Seien $G_1 = (V_1, E_1)$ und $G_2 = (V_2, E_2)$ zwei einfache ungerichtete Graphen mit $V_1 \cap V_2 = \emptyset$. Wir definieren $G := (V, E) := G_1 + G_2$ durch $V := V_1 \cup V_2$ und $E := E_1 \cup E_2 \cup \{(v, w) : v \in V_1, w \in V_2\}$. Beweisen Sie, $\omega(G) = \omega(G_1) + \omega(G_2)$.

Aufgabe 2.8:   Approximierbarkeit der Cliquenzahl

Sei $G = (V, E)$ ein ungerichteter Graph. Mit $\omega(G)$ bezeichnen wir die Größe einer größten Clique in G. Das Problem MAX-CLIQUE besteht darin, für einen Graphen G die Zahl $\omega(G)$ zu bestimmen.

a) Geben Sie einen c-Approximations-Algorithmus für MAX-CLIQUE mit $c = 2/|V|$ an.

b) Für zwei ungerichtete Graphen $G_1 = (V_1, E_1)$ und $G_2 = (V_2, E_2)$ definieren wir das Graphprodukt $G_1 \times G_2$ als den Graphen $G' = (V, E)$ mit

$$V = \{\, (v_1, v_2) : v_1 \in V_1, v_2 \in V_2 \,\}$$
$$E = \{\, [(u_1, u_2), (v_1, v_2)] : [u_1, v_1] \in E_1 \text{ oder } u_1 = v_1 \wedge [u_2, v_2] \in E_2] \,\}.$$

Zeigen Sie, dass $\omega(G_1 \times G_2) = \omega(G_1) \cdot \omega(G_2)$ gilt.

c) Wir definieren $G^1 := G$ und $G^k := G^{k-1} \times G$ für $k \geq 1$. Sei $k \in \mathbb{N}$ fest und sei C eine Clique in G^k. Beweisen Sie, dass man dann in polynomieller Zeit eine Clique C' in G finden kann, so dass $|C'| \geq |C|^{1/k}$.

d) Angenommen, ALG wäre ein c-Approximationsalgorithmus für MAX-CLIQUE für ein festes $c \in \mathbb{R}_+$. Zeigen Sie, dass es dann für jedes $\varepsilon > 0$ einen $(1 - \varepsilon)$-Approximationsalgorithmus für MAX-CLIQUE gibt.

3 Wege, Kreise und Zusammenhang

In Kapitel 1 haben wir im Zusammenhang mit der Routenplanung und dem Königsberger Brückenproblem bereits von Wegen bzw. Kreisen in einem Graphen gesprochen. In diesem Kapitel werden wir diese Begriffe exakt fassen und wichtige Eigenschaften herleiten. Unter anderem kommen wir dabei auf das Königsberger Brückenproblem zurück und beweisen – wie angekündigt – den Satz von Euler (in verschiedenen Variationen), der ein notwendiges und hinreichendes Kriterium für die Existenz von Eulerschen Kreisen in Graphen liefert.

3.1 Wege

Definition 3.1: Weg, Kreis

Sei G ein gerichteter Graph. Ein *Weg* in G ist eine endliche Folge $P = (v_0, r_1, v_1, \ldots, r_k, v_k)$ mit $k \geq 0$, so dass $v_0, \ldots, v_k \in V(G)$ Ecken von G und $r_1, \ldots, r_k \in R(G)$ Pfeile mit $\alpha(r_i) = v_{i-1}$ und $\omega(r_i) = v_i$ für $i = 1, \ldots, k$ sind.

Analog sprechen wir von einem Weg $P = (v_0, e_1, v_1, \ldots, e_k, v_k)$ in einem ungerichteten Graphen, wenn $v_0, \ldots, v_k$ Ecken und $e_1, \ldots, e_k$ Kanten sind, wobei e_i die Ecke v_{i-1} und v_i verbindet, also $\gamma(e_i) = \{v_{i-1}, v_i\}$ für $i = 1, \ldots, k$ gilt.

Wir definieren die *Startecke* des Weges P durch $\alpha(P) := v_0$ und die *Endecke* des Weges durch $\omega(P) := v_k$ und sagen, dass P die beiden Ecken v_0 und v_k verbindet oder ein v_0-v_k-Weg ist. Die *Länge* $|P|$ von P ist die Anzahl k der durchlaufenen Pfeile. Falls $\alpha(P) = \omega(P)$ und $k \geq 1$, so nennen wir P einen *Kreis*.

Mit $s(P) := (v_0, \ldots, v_k)$ bezeichnen wir die *Spur* des Weges P und sagen kurz, dass eine Ecke v von P *berührt* wird, wenn sie Element der Spur ist. Mit $V(P)$ und $R(P)$ bzw. $E(P)$ bezeichnen wir die Menge der Ecken und Pfeile bzw. Kanten, welche von P durchlaufen werden.

Ein Weg heißt *einfach*, wenn $r_i \neq r_j$ (bzw. $e_i \neq e_j$ im ungerichteten Fall) für $i \neq j$, d.h. wenn er keinen Pfeil (keine Kante) mehr als einmal durchläuft. Ein Weg heißt *elementar*, wenn er einfach ist und — bis auf den Fall, dass Anfangs- und Endecke übereinstimmen — keine Ecke mehr als einmal berührt.

Man beachte, dass in obiger Definition der Fall $k = 0$ zugelassen ist. In diesem Fall erhalten wir den »entarteten Weg« (v_0), der nur aus der Ecke v_0 besteht. Oft schreiben wir für eine Ecke oder einen Pfeil $v \in P$ oder $r \in P$, obschon eigentlich die Langform $v \in V(P)$ bzw. $r \in R(P)$ exakt wäre.

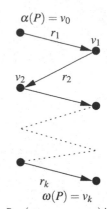

Weg $P = (v_0, r_1, \ldots, r_k, v_k)$ in einem gerichteten Graphen von $\alpha(P) = v_0 \in V$ zu $\omega(P) = v_k \in V$

Weg

Startecke

Endecke

Länge

$|P|$

Kreis

Spur

$s(P)$

$V(P)$

$R(P)$

$E(P)$

einfacher Weg

elementarer Weg

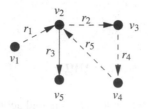

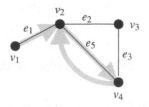

a: Der Weg
$(v_1, r_1, v_2, r_2, v_3, r_4, v_4, r_5, v_2)$
ist einfach, aber nicht elementar

b: Der Weg $(v_1, e_1, v_2, e_5, v_4, e_5, v_2)$ ist
weder einfach noch elementar

Bild 3.1: Wege in gerichteten und ungerichteten Graphen

Bemerkung 3.2:
Für gerichtete Graphen kann man elementare Wege äquivalent auch als
solche definieren, die keinen Pfeil mehrmals durchlaufen (beim wiederholten Durchlaufen eines Pfeiles r wird auch die Startecke $\alpha(r)$ wiederholt
durchlaufen). Für ungerichtete Graphen liefert die Definition eines einfachen Weges als Weg ohne wiederholte Kanten nicht das Ergebnis, dass elementare Wege auch einfach sind: Der Weg $(u, [u,v], v, [u,v], u)$ wäre dann
elementar aber nicht einfach.

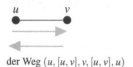

der Weg $(u, [u,v], v, [u,v], u)$

Ist P ein elementarer Weg im Graphen G, so gilt $|P| \leq |V(G)|$. Es gilt so-
gar $|P| \leq |V(G)| - 1$, falls P kein Kreis ist. Ist ein (gerichteter oder unge-
richteter) Graph G *parallelenfrei*, so ist jeder Weg P in G eindeutig durch
die Spur $s(P)$ gekennzeichnet. In diesem Fall schreiben wir auch kurz $P =
[v_1, \ldots, v_k]$.

$P = [v_1, \ldots, v_k]$

Sind $P = (v_0, r_1, v_1, \ldots, r_k, v_k)$ und $P' = (v'_0, r'_1, v'_1, \ldots, r'_l, v'_l)$ Wege in G
mit $\omega(P) = v_k = \alpha(P') = v'_0$, so definieren wir die *Komposition* von P
und P', bezeichnet mit $P \circ P'$ durch

Komposition

$P \circ P'$

$$P \circ P' := (v_0, r_1, v_1, \ldots, r_k, v_k, r'_1, v'_1, \ldots, r'_l, v'_l).$$

Wir nennen dann P' und P auch Teilwege von $P \circ P'$.

Wie wir bereits gesehen haben, kann ein elementarer Weg in einem Gra-
phen G die Länge $|V(G)|$ nicht überschreiten. Folglich besitzt jeder Weg
der Länge mindestens $|V(G)|$ einen Kreis als Teilweg. Wir können also aus
der Existenz eines »langen Weges« auf die Existenz eines Kreises schließen. In diesem Zusammenhang ist das folgende Lemma nützlich, das einen
Zusammenhang zwischen den Graden und Kreisen herstellt:

Der zweite Teil dieses Satzes
ist falsch, falls der Graph G
nicht einfach ist, siehe
Aufgabe 3.4.

Lemma 3.3:
*Sei G ein endlicher Graph mit $g^+(v) \geq 1$ für alle $v \in V(G)$. Dann besitzt G
einen elementaren Kreis. Falls G einfach ist, und $g^+(v) \geq g$ für alle $v \in V$
und ein $g \in \mathbb{N}_+$, so existiert in G ein elementarer Kreis der Länge mindestens $g + 1$.*

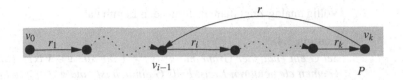

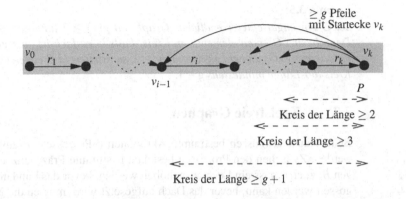

Bild 3.2: Falls $g^+(v) \geq 1$ für alle $v \in V$, so besitzt G einen elementaren Kreis.

Bild 3.3: Zweiter Teil von Lemma 3.3: Falls G einfach ist und $g^+(v) > g$ für alle $v \in V$, so besitzt G einen elementaren Kreis der Länge mindestens $g + 1$.

Beweis:

Sei $P = (v_0, r_1, v_1, \ldots, r_k, v_k)$ ein längster elementarer Weg in G. Solch ein Weg existiert, da G offenbar elementare Wege enthält (für jeden Pfeil $r \in R(G)$ ist $(\alpha(r), r, \omega(r))$ ein elementarer Weg) und jeder elementare Weg höchstens Länge $|V(G)|$ besitzt.

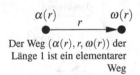

Der Weg $(\alpha(r), r, \omega(r))$ der Länge 1 ist ein elementarer Weg

Betrachte $v_k := \omega(P)$. Da $g^+(v) \geq 1$, gibt es im Graphen einen Pfeil r mit $\alpha(r) = v_k$. Dann muss $\omega(r) \in s(P)$ gelten (sonst wäre $P \circ (v_k, r, \omega(r))$ ein längerer elementarer Weg in G). Sei also $\omega(r) = v_{i-1}$ (siehe Bild 3.2). Dann ist $(v_{i-1}, r_i, v_{i+1}, \ldots, r_k, v_k, r, v_{i-1})$ ein elementarer Kreis in G.

Wir zeigen nun den zweiten Teil der Behauptung. Ist $g^+(v) \geq g > 0$, so gibt es mindestens g Pfeile mit Startecke v_k; wie oben liegen alle Endpunkte in der Spur $s(P)$ des Weges. Da G einfach ist, sind alle Endecken paarweise verschieden (vgl. Bild 3.3). Wählen wir i minimal, so dass es ein $r \in \delta^+(v_k)$ gibt mit $\omega(r) = v_{i-1} \in s(P)$, dann hat der Teilweg $(v_{i-1}, r_i, \ldots, r_k, v_k)$ von P aufgrund der Wahl von i mindestens Länge g und der elementare Kreis $(v_{i-1}, r_i, v_i, \ldots, r_k, v_k, r, v_{i-1})$ mindestens Länge $g + 1$. ∎

Völlig analog zeigt man die folgenden Lemmata:

Lemma 3.4:
Sei G ein endlicher Graph mit $g^-(v) \geq 1$ für alle $v \in V(G)$. Dann besitzt G einen elementaren Kreis. Falls G einfach ist, und $g^-(v) \geq g$ für alle $v \in V(G)$ und ein $g \in \mathbb{N}_+$, so existiert in G ein elementarer Kreis der Länge mindestens $g + 1$.   ∎

Lemma 3.5:
Sei G ein ungerichteter endlicher Graph mit $g(v) \geq 2$ für alle $v \in V(G)$. Dann besitzt G einen elementaren Kreis. Falls G einfach ist, und $g(v) \geq g$ für alle $v \in V(G)$ und ein $g \in \mathbb{N}_+$ mit $g \geq 2$, so existiert in G ein elementarer Kreis der Länge mindestens $g + 1$.   ∎

3.2   Kreisfreie Graphen

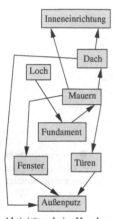

Aktivitäten beim Hausbau

Beim Hausbau müssen bestimmte Aktivitäten (»Prozesse«) P ausgeführt werden. Zwischen den Prozessen bestehen bestimmte Präzedenzbeziehungen B: zuerst muss ein Loch ausgehoben werden, bevor das Fundament gegossen werden kann; bevor das Dach aufgesetzt wird, müssen die Mauern stehen, usw.

Wir können die Aktivitäten als Ecken eines gerichteten Graphen $G(P, B)$ und die Präzedenzen als Pfeile im Graphen interpretieren. Der so erhaltene Graph wird auch oft als »Aktivitätengraph« bezeichnet. Wir gehen davon aus, dass unabhängige Aktivitäten parallel erfolgen können. Beispielsweise können Türen, Fenster und das Dach erst ein- bzw. aufgesetzt werden, sobald die Mauern stehen.

Eine notwendige Bedingung dafür, dass das Gesamtprojekt überhaupt ausgeführt werden kann, ist offenbar, dass der Aktivitätengraph $G(P, B)$ keinen Kreis enthält. In diesem Abschnitt beschäftigen wir uns mit solchen kreisfreien Graphen.

Definition 3.6:   **Kreisfreier Graph**

kreisfreier Graph

Wir nennen einen (gerichteten oder ungerichteten) Graphen G kreisfrei, wenn in G kein einfacher Kreis existiert.

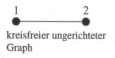

kreisfreier ungerichteter Graph

In der obigen Definition ist die Beschränkung auf einfache Kreise wichtig, da etwa der ungerichtete Graph mit Eckenmenge $V = \{1,2\}$ und der einzigen Kante $[1,2]$ sehr wohl den Kreis $C = (1, [1,2], 2, [1,2], 1)$ besitzt, wir ihn aber intuitiv als »kreisfrei« bezeichnen würden. Im Übrigen kann man in Definition 3.6 »einfach« auch durch »elementar« ersetzen, da ein Graph genau dann einen einfachen Kreis besitzt, wenn er einen elementaren Kreis aufweist (vgl. Übung 3.2). Für gerichtete Graphen G gilt sogar noch stärker: G enthält genau dann einen Kreis, wenn G einen einfachen/elementaren Kreis enthält (siehe Übung 3.3).

Definition 3.7: **Topologische Sortierung**

Sei $G = (V, R, \alpha, \omega)$ ein gerichteter Graph. Eine *topologische Sortierung* von G ist eine bijektive Abbildung $\sigma \colon V \to \{1, 2, \ldots, n\}$, mit folgender Eigenschaft:

$$\sigma(\alpha(r)) < \sigma(\omega(r)) \quad \text{für alle } r \in R.$$

topologische Sortierung

Satz 3.8:

Ein gerichteter Graph $G = (V, R, \alpha, \omega)$ ist genau dann kreisfrei, wenn er eine topologische Sortierung besitzt.

Beweis:

»⇒«: Wir beweisen die Behauptung durch Induktion nach $n = |V(G)|$. Falls $n = 1$, so ist nichts zu zeigen. Falls $n > 1$, so muss in G eine Ecke $v \in V$ mit $g^-(v) = 0$ existieren (siehe Lemma 3.4). Per Induktion besitzt der kreisfreie Graph $G' = G - v$ eine topologische Sortierung $\sigma' \colon V \setminus \{v\} \to \{1, \ldots, n-1\}$. Wenn wir $\sigma(v) := 1$ und $\sigma(u) := \sigma'(u) + 1$ für $u \neq v$ setzen, so erhalten wir eine topologische Sortierung für G.

»⇐«: Sei σ eine topologische Sortierung. Wäre $C = (v_0, r_1, v_1, \ldots, r_k, v_k)$ ein Kreis in G, so müsste gelten: $\sigma(v_0) < \sigma(v_1) < \cdots < \sigma(v_k)$. Da aber $v_0 = v_k$ impliziert dies $\sigma(v_0) < \sigma(v_0)$, also einen Widerspruch. ∎

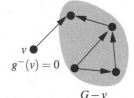

$G - v$

Induktive Konstruktion einer topologischen Sortierung

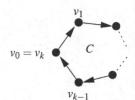

Eine topologische Sortierung verhindert Kreise.

Der Beweis von Satz 3.8 ist bei genauerem Hinsehen konstruktiv: Wir finden eine Ecke $v \in V$ mit $g^-(v) = 0$, setzen $\sigma(v) := 1$ und bestimmen anschließend eine »leicht modifizierte« topologische Sortierung für $G' := G - v$. Dabei besteht die einzige Modifikation darin, dass wir für G' nicht die Zahlen $1, \ldots, n-1$, sondern $2, \ldots, n$ vergeben.

Wir können diese Vorgehensweise auch etwas anders formulieren. Sei $G_0 := G$. Wir finden für $i = 0, 1, \ldots, n$ im aktuellen Graphen G_i eine Ecke v_i mit Innengrad 0, setzen $\sigma(v_i) := i$ und fahren mit $G_{i+1} := G_i - v_i$ fort. In Abschnitt 2.5.2 haben wir bereits gesehen, wie wir für einen Graphen in Adjazenzlistenspeicherung in Zeit $\mathcal{O}(n+m)$ eine Ecke mit Innengrad 0 finden können, sofern eine solche existiert. Eine naive wiederholte Anwendung des oben beschriebenen Verfahrens ergibt eine Gesamtlaufzeit von $\mathcal{O}(n(n+m))$. Bei etwas sorgsamerer Arbeitsweise lässt sich dies aber auf eine Gesamtlaufzeit von $\mathcal{O}(n+m)$ reduzieren.

Dazu berechnen wir in einem Array `igrad` zunächst die Innengrade der Ecken in G in Zeit $\mathcal{O}(n+m)$ wie bei der Suche nach einer Ecke mit Innengrad 0 (Algorithmus 2.2). Wir aktualisieren die Einträge im Array dergestalt, dass sie immer die Innengrade im derzeit aktuellen Graphen G_i angeben. Dazu halten wir uns eine Liste L_0 von Ecken mit Innengrad 0. In Iteration i entfernen wir eine Ecke v_i aus L_0, setzen $\sigma(v_i) := i$ und setzen für alle $w \in N^+(v)$ den neuen Innengrad auf `igrad[w] := igrad[w] − 1`. Falls dabei bei einer Ecke w der Innengrad auf 0 sinkt, so fügen wir w an L_0 an.

Algorithmus 3.1 Topologische Sortierung.

TOPOLOGICAL-SORT(G)

Input: Ein gerichteter Graph G in Adjazenzlisten-Repräsentation

Output: Eine topologische Sortierung σ von G oder die Information, dass G
              einen Kreis enthält.

1 Berechne die Innengrade $\mathtt{igrad}[v]$ für alle $v \in V$ in Zeit $\mathcal{O}(n+m)$.
                                                      { *Algorithmus 2.2 auf Seite 22* }

2 Setze $L_0 := \{\, v \in V : \mathtt{igrad}[v] = 0 \,\}$.

3 **for** $i = 1, \ldots, n$ **do**

4   Entferne die erste Ecke v_i aus L_0 und setze $\sigma(v_i) := i$.
        { *Falls L_0 leer ist, so ist G nicht kreisfrei (siehe Beweis von Satz 3.8). In*
        diesem Fall brechen wir mit einer entsprechenden Meldung ab. }

5   **for all** $r \in \delta^+(v_i)$ **do**

6   Sei $w = \omega(r)$ die Endecke von r. Setze $\mathtt{igrad}[w] := \mathtt{igrad}[w] - 1$

7   **if** $\mathtt{igrad}[w] = 0$ **then**

8   Füge w an L_0 an.

9 **return** σ

Das Verfahren ist in Algorithmus 3.1 gezeigt. Die Laufzeit ist $\mathcal{O}(n+m)$,
da Einfügen und Löschen aus der Liste jeweils in konstanter Zeit möglich
ist und ferner genau m mal in Schritt 6 von Algorithmus 3.1 ein Innengrad
erniedrigt wird.

Satz 3.9:

Algorithmus 3.1 berechnet in $\mathcal{O}(n+m)$ Zeit eine topologische Sortierung
oder gibt die Information aus, dass G nicht kreisfrei ist.   ∎

3.3   Zusammenhang

Definition 3.10:   **Erreichbarkeit**

erreichbar

$E_G(v)$

Die Ecke w heißt (in G) von v *erreichbar*, wenn es einen Weg P mit $\alpha(P) =$
v und $\omega(P) = w$ gibt. Mit $E_G(v)$ bezeichnen wir die von v aus (in G) erreichbaren Ecken.

$E(v)$

Oftmals schreiben wir einfacher $E(v)$ statt $E_G(v)$, wenn klar ist, um welchen Graphen es sich handelt. Falls G ein ungerichteter Graph ist, so gilt
offenbar $v \in E_G(w)$ genau dann, wenn auch $w \in E_G(v)$ ist. Aufgabe 3.1
zeigt, dass man sich im Bezug auf die Erreichbarkeit auf elementare Wege
beschränken kann.

Für eine Ecke $s \in V$ lässt sich die Menge $E_G(s)$ mit folgender Idee in
linearer Zeit $\mathcal{O}(n+m)$ bestimmen: Ausgehend von $V_0 := \{s\}$ setzen wir
V_{i+1} als diejenigen Ecken in $V \setminus (V_0 \cup \cdots \cup V_i)$, für die es einen Pfeil (eine
Kante) von V_i nach V_{i+1} gibt. Diese Idee ist in Algorithmus 3.2 umgesetzt.

Algorithmus 3.2 Algorithmus zur Bestimmung von $E_G(s)$

ERREICHBAR(G, s, p)

Input: Ein (un-) gerichteter Graph G in Adjazenzlistendarstellung; eine Ecke $s \in V(G)$; eine »Markierungszahl« $p \in \mathbb{N}$

Output: Die Menge $E_G(s)$ der Ecken, die in G von s aus erreichbar sind.

1 Setze marke$[s] := p$ und marke$[v] := $ nil für alle $v \in V \setminus \{s\}$
2 $L := (s)$ *{ Eine Liste, die nur s enthält. }*
3 **while** $L \neq \emptyset$ **do**
4   Entferne das erste Element u aus L.
5   **for all** $v \in $ ADJ$[u]$ **do**
6   **if** marke$[v] = $ nil **then**
7   Setze marke$[v] := p$ und füge v an das Ende von L an.
8 **return** $E_G(s) := \{ v \in V : $ marke$[v] = p \}$

Satz 3.11:

Der Algorithmus 3.2 bestimmt korrekt die Menge $E_G(s)$. Seine Laufzeit ist $\mathcal{O}(n+m)$.

Beweis:

Im Algorithmus wird im gerichteten Fall jeder Pfeil höchstens einmal in Schritt 5 betrachtet. Im ungerichteten Fall wird jede Kante höchstens zweimal betrachtet, einmal für jede Endecke. Da die Listenoperationen in konstanter Zeit durchführbar sind, ergibt sich die behauptete lineare Laufzeit von $\mathcal{O}(n+m)$.

Da eine Ecke $v \in V$ in Schritt 7 nur dann mit p markiert wird, wenn es einen Pfeil $r \in R$ (eine Kante $e \in E$) gibt, so dass $\alpha(r) = u$, $\omega(r) = v$ ($\gamma(e) = \{u, v\}$) und u bereits markiert ist, folgt durch Induktion nach der Anzahl der Markierungsschritte 7, dass höchstens die Ecken in $E_G(s)$ mit p markiert werden.

Dass umgekehrt aber auch jede Ecke $v \in E_G(s)$ markiert wird, folgt durch Induktion nach der Länge k eines kürzesten Weges von s nach v: Für $k = 0$ ist $v = s$ und die Aussage trivial. Sei daher P ein kürzester Weg von s nach v mit Länge $k \geq 1$ und Spur $s(P) = [s = v_0, v_1, \ldots, v_{k-1} = u, v_k = v]$. Dann beträgt die Länge eines kürzesten Weges von s nach u höchstens $k-1$, und nach Induktionsvoraussetzung wird u mit p markiert und dabei der Liste L hinzugefügt. Wenn u in Schritt 4 wieder aus L entfernt wird, wird v mit p markiert, sofern die Marke auf v noch nicht p ist.   ∎

Algorithmus 3.2 ist eine einfache Variante der Breitensuche (BFS), die wir in Kapitel 7 genauer kennenlernen werden und mit deren Hilfe man weitere strukturelle Eigenschaften von Graphen algorithmisch untersuchen kann.

Definition 3.12:   **Zusammenhang, Zusammenhangskomponente**

Sei G ein gerichteter oder ungerichteter Graph. Zwei Ecken $v \in V(G)$ und $w \in V(G)$ heißen *(stark) zusammenhängend* (i.Z. $v \leftrightarrow w$), wenn $w \in E_G(v)$

(stark) zusammenhängend

$v \leftrightarrow w$

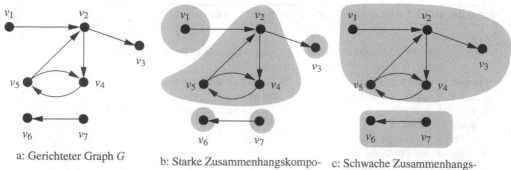

a: Gerichteter Graph G b: Starke Zusammenhangskompo-   c: Schwache Zusammenhangs-
                                nenten   komponenten

Bild 3.4: Ein gerichteter Graph sowie seine starken und schwachen Zusammenhangskomponenten.

(starke)
Zusammenhangskomponente

ZK(v)

schwach zusammenhängend

G^{sym} siehe Definition 2.10

und $v \in E_G(w)$ gilt. Die Menge aller Ecken, die mit v zusammenhängen,
nennt man die *(starke) Zusammenhangskomponente* von v, i.Z. ZK(v).

Falls G ein gerichteter Graph ist, so nennen wir zwei Ecken $v \in V(G)$
und $w \in V(G)$ *schwach zusammenhängend*, wenn v und w in der symmetrischen Hülle G^{sym} stark zusammenhängen.

Im Fall von ungerichteten Graphen sprechen wir normalerweise nur von
Zusammenhang, in gerichteten Graphen betonen wir durch den Ausdruck
»stark zusammenhängend« den Unterschied zum schwachen Zusammenhang.

Sei G ein gerichteter oder ungerichteter Graph. Wie wir gleich zeigen,
bilden die Zusammenhangskomponenten $\mathrm{ZK}_1, \ldots, \mathrm{ZK}_k \subseteq V(G)$ eine Partition der Eckenmenge V, d.h., es gilt:

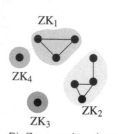

Die Zusammenhangskompo-
nenten bilden eine Partition
der Eckenmenge.

1. $\mathrm{ZK}_i \cap \mathrm{ZK}_j = \emptyset$ für $i \neq j$, und

2. $\bigcup_{i=1}^k \mathrm{ZK}_i = V(G)$.

Wir bezeichnen auch oft den durch ZK_i induzierten Subgraphen $G[\mathrm{ZK}_i]$
als Zusammenhangskomponente. Bild 3.4 zeigt einen Graphen sowie seine
starken und schwachen Zusammenhangskomponenten.

Wir erinnern daran, dass eine *Äquivalenzrelation* $\sim$ auf einer Menge U
eine Teilmenge $\sim \subseteq U \times U$ ist, die folgende Eigenschaften besitzt:

1. $(u, u) \in \sim$ für alle $u \in U$ (Reflexivität)

2. Falls $(u, v) \in \sim$, so ist auch $(v, u) \in \sim$ (Symmetrie)

3. Falls $(u, v) \in \sim$ und $(v, w) \in \sim$, so gilt auch $(u, w) \in \sim$ (Transitivität)

Man schreibt auch $u \sim v$ statt $(u, v) \in \sim$. Ist $\sim$ eine Äquivalenzrelation auf U und $u \in U$, so bezeichnet man mit

$$[u] := [u]_\sim := \{\, v \in U : u \sim v \,\}$$

die *Äquivalenzklasse* von u bezüglich $\sim$.

Satz 3.13:
Sei $\sim$ eine Äquivalenzrelation auf der Menge U. Die Äquivalenzklassen bezüglich $\sim$ bilden eine Partition von U.

Beweis:
Jedes $u \in U$ ist wegen der Reflexivität von $\sim$ in der Äquivalenzklasse $[u]$ enthalten. Damit ist der Beweis beendet, wenn wir zeigen, dass zwei Äquivalenzklassen $[u]$ und $[u']$ entweder identisch oder disjunkt sind.

Angenommen, es gilt $z \in [u] \cap [u']$. Wir zeigen, dass dann $[u] = [u']$ gilt. Sei dazu $v \in [u]$. Dann gilt $u \sim v$. Aus $u \sim z$ und $z \sim u'$ folgt dann wegen der Transitivität auch $v \sim u'$, also $v \in [u']$. Da $v \in [u]$ beliebig war, folgt $[u] \subseteq [u']$. Analog folgt $[u'] \subseteq [u']$, insgesamt also $[u] = [u']$. ∎

Lemma 3.14:
Die Relation $\leftrightarrow$ aus Definition 3.12 ist eine Äquivalenzrelation auf $V(G)$.

Beweis:
Die Reflexivität und Symmetrie sind trivial. Die Transitivität folgt aus der Komposition von Wegen: Ist $u \leftrightarrow v$ und $v \leftrightarrow w$, so existieren wegen $v \in E_G(u)$ und $w \in E_G(v)$ Wege P_{uv} und P_{vw} von u nach v bzw. von v nach w. Der Weg $P_{uv} \circ P_{vw}$ ist dann ein Weg von u nach w, also ist $w \in E_G(v)$. Analog zeigt man $v \in E_G(w)$, woraus dann $v \leftrightarrow w$ folgt. ∎

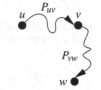

Transitivität der Relatation $\leftrightarrow$

Nach Lemma 3.14 können wir die Zusammenhangskomponenten eines Graphen (siehe Definition 3.12) äquivalent auch wie folgt einführen:

Definition 3.15:   Zusammenhangskomponenten eines Graphen
Die Äquivalenzklassen bezüglich $\leftrightarrow$ nennt man die *(starken) Zusammenhangskomponenten* von G. Falls G nur eine Zusammenhangskomponente besitzt, so ist G *(stark) zusammenhängend*.

starke
Zusammenhangskomponente

(stark) zusammenhängend

Für einen gerichteten Graphen sind die schwachen Zusammenhangskomponenten die starken Zusammenhangskomponenten der symmetrischen Hülle G^{sym}.

Korollar 3.16:
Sowohl die starken als auch die schwachen Zusammenhangskomponenten eines Graphen G bilden eine Partition seiner Eckenmenge $V(G)$.

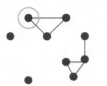

Zu Beginn sind alle Ecken mit nil markiert.

Ausgehend von einer Ecke wird die erste Komponente gefunden.

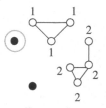

Markieren der Ecken in der zweiten Komponente

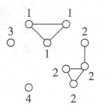

Endergebnis der Komponentenberechnung

Schnitt

Beweis:
Folgt aus Lemma 3.14 und Satz 3.13. ■

Die Zusammenhangskomponenten eines *ungerichteten* Graphen G lassen sich auf Basis einer leicht modifizierten Variante von Algorithmus 3.2 in linearer Zeit bestimmen. Die Modifikation von Algorithmus 3.2 besteht darin, dass wir Zeile 1 fortlassen: die Ecken werden nur ein einziges Mal vor dem ersten Aufruf von Algorithmus 3.2 mit nil markiert.

Wir starten mit $p = 0$ und iterieren, solange noch eine Ecke mit Markierung Null vorhanden ist. In Phase p wählen wir eine solche noch mit Null markierte Ecke v_p, setzen $p := p + 1$ und markieren alle $v \in E_G(v_p)$ durch Aufruf von ERREICHBAR(G, v_p, p) mit der Marke p. Das Verfahren ist in Algorithmus 3.3 dargestellt. Die gesamte Laufzeit ist offenbar linear, da jede Kante genau zweimal betrachtet wird (wenn beide Endecken bereits markiert sind, wird die Kante in folgenden Aufrufen von Algorithmus 3.2 ERREICHBAR nicht mehr betrachtet). Wir haben somit folgendes Ergebnis bewiesen:

Algorithmus 3.3 Algorithmus zur Bestimmung der Zusammenhangskomponenten eines ungerichteten Graphen

---

KOMPONENTEN(G)

   Input: Ein ungerichteter Graph G in Adjazenzlistendarstellung
   Output: Die Zusammenhangskomponenten von G
  1 marke$[v] :=$ nil für alle $v \in V = \{v_1, \dots, v_n\}$
  2 $p := 0$
  3 **for** $j := 1, \dots, n$ **do**
  4   **if** marke$[v_j] =$ nil **then**
  5      $p := p + 1$
  6   ERREICHBAR(G, v_j, p)
  7 **return** »G besitzt p Zusammenhangskomponenten $V_1, \dots, V_p$« mit $V_i = \{v \in V : \text{marke}[v] = i\}$

Satz 3.17:
Die Zusammenhangskomponenten eines ungerichteten Graphen lassen sich in linearer Zeit bestimmen. ■

Die Bestimmung der starken Zusammenhangskomponenten eines gerichteten Graphen in linearer Zeit ist deutlich komplizierter. In Kapitel 5 werden wir ein erstes einfaches Verfahren kennenlernen, um die Zusammenhangskomponenten eines Graphen in $\mathcal{O}(n^3)$ Zeit zu bestimmen. In Kapitel 7 zeigen wir dann, wie man mit Hilfe der Tiefensuche (DFS) die starken Zusammenhangskomponenten in linearer Zeit $\mathcal{O}(n+m)$ berechnen kann.

Definition 3.18:   **Schnitt**
Ein *Schnitt* (A, B) in einem gerichteten oder ungerichteten Graphen G ist

eine Partition der Eckenmenge in nichtleere Teilmengen, d.h., $V(G) = A \cup B$ mit $A \cap B = \emptyset$, $A \neq \emptyset$ und $B \neq \emptyset$.

In Erweiterung der Notationen $\delta^+(v)$ und $\delta^+(v)$ definieren wir für eine Teilmenge $U \subseteq V$ der Eckenmenge eines Graphen G das von U ausgehende Pfeilbüschel $\delta^+(U)$ und das in U mündende Pfeilbüschel $\delta^-(U)$:

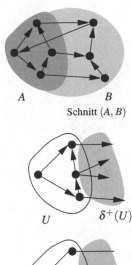

A B

Schnitt (A, B)

$$\delta^+(U) := \{\, r \in R : \alpha(r) \in U \text{ und } \omega(r) \in V \setminus U \,\}$$
$$\delta^-(U) := \{\, r \in R : \omega(r) \in U \text{ und } \alpha(r) \in V \setminus U \,\}$$

Ist G ungerichtet, so definieren wir analog $\delta(U)$ als die Menge der Kanten mit genau einer Endecke in U:

$$\delta(U) := \{\, e \in E : \gamma(e) = \{u, v\} \text{ mit } u \in U \text{ und } v \in V \setminus U \,\}$$

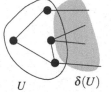

U $\delta^+(U)$

U $\delta(U)$

Satz 3.19:

Ein gerichteter Graph G ist genau dann stark zusammenhängend, wenn für jeden Schnitt (A, B) in G gilt $\delta^+(A) \neq \emptyset$.

Beweis:

»⇒«: Falls für einen Schnitt (A, B) gilt $\delta^+(A) = \emptyset$, so ist offenbar keine Ecke in B von einer Ecke in A aus erreichbar. Daher ist die im Satz angegebene Bedingung trivialerweise notwendig für den starken Zusammenhang von G.

»⇐«: Wir nehmen an, dass G nicht stark zusammenhängend ist und führen diese Annahme zum Widerspruch. Falls G mehr als eine starke Zusammenhangskomponente besitzt, so gibt es $v \in V$ und $w \in V$, so dass $w \notin E_G(v)$. Dann ist (A, B) mit $A := E_G(v)$ und $B := V \setminus A$ ein Schnitt in G (wegen $v \in A$ und $w \in B$ sind beide Mengen nicht leer). Andererseits gilt $\delta^+(A) = \emptyset$ im Widerspruch zur Voraussetzung, denn wäre $r \in \delta^+(A)$, so folgt aus $\alpha(r) \in E_G(v)$, dass $\omega(r) \in E_G(v)$, da jeder Weg von v nach $\alpha(r)$ durch den Pfeil r zu einem Weg von v nach w fortgesetzt werden kann. ■

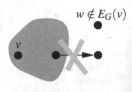

$w \notin E_G(v)$

$A = E_G(v)$

Es kann keinen Pfeil in $\delta^+(A)$ geben.

Analog zu Satz 3.19 beweist man:

Satz 3.20:

(i) Ein gerichteter Graph G ist genau dann schwach zusammenhängend, wenn für jeden Schnitt (A, B) in G gilt $\delta^+(A) \neq \emptyset$ oder $\delta^-(A) \neq \emptyset$.

(ii) Ein ungerichteter Graph G ist genau dann zusammenhängend, wenn für jeden Schnitt (A, B) in G gilt $\delta(A) \neq \emptyset$. ■

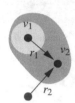

Wir schließen den Abschnitt mit nützlichen Konsequenzen aus den Sätzen 3.19 und 3.20 über (stark) zusammenhängende Graphen. Ist G stark zusammenhängend und $|V(G)| = n \geq 2$, so muss $g^+(v) \geq 1$ für jede Ecke $v \in V(G)$ gelten (dies folgt durch Betrachtung des Schnittes $(\{v\}, V(G) \setminus \{v\})$). Daraus folgt $|R(G)| = m = \sum_{v \in V(G)} g^+(v) \geq n$.

Sei nun G schwach zusammenhängend. Wir wählen $v_1 \in V(G)$ und setzen $V_1 := \{v_1\}$. Nach Satz 3.20 gibt es einen Pfeil $r_1 \in R(G)$, dessen andere adjazente Ecke v_2 in $V \setminus V_1$ liegt. Sei $V_2 := \{v_1, v_2\}$. Wieder gibt es einen Pfeil r_2, so dass r_2 den Schnitt $(V_2, V \setminus V_2)$ kreuzt. Fortsetzung des Verfahrens liefert paarweise verschiedene Pfeile $r_1, \ldots, r_{n-1} \in R(G)$. Daraus folgt $m \geq n - 1$. Wir erhalten somit folgende Beobachtung:

Beobachtung 3.21:

   (i) *Ist G stark zusammenhängend mit $|V(G)| \geq 2$, so gilt $|R(G)| \geq |V(G)|$.*

  (ii) *Ist G schwach zusammenhängend, so gilt $|R(G)| \geq |V(G)| - 1$.*

 (iii) *Ist G ungerichtet und zusammenhängend, so gilt $|E(G)| \geq |V(G)| - 1$.*

Abschließend beweisen wir noch ein Resultat, das wir im weiteren Verlauf häufig (implizit) nutzen werden.

Lemma 3.22:
Sei G ein Graph und $u, v \in V(G)$ Ecken in der gleichen starken Zusammenhangskomponente ZK von G. Jeder Weg von u nach v in G berührt nur Ecken aus ZK. Zudem existiert ein Kreis, der genau alle Ecken aus ZK berührt.

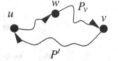

Sind u und v in der gleichen starken Zusammenhangskomponente und liegt w auf einem Weg von u nach v, so ist auch w in dieser Zusammenhangskomponente.

Beweis:
Ist w auf einem Weg P von u nach v, so gilt $w \in E_G(u)$. Sei P_v der Teilweg von P mit $\alpha(P_v) = w$ und $\omega(P_v) = v$. Da $u \in E_G(v)$, existiert ein Weg P' von v nach u in G. Dann ist $P_v \circ P$ ein Weg von w nach u, also $u \in E_G(w)$.

Für den Kreis mit den geforderten Eigenschaften wählen wir eine Ecke $v \in ZK$. Für jede Ecke $u \in ZK$ seien P_{vu} und P_{uv} die Wege von v nach u und zurück, die nur Ecken aus ZK berühren. Zusammenfügen aller Kreise $P_{vu} \circ P_{uv}$ liefert das gewünschte Resultat.   ∎

3.4   Bipartite Graphen

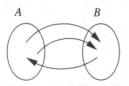

Bipartiter Graph: Es gibt eine Partition $V = A \cup B$ der Eckenmenge, so dass jeder Pfeil bzw. jede Kante eine Endecke in A und die andere in B hat.

Definition 3.23:   Bipartiter Graph
Ein gerichteter oder ungerichteter Graph G heißt *bipartit*, wenn es eine Partition $V = A \cup B, A \cap B = \emptyset$ der Eckenmenge $V(G)$ gibt, so dass jeder Pfeil $r \in R(G)$ bzw. jede Kante $e \in E(G)$ sowohl mit einer Ecke in A als auch mit einer Ecke in B inzident ist (dies impliziert insbesondere, dass G keine Schlingen besitzt).

Satz 3.24:

Ein ungerichteter Graph G ist genau dann bipartit, wenn er keinen Kreis ungerader Länge besitzt.

Beweis:

»⇒«: Sei G bipartit mit Bipartition $V = A \cup B$. Wir nehmen an, dass G einen Kreis $C = (v_0, r_1, v_1, \ldots, v_{2k-1} = v_0)$ (bzw. $C = (v_0, e_1, v_1, \ldots, v_{2k-1} = v_0)$ im ungerichteten Fall) ungerader Länge $2k - 1$ besitzt. Ohne Beschränkung der Allgemeinheit sei $v_0 \in A$. Dann folgt $v_1 \in B$, da G bipartit ist. Analog ergibt sich dann $v_2 \in A$. Fortsetzen des Arguments liefert $v_{2i} \in A$ für $i = 1, \ldots, k-1$ und $v_{2i-1} \in B$ für $i = 1, \ldots, k$. Insbesondere ist dann $v_{2k-1} = v_0 \in B$, was $A \cap B = \emptyset$ widerspricht.

»⇐«: Da G genau dann bipartit ist, wenn jede Zusammenhangskomponente bipartit ist, genügt es, die Aussage für zusammenhängendes G zu zeigen. Wähle $s \in V(G)$ beliebig. Dann ist wegen des Zusammenhangs $E_G(s) = V(G)$. Für $v \in V$ definieren wir $\text{dist}(s, v)$ als die Länge eines kürzesten Weges von s nach v. Damit partitionieren wir die Eckenmenge wie folgt:

$$A := \{\, v \in V : \text{dist}(s, v) \text{ ist gerade} \,\}$$
$$B := \{\, v \in V : \text{dist}(s, v) \text{ ist ungerade} \,\}.$$

Wir behaupten, dass die obige Partition eine Bipartition ist. Falls dies falsch ist, so gibt es eine Kante $e \in E$, die beide Endpunkte in der gleichen Menge X der Partition besitzt ($X = A$ oder $X = B$). Sei also o.B.d.A. $e \in E$ mit $\gamma(e) = \{u, v\}$ mit $u \in X$ und $v \in X$. Zunächst ist $\text{dist}(s, v) \leq \text{dist}(s, u) + 1$, da wir jeden Weg von s nach u, insbesondere einen kürzesten, durch Anhängen der Kante e zu einem Weg von s nach v machen können. Da beide Werte $\text{dist}(s, u)$ und $\text{dist}(s, v)$ gerade oder beide ungerade sind, folgt sogar $\text{dist}(s, v) \leq \text{dist}(s, u)$. Analog ergibt sich $\text{dist}(s, u) \leq \text{dist}(s, v)$, so dass wir $\text{dist}(s, u) = \text{dist}(s, v) =: k$ erhalten. Seien P_u und P_v kürzeste Wege von s nach u bzw. von v nach s. Dann ist $P_u \circ (u, e, v) \circ P_v$ wegen $|P_u| = |P_v| = k$ ein Kreis ungerader Länge im Widerspruch zur Voraussetzung. ∎

In Aufgabe 3.9 wird ein Algorithmus entwickelt, der in linearer Zeit feststellt, ob ein gegebener Graph G bipartit ist und gegebenenfalls eine Bipartition der Eckenmenge ausgibt.

3.5 Der Satz von Euler

Im Königsberger Brückenproblem aus der Einleitung geht es um einen Rundweg durch Königsberg, der alle Brücken genau einmal durchläuft. Übersetzt in die Sprache der Graphentheorie fragen wir nach einem Kreis, der alle Kanten des entsprechenden ungerichteten Graphen genau einmal enthält (durchläuft).

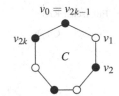

Ein bipartiter Graph kann keinen Kreis ungerader Länge enthalten.

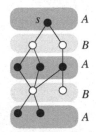

Bipartition über Abstände von s

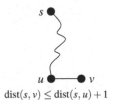

$\text{dist}(s, v) \leq \text{dist}(s, u) + 1$

Ungerichteter Graph aus dem Königsberger Brückenproblem

Definition 3.25:   Eulerscher Weg, Eulerscher Kreis

Sei G ein gerichteter oder ungerichteter Graph. Ein Weg P in G heißt *Eulerscher Weg*, wenn P jeden Pfeil aus $R(G)$ (jede Kante aus $E(G)$) genau einmal durchläuft. Ist P zusätzlich ein Kreis, so nennt man P auch *Eulerschen Kreis*. Der Graph G heißt *Eulersch*, wenn er einen Eulerschen Kreis enthält.

Eulerscher Weg

Eulerscher Kreis

Eulerscher Graph

Wir betrachten zunächst Eulersche Kreise in gerichteten Graphen.

Satz 3.26:   Satz von Euler (I)

Ein endlicher gerichteter und schwach zusammenhängender Graph $G = (V, R, \alpha, \omega)$ ist genau dann Eulersch, wenn

$$g^{+}(v) = g^{-}(v) \qquad \text{für alle } v \in V \tag{3.1}$$

gilt.

Beweis:

»⇒«: Falls $R = \emptyset$, so ist die Aussage trivial. Wir nehmen also an, dass $R \neq \emptyset$ gilt. Sei $v \in V$ und $C = (v_0, r_1, v_1 \ldots, r_k, v_k = v_0)$ mit $k \geq 1$ ein Eulerscher Kreis in G. Da G schwach zusammenhängend ist, gilt $g(v) \neq 0$ und v muss daher von C berührt werden. Ohne Beschränkung der Allgemeinheit können wir annehmen, dass $v = v_0$ gilt (falls $v = v_j$, so ist $(v_j, r_{j+1}, v_{j+1}, \ldots, r_k, v_k = v_0, r_1, v_1, \ldots, r_{j-1}, v_j)$ ein Eulerscher Kreis mit Start- bzw. Endecke v). Wenn wir C durchlaufen, so verlassen wir v genauso oft wie wir wieder nach v gelangen. Da C alle Pfeile aus R, also insbesondere alle zu v inzidenten Pfeile enthält, folgt $g^{+}(v) = g^{-}(v)$. Somit ist (3.1) notwendig für die Existenz eines Eulerschen Kreises.

»⇐«: Sei umgekehrt nun $g^{+}(v) = g^{-}(v)$ für alle $v \in V$ und G schwach zusammenhängend. Wir müssen zeigen, dass es einen Eulerschen Kreis in G gibt.

Falls $R = \emptyset$, so muss wegen des schwachen Zusammenhangs $|V| = 1$ gelten, etwa $V = \{v\}$ und $C = (v)$ ist ein (entarteter) Eulerscher Weg in G. Wir nehmen daher im Weiteren an, dass $R \neq \emptyset$ gilt.

Wir zeigen die Existenz eines Eulerschen Kreises nun konstruktiv. Der Beweis liefert dann anschließend auch die Grundlage für einen Linearzeitalgorithmus zum Bestimmen eines Eulerschen Kreises.

Zunächst konstruieren wir einen Weg P (der sich als Kreis herausstellen wird) wie folgt: Wir starten in einer beliebigen Ecke v_0 und wählen einen noch unbenutzten Pfeil aus $r_1 \in \delta^{+}(v_0)$. Anschließend setzen wir das Verfahren in $v_1 := \omega(r_1)$ fort. Wir brechen ab, sobald keine unbenutzten Pfeile mehr zur Verfügung stehen. Da $g^{+}(v) = g^{-}(v)$ für alle $v \in V$ endet das Verfahren in v_0 (ansonsten würden in der Abbruchecke $v' \neq v_0$ mehr Pfeile enden als starten, d.h. es wäre $g^{+}(v') < g^{-}(v')$). Wir haben also einen einfachen Kreis $C_1 := P$ in G gefunden.

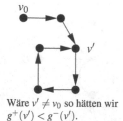

v_0

v'

Wäre $v' \neq v_0$ so hätten wir $g^{+}(v') < g^{-}(v')$.

Falls $R(C_1) = R$, so ist C_1 bereits ein Eulerscher Kreis. Andernfalls gibt es derzeit nicht benutzte Pfeile. Wir entfernen alle Pfeile aus $R(C_1)$ aus R. Im resultierenden Graphen G' gilt immer noch $g^+(v) = g^-(v)$ für alle $v \in V$. Wegen des schwachen Zusammenhangs von G und $g^+(v) = g^-(v)$ für alle v gibt es einen Pfeil aus $R \setminus R(C_1)$, der in einer Ecke $u \in V(C_1)$ startet. Wir setzen das Verfahren in u fort und finden einen neuen Kreis C_2. Da beide Kreise C_1 und C_2 die Ecke u gemeinsam haben und nach Konstruktion pfeildisjunkt sind, können wir sie zu einem Kreis mit Pfeilmenge $R(C_1) \cup R(C_2)$ zusammenfügen.

Zusammenfügen der Kreise C_1 und C_2

Sofern immer noch nicht alle Pfeile benutzt sind, lässt sich das Verfahren wie oben weiter fortführen. Letztendlich muss es wegen der Endlichkeit von R mit einem Kreis terminieren, der alle Pfeile aus R enthält. Dies ist dann ein Eulerscher Kreis. ∎

Bemerkung 3.27:
Euler zeigte in [60] tatsächlich nur, dass Bedingung (3.1) notwendig für die Existenz eines Eulerschen Kreises ist. Der erste vollständige Beweis gelang Carl Hierholzer [89], auf dessen Algorithmus wir später noch zurückkommen.

Aus dem Satz 3.26 von Euler bzw. aus dem oben vorgestelltem Beweis ergeben sich folgende Korollare:

Korollar 3.28:
Jeder endliche gerichtete und schwach zusammenhängende Graph G mit $g^+(v) = g^-(v)$ für alle $v \in V$ ist stark zusammenhängend.

Beweis:
Ein Eulerscher Kreis C in G ist ein Kreis, der alle Ecken berührt. Insbesondere sind die Ecken also paarweise voneinander erreichbar. ∎

Korollar 3.29:
Ein endlicher gerichteter und schwach zusammenhängender Graph G ist genau dann Eulersch, wenn sich seine Pfeilmenge in pfeildisjunkte Kreise zerlegen lässt.

Beweis:
»⇒«: Wenn G Eulersch ist, so liefert ein Eulerscher Kreis eine »Zerlegung« der Pfeilmenge in einen Kreis.
»⇐«: Wir führen eine Induktion nach der Anzahl k der Kreise in der Zerlegung $C_1, \ldots, C_k$. Falls $k = 1$, so ist der einzige Kreis C_1 ein Eulerscher Kreis. Für $k \geq 2$ imitieren wir die Konstruktion des Beweises von Satz 3.26: Wegen des schwachen Zusammenhangs von G muss jede schwache Zusammenhangskomponente von $G' = (V, R \setminus R(C_1), \alpha, \omega)$ eine Ecke mit C_1 gemeinsam haben. Jede dieser Komponenten ist per Induktion Eulersch. Die

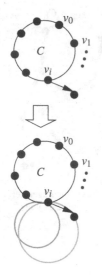

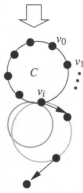

Arbeitsweise des Algorithmus von Hierholzer zur Bestimmung eines Eulerschen Kreises

Eulerschen Kreise in jeder Komponente lassen sich nun in C_1 »einkleben«, so dass ein Eulerscher Kreis im Gesamtgraphen G entsteht. ∎

Bevor wir zu weiteren Varianten des Satzes von Euler kommen, möchten wir auf die algorithmische Seite des Problems eingehen. Offenbar kann man die Gradbedingung (3.1) bei Adjazenzlisten-Repräsentation von G in $\mathcal{O}(n+m)$ Zeit und bei Adjazenzmatrix-Repräsentation in $\mathcal{O}(n^2)$ Zeit einfach überprüfen (vgl. Abschnitt 2.5.2). Damit können wir für einen schwach zusammenhängenden Graphen G in Zeit $\mathcal{O}(n+m)$ bzw. $\mathcal{O}(n^2)$ (also insbesondere in Polynomialzeit) entscheiden, ob G Eulersch ist.

Das Problem, einen Eulerschen Kreis zu finden, scheint schwieriger. Hier hilft genauere Betrachtung des konstruktiven Beweises von Satz 3.26. Zur Erinnerung: Wir hatten zunächst einen Kreis C_1 in G konstruiert. Die Schlüsselbeobachtung ist nun die folgende: Der Restgraph $G' = (V, R \setminus R(C_1), \alpha, \omega)$ enthält (aufgrund des schwachen Zusammenhangs von G) genau dann noch Pfeile, wenn es eine Ecke $u \in V(C_1)$ gibt, in der noch Pfeile aus G' starten.

Dies liefert folgendes Grundgerüst für einen Algorithmus, der auf Carl Hierholzer aus dem Jahr 1873 zurückgeht [89]. Wir bestimmen ausgehend von einer Ecke v_0 einen Kreis $C = (v_0, r_1, v_1, \ldots, r_k, v_k)$. Anschließend durchlaufen wir den Kreis C_1 erneut und prüfen, ob es eine Ecke in $V(C)$ gibt, in der noch Pfeile aus $R \setminus R(C)$ starten. Sei v_i die erste solche Ecke. Wir konstruieren nun ausgehend von v_i so lange pfeildisjunkte Kreise, bis in v_i keine unbenutzten Pfeile mehr starten. Alle diese Kreise fügen wir in den Kreis C bei v_i ein, so dass sie in C *nach* dem Pfeil r_i (der in v_i mündet) durchlaufen werden. Nun setzen wir unseren Durchlauf des aktualisierten Kreises C an der Stelle v_i fort und finden die nächste Ecke, an der noch Pfeile aus $R \setminus R(C)$ starten.

Es ist klar, dass wir das obige Verfahren so umsetzen können, dass es insgesamt in polynomieller Zeit läuft. Wir zeigen nun, dass man mit ein paar Kniffen sogar eine *lineare Laufzeit* von $\mathcal{O}(n+m)$ erreichen kann. Ein Schlüssel hierfür ist, wie man Pfeile aus dem Graphen löscht bzw. wie man sie als benutzt markiert und anschließend effizient testen kann, ob von einer Ecke noch unbenutzte Pfeile ausgehen. Dabei benutzen wir folgenden Trick, der uns später bei schnellen Fluss-Algorithmen in Kapitel 9 noch einmal begegnen wird. Für jede Adjazenzliste ADJ$[v]$ halten wir noch einen Zeiger current$[v]$, der auf den »aktuellen« Listeneintrag zeigt. Zu Beginn zeigt current$[v]$ auf den ersten Eintrag in der Liste ADJ$[v]$. Jedes Mal, wenn wir einen von v ausgehenden Pfeil benutzen, rücken wir den Zeiger current$[v]$ eins weiter. Es gehen genau dann keine unbenutzten Pfeile von v mehr aus, wenn current$[v]$ auf das Ende der Liste ADJ$[v]$ zeigt (also gleich nil ist). Zu jedem Zeitpunkt des Algorithmus sind die unbenutzten Pfeile in R genau diejenigen ab den jeweiligen Positionen current$[v]$ ($v \in V$).

Algorithmus 3.4 Algorithmus zur Konstruktion eines Kreises aus unbenutzten Pfeilen mit Start-/Endecke v.

ERFORSCHE($G, v,$ current)

Input: Ein gerichteter Graph G in Adjazenzlisten-Repräsentation, ein Kreis C in G, eine Ecke v, ein Array current von Zeigern auf die »aktuellen« Listeneinträge in den Adjazenzlisten

1 { *Der Algorithmus konstruiert ausgehend von v einen Kreis K aus noch unbenutzten Pfeilen.* }

2 Sei $u =$ current$[v]$ der nächste Eintrag in der Liste von ADJ$[v]$, entsprechend einem Pfeil r_{vu} von v nach u:
Rücke den Zeiger current$[v]$ um ein Element in der Liste ADJ$[v]$ weiter.

3 Setze $K := (v, r_{vu}, u)$ { *K wird der zu konstruierende Kreis.* }

4 **while** $u \neq v$ **do**   { *Solange v noch nicht wieder erreicht ist.* }

5   Sei $w =$ current$[u]$ der nächste Eintrag in der Liste von ADJ$[u]$, entsprechend einem Pfeil r_{uw} von u nach w:
Rücke den Zeiger current$[u]$ um ein Element in der Liste ADJ$[u]$ weiter.

6   Setze $K := K \circ (u, r_{uw}, w)$ { *Füge den Pfeil r_{uw} an K an.* }

7   Setze $u := w$.

Algorithmus 3.4 zeigt den Teilalgorithmus zur Bestimmung eines Kreises aus unbenutzten Pfeilen mit Start/Ende in einer vorgegebenen Ecke v. Seine Laufzeit ist linear in der Anzahl der unbenutzten Pfeile, da in jedem Durchlauf der **while**-Schleife ein unbenutzter Pfeil als benutzt markiert wird (Vorrücken des Zeigers current$[u]$) und ein Durchlauf nur konstante Zeit benötigt. Der Hauptteil des Verfahrens zur Bestimmung eines Eulerschen Kreises ist in Algorithmus 3.5 dargestellt.

Satz 3.30:
Falls G Eulersch ist, so bestimmt Algorithmus 3.5 in linearer Zeit $\mathcal{O}(n+m)$ einen Eulerschen Kreis in G.

Beweis:
Die Korrektheit des Algorithmus folgt wie bereits oben besprochen aus dem konstruktiven Beweis von Satz 3.26. Wir müssen daher nur noch die lineare Laufzeit zeigen.

Jeder Pfeil des Graphen wird genau einmal durch einen Aufruf von ER-FORSCHE in Zeile 8 in einen Kreis aufgenommen und danach aus dem Graphen »gelöscht« (d.h. mit Hilfe der current-Zeiger als benutzt markiert). Somit ist der gesamte Aufwand für alle Aufrufe von ERFORSCHE und damit auch für alle Durchläufe der **while**-Schleife in Algorithmus 3.5 von der Größenordnung $\mathcal{O}(m)$. Da die Spur des zuletzt konstruierten Eulerschen Kreises $m+1$ Ecken enthält, finden auch nur $\mathcal{O}(m)$ Durchläufe der **repeat-until**-Schleife statt. Letztendlich ist die Initialisierung in $\mathcal{O}(n)$ Zeit durchführbar, so dass sich die behauptete lineare Laufzeit ergibt. ∎

Algorithmus 3.5 Linearzeit-Algorithmus zum Bestimmen eines Euler-schen Kreises

---

EULER(G)

Input: Ein gerichteter Graph G in Adjazenzlisten-Repräsentation

1 **for all** $v \in V$ **do**

2   Setze current$[v]$ auf das erste Element in ADJ$[v]$ bzw. auf nil, wenn ADJ$[v]$ leer ist.

3 Wähle eine Ecke $v_0 \in V$.

4 Setze $C := (v_0)$ { *C ist der zu konstruierende Eulersche Kreis* }

5 $v := v_0$ { *v ist die aktuelle Ecke, an der neue Kreise aus unbenutzten Pfeilen angefügt werden.* }

6 **repeat**

7   **while** current$[v] \neq$ nil **do**

                                    { *Solange in der aktuellen Ecke noch unbenutzte Pfeile starten* }

8       $K := $ ERFORSCHE($G, v,$ current)

                        { *Finde einen Kreis aus unbenutzten Pfeilen, der in v startet und endet.* }

9   Füge K in C an der Stelle v ein.

                                        { *Es starten in $v \in C$ keine unbenutzten Pfeile mehr.* }

10   Sei v' die Ecke, die aktuell in C auf v folgt. Aktualisiere v auf $v := v'$.

11 **until** $v = v_0$ { *Der Algorithmus terminiert, sobald die Ausgangsecke v_0 wieder erreicht ist.* }

12 **return** C

Nachdem wir die algorithmische Bestimmung eines Eulerschen Kreises ge-löst haben, kehren wir zu Varianten des Satzes 3.26 von Euler zurück.

Satz 3.31:   **Satz von Euler (II)**

Ein endlicher gerichteter schwach zusammenhängender Graph G besitzt genau dann einen Eulerschen Weg, der kein Kreis ist, wenn es zwei Ecken $s, t \in V(G)$, $s \neq t$ gibt mit

$$g^+(s) = g^-(s) + 1$$
$$g^+(t) = g^-(t) - 1$$
$$g^+(v) = g^-(v) \qquad \text{für alle } v \in V \setminus \{s, t\}.$$

Die Ecken s und t sind dann Start- bzw. Endecke jedes Eulerschen Weges in G.

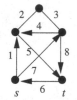

Eulerscher Weg in einer Orientierung des Graphen zum »Haus vom Nikolaus«: die Zahlen an den Pfeilen geben die Reihenfolge an, in der die Pfeile durchlaufen werden.

Beweis:

»⇒«: Analog zu Satz 3.26 folgt: Ist der Eulersche Weg kein Kreis, dann ergibt sich beim Abzählen der Grade $g^+(s) = g^-(s) + 1$ für die Startecke und $g^-(t) = g^+(t) + 1$ für die Endecke.

»⇐«: Füge einen Pfeil r^* mit $\alpha(r^*) = t$ und $\omega(r^*) = s$ zum Graphen hinzu. Im resultierenden Graphen G' gilt (3.1), d.h. für alle Ecken stimmen Innen-

und Außengrad überein. Folglich ist G' Eulersch und besitzt einen Eulerschen Kreis C, den wir so durchlaufen können, dass der Pfeil r^* als letzter benutzt wird. Entfernen des Pfeiles r^* aus C liefert nun einen Eulerscher Weg in G. ∎

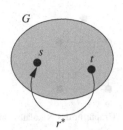

Abschließend kehren wir zum ursprünglichen Problem, dem Königsberger Brückenproblem, und damit zu ungerichteten Graphen zurück.

Bootstrap-Verfahren für den Satz von Euler: Im um r^* erweiterten Graphen gibt es einen Eulerschen Kreis, der einen Eulerschen Weg in G induziert.

Satz 3.32: **Satz von Euler für ungerichtete Graphen**

Ein endlicher ungerichteter und zusammenhängender Graph ist genau dann Eulersch, wenn alle Ecken geraden Grad haben. Er hat genau dann einen Eulerschen Weg, der kein Kreis ist, wenn genau zwei Ecken ungeraden Grad haben (diese bilden dann Anfangs- und Endecke jedes Eulerschen Weges).

Beweis:
Wir beweisen nur den ersten Teil des Satzes, den wir auf die gerichtete Variante (Satz 3.26) zurückführen. Der zweite Teil ergibt sich analog unter Zuhilfenahme von Satz 3.31.

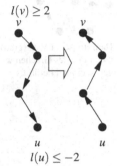

Für eine Orientierung $\vec{G}$ des ungerichteten Graphen G definieren wir die *Ladung* $l(v)$ einer Ecke v als $g^+(v) - g^-(v)$ und den *Defekt* von $\vec{G}$ als $\sum_{v \in V} |l(v)|$. Offenbar ist G genau dann Eulersch, wenn es eine Orientierung mit Defekt 0 gibt. Damit folgt auch, dass G höchstens dann Eulersch ist, wenn alle Ecken geraden Grad haben. Falls diese Bedingung erfüllt ist, so sei $\vec{G}$ eine Orientierung mit kleinstmöglichem Defekt. Wir nehmen an, dass der Defekt von $\vec{G}$ gleich $k > 0$ ist und führen diese Annahme zum Widerspruch.

Umdrehen der Pfeile auf P verringert den Defekt von $\vec{G}$

Da in G alle Ecken geraden Grad haben, sind alle Ladungen der Ecken gerade Zahlen. Falls wir in $\vec{G}$ einen Weg P von einer Ecke v mit $l(v) > 0$ zu einer Ecke u mit $l(u) < 0$ finden, so liefert daher Umdrehen der Pfeile auf P eine Orientierung mit geringerem Defekt (für v und u verringert sich der Betrag der Ladung um jeweils 2).

Sei $U \subset V$ die Menge der Ecken, die von Ecken v mit $l(v) > 0$ erreichbar sind. Da $\vec{G}$ kleinstmöglichen Defekt besitzt, enthält U nur Ecken mit positiver oder ausgeglichener Ladung und $U \neq V$. Es gilt nun $|\delta^+(U)| - |\delta^-(U)| > 0$, woraus folgt, dass es ein $r \in \delta^+(U)$ gibt. Dann ist aber $\omega(r) \in V \setminus U$ auch von Ecken mit positiver Ladung erreichbar, was der Definition von U widerspricht. ∎

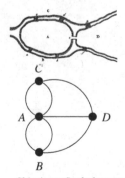

Bemerkung 3.33:
Algorithmus 3.5 lässt sich in einfacher Weise auf ungerichtete Graphen übertragen, so dass wir auch im ungerichteten Fall einen Eulerschen Kreis in linearer Zeit bestimmen können.

Skizzierter Stadtplan von Königsberg und zugehöriger Graph

Im Königsberger Brückenproblem hat jede Ecke ungeraden Grad. Daher existiert in G weder ein Eulerscher Kreis noch ein Eulerscher Weg. Im Zei-

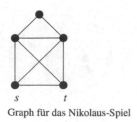

s   t

Graph für das Nikolaus-Spiel

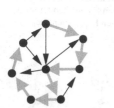

Hamiltonscher Weg (grau):
jede Ecke des Graphen wird
genau einmal berührt.

chenspiel um das »Haus vom Nikolaus« besitzen genau zwei Ecken s, t mit $s \neq t$ ungeraden Grad. Nach Satz 3.32 gibt es einen Eulerschen Weg von s nach t. Man kann das Bild also ohne Absetzen zeichnen, wobei man auf jeden Fall in s oder t starten muss und dann in der entsprechenden anderen Ecke endet.

3.6   Hamiltonsche Wege und Kreise

Ein mit dem Eulerschen Problem verwandtes Problem besteht darin, in einem Graphen einen Kreis zu finden, der *jede Ecke* genau einmal berührt. Ein solcher Kreis heißt in Referenz auf den Mathematiker Sir William R. Hamilton (1805–1865) *Hamiltonscher Kreis*.

Definition 3.34:   **Hamiltonscher Weg, Hamiltonscher Kreis**
Ein Weg P in einem gerichteten oder ungerichteten Graphen G heißt *Hamiltonscher Weg*, wenn P jede Ecke aus $V(G)$ genau einmal durchläuft. Ist P zusätzlich ein Kreis, so nennt man P *Hamiltonschen Kreis*. Einen Graphen nennt man *Hamiltonsch*, wenn er einen Hamiltonschen Kreis enthält.

Es ergeben sich die folgenden Entscheidungsprobleme:

HAMILTONSCHER KREIS/HAMILTONSCHER WEG
Instanz: Gerichteter Graph G
Frage: Besitzt G einen Hamiltonschen Kreis/Weg?

UNGERICHTETER HAMILTONSCHER KREIS/UNGERICHTETER HAMILTONSCHER WEG
Instanz: Ungerichteter Graph G
Frage: Besitzt G einen Hamiltonschen Kreis/Weg?

Satz 3.35:
Die Probleme HAMILTONSCHER KREIS, HAMILTONSCHER WEG, UNGERICHTETER HAMILTONSCHER KREIS *und* UNGERICHTETER HAMILTONSCHER WEG *sind* NP-*vollständig*.

Beweis:
Siehe beispielsweise [76].   ■

Im Folgenden leiten wir einige hinreichende Kriterien für die Existenz von Hamiltonschen Kreisen her. Das erste stammt von Adrian Bondy und Vašek Chvátal [27]:

Satz 3.36:   **Bondy und Chvátal**

Sei G ein einfacher ungerichteter Graph mit $|V(G)| \geq 3$ und $u, v \in V(G)$ nichtadjazente Ecken mit $g(u) + g(v) \geq n$. Wir definieren den Graphen $G + [u, v]$ als den Graphen, der entsteht, wenn man zu G eine neue Kante $e = [u, v]$ mit $\gamma(e) = \{u, v\}$ hinzunimmt. Dann ist G genau dann Hamiltonsch, wenn $G + [u, v]$ Hamiltonsch ist.

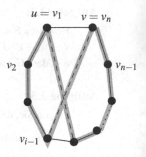

Beweis:

»$\Rightarrow$«: Jeder Hamiltonsche Kreis in G ist auch ein Hamiltonscher Kreis in $G + [u, v]$.

»$\Leftarrow$«: Falls in $G + [u, v]$ ein Hamiltonscher Kreis existiert, welcher die neue Kante $[u, v]$ nicht benutzt, so ist dies auch ein Hamiltonscher Kreis in G und wir sind fertig. Daher nehmen wir an, dass jeder Hamiltonsche Kreis in $G + [u, v]$ die Kante $[u, v]$ benutzt. Sei $C = [v_1, \ldots, v_n]$ ein Hamiltonscher Kreis in $G + [u, v]$ mit o.B.d.A. $v_1 = u$ und $v_n = v$ (durch zyklische Vertauschung können wir dies immer erreichen). Wir betrachten die Mengen

Beweis von Satz 3.36

$$A := \{\, 3 \leq i \leq n - 1 : [v, v_{i-1}] \in E \,\}$$
$$B := \{\, 3 \leq i \leq n - 1 : [u, v_i] \in E \,\}$$

Dann gilt $|A| \geq g_G(v) - 1$, da nach Voraussetzung u und v nicht adjazent sind und somit alle Nachbarn von v in G in der Menge $\{v_2, \ldots, v_{n-1}\}$ liegen. Analog erhalten wir $|B| \geq g_G(u) - 1$. Da $A, B \subseteq \{3, \ldots, n-1\}$ und $|A| + |B| \geq g_G(u) + g_G(v) - 2 \geq n - 2$ muss es ein $i \in A \cap B$ geben, also $[v, v_{i-1}] \in E$ und $[u, v_i] \in E$. Dann ist $[u = v_1, \ldots, v_{i-1}, v, v_{n-1}, \ldots, v_i, u]$ ein Hamiltonscher Kreis in G. ∎

Korollar 3.37:   **Satz von Dirac**

Sei G ein einfacher ungerichteter Graph mit $g(v) \geq n/2$ für alle $v \in V(G)$. Dann ist G Hamiltonsch.

Beweis:

Da für jedes Paar (u, v) von nichtadjazenten Ecken in G die Bedingung $g(u) + g(v) \geq n$ gilt, folgt aus Satz 3.36, dass G genau dann Hamiltonsch ist, wenn der vollständige Graph K_n Hamiltonsch ist. ∎

3.7   Übungsaufgaben

Aufgabe 3.1:   **Wege**

Sei G ein (gerichteter oder ungerichteter) Graph und P ein Weg in G mit $\alpha(P) = u$ und $\omega(P) = v$.
Zeigen Sie, dass es dann einen elementaren Weg P' in G von u nach v gibt.

Aufgabe 3.2:   Einfache und elementare Wege/Kreise

Beweisen Sie, dass ein (gerichteter oder ungerichteter) Graph G genau dann einen einfachen Weg von $v_0 \in V(G)$ nach $v_k \in V(G)$ besitzt, wenn er einen elementaren (v_0, v_k)-Weg besitzt. Folgern Sie, dass G genau dann einen einfachen Kreis enthält, wenn G einen elementaren Kreis besitzt.

Aufgabe 3.3:   Kreisfreie Graphen

Zeigen Sie, dass für gerichtete Graphen die folgenden Eigenschaften äquivalent sind:

   (i) G enthält einen einfachen Kreis.

  (ii) G enthält einen elementaren Kreis.

 (iii) G enthält einen Kreis.

Aufgabe 3.4:   Lange Kreise in Graphen

Zeigen Sie, dass der zweite Teil von Lemma 3.3 falsch ist, falls der gerichtete Graph G nicht als einfach vorausgesetzt wird: Geben Sie für $g \geq 2$ einen Graphen G mit $g^+(v) \geq g$ für alle $v \in V(G)$ aus, der keinen elementaren Kreis der Länge mindestens $g + 1$ besitzt.

Aufgabe 3.5:   Asteroidale Tripel; zusammenhängende, dominierende Eckenmengen

In einem Graphen $G = (V, E)$ heißen drei nichtadjazente Ecken x, y, z *asteroidales Tripel (aT)*, wenn gilt: für je zwei existiert ein Weg, der diese beiden Ecken, aber nicht die dritte Ecke und deren adjazente Ecken berührt.

  a) Zeigen Sie: Jeder Graph, der ein asteroidales Tripel besitzt, hat mindestens sechs Ecken. Ferner: zu jedem $n = 2k$ $(k \geq 3)$ gibt es Graphen mit n Ecken und $\Omega(n^3)$ asteroidalen Tripeln.

  b) Besitzt ein Graph kein asteroidales Tripel, so heißt er *aT-frei*. Beweisen Sie: in einem zusammenhängenden aT-freien Graphen $G = (V, E)$ mit mindestens 2 Ecken gibt es ein Eckenpaar x, y, so dass *jeder* Weg zwischen x und y jede Ecke $v \in V$ berührt oder mindestens eine zu v benachbarte Ecke v'; kurz: die Eckenmenge jedes Weges zwischen x und y ist eine zusammenhängende dominierende Eckenmenge (*connected dominating set*, kurz CDS). Zusammenhängende dominierende Mengen sind bei mobilen Kommunikationssystemen (z.B. *adhoc*-Netzen) notwendig zur sicheren Informationsübertragung.

Aufgabe 3.6:   Schwacher Zusammenhang

Sei $G = (V, R, \alpha, \omega)$ ein schwach zusammenhängender gerichteter Graph mit $|V| \geq 2$ Ecken. Beweisen Sie, dass es dann eine Ecke $v \in V$ gibt, so dass $G - v$ ebenfalls schwach zusammenhängend ist.

Aufgabe 3.7:   Zusammenhang ungerichteter Graphen

Sei $G = (V, E, \gamma)$ ein ungerichteter endlicher Graph. Mit $k(G)$ bezeichnen wir die *Anzahl der Zusammenhangskomponenten* von G. Sei $e \in E$ eine Kante von G und $G - e := (V, E \setminus \{e\}, \gamma)$ der Graph, den man erhält, wenn man aus G die Kante e entfernt. Beweisen Sie, dass dann die Ungleichung $k(G) \leq k(G - e) \leq k(G) + 1$ gilt.

Aufgabe 3.8:   Zweifacher Zusammenhang

Ein ungerichteter Graph $G = (V, E)$ heißt *2-fach zusammenhängend*, wenn $G - e$ für alle $e \in E$ zusammenhängend ist. Zeigen Sie: Ein zusammenhängender Graph $G = (V, E)$ ist genau dann 2-fach zusammenhängend, wenn jede Kante $e \in E$ auf einem Kreis in G liegt.

Aufgabe 3.9:   Bipartite Graphen

Geben Sie einen Algorithmus an, der in linearer Zeit feststellt, ob ein ungerichteter Graph $G = (V, E)$ bipartit ist. Falls G bipartit ist, so soll der Algorithmus auch eine entsprechende Partitionierung der Eckenmenge ausgeben.
Hinweis: Modifizieren Sie Algorithmus 3.2 geeignet.

Aufgabe 3.10:   Artikulationspunkte

Es sei $G = (V, E)$ ein endlicher einfacher ungerichteter und zusammenhängender Graph. Eine Ecke $v \in V$ heißt *Artikulationspunkt* von G, wenn $G - v$ nicht mehr zusammenhängend ist. Beweisen Sie, dass die folgenden zwei Aussagen äquivalent sind:

(i) Die Ecke v ist ein Artikulationspunkt von G.

(ii) Es existieren zwei von v verschiedene Ecken x und y, so dass v Element der Spur jedes Weges von x nach y ist.

Aufgabe 3.11:   Eulersche Graphen

Es seien $G_1 = (V, E_1)$ und $G_2 = (V, E_2)$ ungerichtete einfache Graphen mit gleicher Eckenmenge. Der Graph $G_1 \triangle G_2 := (V, E_1 \triangle E_2)$ heißt *symmetrische Differenz* der beiden Graphen G_1 und G_2. Hier bezeichnet $\triangle$ die symmetrische Differenz auf Mengen, definiert durch $E_1 \triangle E_2 := (E_1 \setminus E_2) \cup (E_2 \setminus E_1)$.

Zeigen Sie: Sind G_1 und G_2 Eulersch, dann haben alle Ecken im Graphen $G_1 \triangle G_2$ geraden Grad. Ist die symmetrische Differenz $G_1 \triangle G_2$ immer Eulersch?

Aufgabe 3.12:   Hamiltonsche Wege

Sei $G = (V, E)$ ein einfacher ungerichteter Graph mit n Ecken. Der Graph G heißt *Hamiltonsch zusammenhängend*, falls es für jedes Eckenpaar $v, w \in V$, $v \neq w$, einen Hamiltonschen Weg in G von v nach w gibt.

a) Zeigen Sie: Für jedes $n \in \mathbb{N}$ gibt es einen Graphen G_n mit n Ecken und höchstens $2n - 2$ Kanten, der Hamiltonsch zusammenhängend ist.

b) Zeigen Sie: Jeder Hamiltonsch zusammenhängende Graph mit mehr als zwei Ecken enthält einen Hamiltonschen Kreis.

Aufgabe 3.13:   Orientierungen und Hamiltonsche Wege

Sei $G = (V, R)$ eine Orientierung des vollständigen ungerichteten Graphen K_n mit n Ecken. Zeigen Sie, dass G dann einen Hamiltonschen Weg besitzt.

4 Färbungen und Überdeckungen

In diesem Kapitel betrachten wir, sofern nicht explizit angegeben, ungerichtete einfache endliche Graphen $G = (V, E)$ mit $|V| = n$ und $|E| = m$.

4.1 Cliquen und unabhängige Mengen

Bei einer signalgesteuerten Verkehrskreuzung (vgl. Bild 4.1) mit etlichen Verkehrsströmen $S_1, \ldots, S_n$ und mit (für das betreffende Planungsintervall geschätzten) Verkehrsaufkommen $a_1, \ldots, a_n$ soll eine günstige Planungsfolge ohne Kollisionsgefahr bestimmt werden.

Offenbar kann man zu jedem Verkehrsstrom S_i allein auf »grün« schalten und in *Round-Robin-Manier* alle nacheinander zyklisch bedienen; die Kapazität der Kreuzung wird dabei allerdings nur unzureichend genutzt. Modelliert man die »Verträglichkeit« von Verkehrsströmen durch einen ungerichteten Graphen $G = (V, E)$ mit

$$V = \{S_1, \ldots, S_n\}$$
$$E = \left\{ [S_i, S_j] : \begin{array}{l} S_i \text{ und } S_j \text{ können simultan} \\ \text{und kollisionsfrei die Kreuzung nutzen} \end{array} \right\},$$

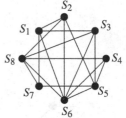

Graph G für das
Kreuzungsproblem

so erhält man einen ungerichteten Graphen G. Jeder vollständige Teilgraph von G (»Clique«) kann konfliktfrei simultan die Kreuzung nutzen, also wird man Verkehrsströme zu möglichst großen Cliquen bündeln, im Beispiel zu:

$$C_1 = \{S_1, S_2, S_6\}, \qquad C_2 = \{S_2, S_5, S_6\}, \qquad C_3 = \{S_3, S_5, S_6\}$$
$$C_4 = \{S_4, S_5, S_6\}, \qquad C_5 = \{S_1, S_7\}, \qquad C_6 = \{S_7, S_8\}.$$

Eine Folge $C_{i_1}, C_{i_2}, \ldots, C_{i_k}$ von (nicht notwendig unterschiedlichen) maximalen Cliquen, die periodisch wiederholt wird, sollte natürlich jeden relevanten Verkehrsstrom S_j »überdecken«. Gesucht ist zunächst also eine Zerlegung von G in möglichst wenige Cliquen.[1]

---

1 Beachtet man zudem Gelb-Phasen, so sollten zwei aufeinanderfolgende Cliquen C, C' auch noch möglichst viele gemeinsame Elemente aufweisen; für diese kann beim Umschalten von C auf C' die Gelb-Phase entfallen, also die Grün-Phase entsprechend vergrößert werden. Darüber hinaus muss das unterstellte Verkehrsaufkommen Berücksichtigung finden, etwa in der »zeitlichen Ausdehnung« jeder maximalen Clique. Ergänzt werden muss diese »lokale« Analyse allerdings in der Regel durch die Betrachtung mehrerer sich beeinflussender Kreuzungen.

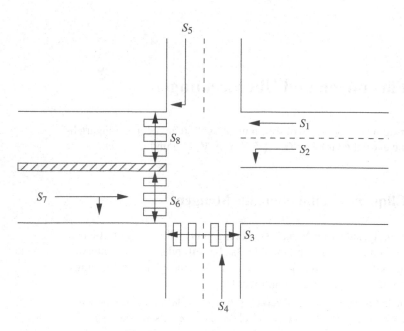

Bild 4.1: Skizzierte Kreuzung mit Verkehrsströmen.

Definition 4.1:   Clique

Eine Eckenteilmenge $C \subseteq V$ heißt *Clique* (von G oder in G), wenn je zwei verschiedene Ecken $v, v' \in C$ adjazent sind, also $[v, v'] \in E$. Wir nennen eine Clique eine *maximale Clique*, wenn sie keine echte Teilmenge einer größeren Clique ist.

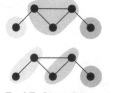

Clique mit drei Ecken

Häufig wird auch der durch C induzierte Subgraph als Clique oder vollständiger Graph bezeichnet; enthält er genau n Ecken, so bezeichnen wir ihn auch mit K_n.

Definition 4.2:   Cliquenzahl

$$\omega(G) := \max \{ |C| : \ C \text{ ist Clique von } G \}$$

$\omega(G)$: Cliquenzahl

heißt die *Cliquenzahl* von G.

Die Eckenmenge jedes endlichen Graphen lässt sich in disjunkte Cliquen (vollständig) zerlegen: man nehme etwa jede Ecke als Clique (K_1). Interessanter sind Zerlegungen der Eckenmenge $V = C_1 \dot\cup \ldots \dot\cup C_k$ in möglichst wenige, paarweise disjunkte Cliquen (»Cliquenzerlegung«).

Zwei Zerlegungen
in $\bar\chi(G) = 3$ Cliquen

Definition 4.3:   Cliquenzerlegungszahl

$$\bar\chi(G) := \min \{ k : C_1 \dot\cup \ldots \dot\cup C_k \text{ ist Cliquenzerlegung von } G \}$$

$\bar\chi(G)$: Cliquenzerlegungszahl

heißt die *Cliquenzerlegungszahl* von G.

Offenbar gilt für jeden Graphen mit n Ecken: $1 \leq \bar{\chi}(G) \leq n$. Jede der natürlichen Zahlen $1, \ldots, n$ kann dabei auch als Cliquenzerlegungszahl auftreten, wie die Graphen $G_n = (V_n, \emptyset)$ mit $V_n = \{1, \ldots, n\}$ zeigen.

Im Kontrast zu Cliquen stehen unabhängige Mengen.

Definition 4.4: **Unabhängige Mengen, Unabhängigkeitszahl**

Eine Teilmenge $U \subseteq V$ heißt *unabhängige Menge* (in G), falls keine zwei verschiedenen Ecken $v, v' \in U$ in G adjazent sind, d.h. falls $[v, v'] \notin E$ für alle $v, v' \in U$ mit $v \neq v'$. Eine unabhängige Menge ist eine *maximale unabhängige Menge*, wenn sie keine echte Teilmenge einer größeren unabhängigen Menge ist. Für G bezeichnet

$$\alpha(G) := \max \{ |U| : U \text{ ist unabhängige Menge in } G \}$$

die *Unabhängigkeitszahl* von G.

Unabhängige Menge der Größe zwei

$\alpha(G)$: Unabhängigkeitszahl

Unabhängige Mengen werden auch *stabile Mengen* genannt, die Unabhängigkeitszahl daher auch *Stabilitätszahl* von G. Ist U unabhängige Menge in G und C eine Clique von G, so kann U nur eine Ecke aus C enthalten, es gilt also: $|U \cap C| \leq 1$. Zerlegen wir G daher in $\bar{\chi}(G)$ Cliquen, so folgt daher $|U| \leq \bar{\chi}(G)$ für jede unabhängige Menge U in G. Dies ergibt:

$\alpha(G) \leq \bar{\chi}(G)$

Beobachtung 4.5:
Für jeden Graphen G gilt $\alpha(G) \leq \bar{\chi}(G)$.

Beziehungen zwischen unabhängigen Mengen und Cliquen lassen sich leicht durch den komplementären Graphen herstellen.

Definition 4.6: **Komplementgraph**
Sei $G = (V, E)$. Dann ist $\bar{G} := (V, \bar{E})$ mit

$$\bar{E} := \{ [v, v'] : v \neq v' \text{ und } [v, v'] \notin E \}$$

der zu G *komplementäre Graph*.

$G \qquad \bar{G}$

Ein Graph G und der zugehörige Komplementgraph $\bar{G}$

Offenbar ist $S \subseteq V$ genau dann eine Clique in G, wenn S eine unabhängige Menge in $\bar{G}$ ist.

Beobachtung 4.7:
Sei $G = (V, E)$ und $\bar{G} = (V, \bar{E})$. Dann gelten folgende Aussagen:

(i) $|E| + |\bar{E}| = n(n-1)/2$

(ii) $\bar{\bar{G}} = G$

(iii) S ist Clique in G genau dann, wenn S unabhängige Menge in $\bar{G}$ ist.

(iv) $\omega(G) = \alpha(\bar{G})$ *und* $\alpha(G) = \omega(\bar{G})$

4.2   Färbungen

Eine vollständige Zerlegung der Eckenmenge V in unabhängige Mengen nennt man eine (Ecken-) Färbung von G.

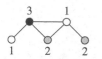

3   1

1   2   2

Färbung mit drei Farben

Definition 4.8:   **(Ecken-) Färbung, chromatische Zahl**
Eine surjektive Abbildung $f : V \to \{1,2,\dots,k\}$ heißt *(Ecken-) Färbung* (mit k Farben), falls gilt: sind v, v' adjazent, so gilt: $f(v) \neq f(v')$. Für $i \in \{1,2,\dots,k\}$ heißt die Teilmenge $f^{-1}(i)$ von V die i-te *Farbklasse* von f.

$$\chi(G) := \min \{ \, k : \text{es gibt eine Färbung von } G \text{ mit } k \text{ Farben} \, \}$$

$\chi(G)$: chromatische Zahl

heißt die *chromatische Zahl* von G.

Da in einer Färbung die Ecken jeder Clique unterschiedliche Farben erhalten müssen, ergibt sich folgende Beobachtung:

1

3   2

2   1

Für $G = C_5$ gilt
$\omega(G) = 2 < \chi(G) = 3$

Beobachtung 4.9:
Für jeden Graphen G gilt $\chi(G) \geq \omega(G)$.

Wie das Beispiel des Kreises C_5 mit fünf Ecken zeigt, kann in Beobachtung 4.9 strikte Ungleichheit gelten. Beobachtung 4.9 lässt sich noch leicht verschärfen. Da jede Farbklasse von G höchstens $\alpha(G)$ Ecken enthält, muss es in jeder Färbung mindestens $n/\alpha(G)$ Farbklassen geben. Es folgt also

$$\chi(G) \geq \max\{\omega(G), n/\alpha(G)\}. \qquad (4.1)$$

Wir leiten nun eine einfache allgemeine obere Schranke für die chromatische Zahl her. Ist f eine Färbung mit $k = \chi(G)$ Farben, so gibt es zwischen zwei Farbklassen mindestens jeweils eine Kante (sonst könnte man G ebenfalls mit $k-1$ Farben färben). Daher folgt $m \geq \frac{k(k-1)}{2}$ und durch Umformen ergibt sich

$$\chi(G) \leq \frac{1}{2} + \sqrt{2m + \frac{1}{4}}. \qquad (4.2)$$

Für K_n mit $m = \frac{1}{2}n(n-1)$ gilt übrigens Gleichheit in (4.2).
    Wie wir in Abschnitt 1.2 gesehen haben, treten Färbungsprobleme unter anderem bei der Frequenzzuweisung im Mobilfunk auf. Färbungsprobleme ergeben sich aber auch bei vielfältigen *Scheduling*-Szenarien. Beispielhaft sei eine Menge von Aufgaben (*tasks, processes, jobs*) J zu bewältigen, bei denen der Zugriff auf bestimmte Ressourcen (Menschen bestimmter Qualifikation, Maschinen, Kapital, Zeit,...) notwendig wird. Klassische Beispiele sind Stundenplanung bzw. Vorlesungsplanung im (Hoch-)Schulbetrieb. Benötigen zwei Aufgaben v und $v' \in J$ gemeinsame knappe Ressourcen, so kann dieser »Konflikt« dazu führen, dass sie nicht gleichzeitig (auch

nicht zeitlich überlappend) ausführbar sind. Diese Situation modellieren wir (ähnlich wie beim Frequenzzuweisungsproblem aus Abschnitt 1.2) jeweils durch eine Kante $[v, v']$ im Konfliktgraphen $G = (J, E)$.

Offenbar stellen alle (Ecken-) Färbungen $f: J \to \{1, \dots, k\}$ von G genau die Pläne dar, die konfliktfrei sind: jede der Farbklassen stellt eine konfliktfreie Teilmenge von Aufgaben dar, die gleichzeitig ausführbar sind. Man kann daher zuerst $f^{-1}(1)$ simultan durchführen, danach $f^{-1}(2)$ und so weiter. Eine Färbung f mit k Farben liefert daher einen Plan mit k »Runden« oder »Takten«. Sind im einfachsten Fall die Ausführungsdauern aller Aufgaben gleich, so interessiert insbesondere die kürzeste Gesamtdauer (*makespan*) zur Bewältigung aller Aufgaben. Sie ist offenbar durch die minimale Rundenzahl, also durch $\chi(G)$, gegeben. In diesem Sinne stellen Färbungen auch geeignete Dekompositionsmethoden (Parallelisierungsmethoden) dar.

Abschließend stellen wir wieder eine Verbindung zum komplementären Graphen dar.

Beobachtung 4.10:
Sei $G = (V, E)$ und $\bar{G} = (V, \bar{E})$. Dann gelten folgende Aussagen:

(i) Jede Cliquenzerlegung von G erzeugt in $\bar{G}$ eine Zerlegung in unabhängige Mengen, also gilt: $\bar{\chi}(G)) \geq \chi(\bar{G})$

(ii) Jede Färbung $\bar{f}$ von $\bar{G}$ erzeugt eine Zerlegung von $\bar{G}$ in unabhängige Mengen, also eine Zerlegung von G in Cliquen von G; bei Wahl einer Färbung $\bar{f}$ mit $\chi(\bar{G})$ Farben folgt: $\bar{\chi}(G) \leq \chi(\bar{G})$. Insgesamt also:

$$\bar{\chi}(G) = \chi(\bar{G}) \text{ und } \bar{\chi}(\bar{G}) = \chi(G)$$

4.3 Perfekte Graphen

Wie wir bereits in Beobachtung 4.9 gesehen haben, ist $\omega(G)$ eine untere Schranke für die chromatische Zahl $\chi(G)$. Es stellt sich nun die Frage, bei welchem Graphen bereits $\omega(G)$ Farben ausreichen, also die größte Clique bereits die chromatische Zahl bestimmt.

Definition 4.11: Perfekter Graph
Ein Graph $G = (V, E)$ heißt *perfekt*, falls für jeden induzierten Subgraphen H von G gilt: $\omega(H) = \chi(H)$.

Zunächst erscheint die obige Definition etwas seltsam: Warum fordern wir $\omega(H) = \chi(H)$ nicht nur für $H = G$ sondern sogar für jeden induzierten Subgraphen? Die Antwort liegt darin begründet, dass man für jeden Graphen durch Hinzufügen einer genügend großen Clique K_q aus neuen Ecken stets $\chi(G) = \chi(K_q) = \omega(K_q) = \omega(G)$ erreichen kann. Somit liefert $\chi(G) = \omega(G)$ nur für G selbst keine hilfreichen strukturellen Informationen über den Graphen G.

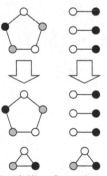

Durch Hinzufügen einer Clique aus neuen Ecken erreicht man für jeden Graphen $\chi(G) = \omega(G)$.

Lázló Lovász konnte bereits 1972 folgenden Satz beweisen [123]:

Satz 4.12: **Perfect Graph Theorem**

Ein Graph G ist genau dann perfekt wenn sein Komplementgraph $\bar{G}$ perfekt ist.

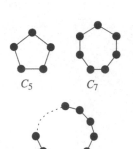

C_5 C_7

Mit Hilfe der Beziehungen zwischen G und den Komplementgraphen $\bar{G}$ (Beobachtungen 4.7 und 4.10) folgt unmittelbar aus dem *Perfect Graph Theorem*:

Korollar 4.13:

Ein Graph G ist genau dann perfekt, wenn für jeden induzierten Subgraphen H von G gilt: $\alpha(H) = \bar{\chi}(H)$.   ∎

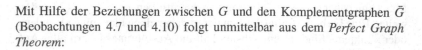

C_{2k+1}

Ungerade Kreise der Längen
5, 7 und $2k + 1$

Wir haben bereits gesehen, dass der Kreis C_5 aus fünf Ecken ein nicht perfekter Graph ist. Allgemeiner gilt für jedes ungerade Loch (*odd hole*) C_{2k+1} mit $k = 2, 3, \ldots$: $\omega(C_{2k+1}) = 2 < 3 = \chi(C_{2k+1})$. Das Komplement eines ungeraden Lochs $C_{2k+1} (k \geq 2)$ mit $2k + 1$ Kanten nennt man (ungerades) Antiloch (*odd antihole*). Wenn G perfekt ist, so kann G kein ungerades Loch enthalten. Zudem darf G auch kein ungerades Antiloch enthalten, da sonst $\bar{G}$ ein ungerades Loch enthielte (vgl. Satz 4.12). Claude Berge vermutete bereits 1960, dass ungerade Löcher und Antilöcher die einzigen verbotenen Strukturen für Perfektheit sind:

Satz 4.14: **Strong Perfect Graph Conjecture**

Ein Graph ist genau dann perfekt wenn er kein ungerades Loch oder ungerades Antiloch als induzierten Subgraphen aufweist.

Ein (sehr umfangreicher) Beweis der *Strong Perfect Graph Conjecture* gelang erst 2003 Maria Chudnovsky, Neil Robertson, Paul Seymour und Robin Thomas [39].

Wie »schnell« sind $\alpha(G)$, $\omega(G)$, $\bar{\chi}(G)$, $\chi(G)$ bei beliebig vorgegebenen Graphen $G = (V, E)$ berechenbar? Die Antwort lautet für alle oben genannten Größen: ihre Bestimmung ist NP-schwer (siehe z.B. [76]). Martin Grötschel, Lázló Lovász und Alexander Shrijver [81] konnten aber beweisen, dass bei Einschränkung auf perfekte Graphen alle obigen Graphparameter in polynomieller Zeit berechenbar sind.

Jeder bipartite Graph G ist mit $\omega(G) \in \{1, 2\}$ Farben färbbar: eine Farbe reicht genau dann aus, wenn der Graph keine Kante enthält. Da jeder induzierte Subgraph eines bipartiten Graphen wieder bipartit ist, sind bipartite Graphen perfekt. Bipartite Graphen lassen sich in linearer Zeit erkennen und auch färben (vgl. Aufgabe 3.9). Im nächsten Abschnitt lernen wir eine weitere Klasse perfekter Graphen kennen, die ebenfalls in Linearzeit optimal gefärbt werden können.

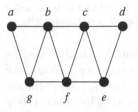

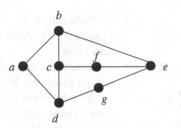

a: G_1 ist chordal

b: G_2 ist nicht chordal: $[a, b, c, d]$ und $[c, f, e, g, d]$ sind Kreise der Länge mindestens 4 ohne Sehne

Bild 4.2: Ein chordaler und ein nicht chordaler Graph

4.4 Chordale Graphen

Definition 4.15: Chordaler Graph

Ein ungerichteter Graph G heißt *chordal*, wenn jeder elementare Kreis $C = (v_0, e_1, v_1, \ldots, e_k, v_k = v_0)$ in G der Länge $k \geq 4$ mindestens eine *Sehne* besitzt, d.h. eine Kante $e \in E$, die zwei nichtaufeinanderfolgende Ecken $v_i, v_j \in V(C)$ verbindet.

chordaler Graph

Sehne

Abbildung 4.2 zeigt einen chordalen Graphen G_1 und einen nicht chordalen Graphen G_2. Da jeder elementare Kreis in einem induzierten Subgraphen von G auch wieder ein elementarer Kreis in G ist, folgt:

Beobachtung 4.16:

Ist G chordal, so auch jeder induzierte Subgraph von G.

Wir nennen eine Ecke $v \in G$ *simplizial*, wenn $N_G(v)$ eine Clique in G ist.

simpliziale Ecke v

Satz 4.17: Dirac 1961

Jeder chordale Graph enthält eine simpliziale Ecke.

Beweis:

Wir beweisen die Behauptung durch Induktion nach $n = |V|$. Falls G vollständig ist oder nur aus einer Ecke besteht, so ist nichts zu zeigen.

Seien daher $u, u' \in V(G)$ zwei nichtadjazente Ecken in G. Dann induziert $U := \{u\}$ einen zusammenhängenden Subgraphen $G[U]$ und $U \cup N(u) \neq V$ (da $[u, u'] \notin E$). Wir wählen nun eine Teilmenge $U \subseteq V$ maximaler Kardinalität mit der Eigenschaft, dass $G[U]$ zusammenhängend und $U \cup N(U) \neq V$ ist.

Sei $W := V \setminus (U \cup N(U))$. Jede Ecke $w \in N(U)$ ist zu jeder Ecke in W adjazent, da wir sonst U um w vergrößern könnten. Wegen Beobachtung 4.16 ist $G[W]$ wieder chordal und besitzt nach Induktionsvoraussetzung eine simpliziale Ecke v. Wir zeigen, dass v ebenfalls simplizial in G ist.

Beweis von Satz 4.17

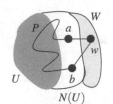

Zwei nicht-adjazente Ecken
$a, b \in N(U)$ liefern einen
elementaren Kreis der Länge
mindestens vier ohne Sehne.

Dazu zeigen wir, dass $N(U)$ eine Clique ist. Da jede Ecke in W zu jeder Ecke in $N(U)$ adjazent ist, folgt daraus, dass $N(v) \subseteq W \cup N(U)$ eine Clique sein muss.

Angenommen, $a, b \in N(U)$ wären nicht adjazent. Wir wählen eine beliebige Ecke $w \in W$. Wie bereits gesehen, ist w sowohl zu a als auch zu b adjazent. Seien die entsprechenden Kanten e_{aw} und e_{bw}. Sei P ein kürzester elementarer Weg von a nach b in $G[U \cup N(U)]$. Ein solcher Weg existiert, da $G[U]$ nach Voraussetzung zusammenhängend ist und sowohl a als auch b zu mindestens einer Ecke in U adjazent sind. Dann ist aber $P \circ (b, e_{bw}, w, e_{aw}, a)$ ein elementarer Kreis in G ohne Sehne, was der Chordalität von G widerspricht.   ∎

Korollar 4.18:

Jeder chordale Graph ist perfekt.

Beweis:

Da sich die Eigenschaft, chordal zu sein, auf induzierte Subgraphen vererbt, genügt es zu zeigen, dass $\omega(G) = \chi(G)$ für jeden chordalen Graphen gilt. Wir zeigen diese Behauptung durch Induktion nach $n = |V(G)|$.

Für $n = 1$ ist die Behauptung trivial. Falls $n > 1$, so enthält G nach Satz 4.17 eine simpliziale Ecke v. Da $\{v\} \cup N(v)$ eine Clique ist, gilt

$$|N(v)| \leq \omega(G) - 1. \tag{4.3}$$

Nach Induktionsvoraussetzung ist $\chi(G - v) = \omega(G - v) \leq \omega(G)$. Wir färben $G - v$ mit $\omega(G)$ Farben. Wegen (4.3) werden dabei für die Nachbarn von v höchstens $\omega(G) - 1$ Farben verwendet, so dass wir diese Färbung auf G fortsetzen können, ohne eine neue Farbe zu verwenden. Also ist $\chi(G) = \omega(G)$.   ∎

4.4.1   Perfekte Eliminationsschemata

Definition 4.19:   **Perfektes Eliminationsschema**

perfektes Eliminationsschema

Sei G ein ungerichteter Graph. Ein *perfektes Eliminationsschema* für G ist eine bijektive Abbildung $\sigma \colon V \to \{1, \dots, n\}$ (Nummerierung der Ecken) von G, so dass $\sigma^{-1}(i)$ simplizial in $G[\{\sigma^{-1}(i), \dots, \sigma^{-1}(n)\}]$ für $i = 1, \dots, n$ ist.

Zur Verkürzung der Schreibweise bezeichnen wir im Folgenden eine Nummerierung $\sigma \colon V \to \{1, \dots, n\}$ der Ecken auch mit $\sigma = (v_1, \dots, v_n)$, wobei $v_i = \sigma^{-1}(i)$.

Satz 4.20:

Ein Graph ist genau dann chordal, wenn er ein perfektes Eliminationsschema besitzt. Falls G chordal ist, so kann jede simpliziale Ecke in G ein solches Schema starten.

Beweis:

»⇒«: Nach Satz 4.17 besitzt G eine simpliziale Ecke v_1. Per Induktion besitzt $G - v_1$ ein perfektes Eliminationsschema $(v_2, \ldots, v_n)$.

»⇐«: Sei C ein elementarer Kreis in G mit Länge $k \geq 4$. Sei v_i die Ecke in $V(C)$ mit der kleinsten Nummer im Eliminationsschema und o.B.d.A. die Spur von C gegeben durch $s(C) = (v_i = u_0, u_1, \ldots, u_{k-1}, u_k = v_i)$. Da v_i simplizial in $G[\{v_i, \ldots, v_n\}]$ ist und alle Ecken in $V(C)$ in der Menge $\{v_i, \ldots, v_n\}$ enthalten sind, muss es eine Kante geben, welche die beiden Nachbarn u_1 und u_k verbindet. ∎

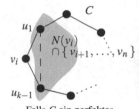

Falls G ein perfektes Eliminationsschema besitzt, so ist G chordal.

Ein perfektes Eliminationsschema lässt sich nach Satz 4.20 einfach in polynomieller Zeit bestimmen: Wir müssen nur eine simpliziale Ecke v_1 in G finden, dann eine simpliziale Ecke v_2 in $G - v_1$, und so weiter. Das Verfahren hat genau dann Erfolg, wenn G chordal ist.

Der Test, ob eine gegebene Ecke v (in einem einfachen Graphen G) simplizial ist, benötigt höchstens $\mathcal{O}(|N(v)|n) = \mathcal{O}(g(v)n)$ Zeit: Wir laufen die $g(v)$ Adjazenzlisten der Nachbarn $u \in \text{ADJ}[v]$ durch und testen für jede, ob dort jeweils alle Ecken $w \in \text{ADJ}[v]$ mit $w \neq u$ aufgeführt sind. Eine simple Implementierung, um ein perfektes Eliminationsschema zu bestimmen, ist daher mit Laufzeit $\mathcal{O}(n \cdot n \sum_{v \in V} g(v)) = \mathcal{O}(n^2 m)$ möglich. In Kapitel 7 werden wir ein Verfahren kennenlernen, das ein perfektes Eliminationsschema in linearer Zeit berechnet bzw. feststellt, dass der gegebene Graph nicht chordal ist.

Wir beschäftigen uns kurz mit der Frage, wie man effizient feststellt, dass eine bijektive Abbildung $\sigma\colon V \to \{1, \ldots, n\}$ ein perfektes Eliminationsschema bildet. Wie im letzten Absatz beschrieben, können wir in Zeit $\mathcal{O}(g^+(v)n)$ eine Ecke v auf Simplizialität testen. Eine naive Implementierung (teste $v_1, v_2, \ldots, v_n$ in dieser Reihenfolge in den entsprechenden Teilgraphen) benötigt daher $\mathcal{O}(nm)$ Zeit. Dies lässt sich mit etwas Sorgfalt deutlich verbessern.

Satz 4.21:

Algorithmus 4.1 entscheidet korrekt, ob σ ein perfektes Eliminationsschema ist. Die Laufzeit des Algorithmus ist bei entsprechender Implementierung $\mathcal{O}(n + m)$.

Beweis:

Wir zeigen zunächst die lineare Laufzeit bei geeigneter Implementierung. Dazu speichern wir σ und σ^{-1} als Arrays der Länge n, so dass wir anschließend $\sigma(v)$ und $\sigma^{-1}(i)$ jeweils in konstanter Zeit ablesen können. Die Mengen $A(v)$ ($v \in V$) verwalten wir als lineare Listen, wobei wir Duplikate in den Listen zulassen, d.h. eine Ecke x kann mehrmals in $A(v)$ auftreten.

Der Test, ob $A(u) \setminus \text{ADJ}[u] \neq \emptyset$ (Schritt 9) kann dann folgendermaßen in Zeit $\mathcal{O}(|\text{ADJ}[v]| + |A(v)|)$ ausgeführt werden. Wir verwenden ein Hilfsarray test der Länge n, welches einmal zu Beginn des Algorithmus mit

---

Algorithmus 4.1 Test eines perfekten Eliminationsschematas

TEST-ELIMINATION(G, σ)

Input: Ein ungerichteter Graph $G = (V, E)$, eine bijektive Abbildung
$\sigma \colon V \to \{1, \ldots, n\}$

Output: »Ja«, falls σ ein perfektes Eliminationsschema für G ist, ansonsten
»Nein«

1 **for all** $v \in V$ **do**
2   Setze $A(v) := \emptyset$
3 **for** $i := 1, \ldots, n-1$ **do**
4      $u := \sigma(i)$
5      $X := \{\, v \in \text{ADJ}[u] : \sigma(u) < \sigma(v) \,\}$
6   **if** $X \neq \emptyset$ **then**
7   Bestimme w mit $\sigma(w) = \min\{\, \sigma(x) : x \in X \,\}$
8          $A(w) := A(w) \cup (X \setminus \{w\})$
9   **if** $A(u) \setminus \text{ADJ}[u] \neq \emptyset$ **then**
10   **return** »Nein«
11 **return** »Ja«

$\texttt{test}[w] = 0$ für alle $w \in V$ initialisiert wird.

Beim Test in Zeile 9 setzen wir für alle $w \in \text{ADJ}[u]$ $\texttt{test}[w] := 1$. Anschließend durchlaufen wir die Liste $A(u)$. Falls dabei für ein $x \in A(u)$ die Bedingung $\texttt{test}[x] = 0$ gilt, so brechen wir ab und liefern »Nein« zurück. Abschließend laufen wir noch einmal $\text{ADJ}[u]$ durch und setzen alle Einträge in $\texttt{test}$ wieder auf 0 zurück. Somit ist das Hilfsarray für den nächsten Test wieder mit Nullen gefüllt. Insgesamt erhalten wir damit die Laufzeit

$$\mathcal{O}\Big(n + \sum_{v \in V} |\text{ADJ}[v]| + \sum_{v \in V} |A(v)|\Big),$$

wobei $A(v)$ die der Ecke v zugeordnete Liste bei Erreichen von Schritt 9 ist. Diese Liste enthält Duplikate von Ecken, besitzt also potentiell eine Länge größer als $g(v) = |\text{ADJ}[v]|$. Allerdings werden in Schritt 8 für eine Ecke u die Ecken aus X nur an *eine* Liste $A(w)$ angehängt. Zudem gilt $|X| \leq |\text{ADJ}[u]| - 1$, da wir in X *keine* Duplikate zulassen. Damit folgt

$$\sum_{v \in V} |A(v)| \leq \sum_{v \in V} (|\text{ADJ}[v]| - 1) \leq 2m$$

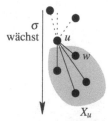

σ
wächst

X_u ist keine Clique und
$w \in X_u$ mit minimalem $\sigma(w)$

und die Gesamtlaufzeit des Verfahrens ist $\mathcal{O}(n+m)$ wie behauptet.

Wir beweisen nun die Korrektheit. Dazu zeigen wir, dass Algorithmus 4.1 genau dann »Ja« liefert, wenn σ ein perfektes Eliminationsschema ist. »$\Rightarrow$«: Wir nehmen an, dass σ kein perfektes Eliminationsschema ist, und führen diese Annahme zum Widerspruch. Sei $u \in V$ so gewählt, dass $X_u := \{\, v \in V : \sigma(u) < \sigma(v) \,\}$ keine Clique bildet und $\sigma(u)$ maximal unter allen Ecken mit dieser Eigenschaft ist (es muss mindestens eine solche Ecke geben, da sonst σ ein perfektes Eliminationsschema wäre).

Sei w die Ecke, die in Iteration $\sigma(u)$ (d.h. in der Iteration, in der u bearbeitet wurde) in Schritt 7 als Minimum der Menge X gefunden wurde. In Schritt 8 wird $X_u \setminus \{w\}$ an $A(w)$ angehängt.

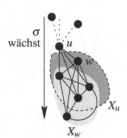

σ wächst

$X_w \subseteq X_u$ ist eine Clique

Wir betrachten nun die Iteration $\sigma(w)$, in der w verarbeitet wird. Da der Algorithmus nicht in Schritt 9 mit »Nein« abbricht, gilt dann $A(w) \subseteq$ ADJ$[w]$. Insbesondere muss daher jedes Element aus $X_u \setminus \{w\}$ adjazent zu w sein.

Da u maximal mit der Eigenschaft war, dass X_u keine Clique ist, ist $X_w = \{ v \in$ ADJ$[w] : \sigma(v) > \sigma(w) \} \supseteq X_u$ eine Clique. Insbesondere ist damit aber auch X_u eine Clique im Widerspruch zur Annahme.

»$\Leftarrow$«: Wir führen den Beweis wieder durch Widerspruch. Angenommen, der Algorithmus liefert »Nein« in der Iteration $\sigma(u)$. Dann gibt es eine Ecke $x \in A(u) \setminus$ ADJ$[u]$ mit $\sigma(u) < \sigma(x)$. Die Ecke x ist dann in einer früheren Iteration $\sigma(y) < \sigma(u)$ an $A(u)$ angefügt worden, wobei y adjazent zu u und x war. Dann ist $\sigma(y) < \sigma(u) < \sigma(x)$ und $[y,u] \in E$, $[y,x] \in E$, aber $[y,x] \notin E$. Damit ist y im Graphen $G[\{ v : \sigma(v) \geq \sigma(y) \}]$ nicht simplizial, also σ kein perfektes Eliminationsschema. ∎

y ist nicht simplizial

4.4.2 Algorithmische Konsequenzen

Perfekte Eliminationsschema haben interessante algorithmische Konsequenzen. Sei G chordal mit perfektem Eliminationsschema $v_1, \ldots, v_n$. Dann besitzt jede maximale Clique C in G die Form

$$C = \{v_i\} \cup (N(v_i) \cap \{v_{i+1}, \ldots, v_n\}).$$

$G[\{v_{i+1}, \ldots, v_n\}]$

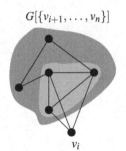

Ist nämlich $v_i \in C$ die Ecke mit der kleinsten Nummer im Schema, so enthält die Clique $N(v_i) \cap \{v_{i+1}, \ldots, v_n\}$ alle Ecken aus $C \setminus \{v_i\}$, da v_i im Graphen $G[\{v_{i+1}, \ldots, v_n\}]$ simplizial ist. Als Folge enthält G höchstens n maximale Cliquen und wir können eine Clique maximaler Kardinalität in polynomieller Zeit bestimmen.

v_i

In $G[\{v_{i+1}, \ldots, v_n\}]$ sind noch alle Ecken aus der Clique $C \setminus \{v_i\}$ enthalten.

Ist das Eliminationsschema bereits gegeben (wie erwähnt, zeigen wir in Kapitel 7, dass sich ein solches Schema in linearer Zeit bestimmen lässt), benötigen wir für die Berechnung einer kardinalitätsmaximalen Clique sogar nur lineare Zeit: Wir müssen lediglich für jede Ecke v_i die Anzahl der Nachbarn bestimmen, die im Schema eine größere Nummer erhalten haben. Dies lässt sich durch einmaliges Durchlaufen aller Adjazenzlisten in Zeit $\mathcal{O}(n+m)$ erreichen (jede Kante wird genau zweimal betrachtet). Da nach Korollar 4.18 chordale Graphen perfekt sind, können wir mit $\omega(G)$ auch $\chi(G)$ in linearer Zeit bestimmen. Damit haben wir folgenden Satz bewiesen.

Satz 4.22:
Ein chordaler Graph G besitzt höchstens n maximale Cliquen. Ist ein perfektes Eliminationsschema gegeben, so lassen sich eine Clique maximaler Kardinalität sowie $\omega(G)$ und $\chi(G)$ in linearer Zeit bestimmen. ∎

Ein zweiter Blick auf das Eliminationsschema zeigt, dass wir nicht nur $\chi(G)$ sondern auch eine optimale Färbung mit $\chi(G)$ Farben in linearer Zeit bestimmen können (siehe hierzu auch den Beweis von Korollar 4.18): Wir färben dabei die Ecken von G in der umgekehrten Reihenfolge des Eliminationsschemas, also $v_n, v_{n-1}, \ldots, v_1$. Dabei weisen wir beim Färben von v_i der Ecke die kleinstmögliche gültige Farbe zu (dazu genügt ein einmaliger Durchlauf der Adjazenzliste von v_i). Da v_i höchstens $\omega(G) - 1$ Nachbarn in $\{v_{i+1}, \ldots, v_n\}$ hat (man beachte, dass $\{v_i\} \cup (N(v_i) \cap \{v_{i+1}, \ldots, v_n\})$ eine Clique in G ist), sind beim Färben von v_i höchstens $\omega(G) - 1$ Farben unter den bereits gefärbten Nachbarn verwendet und wir kommen insgesamt mit $\omega(G)$ Farben aus. Da G perfekt ist, ist die Färbung mit $\omega(G)$ Farben optimal.

Satz 4.23:

Ist ein perfektes Eliminationsschema gegeben, so lässt sich ein chordaler Graph G in linearer Zeit mit $\chi(G)$ Farben färben.   ■

4.5   Ein einfacher Färbungsalgorithmus

Im vorangegangenen Abschnitt haben wir bereits einen »sequentiellen Färbungsalgorithmus« für chordale Graphen kennengelernt. Wir betrachten nun einen verwandten Algorithmus, der einen vorgegebenen (allgemeinen) Graphen mit höchstens $\Delta + 1$ Farben färbt, wobei $\Delta = \Delta(G)$ der Maximalgrad von G ist.

Die Basisidee für den Färbungsalgorithmus ist simpel: wir ordnen die Ecken des Graphen in eine (zunächst beliebige) Reihenfolge $v_1, \ldots, v_n$. Dann weisen wir für $i = 1, \ldots, n$ der Ecke v_i die jeweils kleinste gültige Farbe zu (siehe Algorithmus 4.2).

Wir können die Arbeitsweise des Algorithmus alternativ wie folgt interpretieren: ausgehend von einer Ordnung $v_1, v_2, \ldots, v_n$ der Ecken unseres Graphen werden die induzierten Subgraphen

$$G_i := G[V_i] \text{ mit } V_i := \{v_1, v_2, \ldots, v_i\}, i = 1, \ldots, n$$

der Reihe nach mittels $f_i : V_i \to \{1, \ldots, i\}$, $i = 1, \ldots, n$ gefärbt, wobei f_{i+1} eine Fortsetzung von f_i auf V_{i+1} darstellt (»inkrementelle Färbung«).

Satz 4.24:

Algorithmus 4.2 benötigt höchstens $\Delta + 1$ Farben, wobei Δ der Maximalgrad des Eingabegraphen ist. Die Laufzeit ist linear, d.h. $\mathcal{O}(n+m)$.

Beweis:

Wir betrachten eine Ecke v_i, $i \in \{1, \ldots, n\}$. Dann hat v_i höchstens $g_G(v_i) \leq \Delta$ inzidente Kanten in G_i; somit ist $f(v_i) \leq g_G(v_i) + 1$ und $\max_i f(v_i) \leq \Delta + 1$. Da der Algorithmus jede Kante maximal zweimal betrachtet, ergibt sich eine Laufzeit von $\mathcal{O}(n + \sum_{i=1}^{n} g_G(v_i)) = \mathcal{O}(n+m)$.   ■

Algorithmus 4.2 Sequentielles Färben, Sequential Coloring

SEQUENTIAL-COLORING(G)

Input: Ein ungerichteter Graph $G = (V, E)$ in Adjazenzlistendarstellung
1 Wähle eine Folge $v_1, v_2, \ldots, v_n$ aller Ecken
2 Setze $f(v_1) := 1$
3 **for** $i = 2, \ldots, n$ **do**
4   färbe v_i mit der kleinsten natürlichen Zahl $q \in \mathbb{N}_+$, so dass für alle Kanten $[v_i, v_j] \in E(G_i)$ gilt: q ist nicht Farbe von v_j: $f(v_i) := q$;
5 **return** $f : V \to \{1, \ldots, n\}$

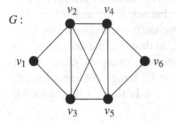

G :

Algorithmus 4.2 ergibt die Färbung f

V	v_1	v_2	v_3	v_4	v_5	v_6
$f(v_i)$	1	2	3	1	4	2

Bild 4.3: Anwendung des sequentiellen Färbungsalgorithmus

Beispiel 4.25:
Bild 4.3 zeigt die Anwendung des sequentiellen Färbens auf einen Beispiel-graphen. Die entstehende Färbung f benötigt dabei 4 Farben. Dies ist optimal, denn G enthält K_4 als induzierten Subgraphen, also ist $\chi(G) = 4$.

Allerdings liefert Algorithmus 4.2 nicht immer eine optimale Färbung. Bei nebenstehendem Graphen benötigt er 2 Farben, wählt man aber die Reihenfolge (v_1, v_2, v_4, v_3), so benötigt das Verfahren 3 Farben.

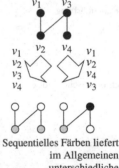

Wie das letzte Beispiel zeigt, hängt die Farbanzahl beim sequentiellen Färben von der gewählten Färbungsreihenfolge ab. Für eine Eckenfolge π (Permutation der Ecken) bezeichnen wir mit $F_\pi(G)$ die vom sequentiellen Färbungsalgorithmus (Algorithmus 4.2) benötigte Farbanzahl für den Graphen G. Der folgende Satz zeigt, dass man bei geeigneter Permutation stets mit der optimalen Farbanzahl auskommt.

Sequentielles Färben liefert im Allgemeinen unterschiedliche Farbanzahlen in Abhängigkeit von der verwendeten Permutation der Ecken.

Satz 4.26:
Zu jedem Graphen G existiert eine Eckenfolge π mit $F_\pi(G) = \chi(G)$.

Beweis:
Sei f eine optimale Färbung von G, also $f : V \to \{1, \ldots, \chi(G)\}$. Wir betrachten die einzelnen Farbklassen $f^{-1}(i)$. Durchlaufen wir die Farbklassen in der Reihenfolge $f^{-1}(1), \ldots, f^{-1}(\chi(G))$, wobei wir Ecken gleicher Farbe beliebig anordnen dürfen, so folgt für jede derart erzeugte Permutation π (per Induktion), dass Algorithmus 4.2 eine Färbung f' mit $f'(v) \leq i$ für alle

$v \in f^{-1}(i)$ erzeugt. Folglich benötigt der sequentielle Färbungsalgorithmus höchstens $\chi(G)$ Farben.   ∎

Bemerkung 4.27:

Ist G zusammenhängend, aber weder K_n noch C_{2k+1}, so ist $\chi(G) \leq \Delta$ (Satz von Brooks).

4.6   Listenfärbungen und Kantenfärbungen

Ist man bei der Farbwahl für die Ecken nicht frei, sondern existiert für jede Ecke $v \in V$ eine nichtleere *Liste* zulässiger Farben $L(v)$, so wird das Färbungsproblem im allgemeinen deutlich verschärft: die *listenchromatische Zahl* $\chi_\ell(G)$ ist die kleinste natürliche Zahl k, so dass für alle denkbaren Listen L mit $|L(v)| \geq k$ für alle $v \in V$ eine legitime Färbung existiert. Im Falle identischer Listen ist dies das gewöhnliche Färbungsproblem, also gilt: $\chi(G) \leq \chi_\ell(G)$ und offensichtlich auch $\chi_\ell(G) \leq n$. In Kapitel 12 werden wir auf Listenfärbungen zurückkommen.

listenchromatische Zahl

Definition 4.28:   Kantenfärbung, chromatischer Index

Kantenfärbung

Eine surjektive Abbildung $h \colon E \to \{1, 2, \ldots, k\}$ der Kantenmenge eines endlichen einfachen Graphen $G = (V, E)$ heißt *Kantenfärbung* (mit k Farben), falls gilt: sind e und e' inzident, so ist $h(e) \neq h(e')$. Der Wert

$$\chi'(G) := \min \{\, k : \text{es gibt eine Kantenfärbung von } G \text{ mit } k \text{ Farben} \,\}$$

chromatischer Index

heißt *chromatischer Index* von G.

Offenbar ist der maximale Grad $\Delta(G)$ eine untere Schranke für den chromatischen Index $\chi'(G)$. Betrachtet man zu G den (ungerichteten) Linegraphen $L(G)$, so erkennt man: jeder Eckenfärbung von $L(G)$ entspricht einer Kantenfärbung von G. Wegen $\Delta(L(G)) \leq 2(\Delta(G) - 1)$ reichen (bei Anwendung des sequentiellen Färbens auf $L(G)$) höchstens $2\Delta(G) - 1$ Farben aus. Es gilt sogar schärfer:

Satz 4.29:   Satz von Vizing

Sei G ein einfacher ungerichteter Graph, dann gilt

$$\Delta(G) \leq \chi'(G) \leq \Delta(G) + 1.$$

Beweis:

Wie bereits oben erwähnt, ist $\Delta(G)$ eine triviale untere Schranke für $\chi'(G)$, so dass wir nur noch die Ungleichung $\chi'(G) \leq \Delta(G) + 1$ beweisen müssen. Diesen Beweis führen wir durch Induktion nach der Anzahl m der Kanten.

Falls $m = 0$, so ist die Aussage trivial. Sei daher $G = (V, E)$ mit $m = |E| > 0$ Kanten und die Behauptung für alle Graphen mit weniger Kanten bewiesen. Zur Verkürzung der Notation setzen wir $\Delta := \Delta(G)$.

Wir nehmen an, dass sich die Kanten von G nicht mit $\Delta + 1$ Farben färben lassen und führen diese Annahme zum Widerspruch.

Nach Induktionsvoraussetzung können wir für jedes $e \in E$ die Kanten des Graphen $G' = G - e$ mit $\Delta + 1$ Farben färben. Sei f eine entsprechende Färbung und $F := \{1, \ldots, \Delta + 1\}$. Wir betrachten eine beliebige, aber feste Ecke $v \in V(G) = V(G - e)$. Diese hat in $G - e$ einen Grad nicht größer als Δ. Daher gibt es für f mindestens eine Farbe $c \in F$, die nicht in $\delta(v)$ auftaucht. Wir sagen, dass diese Farbe bei v in f *fehlt*.

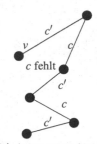

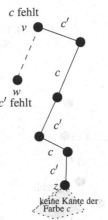

(c', c) Weg startend in v

Sei $c' \in F$ mit $c' \neq c$ beliebig. Dann gibt es, startend bei v einen einfachen Weg maximaler Länge, so dass auf diesem Weg die Kanten abwechselnd mit c' und c gefärbt sind (der Weg $P = (v)$ ohne Kanten ist dabei zugelassen). Wir nennen diesen Weg den *(c', c)-Weg, der bei v startet*. Man beachte, dass dieser Weg eindeutig definiert ist, da an jeder Ecke u jede Farbe in $\delta(u)$ höchstens einmal vorkommt.

Behauptung (Farbwegeigenschaft): Sei $e = [v, w]$ und f eine beliebige Färbung der Kanten von $G - e$ mit $\Delta + 1$ Farben. Es fehle in f die Farbe c bei v und die Farbe $c' \neq c$ bei w. Dann endet der (c', c)-Weg P, der bei v startet, in w.

Beweis der Behauptung: Falls der Weg P in einer Ecke $z \neq w$ endet, dann können wir die Farben c und c' auf P vertauschen und erhalten dann wieder eine gültige Färbung f' der Kanten von $G - e$ mit höchstens $\Delta + 1$ Farben. In dieser Färbung f' fehlt die Farbe c' sowohl bei v als auch bei w und Färben der Kante $[v, w]$ mit c' liefert eine Färbung der Kanten von G mit $\Delta + 1$ Farben im Widerspruch zur Annahme, dass $\chi'(G) > \Delta + 1$. $\qquad \square$

Beweis der Farbwegeigenschaft

Sei nun $e_0 := [v, w_0] \in E$ beliebig. Nach Induktionsvoraussetzung gibt es dann eine Färbung f_0 der Kanten von $G_0 := G - e_0$ mit höchstens $\Delta + 1$ Farben. Es fehle die Farbe c bei v und bei w_0 fehle die Farbe c_0. Wir setzen $k := 1$. Falls es einen Nachbarn $u \notin \{w_0, \ldots, w_{k-1}\}$ gibt, so dass $f_0(v, u) = c_{k-1}$, dann setzen wir $w_k := u$ und erhöhen k um 1. Ansonsten stoppen wir. Damit finden wir eine maximale Folge $w_0, w_1, \ldots, w_k$ von paarweise verschiedenen Nachbarn von v mit der Eigenschaft, dass die Farbe $f_0(v, w_i)$ bei w_{i-1} in f_0 fehlt.

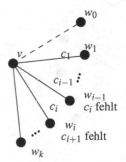

Wir definieren nun für $i = 1, \ldots, k$ eine Färbung f_i der Kanten von $G_i := G - e_i$, wobei $e_i = [v, w_i]$, durch:

$$f_i(e) := \begin{cases} f_0(v, w_{j+1}), & \text{für } e = e_j, \ j = 0, \ldots, i-1 \\ f_0(e), & \text{sonst.} \end{cases}$$

Konstruktion der Nachbarn w_i. Die Farbe $c_i = f_0(v, w_i)$ fehlt in f_0 bei w_{i-1}. Die gestrichelte Kante fehlt in $G - [v, w_0]$.

Man beachte, dass dies tatsächlich eine gültige Färbung f_i von G_i liefert, da nach Konstruktion die Farbe $f_0(v, w_{j+1})$ bei w_j fehlt. In der Färbung f_i fehlen bei v die gleichen Farben bei v wie bei f_0.

Sei c' eine Farbe, die bei w_k in f_0 fehlt. Dann fehlt diese Farbe bei w_k

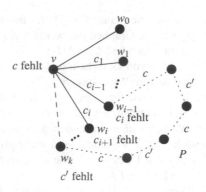

Bild 4.4: Der (c, c')-Weg P (gepunktet) bezüglich f_k, der in w_k startet, endet in v.
Seine letzte Kante ist $[v, w_{i-1}]$ und es gilt $c' = f_0(v, w_i) = f_k(v, w_{i-1})$.

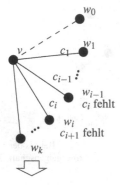

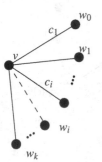

Konstruktion der Färbung f_i
von $G - [v, w_i]$.

auch in der Färbung f_k. Falls c' in f_k auch bei v fehlt, dann können wir f_k mittels $f_k(v, w_k) := c'$ zu einer Färbung von G fortsetzen, was im Widerspruch zu $\chi'(G) > \Delta + 1$ steht. Also gibt es eine Kante $e \in \delta(v)$, so dass $f_k(e) = c'$ und, da bei v in allen Färbungen f_i, $i = 0, \dots, k$ die gleichen Farben fehlen, muss es auch eine Kante $[v, w] \in E$ geben, so dass $f_0(v, w) = c'$ gilt.

Aufgrund der Maximalität unserer Folge $w_0, w_1, \dots, w_k$ ergibt sich $w = w_i$ für ein i (sonst könnten wir die Folge mit $w_{k+1} := w$ fortsetzen) und daher $f_0(v, w_i) = c'$ für ein $i \in \{1, \dots, k-1\}$.

Wir betrachten nun den (c, c')-Weg P bezüglich der Färbung f_k, der in w_k startet. Nach der oben bewiesenen Farbwegeigenschaft muss P in v enden (siehe Abbildung 4.4). Da die Farbe c bei v fehlt, ist die letzte Kante auf diesem Weg eine Kante, die durch f_k mit c' gefärbt ist. Da $f_k(v, w_{i-1}) = f_0(v, w_i) = c'$ und f_k eine Färbung ist, muss diese letzte Kante gleich $[v, w_{i-1}]$ sein. Nach Wahl der Folge $w_0, w_1, \dots, w_k$ fehlt die Farbe $c' = f_0(v, w_i)$ in der Färbung f_0 bei w_{i-1}. Nach Konstruktion der Färbung f_{i-1} fehlt c' dann auch bei w_{i-1} in f_{i-1}.

Der in w_k startende (c, c')-Weg P bezüglich der Färbung f_k durchlaufe die Kanten $a_1, \dots, a_r$ in dieser Reihenfolge, wobei $a_r = [w_{i-1}, v]$. Sei letztendlich P' der (c, c')-Weg in G_{i-1} bezüglich der Färbung f_{i-1}, der in w_{i-1} startet.

Aufgrund der Eindeutigkeit dieses Weges muss dieser Weg mit den Kanten $a_{r-1}, a_{r-2}, \dots, a_1$ in dieser Reihenfolge starten (siehe Abbildung 4.5) und damit unweigerlich nach w_k führen (man beachte, dass in f_k und f_{i-1} die Kanten $a_1, \dots, a_{r-1}$ die gleichen Farben besitzen). Da aber c' als eine Farbe gewählt war, die in f_0 bei w_k fehlt, fehlt diese Farbe nach Konstruktion auch in f_{i-1} bei w_k und der Weg P' endet in w_k. Dies widerspricht der oben bewiesenen Farbwegeigenschaft.   ∎

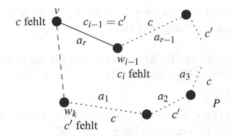

Bild 4.5: Der (c, c')-Weg P' bezüglich f_{i-1}, der in w_{i-1} startet, muss in w_{i-1} wie P (gepunktet) beginnen.

Vertiefende Darstellungen zu Färbungen finden sich etwa in [158, 96, 51].

4.7 Überdeckungen

Das Museum aus Abschnitt 1.3 ist umgebaut worden. Es besteht nun nicht mehr aus weitläufigen Räumen, sondern nur noch aus schmalen Gängen, in denen die Gemälde aufgehängt sind. Der Grundriss des Museums entspricht abstrahiert einem ungerichteten Graphen, dessen Kanten die Gänge darstellen. Um das Museum zu überwachen, sollen an den Kreuzungen Wärter aufgestellt werden, so dass jeder Gang kontrolliert wird.

Im ungerichteten Graphen G entspricht eine zulässige Wärterplatzierung einer Eckenteilmenge S, so dass jede Kante mit mindestens einer Ecke aus S inzidiert.

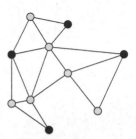

Eckenüberdeckung (graue Ecken) zur Bewachung der Gänge des Museums.

Definition 4.30: **Eckenüberdeckung**
Eine Teilmenge S der Eckenmenge eines gerichteten oder ungerichteten Graphens G heißt *Eckenüberdeckung* (engl. *vertex cover*), wenn S jeden Pfeil bzw. jede Kante aus G überdeckt. Wir setzen

$$\tau(G) := \min \left\{ |S| : S \text{ ist Eckenüberdeckung in } G \right\}.$$

Eckenüberdeckung

vertex cover

Im Falle unseres Museums sollen aus Kostengründen möglichst wenige Wärter aufgestellt werden. Aus graphentheoretischer Sicht fragt man nach einer Eckenüberdeckung mit möglichst kleiner Kardinalität. Für allgemeine Graphen G ist die Bestimmung von $\tau(G)$ NP-schwer (siehe z.B. [76, GT1]). Daher beschäftigen wir uns mit der Existenz von Approximations-Algorithmen für dieses Problem.

Definition 4.31: **Matching**
Sei G ein gerichteter oder ungerichteter Graph. Ein *Matching* ist eine schlingenfreie Teilmenge M der Pfeile/Kanten, so dass keine zwei Elemente aus M

Ein Matching (dicke
schwarze Kanten)

Eine Kantenmenge E', die
kein Matching ist (dicke
schwarze Kanten): mit v
inzidieren zwei Kanten aus E'

inzidieren. Das *Matching M* heißt *maximal*, falls keine echte Obermenge
von M ein Matching in G ist.

Der folgende Satz bildet die Grundlage für einen einfachen Approximations-
Algorithmus (Algorithmus 4.3).

Satz 4.32:
*Sei G ein (gerichteter oder ungerichteter) Graph. Ist M ein Matching in G
und S eine Eckenüberdeckung, so gilt $|M| \leq |S|$.*

Beweis:
Jeder Pfeil r (jede Kante e) des Matchings M hat mindestens eine Endecke
in S. Sei dies v_r (bzw. v_e). Da M aber ein Matching ist, sind alle Ecken v_r,
$r \in M$ (bzw. v_e, $e \in M$) verschieden und es folgt $|M| \leq |S|$.   ∎

Algorithmus 4.3 bestimmt ein bezüglich Inklusion maximales Matching M
und liefert die Endpunkte der Kanten aus M als Eckenüberdeckung zurück.
Wir analysieren die Güte dieses Algorithmus.

Algorithmus 4.3 Approximationsalgorithmus für die Bestimmung einer
kleinsten Eckenüberdeckung

VERTEX-COVER(G)
  Input: Ein ungerichteter Graph $G = (V, E)$
  1 $M := \emptyset, S := \emptyset$
  2 **for all** $v \in V$ **do**
  3   **for all** $e = [v, u] \in \delta(v)$ **do**
  4   **if** $M \cup \{e\}$ ist ein Matching **then**
  5              $M := M \cup \{e\}, S := S \cup \{u, v\}$
  6 **return** S

Die Endecken (weiß) der
Kanten in einem maximalen
Matching (dicke Kanten)
bilden eine
Eckenüberdeckung.

Satz 4.33:
*Algorithmus 4.3 ist ein 2-Approximationsalgorithmus für die Bestimmung
einer kleinsten Eckenüberdeckung. Die Laufzeit ist linear.*

Beweis:
Die lineare Laufzeit des Verfahrens lässt sich leicht dadurch erreichen, dass
man sich für jede Ecke v merkt, ob bereits eine Kante aus M mit v inzidiert.
Dann benötigt der Test in Schritt 4 nur $\mathcal{O}(1)$ Zeit.
    Das von M gelieferte Matching M ist offenbar bezüglich Inklusion maxi-
mal, so dass jede Kante $e \notin M$ mit mindestens einer Kante aus M inzidiert.
Daher bilden die Endpunkte S der Matchingkanten eine gültige Eckenüber-
deckung. Nach Satz 4.32 gilt nun $|S| \leq 2|M| \leq 2\tau(G)$.   ∎

Das folgende Lemma stellt einen Zusammenhang zwischen Eckenüberdeckungen und unabhängigen Mengen her.

Lemma 4.34:

Die Menge $U \subseteq V(G)$ ist genau dann eine unabhängige Menge in G, wenn $V(G) \setminus U$ eine Eckenüberdeckung für G ist.

Beweis:

»$\Rightarrow$«: Ist U eine unabhängige Menge, so gilt für jede Kante $e = [u,v] \in E(G)$, dass mindestens eine der Ecken u,v in $V \setminus U$ liegen muss: $\{u,v\} \cap (V \setminus U) \neq \emptyset$, also ist $V \setminus U$ Eckenüberdeckung.

»$\Leftarrow$«: Sei $V(G) \setminus U$ eine Eckenüberdeckung. Dann gilt für jede Kante $[u,v]$, dass mindestens eine der Ecken u,v in $V(G) \setminus U$ liegt. Also gibt es keine Kante $[u,v]$ mit $u \in U$ und $v \in U$, d.h. U ist eine unabhängige Menge. ∎

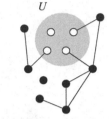

U ist genau dann unabhängige Menge, wenn $V \setminus U$ eine Eckenüberdeckung ist.

Als Konsequenz aus Lemma 4.34 ergibt sich

$$\alpha(G) + \tau(G) = |V(G)|. \tag{4.4}$$

Analog zu den Eckenüberdeckungen kann man ebenfalls Kantenüberdeckungen definieren. Wir sagen, dass sich eine Ecke und eine Kante gegenseitig überdecken, wenn sie miteinander inzidieren.

Definition 4.35:   Kantenüberdeckung

Eine Kantenteilmenge $E' \subseteq E$ überdeckt $G = (V,E)$, wenn jede Ecke von G mindestens durch eine Kante aus E' überdeckt wird. Die Menge E' heißt dann *Kantenüberdeckung* für G. Es sei

$$\rho(G) := \min \left\{ |S| : S \text{ ist Kantenüberdeckung für } G \right\}.$$

Für einen Graphen $G = (V,E)$, dessen Kantenmenge ein perfektes Matching bildet, gilt $\rho(G) = n/2$.

Offenbar gilt für Graphen mit n Ecken, aber ohne isolierte Ecken $\rho(G) \geq n/2$, da jede Kante zwei Ecken überdeckt. Besitzt also G ein maximales Matching M mit $|M| = n/2$, so ist M eine minimale Kantenüberdeckung. Wir nennen M dann auch *perfektes Matching* (vgl. Definition 9.58). Eine obere Schranke ist offenbar $\rho(G) \leq n - 1$, indem wir iterativ für jede nichtüberdeckte Ecke eine inzidente Kante wählen (die erste Kante überdeckt zwei Ecken). Beide Schranken sind scharf; man betrachte z.B. ein perfektes Matching bzw. einen Sterngraphen.   Darüberhinaus gilt für bipartite Graphen ohne isolierte Ecken $\alpha(G) = \rho(G)$ (Aufgabe 10.4).

perfektes Matching

Kantenüberdeckungen mit zusätzlichen Eigenschaften (spannende Bäume, Wälder) werden wir in Kapitel 6 und 11 (*k*-Spanner) vorstellen.

Für einen Sterngraphen $G = (V,E)$ gilt $\rho(G) = n - 1$.

4.8   Das *p*-Center Problem

In einer Region sollen neue Feuerwehrstationen gebaut werden. Das Budget erlaubt es, eine beschränkte Anzahl p von Stationen zu errichten (vgl.

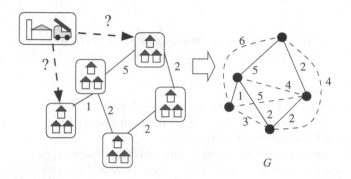

Bild 4.6: Platzierung von Feuerwehrstationen: Der ungerichtete Graph G entsteht durch Vervollständigung »längs kürzester Wege«.

Bild 4.6). Damit im Notfall eine möglichst effektive Brandbekämpfung erfolgen kann, sollen die p Stationen so platziert werden, dass der maximale Abstand einer Ortschaft zur nähesten Feuerstation minimiert wird.

Wir modellieren das Straßennetz durch einen ungerichteten Graphen G mit Kantengewichten, die den Entfernungen (Fahrzeiten o.ä.) entsprechen. Dazu »vervollständigen« wir den Graphen »längs kürzester Wege«: Für jedes Paar u, v von Ortschaften fügen wir eine Kante $[u, v]$ ein, deren Gewicht dem eines kürzesten Weges zwischen u nach v entspricht. Die Gewichte $d \colon E(G) \to \mathbb{R}_+$ erfüllen dann die *Dreiecksungleichung*:

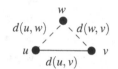

Dreiecksungleichung: Der direkte Abstand von u nach v ist nicht länger als der Umweg über die Umwegecke w.

$$d(u, v) \leq d(u, w) + d(w, v) \quad \text{für alle } u, v, w \in V \tag{4.5}$$

(siehe Lemma 8.6 für eine formale Herleitung). In der Anwendung bedeutet (4.5), dass die Fahrzeit von u über w nach v (rechte Seite von (4.5)) nicht kürzer sein kann als der direkte Weg von u nach v. Unser Standortproblem lässt sich nun wie folgt formalisieren:

---

p-CENTER PROBLEM

Instanz: Vollständiger ungerichteter Graph $G = (V, E)$ mit
Gewichten $d \colon E \to \mathbb{R}$ auf den Kanten, welche die
Dreiecksungleichung erfüllen, sowie eine Zahl $p \in \mathbb{N}$

Gesucht: Eine Teilmenge $P \subseteq V$ von $p = |P|$ »Zentren«, so dass

$$d(P) := \max_{v \in V} d(v, P) := \max_{v \in V} \min_{z \in P} d(v, z)$$

minimal ist.

Es besteht ein enger Zusammenhang zwischen dem p-CENTER PROBLEM und Überdeckungen in Graphen. Dazu definieren wir zunächst folgenden Begriff:

Definition 4.36: **Dominierende Menge**

Eine Teilmenge $S \subseteq V(G)$ heißt *dominierende Menge*, wenn für jede Ecke $v \in V(G)$ gilt: $v \in S$ oder es gibt ein $u \in S$ mit $[u, v] \in E(G)$.

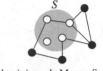

dominierende Menge S

Besitzt G keine isolierten Ecken, so ist die letzte Definition äquivalent zur Forderung, dass $\bigcup_{v \in S} \delta(v)$ eine Kantenüberdeckung von G ist.

Definition 4.37: **Flaschenhals-Graph**

Sei $G = (V, E)$ ein ungerichteter Graph mit nichtnegativen Kantengewichten $d: E \to \mathbb{R}_+$. Für eine Zahl D ist der *Flaschenhals-Graph* (*bottleneck graph*) $G_{\leq D}$ als der Partialgraph von G definiert, der nur die Kanten mit Gewicht $d(e) \leq D$ enthält.

Flaschenhals-Graph

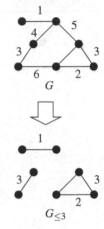

Mit der obigen Definition folgt für das p-CENTER PROBLEM unmittelbar, dass eine Eckenteilmenge P genau dann Zielfunktionswert $d(P) \leq D$ hat, wenn P eine dominierende Menge in $G_{\leq D}$ ist. Wir könnten demnach das p-CENTER PROBLEM lösen, indem wir das kleinste $D \geq 0$ bestimmen, so dass $G_{\leq D}$ eine dominierende Menge der Größe höchstens p besitzt. Allerdings ist die Bestimmung einer kleinsten dominierenden Menge NP-schwer [76, GT2]. Der folgende Satz zeigt, dass sich die Komplexität auf das p-CENTER PROBLEM überträgt.

Satz 4.38:

Die Bestimmung einer optimalen Lösung für das p-CENTER PROBLEM ist NP-schwer. Unter der Voraussetzung $P \neq NP$ existiert kein $(2 - \varepsilon)$-Approximationsalgorithmus für das Problem für irgendein $\varepsilon > 0$.

Beweis:

Wir zeigen die Behauptung durch eine Reduktion vom Problem DOMINATINGSET, bei dem wir für einen gegebenen Graphen $G = (V, E)$ und eine Zahl $k \in \mathbb{N}$ entscheiden müssen, ob G eine dominierende Menge der Größe höchstens k besitzt. Das Problem DOMINATINGSET ist als NP-vollständig bekannt [76, GT2].

Zu gegebenem $G = (V, E)$ und k konstruieren wir eine Instanz für das p-CENTER PROBLEM, indem wir einen vollständigen Graphen $G' = (V, E')$ mit gleicher Eckenmenge und eine Gewichtsfunktion $d: E' \to \{1, 2\}$ vermöge

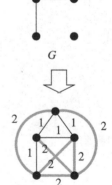

$$d(u, v) := \begin{cases} 1 & \text{falls } [u, v] \in E \\ 2 & \text{falls } [u, v] \notin E \end{cases}$$

konstruieren. Wir setzen noch $p := k$. Man sieht unmittelbar, dass die konstruierte Instanz genau dann einen Optimalwert von 1 hat, wenn G eine dominierende Menge der Größe höchstens $k = p$ enthält.

Konstruktion in Satz 4.38: die grauen Kanten haben Gewicht 2, die schwarzen Gewicht 1.

Enthält der Graph G eine dominierende Menge der Größe $k = p$, so muss ein $(2-\varepsilon)$-Approximationsalgorithmus ebenfalls eine Lösung mit Zielfunktionswert 1 liefern, da eine Lösung mit Zielfunktionswert 2 um mehr als den Faktor $2-\varepsilon$ über dem Optimum liegt. Enthält G keine dominierende Menge der Größe $k = p$, so liefert der Algorithmus eine Lösung vom Wert 2. Wir können daher einen $(2-\varepsilon)$-Approximationsalgorithmus ebenfalls benutzen, um die Instanz von DOMINATINGSET korrekt zu entscheiden.   ∎

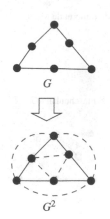

Wir entwerfen und analysieren nun einen 2-Approximationsalgorithmus für das p-CENTER PROBLEM. Im Hinblick auf Satz 4.38 ist die Approximationsgüte 2 bestmöglich unter der Voraussetzung P $\neq$ NP.

Definition 4.39:   **Potenz eines Graphen**

Sei $G = (V, E)$ ein einfacher ungerichteter Graph. Wir definieren die k-te *Potenz von G* als denjenigen Graphen $G^k = (V, E^k)$ mit $(u, v) \in E^k$ genau dann, wenn in G ein Weg von u nach v mit höchstens k Kanten existiert.

Ist G' ein vollständiger Graph und $G \sqsubseteq G'$, so können wir die k-te Potenz G^k wieder als Teilgraphen von G' auffassen. Im Falle einer Kantengewichtung, welche die Dreiecksungleichung (4.5) erfüllt, lassen sich die Kantengewichte nach oben beschränken:

Lemma 4.40:

Sei $G = (V, E)$ vollständig und $d\colon E \to \mathbb{R}_+$ eine Kantengewichtung, welche die Dreiecksungleichung *erfüllt und $H = G_{\leq D}$. Dann können wir für $k \in \mathbb{N}$ den Graphen H^k als Teilgraphen von G auffassen und es gilt*

$$\max\left\{\, d(e) : e \in E(H^k) \,\right\} \leq k \cdot \max\left\{\, d(e) : e \in E(H) \,\right\}.$$

Beweis:

Jede Kante $[u, v]$ in H^k entspricht einem Weg P in H der Länge höchstens k. Nach der Dreiecksungleichung $d(u, v) \leq \sum_{e \in P} d(e)$. Da jede Kante auf P nach Definition des Flaschenhalsgraphen höchstens Gewicht D hat, folgt die Behauptung.   ∎

Potenzen von Graphen lassen sich darüberhinaus effizient mit Hilfe schneller Matrixmultiplikationen berechnen, wie das folgende Lemma zeigt.

Lemma 4.41:

Sei G ein einfacher ungerichteter Graph mit Adjazenzmatrix $A(G) = A$. Dann lässt sich die Adjazenzmatrix $A(G^2)$ von G^2 in Zeit $\mathcal{O}(M(n))$ berechnen, wobei $M(n) \in \mathcal{O}(n^\tau)$ mit $\tau < 2.376$ die Zeit ist, um zwei $n \times n$-Matrizen mit Einträgen aus $\{0, \ldots, n\}$ zu multiplizieren.

Beweis:

Sei ohne Beschränkung $V = \{v_1, \ldots, v_n\}$. Betrachte die Matrix $B := A \cdot A$. Dann gilt

$$b_{ij} = \sum_{k=1}^{n} a_{ik}a_{kj} = |\{k : [v_i, v_k] \in E \wedge [v_j, v_k] \in E\}|.$$

Somit gilt $b_{ij} \geq 1$ genau dann, wenn es einen Weg von v_i nach v_j der Länge genau 2 gibt. Wenn wir die Matrix $C := A + A \cdot A$ betrachten, so gilt dann $c_{ij} \geq 1$, genau dann, wenn es in G einen Weg von v_i nach v_j der Länge *höchstens* 2 gibt. In $\mathcal{O}(n^3)$ Zeit können wir somit $A(G^2)$ aus C auf einfache Weise erhalten. Der aktuell schnellste Algorithmus zur Multiplikation zweier $n \times n$-Matrizen benötigt $\mathcal{O}(n^\tau)$ Zeit [44]. $\blacksquare$

Als letztes Hilfsmittel für unseren Approximationsalgorithmus leiten wir Zusammenhänge zwischen dominierenden Mengen und unabhängigen Mengen her.

Lemma 4.42:

Sei S eine dominierende Menge in H. Dann gilt $|U| \leq |S|$ für jede unabhängige Menge U in H^2.

Beweis:

Nach Beobachtung 4.5 gilt $\alpha(H^2) \leq \bar{\chi}(H^2)$, also genügt es zu zeigen, dass die Cliquenzerlegungszahl von H^2 die Bedingung $\bar{\chi}(H^2) \leq |S|$ erfüllt.

Für $v \in S$ betrachten wir die Menge der Nachbarn $N_H(v)$ von v in H. Für $u, w \in N_H(v)$ gilt $[u, v] \in H$ und $[v, w] \in H$, also $[u, w] \in H^2$. Daher ist $N_H(v)$ eine Clique in H^2 und die Mengen $N_H(v)$, $(v \in S)$ bilden eine (nicht notwendigerweise disjunkte) Überdeckung von H^2 mit $|S|$ Cliquen. Diese Überdeckung lässt sich leicht durch Entfernen von mehrfach überdeckten Ecken in eine Partitionierung der Eckenmenge in $|S|$ Cliquen umwandeln. Daher gilt $\bar{\chi}(H^2) \leq |S|$. $\blacksquare$

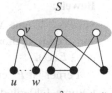

Der Graph H^2 enthält die Kante $[u, w]$.

Lemma 4.43:

Sei U eine (inklusionsweise) maximale unabhängige Menge in H. Dann ist U eine dominierende Menge in H.

Beweis:

Da U inklusionsweise maximal in H ist, gibt es für jedes $v \in V$ mindestens ein $u \in U$ mit $[v, u] \in H$. $\blacksquare$

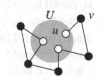

Jede inklusionsweise maximale unabhängige Menge ist dominierende Menge

Algorithmus 4.4 sortiert die $\binom{n}{2}$ Kantengewichte im vollständigen Graphen und sucht danach nach dem kleinsten Kantengewicht $d(e_i)$, so dass die (heuristische) Suche nach einer maximalen unabhängigen Menge in $G_{\leq d(e_i)}$ mit mehr als p Elementen fehlschlägt.

Algorithmus 4.4 Algorithmus für das p-CENTER-PROBLEM

CENTER-BOTTLENECK(G)

Input: Ein vollständiger ungerichteter Graph $G = (V, E)$ mit einer
             Kantengewichtung $d\colon E \to \mathbb{R}_+$, welche die Dreiecksungleichung
             erfüllt, sowie eine Zahl $p \in \{1, \dots, n\}$

1 Sortiere die Kanten, so dass $d(e_1) \leq \cdots \leq d(e_m)$
2 Finde durch binäre Suche das kleinste $i \in \{1, \dots, m\}$, so dass für $G_i := G_{\leq d(e_i)}$
   die Testprozedur TEST(G_i, p) eine Menge $U \subseteq V$ (und kein »Fehlerzertifikat«)
   zurückliefert.
3 **return** U

TEST(H, p)

1 Sei U eine inklusionsweise maximale unabhängige Menge in H^2
2 **if** $|U| > p$ **then**
3   **return** »Fehlerzertifikat«
4 **else**
5   **return** U

Satz 4.44:

Algorithmus 4.4 ist ein 2-Approximations-Algorithmus für das p-CENTER PROBLEM. Die Laufzeit ist $\mathcal{O}(n^\tau \log n)$ mit $\tau < 2.376$.

Beweis:

Sei $P^* \subseteq V$ eine Menge von p optimalen Zentren und $d^* := d(P)$ der entsprechende optimale Funktionswert. Dann gilt $d^* = d(e_{i^*})$ für eine Kante $e_{i^*} \in E(G)$.

Ferner ist P^* eine dominierende Menge in $H := G_{i^*} := G_{\leq d(e_{i^*})}$. Nach Lemma 4.42 gilt daher $|U| \leq |P^*| = p$ für alle unabhängigen Mengen in H^2. Daher kann die Testprozedur beim Aufruf TEST(G_{i^*}, p) kein »Fehlerzertifikat« liefern. Es existiert somit ein kleinster Wert $i \in \{1, \dots, m\}$ mit $i \leq i^*$, so dass TEST(G_i, p) kein »Fehlerzertifikat« ist.

Sei U die maximale unabhängige Menge in G_i^2, welche die Testprozedur beim Aufruf TEST(G_i, p) findet. Nach Lemma 4.43 ist U ebenfalls eine dominierende Menge in G_i^2. Nach Lemma 4.40 existiert somit für jede Ecke $v \notin U$ eine Ecke $u \in U$ mit

$$d(u, v) \overset{\text{Lemma 4.40}}{\leq} 2 \max \{ c(e) : e \in E(G_i) \} \leq 2d(e_i).$$

Für die letzte Ungleichung haben wir dabei die Definition von $G_i = G_{\leq d(e_i)}$ benutzt. Wegen $i \leq i^*$ ist $d(e_i) \leq d(e_{i^*}) = d(P^*)$. Dies beendet den Beweis.   ∎

4.9   Übungsaufgaben

Aufgabe 4.1:   **Unabhängige Mengen**

Sei $G = (V, E)$ ein ungerichteter Graph mit maximalem Grad $\Delta = \Delta(G)$. Zeigen Sie, dass es in G eine unabhängige Menge U gibt mit $|U| \geq \frac{|V|}{\Delta+1}$.

Aufgabe 4.2:   **Färbung eines gerichteten Graphen**

Analog zu Färbungen von ungerichteten Graphen ist eine k-Färbung eines gerichteten Graphen $G = (V, E)$ eine surjektive Abbildung $f: V \to \{1, \ldots, k\}$, so dass benachbarte Ecken unterschiedliche Farben zugeordnet bekommen. Sei $G = (V, R)$ nun ein gerichteter kreisfreier Graph und ℓ die maximale Länge eines elementaren Weges in G. Zeigen Sie, dass G mit $\ell + 1$ Farben färbbar ist.

Aufgabe 4.3:   **Sequentielle Färbung und Eckenfolgen**

Der sequentielle Färbungsalgorithmus (Algorithmus 4.2) benutzt eine Eckenfolge π und kann in Abhängigkeit von der ausgewählten Folge ggf. unterschiedliche Farbanzahlen liefern. Sei π^+ eine Eckenfolge, bei der die Eckengrade (schwach) monoton steigen, π^- eine solche mit schwach monoton fallenden Graden. Gilt dann immer $F_{\pi^-}(G) \leq F_{\pi^+}(G)$?

Aufgabe 4.4:   **Färben von Vereinigungsgraphen**

Für zwei Graphen $G_1 = (V, E_1)$ und $G_2 = (V, E_2)$ mit gleicher Eckenmenge wird durch $G_1 \cup G_2 := (V, E_1 \cup E_2)$ die *Vereinigung* beider Graphen definiert. Zeigen Sie: $\chi(G_1 \cup G_2) \leq \chi(G_1) \cdot \chi(G_2)$.

Aufgabe 4.5:   **Kritische Färbungen**

Ein Graph $G = (V, E)$ mit chromatischer Zahl $k = \chi(G)$ heißt *kritisch k-chromatisch*, wenn gilt:

$$\chi(G - e) < k \quad \text{für alle } e \in E,$$

das heißt, durch Entfernen einer beliebigen Kante aus G nimmt die chromatische Zahl ab.

a) Geben Sie für $k = 2, 3, \ldots$ eine Familie von kritisch k-chromatischen Graphen an.

b) Geben Sie für $n = 3, 5, \ldots$ eine Familie von kritisch 3-chromatischen Graphen mit n Ecken an.

Aufgabe 4.6:   **Färbungen und längste Wege**

Sei $G = (V, E)$ ein ungerichteter Graph. Wir nennen G einen *k-eckenkritisch chromatischen* Graphen, wenn $\chi(G) = k$ und $\chi(G - v) < k$ für alle $v \in V$.

a) Sei G k-eckenkritisch chromatisch. Zeigen Sie, dass $g(v) \geq k - 1$ für alle $v \in V$ gilt.

b) Sei $\ell := \ell(G)$ die Länge eines längsten elementaren Weges in G. Beweisen Sie $\chi(G) \leq \ell + 1$.

Aufgabe 4.7:   **Kantenfärbung des Petersen-Graphen**

Zeigen Sie, dass der Petersen-Graph PG (vgl. Aufgabe 2.6) nicht mit 3 Farben kantenfärbbar ist: $\chi'(PG) > 3$. Geben Sie dann eine Kantenfärbung mit $\chi'(PG) = \Delta(PG) + 1 = 4$ Farben an.

Aufgabe 4.8:   **Intervallgraphen**

Seien $I_j = [a_j, b_j] \subset \mathbb{R}$, $j = 1, \ldots, n$ Intervalle mit $a_j \leq b_j$. Der *Intervallgraph* G_Γ zu $\Gamma = \{I_1, \ldots, I_n\}$ ist dann der ungerichtete Graph $G_\Gamma = (\Gamma, E_\Gamma)$ mit Kantenmenge $E_\Gamma = \{\, [I_j, I_k] : I_j \neq I_k, I_j \cap I_k \neq \emptyset \,\}$. Zeigen Sie, dass jeder Intervallgraph chordal ist.

Aufgabe 4.9:   **Wer tötete den Duke of Densmore?**

Eines Tages erhielt Sherlock Holmes einen Besuch seines Freundes Dr. Watson. Watson war damit beauftragt worden, einen mysteriösen Mordfall aufzuklären, der sich vor über zehn Jahren ereignet hatte. Damals war der Duke of Densmore durch eine Bombenexplosion getötet worden. Bei der Explosion war auch das Castle Densmore zerstört worden, in dem der Duke seit seinem Ruhestand lebte. Die Zeitungen berichteten, dass der letzte Wille des Duke, der übrigens bei der Explosion ebenfalls vernichtet worden war, Anordnungen enthalten habe, die wohl jeder seiner sieben geschiedenen Ehefrauen missfielen. Kurz vor seinem Tod hatte der Duke jede einzelne für ein paar Tage auf sein Castle in die schottische Heimat eingeladen.

Holmes: *Ich erinnere mich noch genau an den Fall. Das Seltsame daran war, dass die Bombe genauso konstruiert worden war, dass sie in einer bestimmten Ecke des Schlafzimmers versteckt werden konnte. Das bedeutet, dass der Mörder das Castle mehrere Male besucht haben muss.*

Watson: *Das habe ich mir auch schon überlegt und daraufhin alle seine sieben Ehefrauen befragt. Jede hat aber beschworen, dass sie nur ein einziges Mal im Castle gewesen sei.*

Holmes: *Haben Sie gefragt, wann die einzelnen Personen das Castle besucht haben?*

Watson: *Unglücklicherweise erinnert sich keine von ihnen an das exakte Datum. Immerhin ist die Geschichte schon über zehn Jahre her! Dennoch erinnert sich jede genau daran, wen sie während ihres Aufenthaltes auf dem Castle getroffen hat.*

Ann traf Betty, Charlotte, Felicia und Georgina.

Betty traf Ann, Charlotte, Edith, Felicia und Helen.

Charlotte traf Ann, Betty und Edith.

Edith traf Betty, Charlotte und Felicia.

Felicia traf Ann, Betty, Edith und Helen.

Georgina traf Ann und Helen.

Helen traf Betty, Felicia und Georgina.

Holmes nahm einen Stift und zeichnete ein seltsames Bild, das Punkte enthielt, die mit A, B, C, E, F, G und H markiert und mit Linien verbunden waren. Weniger als 30 Sekunden später rief er aus: »Das ist es! Was Sie mir erzählen, zeigt in eindeutiger Weise auf den Mörder!«

Finden Sie den Mörder des *Duke of Densmore*. Nehmen Sie dabei (wie auch Sherlock Holmes) an, dass genau eine Person gelogen hat.

Hinweis: Benutzen Sie Aufgabe 4.8.

Aufgabe 4.10:   **Färbungen und Partitionen**

Sei $G = (V, E)$ ein ungerichteter Graph. Zeigen Sie für den Fall $E \neq \emptyset$:

a) Es gibt eine Partition $V = V_1 \,\dot\cup\, V_2$ der Eckenmenge V, so dass $\chi(G[V_1]) + \chi(G[V_2]) = \chi(G)$.

b) Wenn G nicht vollständig ist, dann gibt es eine Partition $V = V_1 \,\dot\cup\, V_2$ der Eckenmenge V, so dass $\chi(G[V_1]) + \chi(G[V_2]) > \chi(G)$.

   Hinweis: Wählen Sie V_1 als eine maximale Clique im Graphen.

5 Transitive Hülle und Irreduzible Kerne

5.1 Transitive Hülle

Das Problem 2-SAT besteht aus der Einschränkung des aussagenlogischen Erfüllbarkeitsproblems SAT (vgl. Abschnitt 2.6) auf diejenigen Instanzen, in denen jede Klausel genau zwei Literale enthält. Jede Klausel ist daher dann von der Form $\{L_i, L_j\}$ mit $L_i \in \{x_i, \bar{x}_i\}$ und $L_j \in \{x_j, \bar{x}_j\}$. Ein Beispiel für eine Instanz von 2-SAT ist

2-SAT

$$C_1 = \{x_1, x_2\}, C_2 = \{\bar{x}_1, x_3\}, C_3 = \{\bar{x}_2, \bar{x}_3\}, C_4 = \{\bar{x}_1, x_2\} \tag{5.1}$$

2-SAT	
Instanz:	Eine Menge X von Variablen und eine Menge F von Klauseln über X, von denen jede Länge 2 besitzt.
Frage:	Gibt es eine Belegung, so dass alle Klauseln in F erfüllt sind?

Wie der Satz von Cook (Satz 2.22) zeigt, ist SAT NP-vollständig. Sogar die Einschränkung 3-SAT auf Klauseln mit jeweils 3 Literalen bleibt NP-vollständig. Wie sieht es mit 2-SAT aus?

Sei X die Menge der Variablen. Für ein Literal L über X bezeichnen wir im Folgenden mit $\neg L$ das zugehörige negierte Literal. Betrachten wir eine Klausel $C = \{L_i, L_j\}$. Falls es eine *erfüllende* Belegung $t : X \to \{0,1\}$ gibt und $t(L_i) = 0$ gilt, dann muss $t(L_j) = 1$ gelten, da andernfalls die Klausel C unter t nicht erfüllt wäre. Wir können diese einfache Beobachtung als *Implikation* schreiben: Falls $\neg L_i = 1$, dann folgt $L_j = 1$:

$$\neg L_i \implies L_j. \tag{5.2}$$

Für die Instanz aus (5.1) ergeben sich die folgenden Implikationen:

C_1 :	$\bar{x}_1 \Rightarrow x_2$	$\bar{x}_2 \Rightarrow x_1$	(5.3a)
C_2 :	$x_1 \Rightarrow x_3$	$\bar{x}_3 \Rightarrow \bar{x}_1$	(5.3b)
C_3 :	$x_2 \Rightarrow \bar{x}_3$	$x_3 \Rightarrow \bar{x}_2$	(5.3c)
C_4 :	$x_1 \Rightarrow x_2$	$\bar{x}_2 \Rightarrow \bar{x}_1$	(5.3d)

Wir konstruieren nun einen gerichteten Graphen $G = (V, R)$, dessen Eckenmenge V der Menge der Literale entspricht. Für jede Implikation $\neg L_i \Rightarrow L_j$ enthält R einen Pfeil $(\neg L_i, L_j)$. Für die 2-SAT-Instanz aus (5.1) mit den Implikationen aus (5.3) zeigt Bild 5.1 den resultierenden Graphen (»Implikationsgraph«).

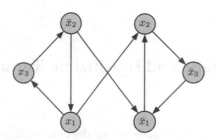

Bild 5.1: Implikationsgraph G für eine Instanz von 2-SAT: Die Eckenmenge entspricht den Literalen, für jede Implikation ist ein Pfeil vorhanden.

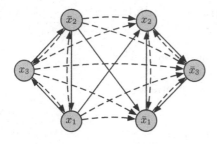

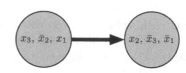

b: Zusammenhangskomponenten des Graphen.

a: Transitive Hülle des Graphen der 2-SAT-
    Instanz

Bild 5.2: Lösen von 2-SAT über Erreichbarkeit in einem Graphen

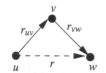

Transitivitätsforderung: Falls
$r_{uv} \in R$ und $r_{vw} \in R$, so gilt
auch $r_{uw} \in R$.

Aus den Implikationen (5.3) lassen sich weitere *transitive Schlüsse* ziehen: Wir haben $x_1 \Rightarrow x_2$ (aus C_4) und $x_2 \Rightarrow \bar{x}_3$ (aus C_3), also ergibt sich $x_1 \Rightarrow \bar{x}_3$.

Definition 5.1:   Transitiver Graph

Ein Graph $G = (V, R, \alpha, \omega)$ heißt *transitiv*, wenn gilt: Sind $r_{uv}, r_{vw} \in R$ mit $\omega(r_{uv}) = \alpha(r_{vw})$, so existiert ein Pfeil $r \in R$ mit $\alpha(r) = \alpha(r_{uv})$ und $\omega(r) = \omega(r_{vw})$.

In unserem 2-SAT-Beispiel können wir alle durch transitiven Schlüsse erhaltenen Pfeile zum Graphen G hinzufügen (siehe Bild 5.2(a)). Wir erhalten dabei einen transitiven Obergraphen G^* von G, die *transitive Hülle*.

Definition 5.2:   Transitive Hülle

transitive Hülle

Sei $G = (V, R)$ ein endlicher Graph ohne Parallelen. Ein Graph $G^* = (V, R^*)$ heißt *transitive Hülle* von G, wenn gilt:

(i) $G \sqsubseteq G^*$

(ii) G^* ist transitiv.

(iii) Falls G' transitiv ist mit $G \sqsubseteq G'$, dann folgt $G^* \sqsubseteq G'$ (G^* ist ein kleinster transitiver Obergraph von G).

Lemma 5.3:
Sei G ein endlicher Graph ohne Parallelen. Dann existiert die transitive Hülle G^* von G und ist eindeutig definiert.

Beweis:
Eindeutigkeit: Sind G^* und H^* transitive Hüllen von G, so folgt nach Eigenschaft 5.2, dass $G^* \sqsubseteq H^*$ und $H^* \sqsubseteq G^*$, also $G^* = H^*$.

Existenz: Sei $\mathscr{G}$ die Menge der parallelenfreien transitiven Obergraphen von G mit gleicher Eckenmenge wie G. Die Menge $\mathscr{G}$ ist nicht leer, da $G_0 := (V, V \times V) \in \mathscr{G}$. Setze $G^* := (V, R^*)$ mit

$$R^* := \bigcap_{G' = (V, R') \in \mathscr{G}} R'. \tag{5.4}$$

Wir prüfen die Eigenschaften (i) bis (iii) nach. Eigenschaft (i) folgt aus $G \sqsubseteq G'$ für alle $G' \in \mathscr{G}$. Eigenschaft (iii) wird durch die Schnittbildung gesichert. Der durch (5.4) definierte Graph ist auch transitiv (Eigenschaft (ii)): Seien $r = (u, v) \in R^*$ und $r' = (v, w) \in R^*$. Da jedes $G' \in \mathscr{G}$ transitiv ist, gilt $(u, w) \in R'$ für alle $G' \in \mathscr{G}$. Also ist $(u, w) \in R^*$. ∎

Lemma 5.4:
Sei $G = (V, R)$ ein gerichteter endlicher Graph und G^* die transitive Hülle von G. Dann gilt für $u \neq v$ die Beziehung $v \in E_G(u)$ genau dann, wenn $(u, v) \in R^*$.

Beweis:
»⇒«: Sei $v \in E_G(u)$ (also v von u aus erreichbar) mit $u \neq v$. Dann existiert ein Weg $P = (u = v_0, r_1, \ldots, r_k, v_k = v)$ von u nach v in G. Durch Induktion nach der Länge k des Weges folgt nun aus der Transitivität von G^*, dass $(u, v) \in R^*$.

»⇐«: Sei $(u', v') \in R^*$ mit $u' \neq v'$. Wir nehmen an, dass $v' \notin E_G(u')$ und führen diese Annahme zum Widerspruch. Dazu betrachten wir den Obergraphen $G' := (V, R')$ von G mit

$$R' := \{\, (u, v) : v \in V \quad \text{und} \quad v \in E_G(u) \,\},$$

der den Pfeil (u', v') nach Konstruktion nicht enthält. Insbesondere ist daher $R' \neq R^*$. Nach dem obigen Beweis der Hin-Richtung folgt $R' \subseteq R^*$, also ist $R' \subset R^*$ eine echte Teilmenge von R^*. Dies bedeutet $G \sqsubseteq G' \sqsubseteq G^*$ und $G' \neq G^*$.

Der Graph G' ist aber transitiv, denn falls $(u, v) \in R'$ und $(v, w) \in R'$ gilt nach Definition von R' dann $v \in E_G(u)$ und $w \in E_G(v)$. Aus der Transitivität

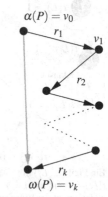

$$\alpha(P) = v_0$$

r_1

v_1

r_2

r_k

$$\omega(P) = v_k$$

Hin-Richtung im Beweis von Lemma 5.4

der Erreichbarkeitsrelation folgt $w \in E_G(u)$, also $(u,w) \in R'$. Dies ist ein Widerspruch zur Minimalität von G^* (Eigenschaft 5.2). ∎

transitive Hülle der
2-SAT-Instanz

In der transitiven Hülle in Bild 5.2(a) existiert der Pfeil $(x_1, \bar{x}_1)$. Er entspricht dem Weg $P = [x_1, x_3, \bar{x}_2, \bar{x}_1]$ von x_1 nach $\bar{x}_1$ und somit der Folge von Implikationen:

$$x_1 \Rightarrow x_3 \Rightarrow \bar{x}_2 \Rightarrow \bar{x}_1.$$

Ist I eine 2-SAT-Instanz und G_I der zugehörige gerichtete Graph (Implikationsgraph), so können wir jede Variablenbelegung t als Eckenbewertung $t : V \to \{0,1\}$ auffassen, bei der jede Ecke den Wert des zugehörigen Literals erhält. Da die Pfeile von G_I die gültigen logischen Implikationen wiederspiegeln, ist eine Belegung t genau dann eine erfüllende Belegung, wenn es keinen Pfeil $(L_i, L_j) \in R(G_I)$ gibt mit $t(L_i) = 1$ und $t(L_j) = 0$. Es gilt nun folgender wichtiger Satz:

Satz 5.5:

Sei I eine Instanz von 2-SAT und G_I der zugehörige gerichtete Graph. Dann sind folgende Aussagen äquivalent:

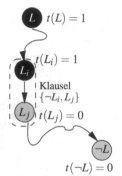

$t(\neg L) = 0$

Ein Pfeil (L_i, L_j) mit
$t(L_i) = 1$ und $t(L_j) = 0$
widerspricht der Eigenschaft,
dass t eine erfüllende
Belegung ist.

  (i) Die Instanz I ist erfüllbar.

  (ii) In G_I existiert kein Literal L, so dass $L \in E_{G_I}(\neg L)$ und $\neg L \in E_{G_I}(L)$.

  (iii) In der transitiven Hülle G_I^* gibt es kein Literal L, so dass $(L, \neg L) \in R_I^*$ und $(\neg L, L) \in R_I^*$.

Beweis:

»(i)⇒(ii)«: Angenommen, $L \in E_{G_I}(\neg L)$ und $\neg L \in E_{G_I}(L)$. Sei t eine erfüllende Belegung mit o.B.d.A. $t(L) = 1$. Da $t(\neg L) = 0$, muss es auf dem Weg von L nach $\neg L$ einen Pfeil (L_i, L_j) geben, der von einem Literal mit Wert $t(L_i) = 1$ zu einem Literal mit $t(L_j) = 0$ führt. Dies ist ein Widerspruch.

»(ii)⇒(i)«: Zunächst machen wir folgende einfache aber wichtige Beobachtung: Gilt $(L_j, L_i) \in R(G_I)$, so folgt auch $(\neg L_i, \neg L_j) \in R(G_I)$.

Wir konstruieren nun eine erfüllende Belegung t durch folgenden iterativen Prozess: Finde ein Literal L, für das der Wert $t(L_i)$ noch nicht festgelegt ist und für das kein Weg in G_I zu $\neg L$ existiert (so ein Literal muss nach Voraussetzung existieren). Sei M die Menge aller Literale, die in G_I von L erreichbar sind (insbesondere ist also $L \in M$). Wir setzen $t(L') := 1$ und $t(\neg L') := 0$ für alle $L' \in M$. Dieser Schritt ist wohldefiniert: Wäre nämlich $L' \in M$ und $\neg L' \in M$, so wäre nach unserer anfänglichen Beobachtung $\neg L$ sowohl von $\neg L'$ als auch von L' erreichbar. Damit wäre dann aber $\neg L$ von L aus erreichbar, im Widerspruch zu unserer Wahl von L.

Wiederholung des beschriebenen Schrittes liefert eine Belegung t für alle Literale/Variablen. Diese Belegung ist auch eine erfüllende Belegung, da wir für ein Literal L mit $t(L) = 1$ immer $t(L') = 1$ für alle von L aus erreichbaren Literale setzen. Somit kann kein Pfeil $(L_i, L_j) \in R(G_I)$ mit $t(L_i) = 1$ und $t(L_j) = 0$ existieren.

Die Äquivalenz von (ii) und (iii) ist eine unmittelbare Folge aus Lemma 5.4.   ∎

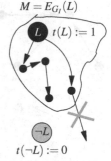

Iterative Konstruktion einer erfüllenden Belegung

Aus der transitiven Hülle in Bild 5.2(a) sehen wir mit Hilfe des letzten Satzes, dass die Instanz von 2-SAT aus (5.1) erfüllbar ist. Eine erfüllende Belegung ist etwa $t(x_1) = t(x_3) = 0$ und $t(x_2) = 1$. Es ist klar, dass sich die Konstruktion aus Satz 5.5 in einen polynomiellen Algorithmus umsetzen lässt, falls wir die transitive Hülle G_I^* in Polynomialzeit berechnen können.[1]

Im nächsten Abschnitt beschäftigen wir uns mit der Frage, wie man die transitive Hülle G^* eines parallelenfreien Graphen $G = (V, R)$ bestimmt.

Definition 5.6:   **Transitive reflexive Hülle**
Sei $G = (V, R)$ ein endlicher Graph ohne Parallelen und $G^* = (V, R^*)$ die transitive Hülle von G. Der Graph

$$G_{\text{refl}}^* := (V, R^* \cup \{ (v,v) : v \in V \})$$

heißt dann *transitive reflexive Hülle* von G.   transitive reflexive Hülle

Lemma 5.7:
Für einfache endliche gerichtete Graphen gilt

$$(G^*)^* = G^* \quad \text{und} \quad (G_{\text{refl}}^*)_{\text{refl}}^* = G_{\text{refl}}^*.$$

Beweis:
Die Identität $(G^*)^* = G^*$ folgt daraus, dass G^* bereits transitiv ist. Die zweite Gleichheit ist eine unmittelbare Konsequenz aus der ersten.   ∎

5.2   Der Tripelalgorithmus

Im folgenden sei $G = (V, R)$ ein endlicher gerichteter Graph ohne Parallelen. Eine naheliegende Idee zur Bestimmung der transitiven reflexiven Hülle G_{refl}^* ist es, ausgehend von $R_{\text{refl}}^* := R$ die Pfeilmenge iterativ durch »Transitivitätsschlüsse« zu erweitern: Falls $(u,v) \in R_{\text{refl}}^*$ und $(v,w) \in R_{\text{refl}}^*$, so fügen wir (u,w) ebenfalls zu R_{refl}^* hinzu.

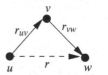

Transitivitätsschluss

---

1   Dies ist nicht die einzige Möglichkeit, einen effizienten 2-SAT-Algorithmus zu konstruieren. Wir werden später noch mit Hilfe des reduzierten Graphen und Tiefensuche (DFS) einen Algorithmus mit linearer Laufzeit angeben.

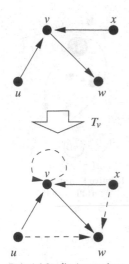

Beispiel für die Anwendung
eines Tripeloperators. Die neu
hinzugekommenen Pfeile sind
gestrichelt gezeichnet.

Der *Tripelalgorithmus* zur Bestimmung der transitiven reflexiven Hülle ist ein einfaches Verfahren, welches diese Idee umsetzt. Wir definieren dazu

$$\mathscr{G}^{oP} := \{\, G : G = (V,R) \text{ ist Graph ohne Parallelen mit Eckenmenge } V \,\}$$

und den *Tripeloperator* T_v zur Umwegecke v als eine Abbildung $T_v : \mathscr{G}^{oP} \to \mathscr{G}^{oP}$, $G = (V,R) \mapsto T_v(G) = (V,R')$ mit

$$R' := R \cup \{(v,v)\} \cup \{\, (v_i,v_j) : (v_i,v) \in R \text{ und } (v,v_j) \in R \,\}.$$

Für die sukzessive Anwendung von Tripeloperatoren $T_{v_1},\dots,T_{v_k}$ schreiben wir auch

$$(T_{v_k} \circ \cdots \circ T_{v_1})(G) =: \Big(\prod_{i=1}^{k} T_{v_i}\Big)(G).$$

Achtung, im Moment ist nichts darüber ausgesagt, ob diese Operatoren kommutieren! Somit bedeutet bis auf weiteres die Notation $\prod_{i=1}^{k} T_{v_i}$ die Anwendung der Operatoren genau in der beschriebenen Weise.

Bemerkung 5.8:

Die Tripeloperatoren besitzen folgende »Monotonieeigenschaft«. Sind $G = (V,R)$ und $G' = (V,R')$ Graphen mit $G \sqsubseteq G'$ und $v \in V$, so gilt $T_v(G) \sqsubseteq T_v(G')$.

Der Tripelalgorithmus (siehe Algorithmus 5.1) wählt nun eine Reihenfolge $v_1,\dots,v_n$ der Ecken des Graphen und wendet sukzessive die Tripeloperatoren $T_{v_1}, T_{v_2},\dots,T_{v_n}$ an. Das folgende Ergebnis impliziert die Korrektheit des Tripelalgorithmus.

Algorithmus 5.1 Tripelalgorithmus zur Berechnung der trans. refl. Hülle

---

$\text{Tripel}(G)$

  Input: Ein Graph $G = (V,R)$ ohne Parallelen
  Output: Die transitive reflexive Hülle $G^*_{\text{refl}} = (V, R^*_{\text{refl}})$ von G
  1 Setze $G^*_{\text{refl}} := G$.
  2 **for** $i \leftarrow 1,\dots,n$ **do**   *{ Betrachte Umwegecke v_i }*
  3   Setze $G^*_{\text{refl}} := T_{v_i}(G^*_{\text{refl}})$
  4 **return** G^*_{refl}

Satz 5.9:

Sei $G = (V,R)$ mit $V = \{v_1,\dots,v_n\}$ ohne Parallelen. Dann gilt

$$G^*_{\text{refl}} = \Big(\prod_{i=1}^{n} T_{v_i}\Big)(G).$$

Der Beweis von Satz 5.9 benötigt einige Hilfsaussagen.

Lemma 5.10:

Sind $v_1, \ldots, v_k \in V$, so gilt $\left(\prod_{i=1}^{k} T_{v_i}\right)(G) \sqsubseteq G^*_{\text{refl}}$.

Beweis:

Wir zeigen die Behauptung durch Induktion nach k. Für $k = 1$ haben wir
$G' := (V, R') := T_v(G)$. Es gilt

$$R' = R \cup \{(v, v)\} \cup \{(u, w) : (u, v) \in R \quad \text{und} \quad (v, w) \in R\}$$
$$=: R \cup \{(v, v)\} \cup R_v.$$

Da G^*_{refl} transitiv ist, folgt $R_v \subseteq R^*_{\text{refl}}$ und es folgt $G' \sqsubseteq G^*_{\text{refl}}$ nach Definition
von G^*_{refl}. Im Induktionsschritt $k \to k+1$ haben wir

$$G' := \left(\prod_{i=1}^{k+1} T_{v_i}\right)(G) = \left(\prod_{i=2}^{k+1} T_{v_i}\right) \circ \underbrace{T_{v_1}(G)}_{\sqsubseteq G^*_{\text{refl}}}.$$

Mit Induktionsvoraussetzung folgt also $G' \sqsubseteq (G^*_{\text{refl}})^*_{\text{refl}} = G^*_{\text{refl}}$, wobei wir
für die letzte Identität Lemma 5.7 benutzt haben. ∎

Lemma 5.11:

Sei $P = [v_0, \ldots, v_k]$ ein elementarer Weg der Länge $k \geq 2$ in einem parallelenfreien Graphen G, und $\pi \colon \{1, \ldots, k-1\} \to \{1, \ldots, k-1\}$ eine beliebige Permutation. Dann gilt $(v_0, v_k) \in \prod_{j=1}^{k-1} T_{v_{\pi(j)}}(G)$.

Beweis:

Wir benutzen Induktion nach der Länge k des Weges P. Falls $k = 2$, so
ist $P = [v_0, v_1, v_2]$ und die einzig mögliche Permutation $\pi \colon \{1\} \to \{1\}$ ist
$\pi(1) = 1$. Es gilt nun $(v_0, v_2) \in T_{v_{\pi(1)}}(G)$ nach Definition des Tripeloperators. Im Induktionsschritt $k \to k+1$ sei $P = [v_0, \ldots, v_{k+1}]$. Es gilt

$$\left(\prod_{j=1}^{k} T_{v_{\pi(j)}}\right)(G) = \left(\prod_{j=2}^{k} T_{v_{\pi(j)}}\right) \circ \underbrace{T_{v_{\pi(1)}}(G)}_{=:G'}.$$

Der Graph $G' = T_{v_{\pi(1)}}(G)$ enthält den Pfeil $(v_{\pi(1)-1}, v_{\pi(1)+1})$, da sowohl
$(v_{\pi(1)-1}, v_{\pi(1)})$ als auch $(v_{\pi(1)}, v_{\pi(1)+1})$ Pfeile aus P und damit natürlich
auch Pfeile aus R sind.

Daher ist der Weg $P' = [v_0, \ldots, v_{\pi(1)-1}, v_{\pi(1)+1}, \ldots, v_{k+1}]$ ein elementarer Weg der Länge k im Graphen G'. Nach Induktionsvoraussetzung gilt
dann:

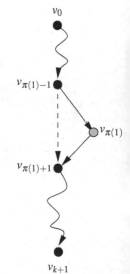

Induktionsschluss im Beweis
von Lemma 5.11

$$(v_0, v_{k+1}) \in \left(\prod_{j=2}^{k} T_{v_{\pi(j)}}\right)(G') = \left(\prod_{j=2}^{k} T_{v_{\pi(j)}}\right) \circ T_{v_{\pi(1)}}(G)$$

und die Behauptung ist gezeigt.   ■

Wir haben nun alle Hilfsmittel, um Satz 5.9 zu beweisen:

Beweis von Satz 5.9:

Wie bereits bemerkt, folgt aus Lemma 5.10:

$$G' := (V, R') := \left(\prod_{i=1}^{n} T_{v_{\pi(i)}}\right)(G) \sqsubseteq G_{\text{refl}}^{*} \tag{5.5}$$

für jede Permutation $\pi : \{1, \dots, n\} \to \{1, \dots, n\}$. Wir zeigen nun $G_{\text{refl}}^{*} \sqsubseteq G'$, was dann zusammen mit (5.5) die Gleichheit $G' = G_{\text{refl}}^{*}$ und damit die Behauptung des Satzes zeigt.

Sei $(v_i, v_j) \in R_{\text{refl}}^{*}$. Wir müssen zeigen, dass $(v_i, v_j) \in R'$ gilt. Falls $v_i = v_j$ folgt $(v_i, v_i) \in R'$ aus $(v_i, v_i) \in T_{v_i}(G)$ und der Monotonieeigenschaft der Tripeloperatoren (siehe Bemerkung 5.8). Sei daher $v_i \neq v_j$. Nach Lemma 5.4 gilt für $v_i \neq v_j$ die Äquivalenz: $(v_i, v_j) \in R^{*} \Leftrightarrow v_j \in E_G(v_i)$. Sei daher P ein Weg in G mit $\alpha(P) = v_i$ und $\omega(P) = v_j$. Nach Aufgabe 3.1 können wir o.B.d.A. annehmen, dass P elementar ist. Aus Lemma 5.11 folgt dann mit der Monotonieeigenschaft (Bemerkung 5.8) $(v_i, v_j) \in R'$.   ■

Der Tripelalgorithmus 5.1 lässt sich besonders einfach umsetzen, wenn G in Adjazenzmatrix-Speicherung gegeben ist. Sei $A(G) = (a_{ij})$ die Adjazenzmatrix von $G = (V, R)$. Wir betrachten die Anwendung eines Tripeloperators T_{v_i} auf G, wobei $G' = T_{v_i}(G)$ und $A' := A(G') = (a'_{ij})$. Es gilt

$$a'_{jk} = \begin{cases} 1, & \text{falls } j = k = i \\ \max\left\{ a_{kj}, a_{ji} \cdot a_{ik} \right\}, & \text{sonst.} \end{cases}$$

Daraus ergibt sich eine einfache $\mathcal{O}(n^3)$ Implementierung des Tripelalgorithmus, die in Algorithmus 5.2 gezeigt ist.

Algorithmus 5.2 Tripelalgorithmus in Matrixform

Input: Ein Graph $G = (V, R)$ ohne Parallelen, der durch seine Adjazenzmatrix
$A = A(G) = (a_{ij})$ gegeben ist

Output: Adjazenzmatrix der transitiven reflexiven Hülle von G

1 **for** $i = 1, \dots, n$ **do** $\{ \textit{Betrachte Umwegecke } v_i \}$
2      $a_{ii} = 1$
3   **for** $j = 1, \dots, n$ **do**
4   **for** $k = 1, \dots, n$ **do**
5              $a_{jk} = \max\left\{ a_{jk}, a_{ji} \cdot a_{ik} \right\}$
6 **return** A

Satz 5.12:
Der Tripelalgorithmus bestimmt in $\Theta(n^3)$ Zeit die Adjazenzmatrix der transitiven reflexiven Hülle G_{refl}^*. ∎

Die Umsetzung des Tripelalgorithmus in Matrixform hat noch einen nützlichen Nebeneffekt, wie das folgende Lemma zeigt:

Lemma 5.13:
Sei $G = (V, R)$ ein gerichteter endlicher Graph mit $V = \{v_1, \ldots, v_n\}$ und $A(G_{refl}^*) = (a_{ij})$ die Adjazenzmatrix der transitiven reflexiven Hülle von G. Sei $ZK(v_i)$ die Zusammenhangskomponente der Ecke v_i. Dann gilt $ZK(v_i) = ZK(v_j)$ genau dann, wenn $a_{ik} = a_{jk}$ für $k = 1, \ldots, n$, d.h. wenn die i-te und die j-te Zeile von $A(G_{refl}^*)$ übereinstimmen.

Beweis:
Nach Lemma 5.4 und der Definition der Adjazenzmatrix haben wir genau dann $a_{ik} = 1$, wenn $v_k \in E_G(v_i)$. Die i-te und die j-te Zeile stimmen also genau dann überein, wenn $E_G(v_i) = E_G(v_j)$. Diese Bedingung ist offenbar notwendig und hinreichend für $ZK(v_i) = ZK(v_j)$. ∎

Da man nach Berechnung der Adjazenzmatrix $A(G_{refl}^*)$ die Ecken von G gemäß gleicher Zeilen in $\mathcal{O}(n^2 \log n)$ Zeit »ordnen« kann (Sortieren der n Zeilen der Matrix durch $\mathcal{O}(n \log n)$ Vergleiche, wobei jeder Vergleich $\mathcal{O}(n)$ Zeit für das Durchsehen der Zeile benötigt)[2], erhalten wir folgendes Korollar:

Korollar 5.14:
Mit dem Tripelalgorithmus kann man in $\Theta(n^3)$ Zeit die starken Zusammenhangskomponenten eines Graphen G bestimmen. ∎

Wir werden in Kapitel 7 ein effizienteres Verfahren auf Basis der Tiefensuche (*depth first search*, kurz DFS) kennenlernen, mit dem man die Komponenten in linearer Zeit $\mathcal{O}(n + m)$ bestimmen kann.

Betrachten wir noch einmal das Problem 2-SAT. Wie wir in Satz 5.5 gesehen haben, können wir mit Hilfe der transitiven Hülle des zugeordneten Graphen G_I entscheiden, ob eine Instanz I von 2-SAT erfüllbar ist. Anstelle der transitiven Hülle G_I^* können wir hier genausogut die transitive reflexive Hülle benutzen, die sich nur durch die Schlingen an den einzelnen Literalen von G_I^* unterscheidet. Mit Hilfe der Adjazenzmatrix A der transitiven reflexiven Hülle lässt sich die Bedingung (ii) aus Satz 5.5 leicht in $\mathcal{O}(n^2)$ Zeit überprüfen: Für jedes Literal $L = v_i$ und das zugehörige negierte Literal $\neg L = v_j$ testen wir, ob $a_{ij} = 1$ (also $v_j = \neg L$ von $v_i = L$ erreichbar

---

2 Mit Hilfe von Counting-Sort ist das Sortieren sogar in $\mathcal{O}(n^2)$ Zeit durchführbar [45, 139, 125].

ist) und $a_{ji} = 1$. Mit Hilfe des Tripelalgorithmus in Matrixform ergibt sich somit ein $\mathcal{O}(n^3)$-Entscheidungsverfahren für 2-SAT.

5.3   Der reduzierte Graph

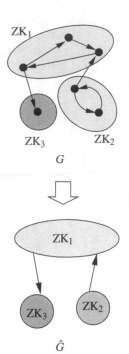

G

$\hat{G}$

Ein gerichteter Graph G und der zugehörige reduzierte Graph $\hat{G}$

Nach dem Ergebnis von Satz 5.5 ist eine Instanz von 2-SAT genau dann unerfüllbar, wenn ein Literal L und seine Negation $\neg L$ gegenseitig voneinander erreichbar sind. Mit anderen Worten, L und $\neg L$ liegen in der gleichen Zusammenhangskomponente.

Wenn wir jede Zusammenhangskomponente im Graphen zu einer Superecke »schrumpfen«, erhalten wir den Graphen in Bild 5.2(b), der in komprimierter Form wichtige Informationen liefert: falls $t(x_1) = 1$ oder $t(\bar{x}_2) = 1$ oder $t(x_3) = 1$, dann muss $t(x_2) = t(\bar{x}_3) = t(\bar{x}_1) = 1$ gelten. Dies entspricht dem dick eingezeichneten Pfeil zwischen den Komponenten, der stellvertretend für alle vorhandenen Pfeile von links nach rechts steht. Wir formalisieren nun das beschriebene »Schrumpfen« der Zusammenhangskomponenten.

Definition 5.15:   **Reduzierter Graph**
Sei $G = (V, R, \alpha, \omega)$ ein gerichteter Graph mit den (starken) Zusammenhangskomponenten $ZK_1, \ldots, ZK_p$. Der *reduzierte Graph* (oder *Komponentengraph*) $\hat{G} = (\hat{V}, \hat{R})$ besitzt als Eckenmenge $\hat{V} := \{ZK_1, \ldots, ZK_p\}$ und die Pfeilmenge $\hat{R}$ besitzt genau dann einen Pfeil (ZK_i, ZK_j) für $i \neq j$, wenn es ein $r \in R$ mit $\alpha(r) \in ZK_i$ und $\omega(r) \in ZK_j$ gibt.

Satz 5.16:
Der reduzierte Graph ist ein einfacher kreisfreier Graph.

Beweis:
Per Definition ist $\hat{G}$ parallelen- und schlingenfrei, also einfach. Wir nehmen an, dass $\hat{G}$ einen Kreis C besitzt. O.B.d.A. seien die Komponenten so nummeriert, dass $C = (ZK_0, \hat{r}_1, ZK_1, \hat{r}_2, \ldots, \hat{r}_k, ZK_k = ZK_0)$. Da $\hat{G}$ schlingenfrei ist, besitzt C mindestens Länge 2.

Da $(ZK_{j-1}, ZK_j) \in \hat{R}$, gibt es $u_{j-1} \in ZK_{j-1}$, $v_j \in ZK_j$ und $r_j \in R$ mit $\alpha(r_j) = u_{j-1}$ und $\omega(r_j) = v_j$ für $j = 1, \ldots, k$. (siehe Bild 5.3).

Da $v_j, u_j \in ZK_j$ existiert ein Weg P_j mit $\alpha(P_j) = v_j$ und $\omega(w_j) = u_j$ für $j = 1, \ldots, k-1$. Wegen $ZK_k = ZK_0$ ist $v_k \in ZK_0$, so dass ein Weg P_k von v_k nach u_0 existiert.

Dann ist aber $(u_0, r_1, v_1) \circ P_1 \circ (u_1, r_2, v_2) \circ \ldots (u_{k-1}, r_k, v_k) \circ P_k$ ein Kreis in G, der die Komponenten $ZK_0, \ldots, ZK_{k-1}$ berührt. Insbesondere ist $v_1 \in E_G(u_0)$ (wegen r_1) und $u_0 \in E_G(v_1)$ aufgrund des Weges $P_1 \circ (u_1, r_2, v_2) \circ \ldots (u_{k-1}, r_k, v_k) \circ P_k$. Also müssen u_0 und v_1 in der gleichen Zusammenhangskomponente liegen im Widerspruch zu $ZK_0 \neq ZK_1$. ∎

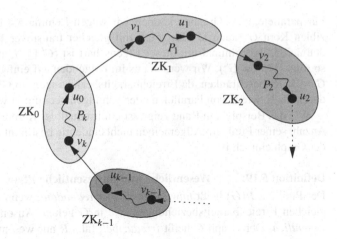

Bild 5.3: Beweis von Satz 5.16.

Mit Korollar 5.14 folgt leicht, dass man $\hat{G}$ in $\mathcal{O}(n^3)$ Zeit bestimmen kann.

Satz 5.17:
Sei $G = (V, R)$ ein parallelenfreier Graph. Dann kann man den reduzierten Graphen $\hat{G}$ mit dem Tripelalgorithmus in Laufzeit $\mathcal{O}(n^3)$ bestimmen. ■

In Aufgabe 7.5 wird auf Basis der Tiefensuche ein Algorithmus zur Bestimmung des reduzierten Graphen $\hat{G}$ auch für nicht notwendigerweise parallelenfreie Graphen mit linearer Laufzeit erarbeitet.

5.4 Irreduzible Kerne

Für die transitive Hülle eines Graphen $G = (V, R)$ mussten alle »Transitivitätsbeziehungen«, die aus den Pfeilen von G folgen, eingefügt werden. Im Folgenden betrachten wir eine gewisse »Umkehrung« dieses Problems.

Definition 5.18: Irreduzibler Kern
Sei $G = (V, R, \alpha, \omega)$ ein Graph. Ein Graph $G_* = (V, R_*, \alpha, \omega)$ heißt *(transitiv) irreduzibler Kern* von G, falls gilt:

irreduzibler Kern

(i) $G_* \sqsubseteq G$,

(ii) In G und G_* gelten die gleichen Erreichbarkeitsbeziehungen, d.h. für Ecken $v, w \in V$ gilt: $v \in E_G(w)$ genau dann, wenn $v \in E_{G_*}(w)$, und

(iii) ist $G' \sqsubseteq G_*$ mit $G' \neq G_*$, so gelten in G' und G nicht die gleichen Erreichbarkeitsbeziehungen, d.h. es gibt $v, w \in G$ mit $v \in E_G(w)$, aber $v \notin E_{G'}(w)$.

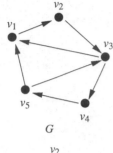

G

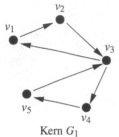

Kern G_1

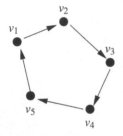

Kern G_2

Ein Graph G kann irreduzible Kerne mit unterschiedlicher Kardinalität besitzen.

Arbeitsweise des Wegwerf-Algorithmus zur Bestimmung eines irreduziblen Kerns

Für parallelenfreie Graphen können wir wegen Lemma 5.4 einen irreduziblen Kern G_* auch als Teilgraph mit gleicher transitiver Hülle wie G definieren, der minimal mit dieser Eigenschaft ist ($G' \sqsubseteq G_*$ mit $G' \neq G_*$, so folgt $(G')^* \neq G^*$). Wir werden uns im Folgenden auf einfache Graphen $G = (V, R)$ beschränken, da Erreichbarkeitsbeziehungen im Graphen nicht durch die Existenz von Parallelen oder Schlingen beeinflusst werden.

Wie das Beispiel am Rand zeigt, ist ein irreduzibler Kern und sogar die Anzahl seiner Pfeile im Allgemeinen nicht eindeutig bestimmt, selbst wenn der Graph einfach ist.

Definition 5.19:　　Wesentliche und unwesentliche Pfeile

Der Pfeil $r \in R(G)$ heißt *unwesentlich* oder *redundant*, wenn in $G - r$ die gleichen Erreichbarkeitsbeziehungen wie in G gelten. Ansonsten heißt r *wesentlich*. Der Graph G heißt *irreduzibel*, falls R nur wesentliche Pfeile enthält.

Die letzte Definition ist mit der Definition 5.18 von irreduziblen Kernen kompatibel: Enthielte ein irreduzibler Kern G_* einen redundanten Pfeil r, so wären die Erreichbarkeitsbeziehungen in $G_* - r$ die selben wie in G_* (und somit die gleichen wie in G). Dies widerspricht dann der Minimalitätseigenschaft eines irreduziblen Kernes (Eigenschaft (iii) in Definition 5.18).

Algorithmus 5.3 zeigt einen einfachen Wegwerf-Algorithmus, der *einen* irreduziblen Kern G_* eines gegebenen Graphen G bestimmt: er entfernt solange redundante Pfeile, bis das Resultat $G_* = (V, R_*)$ irreduzibel ist. Die Pfeilmenge R_* wird dabei so initialisiert, dass sie keine Parallelen oder Schlingen besitzt.

Algorithmus 5.3 Wegwerf-Algorithmus zur Konstruktion eines irreduziblen Kerns.

IRREDUZIBLER-KERN(G)

Input:　　Ein Graph $G = (V, R, \alpha, \omega)$
Output:　　Ein irreduzibler Kern $G_* = (V, R_*)$ von G
1 Setze $R_* := R$ und eliminiere parallele Pfeile und Schlingen aus R_*
　　　　　　　　　　　{ Somit ist $G_* = (V, R_*)$ einfach }
2 **while** (V, R_*) enthält einen redundanten Pfeil $r \in R_*$ **do**
3 　　$R_* := R_* \setminus \{r\}$
4 **return** (V, R_*)

Jeder Test in Schritt 2 kann durch $|R_*|$ Berechnungen der transitiven Hülle mit Hilfe des Tripelalgorithmus erfolgen. Daher ergibt sich eine Gesamtlaufzeit von $\mathcal{O}(n^3 m^2)$. Diese polynomielle, aber für praktische Zwecke unbrauchbare Laufzeit lässt sich durch einige kleinere Modifikationen deutlich reduzieren:

1. Ein Pfeil r ist in (V, R_*) genau dann redundant, wenn $\omega(r)$ von $\alpha(r)$

in $(V, R_* \setminus \{r\})$ erreichbar ist. Der Erreichbarkeitstest kann mit Hilfe von Algorithmus 3.2 in Zeit $\mathscr{O}(n+m)$ ausgeführt werden.

2. Es genügt, jeden Pfeil *ein Mal* auf Redundanz zu testen: Falls r in R_* wesentlich ist, so ist r auch in jeder echten Teilmenge von R_* mit gleichen Erreichbarkeitsbeziehungen wesentlich. Damit kommt man mit $\mathscr{O}(m)$ Redundanztests aus.

Mit den beiden oben beschriebenen Verbesserungen sinkt die Laufzeit des Wegwerf-Algorithmus von $\mathscr{O}(n^3 m^2)$ auf $\mathscr{O}(m(n+m))$. Da ein irreduzibler Kern im Allgemeinen nicht eindeutig bestimmt ist, hängt das Ergebnis des Wegwerf-Algorithmus im allgemeinen von der Reihenfolge ab, in der die Pfeile untersucht werden. Für kreisfreie Graphen ist jedoch die Eindeutigkeit des irreduziblen Kerns gesichert, wie der folgende Satz zeigt. Insbesondere liefert dann der simple Wegwerf-Algorithmus *den* irreduziblen Kern.

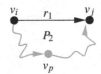

Ein Pfeil r ist genau dann redundant, wenn $\omega(r)$ von $\alpha(r)$ in $(V, R_* \setminus \{r\})$ erreichbar ist.

Satz 5.20:

Sei $G = (V, R)$ ein endlicher gerichteter Graph ohne Parallelen, der darüberhinaus auch kreisfrei ist. Dann besitzt G einen eindeutigen irreduziblen Kern $G_* = (V, R_*)$.

Beweis:

Da G kreisfrei ist, gibt es nach Satz 3.8 eine topologische Sortierung, d.h. wir können die Ecken $V = \{v_1, \ldots, v_n\}$ so nummerieren, dass für alle $r = (v_i, v_j) \in R$ gilt $i < j$.

Wir nehmen an, dass $G_1 = (V, R_1)$ und $G_2 = (V, R_2)$ zwei verschiedene irreduzible Kerne von G sind. Dann existiert $r_1 = (v_i, v_j) \in R_1 \setminus R_2$. Da $r_1 \notin R_2$, aber $r_1 \in R$, gibt es in G_2 einen Weg P_2 aus mindestens zwei Pfeilen (da G parallelenfrei ist) mit $\alpha(P_2) = v_i$ und $\omega(P_2) = v_j$.

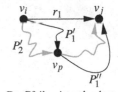

Der Pfeil r_1 liegt in $R_1 \setminus R_2$. Es gibt daher in $G_2 = (V, R_2)$ einen Weg P_2 aus mindestens zwei Pfeilen von v_i nach v_j.

Sei v_p eine beliebige Ecke auf diesem Weg. Da wir die Ecken topologisch sortiert hatten, folgt $i < p < j$. Wir betrachten nun den Teilweg P_2' von P_2 mit $\alpha(P_2') = v_i$ und $\omega(P_2') = v_p$. Dieser Weg P_2' ist auch ein Weg in G, also muss es im irreduziblen Kern G_1 einen Weg P_1' mit $\alpha(P_1') = v_i$ und $\omega(P_1') = v_p$ geben. Der Weg P_1' kann wegen $i < p < j$ nicht über den Pfeil r_1 führen. Analog folgt die Existenz eines Weges P_1'' in G_1 mit $\alpha(P_1'') = v_p$ und $\omega(P_1'') = v_j$, der ebenfalls nicht über r_1 führen kann.

Somit besteht zu r_1 in G_1 der Umweg $P_1' \circ P_1''$ und der Pfeil r_1 ist redundant im Widerspruch zur Irreduzibilität von G_1. ∎

Der Pfeil r_1 ist redundant in $G_1 = (V, R_1)$ im Widerspruch zu Irreduzibilität von G_1.

Falls G nicht kreisfrei ist, so stellt sich die Frage nach einem »dünnsten« irreduziblen Kern, d.h. einem irreduziblen Kern mit der geringsten Anzahl von Pfeilen (siehe auch Aufgabe 7.2 für eine allgemeine obere Schranke).

KERN

Instanz: Gerichteter Graph $G = (V, R)$ und eine natürliche Zahl k
mit $0 \leq k \leq |R|$

Frage: Besitzt G einen irreduziblen Kern $G_* = (V, R_*)$ mit
$|R_*| \leq k$?

Satz 5.21:

KERN *ist* NP-*vollständig.*

Beweis:

Siehe Aufgabe 5.5.   ∎

Aufgrund des letzten Satzes ist das Problem MIN-KERN, bei dem es darum
geht, für einen vorgegebenen Graphen einen irreduziblen Kern mit kleinst-
möglicher Kardinalität zu finden, NP-schwer.

MIN-KERN

Instanz: Gerichteter Graph $G = (V, R)$

Gesucht: Ein irreduzibler Kern $G_* = (V, R_*)$ mit minimaler
Anzahl $|R_*|$ von Pfeilen

Wir konstruieren nun für MIN-KERN einen Approximations-Algorithmus,
der auf Khuller, Raghavachari und Young [102] zurückgeht. Mit OPT(G)
bezeichnen wir die kleinste Kardinalität eines irreduziblen Kerns für den
Graphen G.

Wie das folgende Lemma zeigt, können wir uns bei der Konstruktion
eines Algorithmus auf stark zusammenhängende Graphen beschränken.

Lemma 5.22:

Sei ALG *ein c-Approximations-Algorithmus für* MIN-KERN *auf stark zu-*
sammenhängenden Graphen. Dann existiert auch ein c-Approximations-Al-
gorithmus für MIN-KERN *auf allen Graphen.*

Beweis:

Sei G ein Graph mit Zusammenhangskomponenten $ZK_1, \ldots, ZK_p$. Wir berechnen für jede Zusammenhangskomponente ZK_j mit Hilfe von ALG die
Pfeile S_j eines irreduziblen Kerns von ZK_j. Nach Voraussetzung gilt $|S_j| \leq$
c OPT(ZK_j) für $j = 1, \ldots, p$.

Sei $\hat{G}$ der reduzierte Graph (siehe Definition 5.15). Der Graph $\hat{G}$ besitzt
nach Satz 5.16 und 5.20 einen eindeutigen irreduziblen Kern $\hat{G}_* = (\hat{V}, \hat{R}_*)$,
den wir beispielsweise mit dem Wegwerf-Algorithmus bestimmen können.
Wir definieren nun die Menge S', die für jeden Pfeil $(ZK_i, ZK_j) \in \hat{R}_*$ einen
Pfeil $r \in R$ mit $\alpha(r) \in ZK_i$ und $\omega(r) \in ZK_j$ enthält.

Nach Konstruktion gelten im Partialgraphen $G_S = (V, S)$ mit $S := S' \cup \bigcup_{j=1}^{p} S_j$ die gleichen Erreichbarkeitsbeziehungen wie in G. Wir zeigen nun $|S| \le c\,\text{OPT}(G)$.

Jeder irreduzible Kern $G_* = (V, R_*)$ induziert eine Pfeilmenge $\tilde{R} \subseteq \hat{R}$, welche in $\hat{G}$ die gleichen Erreichbarkeitsbeziehungen wie $\hat{R}$ herstellt (man kontrahiere jede Zusammenhangskomponente und entferne Parallelen). Wegen der Eindeutigkeit des irreduziblen Kerns in $\hat{G}$ folgt also $\tilde{R} \subseteq \hat{R}_*$. Insbesondere besitzt die Optimallösung S^* für jeden Pfeil $r \in S'$ mindestens einen entsprechenden Pfeil mit Start- und Endecke in den gleichen Zusammenhangskomponenten.

Zusätzlich ist wegen der Kreisfreiheit von $\hat{G}$ der Schnitt $S_j^* := S^* \cap R(\text{ZK}_j)$ der Optimallösung mit der Pfeilmenge jeder Zusammenhangskomponente eine Menge, so dass $(V(\text{ZK}_j), S_j^*)$ stark zusammenhängend ist. Daher gilt

$$|S^*| \ge |S'| + \sum_{j=1}^{p} |S_j^*| \ge |S'| + \sum_{j=1}^{p} \text{OPT}(S_j) \ge \frac{1}{c}\Big|S' \cup \bigcup_{j=1}^{p} S_j\Big| = |S|/c.$$

Damit liefert die konstruierte Menge S eine c-Approximation. ∎

Im Folgenden bezeichnen wir eine Teilmenge $S \subseteq R$ der Pfeilmenge eines stark zusammenhängenden Graphen G als *Kern*, wenn der Partialgraph G_S stark zusammenhängend ist (folglich enthält dann G_S einen irreduziblen Kern). Um den Algorithmus für MIN-KERN auf stark zusammenhängenden Graphen anzugeben, benötigen wir noch den Begriff der Pfeilkontraktion:

Definition 5.23:   Pfeilkontraktion
Sei G ein gerichteter Graph und $r_0 \in R$. Der Graph G/r_0, der durch *Kontraktion* von r_0 entsteht, ist definiert als derjenige Graph $G' = (V', R', \alpha', \omega')$, in dem wir $u := \alpha(r_0)$ und $v := \omega(r_0)$ durch eine neue Ecke uv ersetzen:

$$V' := (V \setminus \{u, v\}) \cup \{uv\}$$
$$R' := R \setminus \{r_0\}$$
$$\alpha'(r) := \begin{cases} uv, & \text{falls } \alpha(r) \in \{u, v\} \\ \alpha(r), & \text{sonst} \end{cases}$$
$$\omega'(r) := \begin{cases} uv, & \text{falls } \omega(r) \in \{u, v\} \\ \omega(r), & \text{sonst} \end{cases}$$

Falls $S \subseteq R$ eine Pfeilmenge ist, so bezeichnet G/S den Graphen, der durch Kontraktion der Pfeile in S in beliebiger Reihenfolge entsteht.

Der Approximations-Algorithmus k-CONTRACT (Algorithmus 5.4 auf der nächsten Seite) findet iterativ »lange Kreise« und kontrahiert deren Pfeile.

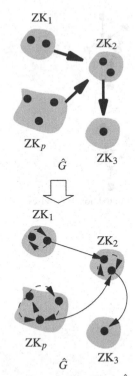

Der reduzierte Graph $\hat{G}$ besitzt einen eindeutigen irreduziblen Kern. Dieser Kern kann zusammen mit c-approximativen Kernen für die einzelnen Komponenten benutzt werden, um eine c-Approximation für den gesamten Graphen zu erhalten.

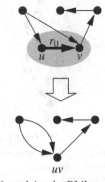

Kontraktion des Pfeils r_0

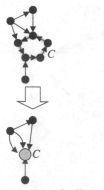

Kontraktion des Kreises C

Sei $k \in \mathbb{N}$ fest. Der Algorithmus startet mit dem Ausgangsgraphen G. Solange es im aktuellen Graphen noch einen elementaren Kreis C der Länge mindestens k gibt, kontrahiert k-CONTRACT die Pfeile aus $R(C)$ und fügt sie der Menge S hinzu, die bei Abbruch einen Kern bildet. Falls kein elementarer Kreis der Länge mindestens k existiert, sucht der Algorithmus nach Kreisen der Länge mindestens $k-1$, dann nach Kreisen der Länge $k-2$ und so weiter. Der Algorithmus terminiert, sobald kein elementarer Kreis der Länge mindestens 2 mehr existiert.

Algorithmus 5.4 Approximations-Algorithmus für MIN-KERN

---

k-CONTRACT(G)

Input: Ein gerichteter stark zusammenhängender Graph G

Output: Eine Teilmenge $S \subseteq R(G)$, so dass der Partialgraph G_S stark
              zusammenhängend ist

1   $S := \emptyset$
2   **for** $i = k, k-1, \ldots, 2$ **do**
3   **while** G enthält einen elementaren Kreis C der Länge mindestens i **do**
4           $S := S \cup R(C)$
5           $G := G/R(C)$ { *Kontrahiere die Pfeile in $R(C)$* }
6   **return** S

Zunächst zeigen wir die Korrektheit des Algorithmus und beweisen seine Polynomialität für festes k.

Lemma 5.24:
Bei Abbruch von Algorithmus 5.4 ist die Menge S ein Kern von G. Für festes $k \le n$ kann der Algorithmus so implementiert werden, dass er in Polynomialzeit läuft.

Beweis:
Die Korrektheit folgt durch Induktion nach der Kardinalität der Eckenmenge $V(G)$: Falls $|V(G)| = 1$, so ist nichts zu zeigen. Falls $|V(G)| > 1$, so gilt aufgrund des starken Zusammenhangs $g^+(v) \ge 1$ für alle $v \in V$ und G enthält nach Lemma 3.3 einen elementaren Kreis, so dass der Algorithmus mindestens einen Kreis C kontrahieren kann. Nach Induktionsvoraussetzung liefert der Algorithmus einen Kern für $G/R(C)$, der um die Pfeile von $R(C)$ ergänzt offenbar ein Kern für G ist.

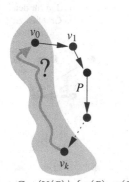

$G - (V(P) \setminus \{\alpha(P), \omega(P)\})$

Finden eines elementaren Kreises der Länge mindestens k

Wir betrachten nun die Laufzeit. Um für festes $k \in \mathbb{N}$ festzustellen, ob ein Kreis der Länge mindestens k existiert, betrachten wir alle elementaren Wege P der Länge $k-1$ und testen, ob in $G' := G - (V(P) \setminus \{\alpha(P), \omega(P)\})$ noch ein elementarer Weg von $\omega(P)$ nach $\alpha(P)$ existiert. Die Anzahl der geprüften Wege ist $\mathcal{O}(\binom{n}{k}) = \mathcal{O}(n^k)$, und der Erreichbarkeitstest in G' benötigt $\mathcal{O}(n+m)$ Zeit.

Insgesamt finden im Algorithmus höchstens $n-1$ Kontraktionen statt, da mit jeder Kontraktion die Anzahl der Ecken im Graphen abnimmt. Jede

Kontraktion kann in Zeit $\mathcal{O}(n+m)$ durchgeführt werden. Da mit jedem Kreistest in Schritt 3 entweder eine Kontraktion oder eine Verringerung von k erfolgt, haben wir höchstens $\max\{k, n-1\} \leq n$ Kreistests und damit eine Gesamtlaufzeit von $\mathcal{O}(n^{k+1}(n+m))$. ∎

Wir beschäftigen uns nun mit der Approximationsgüte des Verfahrens. Dazu leiten wir eine geeignete untere Schranke für die Optimallösung her.

Lemma 5.25:
Sei G ein gerichteter Graph, in dem jeder elementare Kreis Länge höchstens ℓ besitzt. Dann gilt

$$\text{OPT}(G) \geq \frac{\ell}{\ell-1}(n-1)$$

Beweis:
Sei S^* die Pfeilmenge eines irreduziblen Kerns G_* von G mit minimaler Pfeilanzahl. Aufgrund des starken Zusammenhangs existiert ein elementarer Kreis in G_*. Wir kontrahieren nun iterativ so lange elementare Kreise in G_*, bis keine elementaren Kreise mehr vorhanden sind, d.h. bis nur noch eine Ecke vorhanden ist.

Man beachte, dass nach Kontraktion eines elementaren Kreises die Länge eines längsten elementaren Kreises nicht wächst. Alle zwischenzeitlich auftretenden Graphen haben daher die Eigenschaft gemeinsam, keinen elementaren Kreis der Länge größer als ℓ zu besitzen.

Wenn wir einen elementaren Kreis der Länge $\ell' \leq \ell$ kontrahieren, reduziert sich die Anzahl der Ecken um $\ell'-1$, die Anzahl der Pfeile (die alle Pfeile aus S^* sind) um ℓ'. Das Verhältnis aus der Anzahl der entfernten Pfeile zur Anzahl der entfernten Ecken ist somit $\ell'/(\ell'-1) \geq \ell/(\ell-1)$. Insgesamt reduzieren wir die Anzahl der Ecken um $n-1$, daher haben wir auch mindestens $\frac{\ell}{\ell-1}(n-1)$ Pfeile kontrahiert. ∎

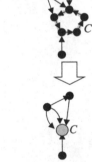

Kontraktion des Kreises C

Satz 5.26:
Algorithmus 5.4 ist c_k-approximativ, mit

$$\frac{\pi^2}{6} \leq c_k \leq \frac{\pi^2}{6} + \frac{1}{(k-1)k}.$$

Beweis:
Für $i = k, k-1, \ldots, 2$ sei n_i die Anzahl der Ecken im Graphen, nachdem der Algorithmus alle gefundenen Kreise der Länge mindestens i kontrahiert hat.

Wir schätzen zunächst die Anzahl der Pfeile in der Lösung S ab, die der Algorithmus liefert. Beim Kontrahieren der Kreise mit Länge mindestens k

erhalten wir höchstens $\frac{k}{k-1}(n-n_k)$ Pfeile (bei jeder Kontraktion ist das Verhältnis aus Pfeilen zu Ecken *höchstens* $k/(k-1)$ und insgesamt werden in dieser Phase $n - n_k$ Ecken eliminiert). Für $i = k-1, k-2, \ldots, 2$ können wir die Anzahl der Pfeile, die zu S hinzugefügt werden, analog durch $\frac{i}{i-1}(n_{i+1} - n_i)$ beschränken.

Es gilt also

$$
\begin{aligned}
\mathrm{ALG}(G) &\leq \frac{k}{k-1}(n - n_k) + \sum_{i=2}^{k-1} \frac{i}{i-1}(n_{i+1} - n_i) \\
&= \frac{k}{k-1}n + \sum_{i=3}^{k} \left(\frac{i-1}{i-2} - \frac{i}{i-1} \right) n_i - 2n_2 \\
&= \left(1 + \frac{1}{k-1} \right) n - 2n_2 + \sum_{i=3}^{k} \frac{n_i}{(i-1)(i-2)} \\
&\leq \left(1 + \frac{1}{k-1} \right) n + \sum_{i=3}^{k} \frac{n_i - 1}{(i-1)(i-2)},
\end{aligned}
$$

wobei wir für die letzte Ungleichung $n_2 \geq 1$ und $\sum_{i=3}^{k} \frac{1}{(i-1)(i-2)} \leq 1$ benutzt haben.

Wir schätzen nun die Optimallösung nach unten ab. Zunächst bemerken wir, dass für eine beliebige Teilmenge $S' \subseteq R$ die Ungleichung $\mathrm{OPT}(G/S') \leq \mathrm{OPT}(G)$ gilt, da jeder irreduzible Kern in G nach Kontraktion der Pfeile in S' einen Kern in G/S' bildet.

Aufgrund des starken Zusammenhangs von G ist $\mathrm{OPT}(G) \geq n$ (vgl. Beobachtung 3.21). Nach Kontraktion der Kreise der Länge mindestens i enthält der Graph n_i Ecken aber keinen elementaren Kreis der Länge größer als $i - 1$. Lemma 5.25 impliziert daher, dass $\mathrm{OPT}(G) \geq \frac{i-1}{i-2}(n_i - 1)$ für $i = 3, \ldots, k$. Damit ergibt sich:

$$
\begin{aligned}
\frac{\mathrm{ALG}(G)}{\mathrm{OPT}(G)} &\leq \frac{\left(1 + \frac{1}{k-1} \right) n}{\mathrm{OPT}(G)} + \sum_{i=3}^{k} \frac{\frac{n_i - 1}{(i-1)(i-2)}}{\mathrm{OPT}(G)} \\
&\leq \frac{\left(1 + \frac{1}{k-1} \right) n}{n} + \sum_{i=3}^{k} \frac{\frac{n_i - 1}{(i-1)(i-2)}}{\frac{i-1}{i-2}(n_i - 1)} \\
&= \left(1 + \frac{1}{k-1} \right) + \sum_{i=2}^{k-1} \frac{1}{i^2} = \frac{1}{k-1} + \sum_{i=1}^{k-1} \frac{1}{i^2} =: c_k.
\end{aligned}
$$

Ergebnisse der Analysis (siehe etwa [88]) zeigen, dass $\sum_{i=1}^{\infty} 1/i^2 = \pi^2/6$. Daher folgt:

$$
\frac{\pi^2}{6} \leq c_k = \frac{\pi^2}{6} + \frac{1}{k-1} - \sum_{i=k}^{\infty} \frac{1}{i^2}
$$

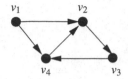

Bild 5.4: Graph für Aufgabe 5.4

$$\leq \frac{\pi^2}{6} + \frac{1}{k-1} - \sum_{i=k}^{\infty} \frac{1}{i(i+1)}$$

$$= \frac{\pi^2}{6} + \frac{1}{k-1} - \frac{1}{k} = \frac{\pi^2}{6} + \frac{1}{k(k-1)}.$$

Dies zeigt die Behauptung.   ■

5.5   Übungsaufgaben

Aufgabe 5.1:   Tripeloperatoren

Sei $G = (V, R)$ ein endlicher Graph ohne Parallelen. Beweisen oder widerlegen Sie, dass für zwei Tripeloperatoren T_u und T_v $(u, v \in V)$ gilt: $(T_u \circ T_v)(G) = (T_v \circ T_u)(G)$.

Aufgabe 5.2:   Zusammenhang

Sei $G = (V, R, \alpha, \omega)$ schwach zusammenhängend mit den starken Zusammenhangskomponenten $G_1, \ldots, G_q$, $(q \geq 1)$, so dass $|V(G_i)| \geq 2$ für $i = 1, \ldots, p$ für ein $p \leq q$. Zeigen Sie, dass $|R| \geq |V| + p - 1$ gilt.

Aufgabe 5.3:   Transitive Orientierungen

Sei $G = (V, R)$ eine Orientierung des vollständigen ungerichteten Graphen K_n mit n Ecken. Zeigen Sie, dass folgende Aussagen äquivalent sind:

  (i) G ist transitiv.

  (ii) Es gilt $g_G^+(v) \neq g_g^+(u)$ für alle $u, v \in V$ mit $u \neq v$.

  (iii) Es gibt eine Nummerierung der Ecken, so dass $g_G^+(v_i) = i$ für $i = 0, \ldots, n - 1$.

Aufgabe 5.4:   Transitive Hülle und reduzierter Graph

Bestimmen Sie mit Hilfe des Tripelalgorithmus die transitive reflexive Hülle G_{refl}^* und den reduzierten Graphen $\hat{G}$ für den in Bild 5.4 gezeichneten Graphen G.

Aufgabe 5.5:   Komplexität des irreduziblen Kern Problems

Beweisen Sie Satz 5.21. **Hinweis:** Benutzen Sie eine Reduktion vom gerichteten Hamiltonschen Kreis Problem (HAMILTONSCHER KREIS).

6 Bäume, Wälder und Matroide

6.1 Bäume und Wälder

Sollen in einer Region n Orte $v_1, \ldots, v_n$ verbunden werden (mittels Glasfaser-Netz, Straßennetz, Wasserleitung o.Ä.), so fallen bei der Realisierung einer direkten Verbindung von v_i nach v_j Kosten $c_{ij} \in \mathbb{R}_+$ an. Durch geographische Vorgaben sind dabei nicht alle Direktverbindungen realisierbar (vgl. Bild 6.1).

Ist die Region total »unerschlossen«, so erhalten wir das Problem, einen zusammenhängenden Graphen H mit $V(H) = \{v_1, \ldots, v_n\}$ und minimalen Kosten $c(H) := \sum_{e \in E(T)} c(e)$ zu bestimmen. Ist bereits ein rudimentäres Verbindungsnetz $G_0 = (V, E_0)$ vorhanden, so interessiert eine Erweiterung von G_0 zu H, so dass $c(R \setminus R_0)$ minimal wird (kostenminimale Erweiterung). Beide Fragestellungen führen zu »spannenden« Graphen, die wir im Folgenden vorstellen.

Definition 6.1: **Wald, Baum**
Ein ungerichteter Graph $G = (V, E, \gamma)$ heißt *Wald*, wenn G kreisfrei ist, also keinen elementaren Kreis besitzt. Falls G zusätzlich zusammenhängend ist, so heißt G *Baum*.

Baum

Definition 6.2: **Spannender Baum, spannender Wald**
Sei $G = (V, E, \gamma)$ ein ungerichteter Graph. Ein Partialgraph $H = (V, E', \gamma)$ von G ist ein *spannender Baum*, wenn H ein Baum ist. Ein Partialgraph $H = (V, E', \gamma)$ von G ist ein *spannender Wald*, wenn jede Zusammenhangskomponente von H ein spannender Baum einer Zusammenhangskomponente von G ist.

spannender Baum (dicke schwarze Kanten)

Nach Beobachtung 3.21 enthält jeder spannende Baum von G mindestens $|V(G)| - 1$ Kanten. Besitzt G genau k Zusammenhangskomponenten, so besteht analog jeder spannende Wald von G aus mindestens $|V(G)| - k$ Kanten.

Satz 6.3: **Äquivalente Charakterisierung für Bäume**
Sei $G = (V, E, \gamma)$ ein ungerichteter Graph. Dann sind folgende Aussagen äquivalent:

(i) G ist ein Baum.

(ii) G enthält keinen elementaren Kreis, aber jeder echte Obergraph von G mit gleicher Eckenmenge besitzt einen elementaren Kreis.

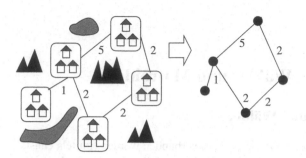

Bild 6.1: Vernetzungs-Problem

(iii) Für jedes Paar von Ecken $u, v \in V$ existiert genau ein elementarer Weg P in G mit $\alpha(P) = u$ und $\omega(P) = v$.

(iv) G ist zusammenhängend und für jede Kante $e \in E$ ist $G - e$ nicht zusammenhängend.

(v) G ist zusammenhängend und $|E| = |V| - 1$.

(vi) G besitzt keinen elementaren Kreis und $|E| = |V| - 1$.

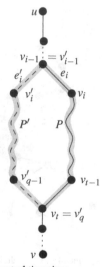

Konstruktion eines elementaren Kreises aus den zwei Wegen P und P'

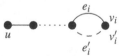

Falls $v_i = v_i'$, so besitzt G einen elementaren Kreis, der aus den beiden Kanten e_i und e_i' gebildet. wird.

Beweis:

(i)⇒(ii) Sei $G' = (V, E', \gamma)$ ein echter Obergraph von G und $e' \in E' \setminus E$. Ohne Beschränkung können wir annehmen, dass e' keine Schlinge ist, da wir sonst bereits einen elementaren Kreis in G' gefunden haben. Sei daher $\gamma'(e') = \{u, v\}$ mit $u \neq v$. Da G schwach zusammenhängend ist, existiert ein elementarer Weg $P = (u = v_0, e_1, \ldots, e_k, v_k = v)$ von u nach v in G. Dann ist $P \circ (v, e', u)$ ein elementarer Kreis in G'.

(ii)⇒(iii) Seien $u, v \in V$. Da G kreisfrei ist, ist G insbesondere auch schlingenfrei. Falls $u = v$, existiert daher nur der leere Weg (u) von u nach $v = u$. Wir können also im Weiteren $u \neq v$ annehmen. Sei e' eine neue Kante mit $\gamma(e') = \{u, v\}$. Nach Voraussetzung besitzt $G' := (V, E \cup \{e'\}, \gamma)$ einen elementaren Kreis C. Dieser Kreis muss e' benutzen, da G nach Voraussetzung kreisfrei ist. Daher können wir o.B.d.A. den Kreis als $C = (v = v_0, e', u = v_1, e_2, \ldots, e_k, v_k = v)$ annehmen. Dann ist $(v = v_1, e_2, \ldots, e_k, v_k = u)$ ein elementarer Weg von u nach v in G.

Wir nehmen nun an, dass zwei verschiedene elementare Wege von u nach v in G existieren, etwa $P = (v_0 = u, e_1, \ldots, e_k, v_k = v)$ und $P' = (v_0' = u, e_1', \ldots, e_p', v_p' = v)$. Wir wählen i minimal mit der Eigenschaft, dass $e_i \neq e_i'$ (ein solcher Index existiert, da sonst beide Wege identisch wären). Dann ist $v_i \neq v_i'$, denn sonst wäre $(v_{i-1} = v_{i-1}', e_i, v_i = v_i', e_i', v_{i-1} = v_{i-1}')$ ein elementarer Kreis in G.

Wir wählen nun $t \geq i$ und $q \geq i$ minimal, so dass $v_t = v_q'$ gilt. Dann ist $(v_{i-1}, e_i, v_i, \ldots, e_t, v_t = v_q', e_q', \ldots, e_i', v_{i-1} = v_{i-1}')$ ein elementarer Kreis in G. Widerspruch!

(iii)$\Rightarrow$(iv) Der Zusammenhang von G ist trivial. Wir nehmen an, dass $G-e$ für eine Kante e mit $\gamma(e) = \{u,v\}$ zusammenhängend ist. Falls $u = v$, so ist e eine Schlinge und (u), (u,e,u) sind zwei Wege von u nach u. Also gilt $u \neq v$. Aufgrund des Zusammenhangs von $G-e$ existiert in $G-e$ ein elementarer Weg P von u nach v. Dann sind P und (u,e,v) zwei verschiedene Wege von u nach v im Widerspruch zu (iii).

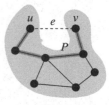

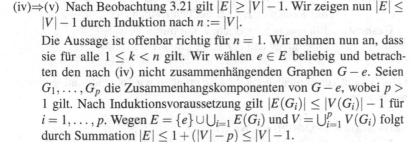

$G-e$

(iv)$\Rightarrow$(v) Nach Beobachtung 3.21 gilt $|E| \geq |V| - 1$. Wir zeigen nun $|E| \leq |V| - 1$ durch Induktion nach $n := |V|$.

Die Aussage ist offenbar richtig für $n = 1$. Wir nehmen nun an, dass sie für alle $1 \leq k < n$ gilt. Wir wählen $e \in E$ beliebig und betrachten den nach (iv) nicht zusammenhängenden Graphen $G-e$. Seien $G_1, \ldots, G_p$ die Zusammenhangskomponenten von $G-e$, wobei $p > 1$ gilt. Nach Induktionsvoraussetzung gilt $|E(G_i)| \leq |V(G_i)| - 1$ für $i = 1, \ldots, p$. Wegen $E = \{e\} \cup \bigcup_{i=1}^{p} E(G_i)$ und $V = \bigcup_{i=1}^{p} V(G_i)$ folgt durch Summation $|E| \leq 1 + (|V| - p) \leq |V| - 1$.

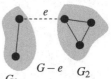

$G-e$ G_2

G_1

$|E(G_i)| \geq |V(G_i)| - 1$

(v)$\Rightarrow$(vi) Sei G zusammenhängend mit $|E| = |V| - 1$. Wir nehmen an, dass $C = (v_0, e_1, v_1, \ldots, e_k, v_k = v_0)$ ein elementarer Kreis in G ist. Dann ist aber $G-e_1$ immer noch zusammenhängend und besitzt $|V| - 2$ Kanten im Widerspruch zu Beobachtung 3.21.

(vi)$\Rightarrow$(i) Sei G kreisfrei und $|E| = |V| - 1$. Dann ist G nach Definition ein Wald (siehe Definition 6.1). Wir müssen daher nur noch zeigen, dass G auch zusammenhängend ist. Seien $G_1, \ldots, G_p$ die Zusammenhangskomponenten von G. Die Behauptung ist bewiesen, wenn wir $p = 1$ zeigen können.

Jede Komponente G_i ist schwach zusammenhängend kreisfrei, also ein Baum. Daher gilt Eigenschaft (i) für G_i, $i = 1, \ldots, p$. Nach den bisher bewiesenen Implikationen ((i) $\Rightarrow$ (ii) $\Rightarrow$ (iii) $\Rightarrow$ (iv) $\Rightarrow$ (v)) gilt $|E(G_i)| = |V(G_i)| - 1$ für $i = 1, \ldots, p$. Somit folgt durch Summation

$$|V| - 1 = |E| = \sum_{i=1}^{p} |E(G_i)| = |V| - p,$$

also $p = 1$. Dies beendet den Beweis. ∎

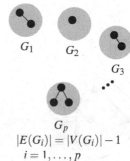

G_1 G_2

G_3

G_p

$|E(G_i)| = |V(G_i)| - 1$

$i = 1, \ldots, p$

Interessant ist die Frage, wieviele unterschiedliche spannende Bäume ein Graph aufweisen kann. Es gilt der folgende Satz von [35]:

Satz 6.4:   **Satz von Cayley**
Sind alle Ecken v_i des vollständigen Graphen K_n (individuell) markiert, z.B. durch ihren Index i, so gibt es n^{n-2} verschiedene spannende Bäume in K_n.

Beweis:
Siehe Aufgabe 6.11. ∎

6.2   Minimale spannende Bäume

Das Vernetzungs-Problem aus Bild 6.1 lässt sich als das folgende graphentheoretische Problem formulieren:

MINIMALER SPANNENDER BAUM

Instanz: Ungerichteter zusammenhängender Graph $G = (V, E)$
                mit Kosten $c \colon E \to \mathbb{R}$ auf den Kanten

Gesucht: Ein spannender Baum T mit minimalem
                Gesamtgewicht $c(T) := \sum_{e \in E(T)} c(e)$

Falls G nicht zusammenhängend ist, so erhalten wir folgendes allgemeineres Problem:

MINIMALER SPANNENDER WALD

Instanz: Ungerichteter Graph $G = (V, E)$ mit Kosten $c \colon E \to \mathbb{R}$
                auf den Kanten

Gesucht: Ein spannender Wald F mit minimalem Gesamtgewicht
                $c(F) := \sum_{e \in E(F)} c(e)$

Offenbar ist ein spannender Wald F genau dann ein minimaler spannender Wald von G, wenn jede Zusammenhangskomponente von F ein minimaler spannender Baum einer Zusammenhangskomponente von G ist. Wir werden in diesem Kapitel mehrere Algorithmen zur Bestimmung eines minimalen spannenden Waldes bzw. Baumes kennenlernen. Wir benutzen im Weiteren folgende Notationen

- MST = »minimaler spannender Baum« (**M**inimum **S**panning **T**ree)

- MSF = »minimaler spannender Wald« (**M**inimum **S**panning **F**orest)

Wir erinnern an die Definition von $\delta(U)$ als diejenigen Kanten, die genau eine Endecke in U besitzen. Wir beweisen zunächst ein allgemeines Resultat über minimale spannende Bäume, das wir für die Korrektheit verschiedener Algorithmen nutzen werden.

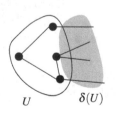

$U \qquad \delta(U)$

sichere Kante

fehlerfreie Kantenmenge

Definition 6.5:   **Fehlerfreie Kantenmenge, sichere Kante**

Wir sagen, dass eine Teilmenge $F \subseteq E$ der Kanten von G *fehlerfrei* ist, wenn es einen MSF F^* von G gibt, mit $F \subseteq E(F^*)$. Eine Kante $e \in E$ heißt *sicher für F*, wenn $F \cup \{e\}$ ebenfalls fehlerfrei ist.

Satz 6.6:

Sei $F \subseteq E$ fehlerfrei und (A, B) ein Schnitt in G mit $\delta(A) \cap F = \emptyset$. Falls $e \in \delta(A)$ eine Kante mit geringstem Gewicht unter allen Kanten in $\delta(A)$ ist, so ist e sicher für F.

Beweis:
Sei F^* ein beliebiger MSF mit $F \subseteq F^*$, aber $e \notin F^*$. Die Endecken von e liegen in der gleichen Komponente von G, also gibt es eine Komponente T von F^*, die ein Baum ist, welche beide Ecken enthält. Die Hinzunahme von e zu T erzeugt nach Satz 6.3 einen elementaren Kreis $C = (v_0, e_1, v_1, \ldots, e_k, v_k = v_0)$ wobei o.B.d.A. $e_1 = e$. Der Kreis C muss eine Kante $e_i \in \delta(A)$ mit $e_i \neq e$ enthalten. Nach Voraussetzung gilt $c(e_i) \geq c(e)$. Dann gilt für $T' := (V, (E(T) \setminus \{e_i\}) \cup \{e\})$, dass $c(T') \leq c(T)$. Ferner ist T' zusammenhängend und besitzt $|V| - 1$ Kanten, ist also nach Satz 6.3 ein Baum. Somit ist T' ein MST, der alle Kanten aus $F \cup \{e\}$ enthält. ∎

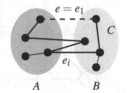

Eine leichteste Kante $e \in \delta(A)$ ist sicher für F, wenn $\delta(A) \cap F = \emptyset$.

Korollar 6.7:
Sei $F \subseteq E$ fehlerfrei und U eine Zusammenhangskomponente von (V, F). Falls e eine Kante mit geringstem Gewicht aus $\delta(U)$ ist, so ist e sicher für F.

Beweis:
Folgt aus Satz 6.6, da $\delta(U) \cap F = \emptyset$. ∎

6.3 Der Algorithmus von Kruskal

Der Algorithmus von Kruskal [119] benutzt folgende einfache Strategie: Ordne die Kanten aufsteigend gemäß ihres Gewichts $c(e_1) \leq c(e_2) \leq \cdots \leq c(e_m)$ und starte mit einer leeren Kantenmenge $E_F := \emptyset$. Anschließend fügt man iterativ die Kante mit geringstem Gewicht hinzu, die keinen Kreis induziert. Das Verfahren ist in Algorithmus 6.1 notiert, Bild 6.2 zeigt die Ausführung des Algorithmus anhand eines Beispiels.

Algorithmus 6.1 Algorithmus von Kruskal zur Konstruktion eines MSF.

KRUSKAL(G, c)

Input: Ein ungerichteter Graph $G = (V, E, \gamma)$ mit Kantengewichten $c \colon E \to \mathbb{R}$
Output: Die Kantenmenge E_F eines minimalen spannenden Waldes
1 Sortiere die Kanten nach ihrem Gewicht: $c(e_1) \leq \cdots \leq c(e_m)$
2 $E_F := \emptyset$
3 **for** $i := 1, \ldots, m$ **do**
4   **if** $(V, E_F \cup \{e_i\}, \gamma)$ ist kreisfrei **then**
5       $E_F := E_F \cup \{e_i\}$
6 **return** E_F

Wir führen nun einen ersten Korrektheitsbeweis für den Kruskal-Algorithmus. Dafür ist folgende einfache Beobachtung hilfreich:

Beobachtung 6.8:
Sei G_F ein durch $F \subseteq E$ induzierter kreisfreier Partialgraph von G. Dann erzeugt die Hinzunahme von $e \in E \setminus F$ mit $\gamma(e) = \{u, v\}$ zu G_F genau dann

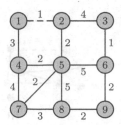

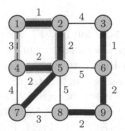

a: Zunächst wird die Kante [1,2] untersucht und zu E_F hinzugefügt.

b: In den nächsten Schritten werden die Kanten [3,6], [2,5], [4,5], [5,7], [6,9] und [8,9] in dieser Reihenfolge zu E_F hinzugefügt, da keine von ihnen einen Kreis induziert. Danach wird die Kante [1,4] geprüft. Diese induziert aber einen Kreis (durch graue Kantenhinterlegung hervorgehoben), weshalb die Kante [1,4] verworfen wird.

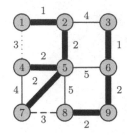

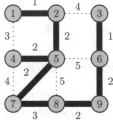

c: Die Kante [7,8] kann wiederum zum Baum hinzugefügt werden, ohne einen Kreis zu verursachen.

d: Nach dem Hinzufügen der Kante [7,8] induzieren alle weiteren Kanten Kreise, so dass diese verworfen werden.

Bild 6.2: Berechnung eines MST mit dem Kruskal-Algorithmus. Die dick gezeichneten Kanten gehören zur Menge E_F, die bei Ende des Algorithmus einen minimalen spannenden Baum bildet. Die gepunkteten Kanten sind Kanten, die durch Kreistests verworfen wurden. Die gestrichelte Kante ist die aktuell untersuchte Kante.

einen elementaren Kreis, wenn u und v in der gleichen Zusammenhangskomponente von G_F liegen.

Satz 6.9:

Der Algorithmus von Kruskal liefert einen MSF. Ist G zusammenhängend, so berechnet der Algorithmus einen MST.

Beweis:

Da der Algorithmus niemals eine Kante hinzunimmt, die einen Kreis erzeugt, ist (V, E_F) bei Abbruch kreisfrei, also ein Wald. Es genügt nun zu zeigen, dass für zusammenhängendes G der Partialgraph (V, E_F) bei Abbruch ein MST von G ist. Falls G nicht zusammenhängend ist, so führen wir die Argumentation für jede Komponente von G und folgern, dass (V, E_F) ein MSF ist. Sei also im Weiteren o.B.d.A. G zusammenhängend.

Seien $G_1, \dots, G_p$ die Zusammenhangskomponenten von (V, E_F). Falls $p > 1$, dann existiert nach Satz 3.20 wegen des Zusammenhangs von G eine Kante $e \in \delta(V(G_i))$. Diese Kante ist dann nicht in E_F enthalten. Beim Test von e in Schritt 4 sind die Endecken von e daher in verschiedenen Zusammenhangskomponenten, weshalb der Algorithmus e zu E_F hinzugefügt haben müsste (vgl. Beobachtung 6.8).

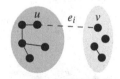

U $\qquad$ $V \setminus U$

Die Kante e_i ist eine sichere Kante. Daher bleibt die Kantenmenge des Kruskal-Algorithmus stets fehlerfrei.

Wir beweisen dass E_F stets fehlerfrei (im Sinne von Definition 6.5) ist. Daraus folgt dann, dass der gefundene Baum auch kostenminimal ist. Dies ist zu Beginn ($E_F = \emptyset$) sicherlich richtig. Wird e_i mit $\gamma(e_i) = \{u, v\}$ in Schritt 5 zu E_F hinzugenommen, so genügt es zu beweisen, dass e_i sicher für E_F ist.

Sei U die Zusammenhangskomponente von u in (V, E_F). Dann ist e_i auch eine Kante in $\delta(U)$ mit minimalen Kosten, da jede Kante $e' \in \delta(U)$ mit geringeren Kosten als e_i früher getestet worden sein muss und dann zu E_F hinzugefügt worden wäre (da auch die Endpunkte von e' in verschiedenen Zusammenhangskomponenten liegen). Nach Korollar 6.7 ist e_i sicher für E_F. $\blacksquare$

Die Laufzeit des Kruskal-Algorithmus hängt stark von der Effizienz des Kreistests in Schritt 4 ab. Im Folgenden skizzieren wir, wie man den Algorithmus effizient implementieren kann.

Seien $V_1, \dots, V_p$ die (Eckenmengen der) Zusammenhangskomponenten von (V, E_F), wenn die Kante e_i in Schritt 4 getestet werden soll. Aufgrund von Beobachtung 6.8 erzeugt e_i genau dann keinen Kreis, wenn die Endecken u und v von e_i in verschiedenen Zusammenhangskomponenten $V_u \neq V_v$ liegen. Wird e_i dann zu E_F hinzugenommen, so verschmelzen V_u und V_v zu einer Komponente, während die anderen Komponenten unberührt bleiben.

Eine Datenstruktur für disjunkte Mengen (siehe auch Anhang B.2) verwaltet eine Kollektion von disjunkten Mengen $\{S_1, \dots, S_k\}$, welche sich dynamisch ändern. Jede Menge wird mit einem seiner Elemente, dem Repräsentanten der Menge, identifiziert. Folgende Operationen werden unterstützt:

MAKE-SET(x) Erstellt eine neue Menge, deren einziges Element und damit Repräsentant x ist.

UNION(x, y) Vereinigt die beiden Mengen, welche x und y enthalten, und erstellt eine neue Menge, deren Repräsentant irgend ein Element aus der Vereinigungsmenge ist. Es wird vorausgesetzt, dass die beiden Mengen disjunkt sind. Die Ausgangsmengen werden bei dieser Operation zerstört.

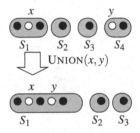

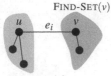

FIND-SET(v)

FIND-SET(u)

Union(u, v)

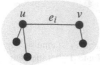

FIND-SET(u)
= FIND-SET(v)

Benutzung einer
Datenstruktur für disjunkte
Mengen beim
Kruskal-Algorithmus

FIND-SET(x) Liefert (einen Zeiger auf) den Repräsentanten der Menge, welche x enthält.

Mit Hilfe einer solchen Datenstruktur lässt sich der Kruskal-Algorithmus einfach implementieren (siehe Algorithmus 6.2). Wir verwalten die Zusammenhangskomponenten von (V, E_F) mit Hilfe der Datenstruktur. Mit FIND-SET(v) erhalten wir die Komponente, welche $v \in V$ enthält. Anfangs bildet jede Ecke eine Komponente. Der Kreistest erfolgt durch zwei Komponentenanfragen (FIND-SET), bei Hinzunahme einer Kante werden die Komponenten der Endecken vereinigt (UNION). Außer dem anfänglichen Sortieren fällt im Algorithmus der Aufwand für n MAKE-SET-Operationen, $2m$-FIND-SET und n-UNION-Operationen an. Im Anhang B.2 zeigen wir das Ergebnis des folgenden Satzes:

Algorithmus 6.2 Implementierung des Algorithmus von Kruskal

KRUSKAL(G, c)

Input: Ein ungerichteter Graph $G = (V, E, \gamma)$ mit Kantengewichten $c : E \to \mathbb{R}$
Output: Die Kantenmenge E_F eines minimalen spannenden Waldes
1 Sortiere die Kanten nach ihrem Gewicht: $c(e_1) \leq \cdots \leq c(e_m)$
2 $E_F := \emptyset$
3 **for all** $v \in V$ **do**
4   MAKE-SET(v)   { *erzeuge n einelementige Mengen* }
5 **for** $i := 1, \ldots, m$ **do**
6   Seien u und v die Endpunkte von e_i
7   **if** FIND-SET(u) $\neq$ FIND-SET(v) **then**
8          $E_F := E_F \cup \{e_i\}$
9   UNION(u, v)
10 **return** E_F

Satz 6.10:

Eine Folge von k Operationen MAKE-SET, FIND-SET und UNION, von denen n Operationen MAKE-SET sind, benötigt in einer Datenstruktur für disjunkte Mengen auf Basis von Listen $\mathcal{O}(k + n \log n)$ Zeit.   ∎

Mit Hilfe von Satz 6.10 folgt, dass der Kruskal-Algorithmus so implementiert werden kann, dass seine Laufzeit $\mathcal{O}(m + n \log n)$ plus die Zeit für das anfängliche Sortieren beträgt. Dies lässt sich mit Hilfe von trickreicheren Datenstrukturen für disjunkte Mengen noch verbessern. Der Beweis des folgenden Resultats findet sich etwa in [45, 163]:

Satz 6.11:

Eine Folge von k MAKE-SET, UNION und FIND-SET Operationen, von denen n Operationen MAKE-SET sind, lässt sich in Zeit $\mathcal{O}(k\alpha(n))$ implementieren.   ∎

Im letzten Satz ist α die *inverse Ackermann-Funktion*, die extrem langsam wächst. Es gilt $\alpha(n) \le 4$ für $n \le 10^{684}$. Zum Vergleich: die geschätzte Anzahl der Atome im Universum beträgt etwa 10^{80}.

$$\alpha(n) = \begin{cases} 0 & \text{für } 0 \le n \le 2 \\ 1 & \text{für } n = 3 \\ 2 & \text{für } 4 \le n \le 7 \\ 3 & \text{für } 8 \le n \le 2047 \\ 4 & \text{für } 2048 \le n \le A_4(1) \\ \vdots & \vdots \end{cases}$$

wobei $A_4(1) \gg 10^{684}$.

Korollar 6.12:
Mit Hilfe der Datenstruktur aus Satz 6.11 benötigt der Algorithmus von Kruskal zur Bestimmung eines MSF $\mathcal{O}(m\alpha(n))$ Zeit plus die Zeit zum Sortieren der Kanten. ∎

Das Überraschende am oben stehenden Korollar ist, dass im Allgemeinen der anfängliche Sortieraufwand von $\mathcal{O}(m \log m)$ für die m Kanten die Laufzeit des Kruskal-Algorithmus dominiert. Sind die Kanten aber bereits sortiert, oder lassen sich die Kanten in linearer Zeit sortieren (etwa, weil die Kantengewichte alle aus $\{1, \ldots, m\}$ sind, siehe [45, 139]), so ist die Laufzeit des Kruskal-Algorithmus mit $\mathcal{O}(m\alpha(n))$ nahezu linear. Angesichts der bis zu n^{n-2} möglichen Kandidaten (vgl. Satz von Cayley, Satz 6.4 auf Seite 103) ist dieser Sachverhalt bemerkenswert.

6.4   Matroide und Unabhängigkeitssysteme

Der Kruskal-Algorithmus ist eine spezielle Ausprägung eines allgemeineren Algorithmus, des *Greedy-Algorithmus* für Matroide, auf den wir hier nun eingehen wollen. Als Nebenprodukt erhalten wir einen weiteren, allgemeineren Korrektheitsbeweis für den Kruskal-Algorithmus.

Definition 6.13:   **Unabhängigkeitssystem, Matroid**
Ein *Unabhängigkeitssystem* ist ein Paar $(S, \mathcal{F})$, wobei S eine endliche Menge und $\mathcal{F} \subseteq 2^S$ nichtleer und unter Inklusion abgeschlossen ist, d.h.

Unabhängigkeitssystem

$$A \in \mathcal{F} \wedge B \subseteq A \Rightarrow B \in \mathcal{F}. \tag{6.1}$$

Die Mengen in $\mathcal{F}$ nennen wir *unabhängige Mengen*. Ein Unabhängigkeitssystem heißt *Matroid*, wenn gilt:

unabhängige Mengen

Matroid

$$A, B \in \mathcal{F} \wedge |B| < |A| \Rightarrow \text{ es gibt ein } a \in A \setminus B \text{ mit } B \cup \{a\} \in \mathcal{F}. \tag{6.2}$$

Die in der letzten Definition genannten Axiome gehen auf Hassler Whitney [169] zurück.

Beispiel 6.14:
Sei $S = \{1,3,5,9,11\}$ und $\mathcal{F} := \{A \subseteq S : \sum_{e \in A} e \le 20\}$. Wir zeigen, dass $(S, \mathcal{F})$ zwar ein Unabhängigkeitssystem aber kein Matroid ist.
   Falls $A \in \mathcal{F}$ und $B \subseteq A$, so folgt $\sum_{e \in B} e \le \sum_{e \in A} e \le 20$, wobei die erste Ungleichung aus $e \ge 0$ für alle $e \in S$ und die zweite aus der Definition von

$\mathscr{F}$ folgt. Also ist auch $B \in \mathscr{F}$. Somit haben wir gezeigt, dass $(S, \mathscr{F})$ ein Unabhängigkeitssystem ist.

Das Paar $(S, \mathscr{F})$ ist jedoch kein Matroid, denn $B := \{9, 11\}$ und $A := \{1,3,5,9\}$ sind unabhängige Mengen mit $|B| < |A|$. Jedoch kann man zu B kein Element a aus $A \setminus B$ hinzufügen, so dass noch $B + a \in \mathscr{F}$ gilt.

Das folgende Beispiel zeigt den Ursprung der Matroide. In einem Matroid wird die »lineare Unabhängigkeit« der Linearen Algebra verallgemeinert.

Beispiel 6.15:   Lineares Matroid

Sei A eine $m \times n$-Matrix mit Spalten $a_1, \dots, a_n$. Sei $S := \{1, \dots, n\}$ und $S \in \mathscr{F}$ genau dann, wenn die Vektoren $\{ a_i : i \in S \}$ linear unabhängig sind. Da Teilmengen linear unabhängiger Mengen wieder unabhängig sind, ist $(S, \mathscr{F})$ ein Unabhängigkeitssystem. Das Paar $(S, \mathscr{F})$ ist wegen des Steinitzschen Basisaustauschsatzes der Linearen Algebra (siehe Standard-Lehrbücher wie [111, 21]) ein Matroid.

Beispiel 6.16:   Unabhängigkeitsystem der Matchings

Ist $G = (V, E)$ ein ungerichteter Graph und $\mathscr{M}$ die Menge der Matchings in G, so ist $(E, \mathscr{M})$ zwar ein Unabhängigkeitssystem (die Eigenschaft, ein Matching zu sein, vererbt sich trivialerweise auf Teilmengen), aber im Allgemeinen kein Matroid. Nebenstehend sind zwei Matchings M_1 und M_2 (dicke schwarze Kanten) in einem Graphen mit $|M_1| < |M_2|$ gezeigt, wobei man zu M_1 keine Kante von M_2 hinzunehmen kann, ohne die Matchingeigenschaft zu verlieren.

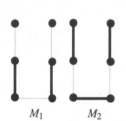

M_1 M_2

Die Matchings in einem Graphen bilden im Allgemeinen kein Matroid. Die zwei Matchings M_1 und M_2 mit $|M_1| < |M_2|$ sind durch die dicken Kanten hervorgehoben.

Wir verwenden die folgenden Kurzschreibweisen:

$$A + x := A \cup \{x\}$$
$$A - x := A \setminus \{x\}$$

Als nächstes beweisen wir eine notwendige und hinreichende Bedingung, wann ein Unabhängigkeitssystem ein Matroid ist. Dazu benötigen wir den Begriff der maximalen unabhängigen Mengen.

Definition 6.17:   Maximale unabhängige Mengen, Rang

maximale unabhängige Menge

Sei $\mathscr{U} = (S, \mathscr{F})$ ein Unabhängigkeitssystem. Eine Menge $M \in \mathscr{F}$ heißt *maximal bezüglich* $A \subseteq S$, wenn $M \subseteq A$ und aus $M' \in \mathscr{F}$ und $M \subseteq M' \subseteq A$ folgt, dass $M = M'$ gilt. Eine *maximale unabhängige Menge* ist eine bezüglich S maximale Menge $M \in \mathscr{F}$. Der *Rang* $r(A) = r_{\mathscr{U}}(A)$ einer Menge $A \subseteq S$ in $\mathscr{U}$ ist definiert als

$$r(A) := \max \{ |I| : I \subseteq A \text{ und } I \in \mathscr{F} \}.$$

Satz 6.18:

Sei $(S, \mathscr{F})$ ein Unabhängigkeitssystem. Dann sind folgende Aussagen äquivalent:

(i) $(S, \mathscr{F})$ ist ein Matroid.

(ii) Für jede Teilmenge $A \subseteq S$ gilt: Sind $M \in \mathscr{F}$ und $M' \in \mathscr{F}$ maximal bezüglich A, so folgt $|M| = |M'|$.

Beweis:

»(i)⇒(ii)«: Wären $M, M' \in \mathscr{F}$ beide maximal bezüglich A und $|M| < |M'|$, so folgt aus (6.2), dass $M + e \in \mathscr{F}$ für ein $e \in M' \setminus M$ (und damit auch $e \in A$ so dass $M + e \subseteq A$) im Widerspruch zur Maximalität von M.

»(ii)⇒(i)«: Seien $A, B \in \mathscr{F}$ mit $|B| < |A|$. Wir müssen zeigen, dass es ein $a \in A \setminus B$ gibt, so dass $B + a \in \mathscr{F}$.

Sei $X := A \cup B$. Da $A \in \mathscr{F}$, existiert eine bezüglich X maximale unabhängige Menge, mit $A \subseteq M_A$. Analog sei M_B eine bezüglich X maximale Menge, welche B enthält. Es gilt dann $|B| < |A| \leq |M_A|$. Da nach Voraussetzung (ii) alle bezüglich X maximalen Mengen die gleiche Kardinalität besitzen, kann B nicht maximal bezüglich X sein. Also existiert $e \in M_B \setminus B$ mit $B + e \in \mathscr{F}$ (wegen $B + e \subseteq M_B$ und $M_B \in \mathscr{F}$ folgt, dass $B + e$ unabhängig ist). Da M_B nur Elemente aus $A \cup B$ enthält, folgt die Aussage. ∎

Wir kommen nun zu einem wichtigen Matroid, das uns wieder zu den spannenden Bäumen bzw. Wäldern zurückführt.

Satz 6.19:

Sei $G = (V, E, \gamma)$ ein ungerichteter Graph und

$$\mathscr{F} := \{ F \subseteq E : G_F \text{ ist ein Wald} \}.$$

Dann ist $(E, \mathscr{F})$ ein Matroid (graphisches Matroid). Die maximalen unabhängigen Mengen sind die spannenden Wälder von G.

graphisches Matroid

Beweis:

Falls G_F ein Wald ist, so ist für $F' \subseteq F$ auch der induzierte Partialgraph $G_{F'}$ ein Wald (jeder Kreis in $G_{F'}$ ist auch ein Kreis in G_F). Daher ist $(E, \mathscr{F})$ ein Unabhängigkeitssystem.

Wir zeigen nun, dass die Bedingung (ii) aus Satz 6.18 gilt. Sei $A \subseteq E$ und $F \in \mathscr{F}$ maximal bezüglich A. Der Graph G_A besitze die Zusammenhangskomponenten $G_1, \ldots, G_p$. Wir bezeichnen mit $T_j := G_F[V(G_j)]$ die Restriktion von G_F auf die Komponenten.

Jeder Graph T_j ist kreisfrei. Wegen der Maximalität von F muss T_j zusammenhängend sein (sonst könnte man F vergrößern, ohne Kreise zu induzieren, indem man eine geeignete Kante aus $E(G_j)$ hinzunimmt). Nach Definition 6.2 ist damit T_j ein spannender Baum von G_j, also ist G_F ein spannender Wald von G_A. Mit Satz 6.3 folgt $|E(T_j)| = |V(G_j)| - 1$ und durch Aufsummieren ergibt sich $|F| = \sum_{j=1}^{p} |E(T_j)| = |V| - p$. Somit besitzen alle bezüglich A maximalen Mengen die Kardinalität $|V| - p$.   ∎

6.4.1   Der Greedy-Algorithmus für Matroide

Algorithmus 6.3 Greedy-Algorithmus.

$\textsc{Greedy}((S, \mathscr{F}), c)$

Input: Ein Matroid $(S, \mathscr{F})$ mit $|S| = m$, eine Gewichtsfunktion $c \colon S \to \mathbb{R}$
Output: Eine maximale unabhängige Menge mit minimalem Gewicht
1 Sortiere die Elemente aus S nach ihrem Gewicht: $c(e_1) \le \cdots \le c(e_m)$
2 $M := \emptyset$
3 **for** $i := 1, \ldots, m$ **do**
4   **if** $M + e_i \in \mathscr{F}$ **then**
5     $M := M + e_i$
6 **return** M

Wir kommen nun zum Greedy-Algorithmus für Matroide, der in Algorithmus 6.3 notiert ist. Der Algorithmus sortiert die Elemente aus der Grundmenge S gemäß aufsteigendem Gewicht und nimmt ausgehend von der leeren Menge dann iterativ das nächstschwere Element zur Menge, das die Unabhängigkeit nicht verletzt. Man sieht, dass der Kruskal-Algorithmus ein Spezialfall von Algorithmus 6.3 ist, wobei das zugrundeliegende Matroid in Satz 6.19 definiert ist.

Der folgende Satz von Edmonds [58] zeigt, dass der Greedy-Algorithmus auf Matroiden optimale Lösungen findet.

Satz 6.20:   **Edmonds**

Sei $(S, \mathscr{F})$ ein Matroid und $c \colon S \to \mathbb{R}$ eine beliebige Gewichtung der Elemente in S. Der Greedy-Algorithmus findet eine maximale unabhängige Menge mit minimalem Gewicht.

Beweis:

Sei M_k die Menge M in Algorithmus 6.3 nach dem Hinzufügen des k-ten Elements, d.h. $|M_k| = k$. Da $\mathscr{F}$ endlich ist, bricht der Greedy-Algorithmus nach endlich vielen Schritten mit einer Menge $M_q \in \mathscr{F}$ ab.

Diese Menge ist maximal. Wäre nämlich $M_q \subseteq A \in \mathscr{F}$ mit $M_q \ne A$, so existiert wegen (6.2) ein $e \in A \setminus M_q$ mit $M_q + e \in \mathscr{F}$. Dann ist e in einem Testschritt Zeile 4 abgelehnt worden, weil für die zu diesem Zeitpunkt aktuelle Menge M_k galt: $M_k + e \notin \mathscr{F}$. Da $M_k + e \subseteq M_q + e$ folgt aber $M_k + e \in \mathscr{F}$, also ein Widerspruch.

Wir zeigen nun durch Induktion nach k, dass folgende Eigenschaft gilt:

$$c(M_k) = \min \left\{ c(I) : I \in \mathscr{F} \text{ und } |I| = k \right\} . \tag{6.3}$$

Dies zeigt dann, dass der Greedy-Algorithmus eine maximale Menge mit minimalem Gewicht liefert (nach Satz 6.18 haben insbesondere alle maximalen unabhängigen Mengen gleiche Kardinalität q).

Für $k = 0$ ist die Aussage offenbar richtig. Sei sie bereits für k bewiesen und wir betrachten $M_{k+1} = M_k + \tilde{e}$. Wir nehmen an, dass $I \in \mathscr{F}$ existiert mit $|I| = k+1$ und $c(I) < c(M_{k+1})$. Wähle $e' \in I$ mit $c(e') = \max\{c(e) : e \in I\}$ als »teuerstes« Element in I. Nach Induktionsvoraussetzung gilt $c(M_k) \leq c(I - e')$. Wegen $c(M_k) + c(\tilde{e}) = c(M_{k+1}) > c(I) = c(I - e') + c(e')$ folgt:

$$c(\tilde{e}) > c(e') = \max\{c(e) : e \in I\}. \tag{6.4}$$

Da $|M_k| = k$ und $|I| = k+1$ existiert ein $e'' \in I$ mit $M_k + e'' \in \mathscr{F}$. Wegen (6.4) gilt $c(M_k + e'') < c(M_{k+1})$.

Da $c(e'') < c(\tilde{e})$ muss e'' in einem früheren Testschritt $j < k$ in Zeile 4 wegen $M_j + e'' \notin \mathscr{F}$ abgelehnt worden sein. Da $M_j + e'' \subseteq M_k + e''$, folgt aber $M_j + e'' \in \mathscr{F}$. Widerspruch!   ∎

Korollar 6.21:

Der Kruskal-Algorithmus findet einen spannenden Wald mit minimalem Gewicht.

Beweis:

Unmittelbar aus Satz 6.19 und Satz 6.20: Genauer haben wir gezeigt, dass der Greedy-Algorithmus inkrementell zur jeweiligen Kardinalität k einen c-minimalen Wald mit k Kanten bestimmt.   ∎

Das Ergebnis aus Satz 6.20 besitzt eine interessante Umkehrung [147]:

Satz 6.22:

Sei $\mathscr{U} = (S, \mathscr{F})$ ein Unabhängigkeitssystem. Falls der Greedy-Algorithmus für jede Gewichtsfunktion $c: S \to \mathbb{R}$ eine maximale unabhängige Menge mit minimalem Gewicht findet, dann ist $\mathscr{U}$ ein Matroid.

Beweis:

Wir nehmen an, dass $\mathscr{U}$ kein Matroid ist und führen die Aussage zum Widerspruch. Dazu konstruieren wir eine Gewichtsfunktion und zeigen, dass es für diese Funktion eine maximale unabhängige Menge M' gibt, so dass $c(M') < c(M^g)$, wobei M^g die vom Greedy-Algorithmus gelieferte maximale Menge ist.

Da $\mathscr{U}$ kein Matroid ist gibt es nach Satz 6.18 eine Menge $A \subseteq S$ sowie zwei bezüglich A maximale Mengen $N \in \mathscr{F}$ und $M \in \mathscr{F}$ mit $n := |N| > |M| =: m$. Wähle $0 < \varepsilon < 1/m$. Wir definieren die Gewichtsfunktion $c: S \to$

$\mathbb{R}$ durch

$$c(e) := \begin{cases} -(1+\varepsilon), & \text{für } e \in M \\ -1, & \text{für } e \in N \setminus M \\ 0, & \text{sonst.} \end{cases}$$

Aufgrund von $n \geq m+1$ gilt mit dieser Gewichtsfunktion (bei der alle Elemente nicht-positives Gewicht besitzen):

$$c(M) = \sum_{e \in M} c(e) = -m(1+\varepsilon) \quad \text{und} \quad c(N) = \sum_{e \in N} c(e) \leq -n,$$

wobei die letzte Ungleichung aus $c(e) \leq -1$ für alle $e \in N$ folgt. Wegen $\varepsilon < 1/m \leq (n-m)/m$ (aufgrund von $n \geq m+1$) folgt $(1+\varepsilon)m < n$, also

$$c(N) = -n < -(1+\varepsilon)m = c(M). \tag{6.5}$$

Sei M_k die Menge des Greedy-Algorithmus nach dem Hinzufügen des k-ten Elements durch den Algorithmus (vgl. Beweis zu Satz 6.20). Bei der Sortierung der Elemente von S werden im Greedy-Algorithmus zunächst alle Elemente aus M getestet. Da $M \in \mathscr{F}$ folgt induktiv sofort, dass $M_m = M$ (aufgrund von $M \in \mathscr{F}$ wird kein Element aus M in Schritt 4 verworfen).

Dies impliziert $M_m \subseteq M^g$ und somit

$$c(M^g) = c(M_m) + c(M^g \cap (N \setminus M)) = c(M) + c(M^g \cap (N \setminus M)). \tag{6.6}$$

Gleichzeitig gilt: $M^g \cap (N \setminus M) = \emptyset$. Gäbe es ein $e \in M^g \cap (N \setminus M)$, dann wäre $(M+e) \subseteq M^g \in \mathscr{F}$ und und daher auch $(M+e) \in \mathscr{F}$ im Widerspruch zur Maximalität von M bzgl. A.

Mit $M^g \cap (N \setminus M) = \emptyset$ folgt aus (6.6), dass $c(M^g) = c(M) \overset{(6.5)}{>} c(N)$. Da $N \in \mathscr{F}$, existiert eine maximale unabhängige Menge $M' \supseteq N$, die wegen der nichtpositiven Gewichte $c(M') \leq c(N) < c(M^g)$ erfüllt, was der Optimalität von $c(M^g)$ widerspricht . ∎

6.4.2   Die Greedy-Heuristik für Unabhängigkeitssysteme

Sei $(S, \mathscr{F})$ ein Unabhängigkeitssystem und $c: S \to \mathbb{R}$ eine Gewichtung der Grundmenge. Offenbar kann man den Greedy-Algorithmus anwenden, auch wenn $(S, \mathscr{F})$ kein Matroid ist. Das Ergebnis M ist dann eine maximale Menge $M \in \mathscr{F}$. Kann man über die »Qualität« von M Aussagen treffen?

Dazu betrachten wir beispielhaft das *Rucksackproblem*. Gegeben sei eine endliche Menge $S = \{e_1, \dots, e_n\}$ von Gegenständen (Nahrungsmittel, Werkzeuge, Kleidungsstücke etc.), die einem Bergsteiger für eine längere Tour von Nutzen sein können. Sein ausbaufähiger Rucksack habe genügend Raum, aber die Tragfähigkeit des Bergsteigers ist begrenzt, so dass nicht alle wünschenswerten Sachen eingepackt werden können. Sind die

Gewichte der Gegenstände $w_i = w(e_i) \in \mathbb{R}_+ (i = 1, \ldots, n)$ und ist W die maximale Tragfähigkeit, so ist eine Auswahl $S' \subseteq S$ zu treffen, welche die Rucksack-Restriktion (»Gewichtsrestriktion«) $\sum_{e \in S'} w(e) \leq W$ einhält. Bezeichnet noch $u_i = u(e_i) \in \mathbb{R}_+$ den Nutzen von e_i und unterstellen wir einfachheitshalber, dass der Nutzen von S' durch $u(S') = \sum_{e \in S'} u(e)$ gegeben ist, so ist die Aufgabe, eine zulässige Packung des Rucksacks mit maximalem Nutzen zu finden.

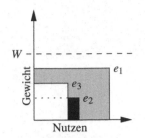

MAX-KNAPSACK

Instanz: Endliche Menge $S = \{e_1, \ldots, e_n\}$ von Gegenständen mit Gewichten $w(e_i) \geq 0$ und Nutzen $u(e_i) \geq 0$, $i = 1, \ldots, n$ sowie eine Rucksackgröße $W \geq 0$

Gesucht: Eine Teilmenge $S' \subseteq S$ mit $w(S') \leq W$ und maximalem Nutzen $u(S')$

Das entsprechende Entscheidungsproblem KNAPSACK ist dann:

KNAPSACK

Instanz: Endliche Menge $S = \{e_1, \ldots, e_n\}$ von Gegenständen mit Gewichten $w(e_i) \geq 0$ und Nutzen $u(e_i) \geq 0$, $i = 1, \ldots, n$ sowie eine Rucksackgröße $W \geq 0$ und ein angestrebter Nutzen $U \geq 0$

Frage: Gibt es eine Teilmenge $S' \subseteq S$ mit $w(S') \leq W$ und $u(S') \geq U$?

Rucksack
Rucksackproblem mit drei Gegenständen e_1, e_2, e_3: Bei Gewichtsrestriktion W sind die gültigen Packungen die Mengen $\{e_1\}$, $\{e_2, e_3\}$, $\{e_2\}$, $\{e_3\}$.

Sei $\mathcal{F}$ die Menge aller zulässigen Rucksack-Füllungen; sie enthält also alle $S' \subseteq S$ mit $\sum_{e \in S'} w(e) \leq W$. Offenbar ist $(S, \mathcal{F})$ ein Unabhängigkeitssystem und der Greedy-Algorithmus ergibt – angewandt auf die gemäß wachsendem Gewicht sortierte Grundmenge S – eine bzgl. $\mathcal{F}$ maximale Menge $M \in \mathcal{F}$ mit Nutzen $u(M)$.

Lemma 6.23:
Der Greedy-Algorithmus hat keine konstante Approximationsgüte für MAX-KNAPSACK.

Beweis:
Sei $S = \{e_1, e_2\}$ mit $w_1 = 1, u_1 = 1$ und mit $K \in \mathbb{R}_+ (K \gg 1)$, $w_2 = K, u_2 = K - 1$, $W := K$; es folgt $M = \{e_1\}, u(M) = 1, M^* = \{e_2\}, u(M^*) = K - 1$ und $\frac{u(M)}{u(M^*)}$ strebt gegen Null für wachsendes K.

Sortiert man S nach monoton fallendem Nutzen, so gilt analoges: man betrachte die Instanz $S = \{e_1, \ldots, e_n\} (n \geq K)$ und $w_1 = K = W$, $u_1 = 2$ und $w_i = 1, u_i = 1$ für $i = 2, \ldots, n$; hier folgt $M = \{e_1\}$ mit $u(M) = 2$, aber $u(M^*) \geq K - 1$.

Sortiert man S »sachgerechter«, etwa nach monoton fallenden relativen Nutzen $r_i = u_i/w_i$, so folgt auch hier die Behauptung mit der erstgenannten Instanz: $r_1 = 1, r_2 = (K - 1)/K < 1$. ∎

Obwohl die reine Greedy-Strategie beliebig schlechte Lösungen liefern kann, lässt sie sich auf einfache Weise zu einer *Doppelpack-Strategie* (siehe Algorithmus 6.4) erweitern, die eine Approximationsgüte von $1/2$ liefert.

Algorithmus 6.4 Doppelpack-Algorithmus für MAX-KNAPSACK

DOPPELPACK

Input: Instanz von MAX-KNAPSACK mit Grundmenge S, Gewichtsfunktion
$w\colon S \to \mathbb{R}_+$, Nutzenfunktion $u\colon S \to \mathbb{R}_+$ und Gewichtsschranke
$W \in \mathbb{R}_+$

1 Sortiere S gemäß schwach monoton fallendem relativen Nutzen:

$$\frac{u_1}{w_1} \geq \frac{u_2}{w_2} \geq \cdots \geq \frac{u_n}{w_n}.$$

2 Bestimme Greedy-Lösung M_1 für die Grundmenge S.
3 Bestimme Greedy-Lösung M_2 mit Grundmenge $S \setminus M_1$. { *Packe M_1 wieder aus und benutze die Restmenge $S \setminus M_1$ für einen alternativen Packversuch.* }
4 **return** Menge $M := M_i$ mit dem größten Nutzen der beiden Mengen M_1, M_2

Lemma 6.24:

Der Doppelpack-Algorithmus (Algorithmus 6.4) ist $1/2$-approximativ für MAX-KNAPSACK.

Beweis:

Wir nehmen ohne Einschränkung an, dass $0 < w_i \leq W$, sowie $u_i > 0$ für alle i und $\sum_{i=1}^{n} w_i > W$. Außerdem sei o.B.d.A. $w_i \in \mathbb{N}$ und $W \in \mathbb{N}$ (ansonsten multiplizieren wir alle Gewichte und W mit dem gemeinsamen Hauptnenner). Sei

$$r_1 = \frac{u_1}{w_1} \geq \cdots \geq r_n = \frac{u_n}{w_n} > 0.$$

Für die optimale Lösung $M^* \subseteq S$ gilt dann $u(M^*) \leq r_1 W$. Sei $W = q \cdot w_1 + r$ mit $0 \leq r < w_1$ und $q \in \mathbb{N}_+$. Im Falle $q = 1$ folgt: $W = w_1 + r$, $\{e_1\} \subseteq M_1$, $u(M_1) \geq r_1 w_1 \geq r_1 \frac{W}{2}$. Im Falle $q \geq 2$ ist $W \geq 2w_1$ und $e_1 \in M_1$. Wegen $\sum_{i=1}^{n} w_i > W$ existiert ein Element $e_k \notin M_1$ mit kleinstem Index k. Dann gilt: $\sum_{i=1}^{k} w_i > W$, $u(M_1) \geq \sum_{i=1}^{k-1} u_i$, und $e_k \in M_2$, somit $u(M_2) \geq u_k$ und $u(M_1) + u(M_2) \geq \sum_{i=1}^{k} u_i$. Dann ist aber $u(M) = \max\{u(M_1), u(M_2)\} \geq \frac{u(M_1)+u(M_2)}{2} \geq \frac{1}{2}\sum_{i=1}^{k} u_i$. Wegen $\sum_{i=1}^{k} w_i > W$ ist aber $w_k > W - \sum_{i=1}^{k-1} w_i$ und $u(M^*) \leq \sum_{i=1}^{k-1} u_i + \left(W - \sum_{i=1}^{k-1} w_i\right) r_k \leq \sum_{i=1}^{k} u_i$, also $u(M^*) \leq 2u(M)$. ∎

Man findet leicht Instanzen, bei denen der Algorithmus dem halben Optimalwert beliebig nahe kommt, z.B. bei $S = \{e_1, e_2, e_3\}$ mit $w_1 = w_2 = \lfloor \frac{W}{2} \rfloor + 1$, $w_3 = W \gg 1$, $u_1 = u_2 = 1$ und $u_3 = \frac{W}{\lfloor \frac{W}{2} \rfloor + 2}$

Bemerkung 6.25:

Das Rucksack-Problem KNAPSACK ist NP-vollständig, siehe [76, MP9]. Es lässt sich allerdings mittels dynamischer Programmierung (bei ganzzahligen Gewichten) in $\mathcal{O}(nW)$ Zeit lösen (vgl. auch Aufgabe 8.6). Man beachte dabei, dass bei Eingabe von W nur $\Theta(\log W)$ Bits zur Länge der Eingabe-Instanz beitragen, der Algorithmus also nicht polynomiell in der Länge der Eingabe-Instanz, sondern »pseudopolynomiell« ist. Es gibt darüberhinaus vollpolynomielle Approximationsschemata [153, 90, 86].

6.5 Der Algorithmus von Prim

Zur Vereinfachung der Notation setzen wir in diesem Abschnitt voraus, dass der ungerichtete Graph $G = (V, E)$ einfach ist. Diese Annahme bildet keine Einschränkung, da ein spannender Baum niemals Schlingen und aus einem Büschel an parallelen Kanten höchstens die billigste enthält. Wenn nötig, können Parallelen und Schlingen in einem *Preprocessing*-Schritt in linearer Zeit entfernt werden. Zudem sei in diesem Abschnitt $G = (V, E)$ stets zusammenhängend.

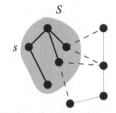

Wachsen des Baums beim Algorithmus von Prim: die Menge S der aufgespannten Ecken ist stets zusammenhängend, es wird die leichteste Kante aus $\delta(S)$ hinzugefügt.

Der Algorithmus von Prim [145] (Algorithmus 6.5) lässt einen minimalen spannenden Baum ausgehend von einer Ecke $s \in S$ »wachsen«. Startend mit $E_T := \emptyset$ und $S := \{s\}$ wählt er eine Kante $e \in \delta(S)$ mit geringsten Kosten und fügt diese zu E_T hinzu. Ist $e = [u, v]$ mit $u \in S$ und $v \in V \setminus S$, so wird v dann ebenfalls zu S hinzugefügt.

Algorithmus 6.5 Algorithmus von Prim.

PRIM(G, c)

> **Input:** Ein zusammenhängender ungerichteter Graph $G = (V, E)$ mit Kantengewichten $c : E \to \mathbb{R}$
>
> **Output:** Die Kantenmenge E_T eines minimalen spannenden Baumes
>
> 1 Wähle $s \in V(G)$ beliebig, setze $E_T := \emptyset$ und $S := \{s\}$.
> 2 **while** $S \neq V$ **do**
> 3   Wähle eine Kante $[u, v] \in \delta(S)$ mit geringsten Kosten. Sei $u \in S$ und $v \in V \setminus S$
> 4   Setze $E_T \cup \{[u, v]\}$ und $S := S \cup \{v\}$.
> 5 **return** E_T

Die Korrektheit des Algorithmus von Prim folgt aus Korollar 6.7 per Induktion, da S stets eine Zusammenhangskomponente von (V, E_F) ist.

Satz 6.26:

Der Algorithmus von Prim liefert einen minimalen spannenden Baum. ∎

Entscheidend für eine effiziente Implementierung ist, wie wir in Schritt 3 schnell eine billigste Kante aus $\delta(S)$ finden können. Dazu verwalten und aktualisieren wir für jede Ecke $v \in V \setminus S$ zwei Attribute:

- $e[v] \in E$ ist eine billigste Kante von v zu einer Ecke in S ($e[v] = $ nil, falls es keine solche Kante gibt).

- $d[v] = c(e[v])$ sind die Kosten der Kante $e[v]$ ($d[v] = +\infty$ falls $e[v] = $ nil).

Um eine billigste Kante in $\delta(S)$ zu finden, genügt es dann, eine Ecke $u \in V \setminus S$ mit kleinstem »Schlüsselwert« $d[u]$ zu finden. Wenn wir u zu S hinzufügen, prüfen wir für alle Nachbarn $v \in N(u) \cap (V \setminus S)$, ob die Kante $[u, v]$ kleineres Gewicht hat als $e[v]$. In diesem Fall aktualisieren wir $e[v]$ und $d[v]$.

Die Ecken $v \in V \setminus S$ verwalten wir mit Hilfe einer *Prioritätsschlange*. Diese Datenstrukturen stellen folgende Operationen zur Verfügung:

MAKE() erstellt eine leere Prioritätsschlange.

INSERT(Q, x) fügt das Element x in die Schlange Q ein.

MINIMUM(Q) liefert (einen Zeiger auf) das Element in der Schlange, das minimalem Schlüsselwert besitzt.

EXTRACT-MIN(Q) löscht das Element mit minimalem Schlüsselwert aus der Schlange und liefert (einen Zeiger auf) das gelöschte Element.

DECREASE-KEY(Q, x, k) weist dem Element x in der Schlange den neuen Schlüsselwert k zu. Dabei wird vorausgesetzt, dass k nicht größer als der aktuelle Schlüsselwert von x ist.

Algorithmus 6.6 zeigt die Implementierung des Algorithmus von Prim mit Hilfe einer Prioritätsschlange. Wir verwalten dabei die Kantenmenge E_T »implizit« als $E_T = \{ e[v] : v \neq s \}$. In der Implementierung sind für $v \neq s$ die beiden Attribute $d[v]$ und $e[v]$ erst nach dem ersten EXTRACT-MIN (bei dem s entfernt und die Werte für alle $v \in N(s)$ aktualisiert werden) korrekt gesetzt. Damit vereinfacht sich die Initialisierung des Algorithmus etwas (ansonsten müssten wir in der Initialisierung alle Nachbarn von s in die Schlange einfügen). Bild 6.3 und 6.4 zeigen die Arbeitsweise des Algorithmus von Prim auf einem Beispielgraphen.

In der Implementierung (Algorithmus 6.6) wird jede Ecke $v \in V$ höchstens einmal in die Schlange eingefügt. Zudem erfolgen für jede Kante höchstens zwei EXTRACT-MIN-Operationen. Die Laufzeit beträgt daher

$$\mathcal{O}(n + T_{\text{make}}(n) + n T_{\text{insert}}(n) + n T_{\text{extract-min}}(n) + m T_{\text{decrease-key}}(n)), \quad (6.7)$$

wobei $T_{\text{op}}(n)$ für den Zeitaufwand der entsprechenden Operation op in der Prioritätsschlange mit höchstens n Elementen bezeichnet.

Eine Möglichkeit, die Prioritätsschlange zu verwalten, ist, einfach das unsortierte Array d zu benutzen. Der Eintrag $d[v]$ ist dann einfach an der Stelle v im Array gespeichert. INSERT(Q, v) und DECREASE-KEY(Q, v, k)

Algorithmus 6.6 Implementierung des Algorithmus von Prim

PRIM(G, c)

Input: Ein zusammenhängender ungerichteter Graph $G = (V, E)$ mit
Kantengewichten $c \colon E \to \mathbb{R}$

Output: Die Kantenmenge E_T eines minimalen spannenden Baumes

1 Wähle $s \in V(G)$ beliebig.
2 **for all** $v \in V$ **do**
3    $d[v] := +\infty$, $e[v] := \texttt{nil}$
4 $d[s] := 0$
5 $Q := \text{MAKE}()$ *{ Erzeuge eine leere Prioritätsschlange }*
6 INSERT(Q, s)   *{ Füge s mit Schlüsselwert $d[s] = 0$ in die Schlange ein. }*
7 **while** $|S| \neq n$ **do**
8    $u := \text{EXTRACT-MIN}(Q)$
9    $S := S \cup \{u\}$
10   **for all** $v \in \text{Adj}[u]$ **do**
11   **if** $d[v] = +\infty$ **then**   *{ v ist noch nicht in Q enthalten }*
12          $d[v] := c(u, v)$ und $e[v] := [u, v]$
13   INSERT(Q, v)   *{ Füge v neu in Q ein }*
14   **else if** $c(u, v) < d[v]$ **then**
                         { v ist bereits in Q, aber die Kante $[u, v]$ ist billiger als $e[v]$ }
15   DECREASE-KEY($Q, v, c(u, v)$)
16          $e[v] := [u, v]$
17 **return** $E_T := \{\, e[v] : v \in V \setminus \{s\} \,\}$

---

sind dann trivial zu implementieren: wir ändern einfach den entsprechenden Eintrag im Array. Dies ist in $\mathcal{O}(1)$ Zeit möglich. Bei EXTRACT-MIN müssen wir das ganze Array durchlaufen, um das Minimum zu bestimmen. Das kostet uns $\Theta(n)$ Zeit. Insgesamt ergibt sich eine Laufzeit von $\mathcal{O}(n^2 + m) = \mathcal{O}(n^2)$ (es gilt $m \in \mathcal{O}(n^2)$, da wir den Graphen als einfach vorausgesetzt haben).

Verbesserungen dieser Laufzeit lassen sich durch *Heaps* erreichen. Mit d-nären Heaps (siehe Anhang B.1.1) ergibt sich eine Laufzeit von $\mathcal{O}(m \log_d n)$, wobei $d = \max\{2, \lceil m/n \rceil\}$. Für dünne Graphen, d.h. $m = \mathcal{O}(n)$, ist die Laufzeit dann $\mathcal{O}(n \log n)$. Für dichtere Graphen mit $m \in \Omega(n^{1+\varepsilon})$ für ein $\varepsilon > 0$ erhalten wir

$$\mathcal{O}(m \log_d n) = \mathcal{O}(m \log n / \log d) = \mathcal{O}(m \log n / \log n^\varepsilon) = \mathcal{O}(m/\varepsilon) = \mathcal{O}(m),$$

wobei die letzte Gleichheit folgt, da $\varepsilon > 0$ konstant ist. Für diesen Fall erhalten wir also eine *lineare Laufzeit*. Dies ist sicherlich optimal, da jeder korrekte Algorithmus zumindest jede der m Kanten einmal betrachten muss. Eine weitere Beschleunigung ist durch *Fibonacci-Heaps* (siehe z.B. [45, Kapitel 21]) möglich:

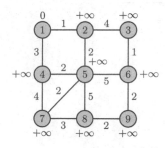 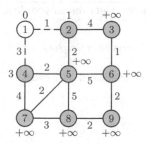 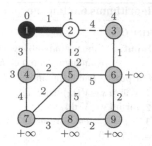

a: Zu Beginn sind alle Distanzmarken $+\infty$ bis auf die der Startecke 1.

b: Die Ecke 1 wird aus Q entfernt
und alle adjazenten Ecken betrachtet.

c: Die Ecke 2 wird aus Q entfernt.

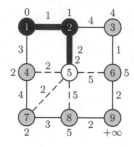 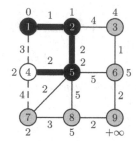 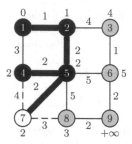

d: Die Ecke 5 wird aus Q entfernt.
Der Schlüsselwert der Ecke 4
wird von 3 auf 2 erniedrigt.

e: Die Ecke 4 wird aus Q entfernt.

f: Die Ecke 7 wird aus Q entfernt.

Bild 6.3: Berechnung eines MST mit dem Algorithmus von Prim. Die Zahlen an
den Ecken bezeichnen die Distanzmarken d. Die Menge S besteht aus
den schwarz gefärbten Ecken. Die gerade aus Q entfernte Ecke mit minimalem Schlüsselwert ist weiß hervorgehoben.

Satz 6.27:

*Beginnt man mit einem leeren Fibonacci-Heap Q und führt dann eine be-
liebige Folge von* INSERT, EXTRACT-MIN *und* DECREASE-KEY *Operationen aus, so ist die dafür benötigte gesamte Zeit höchstens die Summe der
amortisierten Kosten der einzelnen Operationen. Dabei sind die amortisier-
ten Kosten für jede* EXTRACT-MIN *Operation* $\mathcal{O}(\log|Q|)$ *und* $\mathcal{O}(1)$ *für alle
anderen Operationen.* ∎

Aus Satz 6.27 und (6.7) ergibt sich nun:

Satz 6.28:

*Der Algorithmus von Prim kann mit Hilfe von Fibonacci-Heaps so imple-
mentiert werden, dass er in Zeit* $\mathcal{O}(m+n\log n)$ *einen MST findet.* ∎

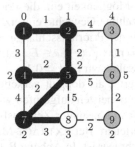 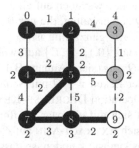 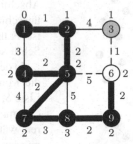

a: Die Ecke 8 wird aus Q entfernt.   b: Die Ecke 9 wird aus Q entfernt.   c: Die Ecke 6 wird aus Q entfernt.

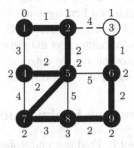

d: Nach dem Entfernen der Ecke 3 terminiert der Algorithmus.

Bild 6.4: Fortsetzung: Berechnung eines MST mit dem Algorithmus von Prim.
Die Zahlen an den Ecken bezeichnen die Distanzmarken d. Die Menge S
besteht aus den schwarz gefärbten Ecken. Die gerade aus Q entfernte
Ecke mit minimalem Schlüsselwert ist weiß hervorgehoben.

Tabelle 6.1: Zeitkomplexität der Prioritätsschlangen-Operationen bei verschiedenen Implementierungen sowie die resultierenden Laufzeiten des
Algorithmus von Prim. Die Zeiten für die einzelnen Operationen im
Fibonacci-Heap sind amortisierte Laufzeiten. Die Dial-Queue ist nur
für ganzzahlige Gewichte anwendbar und $C = \max \{ c(e) : e \in E \}$.

Operation	Array	d-närer Heap	Fibonacci-Heap	Dial-Queue
MAKE	$\mathcal{O}(n)$	$\mathcal{O}(1)$	$\mathcal{O}(1)$	$\mathcal{O}(C)$
INSERT	$\mathcal{O}(1)$	$\mathcal{O}(\log_d n)$	$\mathcal{O}(1)$	$\mathcal{O}(1)$
MINIMUM	$\mathcal{O}(n)$	$\mathcal{O}(1)$	$\mathcal{O}(1)$	$\mathcal{O}(1)$
EXTRACT-MIN	$\mathcal{O}(n)$	$\mathcal{O}(d \cdot \log_d n)$	$\mathcal{O}(\log n)$	$\mathcal{O}(C)$
DECREASE-KEY	$\mathcal{O}(1)$	$\mathcal{O}(\log_d n)$	$\mathcal{O}(1)$	$\mathcal{O}(1)$
Prim	$\mathcal{O}(n^2)$	$\mathcal{O}(m \log_d n))$ für $d = \max\{2, \lceil \frac{m}{n} \rceil\}$	$\mathcal{O}(m + n \log n)$	$\mathcal{O}(nC + m)$

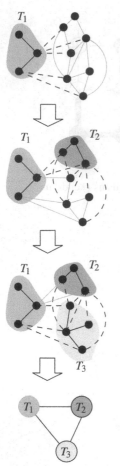

Arbeitsweise des Algorithmus von Fredman und Tarjan: Wir lassen einen Baum wie beim Algorithmus von Prim wachen, bis die Prioritätsschlange zu groß wird. Danach starten wir bei einer neuen Ecke. Wenn jede Ecke in einem Baum ist, werden die Bäume zu Superecken kontrahiert und dann rekursiv weitergearbeitet.

Abschließend gehen wir noch auf eine weitere Möglichkeit ein, die Prioritätsschlange Q zu verwalten, die nur für ganzzahlige Gewichte einsetzbar ist. Falls $c\colon E \to \mathbb{N}$ ganzzahlig ist, so treten in der Prioritätsschlange nur Schlüsselwerte aus $\{0,1,\ldots,C\}$ auf, wobei $C = \max\{c(e) : e \in E\}$ ist.

In der *Dial-Queue* (siehe Anhang B.1.2) verwalten wir für $k = 0,1,\ldots,C$ die Menge aller Ecken $v \in Q$ mit Schlüsselwert k als doppelt verkettete Liste S_k. Die Operation DECREASE-KEY, die am meisten aufgerufen wird ($2m$ mal) lässt sich mit ein paar Kniffen damit in konstanter Zeit ausführen, während sich EXTRACT-MIN auf $\mathcal{O}(C)$ verteuert. Bei EXTRACT-MIN müssen wir das kleinste k finden, so dass S_k nicht leer ist. In Anhang B.1.2 sind Details zur Dial-Queue zu finden. Die resultierende Laufzeit für den Algorithmus von Prim mit der Dial-Queue beträgt $\mathcal{O}(nC + m)$. Dies ist im Allgemeinen nicht polynomiell (wir benötigen nur $\Theta(\log C)$ Bits um jedes Kantengewicht zu codieren). Für kleine Werte von C, wie sie in einigen Anwendungen auftreten, ist das Verfahren aber extrem effizient in der Praxis.

Tabelle 6.1 fasst die Laufzeiten für die einzelnen Datenstrukturen und die resultierende Implementierung des Algorithmus von Prim zusammen.

6.6   Der Algorithmus von Fredman und Tarjan

Der Algorithmus von Michael L. Fredman und Robert E. Tarjan [70] baut auf dem Algorithmus von Prim auf. Er läuft in Zeit $\mathcal{O}(m\beta(m,n))$, wobei

$$\beta(m,n) := \min\left\{ i : \log^{(i)} n \le m/n \right\}. \tag{6.8}$$

Hierbei bezeichnet $\log^{(i)} n = \log(\log(\log(\ldots n)))$ die i-fache Iteration des Logarithmus. Die Funktion β wächst extrem langsam (ähnlich wie die inverse Ackermann-Funktion). Es gilt $\beta(m,n) \le \log^* n$, wobei

$$\log^* n := \min\left\{ i : \log^{(i)} n \le 1 \right\}. \tag{6.9}$$

Man beachte, dass $\log^* 16 = 3$, $\log^* 2^{16} = \log^* 65536 = 4$ und $\log^* 2^{65536} = 5$. Zur Erinnerung: Die geschätzte Zahl der Atome im Universum ist etwa 10^{80}.

Die Idee des Algorithmus von Fredman und Tarjan ist es, die Prioritätsschlange Q in ihrer Größe geschickt zu beschränken (denn EXTRACT-MIN benötigt $\mathcal{O}(\log|Q|)$ amortisierte Zeit). Die Grundidee des Algorithmus ist dabei die folgende:

1. Lasse einen einzelnen Baum T wie im Algorithmus von Prim wachsen, bis die Prioritätsschlange Q, welche die »Nachbarecken« zu T enthält, eine gewisse Größe überschreitet.

2. Starte dann von einer neuen Ecke und stoppe wieder, falls Q zu groß wird.

3. Die ersten Schritte werden ausgeführt, bis jede Ecke in einem Baum enthalten ist. Dann wird jeder Baum zu einer »Superecke« kontrahiert, und der Algorithmus fährt mit dem geschrumpften Graphen fort.

4. Nach einer genügenden Anzahl von Phasen bleibt nur noch eine Superecke übrig. Expandieren liefert dann den MST.

Die Implementierung führt das Kontrahieren implizit aus. Für jede Ecke $v \in V$ halten wir uns einen Eintrag tree$[v]$, der angibt, in welchem Baum sich v befindet. In jeder Phase beginnt man mit einem Wald von bisher gewachsenen alten Bäumen. Man verbindet dann die Bäume zu neuen Bäumen, die dann die alten Bäume für die nächste Phase werden.

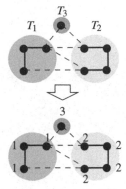

Start einer Phase

1. Wir nummerieren die alten Bäume und geben jeder Ecke die Nummer ihres Baumes, die wir in einem Array tree speichern. Damit kann man für jede Ecke v den Baum, dem sie zugehört, direkt aus tree$[v]$ ablesen. Der Aufwand für diesen Schritt ist $\mathcal{O}(n+m)$.

Nummerieren der Ecken

2. Aufräumen: Wir löschen aus dem Graphen alle Kanten, die zwei Ecken im gleichen Baum verbinden. Dabei behalten wir auch nur die jeweils billigsten Kanten zwischen verschiedenen Bäumen.

Das Aufräumen kann in $\mathcal{O}(n+m)$ Zeit erfolgen: Wir sortieren die Kanten lexikographisch[1] nach den Nummern ihrer Endecken mittels zweier Durchgänge von Counting-Sort (siehe z.B. [45, Kapitel 9] und Aufgabe 7.5). Danach genügt es, die sortierte Liste einmal von vorne nach hinten durchzulaufen. Kanten, welche zwischen den gleichen Bäumen T_i und T_j verlaufen, stehen nun in der Liste hintereinander.

3. Nach dem Aufräumen erstellen wir für jeden alten Baum T eine Liste mit den Kanten, die einen Endpunkt in T haben.

4. Jeder alte Baum T erhält den Schlüssel $d[T] := +\infty$. Seine Markierung wird gelöscht.

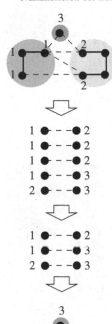

Wachsen eines neuen Baumes

1. Wir wählen irgendeinen unmarkierten alten Baum T_0 und fügen ihn in die Prioritätsschlange Q mit Schlüssel $d[T_0] = -\infty$ ein.

2. Danach wiederholen wir die folgenden Schritte, bis Q leer ist oder $|Q| > 2^{2m/t}$ gilt, wobei t die Anzahl der alten Bäume zu Beginn der Phase ist.

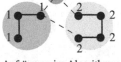

Aufräumen im Algorithmus
von Fredman und Tarjan

---

1 Die lexikographische Ordnung entspricht der »Ordnung im Wörterbuch«, also gilt beispielsweise [2,5] < [3,1] und [2,3] < [2,4].

    a. Lösche einen alten Baum T mit minimalem Schlüsselwert aus Q und setze $d[T] := -\infty$.

    b. Wenn $T \neq T_0$, dann füge $e[T]$ zum Wald hinzu ($e[T]$ verbindet den alten Baum T mit dem aktuellen Baum, der T_0 enthält).

    c. Wenn T markiert ist, dann stoppe und beende den Wachstumsschritt wie unten geschildert.

    d. Ansonsten markiere T. Für jede Kante $[u, v]$ mit $u \in T$, $v \notin T$ und $c(u, v) < d[\texttt{tree}[v]]$ setze $e[\texttt{tree}[v]] := [u, v]$. Wenn noch $d[\texttt{tree}[v]] = +\infty$ gilt, dann füge $\texttt{tree}[v]$ in Q mit Schlüsselwert $c(u, v)$ ein. Ansonsten erniedrige den Schlüsselwert von T in Q auf $c(u, v)$.

3. Zum Beenden des Wachstumsschrittes leere Q und setze $d[T] := +\infty$ für jeden alte Baum T mit endlichem Schlüsselwert (diese sind die Bäume, die während der Phase in Q eingefügt wurden).

Wir analysieren jetzt die Laufzeit des Algorithmus. Die Zeit für Aufräumen und Initialisieren ist $\mathcal{O}(m)$. Sei t die Anzahl der alten Bäume, dann ist die Zeit für den Wachstumsschritt $\mathcal{O}(t \log 2^{2m/t} + m) = \mathcal{O}(m)$, denn wir benötigen höchstens t EXTRACT-MIN-Operationen auf einem Fibonacci-Heap der Größe höchstens $2^{2m/t}$ und $\mathcal{O}(m)$ andere Heap-Operationen, von denen jede nur $\mathcal{O}(1)$ amortisierte Zeit benötigt. Insgesamt sehen wir, dass eine Phase $\mathcal{O}(m)$ Zeit benötigt.

Es bleibt die Frage, wie viele Phasen notwendig sind. Seien zu Beginn einer Phase t alte Bäume und $m' \leq m$ Kanten vorhanden (einige Kanten sind möglicherweise gelöscht worden). Nach der Phase besitzt jeder Baum T, der übrigbleibt, mehr als $2^{2m/t}$ Kanten, die *mindestens einen* Endpunkt in T haben (Wenn T_0 der erste Baum war, aus dem T entstanden ist, dann wuchs T_0, bis der Heap die Größe $2^{2m/t}$ überschritt. Zu diesem Zeitpunkt besaß der aktuelle Baum T' mehr als $2^{2m/t}$ inzidente Kanten. Nachher sind möglicherweise noch weitere Bäume mit T' verbunden worden, was zur Folge hatte, dass jetzt von diesen inzidenten Kanten einige *beide* Endpunkte im Endbaum T besitzen).

Da jede der m' Kanten nur zwei Endpunkte besitzt, erfüllt die Anzahl t' der Bäume nach Ende der Phase $t' \leq \frac{2m'}{2^{2m/t}}$. Die Schranke für die Heap-Größe in der nächsten Phase ist dann $2^{2m/t'} \geq 2^{2^{2m/t}}$. Da die Startschranke für die Heap-Größe $2m/n$ ist und eine Heap-Größe von n nur in der letzten Phase möglich ist, haben wir höchstens

$$\min \left\{ i : \log^{(i)} n \leq m/n \right\} + 1 = \beta(m, n) + \mathcal{O}(1)$$

Phasen. Wir hatten bereits oben festgestellt, dass pro Phase nur $\mathcal{O}(m)$ Zeit benötigt wird. Daher ist die Gesamtkomplexität des Algorithmus von der Größenordnung $\mathcal{O}(m\beta(m, n))$.

Satz 6.29:

Der Algorithmus von Fredman und Tarjan findet in Zeit $\mathcal{O}(m\beta(m,n))$ einen minimalen spannenden Baum. ■

6.7 Der Algorithmus von Borůvka

Wie im letzten Abschnitt betrachten wir ohne Einschränkung für den Algorithmus von Otakar Borůvka nur einfache zusammenhängende Graphen $G = (V, E)$. Zusätzlich setzen wir voraus, dass für jede Teilmenge $K \subseteq E$ die Kante $e \in K$ mit $c(e) = \min\{c(e') : e' \in K\}$ eindeutig bestimmt ist. Dies ist gewährleistet, falls die Gewichtsfunktion $c : E \to \mathbb{R}$ injektiv ist, also alle Gewichte paarweise unterschiedlich sind. Falls dies nicht der Fall ist, können wir die Kanten auf irgendeine Weise durchnummerieren $e_1, \ldots, e_m$ und bei mehreren Minima diejenige Kante mit dem kleinsten Index als Minimum definieren.

Algorithmus 6.7 Algorithmus von Borůvka zur Berechnung eines MST

BORUVKA(G, c)

Input: Ein ungerichteter zusammenhängender Graph $G = (V, E)$ mit Kantengewichten $c : E \to \mathbb{R}$

Output: Die Kantenmenge E_T eines minimalen spannenden Baumes

1    $E_T = \emptyset$
2   **while** (V, E_T) enthält mehr als eine Zusammenhangskomponente $V_1, \ldots, V_p$ $(p \geq 2)$ **do**
3   Für $i = 1, \ldots, p$ sei e_i eine Kante in $\delta(V_i)$ mit minimalem Gewicht $c(e_i)$.
4   Setze $E_T := E_T \cup \{e_1, \ldots, e_p\}$
5   **return** E_T

Der Algorithmus von Borůvka (siehe Algorithmus 6.7) arbeitet in Phasen. In jeder Phase werden die Zusammenhangskomponenten von (V, E_T) durch Hinzunahme von neuen (sicheren) Kanten mindestens halbiert. Anfangs ist $E_T = \emptyset$ und jede Zusammenhangskomponente besteht aus einer einzelnen Ecke. Seien $V_1, \ldots, V_p$ die (Ecken der) Zusammenhangskomponenten von (V, E_F) zu Beginn einer Phase. Wir bestimmen dann für jede Komponente V_i eine billigste Kante $e_i \in \delta(V_i)$ (hier benötigen wir die Eindeutigkeit des Minimums wie wir gleich sehen werden). Anschließend aktualisieren wir $E_T := E_T \cup \{e_1, \ldots, e_p\}$ und beenden die Phase. Bild 6.5 zeigt den Algorithmus von Borůvka an einem Beispielgraphen.

Eine Phase kann so implementiert werden, dass sie in $\mathcal{O}(n + m)$ Zeit läuft: Die leichtesten inzidenten Kanten $K := \{e_1, \ldots, e_p\}$ können wir mittels Durchlaufen der Adjazenzlisten jeder Ecke in $\mathcal{O}(n + m)$ Zeit bestimmen. Danach bestimmt man die Zusammenhangskomponenten $V_1, \ldots, V_p$ im Graphen (V, K) in linearer Zeit (etwa durch Algorithmus 3.3), ersetzt

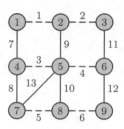 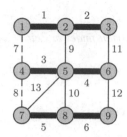 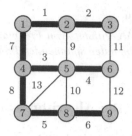

a: Phase 1.   b: Phase 2.   c: Nach Phase 2 endet der Algo-
                                                        rithmus, da nur noch eine Kom-
                                                        ponente vorhanden ist.

Bild 6.5: Berechnung eines MST mit dem Algorithmus von Borůvka. Die dick
gezeichneten Kanten gehören zur Menge E_F, die bei Ende des Algorithmus einen minimalen spannenden Baum bildet. Die gestrichelten Kanten
sind diejenigen Kanten, die in der aktuellen Phase als billigste aus den
Komponenten herausführende Kanten zu E_F hinzugenommen werden.

jede Komponente durch eine einzelne Ecke (»Kontraktion«) und eliminiert
zum Schluss noch Schleifen und parallele Kanten. Die nächste Phase wird
dann auf dem Graphen durchgeführt, der als Ecken $V_1, \ldots, V_p$ besitzt.

Satz 6.30:
*Der Algorithmus von Borůvka bestimmt einen MST. Er kann so implemen-
tiert werden, dass seine Laufzeit $\mathcal{O}(m \log n)$ ist.*

Beweis:
Wir betrachten zunächst die Laufzeit. Wie bereits argumentiert, benötigt
eine Phase $\mathcal{O}(n+m) = \mathcal{O}(m)$ Zeit ($m \geq n$, da G zusammenhängend ist). Wir
zeigen, dass sich in einer Phase die Anzahl der Ecken mindestens halbiert.
Daraus folgt dann, dass es nur $\mathcal{O}(\log n)$ Phasen gibt.

Sei n_i die Anzahl der Ecken zu Beginn der Phase i. Da jede Kante zu
genau zwei Ecken inzident ist, enthält die Menge $K := \{e_1, \ldots, e_p\}$ aus der
Borůvka-Phase mindestens $n_i/2$ Kanten. Folglich reduziert sich durch die
Phase die Anzahl der Ecken von n_i auf höchstens $n_i/2$. Die Anzahl m der
Kanten steigt nicht.

Wir zeigen nun die Korrektheit. Dazu genügt es zu zeigen, dass jede
Kante aus $K = \{e_1, \ldots, e_p\}$, die in einer Phase zu E_T hinzugefügt wird,
eine für E_T sichere Kante ist. Seien $V_1, \ldots, V_p$ die Zusammenhangskomponenten zu Beginn der Phase (also die Ecken des »geschrumpften« Graphen) und $c(e_1) < c(e_2) < \ldots < c(e_p)$ (hier benutzen wir die Eindeutigkeit des Minimums und die Konvention, dass Gleichstände geeignet aufge-
löst werden). Nach Konstruktion des Algorithmus ist e_i eine billigste Kante
aus $\delta(V_i)$. Also gilt $e_j \notin \delta(V_i)$ für $j < i$ und V_i ist ebenfalls eine Zusam-

menhangskomponente von $(V, E_T \cup \{e_1, \ldots, e_{i-1}\})$. Per Induktion nach i ist $E_T \cup \{e_1, \ldots, e_{i-1}\}$) fehlerfrei und e_i eine billigste Kante aus $\delta(V_i)$. Nach Korollar 6.7 ist e_i sicher für E_T. ∎

Aufgrund seiner Struktur ist der Algorithmus von Borůvka hervorragend für die Parallelisierung geeignet.

6.7.1 Kombination der Algorithmen von Borůvka und Prim

Abschließend zeigen wir, dass wir durch eine Kombination der Algorithmen von Borůvka und Prim einen Algorithmus mit besserer Komplexität (für »dünne Graphen«) als die beider Algorithmen erhalten können.

Wie wir bereits gesehen haben, kann der Algorithmus von Prim mit Hilfe von Fibonacci-Heaps so implementiert werden, dass er in $\mathcal{O}(m + n \log n)$ Zeit läuft (Satz 6.28). Die Idee für den verbesserten Algorithmus ist dabei, nicht so lange Borůvka-Phasen durchzuführen, bis nur eine Ecke vorhanden ist, sondern bereits vorher abzubrechen und für den Restgraphen den Algorithmus von Prim zu verwenden.

Wenn man $\mathcal{O}(\log \log n)$ Borůvka-Phasen hintereinander ausführt (was insgesamt $\mathcal{O}(m \log \log n)$ Zeit benötigt), so erhält man einen Graphen mit $\mathcal{O}(n/\log n)$ Ecken. Auf diesem Graphen benötigt der Algorithmus von Prim dann nur

$$\mathcal{O}(m + \frac{n}{\log n} \cdot \log \frac{n}{\log n}) = \mathcal{O}(m + \frac{n}{\log n}(\log n - \log \log n)) = \mathcal{O}(m+n)$$

Zeit. Damit läuft der kombinierte Algorithmus insgesamt in Zeit $\mathcal{O}(n + m \log \log m)$. Dies ist besser als die Zeit $\mathcal{O}(m + n \log n)$ für den Algorithmus von Prim, falls $m < n \log n / \log \log n$. Tabelle 6.2 fasst die Laufzeiten der in diesem Kapitel vorgestellten MST-Algorithmen zusammen.

6.8 Spannende Bäume mit Gradbeschränkung

In diesem Abschnitt beschäftigen wir uns damit, wie man in einem (ungewichteten) zusammenhängenden Graphen einen spannenden Baum T mit möglichst geringem Maximalgrad $\Delta(T)$ findet. Dazu betrachten wir zunächst das zugehörige Entscheidungsproblem:

GRADBAUM

Instanz: Ungerichteter Graph $G = (V, E)$, eine Zahl $k \in \mathbb{N}$

Frage: Besitzt G einen spannenden Baum T mit $g_T(v) \leq k$ für alle $v \in V(T)$?

Satz 6.31:

GRADBAUM ist NP-*vollständig*.

Tabelle 6.2: Laufzeit der verschiedenen MST-Algorithmen in diesem Kapitel. Da
die Algorithmen für beliebige Gewichtsfunktionen $c: E \to \mathbb{R}$ einen
MST finden, können wir mit ihnen auch spannende Bäume mit *maximalem Gewicht* bestimmen (vgl. auch Aufgaben 6.6)

Algorithmus	Laufzeit	Bemerkungen
Kruskal	$\mathcal{O}(m \log m)$	im »Normalfall«
	$\mathcal{O}(m\alpha(n))$	falls die Kanten bereits nach Gewicht sortiert sind oder sich in $\mathcal{O}(m)$ Zeit sortieren lassen (z.B. mit Counting-Sort oder Radix-Sort, siehe z.B. [45, Kapitel 9])
Prim	$\mathcal{O}(m \log_d n)$	mit d-nären Heaps, $d = \max\{2, \lceil m/n \rceil\}$ Lineare Zeit, falls $m \in \Omega(n^{1+\varepsilon})$
	$\mathcal{O}(n \log n + m)$	mit Fibonacci-Heaps. Lineare Zeit, falls G »dicht« ist, d.h. $m \in \Omega(n \log n)$
	$\mathcal{O}(m + nC)$	mit Dial-Queue für ganzzahlige Gewichte, wobei $C = \max\{c(e) : e \in E\}$
Fredman & Tarjan	$\mathcal{O}(m\beta(m,n))$	Extrem schnell für »dünne« Graphen
Borůvka	$\mathcal{O}(m \log n)$	leicht parallelisierbar
Borůvka+Prim	$\mathcal{O}(m \log \log n)$	$\mathcal{O}(\log \log n)$ Borůvka-Phasen, danach Algorithmus von Prim

Beweis:
Da ein ungerichteter Graph G genau dann einen Hamiltonschen Weg besitzt,
wenn in G ein spannender Baum mit maximalem Grad 2 existiert, folgt die
Behauptung aus der NP-Vollständigkeit des ungerichteten Hamiltonschen
Wegeproblems UNGERICHTETER HAMILTONSCHER WEG.   ∎

Im zu GRADBAUM gehörenden Optimierungsproblem MIN-GRADBAUM
geht es darum, einen spannenden Baum T zu bestimmen, der $\Delta(T)$ minimiert:

MIN-GRADBAUM

Instanz: Ungerichteter zusammenhängender Graph $G = (V, E)$
Gesucht: Ein spannender Baum T von G mit minimalem
Maximalgrad $\Delta(T)$

Im Folgenden betrachten wir einen Approximations-Algorithmus für MIN-GRADBAUM von Martin Fürer und Balaji Raghavachari [72]. Wir schreiben $\text{OPT}(G) := \Delta(T^*)$ für den Maximalgrad der Optimallösung T^*.

Lemma 6.32:
*Sei G ein ungerichteter zusammenhängender Graph, $W \subset V(G)$ eine echte
Teilmenge der Eckenmenge von G und $V_1, \ldots, V_p$ die Zusammenhangskomponenten des Graphen $G - W$. Dann gilt*

$$\text{OPT}(G) \geq \left\lceil \frac{|W| + p - 1}{|W|} \right\rceil .$$

Algorithmus 6.8 Approximationsalgorithmus für MIN-GRADBAUM auf Basis von Verbesserungsschritten

---

TREE-IMPROVE(G)

Input: Ein ungerichteter zusammenhängender Graph $G = (V, E)$

Output: Ein spannender Baum T mit $\Delta(T) \leq \Delta(T^*) + 1$

1 Sei T ein beliebiger spannender Baum von G

2 **loop**   { *Beginn einer Phase* }

3   Sei $k := \Delta(T)$ der Maximalgrad von T

4   Markiere alle Ecken $v \in T$ mit $g_T(v) \geq k - 1$ als »schlecht« und alle anderen Ecken als »gut«.

5   Sei S die Menge der als »schlecht« markierten Ecken und $F := T - S$

                                        { *Der Graph F ist ein Wald* }

6   **while** alle Ecken mit Grad k in T sind als »schlecht« markiert

          und

          es gibt eine Kante $[u, v]$ für die u und v in verschiedenen   **do**

          Komponenten von $F = T - S$ liegen

                                        { *Beginn einer Iteration* }

7   Sei C der eindeutige Kreis in $T + [u, v]$. Markiere alle als »schlecht« markierten Ecken auf C als »gut«.

8   Aktualisiere die Menge S der als »schlecht« markierten Ecken und $F = T - S$.

          { *Durch die Markierungsänderungen verschmelzen alle Komponenten, die eine Ecke mit C gemeinsam haben, zu einer Komponente* }

                                        { *Ende einer Iteration* }

9   **if** es gibt eine als »gut« markierte Ecke w mit $g_T(w) = k$ **then**

10   Finde eine Folge von Verbesserungsschritten, die sich bis w fortpflanzen und aktualisiere T entsprechend. { *siehe Lemma 6.36 und Korollar 6.37* }

11   **else**

12   **return** T { *Algorithmus terminiert* }

                                        { *Ende einer Phase* }

Beweis:

Wir partitionieren die Eckenmenge $V = V(G)$ in $|W| + p$ Mengen: dies sind zum einen die Komponenten $V_1, \ldots, V_p$, zum anderen für jede Ecke $w \in W$ eine einelementige Menge. Jeder spannende Baum T von G enthält mindestens $|W| + p - 1$ Kanten, die zwischen den Mengen verlaufen. Nach Konstruktion besitzt aber jede dieser Kanten eine Endecke in W. Der durchschnittliche Grad einer Ecke aus W in T beträgt daher mindestens $(|W| + p - 1)/|W|$. Die Ecke in W mit maximalem Grad in T hat dann ebenfalls mindestens diesen Grad. Da der Grad einer Ecke eine ganze Zahl ist, dürfen wir den Bruch aufrunden. ∎

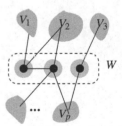

Untere Schranke für den Maximalgrad einer Optimallösung für MIN-GRADBAUM

Wir benutzen das Ergebnis des letzten Lemmas, um eine hinreichende Bedingung dafür zu beweisen, dass ein gegebener spannender Baum T einen Maximalgrad $\Delta(T) \leq \text{OPT}(G) + 1$ besitzt.

Lemma 6.33:

Sei T ein spannender Baum von G und $k = \Delta(T)$ der maximale Grad in T. Sei S_k die Menge derjenigen Ecken aus V, die in T Grad k besitzen, S_{k-1} die Menge der Ecken mit Grad $k-1$ in T und $U_{k-1} \subseteq S_{k-1}$ beliebig. Falls in G keine Kante existiert, die verschiedene Zusammenhangskomponenten von $T - (S_k \cup U_{k-1})$ verbindet, dann gilt $k \leq \mathrm{OPT}(G) + 1$.

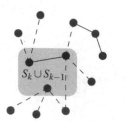

$W = S_k \cup U_{k-1}$ für $k = 4$ und $U_{k-1} = S_{k-1}$.
$\delta(W)$ ist gestrichelt hervorgehoben.

Beweis:

Da T ein Partialgraph von G ist, ist jede Zusammenhangskomponente von $T - (S_k \cup U_{k-1})$ Teilmenge einer Komponente von $G - (S_k \cup U_{k-1})$. Andererseits existieren in G nach Voraussetzung keine Kanten, die verschiedene Zusammenhangskomponenten von $T - (S_k \cup U_{k-1})$ verbinden. Somit sind die Komponenten von $T - (S_k \cup U_{k-1})$ und $G - (S_k \cup U_{k-1})$ identisch. Wir wenden nun Lemma 6.32 auf $W := S_k \cup U_{k-1}$ an.

Sei Z die Menge der Kanten aus T, die mindestens einen Endpunkt in W haben. Die Summe der Grade der Ecken aus W ist $k|S_k| + (k-1)|U_{k-1}|$. Da T kreisfrei ist, gibt es in T nach Satz 6.3 höchstens $|W| - 1 = |S_k| + |U_{k-1}| - 1$ Kanten, deren beide Endecken in W liegen. Somit gilt

$$|Z| \geq k|S_k| + (k-1)|U_{k-1}| - |S_k| - |U_{k-1}| + 1$$
$$= (k-1)|S_k| + (k-2)|U_{k-1}| + 1 =: q.$$

Wenn wir die Kanten aus Z sequentiell aus T entfernen, erhöht sich mit jeder Kante die Anzahl der Komponenten um eins, so dass wir am Ende mindestens $q + 1$ Komponenten erhalten. Davon enthalten mindestens $q + 1 - |W|$ Komponenten keine Ecke aus W. Da keine Kante aus Z in $T - W$ vorhanden ist, hat $T - W$ mindestens $q + 1 - |W|$ Komponenten. Wie wir gesehen haben, stimmen die Komponenten von $G - W$ mit denen von $T - W$ überein, so dass auch $G - W$ mindestens $q + 1 - |W|$ Komponenten besitzt.

Nach Lemma 6.32 folgt daher

$$\mathrm{OPT}(G) \geq \left\lceil \frac{(q + 1 - |W|) + |W| - 1}{|W|} \right\rceil$$
$$= \left\lceil \frac{(k-1)|S_k| + (k-2)|U_{k-1}| + 1}{|S_k| + |U_{k-1}|} \right\rceil$$
$$\geq \left\lceil (k-2) + \frac{|S_k| + 1}{|S_k| + |U_{k-1}|} \right\rceil \geq k - 1.$$

Dies war zu zeigen.   ∎

Wir kommen nun zum Approximations-Algorithmus (Algorithmus 6.8). Der Algorithmus startet mit einem beliebigen spannenden Baum T und versucht dann, durch Modifikationen an T die Voraussetzungen von Lemma 6.33 herzustellen.

Ein Hauptbaustein ist dabei ein sogenannter Verbesserungsschritt:

Definition 6.34: **Verbesserungsschritt**

Sei T ein spannender Baum von G mit Maximalgrad $\Delta(T) = k$ und $e = [u, v] \notin T$, wobei $g_T(u) \le k - 2$ und $g_T(v) \le k - 2$. Hinzunahme von e zu T erzeugt einen elementaren Kreis C (vgl. Satz 6.3). Falls auf C eine Ecke w mit Grad $g_T(w) = k$ liegt, so besteht ein *Verbesserungsschritt* daraus, dass wir eine der in T zu w inzidenten Kanten f durch e ersetzen.

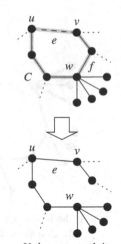

Durch einen Verbesserungsschritt reduziert sich der Grad von w auf $k - 1$ und wir sagen, dass w von dem Verbesserungsschritt *profitiert*. Die Grade von u und v steigen auf $k - 1$. Die Tatsache, dass sich die Anzahl der Ecken in T, die maximalen Grad in T besitzen um eins reduziert, rechtfertigt den Begriff des Verbesserungsschritts.

Sei $e = [u, v] \notin T$ und w eine Ecke mit Grad $g_T(w) = k$ auf dem elementaren Kreis C in $T + e$. Falls u oder v mindestens Grad $k - 1$ besitzen, so können wir keinen Verbesserungsschritt ausführen. In dieser Situation ist die Kante $[u, v]$ für w »blockiert«.

Verbesserungsschritt:
Voraussetzung: $g_T(u) \le k - 2$,
$g_T(v) \le k - 2, g_T(w) = k$

Definition 6.35: **Blockierung**

Sei T ein spannender Baum von G mit Maximalgrad $\Delta(T) = k$ und $e = [u, v] \notin T$. Sei w eine Ecke auf dem elementaren Kreis C in $T + [u, v]$. Falls $g_T(u) \ge k - 1$, sagen wir, dass u die Kante $e = [u, v]$ für w blockiert.

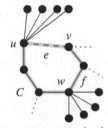

Die Ecke u blockiert $e = [u, v]$
für w, da $g_T(u) \ge k - 1$

Der Algorithmus startet mit einem beliebigen spannenden Baum T und arbeitet dann in Phasen, von denen jede in Iterationen eingeteilt ist. Zu Beginn jeder Phase werden alle Ecken vom Grad $k := \Delta(T)$ und $k - 1$ als »schlecht«, alle anderen Ecken als »gut« markiert. Wir bezeichnet mit S die Menge der »schlechten« Ecken.

In jeder Iteration i, $i = 1, 2, \ldots$, einer Phase werden einige »schlechte« Ecken wieder als »gut« markiert. Wir zeigen weiter unten (Korollar 6.37), dass sobald einmal eine Ecke vom Grad k als »gut« markiert wird, ein Verbesserungsschritt möglich ist, d.h. der Grad einer Ecke w mit $g_T(w) = k$ auf $k - 1$ reduziert werden kann, ohne neue Ecken mit Grad k zu erzeugen.

Die Iterationen einer Phase werden so lange ausgeführt, bis entweder eine Ecke vom Grad k als »gut« markiert wird (dann ist, wie erwähnt, ein Verbesserungsschritt möglich), oder keine Kante $[u, v]$ existiert, welche verschiedene Komponenten in $F = T - S$ miteinander verbindet. In diesem Fall enthält S alle Ecken S_k mit Grad k in T und eine Teilmenge U_{k-1} der Ecken S_{k-1} vom Grad $k - 1$ (bei keiner der zu Beginn der Phase als »schlecht« markierten Ecken aus S_k wurde die Markierung geändert, Ecken vom Grad kleiner als $k - 1$ werden nie als schlecht markiert). Wir können also Lemma 6.33 auf $W := S = S_k \cup U_{k-1}$ anwenden und schließen, dass $\Delta(T) = k \le \mathrm{OPT}(G) + 1$ ist.

Wir betrachten nun das Ummarkieren von »schlecht« auf »gut« genauer. Sei $S \subseteq S_k \cup S_{k-1}$ die Menge der »schlechten« Ecken und $e = [u, v]$ eine

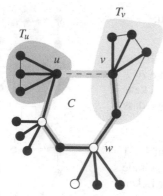 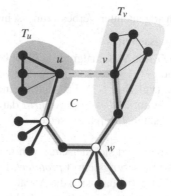 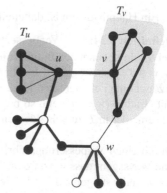

a: Die Kante $[u, v]$ ist für w sowohl durch u als auch durch v blockiert.

b: Durch Verbesserungsschritte, die nur in T_u und T_v arbeiten, wird der Blockierungsstatus von u und v aufgehoben.

c: Abschließend kann der Verbesserungsschritt, von dem w profitiert, durchgeführt werden.

Bild 6.6: Fortpflanzung einer Folge von Verbesserungsschritten im Algorithmus 6.8: Die als »schlecht« markierten Ecken sind weiß gezeichnet. Die dick hervorgehobenen Kanten sind die Kanten im aktuellen Baum.

Kante, welche verschiedene Komponenten in $F = T - S$ verbindet. Sei T_u die Komponente von u und T_v die Komponente von v mit $T_u \neq T_v$. Dann gibt es auf dem elementaren Kreis in $T + e$ mindestens eine »schlechte« Ecke w (sonst wären u und v in F durch einen Weg verbunden und $T_u = T_v$).

Falls die »schlechte« Ecke w Grad k hat und weder u noch v die Kante $e = [u, v]$ für w blockiert, so ist ein Verbesserungsschritt möglich, der den Grad von w auf $k - 1$ reduziert. Angenommen, u blockiert die Kante e für w. Dann hat u den Grad $k - 1$. Sei $G_u = G[V(T_u)]$ der Teilgraph von G, welcher durch die Ecken der Komponente von T_u induziert wird (dieser kann auch Kanten enthalten, die nicht in F liegen). Wenn es möglich ist, durch Verbesserungsschritte, die nur in G_u arbeiten, den Grad von u zu reduzieren, so blockiert u dann nicht mehr die Kante e. Wir sagen, dass der *Blockierungsstatus von u aufgehoben* wird. Nach eventuellem Aufheben des Blockierungsstatus von v können wir dann den Verbesserungsschritt durchführen, vom dem w profitiert. Die Folge von Verbesserungsschritten *pflanzt sich bis w fort* (siehe Bild 6.6).

Wir zeigen nun, dass die oben beschriebene Aufhebung des Blockierungsstatus tatsächlich möglich ist. Im Algorithmus werden in der Iteration nur solche »schlechte« Ecken als »gut« markiert, für die ein möglicher Blockierungsstatus wieder aufgehoben werden kann. Sei F_i der Wald F zu Ende der Iteration i, d.h. F_i ist der Teilgraph von T, der durch diejenigen Ecken induziert wird, die am Ende der Iteration i als »gut« markiert sind. Dann gilt $F_i \sqsubseteq F_{i+1}$ für alle i, so dass jede Komponente von F_{i+1} in einer

Komponente von F_i enthalten ist.

Lemma 6.36:

Sei w eine Ecke, die in Iteration i als »gut« markiert wird. Dann kann man einen Blockierungsstatus von w dadurch aufheben, dass man Verbesserungsschritte ausführt, die nur in der Komponente von F_i arbeiten, welche w enthält.

Beweis:

Wir zeigen die Behauptung durch Induktion nach i. Falls w in Iteration 0 als »gut« markiert wurde, so besitzt w nach Konstruktion des Algorithmus höchstens Grad $k-2$ und kann daher niemals eine Kante blockieren.

Falls $i \geq 1$, so liegt w auf dem elementaren Kreis C in $T + [u,v]$, der in Schritt 7 des Algorithmus konstruiert wird. Seien T_u und T_v die Komponenten von F_i, welche u und v enthalten (vgl. Bild 6.6). Zu diesem Zeitpunkt sind u und v als »gut« markiert. Sei $j \leq i - 1$ die Iteration, in der u als »gut« markiert wurde. Nach Induktionsvoraussetzung können wir einen Blockierungsstatus von u durch Verbesserungsschritte aufheben, die nur in der Komponente von F_j arbeiten, welche u enthält. Wegen $F_j \sqsubseteq F_{i-1}$ führen diese Verbesserungsschritte auch nicht aus T_u heraus. Analog können wir einen Blockierungsstatus von v durch Verbesserungsschritte in T_v aufheben. Da T_u und T_v disjunkt sind, interferieren die Entsperrungen von u und v nicht miteinander, so dass beide unabhängig voneinander ausführbar sind.

Nach dem Aufheben der Blockierungsstati von u und v ist nun der Verbesserungsschritt über die Kante $[u,v]$ und den Kreis C möglich, welcher den Grad von w um eins reduziert.   ∎

Korollar 6.37:

Wenn im Algorithmus 6.8 eine Ecke w vom Grad k als »gut« markiert wird, so ist ein Verbesserungsschritt möglich, von dem w profitiert. Insbesondere ist Schritt 10 des Algorithmus ausführbar. Er kann so implementiert werden, dass er nur lineare Zeit benötigt.

Beweis:

Wegen Lemma 6.36 ist nur die lineare Laufzeit zu zeigen. Für jede »schlechte« Ecke, die in einer Iteration als »gut« markiert wird, merken wir uns dabei den zugehörigen Kantentausch, der den Blockierungsstatus aufhebt. Sei w auf dem Kreis C in $T + [u,v]$. Das Entsperren von w benötigt dann konstante Zeit plus die Zeit für das Entsperren von u und v (falls nötig). Sei $A(m)$ der Zeitaufwand für das Entsperren einer Ecke in einem (Teil-) Graphen mit m Kanten. Da die Komponenten von u und v disjunkt sind, besitzen sie zusammen höchstens $m - 1$ Kanten, so dass wir für $A(m)$ die Rekursion

$$A(m) \leq \max_{1 \leq k \leq m-1} (A(m-k) + A(k)) + \mathcal{O}(1)$$

erhalten, welche die Lösung $A(m) \in \mathcal{O}(m)$ besitzt (vgl. [45]).   ∎

Wir zeigen nun das Hauptergebnis über Algorithmus 6.8.

Satz 6.38:

Bei Abbruch von Algorithmus 6.8 gilt $\Delta(T) \leq \mathrm{OPT}(G) + 1$. Der Algorithmus kann so implementiert werden, dass er in Zeit $\mathcal{O}(nm \log n\alpha(n))$ läuft, wobei α die inverse Ackermannfunktion ist.

Beweis:

Falls der Algorithmus abbricht, so ist nach Konstruktion (siehe Schritt 9) keine Ecke von Grad k als »gut« markiert. Die Menge der »schlechten« Ecken lässt sich also als $S = S_k \cup U_{k-1}$ schreiben, wobei S_k die Ecken mit Grad k bezeichnet und U_{k-1} eine Teilmenge der Ecken vom Grad $k-1$ ist. Da es keine Kante $[u, v]$ gibt, welche Komponenten von $T - S$ verbindet (siehe Bedingung in Schritt 6) zeigt Lemma 6.33, dass $k = \Delta(T) \leq \mathrm{OPT}(G) + 1$.

Wir zeigen nun die polynomielle Laufzeit. Dazu beweisen wir zunächst, dass wir den Algorithmus so implementieren können, dass jede Phase nur $\mathcal{O}((n + m)\alpha(n))$ Zeit benötigt. Hier ist α wieder die inverse Ackerman-Funktion.

Dazu verwalten wir die Komponenten von $T - S$ mit Hilfe einer Datenstruktur für disjunkte Mengen (vgl. Implementierung des Kruskal-Algorithmus und Anhang B.2). Durch zwei FIND-SET-Operationen pro Kante $e = [u, v]$ können wir feststellen, ob e zwei verschiedene Komponenten verbindet. In Schritt 8 sind dann zwei Komponenten mit Hilfe von UNION zu verschmelzen. Da in einer Phase jede Kante höchstens einmal getestet werden muss und höchstens n Verschmelzungen stattfinden, ist der Gesamtaufwand für die Datenstruktur-Operationen pro Phase nur $\mathcal{O}((n + m)\alpha(n))$.

Falls wir in Schritt 10 eine als »gut« markierte Ecke vom Grad k finden, so ist nach Korollar der Verbesserungsschritt in linearer Zeit ausführbar. Daher ergibt sich die fast lineare Laufzeit von $\mathcal{O}((n + m)\alpha(n))$ pro Phase.

Wir sind fertig, wenn wir die Anzahl der Phasen durch $\mathcal{O}(n \log n)$ beschränken können. Der Maximalgrad $k = \Delta(T)$ des Baums, den der Algorithmus modifiziert, steigt nie. Entweder fällt k von einer Phase zur nächsten (dies kann wegen $k \leq n - 1$ höchstens $n - 1$ Mal passieren), oder die Anzahl der Ecken in S_k, d.h. der Ecken mit Grad $k = \Delta(T)$, reduziert sich um eins (bis auf die letzte Phase). Da

$$k|S_k| = \sum_{v \in S_k} g_T(v) \leq \sum_{v \in T} g_T(v) = 2(n - 2),$$

folgt, dass $|S_k| \leq 2n/k$ gilt. Daher muss nach $2n/k$ Phasen der Maximalgrad sinken und es gibt somit maximal $(n - 2) + 2n \sum_{k=1}^{n-1} \frac{1}{k} \in \mathcal{O}(n \log n)$ Phasen.   ∎

6.9   Die MST-Heuristik für das Traveling Salesman Problem

Das Problem des Handlungsreisenden (*Traveling Salesman Problem*, kurz TSP) besteht darin, eine kürzeste Rundreise durch vorgegebene Städte zu finden, wobei jede Stadt genau einmal besucht werden soll. Wir betrachten hier das metrische *Traveling-Salesman-Problem* TSP, das wir wie folgt modellieren können: Gegeben ist ein einfacher vollständiger Graph $G = (V, E) = K_n$ mit einer metrischen Kantenbewertung $c \colon E \to \mathbb{R}_+$, d.h. mit einer Bewertung, welche die Dreiecksungleichung

$$c(u, w) \leq c(u, v) + c(v, w) \text{ für alle } u, v, w \in V$$

erfüllt. Gesucht ist ein Hamiltonscher Kreis in G mit kürzester Länge bzgl. der Gewichtsfunktion c (vgl. auch Abschnitt 3.6). Da G vollständig ist, ist die Existenz eines solchen Kreises trivialerweise gegeben. Jeder Hamiltonsche Kreis im vollständigen Graphen $G = K_n$ entspricht einer Permutation der Eckenmenge und umgekehrt. Wir sprechen daher im Folgenden auch von einer *Tour* oder *Reihenfolge* anstelle von einem Hamiltonschen Kreis.

Kürzeste Tour durch 120 Städte in der (alten) Bundesrepublik [80]

Metrisches TSP (Traveling Salesman Problem)	
Instanz:	Vollständiger ungerichteter einfacher Graph $G = (V, E)$ mit Gewichten $c \colon E \to \mathbb{R}_+$, welche die Dreiecksungleichung erfüllen.
Gesucht:	Ein Hamiltonscher Kreis C in G mit minimalem Gewicht $c(C)$.

Aus Satz 3.35 folgt leicht, dass auch das metrische TSP NP-schwer ist. Wir interessieren uns daher für effiziente Approximations-Algorithmen mit akzeptabler Gütegarantie. Dazu leiten wir zunächst eine einfache untere Schranke für die Länge OPT einer optimalen Tour C^* her. Wenn wir aus C^* eine beliebige Kante e entfernen, so ist $C^* - e$ ein Hamiltonscher Weg in G, dessen Kantenmenge offenbar ein (degenerierter) spannender Baum in G ist. Bezeichnet MST(G) das Gewicht eines minimalen spannenden Baums in G bzgl. der Kantengewichtung c, so folgt OPT $- c(e) \geq$ MST(G) für jede Kante $e \in C^*$. Die schwerste Kante $e \in C^*$ hat Gewicht mindestens OPT$/n$ (da C^* genau n Kanten enthält), womit sich MST$(G) \leq (1 - 1/n)$OPT ergibt.

Sei T ein minimaler spannender Baum in G mit $c(T) =$ MST(G) (vgl. Bild 6.7(a)). Wir betrachten nun den Graphen H, der aus T durch Verdoppeln jeder Kante aus T entsteht (Bild 6.7(b)). Dann ist H zusammenhängend (da T zusammenhängend ist) und jede Ecke in H hat geraden Grad. Nach Satz 3.32 besitzt H einen Eulerschen Kreis K, den wir mit den Methoden aus Abschnitt 3.5 in linearer Zeit bestimmen können. Aus die-

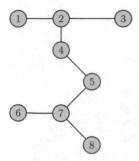 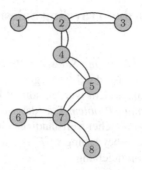 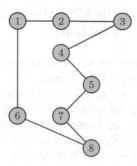

a: Minimaler spannender Baum T b: Verdoppeln der Kanten aus T c: Abkürzen der Eulerschen Tour
                                      ergibt einen Eulerschen Gra-   liefert eine TSP-Tour
                                      phen H

Bild 6.7: Arbeitsweise der MST-Heuristik für das metrische TSP

sem Kreis K konstruieren wir eine TSP-Tour mit Länge höchstens $c(K) = 2c(T) \leq (2-2/n)\mathrm{OPT}$ wie folgt: Wir wählen eine beliebige Ecke v als Startecke und durchlaufen K. Treffen wir dabei auf eine bereits berührte Ecke, so können wir eine Abkürzung (*shortcut*) zur nächsten, noch nicht berührten Ecke wählen. Aufgrund der Dreiecksungleichung ist die Länge des resultierenden Kreises in G nicht länger als K. Damit haben wir folgenden Satz bewiesen:

Satz 6.39:
Die MST-Heuristik ist ein $(2-2/n)$-Approximations-Algorithmus für das metrische TSP in einem vollständigen Graphen mit n Ecken. Die Laufzeit beträgt $\mathcal{O}(n^2)$, falls wir für die MST-Berechnung den Algorithmus von Prim mit Fibonacci-Heaps verwenden.   ∎

In Abschnitt 10.7 werden wir mit der Christofides-Heuristik ein Verfahren mit verbesserter Approximationsgüte vorstellen und analysieren.

Bemerkung 6.40:
1. Verzichtet man auf *symmetrische* Kantenbewertungen und die Dreiecksungleichung, so kann man leicht zeigen, dass unter der Voraussetzung $P \neq NP$ kein Approximations-Algorithmus für das TSP mit konstanter (asymptotischer) Güte existiert (vgl. [13]): Wir zeigen, dass ein solcher Algorithmus benutzt werden könnte, um das Problem HAMILTONSCHER KREIS zu lösen. Sei ALG ein Approximationsalgorithmus mit Approximationsgüte α. Für einen gegebenen gerichteten Graphen $G = (V, R)$ mit o.B.d.A. $V = \{1, \dots, n\}$ setzen wir

$$c_{ij} := \begin{cases} 1, & \text{falls } (i,j) \in R \\ \alpha n + 1, & \text{falls } (i,j) \notin R. \end{cases}$$

Man erkennt leicht, dass G genau dann einen Hamiltonschen Kreis enthält, wenn die optimale TSP-Tour Länge n besitzt. Falls G keinen Hamiltonschen Kreis enthält, so ist $\alpha n + 1$ eine untere Schranke für die Länge jeder Tour. Ein α-Approximationsalgorithmus liefert genau dann eine Tour der Länge höchstens αn, wenn G einen Hamiltonschen Kreis besitzt.

2. Ein TSP-Problem heißt *euklidisch*, falls die Ecken des vollständigen Graphen $G = (V, E)$ Punkte $p_1, \ldots, p_n$ der euklidischen Ebene repräsentieren und für jede Kante $[p_i, p_j] \in E$ ihr Gewicht $c(p_i, p_j) = \|p_i - p_j\|_2$ der euklidischen Distanz zwischen p_i und p_j entspricht. Dieses spezielle metrische TSP erlaubt sogar ein polynomielles Approximationsschema [11, 128]).

euklidisches TSP

6.10 Wurzelbäume in gerichteten Graphen

Will man in einem stark zusammenhängenden gerichteten Graphen $G = (V, R, \alpha, \omega)$ Informationen verbreiten (*Broadcasting*), so stellt sich die Frage nach einem geeigneten Standort $v \in V$ für die Informationsquelle (»Wurzel«) und die Auswahl von Verbindungen (Pfeile), so dass alle Ecken von v aus informiert werden können, also erreichbar sind.

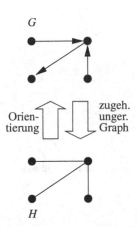

Sind dabei Standortkosten $k \colon V \to \mathbb{R}_+$ und Verbindungskosten $c \colon R \to \mathbb{R}_+$ bekannt – z.B. Mietkosten bei Anmietung von Leitungen, Distributionskanälen etc. – so interessiert uns eine Lösung, bei der die Summe aus Kosten für den gewählten Standort und die ausgewählten Verbindungen minimal ist. Wir nennen einen gerichteten Graphen G einen Baum, wenn der zugeordnete ungerichtete Graph (siehe Definition 2.11) ein Baum ist. Insbesondere ist G dann schwach zusammenhängend und $|R(G)| = |V(G)| - 1$.

Definition 6.41:   Wurzel, Wurzelbaum

Sei $G = (V, R, \alpha, \omega)$ ein gerichteter Graph. Die Ecke $s \in V$ heißt *Wurzel* von G, wenn $E_G(s) = V$, d.h. wenn alle Ecken $v \in V$ von s aus erreichbar sind. Ein *Wurzelbaum mit Wurzel s* (kürzer auch s-*Wurzelbaum*) ist ein Baum G, der eine Wurzel $s \in V$ besitzt. Die Ecken $v \in V$ mit $g^+(v) = 0$ nennt man die *Blätter* des Wurzelbaumes.

Ist $v \in V$, so heißt jedes $u \in V$ auf dem eindeutigen Weg von der Wurzel s zu v ein *Vorfahre* von v. Wenn u Vorfahre von v ist, so ist v ein *Nachfahre* von u.

Wurzel

Wir charakterisieren zunächst Wurzelbäume.

s-*Wurzelbaum*

Satz 6.42:

Sei $G = (V, R, \alpha, \omega)$ ein gerichteter Graph und $s \in V$ eine ausgezeichnete Ecke. Dann sind folgenden Aussagen äquivalent:

(i) G ist ein s-Wurzelbaum.

(ii) G ist ein Baum und $g^-(s) = 0$ sowie $g^-(v) = 1$ für alle $v \in V \setminus \{s\}$

(iii) $g^-(s) = 0$ und $g^-(v) \leq 1$ für alle $v \in V \setminus \{s\}$, sowie $E_G(s) = V$.

Beweis:

»(i)$\Rightarrow$(ii)«: Da $E_G(s) = V$, folgt $g^-(v) \geq 1$ für alle $v \in V \setminus \{s\}$. Daher gilt

$$|V| - 1 = |R| = g^-(s) + \sum_{v \in V \setminus \{s\}} g^-(v) \geq g^-(s) + |V| - 1 \geq |V| - 1.$$

Damit folgt $g^-(s) = 0$ und $g^-(v) = 1$ für alle $v \neq s$.

»(ii)$\Rightarrow$(iii)«: Sei $v \in V$ beliebig. Da G schwach zusammenhängend ist, gibt es im zugehörigen ungerichteten Graphen $H = (V, E = R, \gamma)$ einen Weg $P = (s = v_0, r_1, v_1, \ldots, r_k, v_k = v)$ von s nach v. Wegen $g^-(s) = 0$, folgt $\alpha(r_1) = s$ und $\omega(r_1) = v_1$. Wegen $g^-(v_1) = 1$ folgt $\alpha(r_2) = v_1$ und $\omega(r_2) = v_2$. Induktiv folgt somit, dass P auch ein Weg in G von s nach v ist.

»(iii)$\Rightarrow$(i)«: Es ist $|R| = \sum_{v \in V} g^-(v) \leq |V| - 1$. Da $E_G(s) = V$, ist aber G schwach zusammenhängend und daher nach Beobachtung 3.21 auch $|R| \geq |V| - 1$. Der G zugeordnete ungerichtete Graph ist zusammenhängend, besitzt $|V| - 1$ Kanten und ist somit nach Satz 6.3 ein Baum. Also ist G wegen $E_G(s) = V$ letztlich ein s-Wurzelbaum. ∎

Definition 6.43:   **Spannender Wurzelbaum**

spannender s-Wurzelbaum

Sei $G = (V, R, \alpha, \omega)$ ein gerichteter Graph. Ist $T = (V, R', \alpha, \omega)$ ein Partialgraph von G, der ein s-Wurzelbaum ist, so heisst T auch *spannender s-Wurzelbaum*.

Aus der eingangs erwähnten *Broadcasting*-Anwendung motiviert sich das Problem, in einem gegebenem gerichteten Graphen $G = (V, R, \alpha, \omega)$ mit Pfeilbewertung $c \colon R \to \mathbb{R}$ und ausgezeichneter Ecke $s \in V$ einen spannenden s-Wurzelbaum minimalen Gewichts zu finden. Dieses Problem wird sich durch den Algorithmus von Jack Edmonds (Algorithmus 6.9) in Polynomialzeit lösen lassen. Als Vorbereitung gehen wir die Frage an, wann ein Graph überhaupt einen s-Wurzelbaum zulässt.

Lemma 6.44:

Sei $G = (V, R, \alpha, \omega)$ und $s \in V$. G besitzt einen spannenden s-Wurzelbaum genau dann, wenn $E_G(s) = V$.

Beweis:

»$\Rightarrow$«: Trivial, da für einen Wurzelbaum T in G nach Definition $E_T(s) = V$.

»$\Leftarrow$«: Sei T ein s-Wurzelbaum in G mit maximaler Eckenanzahl $V(T)$. So ein Baum existiert, da $(\{s\}, \emptyset, \alpha, \omega)$ ein s-Wurzelbaum mit einer Ecke ist. Wir sind fertig, wenn wir $V(T) = V$ zeigen können.

Wäre $U := V(T) \neq V$, so ist $(U, V \setminus U)$ ein Schnitt in G. Da $E_G(s) = V$ muss ein Pfeil $r \in \delta^+(U)$ existieren, da sonst keine Ecke in $V \setminus U$ von einer Ecke in U erreichbar wäre (insbesondere also auch nicht von s). Dann können wir T aber durch Hinzunahme von r und $\omega(r)$ noch vergrößern, was der Maximalität von T widerspricht.   ∎

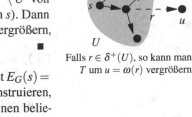

Falls $r \in \delta^+(U)$, so kann man T um $u = \omega(r)$ vergrößern

Der Beweis der Rückrichtung im letzten Lemma ist konstruktiv: Ist $E_G(s) = V$, so können wir einen spannenden s-Wurzelbaum dadurch konstruieren, dass wir mit $U = \{s\}$, $R_U = \emptyset$ starten und, solange $U \neq V$ gilt, einen beliebigen Pfeil $r \in \delta^+(U)$ wählen (so ein Pfeil existiert nach dem Beweis) und U um $\omega(r)$, sowie R_U um r vergrößern. Dieses Verfahren ist nichts anderes als eine nahezu triviale Modifikation unseres Erreichbarkeits-Algorithmus (Algorithmus 3.2) mit linearer Laufzeit. Die einzige Veränderung besteht in der Verwaltung von R_U. Dazu genügt es beim Markieren einer Ecke (mittels $\mathtt{marke}[v] := p$ in Schritt 7) noch den entsprechenden Pfeil r mit $\alpha(r) = u$ und $\omega(r) = v$ mit zu R_U hinzuzunehmen. Damit erhalten wir das folgende Ergebnis:

Satz 6.45:

Sei G ein gerichteter Graph und $s \in V$. Dann können wir in linearer Zeit einen spannenden s-Wurzelbaum in G finden bzw. feststellen, dass kein solcher Baum existiert.   ∎

Wir verwenden den Algorithmus mit linearer Zeit aus dem letzten Satz als Baustein für das Verfahren zur Bestimmung eines s-Wurzelbaums mit minimalem Gewicht.

MINIMALER WURZELBAUM

Instanz: Gerichteter Graph $G = (V, R)$ mit Gewichten $c \colon R \to \mathbb{R}$
und eine Ecke $s \in V$, so dass $E_G(s) = V$

Gesucht: Ein spannender s-Wurzelbaum T mit minimalem
Gewicht $c(T)$

Der Algorithmus von Edmonds [57] »normiert« zunächst die Gewichtsfunktion c, indem er für $v \in V \setminus \{s\}$ den Wert $z(v) := \min \{ c(r) : r \in \delta^-(v) \}$ bestimmt (wir definieren $z(s) := 0$ falls $\delta^-(s) = \emptyset$) und dann für $r \in R$

$$c'(r) = c(r) - z(\omega(r))$$

setzt. Die Gewichtsfunktion $c' \colon R \to \mathbb{R}$ ist dann nichtnegativ und für jedes $v \in V \setminus \{s\}$ existiert mindestens ein Pfeil $r \in \delta^-(v)$ mit $c'(r) = 0$. Sei T ein spannender s-Wurzelbaum. Nach Satz 6.42 gilt $|R(T) \cap \delta^-(v)| = 1$, falls $v \neq s$ und $|R(T) \cap \delta^-(s)| = 0$.

$$c'(T) = \sum_{v \in V} \sum_{r \in R(T) \cap \delta^-(v)} c'(r)$$

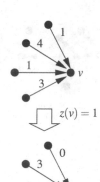

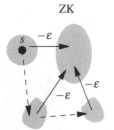

$$= \sum_{v \in V} \sum_{r \in R(T) \cap \delta^-(v)} (c(r) - z(v))$$

$$= c(T) - \sum_{v \in V \setminus \{s\}} z(v).$$

Da $\sum_{v \in V} z(v)$ nicht von T abhängt, ist T genau dann minimal bezüglich c, wenn T bezüglich c' minimal ist.

Beobachtung 6.46:

Ein spannender s-Wurzelbaum ist genau dann minimal bezüglich der Gewichtsfunktion c, wenn er bezüglich der normierten Gewichtsfunktion c' minimal ist.

Übergang von c zu c' in
Algorithmus 6.9

Sei $R_0 = \{\, r \in R : c'(r) = 0 \,\}$ die Menge der Pfeile mit Gewicht 0 bezüglich c'. Falls der Partialgraph $G_0 := (V, R_0, \alpha, \omega)$ einen spannenden s-Wurzelbaum T enthält (dies können wir nach Satz 6.45 in linearer Zeit testen), so ist $c'(T) = 0$ und wegen der Nichtnegativität von c' ist T daher optimal bezüglich c'. Aufgrund von Beobachtung 6.46 ist dann T auch bezüglich c optimal.

Was ist aber, wenn R_0 keinen spannenden s-Wurzelbaum enthält? Nach Lemma 6.44 ist dann $E_{G_0}(s) \neq V$ und insbesondere G_0 nicht stark zusammenhängend. Folglich existiert eine Zusammenhangskomponente ZK von G_0 mit $s \notin$ ZK und $c'(r) > 0$ für alle $r \in \delta^-($ZK$)$.

Wir setzen $\varepsilon := \min \{\, c'(r) : r \in \delta^-(ZK) \,\} > 0$ und definieren eine neue Gewichtsfunktion c'' durch

$$c''(r) := \begin{cases} c'(r) - \varepsilon, & \text{falls } r \in \delta^-(\text{ZK}) \\ c'(r), & \text{sonst} \end{cases}$$

Übergang von c' zu c'' durch
Gewichtsreduktion aller
Pfeile in $\delta^-($ZK$)$. Die
gestrichelten Pfeile haben
c'-Gewicht 0

Man beachte, dass c'' nichtnegativ ist. Anschließend bestimmen wir rekursiv einen gewichtsminimalen spannenden s-Wurzelbaum T'' in G bezüglich der c''-Gewichte. Dieser Baum ist für die Gesamtlösung sehr nützlich, wie das folgende Lemma zeigt.

Lemma 6.47:

Aus dem gewichtsminimalen spannenden s-Wurzelbaum T'' bezüglich c'' lässt sich in linearer Zeit ein gewichtsminimaler spannender s-Wurzelbaum bezüglich c berechnen.

Beweis:

Wir nehmen zunächst an, dass $|T'' \cap \delta^-(\text{ZK})| = 1$ gilt und behaupten, dass in diesem Fall T'' bereits ein gewichtsminimaler spannender s-Wurzelbaum bezüglich c ist. Für jeden spannenden s-Wurzelbaum T in G gilt nämlich

$$c'(T) = c''(T) + \varepsilon |T \cap \delta^-(\text{ZK})| \geq c''(T'') + \varepsilon = c'(T'').$$

Somit ist T'' bezüglich c' und nach Beobachtung 6.46 auch bezüglich c optimal.

Es verbleibt der Fall, dass $|T'' \cap \delta^-(\mathrm{ZK})| \geq 2$ gilt. In diesem Fall modifizieren wir in linearer Zeit den Baum T'' zu einem neuen spannenden s-Wurzelbaum T mit $|T \cap \delta^-(\mathrm{ZK})| = 1$ und $c''(T'') \geq c''(T)$.

Wir wählen $r \in T'' \cap \delta^-(\mathrm{ZK})$, so dass auf dem Weg von s nach $s' := \omega(r)$ in T'' keine weitere Ecke aus ZK liegt. Sei $Z := T'' \cap \delta^-(\mathrm{ZK})$. Nach Konstruktion ist dann s' weiterhin von s aus in $T'' \setminus (Z \setminus \{r\})$ erreichbar. Nach Lemma 6.44 existiert für $s' = \omega(r)$ ein s'-Wurzelbaum W in $G[\mathrm{ZK}]$. Alle Pfeile aus W haben c''-Gewicht 0 nach Konstruktion. Wir entfernen aus T'' alle Pfeile der Menge $Z \setminus \{r\}$ und alle Pfeile aus $T'' \cap R(\mathrm{ZK})$ und fügen dafür die Pfeile aus W hinzu. Sei das Ergebnis T. Da s' in $T'' \setminus (Z \setminus \{r\})$ von s aus erreichbar ist, ist s' auch in T von s aus erreichbar. Die Hinzunahme der Pfeile aus dem s'-Wurzelbaum W sichert damit, dass auch alle Ecken aus ZK in T von s erreichbar sind. Es folgt daher $E_T(s) = V$ und T ist ein s-Wurzelbaum. Das c''-Gewicht von T ist höchstens so groß wie das von T'', da alle neuen Pfeile c''-Gewicht 0 haben. Damit besitzt T die gewünschten Eigenschaften. $\blacksquare$

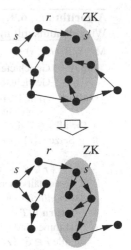

Ein Wurzelbaum T'' mit $|T'' \cap \delta^-(\mathrm{ZK})| \geq 2$ kann zu einem Wurzelbaum T mit $|T \cap \delta^-(\mathrm{ZK})| = 1$ und $c''(T) \leq c''(T'')$ modifiziert werden.

Algorithmus 6.9 zeigt das Verfahren, das aus der obigen Diskussion hervorgeht, in Bild 6.8 ist der Algorithmus an einem Beispiel illustriert. Die Korrektheit haben wir bereits bewiesen (Beobachtung 6.46 und Lemma 6.47). Man sieht leicht, dass die Laufzeit polynomiell ist: In jeder Rekursionsstufe nimmt die Anzahl der Pfeile mit Gewicht 0 zu, so dass die Rekursionstiefe $\mathscr{O}(m)$ beträgt. Die Berechnung der Zusammenhangskomponenten kann etwa mit dem Tripelalgorithmus aus Kapitel 5 in $\mathscr{O}(n^3)$ Zeit oder mittels DFS aus Abschnitt 7.1 in $\mathscr{O}(n+m)$ Zeit erfolgen.

Wir analysieren die Laufzeit nun noch etwas sorgfältiger, wobei wir ein Ergebnis aus Kapitel 7 über die Berechnung der starken Zusammenhangskomponenten in linearer Zeit benutzen.

Satz 6.48:

Algorithmus 6.9 berechnet einen spannenden s-Wurzelbaum mit minimalem Gewicht. Er kann so implementiert werden, dass die Laufzeit $\mathscr{O}(nm)$ beträgt.

Beweis:

Wir zeigen zunächst, dass die Rekursionstiefe des Algorithmus $\mathscr{O}(n)$ beträgt.

Sei p die Anzahl der starken Zusammenhangskomponenten von G_0 und p_0 die Anzahl derjenigen Komponenten ZK mit $|\delta^-_{G_0}(\mathrm{ZK})| = 0$. In jeder Rekursionsstufe vergrößert sich die Pfeilmenge R_0 echt. Falls die Komponente ZK, die in Schritt 6 gefunden wird, durch Übergang von der Gewichtsfunktion c' auf c'' nicht echt gewachsen ist, so gilt dann aber $|\delta^-_{G_0}(\mathrm{ZK})| > 0$.

Algorithmus 6.9 Algorithmus zur Bestimmung eines spannenden s-Wurzelbaums mit minimalem Gewicht.

$\textsc{MinWB}(G, c, s)$

Input: Gerichteter Graph $G = (V, R, \alpha, \omega)$ ohne Schlingen, mit einer
             Gewichtsfunktion $c: R \to \mathbb{R}$, eine Wurzel $s \in V$

Output: Die Pfeilmenge eines spannenden s-Wurzelbaums mit minimalem
             Gewicht

1 **for all** $v \in V$ **do**
2   Setze $c'(r) := c(r) - \min_{r' \in \delta^-(v)} c(r')$ für alle $r \in \delta^-(v)$
             { *Die Gewichtsfunktion c' erfüllt $c'(r) \geq 0$ für alle $r \in R$* }
3 $R_0 := \{\, r \in R : c'(r) = 0 \,\}$ und $G_0 := (V, R_0, \alpha, \omega)$
4 **if** G_0 enthält einen spannenden s-Wurzelbaum T **then**   { *Dieser Test ist mittels
   des modifizierten Erreichbarkeitsalgorithmus (Algorithmus 3.2) ausführbar* }
5   **return** $R(T)$ { *Algorithmus terminiert* }
6 Bestimme eine starke Zusammenhangskomponente ZK von G_0 mit $c'(r) > 0$
   für alle $r \in \delta^-(\text{ZK})$.
7 Setze $\varepsilon := \min\{\, c'(r) : r \in \delta^-(\text{ZK}) \,\}$
8 Definiere eine neue Gewichtsfunktion c'' durch

$$c''(r) := \begin{cases} c'(r) - \varepsilon, & \text{falls } r \in \delta^-(\text{ZK}) \\ c'(r), & \text{sonst} \end{cases}$$

9 $T'' = \textsc{MinWB}(G, c'', s)$
             { *Rekursiver Aufruf des Algorithmus für die neue Gewichtsfunktion c''* }
10 Falls nötig, modifiziere T'' so, dass $|T'' \cap \delta^-(\text{ZK})| = 1$ und dabei das Gewicht
    nicht steigt.   { *siehe Lemma 6.47* }
11 **return** $R(T'')$

Also reduziert sich $p + p_0$ in jeder Rekursionstufe. Da anfangs $p + p_0 \leq 2n$, ist die Rekursionstiefe maximal $2n \in \mathcal{O}(n)$.

Zu Beginn jeder Rekursionsstufe testen wir auf die Existenz eines spannenden s-Wurzelbaums in G_0. Nach Satz 6.45 ist dies in linearer Zeit möglich. Mit Hilfe des Algorithmus 7.4 bestimmen wir in linearer Zeit die starken Zusammenhangskomponenten von G_0 (vgl. Satz 7.9) und damit auch eine Komponente ZK mit $\delta_{G_0}^-(\text{ZK}) = 0$ (vgl. Algorithmus 2.2). Damit fällt pro Rekursionsstufe nur $\mathcal{O}(n + m)$ Zeitaufwand an.   ∎

Bei unserem *Broadcasting*-Problem kann also für jede Ecke $v \in V$ ein (verbindungs-) kostenminimaler v-Wurzelbaum T_v bestimmt werden; seine Gesamtkosten betragen $k(v) + c(T_v)$, wobei $k: V \to \mathbb{R}_+$ die Standortkosten für die Quelle v sind. Als geeigneter Standort kann dann eine Ecke v^* gewählt werden, bei der $k(v^*) + c(T_{v^*})$ minimal ist.

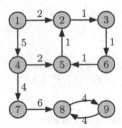

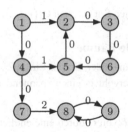

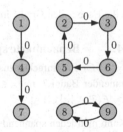

a: Der Ausgangsgraph mit den Pfeilgewichten c

b: Übergang zu den Pfeilgewichten c'

c: Der resultierende Graph G_0 enthält keinen spannenden s-Wurzelbaum. In die starke Zusammenhangskomponente ZK = {2,3,5,6} führt kein Pfeil

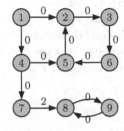

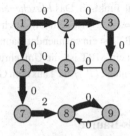

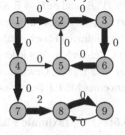

d: Für alle Pfeile in δ^- (ZK) wird das Gewicht um $\varepsilon = 1$ reduziert. Alle anderen Pfeile behalten ihr Gewicht. Die resultierende Gewichtsfunktion ist c''

e: Im Graphen G mit den neuen Gewichten c'' wird rekursiv ein gewichtsminimaler spannender s-Wurzelbaum T'' bestimmt

f: Abschließend wird der Baum T'' noch so modifiziert, dass dann $|T \cap \delta^-(\text{ZK})| = 1$ gilt

Bild 6.8: Berechnung eines gewichtsminimalen spannenden s-Wurzelbaums (s entspricht hier Ecke 1) durch den Algorithmus von Edmonds (Algorithmus 6.9).

6.11 Übungsaufgaben

Aufgabe 6.1:   Schnitte von Teilbäumen

Sei T ein endlicher Baum und T_i ($i = 1, \ldots, k$) Teilgraphen von T die selbst wieder Bäume sind und $V' := \bigcap_{i=1}^{k} V(T_i) \neq \emptyset$. Zeigen Sie, dass $T[V']$ wieder ein Baum ist.

Aufgabe 6.2:   Grade in Bäumen

Beweisen Sie, dass jeder Baum T mit $|V(T)| \geq 2$ mindestens zwei Ecken mit Grad 1 besitzt.

Aufgabe 6.3:   Abpflückordnungen

Beweisen Sie, dass ein Graph $G = (V, E)$ mit $|V| \geq 2$ genau dann ein Baum ist, wenn es eine sogenannte »Abpflückordnung« $v_1, \ldots, v_n$ seiner Ecken gibt, d.h. eine Ordnung $v_1, \ldots, v_n$ der Ecken, so dass die Ecke v_i den Grad 1 im induzierten Subgraphen $G[\{v_1, \ldots, v_i\}]$ besitzt ($i = 2, \ldots, n$).

Aufgabe 6.4:   Benachbarte spannende Bäume

Sei $G = (V, E)$ ein einfacher zusammenhängender Graph. Ein *Swap* ist ein Paar (e, f), bei dem ein spannender Baum T mit $e \in E(T)$ übergeht in einen spannenden Baum $T = T - e + f'$ mit $E(T') := E(T) \setminus \{e\} \cup \{f\}$.

  a) Kann man jeden spannenden Baum T von G durch eine endliche Folge von *Swaps* in einen beliebigen anderen spannenden Baum T' von G überführen?

  b) Wieviele *Swaps* sind ggf. dabei maximal notwendig (»Diameter des *Swap*-Graphen«)?

Aufgabe 6.5:   Minimale Flaschenhals-Bäume

Sei $G = (V, E)$ und $c \colon E \to \mathbb{R}$ eine Gewichtsfunktion. Das *Flaschenhals-Gewicht* (engl. *bottleneck weight*) $c_{\max}(G')$ eines Partialgraphen $G' = (V, E')$ ist definiert durch $c_{\max}(G') := \max\{ c(e) : e \in E' \}$. Ein minimaler Flaschenhalsbaum (MBT) ist ein spannender Baum von minimalem Flaschenhals-Gewicht. Zeigen Sie, dass jeder MST auch ein MBT ist, die Umkehrung aber nicht gilt. Wie kann man für nichtnegative Gewichte den Quotienten $c(T')/c(T)$ aus dem Gesamtgewicht eines MBT T' und dem eines MST T beschränken?

Aufgabe 6.6:   Maximale Flaschenhals-Bäume

Analog zu minimalen Flaschenhalsbäumen (MBT) kann man maximale Flaschenhalsbäume (MaxBT) definieren; bei ihnen ist der Wert der Bottleneck-Pfeile maximal. Zeigen Sie: jeder maximale spannende Baum ist auch ein MaxBT.

Eine interessante Anwendung ergibt sich in der *Robotik*. Will man für einen Roboter die Pfadplanung in einem mit Hindernissen gespickten Szenario unterstützen und fragt, ob dieser in der Lage ist, von einem Standort s zu einem Zielort t kollisionsfrei zu gelangen, so kann man für das Szenario (z.B. mit polygonalen Hindernissen und einfachheitshalber von einem Kreis mit Radius r umhüllten Roboter) mittels Voronoi-Diagramm den Abstand der Voronoi-Kanten als »lokal sicherste« Bahnen ermitteln und für den mit diesem Abstand (*clearance*) gewichteten Voronoi-Graphen einen MaxBT bestimmen. Der s und t im MaxBT verbindende Weg definiert durch seine »kleinste« Kante den größten Radius, der eine kollisionsfreie Bahn des Roboters von s nach t in dem Szenario erlaubt, vgl. [151]) .

Sind s und t nicht Voronoi-Ecken oder Punkte von Voronoi-Kanten, so muss zusätzlich ein Bahnstück von s zum Voronoi-Diagramm (bzw. von dort nach t) geeignet bestimmt werden (»Retraktion«).

Aufgabe 6.7:   Minimale spannende Bäume

Für einen spannenden Baum T eines Graphen $G = (V, E)$ mit Kantengewichtsfunktion $c \colon E \to \mathbb{R}$ sei $L(T)$ die sortierte Liste der Kantengewichte, d.h. $L(T) = (e_1, \ldots, e_{n-1})$ mit $c(e_1) \leq \cdots \leq c(e_{n-1})$ und $E(T) = \{e_1, \ldots, e_{n-1}\}$.

Zeigen Sie: Sind T_1 und T_2 MSTs desselben Graphen, so gilt $L(T_1) = L(T_2)$. Folgern Sie: Ist die Kantengewichtsfunktion injektiv, so ist der MST eindeutig bestimmt.

Aufgabe 6.8: Bäume und unizyklische Graphen

Im Folgenden sei $G = (V, E, \gamma)$ ein ungerichteter Graph. Eine Kante $e \in E$ heißt *Brücke*, wenn $k(G - e) > k(G)$ gilt (vgl. Aufgabe 3.7). Wir nennen einen zusammenhängenden Graphen G *unizyklisch*, wenn G genau einen (bis auf zyklische Vertauschungen) elementaren Kreis enthält. Beweisen Sie, dass für endliche Graphen die folgenden Aussagen äquivalent sind:

(i) G ist unizyklisch.

(ii) Für eine geeignete Kante $e \in E$ ist $G - e$ ein Baum.

(iii) G ist zusammenhängend mit $|V| = |E|$.

(iv) G ist zusammenhängend und die Menge aller Kanten von G, die keine Brücken sind, bildet einen elementaren Kreis.

Aufgabe 6.9: Charakterisierung von minimalen spannenden Bäumen

Sei $G = (V, E)$ ein ungerichteter zusammenhängender Graph, $c : E \to \mathbb{R}_+$ eine injektive Kantengewichtung und F ein spannender Wald von G. Für zwei Ecken $u, v \in V$ in der gleichen Zusammenhangskomponente von F existiert ein eindeutiger Weg $P_F(u, v)$ zwischen u und v. Wir setzen

$$c_F(u, v) := \begin{cases} \max\{c(e) : e \in P_F(u, v)\}, & \text{falls } u \text{ und } v \text{ in der gleichen Komp. von } F \text{ sind} \\ +\infty, & \text{sonst.} \end{cases}$$

Wir bezeichnen eine Kante $[u, v] \in E$ als *F-schwer*, wenn $c(u, v) > c_F(u, v)$. Ansonsten heißt die Kante $[u, v]$ *F-leicht*.

Ist eine Kante $e \in E$ F-schwer ist, so kann sie nicht in einem MST liegen. Außerdem ist für einen Wald F jede Kante $e \in F$ offenbar F-leicht. Zeigen Sie, dass ein spannender Baum T genau dann ein MST ist, wenn die einzigen T-leichten Kanten die Kanten aus T selbst sind.

Aufgabe 6.10: Spannende Wurzelbäume vs. spannende Bäume

Es sei $G = (V, R)$ ein einfacher gerichteter kreisfreier Graph. Es seien $T_1 = (V, R_1)$ und $T_2 = (V, R_2)$ zwei spannende Wurzelbäume mit Wurzeln $s_1, s_2 \in V$.

a) Zeigen Sie: Die Wurzel eines spannenden Wurzelbaumes ist durch G eindeutig bestimmt, d. h. es gilt $s_1 = s_2$.

b) Ist der spannende Wurzelbaum selbst eindeutig, d. h. gilt auch $R_1 = R_2$?

c) Es sei $c : R \to \mathbb{R}_+$ eine Pfeilbewertung. Es sei W ein minimaler spannender Wurzelbaum in G und T ein minimaler spannender Baum in G. Offenbar gilt $c(W) \geq c(T)$. Geben Sie eine möglichst kleine obere Schranke für das Verhältnis $c(W)/c(M)$ des Gewichts eines minimalen spannenden Wurzelbaums zum Gewicht eines minimalen spannenden Baumes an.

Aufgabe 6.11: Prüfer-Code, Satz von Cayley

Es sei $T = (V, E)$ ein ungerichteter Baum mit der Eckenmenge $V = \{v_1, \dots, v_n\}$. Betrachte folgenden Algorithmus:

PRÜFER-CODE

1 **while** $|V(T)| \geq 2$ **do**

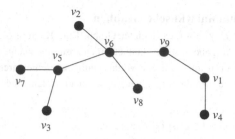

Bild 6.9: Baum für die Prüfercode-Berechnung

2   Bestimme das Blatt $v \in T$ mit dem kleinsten Index, notiere den Index i des eindeutigen Nachbarn v_i von v in T.

3   Setze $T := T - v$.

Man beachte, dass nach Aufgabe 6.2 tatsächlich immer ein »abpflückbares« Blatt existiert. Auf diese Weise wird jedem Baum T mit n Ecken eine Folge $P(T) = (a_1, \ldots a_{n-1})$ von $n - 1$ Zahlen mit $1 \leq a_i \leq n$ zugewiesen. Diese Folge heißt *Prüfer-Code* des Baumes.

a) Ermitteln Sie den Prüfer-Code des Baums in Bild 6.9.

b) Bestimmen Sie den letzten Eintrag a_{n-1} im Prüfer-Code $P(T)$ eines beliebigen Baumes T.

c) Es soll nun aus dem Prüfer-Code ein Baum zurückgewonnen werden. Sei $(b_1, \ldots, b_{n-1})$ die Folge der Indizes der entfernten Blätter. Zeigen Sie:

$$b_i = \min \{ 1 \leq k \leq n : k \neq b_1, \ldots, b_{i-1}, a_i, \ldots, a_{n-1} \} \text{ für } i = 1, \ldots, n - 1. \qquad (6.10)$$

In Worten: Der Index des im i-ten Schritt entfernten Blattes ist minimal unter der Nebenbedingung, dass er nicht gleich dem Index eines bereits entfernten Blattes und nicht gleich dem Index einer in der Zukunft niedergeschriebenen Nachbarecke ist. Folgern Sie, dass die Abbildung $T \mapsto P(T)$ injektiv ist.

d) Sei $P = (a_1, \ldots, a_{n-1})$ mit $1 \leq a_i \leq n$ und $a_{n-1} = n$ eine Sequenz von natürlichen Zahlen. Zeigen Sie, dass $T = (V, E)$ mit $V = \{v_1, \ldots, v_n\}$ und $E = \{[a_i, b_i] : i = 1, \ldots, n-1\}$ ein Baum mit $P(T) = P$ ist (die Werte b_i seien durch (6.10) gegeben). Folgern Sie daraus die *Formel von Cayley*: Es gibt n^{n-2} verschiedene spannende Bäume mit n (unterscheidbaren) Ecken in K_n.

Hinweis: Aufgabe 6.3 ist hilfreich.

Aufgabe 6.12:   Vererbung der Matroideigenschaft, gewichtsmaximale unabhängige Mengen

Sei $M = (E, \mathscr{F})$ ein Matroid und $E_0 \subseteq E$.

a) Beweisen Sie, dass auch $M_0 := (E_0, \mathscr{F}_0)$ mit $\mathscr{F}_0 := \{ I \cap E_0 : I \in \mathscr{F} \}$ ein Matroid ist.

b) Ist $c : E \to \mathbb{R}$ gegeben, so interessiert man sich auch für nicht notwendigerweise maximales $I^* \in \mathscr{F}$ mit *maximalem* Gewicht. Benutzen Sie die Eigenschaft aus a) und den Greedy-Algorithmus zur Bestimmung von I^*.

7 Suchstrategien

7.1 Tiefensuche (DFS)

In diesem Abschnitt beschäftigen wir uns mit der sogenannten Tiefensuche DFS (*depth first search*), einem effizienten Verfahren, um strukturelle Informationen über einen Graphen, etwa über seine Zusammenhangskomponenten, zu gewinnen.

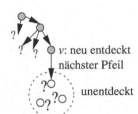

v: neu entdeckt
nächster Pfeil

unentdeckt

Strategie von DFS: »zunächst in die Tiefe«

Der Graph wird durch DFS nach der Strategie »zunächst in die Tiefe gehen« durchsucht. Die Pfeile des Graphen werden ausgehend von der zuletzt gefundenen Ecke *v*, von der noch unerforschte Pfeile starten, aus erforscht. Wenn alle von *v* ausgehenden Pfeile erforscht sind, dann erfolgt ein »Backtracking« zu der Ecke, von der aus *v* entdeckt wurde.

In der folgenden Darstellung des Algorithmus benutzen wir drei Farbmarkierungen (weiß, grau, schwarz) für die Ecken. Diese Markierungen vereinfachen die Darstellung der Korrektheitsbeweise und helfen, das Verfahren zu illustrieren. Am Anfang ist jede Ecke *weiß*, d.h. noch nicht entdeckt. Sobald eine neue Ecke entdeckt wird, wird sie *grau* gefärbt. Wenn eine Ecke komplett abgearbeitet ist, d.h. wenn alle von ihr ausgehenden Pfeile erforscht worden sind, wird sie *schwarz* gefärbt.

○ unentdeckt
◉ entdeckt
● abgearbeitet
Farbmarkierungen im DFS-Algorithmus

DFS versieht die Ecken auch mit Zeitmarken. Jede Ecke $v \in V$ hat zwei Zeitmarken $d[v] < f[v]$:

1. $d[v]$: Zeitpunkt, zu dem *v* entdeckt wurde (»*discovery time*«)

   discovery time

2. $f[v]$: Zeitpunkt, zu dem die Adjazenzliste von *v* komplett erforscht wurde, d.h. zu dem alle von *v* ausgehenden Pfeile erforscht wurden (»*finishing time*«)

   discovery time

Mit $I(v) := [d(v), f(v)]$ bezeichnen wir das durch die Zeitmarken aufgespannte Zeitintervall.

$I(v) := [d(v), f(v)]$

Wenn eine Ecke *v* neu entdeckt wird, während wir die Adjazenzliste von *u* durchlaufen, so merken wir uns *u* als den »Vorgänger« $\pi[v]$ von *v*. Algorithmus 7.1 zeigt die DFS-Hauptprozedur, welche die Prozedur DFS-VISIT aus Algorithmus 7.2 benutzt. Bilder 7.1 und 7.2 zeigen die Anwendung von DFS auf einen Beispielgraphen.

Die Laufzeit des Algorithmus 7.1 ohne die Zeit für die Aufrufe von DFS-VISIT ist offenbar in $\mathcal{O}(n)$. Die Prozedur DFS-VISIT wird insgesamt für jede Ecke $v \in V$ genau einmal aufgerufen, da sie nur für weiße Ecken aufgerufen wird und als erstes die übergebene Ecke grau färbt. Während eines Aufrufs von DFS-VISIT wird die **for**-Schleife in den Zeilen 4 bis 8 $|\text{ADJ}[u]| = g^+(u)$ mal durchlaufen. Jeder Schleifendurchlauf benötigt konstante Zeit.

Algorithmus 7.1 Depth First Search Hauptprozedur.

$\text{DFS}(G)$

Input: Ein Graph $G = (V, R, \alpha, \omega)$ in Adjazenzlistendarstellung

1 **for all** $v \in V$ **do**
2     $\text{farbe}[v] := \text{weiß}$ { *Alle Ecken sind unentdeckt* }
3     $\pi[v] := \text{nil}$ { *Noch keine Ecke hat einen Vorgänger im* DFS-*Wald* }
4     $R_\pi := \emptyset$
5     $\text{zeit} := 0$
6 **for all** $v \in V$ **do**
7   **if** $\text{farbe}[v] = \text{weiß}$ **then**   { *Falls es noch eine unentdeckte Ecke v gibt . . .* }
8         $\text{DFS-VISIT}(v)$ { *. . . erforsche v* }

Algorithmus 7.2 Depth First Search.

$\text{DFS-VISIT}(u)$

1 $\text{farbe}[u] := \text{grau}$ { *Die weiße Ecke u wurde gerade entdeckt* }
2 $d[u] := \text{zeit}$
3 $\text{zeit} := \text{zeit} + 1$
4 **for all** $v \in \text{ADJ}[u]$ **do**   { *Erforsche den Pfeil von u nach v* }
5   **if** $\text{farbe}[v] = \text{weiß}$ **then**
6         $\pi[v] := u$ { *u ist der Vorgänger von v im* DFS-*Wald* }
7         $R_\pi := R_\pi \cup \{r_{uv}\}$, wobei r_{uv} der Pfeil von u nach v ist, welcher dem Eintrag
          von $v \in \text{ADJ}[u]$ entspricht.
8         $\text{DFS-VISIT}(v)$
9 $\text{farbe}[u] := \text{schwarz}$ { *von u gehen keine unerforschten Pfeile mehr aus* }
10 $f[u] := \text{zeit}$
11 $\text{zeit} := \text{zeit} + 1$

Damit ist die Gesamtzeit für alle Aufrufe von DFS-VISIT $\mathcal{O}(\sum_{u \in V} g^+(u)) = \mathcal{O}(m)$. Die gesamte Laufzeit für DFS ist daher linear $\mathcal{O}(n + m)$.

Wir beschäftigen uns nun mit den Eigenschaften der Tiefensuche. Zuerst betrachten wir den Vorgängergraphen $G_\pi := (V, R_\pi, \alpha|_{R_\pi}, \omega|_{R_\pi})$.

Satz 7.1:

Der Vorgängergraph G_π ist ein Wald. Jede schwache Zusammenhangskomponente von G_π ist ein Wurzelbaum.

Beweis:

Wenn zu R_π ein Pfeil r_{uv} hinzugenommen wird, so war v zu diesem Zeitpunkt weiß, also unentdeckt. Anschließend wird v durch den Aufruf von $\text{DFS-VISIT}(v)$ grau (und danach schwarz) gefärbt. Es kann also kein weiterer Pfeil mit Endecke v zu R_π hinzugefügt werden. Somit gilt in G_π:

$$g^-_{G_\pi}(v) \leq 1 \text{ für alle } v \in V. \tag{7.1}$$

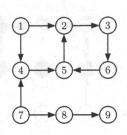

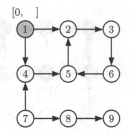

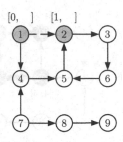

a: Anfangs sind alle Ecken unentdeckt (weiß).

b: Zuerst wird DFS-VISIT für die Ecke 1 aufgerufen, die dabei grau gefärbt wird und die Entdeckungszeit $d[1] = 0$ erhält.

c: Der Pfeil $(1,2)$ wird erforscht. Dabei wird die Ecke 2 gefunden. Diese erhält die Entdeckungszeit $d[2] = 1$, den Vorgänger $\pi[2] = 1$. Anschließend wird DFS-VISIT für die Ecke 2 aufgerufen.

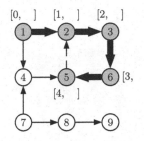

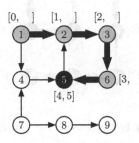

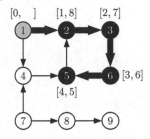

d: Es werden anschließend die Ecken 3, 6 und 5 in dieser Reihenfolge entdeckt.

e: Die Ecke 5 ist abgearbeitet und wird schwarz gefärbt. Sie erhält die Fertigstellungszeit $f[5] := 5$.

f: Die Ecken 6, 3, 2 werden in dieser Reihenfolge schwarz gefärbt, da von ihnen keine unerforschten Pfeile mehr ausgehen.

Bild 7.1: Untersuchung eines Graphen durch Tiefensuche (DFS)

Für jeden Pfeil $r \in R_\pi$ gilt zudem nach Konstruktion von DFS:

$$d[\alpha(r)] < d[\omega(r)]. \tag{7.2}$$

Daraus folgt, dass G_π keinen Kreis enthält (vgl. topologische Sortierung und Satz 3.8 auf Seite 35).

Sei T eine schwache Zusammenhangskomponente von G_π. Wegen der Kreisfreiheit von G_π (und damit der von T) existiert $s \in V(T)$ mit $g^-(s) = 0$ (siehe Lemma 3.4). Wenn wir $E_T(s) = V(T)$ zeigen können, so folgt mit Satz 6.42, dass T ein s-Wurzelbaum ist.

Der Beweis von $E_T(s) = V(T)$ ist eine Kopie der Implikation »(ii)⇒(iii)«

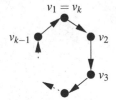

In einem Kreis mit Spur $(v_1, \ldots, v_k = v_1)$ müsste gelten: $d[v_1] < \cdots < d[v_k] = d[v_1]$.

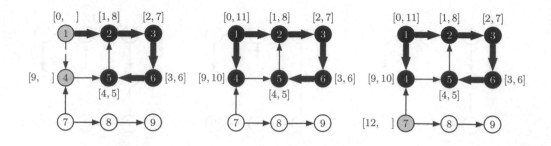

a: Von Ecke 1 geht noch der uner-   b: Ecken 1 und 4 sind ebenfalls   c: Von der DFS-Hauptprozedur
   forschte Pfeil (1,4) aus.   abgearbeitet.   wird DFS-VISIT nun für die
                                                        noch unentdeckte Ecke 7 aufge-
                                                        rufen.

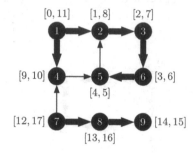

d: Endergebnis der DFS-Untersuchung

Bild 7.2: Fortsetzung: Untersuchung eines Graphen durch Tiefensuche (DFS)

im Beweis von Satz 6.42: Wähle $v \in V(T) \setminus \{s\}$ beliebig. Da T schwach
zusammenhängend ist, gibt es im zugehörigen ungerichteten Graphen H_T
einen Weg von s nach v, etwa $P = (s = v_0, r_1, v_1, \ldots, r_k, v_k = v)$. Wegen
$g^-(s) = 0$, folgt $\alpha(r_1) = s$ und $\omega(r_1) = v_1$. Wegen $g^-(v_1) \leq 1$ folgt $\alpha(r_2) =$
v_1 und $\omega(r_2) = v_2$. Induktiv folgt somit, dass P auch ein Weg in G von s
nach v ist.   ■

Satz 7.2:   **Intervallsatz**

Seien $u, v \in V$ zwei Ecken mit $d[u] < d[v]$. Dann gilt bei Abbruch des Algo-
rithmus DFS genau eine der folgenden Aussagen:

   (i) $I(v) \subset I(u)$ (Ein Intervall ist ganz im anderen enthalten) und die Ecke v
      ist ein Nachfahre von u in einem DFS-Baum.

   (ii) $I(u) \cap I(v) = \emptyset$ (Die Intervalle sind disjunkt.)

Beweis:
Wir unterscheiden zwei Fälle:

Fall 1: $d[v] < f[u]$ (also $d[u] < d[v] < f[u]$)

In diesem Fall wurde die Ecke v entdeckt, als u grau war. Die Ecke v ist dann Nachfahre von u. Da v später als u entdeckt wurde, werden alle von v ausgehenden Pfeile erforscht, bevor die Suche zu u zurückkehrt. Also gilt $f[v] < f[u]$ und die Intervalle erfüllen wegen $d[u] < d[v] < f[v] < f[u]$ die Bedingung $I(v) \subset I(u)$.

Fall 1: $d[v] < f[u]$

Fall 2: $d[v] > f[u]$

Dann gilt $d[u] < f[u] < d[v] < f[v]$ und die Intervalle liegen disjunkt. Wegen $f[u] < d[v]$ war u komplett abgearbeitet, bevor v überhaupt entdeckt wurde. Somit kann v kein Nachfahre von u in einem DFS-Baum sein. ∎

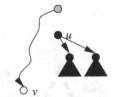

Fall 2: $d[v] > f[u]$

Korollar 7.3:   Korollar über echte Nachfahren

Die Ecke v ist genau dann ein echter Nachfahre von u im DFS-Wald G_π, wenn $I(v) \subset I(u)$. ∎

Satz 7.4:   Satz vom weißen Weg

Die Ecke v ist genau dann ein Nachfahre von u im DFS-Wald G_π, wenn zu dem Zeitpunkt $d[u]$, zu dem u entdeckt wird, die Ecke v von u in G durch einen Weg erreicht werden kann, der nur weiße Ecken berührt.

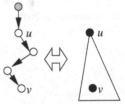

Satz vom weißen Weg

Beweis:

»⇒«: Sei v Nachfahre von u. Dann existiert mindestens ein Weg von u nach v, nämlich der Weg P im DFS-Wald. Sei $w \neq u$ auf P beliebig. Nach Korollar 7.3 gilt $d[u] < d[w]$. Also ist zum Zeitpunkt $d[u]$ die Ecke w noch weiß.

»⇐«: Wir führen eine Induktion nach der Länge P des weißen Wegs von u nach v. Falls $|P| = 0$, so ist $v = u$ und die Aussage trivial. Sei die Behauptung für alle weißen Wege der Länge höchstens k gezeigt und $|P| = k+1$, etwa $P = (v_0 = u, r_1, v_1, \ldots, r_k, v_k, r_{k+1}, v_{k+1} = v)$. Nach Induktionsvoraussetzung wird v_k ein Nachfahre von u und der Intervallsatz (Satz 7.2) liefert

$$d[u] \leq d[v_k] \leq f[v_k] \leq f[u]$$

(wir schreiben »≤«, da der Fall $v_k = u$ möglich ist). Dann ist $d[u] < d[v]$, da v nach Voraussetzung nach u entdeckt wird, und $d[v] \leq f[v_k] \leq f[u]$, da u spätestens beim Durchlauf der Adjazenzliste von v_k entdeckt wird. Damit ist $d[v] \in I(u) \cap I(v)$ und der Intervallsatz liefert, dass v Nachfahre von u wird. ∎

Korollar 7.5:

Alle Ecken aus einer starken Zusammenhangskomponente von G liegen im gleichen DFS-Wurzelbaum von G_π.

Beweis:

Sei u die erste von DFS entdeckte Ecke der Komponente ZK. Dann sind zu diesem Zeitpunkt alle anderen Ecken von ZK noch weiß. Sei $v \in$ ZK beliebig. Nach Lemma 3.22 berührt der Weg von u nach v (der wegen $v \in E_G(u)$ existiert) nur Ecken aus ZK, ist also ein weißer Weg. Nach dem Satz vom weißen Weg (Satz 7.4) wird v ein Nachkomme von u in G_π.   ■

Wir klassifizieren nun die Pfeile des Graphen mit Hilfe der Tiefensuche:

tree edges Dies sind die Pfeile aus R_π. Ein Pfeil r ist eine tree edge, wenn $\omega(r)$ beim Erforschen von r entdeckt wurde.

back edges Pfeile $r \in R$, bei denen $\alpha(r)$ ein Nachfahre von $\omega(r)$ in G_π ist. Schlingen werden als *back edges* angesehen.

forward edges Pfeile $r \in R \setminus R_\pi$, bei denen $\omega(r)$ ein Nachfahre von $\alpha(r)$ in G_π ist.

cross edges Alle anderen Pfeile.

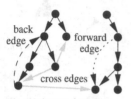

Klassifizierung der Pfeile durch DFS

Man kann DFS so modifizieren, dass der Algorithmus die Pfeile beim Entdecken klassifiziert. Die Idee ist dabei, dass jeder Pfeil r durch die Farbe von $v = \omega(r)$ klassifiziert wird, wenn r, ausgehend von $u = \alpha(r)$, erforscht wird.

v **ist weiß:** Dann ist r eine *tree edge*.

Dieser Fall ist klar nach Konstruktion des Algorithmus.

v **ist grau:** Der Pfeil r ist eine *back edge*.

Dies sieht man daraus, dass die grauen Ecken zu jedem Zeitpunkt einen Weg von Nachfahren bilden.

v **ist schwarz:** r ist eine *forward edge*, wenn $d[u] < d[v]$, und eine *cross edge*, wenn $d[u] > d[v]$.

Dies zeigt man wie folgt: Da v schwarz ist, während u noch grau ist, gilt $f[v] < f[u]$.

Ist $d[u] < d[v]$, so haben wir $d[u] < d[v] < f[v] < f[u]$ also $I(v) \subset I(u)$ und nach dem Intervallsatz (Satz 7.2) ist v Nachfahre von u im DFS-Wald. Also ist r eine *forward edge*.

Falls $d[u] > d[v]$, so folgt mit dem Intervallsatz, dass $I(u) \cap I(v) = \emptyset$ (Es gilt $d[v] < d[u] < f[u]$ sowie $f[v] < f[u]$. Der Fall $d[v] < d[u] < f[v] < f[u]$ ist nach dem Intervallsatz nicht möglich.). Daher ist keine der Ecken ein Nachfahre der anderen und r eine *cross edge*.

7.2   Anwendungen von DFS

Wir kommen jetzt zu einigen wichtigen Anwendungen der Tiefensuche.

7.2.1 Test auf Kreise

Satz 7.6:

DFS *produziert* back edges *genau dann, wenn der Graph Kreise enthält.*

Beweis:

»⇒«: Falls r eine *back edge* ist, so ist $\omega(r)$ ein Vorfahre von $\alpha(r)$ in G_π. Dann existiert in G_π (und damit auch in G) ein elementarer Weg P von $\omega(r)$ zu $\alpha(r)$ und $P \circ (\alpha(r), r, \omega(r))$ ist ein elementarer Kreis.

»⇐«: Sei C ein Kreis in G mit Spur $s(C) = (v_0, v_1, \ldots, v_k = v_0)$. Sei $v_i \in s(C)$ die erste Ecke des Kreises, welche von DFS entdeckt wird. Zum Zeitpunkt $d[v_i]$ existiert dann ein weißer Weg von v_i zu v_{i-1} (über die Pfeile/Ecken des Kreises) und nach dem Satz vom weißen Weg (Satz 7.4) wird dann v_{i-1} ein Nachfahre von v_i in G_π. Daher ist der Pfeil von v_{i-1} zu v_i eine *back edge*. ∎

Falls v_i als erste Ecke aus dem Kreis C entdeckt wird, dann existiert ein weißer Weg von v_i nach v_{i-1}.

Korollar 7.7:

Mit Hilfe von DFS *kann man in Zeit $\mathcal{O}(n+m)$ testen, ob ein gegebener Graph G kreisfrei ist, und – falls der Graph nicht kreisfrei ist – die Pfeilfolge eines elementaren Kreises ausgeben.*

Beweis:

Der erste Teil der Aussage ist bereits bewiesen. Das Ausgeben der Pfeilfolge eines Kreises ist mit wenig Aufwand möglich: wird eine *back edge* r von u nach v identifiziert, so ist u Nachfahre von v und wir können uns anhand der Vorgängerzeiger π zu v »zurückhangeln«. Dabei geben wir die entsprechenden Pfeile aus. ∎

7.2.2 Topologische Sortierung

Wir erinnern daran, dass eine topologische Sortierung von G eine bijektive Abbildung $\sigma\colon V \to \{1, 2, \ldots, n\}$ mit der Eigenschaft

$$\sigma(\alpha(r)) < \sigma(\omega(r)) \quad \text{für alle } r \in R$$

ist. Mit Algorithmus 3.1 haben wir bereits ein Verfahren kennengelernt, das für einen kreisfreien Graphen eine topologische Sortierung in linearer Zeit berechnet bzw. feststellt, dass der Graph nicht kreisfrei ist. Wir zeigen nun, dass man mit Hilfe von DFS einen alternativen Algorithmus mit linearer Laufzeit erhalten kann.

Algorithmus 7.3 zeigt das Verfahren, das auf Basis von DFS eine topologische Sortierung berechnet, wie wir gleich beweisen werden. Wir erstellen dabei die topologische Sortierung »rückwärts«, d.h. dadurch, dass wir die Ecken in umgekehrter Reihenfolge ihrer Fertigstellungszeit $f[v]$ nummerieren: sobald eine Ecke v schwarz gefärbt wird, erhält sie die aktuelle

Topologische Sortierung $v_1, \ldots, v_n$: alle Pfeile führen von »links nach rechts«

Algorithmus 7.3 Topologische Sortierung.

DFS-TOPOLOGICAL-SORT

Input: Ein gerichteter Graph G in Adjazenzlisten-Repräsentation
Output: Eine topologische Sortierung σ von G, falls G kreisfrei ist
1 $i := n$
2 Rufe DFS(G) auf, um die Zeiten $f[v]$ für $v \in V(G)$ zu berechnen. Sobald dabei
  eine Ecke $v \in V(G)$ abgearbeitet ist (d.h. schwarz gefärbt wird) setze $\sigma(v) := i$
  und $i := i - 1$
3 **return** σ

Nummer i (Zeile 2) und der Zähler i wird um eins verringert.

Satz 7.8:

Algorithmus 7.3 liefert genau dann eine topologische Sortierung, wenn G
kreisfrei ist. Die Laufzeit beträgt $\mathcal{O}(n+m)$.

Beweis:

Die Laufzeit folgt unmittelbar aus der linearen Laufzeit von DFS. Da G genau dann eine topologische Sortierung besitzt, wenn G kreisfrei ist, genügt
es zu zeigen, dass der Algorithmus für einen kreisfreien Graphen G eine
topologische Sortierung erzeugt.

Sei G kreisfrei. Wir müssen zeigen, dass für jeden Pfeil $r \in R$ die folgende Bedingung gilt: $\sigma(\alpha(r)) < \sigma(\omega(r))$. Nach Konstruktion des Algorithmus ist dies äquivalent zu $f[\alpha(r)] > f[\omega(r)]$ für jedes $r \in R$.

Sei $r \in R$. Wir betrachten den Zeitpunkt, zu dem r durch DFS erforscht
wird. Zu diesem Zeitpunkt kann $\omega(r)$ nicht grau sein, da r sonst eine *back
edge* und G nach Satz 7.6 dann nicht kreisfrei ist.

Wenn $\omega(r)$ weiß ist, so wird nach dem Satz vom weißen Weg $\omega(r)$ ein
Nachfahre von $\alpha(r)$. Nach dem Intervallsatz gilt dann $f[\omega(r)] < f[\alpha(r)]$.
Wenn $\omega(r)$ bereits schwarz ist, so ist $\omega(r)$ bereits abgearbeitet, während
$\alpha(r)$ noch grau ist. Somit gilt dann ebenfalls $f[\omega(r)] < f[\alpha(r)]$.   ∎

Durch einmaligen Durchlauf aller Pfeile von G in $\mathcal{O}(n+m)$ Zeit kann man
feststellen, ob die Eckenbewertung, die Algorithmus 7.3 berechnet, eine topologische Sortierung ist. Wir erhalten somit einen weiteren Test auf Kreisfreiheit mit linearer Laufzeit.

7.2.3   Bestimmung von starken Zusammenhangskomponenten

In diesem Abschnitt zeigen wir, wie man mit Hilfe von DFS die starken
Zusammenhangskomponenten eines gerichteten Graphen in linearer Zeit
bestimmen kann. Der Algorithmus (Algorithmus 7.4 auf der nächsten Seite) ist erstaunlich einfach: wir führen zwei DFS-Läufe durch, einen auf G
und einen auf dem inversen Graphen G^{-1}. Bei der Tiefensuche auf G^{-1} betrachten wir in der Hauptschleife die Ecken gemäß absteigendem Wert $f[u]$,

---

Algorithmus 7.4 Berechnung der starken Zusammenhangskomponenten auf Basis von DFS

STRONG-COMPONENTS(G)

Input: Ein Graph G in Adjazenzlistendarstellung
Output: Die starken Zusammenhangskomponenten von G
1 Rufe DFS(G) auf, um die Zeiten $f[v]$ für $v \in V$ zu berechnen.
2 Berechne den inversen Graphen G^{-1}.
3 Rufe DFS(G^{-1}) auf. Dabei betrachte in der Hauptschleife von DFS die Ecken gemäß absteigendem Wert $f[u]$ (wobei $f[u]$ in Schritt 1 berechnet wurde).
4 Gib jeden DFS-Baum aus dem letzten Schritt als einzelne starke Zusammenhangskomponente aus.

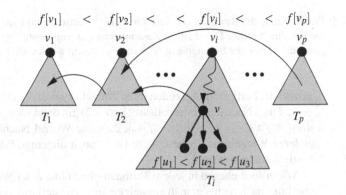

Bild 7.3: Visualisierung des Beweises von Satz 7.9: Die Bäume aus dem DFS-Lauf auf G sind gemäß der Fertigstellungszeiten ihrer Wurzeln von links nach rechts geordnet. Außerdem sind in jedem Teilbaum (hier beispielsweise der Teilbaum mit Wurzel v) die Söhne ebenfalls gemäß aufsteigender Fertigstellungszeit von links nach rechts geordnet.

wobei $f[u]$ die Fertigstellungszeit aus dem ersten Lauf (auf G) ist. Daraus ergibt sich schnell die lineare Laufzeit, da der inverse Graph G^{-1} in Schritt 2 ebenfalls in linearer Zeit berechnet werden kann (vgl. Aufgabe 2.1). Um die Ecken in Schritt 3 gemäß absteigender Fertigstellungszeiten zu betrachten, können wir in Schritt 1 eine Liste aufbauen, an die Ecken beim Schwarzfärben *vorne* angehängt werden (dies ist ähnlich wie bei der topologischen Sortierung).

Es erscheint überraschend, dass allein die Auswahl der Ecken im DFS-Lauf auf G^{-1} gemäß absteigender Fertigstellungszeiten die starken Zusammenhangskomponenten liefert. Wir erklären nun die Intuition hinter dieser Strategie und führen anschließend den Korrektheitsbeweis, der in der hier präsentierten Form auf Ingo Wegener zurückgeht [168].

Seien $T_1, \ldots, T_p$ die DFS-Bäume aus dem DFS-Lauf auf G (Schritt 1) und $v_1, \ldots, v_p$ ihre Wurzeln. Es ist hilfreich, die Bäume von links nach rechts

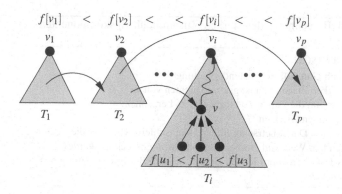

$$f[v_1] \quad < \quad f[v_2] \quad < \quad \quad < \quad f[v_i] \quad < \quad \quad < \quad f[v_p]$$

Bild 7.4: Visualisierung des Beweises von Satz 7.9: In G^{-1} existieren nur Pfeile
von links nach rechts. Daher ist die Zusammenhangskomponente von v_p
genau die Menge der Ecken, die in G^{-1} von v_p erreicht werden können.

gemäß der Fertigstellungszeiten ihrer Wurzeln zu ordnen, also $f[v_1] < f[v_2] <$
$\cdots < f[v_p]$. Nach dem Intervallsatz (Satz 7.2) gilt dann sogar $d[v_1] < f[v_1] <$
$d[v_2] < f[v_2] < \cdots < d[v_p] < f[v_p]$, da keine Wurzel Nachfahre einer der
anderen Wurzeln ist. Insbesondere ist v_p auch diejenige Ecke mit größter
Fertigstellungszeit in G.

Wir ordnen ebenso in jedem Teilbaum die Söhne einer Wurzel ebenfalls
von links nach rechts gemäß aufsteigender Fertigstellungszeit. Bild 7.3 veranschaulicht die Situation.

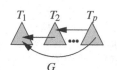

In G gibt es nur Pfeile »von
rechts nach links«.

Mit dieser Ordnung kann es in G nur Pfeile von »rechts nach links«, d.h.
von einem (Teil-) Baum T'_j zu einem (Teil-) Baum T'_i mit $i < j$ geben (ein
Pfeil r, der in einer Ecke $u \in T'_i$ startet und in $v \in T'_j$ mit $j > i$ endet, wäre
beim Durchlauf der Adjazenzliste von u »vergessen« worden, da zu diesem
Zeitpunkt die Ecke v noch weiß war).

Da es nur Pfeile von rechts nach links gibt, muss jede starke Zusammenhangskomponente vollständig in einem der Bäume $T_1, \ldots, T_p$ enthalten sein. Dies hilft nun zu erklären, warum wir beim DFS-Lauf auf G^{-1} mit
der Ecke v_p starten.

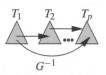

In G^{-1} gibt es nur Pfeile von
»links nach rechts«.

Alle Ecken in T_p sind in G von v_p erreichbar und die Zusammenhangskomponente ZK(v_p) von v_p liegt vollständig in T_p. Somit besteht ZK(v_p)
genau aus denjenigen Ecken in T_p, von denen wir v_p in G erreichen können. Mit anderen Worten, ZK(v_p) besteht aus denjenigen Ecken in T_p, die
wir *in G^{-1} von v_p aus erreichen können*. Dies gilt zwar auch für die anderen Wurzeln, was aber v_p hervorhebt, ist, dass wir die Bedingung »in T_p«
weglassen können! In G^{-1} gibt es nur Pfeile von links nach rechts (siehe
Bild 7.4), somit kann keine Ecke außerhalb von T_p von einer Ecke in T_p
erreicht werden. Also gilt:

$$\text{ZK}(v_p) = \big\{ v \in V : v \text{ ist in } G^{-1} \text{ von } v_p \text{ erreichbar} \big\}. \tag{7.3}$$

Nochmal zur Verdeutlichung: Für eine Wurzel $v_i \neq v_p$ gilt:

$$\text{ZK}(v_i) = \left\{\, v \in V : v \in T_i \text{ und } v \text{ ist in } G^{-1} \text{ von } v_i \text{ erreichbar} \,\right\}.$$

Wenn nun DFS auf G^{-1} mit v_p gestartet wird, so werden alle von v_p erreichbaren Ecken in den DFS-Baum T_1' mit Wurzel v_p eingeordnet (dies folgt aus dem Satz vom weißen Weg, da zum Zeitpunkt des Entdeckens von v_p alle diese Ecken weiß sind und somit alle erreichbaren Ecken auch über einen weißen Weg erreicht werden können). Nach (7.3) ist T_1' genau die Zusammenhangskomponente von v_p. Die erste vom Algorithmus ausgegebene Zusammenhangskomponente ist also korrekt. Diese Beobachtung bildet die Grundlage für den folgenden Korrektheitsbeweis:

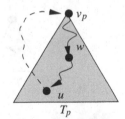

Falls w auf dem Weg von v_p nach u in T_p liegt und $v_p \in E_G(u)$, so ist auch $v_p \in E_G(w)$

Satz 7.9:
Algorithmus 7.4 findet korrekt in $\mathcal{O}(n + m)$ Zeit die starken Zusammenhangskomponenten.

Beweis:
Unsere Vorüberlegungen legen es nahe, eine Induktion nach der Anzahl k der Zusammenhangskomponenten von G zu führen. Wir haben bereits gesehen, dass die erste ausgegebene Zusammenhangskomponente korrekt ist, also ist der Algorithmus insbesondere für stark zusammenhängende Graphen korrekt.

Es habe G nun $k \geq 2$ Zusammenhangskomponenten. Wie bereits gesehen, wird die erste Zusammenhangskomponente $\text{ZK}(v_p)$ korrekt gefunden. Diese Zusammenhangskomponente bildet nun einen schwach zusammenhängenden Teilgraphen von T_p, also Teilbaum von T_p : falls $u \in \text{ZK}(v_p)$, so ist $v_p \in E_G(u)$ und damit ist v_p auch von jeder Ecke w auf dem Weg in T_p von v_p nach u erreichbar.

Sei $G' := G - \text{ZK}(v_p)$, der Graph, der aus G durch Entfernen der Komponente $\text{ZK}(v_p)$ entsteht. Dann hat G' nur $k - 1$ Komponenten, und Algorithmus 7.4 arbeitet auf G' nach Induktionsvoraussetzung korrekt. Wenn wir nun zeigen können, dass der Algorithmus bei Anwendung auf G nach Ausgabe der ersten Komponente $\text{ZK}(v_p)$ das gleiche Ergebnis liefert, wie bei Anwendung auf G', so sind wir fertig.

Betrachten wir die Situation, nachdem wir aus dem DFS-Baum T_p die Komponente $\text{ZK}(v_p)$ entfernt haben. Der Baum T_p zerfällt dabei in Wurzelbäume, da wie oben gesehen $\text{ZK}(v_p)$ einen Teilbaum von T_p bildet. Seien $w_1, \ldots, w_t$ die Wurzeln der entsprechenden Bäume. Nach dem Intervallsatz gilt $d[v_p] < d[w_i] < f[w_i] < f[v_p]$, so dass alle diese Wurzeln Fertigstellungszeiten größer als v_{p-1} haben (vgl. Bild 7.5). Der Beweis ist vollständig, wenn wir beweisen, dass die Bäume in Bild 7.5 das Ergebnis eines DFS-Laufs auf $G' = G - \text{ZK}(v_p)$ sind.

Diese Aussage ist aber nahezu trivial, da in der neuen Situation immer noch alle Pfeile von rechts nach links zeigen. Uns steht es im DFS-Lauf

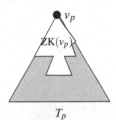

T_p

Die Komponente $\text{ZK}(v_p)$ bildet einen (schwach) zsh. Teilgraphen von T_p.

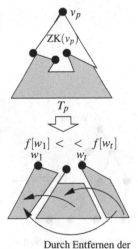

Durch Entfernen der Komponente $\text{ZK}(v_p)$, die einen Teilbaum von T_p bildet, zerfällt T_p in Teilbäume, die bereits gemäß der Fertigstellungszeiten ihrer Wurzeln von links nach rechts geordnet sind. Es gibt wieder nur Pfeile von rechts nach links in G.

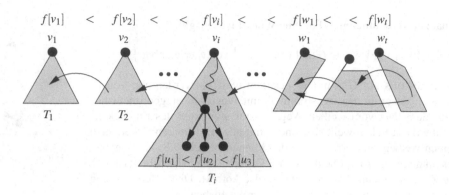

Bild 7.5: Einsortieren der Wurzelbäume, die durch Entfernen der Komponente $ZK(v_p)$ aus T_p entstanden sind, liefert DFS-Bäume für den Graphen $G' := G - ZK(v_p)$. Es gibt nur Pfeile von rechts nach links
in $G' = G - ZK(v_p)$.

auf G' frei, in der Hauptprozedur 7.1 in Schritt 7 die nächste noch weiße Ecke zu wählen. Hier wählen wir einfach die Reihenfolge gemäß der
aufsteigenden Fertigstellungszeiten $f[v]$, die wir aus dem DFS-Lauf auf G
kennen.   ∎

Die lineare Laufzeit ist eine deutliche Verbesserung gegenüber der Laufzeit
des Tripelalgorithmus (vgl. Korollar 5.14).

7.3   Tiefensuche für ungerichtete Graphen

Der Algorithmus DFS (Algorithmus 7.1) kann auch für ungerichtete Graphen eingesetzt werden. Im Schritt 7 wird dann nicht der Pfeil r_{uv} zu R_π
hinzugefügt, der von u nach v verläuft, sondern die entsprechende Kante
zwischen u und v. Ansonsten bleibt der Algorithmus unverändert.

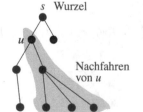

s Wurzel

u

Nachfahren
von u

ungerichteter s-Wurzelbaum

Definition 7.10:   Wurzel, Wurzelbaum (ungerichtete Graphen)
Sei $G = (V, E, \gamma)$ ein ungerichteter Graph. Die Ecke $s \in V$ heißt *Wurzel* von
G, wenn $E_G(s) = V$, d.h. wenn alle Ecken $v \in V$ von s aus erreichbar sind.
   Ein *Wurzelbaum mit Wurzel s* ist ein Baum G, in dem eine Ecke s als
Wurzel ausgezeichnet ist. Die Begriffe *Vorfahre* und *Nachfahre* sind dann
analog zum gerichteten Fall definiert.

Analog zu Satz 7.1 beweist man den folgenden Satz:

Satz 7.11:
Der Algorithmus DFS *werde auf den ungerichteten Graphen* $G = (V, E, \gamma)$
angewandt. Dann ist G_π *ein Wald. Jede Zusammenhangskomponente* G'

von G_π ist ein ungerichteter Wurzelbaum, wobei die Wurzel von G' diejenige Ecke v mit $\pi[v] = $ nil ist. ∎

Mit den Definitionen aus Definition 7.10 bleiben die folgenden Ergebnisse auch für den ungerichteten Fall richtig:

1. Intervallsatz (Satz 7.2)

2. Korollar über echte Nachfahren (Korollar 7.3)

3. Satz vom weißen Weg (Satz 7.4)

Die Beweise der oben genannten Ergebnisse haben wir bereits so formuliert, dass sie durch die alleinige Änderung von »Pfeil« auf »Kante« auch die Argumentation im ungerichteten Fall ergeben.

Die Klassifizierung der Kanten nach dem Schema für den gerichteten Fall (man ersetze »Pfeil« durch »Kante«) ist nicht ganz eindeutig: Eine Kante zwischen dem Vorfahren u und dem Nachfahren v, die nicht zu G_π gehört, könnte man sowohl als *back edge* als auch als *forward edge* ansehen. Wir lösen diese Zweideutigkeiten dadurch auf, dass wir eine Kante als ersten passenden Typ in unserer Liste klassifizieren. Somit gibt es keine *forward edge*, da mit dieser Konvention alle Kanten dieses Typs als *back edge* bezeichnet werden. .

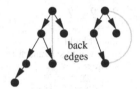

back edges

Bei DFS in ungerichteten Graphen gibt es nur *tree edges* und *back edges*

Satz 7.12:

DFS *werde auf den ungerichteten Graphen G angewandt. Dann ist jede Kante entweder eine* tree edge *oder eine* back edge.

Beweis:

Sei $e \in E$ eine Kante mit $\gamma(e) = \{u, v\}$. Falls $u = v$, so ist e per Definition eine *back edge*. Sei daher $u \neq v$ mit o.B.d.A. $d[u] < d[v]$. Es folgt $d[v] < f[u]$, da $v \in$ ADJ$[u]$. Also ist $d[u] < d[v] < f[u]$ und somit muss nach dem Intervallsatz $d[u] < d[v] < f[v] < f[u]$ gelten. Dann ist v Nachfahre von u in G_π.

Wenn e zuerst von u ausgehend erforscht wird, dann wird e eine *tree edge*. Ansonsten ist e eine *back edge*, da u zu dem Zeitpunkt, zu dem e zum ersten Mal erforscht wird, dann immer noch grau ist. ∎

Mit Hilfe der Tiefensuche lassen sich auch die Zusammenhangskomponenten eines ungerichteten Graphen in linearer Zeit bestimmen. Wir erinnern daran, dass wir mit Algorithmus 3.3 bereits ein solches Linearzeitverfahren kennengelernt haben.

Satz 7.13:

DFS *werde auf den ungerichteten Graphen G angewendet. Die Eckenmenge jedes* DFS-*Wurzelbaums ist dann eine Zusammenhangskomponente von G. Folglich kann man mit* DFS *die Zusammenhangskomponenten von G in* $\mathcal{O}(n+m)$ *Zeit bestimmen.*

Beweis:

Falls u und v in der gleichen Komponente sind, so gibt es einen (nicht not-wendigerweise einfachen) Kreis C, der u und v enthält. Ist $w \in s(C)$ die erste von DFS entdeckte Ecke auf C, so gibt es weiße Wege von w nach u und v, so dass beide Nachfahren von w werden und damit im gleichen DFS-Wurzelbaum landen. Da jeder DFS-Wurzelbaum einen zusammenhängen-den Teilgraphen von G bildet, folgt der Satz. ∎

v: neu entdeckt
nächster Pfeil

unentdeckt

Strategie von BFS: »zunächst in die Breite«

7.4   Breitensuche (BFS)

Eine weitere hilfreiche Suchstrategie ist die der *Breitensuche* (*breadth first search*). Wie der Name sagt, wird dabei zunächst in die »Breite« gesucht. Sind wir bei einer Ecke $u \in V$ angelangt, so erforschen wir zunächst *alle* von u ausgehenden Pfeile, bevor wir bei einem Nachfolger von u weitersu-chen.

Definition 7.14:   Abstand

Wir definieren den Abstand $\text{dist}(s,v)$ der Ecke $v \in V$ von $s \in V$ als die Länge $|P|$ (also die Anzahl der Pfeile) eines kürzesten Weges P von s nach v in G. Falls $v \notin E_G(s)$, so setzen wir $\text{dist}(s,v) := +\infty$.

Das Verfahren der Breitensuche (BFS) berechnet für eine Ecke $s \in V$ die Ecken $V_i \subseteq V$ mit Abstand i von s durch folgende einfache Rekursion:

$$V_0 := \{s\} \tag{7.4a}$$

$$V_{i+1} := \big\{ v \in V \setminus (V_0 \cup \cdots \cup V_i) : v \in N^+(V_i) \big\}. \tag{7.4b}$$

Hierbei ist $N^+(V_i)$ Menge aller Nachfolger der Menge V_i (im ungerichteten Fall ist N^+ durch N zu ersetzen). Die Korrektheit der Rekursion ist einfach durch Induktion zu sehen: Ist $v \in V_{i+1}$, so existiert ein Weg der Länge $i+1$ von s nach v, der über die Vorgängerecke von v in V_i führt. Ist umgekehrt $\text{dist}(s,w) = i > 0$, so besitzt w auf dem kürzesten Weg von s nach w einen Vorgänger u, welcher per Induktion korrekt nach V_i eingeordnet wird.

Im Algorithmus 7.5 entspricht die Menge $V_0 \cup \cdots \cup V_i$ der Menge derjeni-gen Ecken $v \in V$, welche $d[v] = +\infty$ haben. Wir beschäftigen uns nun mit der Korrektheit der Umsetzung der Rekursion (7.4) im BFS-Algorithmus.

Satz 7.15:

Algorithmus 7.5 bestimmt korrekt die Abstände von s in einem ungewich-teten (gerichteten oder ungerichteten) Graphen. Er kann so implementiert werden, dass seine Laufzeit $\mathcal{O}(n+m)$ beträgt.

Algorithmus 7.5 Breadth First Search

BFS(G, s)

   Input: Ein (un-) gerichteter Graph G in Adjazenzlistendarstellung; eine Ecke
   $s \in V(G)$.

   Output: Für jede Ecke $v \in V$ der Abstand $\mathrm{dist}(s, v)$ von s zu v.
   1 **for all** $v \in V$ **do**
   2   Setze $d[v] := +\infty$ { *Alle Ecken sind unentdeckt* }
   3   $d[s] := 0$
   4   $Q := \{ s \}$
   5 **while** $Q \neq \emptyset$ **do**
   6   Entferne das Element u aus Q mit kleinstem Schlüsselwert $d[u]$
   7   **for all** $v \in \mathrm{ADJ}[u]$ **do**
   8   **if** $d[v] = +\infty$ **then**
   9             $d[v] := d[u] + 1$
   10            $Q := Q \cup \{ v \}$
   11 **return** $d[]$

Beweis:

Im Algorithmus wird im gerichteten Fall jeder Pfeil höchstens einmal in Schritt 7 betrachtet. Im ungerichteten Fall wird jede Kante höchstens zweimal betrachtet, einmal für jede Endecke. Damit haben wir Zeit $\mathcal{O}(n + m)$ plus die Zeit für die Verwaltung der Menge Q.

Wir verwalten Q als lineare Liste, wobei in Schritt 6 das erste Element aus Q entfernt und in Schritt 10 die neuen Elemente hinten an die Liste angefügt werden. Wenn wir zeigen können, dass die Liste stets aufsteigend sortiert ist, folgt die Korrektheit der Implementierung und zudem die lineare Gesamtlaufzeit, da die Listenoperationen jeweils in konstanter Zeit durchführbar sind.

Wir zeigen dazu, dass zu jedem Zeitpunkt die Liste sortiert ist und zudem höchstens Ecken mit zwei verschiedenen Markierungen t und $t + 1$ für ein $t \in \mathbb{N}$ enthält. Dies ist zu Beginn ($Q = \{s\}$) sicherlich korrekt. Wird nun in Schritt 6 eine Ecke u mit Schlüssel $d[u] = t$ vom Anfang der Liste entfernt, so werden in Schritt 10 höchstens Ecken v mit $d[v] = d[u] + 1 = t + 1$ hinten an die Liste angefügt. Daher folgt die Sortierung der Liste.

Durch Induktion nach der Anzahl der Markenänderungen in Schritt 9 zeigen wir zunächst, dass für alle $v \in V$ stets $d[v] \geq \mathrm{dist}(s, v)$ gilt. Vor der ersten Markenänderung gilt diese Eigenschaft wegen $d[s] = 0 = \mathrm{dist}(s, s)$ und $d[v] = +\infty$ für $v \neq s$. Wird nun in Schritt 9 die Marke einer Ecke v von $+\infty$ auf $d[u] + 1$ gesetzt, so gibt es einen Pfeil r von u nach v. Jeder Weg von s nach u lässt sich zu einem Weg von s nach v verlängern, daher gilt $\mathrm{dist}(s, v) \leq \mathrm{dist}(s, u) + 1$. Nach Induktionsvoraussetzung gilt $d[u] \geq \mathrm{dist}(s, u)$, womit $d[v] = d[u] + 1 \geq \mathrm{dist}(s, u) + 1 \geq \mathrm{dist}(s, v)$ folgt.

Wir zeigen nun wieder durch Induktion nach k, dass bei Abbruch für alle $v \in V$ mit $\mathrm{dist}(s, v) = k$ auch gilt $d[v] = k$. Für $k = 0$ ist nichts zu zeigen. Falls $\mathrm{dist}(s, v) = k \geq 1$, so sei P ein kürzester Weg von s nach v

Jeder Weg von s nach u lässt sich um den Pfeil (u, v) zu einem Weg von s nach v verlängern, also folgt $d[v] = d[u] + 1 \geq \mathrm{dist}(s, v)$.

$v_0 = s$

v_1

$v_{k-1} = u$

$v_k = v$

Nach Induktionsvoraussetzung ist $d[v_{k-1}] = \text{dist}(s, v_{k-1}) = k-1$. Daher folgt dann auch $d[v_k] \leq k = \text{dist}(s, v_k)$ bei Abbruch.

mit Länge k und Spur $s(P) = [s = v_0, v_1, \ldots, v_{k-1}, v_k = v]$. Dann ist $s(P) = [v_0, v_1, \ldots, v_{k-1}]$ die Spur eines kürzesten Weges von s nach v_{k-1} (ein kürzerer Weg würde einen Weg von s nach v_k mit Länge kleiner als k implizieren). Nach Induktionsvoraussetzung gilt bei Abbruch $d[v_{k-1}] = \text{dist}(s, v_{k-1}) = k-1$. Insbesondere wird v_{k-1} der Menge Q in einer Iteration hinzugefügt. Wenn dann $u = v_{k-1}$ in Schritt 6 wieder aus Q entfernt wird, gilt nach Induktionsvoraussetzung $d[u] = \text{dist}(s, u) = k-1$ und es wird in der anschließenden Iteration über $\text{ADJ}[u]$ entweder $d[v_k] = d[v_{k-1}] + 1 = (k-1) + 1 = k = \text{dist}(s, v_k)$ gesetzt, oder v_k wurde bereits zu einem früheren Zeitpunkt Q hinzugefügt. Dann gilt aber $d[v_k] \leq d[u] \leq k-1$ und die Behauptung folgt. ∎

7.5   Lexikographische Breitensuche (LEX-BFS)

Eine weitere Suchstrategie zur Untersuchung von Grapheigenschaften ist die *lexikographischen Breitensuche*. Dabei werden den Ecken nicht wie bei BFS Distanzmarken $d[v] \in \mathbb{N}$ sondern allgemeinere *Marken* $\text{label}[v] = (z_1, \ldots, z_{k_v})$ zugewiesen. Die Marke $z_1 \ldots z_{k_v}$ besteht aus paarweise verschiedenen Zahlen $z_i \in \{1, \ldots, n\}$, die absteigend sortiert sind, also etwa $\text{label}[v] = (9, 8, 4, 3)$, die Länge der Marke ist für verschiedene Ecken eventuell unterschiedlich lang.

Marke

lexikographische Ordnung

Wir setzen in diesem Abschnitt voraus, dass der ungerichtete Graph $G = (V, E)$ zusammenhängend ist. Auf den Marken betrachten wir die *lexikographische Ordnung* $\leq_L$ mit

$$(z_1, \ldots, z_q) <_L (z'_1, \ldots, z'_p)$$
$$\Leftrightarrow \text{ es gibt ein } j \text{ mit } z_i \leq z'_i \text{ für } 1 \leq i \leq j \text{ und } (q < p \text{ oder } z_{j+1} < z'_{j+1}).$$

Die lexikographische Ordnung entspricht der »Ordnung im Wörterbuch«, also gilt beispielsweise $(5, 2, 1) <_L (5, 3, 1)$ und $(9, 8, 7, 2) <_L (9, 8, 7, 2, 1)$.

Zusätzlich zu den Marken erstellen wir eine *Nummerierung* σ der Ecken, die sich im Weiteren als sehr aufschlussreich erweisen wird. Während wir bei der Standard-Breitensuche in jeder Iteration (irgend-) eine noch nicht nummerierte Ecke v mit kleinstem Schlüsselwert $d[v]$ aus der Prioritätsschlange Q entfernt hatten, wählen wir in der lexikographischen Breitensuche eine noch nicht nummerierte Ecke v mit lexikographisch maximaler Marke und vergeben ihr die aktuelle Nummer i. Diese Nummer hängen wir an die Marken aller noch nicht nummerierten Nachfolger von v an. Anschließend verringern wir i um eins. Algorithmus 7.6 zeigt die lexikographische Breitensuche (LEX-BFS), Bild 7.6 zeigt ein Beispiel.

perfektes Eliminationsschema

Wir erinnern daran, dass ein *perfektes Eliminationsschema* für einen ungerichteten Graphen G eine bijektive Abbildung $\sigma: V \to \{1, \ldots, n\}$ (Nummerierung der Ecken) ist, so dass $\sigma^{-1}(i)$ simplizial im induzierten Graphen

---

Algorithmus 7.6 Lexikographische Breadth First Search

LEX-BFS(G)

Input: Ein zusammenhängender ungerichteter Graph G in
  Adjazenzlistendarstellung; eine Ecke $v \in V(G)$.

Output: Ein perfektes Eliminationsschema, falls G chordal ist

1 **for all** $v \in V$ **do**
2   Setze $\text{label}[v] := \emptyset$.   { *Alle Ecken sind unentdeckt* }
3 **for** $i := n, n-1, \ldots, 1$ **do**
4   Wähle eine unnummerierte Ecke u mit lexikographisch größter Marke
      $\text{label}[u]$
5     $\sigma(u) := i$
6   **for all** $v \in \text{ADJ}[u]$ **do**
7   **if** v hat noch keine Nummer $\sigma(v)$ **then**
8   Setze $\text{label}[v] := (\text{label}[v], i)$ { *Füge i an die Marke von v an* }
9 **return** σ

$G[\{\, \sigma^{-1}(i), \ldots, \sigma^{-1}(n) \,\}]$ für $i = 1, \ldots, n$ ist (vgl. Definition 4.19). Im Beispiel aus Bild 7.6 erhalten wir eine Nummerierung σ der Ecken, die ein perfektes Eliminationsschema bildet. Wir werden gleich beweisen, dass dies kein Zufall ist.

Lemma 7.16:
Sei G chordal und $\sigma: V \to \{\, 1, \ldots, n \,\}$ bijektiv mit folgender Eigenschaft:

Ist $\sigma(a) < \sigma(b) < \sigma(c)$ wobei $c \in N(a) \setminus N(b)$, so existiert ein $x \in N(b) \setminus N(a)$ mit $\sigma(c) < \sigma(x)$.

Dann ist σ ein perfektes Eliminationsschema für G

Eigenschaft aus Lemma 7.16

Beweis:
Wir führen eine Induktion nach $n = |V(G)|$. Falls $n = 1$, so ist nichts zu zeigen. Für den Induktionsschritt genügt es zu beweisen, dass $u = \sigma^{-1}(1)$ simplizial ist, da $G - u = G[V \setminus \{\, u \,\}]$ wieder chordal ist und σ die im Lemma beschriebene Eigenschaft für $G - u$ besitzt, somit nach Induktionsvoraussetzung ein perfektes Eliminationsschema für $G - u$ ist.

Wir nehmen an, dass u nicht simplizial ist. Wir zeigen, dass wir aus dieser Annahme folgern können, dass es eine unendliche Folge $v_1, v_2, \ldots$ von Ecken mit $\sigma(v_1) < \sigma(v_2) < \ldots$ gibt, was ein Widerspruch zur Endlichkeit von G ist.

Da $v_0 := u$ nicht simplizial ist, gibt es zwei Nachbarn $v_1, v_2 \in N(u)$, welche nicht adjazent sind. Wir wählen dabei v_2 mit maximaler Nummer $\sigma(v_2)$ mit $v_2 \in N(u)$ und $[v_1, v_2] \notin E$.

Seien $v_0, v_1, v_2, \ldots, v_k$ $(k \geq 2)$ bereits konstruiert mit folgenden Eigenschaften:

(i) $\sigma(v_0) < \sigma(v_1) < \sigma(v_2) < \cdots < \sigma(v_k)$

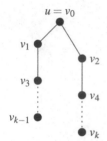

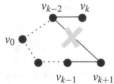

Beweis von Lemma 7.16: Die Nummern der Ecken wachsen von links nach rechts. Im Bild ist k gerade.

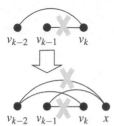

Eigenschaft aus Lemma 7.16 angewendet auf die Ecken v_{k-2}, v_{k-1} und v_k

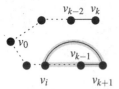

Die neue Ecke v_{k+1} ist adjazent zu v_{k-1}, aber nicht zu v_{k-2}.

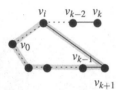

$[v_i, v_{k+1}] \in E$ und i hat die gleiche Parität wie $k+1$

$[v_i, v_{k+1}] \in E$ und i hat unterschiedliche Parität als $k+1$

(ii) $[v_0, v_1] \in E$, $[v_0, v_2] \in E$ aber $[v_0, v_i] \notin E$ für $i \geq 2$

(iii) Für $1 \leq i \leq j \leq k$ gilt $[v_i, v_j] \in E$ genau dann, wenn $j = i + 2$

(iv) Für $i = 2, \ldots, k$ ist v_i die Ecke mit maximaler Nummer $\sigma(v_i)$ mit $[v_{i-2}, v_i] \in E$, aber $[v_{i-3}, v_i] \notin E$ (hierbei sei $v_{-1} := v_1$)

Das nebenstehende Bild veranschaulicht die Situation. Für $k = 2$ haben wir diese Situation bereits hergestellt (Bedingung (iii) ist hier trivial).

Wir zeigen nun, dass wir die Folge $v_1, v_2, \ldots, v_k$ um eine weitere Ecke verlängern können. Wir betrachten v_{k-2}, v_{k-1} und v_k. Dann gilt $\sigma(v_{k-2}) < \sigma(v_{k-1}) < \sigma(v_k)$. Wegen (iii) ist $[v_{k-2}, v_k] \in E$ und $[v_{k-1}, v_k] \notin E$. Damit sind v_{k-2}, v_{k-1} und v_k drei Ecken mit den Voraussetzungen für die im Lemma beschriebene Eigenschaft. Es existiert also x mit $\sigma(v_k) < \sigma(x)$ und $[v_{k-1}, x] \in E$, aber $[v_{k-2}, x] \notin E$. Wir wählen nun $x \in V$ maximal bezüglich $\sigma(x)$ mit dieser Eigenschaft und setzen $v_{k+1} := x$.

Wir prüfen die einzelnen Eigenschaften (i)–(iv) für die neue Ecke v_{k+1}. Eigenschaften (i) und (iv) sind dabei nach Konstruktion erfüllt. Für (ii) und (iii) müssen wir zeigen, dass $[v_i, v_{k+1}] \notin E$ für $i = 0, \ldots, k-3$ und $i = k$.

Zunächst betrachten wir $i = k - 3$. Falls $[v_{k-3}, v_{k+1}] \in E$, so könnten wir die im Lemma angegebene Eigenschaft auf $v_{k-3}, v_{k-2}, v_{k+1}$ anwenden: Dies liefert dann eine Ecke y mit $\sigma(v_{k+1}) < \sigma(y)$ und $[v_{k-2}, y] \in E$ aber $[v_{k-3}, y] \notin E$. Dies widerspricht der Maximalität von v_k (Eigenschaft (iv)).

Nun behandeln wir den Fall $i \leq k - 3$. Falls es ein i gibt mit $[v_i, v_{k+1}] \in E$ und i die gleiche Parität wie $k+1$ besitzt, so sei $i \leq k - 3$ maximal mit dieser Eigenschaft. Dann ist $[v_i, v_{i+2}, \ldots, v_{k+1}, v_i]$ die Spur eines Kreises der Länge mindestens 4 (wegen $i < k - 3$, da wir bereits $[v_{k-3}, v_{k+1} \notin E$ gezeigt hatten). Dies widerspricht der Chordalität von G.

Sei nun i mit $[v_i, v_{k+1}] \in E$ und i hat unterschiedliche Parität als $k+1$. Sei i minimal mit dieser Eigenschaft gewählt. Dann ist $i \geq 0$ und

$$[v_i, v_{i-2}, \ldots, v_0, \ldots, v_{k-1}, v_{k+1}, v_i]$$

wieder ein Kreis der Länge mindestens 4 ohne Sehnen im Widerspruch zur Chordalität von G. ∎

Mit Hilfe des letzten Lemmas können wir nun ein wichtiges Resultat über LEX-BFS zeigen:

Satz 7.17:

Der Algorithmus LEX-BFS *(Algorithmus 7.6) liefert bei Anwendung auf G genau dann ein perfektes Eliminationsschema, wenn G chordal ist.*

Beweis:

»⇒«: Falls der Algorithmus ein perfektes Eliminationsschema liefert, so ist G nach Satz 4.20 chordal.

»⇐«: Wir zeigen, dass im Falle eines chordalen Graphen die Nummerierung σ, die von LEX-BFS erzeugt wird, die in Lemma 7.16 beschriebene

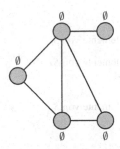

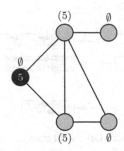

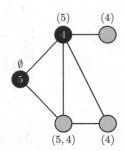

a: Anfangs sind alle Ecken unnummeriert und haben leere Marken

b: Die erste Ecke erhält die Nummer $n = 5$, an die Marken ihrer Nachfolger wird 5 angehängt.

c: Im nächsten Schritt wird die Ecke mit der lexikographisch maximalen Marke (5) nummeriert.

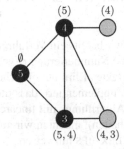

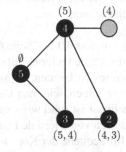

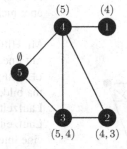

d: Die Ecke mit der Marke (5,4) erhält die nächste Nummer 3.

e: Da $(4) <_L (4,3)$ erhält die Ecke mit der Marke $(4,3)$ die Nummer 2

f: Nummerierung bei Abbruch des Verfahrens

Bild 7.6: Berechnung eines perfekten Eliminationsschemas mit Hilfe der lexikographischen Breitensuche (LEX-BFS). Bereits nummerierte Ecken sind schwarz gezeichnet.

Eigenschaft besitzt. Sei dazu $\sigma(a) < \sigma(b) < \sigma(c)$ und $[a,c] \in E$, aber $[b,c] \notin E$. Dann wird c vor b und b vor a nummeriert. Wir benötigen zwei einfache Beobachtungen über die Marken.

(i) Die Marke einer Ecke wird im Verlauf des Algorithmus niemals lexikographisch kleiner.

(ii) Falls einmal marke$[u] <_L$ marke$[v]$ für zwei Ecken u, v gilt, dann gilt bis zum Abbruch des Verfahrens immer marke$[u] <_L$ marke$[v]$.

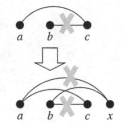

Eigenschaft aus Lemma 7.16

Beim Nummerieren von c wird die Zahl $\sigma(c)$ an marke$[a]$ angehängt, nicht aber an marke$[b]$. Es folgt, dass jetzt marke$[a] <_L$ marke$[b]$ (Gleichheit kann nicht eintreten und die umgekehrte Ordnung würde nach Beobachtung (ii) implizieren, dass a vor b nummeriert werden müsste). Da durch das Anhängen von $\sigma(c)$ an marke$[a]$ die Marke nur größer wird, war bereits vorher die Marke von a lexikographisch kleiner als die von b. Also

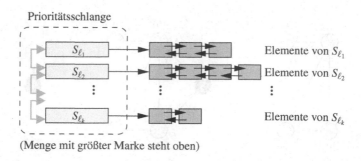

Prioritätsschlange

Elemente von S_{ℓ_1}

Elemente von S_{ℓ_2}

Elemente von S_{ℓ_k}

(Menge mit größter Marke steht oben)

Bild 7.7: Implementierung von LEX-BFS mit implizit gespeicherten Marken

muss es eine Ecke x geben, welche vor b nummeriert wurde und die zu b aber nicht zu a adjazent war.   ∎

v
simpliziale Ecke *v*

Mit Hilfe von Algorithmus 4.1 auf Seite 64 haben wir bereits ein Verfahren mit linearer Laufzeit kennengelernt, mit dem wir die Nummerierung σ von LEX-BFS daraufhin testen können, ob sie ein perfektes Eliminationsschema bildet. Bevor wir zeigen, wie man LEX-BFS so implementiert, dass die Laufzeit ebenfalls linear ist (und wir somit einen Algorithmus mit linearer Laufzeit zum Erkennen von chordalen Graphen erhalten), möchten wir auf eine interessante Konsequenz der Korrektheit von LEX-BFS hinweisen.

Wir wissen bereits nach Satz 4.17, dass jeder chordale Graph mindestens eine simpliziale Ecke besitzt. Im LEX-BFS-Algorithmus erhält eine beliebige Ecke v die Nummer $\sigma(v) = n$, da am Anfang alle Ecken eine leere Marke haben. Somit können wir insbesondere auch v als simplizial wählen. Nun ist aber die Ecke u mit $\sigma(u) = 1$ ebenfalls simplizial, da sie das perfekte Eliminationsschema, das LEX-BFS konstruiert, startet. Also besitzt jeder chordale Graph sogar *mindestens zwei* simpliziale Ecken.

Korollar 7.18:
Jeder chordale Graph besitzt mindestens zwei simpliziale Ecken.   ∎

Wir kommen nun zur Implementierung von LEX-BFS. Der Trick, um lineare Laufzeit zu erreichen, ist es, die Marken marke[v] weder explizit zu berechnen noch sie explizit zu speichern. Für jede Marke l, welche vergeben ist, verwalten wir die Menge

$$S_\ell := \{\, v \in V : \mathtt{marke}[v] = \ell \,\}$$

als doppelt verkettete lineare Liste. Zusätzlich ordnen wir die Mengen S_ℓ in einer Prioritätsschlange an (vgl. Bild 7.7)). Für jede Ecke $v \in V$ halten wir uns einen Zeiger set[v] auf die Menge S_ℓ, welche v enthält.

Um eine Ecke u mit lexikographisch größter Marke $\ell := \mathtt{marke}[u]$ zu bestimmen, entfernen wir einfach die erste Ecke aus S_ℓ, wobei S_ℓ die erste

Menge in der Prioritätsschlange ist. Dies ist in konstanter Zeit möglich, da die Mengen in der Prioritätsschlange geordnet sind und die Listenoperation in konstanter Zeit möglich ist. Für jeden noch nicht nummerierten Nachfolger $v \in \text{ADJ}[u]$ führen wir folgende Operationen aus: Wir entfernen v aus seiner Menge $S_{\ell'}$. Dies benötigt ebenfalls nur konstante Zeit, da wir die v zugeordnete Menge über den Zeiger $\text{set}[v]$ finden können. Wir fügen eine neue Menge $S_{(\ell', \sigma(u))}$ direkt *vor* S'_ℓ in die Schlange ein, welche v enthält. Dabei bleibt die Ordnung in der Prioritätsschlange erhalten.

Bei der oben beschriebenen Vorgehensweise müssen wir noch aufpassen, dass wir nicht mehrmals eine Menge (Liste) für die Menge mit einer Marke erzeugen. Es kann ja vorkommen, dass zwei Nachfolger v_1 und v_2 von u zur Zeit in der gleichen Menge $S_{\ell'}$ gespeichert sind. Beim Aktualisieren der Mengen für v_1 und v_2 möchten wir nur einmal einen Schlangeneintrag für $S_{(\ell', \sigma(u))}$ erzeugen. Dies können wir dadurch erreichen, dass wir für jede Menge $S_{\ell'}$, die sich momentan in der Schlange befindet, eine Expansionsmarke $\text{expanded}(S_{\ell'})$ halten: diese können wir einfach im Listenkopf mit abspeichern, es ist dafür kein zusätzliches Array notwendig.

Wenn wir nun die erste Ecke $v \in S_{\ell'}$ nach $S_{(\ell', \sigma(u))}$ verschieben und dabei $S_{(\ell', \sigma(u))}$ erzeugen, setzen wir $\text{expanded}(S_{\ell'}) = 1$ und fügen (einen Zeiger auf) $S_{\ell'}$ einer »Bereinigungsliste« L hinzu. Falls im weiteren für eine zu verschiebende Ecke v bereits $\text{expanded}(S_{\ell'}) = 1$ gilt, so erzeugen wir keine neue Menge, sondern hängen v an die Liste (Menge) direkt vor $S_{\ell'}$ ein.

Am Ende eines Durchgangs laufen wir die »Bereinigungsliste« L durch und setzen wieder $\text{expanded}(S_{\ell'}) = 0$ für alle $S_{\ell'}$ in dieser Liste L. Falls $S_{\ell'} = \emptyset$, so entfernen wir $S_{\ell'}$ auch gleich aus der Prioritätsschlange.

Insgesamt fällt bei dieser Implementierung pro Iteration (Durchlauf der **for**-Schleife) nur $\mathcal{O}(|\text{ADJ}[u]|) = \mathcal{O}(g(u))$ Zeit an, wobei u die Ecke mit maximaler Marke ist, die wir in diesem Durchgang nummerieren. Damit ergibt sich eine Laufzeit von $\mathcal{O}(n+m)$ für den gesamten Algorithmus. Wir erhalten somit folgenden Satz:

Satz 7.19:

Mit Hilfe von LEX-BFS *lässt sich in linearer Zeit feststellen, ob ein gegebener ungerichteter Graph G chordal ist. Falls G chordal ist, so bestimmt* LEX-BFS *ein perfektes Eliminationsschema für G.* ∎

Aus Konsequenz von Satz 7.19 sowie den Sätzen 4.22 und 4.23 können wir einen chordalen Graphen G in linearer Zeit mit $\chi(G)$ Farben färben und eine Clique der Größe $\omega(G)$ berechnen (MAX-CLIQUE lösen). Eine umfassende Übersicht über die Anwendungen von LEX-BFS findet sich in [46].

Max-Clique

Ein alternatives Verfahren für die Berechnung eines perfekten Eliminationsschemas ist die Kardinalitätssuche (*maximum cardinality search*, MCS). Das konzeptionell gegenüber LEX-BFS einfachere Verfahren ist im Ergänzungsmaterial dargestellt.

7.6   Übungsaufgaben

Aufgabe 7.1:   **Wurzelbäume in stark zusammenhängenden Graphen**

Sei $G = (V, R, \alpha, \omega)$ ein stark zusammenhängender Graph und $s \in V$ beliebig. Beweisen Sie mit Hilfe von DFS, dass G einen s-Wurzelbaum enthält.

Aufgabe 7.2:   **Irreduzible Kerne**

Sei $G = (V, R)$ ein stark zusammenhängender Graph. Zeigen Sie, dass es einen irreduziblen Kern $G_* = (V, R_*)$ von G gibt mit $|R_*| \leq 2|V| - 2$.

Aufgabe 7.3:   **Satz vom grauen Weg**

Beweisen Sie, dass bei Ausführung von DFS folgendes gilt: Zum Zeitpunkt $d[v]$ sind die grauen Ecken genau die Vorfahren von v in G_π. Diese bilden einen Weg von der Wurzel s des entsprechenden DFS-Wurzelbaums zur Ecke v.

Aufgabe 7.4:   **Eigenschaften der Tiefensuche**

Sei $G = (V, R, \alpha, \omega)$ ein endlicher Graph, auf den der DFS angewendet werde. Beweisen oder widerlegen Sie folgende Aussage: Sei $v \in E_G(u)$ und $d[u] < d[v]$. Dann ist v ein Nachfahre von u im DFS-Wald G_π.

Aufgabe 7.5:   **Berechnung des reduzierten Graphen**

Geben Sie einen Algorithmus an, der zu einem endlichen gerichteten Graphen $G = (V, R, \alpha, \omega)$ den reduzierten Graphen $\hat{G}$ in linearer Zeit $\mathcal{O}(|V| + |R|)$ berechnet.

8   Kürzeste Wege

In der Einleitung haben wir ein kürzeste-Wege-Problem aus dem Bereich der Routenplanung kennengelernt. Das älteste dokumentierte kürzeste-Wege-Problem stammt nach [30] aus Schillers Schauspiel »Wilhelm Tell« [154, IV. Aufzug, 1. Szene]: Tell befindet sich nach dem Apfelschuss am Ufer des Vierwaldstätter Sees nahe beim Ort Altdorf. Er muss vor dem Reichsvogt Hermann Geßler die Hohle Gasse in Küßnacht erreichen:

> **Tell.** *Nennt mir den nächsten Weg nach Arth und Küßnacht.*
>
> **Fischer.** *Die offne Straße zieht sich über Steinen,*
> *Doch einen kürzern Weg und heimlicheren*
> *kann euch mein Knabe über Lowerz führen.*

In diesem Kapitel beschäftigen wir uns mit der Berechnung von kürzesten Wegen in einem Graphen G, dessen Pfeile »Längen« oder »Kosten« $c \colon R(G) \to \mathbb{R}$ besitzen. Wir setzen dabei stets das Folgende voraus:

Voraussetzung 8.1:
Der gerichtete Graph $G = (V, R, \alpha, \omega)$ ist *parallelenfrei* und wird wie üblich kurz mit $G = (V, R)$ bezeichnet. Die Funktion $c \colon R \to \mathbb{R}$ sei eine Gewichtsfunktion, welche den Pfeilen von G »Längen« oder »Kosten« zuweist.

Routenplanung als (kürzeste-) Wege-Problem in einem Graphen

Parallelen spielen bei der Berechnung kürzester Wege keine Rolle. Wir können jeweils die kürzeste der Parallelen im Graphen behalten und alle anderen vorab eliminieren (vgl. auch Aufgabe 2.3). Man unterscheidet folgende Typen von kürzeste-Wege-Problemen:

SPP (Single Pair Shortest Path Problem)

Instanz: Gerichteter Graph $G = (V, R)$ mit Gewichten $c \colon R \to \mathbb{R}$, sowie zwei Ecken $s, t \in V$

Gesucht: Ein kürzester Weg (die Länge eines kürzesten Weges) von s nach t in G

SSP (Single Source Shortest Path Problem)

Instanz: Gerichteter Graph $G = (V, R)$ mit Gewichten $c \colon R \to \mathbb{R}$, sowie eine Ecke $s \in V$

Gesucht: Kürzeste Wege (die Längen der kürzesten Wege) von s zu v für alle $v \in V$

> **APSP (All Pairs Shortest Path Problem)**
>
> **Instanz:**   Gerichteter Graph $G = (V, R)$ mit Gewichten $c \colon R \to \mathbb{R}$
> **Gesucht:**   Für jedes Paar $u, v \in V$ ein kürzester Weg (die Länge
>   eines kürzesten Weges) von u nach v.

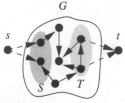

Bei jedem der drei Problemtypen kann darüberhinaus nach *allen* kürzesten Wegen gefragt werden.

Wir beschränken uns auf die Probleme SSP und APSP. Offenbar wird ein SPP durch das entsprechende SSP gelöst. Theoretisch haben beide Probleme die gleiche Komplexität. In diesem Zusammenhang möchten wir auch folgende (scheinbare) Verallgemeinerung des SPP erwähnen: Gegeben seien zwei Mengen $S \subseteq V$ und $T \subseteq V$ mit $S \cap T = \emptyset$, finde einen kürzesten Weg von einer Ecke in S zu einer Ecke in T. Dieses Problem kann auf das SPP zurückgeführt werden, indem wir zwei neue Ecken s und t einführen, wobei s Vorgänger aller Ecken in S und T Nachfolger aller Ecken in T ist. Die neuen Pfeile besitzen alle Gewicht 0, so dass ein kürzester s-t-Weg im erweiterten Graphen einen kürzesten S-T-Weg im ursprünglichen Graphen liefert.

Das Problem, einen kürzesten Weg von einer Ecke in S zu einer Ecke in T zu finden, kann auf ein s-t-Wegeproblem in einem um zwei Ecken erweiterten Graphen zurückgeführt werden.

8.1   Grundlegende Eigenschaften kürzester Wege

Zunächst definieren wir formal die Länge eines Weges in einem gewichteten Graphen und damit auch die Distanz zwischen zwei Ecken.

Definition 8.2:   **Länge eines Weges, Distanz**

Sei $G = (V, R)$ ein Graph und $c \colon R \to \mathbb{R}$ eine Gewichtsfunktion. Die *Länge* $c(P)$ eines Weges $P = (v_0, r_1, v_1, \dots, r_k, v_k)$ in G ist definiert durch

$$c(P) := \sum_{i=1}^{k} c(r_i).$$

(Für einen Weg $P = (v_0)$ ohne Pfeile ergibt sich $c(P) = 0$).

Die *Distanz* $\mathrm{dist}_c(u, v, G)$ zweier Ecken $u, v \in V$ bezüglich der Gewichtsfunktion c definieren wir durch

$$\mathrm{dist}_c(u, v, G) := \inf \left\{ \, c(P) : P \text{ ist ein Weg in } G \text{ von } u \text{ nach } v \, \right\}. \quad (8.1)$$

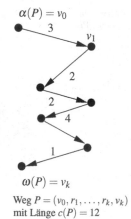

Weg $P = (v_0, r_1, \dots, r_k, v_k)$ mit Länge $c(P) = 12$

Wie üblich ist $\inf(\emptyset) = +\infty$. Die Distanz hängt natürlich vom zugrundeliegenden Graphen (bzw. seiner Pfeilmenge) und von der Wahl der Gewichtsfunktion c ab. Dies haben wir durch die Notation $\mathrm{dist}_c(u, v, G)$ verdeutlicht. Falls der Graph G aus dem Kontext klar ist, schreiben wir kürzer $\mathrm{dist}_c(u, v)$.

Bemerkung 8.3:

1. Falls $u \neq v$ und $v \notin E_G(u)$, so ist also $\operatorname{dist}_c(u, v) = +\infty$. Wenn ein Kreis C mit negativer Länge von u aus erreichbar ist, so ist $\operatorname{dist}_c(u, v) = -\infty$ für alle Ecken in $V(C) \cup E_G(V(C))$, wobei $E(U) := \bigcup_{u \in U} E_G(u)$: Wir können den Kreis negativer Länge beliebig oft wiederholen, so dass wir in der Menge in (8.1) beliebig kleine Werte erhalten.

2. Falls u und v zusammenfallen, gibt es nur zwei Möglichkeiten: Entweder gilt $\operatorname{dist}_c(u, u) = 0$ oder $\operatorname{dist}_c(u, u) = -\infty$.

Für die Ecken u und v gilt:
$\operatorname{dist}(u, v) = -\infty$,
$\operatorname{dist}(v, u) = +\infty$.

Im folgenden Lemma untersuchen wir den Einfluss von Kreisen negativer Länge auf die Distanzen im Graphen genauer.

Lemma 8.4:

Die folgenden zwei Aussagen sind äquivalent:

(i) Es gilt $\operatorname{dist}_c(u, v) = -\infty$.

(ii) Es gibt einen Weg P von u nach v und eine Ecke $w \in s(P)$, so dass w auf einem Kreis negativer Länge liegt.

Beweis:

»(i)$\Rightarrow$(ii)«: Wir nehmen an, dass es keinen Kreis mit den Eigenschaften aus (ii) gibt. Jeder Weg von u nach v wird dann nicht länger, wenn man Teilwege aus ihm entfernt, die Kreise sind (da jeder solche Kreis nach Annahme eine nichtnegative Länge besitzt). Da es nur endlich viele Wege in G gibt, die keinen Kreis enthalten, folgt, dass das Infimum in (8.1) entweder $+\infty$ (im Falle $v \notin E_G(u)$) oder endlich sein muss. Dies widerspricht der Voraussetzung, dass $\operatorname{dist}_c(u, v) = -\infty$.

»(ii)$\Rightarrow$(i)« Klar nach Bemerkung 8.3. ■

Beobachtung 8.5: Teilwege kürzester Wege sind kürzeste Wege

Sei P ein kürzester Weg von u nach v und $w \in s(P)$. Dann ist der Teilweg P_{uw} von u nach w ein kürzester Weg von u nach w. Ferner ist der Teilweg P_{wv} ein kürzester Weg von w nach v.

Beweis:

Ein kürzerer u-w-Weg P'_{uw} kann benutzt werden, um einen kürzeren u-v-Weg zu erhalten, indem wir P_{uw} durch P'_{uw} ersetzen. Analoges gilt für den Teilweg von w nach v. ■

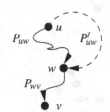

Der Teilweg P_{uw} des kürzesten Weges von u nach v ist ein kürzester u-w-Weg.

Lemma 8.6:

Sei $s \in V$ eine ausgezeichnete Ecke. Dann gilt

$$\operatorname{dist}_c(s, v) \leq \operatorname{dist}_c(s, u) + c(u, v) \text{ für alle } (u, v) \in R.$$

Ein kürzester s-u-Weg der Länge $\text{dist}_c(s,u)$ lässt sich durch den Pfeil (u,v) zu einem s-v-Weg der Länge $\text{dist}_c(s,u) + c(u,v)$ ergänzen.

Beweis:
Ein kürzester Weg von s nach v ist höchstens so lang wie ein beliebiger Weg P von s nach v. Insbesondere gilt dies auch für alle kürzesten Wege von s nach u, die um den Pfeil (u,v) zu einem Weg von s nach v verlängert werden.   ∎

Definition 8.7:   Reduzierte Kosten, Potential
Sei $p\colon V \to \mathbb{R}$ eine Eckenbewertung. Wir definieren die *reduzierten Kosten* $c^p\colon R \to \mathbb{R}$ gemäß p durch

$$c^p(u,v) := c(u,v) + p(u) - p(v).$$

Potential für c

$c(u,v)$

u v

$c^p(u,v) :=$
$c(u,v) + p(u) - p(v)$
u v

Übergang zu reduzierten Kosten

Die Eckenbewertung heißt *Potential für c*, wenn für alle $(u,v) \in R$ die Bedingung $c^p(u,v) \geq 0$ gilt, also

$$p(v) \leq p(u) + c(u,v) \text{ für alle } (u,v) \in R.$$

Sind für ein $s \in V$ die Distanzen $\text{dist}_c(s,v)$ alle endlich, so ist nach Lemma 8.6 dann $p(v) := \text{dist}_c(s,v)$ ein Potential. Eckenbewertungen bzw. Potentiale sind sowohl für Optimalitätstests als auch für die Berechnung von kürzesten Wegen hilfreich, wie wir gleich sehen werden.

Sei $P = [v_0, \ldots, v_k]$ ein Weg von v_0 nach v_k. Dann gilt

$$c^p(P) = \sum_{i=0}^{k-1} (c(v_i, v_{i+1}) + p(v_i) - p(v_{i+1}))$$
$$= \sum_{i=0}^{k-1} c(v_i, v_{i+1}) + \sum_{i=0}^{k-1} (p(v_i) - p(v_{i+1}))$$
$$= c(P) + p(v_0) - p(v_k),$$

Es gilt
$c^p(P) = c(P) + p(v_0) - p(v_k)$

da die zweite Summe eine Teleskopsumme ist. Damit ändert sich beim Übergang von c zu c^p für *jeden Weg* von v_0 nach v_k die Länge um eine Konstante $p(v_0) - p(v_k)$, die nicht vom Weg abhängt. Ist P ein Kreis, so gilt $v_0 = v_k$ und nach obiger Rechnung ist die Länge bezüglich c^p und c des Kreises dann sogar identisch. Wir erhalten somit folgende nützliche Beobachtung:

Beobachtung 8.8:   Übergang zu reduzierten Kosten
Sei $p\colon V \to \mathbb{R}$ eine Eckenbewertung.

(i) *P ist genau dann ein kürzester u-v-Weg bezüglich c, wenn P ein kürzester u-v-Weg bezüglich c^p ist.*

(ii) *Für jeden Weg P in G gilt $c(P) = c^p(C) + p(\omega(P)) - p(\alpha(P))$.*

(iii) *Für jeden Kreis C in G gilt $c(C) = c^p(C)$.*

Haben wir ein Potential p in G gegeben, so gilt $c^p(u, v) \geq 0$ für alle $(u, v) \in R$. Nach Beobachtung 8.8 können wir das Problem, kürzeste Wege bezüglich c zu berechnen, auf ein kürzeste-Wege-Problem mit der nicht-negativen Gewichtsfunktion c^p zurückführen.

Satz 8.9:

Sei G wie in Voraussetzung 8.1. Dann existiert in G genau dann ein Potential, wenn in G kein Kreis negativer Länge existiert. Falls $c \colon R \to \mathbb{Z}$ ganzzahlig ist, so können wir p ganzzahlig wählen.

Beweis:

»⇒«: Sei p ein Potential, dann gilt $c^p(u, v) \geq 0$ für alle $(u, v) \in R$, also insbesondere $c^p(C) \geq 0$ für jeden Kreis C in G. Nach Beobachtung 8.8(ii) ist dann auch $c(C) = c^p(C) \geq 0$ für jeden Kreis C.

»⇐«: Wir fügen an G eine neue Ecke s' ein, die alle Ecken aus $V(G)$ als Nachfolger besitzt und selbst keinen Vorgänger hat. Sei G' der resultierende Graph. Wir setzen die Gewichtsfunktion c auf G' durch $c(s', v) := 0$ fort. Dann hat G' keinen negativen Kreis, da s' in keinem solchen Kreis enthalten sein kann und G nach Voraussetzung keinen Kreis negativer Länge enthält. Da $E_{G'}(s') = V(G')$, sind damit alle Distanzen $\mathrm{dist}_c(s', v)$ endlich (Lemma 8.4) und $p(v) := \mathrm{dist}_c(s', v)$ ist nach Lemma 8.6 ein Potential in G' (und damit trivialerweise auch in G).

Falls c ganzzahlig ist, so ist auch $\mathrm{dist}_c(s, v)$ für alle $v \in V$ ganzzahlig. ∎

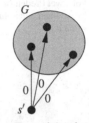

Konstruktion des Obergraphen G' in Satz 8.9

8.2 Bäume kürzester Wege

Sei $s \in V$ eine ausgezeichnete Ecke. Die Repräsentation jeweils eines kürzesten Weges von s zu allen anderen Ecken $v \in V$ (bzw. $v \in E_G(s)$) können wir kompakt mit Hilfe eines Baums kürzester Wege erreichen.

Definition 8.10:   Baum kürzester Wege

Sei G wie in Voraussetzung 8.1. Ein *Baum kürzester Wege bezüglich s* ist ein Wurzelbaum $T = (V', R') \sqsubseteq G$ mit Wurzel s und folgenden Eigenschaften:

(i) $V' = E_G(s)$

(ii) Für alle $v \in V' \setminus \{s\}$ ist der eindeutige Weg von s zu v in T ein kürzester Weg in G von s zu v.

Ein Baum kürzester Wege muss nicht eindeutig sein, wie der Graph am Rand zeigt. Die Existenz eines Baums kürzester Wege wird durch folgenden Satz sichergestellt.

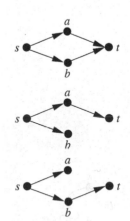

Ein Graph G und zwei Bäume kürzester Wege von s aus. Es gilt im Beispiel $c(r) = 1$ für alle $r \in R(G)$.

Satz 8.11:

Sei $s \in V$ so dass jeder von s aus erreichbare Kreis in G nichtnegative Länge besitzt. Dann existiert ein Baum kürzester Wege bezüglich s in G.

Beweis:

Sei $V' := E_G(s)$ die Menge der Ecken, die von s aus in G erreichbar sind. Sei darüberhinaus R' eine inklusionsweise minimale Teilmenge von R, so dass für jedes $v \in V' \setminus \{s\}$ ein kürzester Weg von s nach v existiert, der nur Pfeile aus R' benutzt. Wir behaupten, dass $T' = (V', R')$ ein Baum kürzester Wege bezüglich s ist.

Ein Pfeil (v, s) kann aus R' entfernt werden.

Dazu ist nur zu zeigen, dass T' ein Wurzelbaum mit Wurzel s ist. Wir benutzen dazu die Charakterisierung (iii) aus Satz 6.42, für die wir nur noch $g_{T'}^-(s) = 0$ und $g_{T'}^-(v) \leq 1$ für $v \neq s$ verifizieren müssen.

Falls $(v, s) \in R'$, so können wir offenbar (v, s) aus R' entfernen, ohne einen kürzesten Weg zu zerstören. Dies widerspricht der Minimalität von R'. Analog könnten wir von zwei Pfeilen $(u, v), (u', v) \in R'$, welche die gleiche Endecke v haben, einen aus R' entfernen. ∎

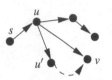

Von zwei Pfeilen (u, v) und (u', v) kann einer eliminiert werden.

Bei den Algorithmen, die im Folgenden vorgestellt werden, tritt ähnlich wie bei DFS und BFS jeweils ein *Vorgängergraph* G_π auf, den wir wie folgt definieren: $G_\pi = (V_\pi, R_\pi)$ mit

$$V_\pi := \{ v \in V : \pi[v] \neq \mathtt{nil} \} \cup \{s\}$$
$$R_\pi := \{ (\pi[v], v) \in R : v \in V_\pi \wedge v \neq s \}$$

Wir werden dann zeigen, dass G_π ein Baum kürzester Wege bezüglich s ist.

8.3   Ein Grundgerüst zur Berechnung kürzester Wege

Unsere Algorithmen benutzen alle die gleiche Initialisierung INIT aus Algorithmus 8.1. Die Werte $d[v]$ $(v \in V)$ sind dabei obere Schranken für $\mathrm{dist}_c(s, v)$, die im Lauf des Algorithmus angepasst werden.

Algorithmus 8.1 Initialisierung für kürzeste Wege Algorithmen

---

INIT(G, s)

1 **for all** $v \in V$ **do**
2      $d[v] := +\infty$
3      $\pi[v] := \mathtt{nil}$
4 $d[s] := 0$

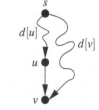

Testschritt TEST(u, v)

Die Verfahren benutzen ebenfalls alle als Baustein sogenannte »Testschritte« TEST(u, v) (siehe Algorithmus 8.2). Bei Aufruf von TEST(u, v) für einen Pfeil (u, v) wird geprüft, ob wir über u und den Pfeil (u, v) einen kürzeren Weg von s nach v als die aktuelle obere Schranke $d[v]$ finden können.

Den folgenden Satz werden wir in den Korrektheitsbeweisen für die einzelnen Algorithmen mehrfach benutzen.

Algorithmus 8.2 Algorithmus, der für einen Pfeil $(u,v) \in R$ prüft, ob er benutzt werden kann, um einen kürzeren Weg von s nach v zu finden als der bisher bekannte mit Länge $d[v]$

TEST(u,v)

1   **if** $d[v] > d[u] + c(u,v)$ **then**
2       $d[v] := d[u] + c(u,v)$
3       $\pi[v] := u$

Satz 8.12:

Ein Algorithmus initialisiere mit Hilfe von Algorithmus 8.1 und führe dann eine beliebige Anzahl von Testschritten (Algorithmus 8.2) aus. Dann gelten während des Algorithmus folgende Bedingungen:

(i) *Die reduzierten Kosten c^d bezüglich der Eckenbewertung d erfüllen $c^d(u,v) \leq 0$ für alle $(u,v) \in R_\pi$.*

(ii) *$d[v] \geq dist_c(s,v)$ für jedes $v \in V$.*

(iii) *Jeder Kreis in G_π hat negative Länge bezüglich c und c^d.*

(iv) *Falls in G von s kein Kreis negativer Länge erreichbar ist, so ist $G_\pi = (V_\pi, R_\pi)$ ein Wurzelbaum mit Wurzel s und G_π enthält für $v \in V_\pi \setminus \{s\}$ einen Weg von s nach v der Länge höchstens $d[v]$, dessen Spur durch $[s = \pi^{(k)}[v], \ldots, \pi[v], v]$ gegeben ist.*

Beweis:

Wir beweisen die Behauptung durch Induktion nach der Anzahl der Testschritte.

Vor dem ersten Testschritt gilt $V_\pi = \{s\}$, $R_\pi = \emptyset$, $d[s] = 0$ und $d[v] = +\infty$ für $v \neq s$. Die Aussagen sind somit alle offenbar richtig.

Es werde nun ein weiterer Schritt TEST(u,v) ausgeführt. Wenn $d[v] \leq d[u] + c(u,v)$ war, so wird nichts an G_π oder den Werten π und d geändert. Somit ist in diesem Fall nichts zu zeigen.

(i) Wenn $d[v] > d[u] + c(u,v)$ war, so wird nun $d[v]$ auf $d[u] + c(u,v)$ vermindert, $\pi[v] = u$ gesetzt, der Pfeil (u,v) zu G_π hinzugenommen und eventuell der alte Pfeil (x,v) vom alten Vorgänger x von v entfernt.

Bei Hinzunahme von (u,v) gilt dann $d[v] = d[u] + c(u,v)$, mit anderen Worten $c(u,v) + d[u] - d[v] = 0$, also $c^d(u,v) = 0$. Alle Pfeile $(v,w) \in R_\pi$ mit Startecke v erfüllten vorher $c^d(v,w) \leq 0$ nach Induktionsvoraussetzung. Da durch Erniedrigen von $d[v]$ der Wert $c^d(v,w) = c(v,w) + d[v] - d[w]$ nur sinken kann, gilt nach dem Testschritt weiterhin $c^d(v,w) \leq 0$ für alle diese Pfeile. Für alle Pfeile, die nicht mit v inzidieren, ändern sich die reduzierten Kosten nicht, also gilt (i) auch nach dem Testschritt.

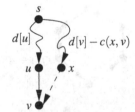

Ist $d[v] > d[u] + c(u,v)$, so wird $\pi[v] := u$ gesetzt und damit der Pfeil (x,v) vom alten Vorgänger zu v aus G_π entfernt.

(ii) Es gilt nach Induktionsvoraussetzung

$$d[u] + c(u,v) \geq \text{dist}_c(s,u) + c(u,v) \geq \text{dist}_c(s,v),$$

wobei die letzte Ungleichung aus Lemma 8.6 folgt. Dies zeigt die Eigenschaft (ii).

(iii) Sei $C = [v_0, v_1, \ldots, v_k, v_{k+1} = v_0]$ ein Kreis in G_π. Wegen (i) hat dieser Kreis Länge $c^d(C) \leq 0$. Sei o.B.d.A. sei (v_0, v_1) der Pfeil, dessen Hinzunahme zu G_π den Kreis C in einer Iteration geschlossen hat. Wir betrachten die Iteration, in der (v_0, v_1) zu G_π hinzugefügt wurde. Dann galt vorher

$$d[v_1] > d[v_0] + c(v_0, v_1),$$

also $c^d(v_0, v_1) < 0$ und damit $c^d(C) < 0$. Nach Beobachtung 8.8 gilt $c(C) = c^d(C) < 0$.

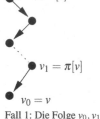

(iv) Für alle $u \in V_\pi$ mit $u \neq s$ gilt $\pi[u] \neq \texttt{nil}$. Sei $v \in V$ beliebig. Wir betrachten die Folge $v_0, v_1, \ldots$ mit $v_i := \pi^{(i)}[v]$. Dabei ist $\pi^{(0)}[v] := v$ und $\pi^{(i)}[v] := \pi[\pi^{(i-1)}[v]]$ für $i > 0$, sofern $\pi^{(i-1)}[v] \neq \texttt{nil}$. Wenn diese Folge irgendwann mit $v_k = s$ abbricht, so liefert sie uns in umgekehrter Reihenfolge einen Weg P von s nach v. Wegen (i) erfüllt dieser Weg $c^d(P) \leq 0$, also nach Beobachtung 8.8

$$c(P) \leq d[v] - d[s] \leq d[v] - \text{dist}_c(s,s) = d[v].$$

Fall 1: Die Folge $v_0, v_1, \ldots$ mit $v_i := \pi^{(i)}[v]$ bricht mit $v_k = s$ ab.

Ansonsten gilt irgendwann $v_j = v_{j+l}$ und (falls j und l minimal gewählt wurden) ist $[v_j, v_{j+1}, \ldots, v_{j+l-1}, v_j]$ die Spur eines elementaren Kreises C in G_π. Dieser ist aber nach (iii) ein Kreis negativer Länge. Da für alle Ecken $u \in C$ der Wert $d[u]$ endlich ist, gilt nach (ii) auch $\text{dist}_c(s,u) \leq d[u] < +\infty$, also ist jede Ecke von C von s aus in G erreichbar im Widerspruch zur Voraussetzung.

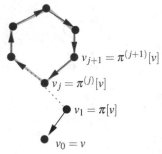

Fall 2: Es gilt für $v_j = v_{j+l}$ für minimal gewähltes j und l: Der Kreis $[v_j, v_{j+1}, \ldots, v_{j+l-1}, v_j]$ ist dann ein elementarer Kreis negativer Länge.

Wir zeigen nun noch, dass G_π ein s-Wurzelbaum ist. Dazu beweisen wir, dass die Charakterisierung (iii) aus Satz 6.42 erfüllt ist, also $E_{G_\pi}(s) = V_\pi$ und $g_{G_\pi}^-(v) \leq 1$ für alle $v \in V_\pi$ sowie $g_{G_\pi}^-(s) = 0$. Da wir für jede Ecke $v \in V_\pi$ durch Zurückverfolgen der Vorgänger einen Weg von s nach v konstruieren können, gilt $E_{G_\pi}(s) = V_\pi$. Zudem ist $g_{G_\pi}^-(v) = 1$ für alle $v \in V_\pi \setminus \{s\}$ (jede Ecke $v \neq s$ hat genau einen Vorgänger $\pi[v]$). Wäre $g_{G_\pi}^-(s) \geq 1$, so hätte G_π nach Lemma 3.4 einen Kreis, der wie oben ein Kreis negativer Länge sein muss, der von s aus erreichbar ist.

Dies beendet den Induktionsschritt und damit auch den Beweis.   ∎

Korollar 8.13:

Erzeugt ein Algorithmus nach Initialisierung durch eine Anzahl von Testschritten $d[v] \leq \text{dist}_c(s,v)$ für jedes $v \in V$, so ist sogar $d[v] = \text{dist}_c(s,v)$ für *alle $v \in V$ und G_π ein Baum kürzester Wege bezüglich s.* ∎

Beweis:
Nach Satz 8.12 enthält der Wurzelbaum G_π für jedes $v \in V_\pi$ einen Weg der Länge höchstens $d[v] = \text{dist}(s, v)$. Da G_π nur Pfeile aus G enthält, kann dieser Weg auch nicht kürzer als ein kürzester s-v-Weg sein. ∎

Nach Satz 8.12 und Korollar 8.13 müssen wir zur Lösung des SSP »nur« eine geeignete Folge von Testschritten finden, so dass $d[v] = \text{dist}_c(s, v)$ gilt. In den folgenden beiden Abschnitten beschäftigen wir uns mit der Frage, wie wir diese Aufgabe lösen.

8.4 Der Algorithmus von Dijkstra

Wir betrachten das SSP, also das Problem die kürzesten Wege von einer Ecke s zu allen anderen Ecken in V zu finden. In diesem Abschnitt setzen wir voraus, dass $c(r) \geq 0$ für alle $r \in R$ ist. Zudem nehmen wir an, dass $E_G(s) = V$, dass also alle Ecken von s aus erreichbar sind. Für $v \notin E_G(s)$ gilt $\text{dist}_c(s, v) = +\infty$ und mit Hilfe von Algorithmus 3.2 (oder DFS bzw. BFS) können wir diese Ecken in linearer Zeit aus G eliminieren.

Der Algorithmus von Dijkstra [52] (Algorithmus 8.3) arbeitet mit einer »Wellenfront«-Strategie: im Verfahren halten wir eine Menge PERM $\subseteq V$ von »permanent markierten« Ecken, d.h. von Ecken v, für die bereits $d[v] = \text{dist}_c(s, v)$ gilt. Anfangs ist PERM $= \emptyset$. In jeder Iteration entfernen wir eine Ecke u aus $Q := V \setminus \text{PERM}$ mit minimalem Schlüsselwert $d[u]$ und fügen u PERM hinzu. Anschließend testen wir alle Pfeile $(u, v) \in R$.

Wenn man einen kurzen Blick auf den Algorithmus von Prim (Algorithmus 6.5 auf Seite 117) wirft, so fallen sofort die Gemeinsamkeiten mit dem Dijkstra-Algorithmus auf. In beiden Algorithmen haben wir eine Teilmenge von »permanent markierten« Ecken (S bei Prim, PERM bei Dijkstra) und fügen aus dem Komplement Q in jeder Iteration eine Ecke u mit kleinstem Schlüsselwert $d[u]$ hinzu. Bei Prim ist der Schlüsselwert von $v \in Q$ das Gewicht einer leichtesten Kante von v nach S, bei Dijkstra entspricht $d[v]$ der Länge eines kürzesten Weges von $s \in \text{PERM}$ zu v. Bis auf die Berechnung der Schlüsselwerte sind also beide Algorithmen identisch.

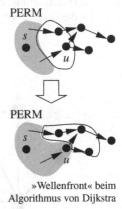

»Wellenfront« beim Algorithmus von Dijkstra

Satz 8.14:
Bei Abbruch des Algorithmus 8.3 von Dijkstra gilt $d[v] = \text{dist}_c(s, v)$ für alle $v \in V$. Der Graph G_π ist ein Baum kürzester Wege bezüglich s.

Beweis:
Nach Theorem 8.12 gilt invariant $d[v] \geq \text{dist}_c(v)$ für alle $v \in V$. Wir zeigen durch Induktion nach der Anzahl der Durchläufe der **while**-Schleife, dass $d[u] = \text{dist}_c(s, u)$ für alle $u \in \text{PERM}$ gilt. Vor dem ersten Durchlauf ist dies offenbar richtig, da PERM $= \{s\}$ und $d[s] = \text{dist}_c(s, s) = 0$.

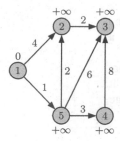

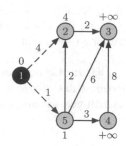

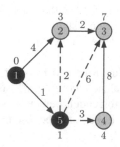

a: Initialisierung, die Startecke ist die Ecke 1. Wir haben PERM = ∅.

b: Die Ecke 1 wird als Minimum aus der Prioritätsschlange entfernt, mit der $Q := V \setminus$ PERM verwaltet wird. Für alle Nachfolger werden die Distanzmarken d mittels TEST korrigiert.

c: Die Ecke 5 wird als Minimum aus der Prioritätsschlange entfernt und PERM hinzugefügt. Dabei wird unter anderem die Distanzmarke der Ecke 2 von 4 auf 3 verringert.

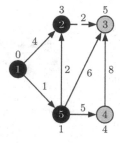

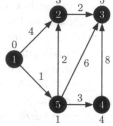

d: Die Ecke 2 wird aus der Schlange entfernt.

e: Die Ecke 4 wird aus der Schlange entfernt. Die Distanzmarke der Ecke 3 wird dabei nicht verringert, da $4 + 8 > 5$ gilt.

f: Die Ecke 3 wird als Minimum aus der Prioritätsschlange entfernt. Danach terminiert der Algorithmus, da PERM $= V$ (und die Schlange leer) ist.

Bild 8.1: Arbeitsweise des Dijkstra-Algorithmus. Die Zahlen an den Ecken bezeichnen die Distanzmarken d, die schwarz gefärbten Ecken sind die permanent markierten Ecken PERM. Die in der aktuellen Iteration mittels TEST überprüften Pfeile sind gestrichelt hervorgehoben.

Algorithmus 8.3 Algorithmus von Dijkstra

DIJKSTRA(G, c, s)

Input: Ein gerichteter Graph $G = (V, R)$ in Adjazenzlistendarstellung, eine
nichtnegative Gewichtsfunktion $c \colon R \to \mathbb{R}_+$ und eine Ecke $s \in V$ mit
$E_G(s) = V$

Output: Für alle $v \in V$ die Distanz $d[v] = \mathrm{dist}_c(s, v)$ sowie ein Baum G_π
kürzester Wege von s aus

1 INIT(G, s)
2 PERM $:= \emptyset$ { *PERM ist die Menge der »permanent markierten« Ecken* }
3 **while** PERM $\neq V$ **do**
4   Wähle $u \in Q := V \setminus$ PERM mit minimalem Schlüsselwert $d[u]$.
5   PERM $:=$ PERM $\cup \{u\}$
6   **for all** $v \in$ Adj$[u] \setminus$ PERM **do**
7   TEST(u, v)
8 **return** $d[\,]$ und G_π { *G_π wird durch die Vorgängerzeiger π »aufgespannt«* }

Für den Induktionsschritt genügt es zu beweisen, dass für die Ecke u,
welche in Schritt 4 aus $Q := V \setminus$ PERM entfernt wird, gilt $d[u] \leq \mathrm{dist}_c(s, u)$.

Wir nehmen an, dass $d[u] > \mathrm{dist}_c(s, u)$. Sei $P = [s = v_0, \dots, v_k = u]$ ein
kürzester Weg von s nach u der Länge $\mathrm{dist}_c(s, u)$. Sei $i \in \{0, \dots, k\}$ minimal
mit $v_i \in Q$. Dann gilt $i \geq 1$, da $v_0 = s \in$ PERM bereits vor der ersten Iteration
galt und niemals Ecken aus PERM aus Q entfernt werden.

Es ist $v_{i-1} \in$ PERM nach Wahl von i. Dann wurde v_{i-1} in einer früheren
Iteration als Minimum aus Q entfernt. Nach Induktionsvoraussetzung war
dann $d[v_{i-1}] \leq \mathrm{dist}_c(s, v_{i-1})$. Nach den Testschritten in Schritt 7 gilt zu
Ende dieser Iteration dann

$$d[v_i] \leq d[v_{i-1}] + c(v_{i-1}, v_i) = \mathrm{dist}_c(s, v_{i-1}) + c(v_{i-1}, v_i) = \mathrm{dist}_c(s, v_i).$$

Also ist $d[v_i] \leq \mathrm{dist}_c(s, v_i) \leq \mathrm{dist}_c(s, u) < d[u]$ im Widerspruch zur Wahl
von u als Ecke in Q mit minimalem Schlüsselwert.   ∎

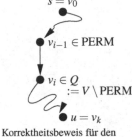

Korrektheitsbeweis für den
Algorithmus von Dijkstra

8.4.1   Implementierung des Algorithmus von Dijkstra

Wir hatten bereits weiter oben auf die Gemeinsamkeiten zwischen dem Algorithmus von Prim (Algorithmus 6.5 auf Seite 117) und dem Algorithmus von Dijkstra hingewiesen. Wie im Algorithmus von Prim verwalten wir für den Dijkstra-Algorithmus nun die Menge $V \setminus$ PERM der noch nicht permanent markierten Ecken mit endlichem Schlüsselwert in einer Prioritätsschlange Q.

Mittels EXTRACT-MIN können wir dann Schritt 4 des Dijkstra-Algorithmus umsetzen und eine Ecke $u \in Q$ mit geringstem Schlüsselwert finden. Für die Testschritte in Schritt 7 führen wir dann DECREASE-KEY-Operationen aus, wenn der Schlüsselwert einer Ecke v auf $d[u] + c(u, v)$ verringert wird (falls v noch nicht in Q enthalten ist, so fügen wir v vorher

---

Algorithmus 8.4 Implementierung des Algorithmus von Dijkstra.

$\text{DIJKSTRA}(G, c, s)$

Input: Ein gerichteter Graph $G = (V, R)$ in Adjazenzlistendarstellung, eine
nichtnegative Gewichtsfunktion $c \colon R \to \mathbb{R}_+$ und eine Ecke $s \in V$ mit
$E_G(s) = V$

Output: Für alle $v \in V$ die Distanz $d[v] = \text{dist}_c(s, v)$ sowie ein Baum G_π
kürzester Wege von s aus

1 $\text{INIT}(G, s)$
2 $\text{PERM} := \emptyset$ { *PERM ist die Menge der »permanent markierten« Ecken* }
3 $Q := \text{MAKE}()$ { *Erzeuge eine leere Prioritätsschlange* }
4 $\text{INSERT}(Q, s)$ { *Füge s mit Schlüsselwert $d[s] = 0$ in die Schlange ein.* }
5 **while** $|\text{PERM}| < n$ **do**
6      $u := \text{EXTRACT-MIN}(Q)$
7      $\text{PERM} := \text{PERM} \cup \{u\}$
8   **for all** $v \in \text{Adj}[u] \setminus \text{PERM}$ **do**
9   **if** $d[v] = +\infty$ **then**   { *v ist noch nicht in Q enthalten* }
10              $\text{INSERT}(Q, v)$ { *Füge v neu in Q ein* }
11   Prüfe den Pfeil (u, v) mittels $\text{TESTE}(u, v)$. Wenn dabei $d[v]$ auf $d[u] +$
              $c(u, v)$ herabgesetzt wird, dann führe $\text{DECREASE-KEY}(Q, v, d[u]+c(u, v))$
              aus.
12 **return** $d[]$ und G_π { *G_π wird durch die Vorgängerzeiger π »aufgespannt«* }

---

mittels INSERT ein). Algorithmus 8.4 zeigt die Implementierung des Algorithmus mit Hilfe einer Prioritätsschlange, Bild 8.1 die Anwendung auf einen Beispielgraphen.

Mit analogen Argumenten wie beim Algorithmus von Prim sieht man, dass höchstens n INSERT-, n EXTRACT-MIN- und m DECREASE-KEY-Operationen ausgeführt werden (bei Prim hatten wir $2m$ DECREASE-KEY-Operationen, da jede ungerichtete Kante in zwei Adjazenzlisten vorkommt). Die Laufzeit für den Algorithmus von Dijkstra beträgt also

$$\mathcal{O}\big(n + T_{\text{make}}(n) + nT_{\text{insert}}(n) + nT_{\text{extract-min}}(n) + mT_{\text{decrease-key}}(n)\big).$$

Daher erhalten wir die in Tabelle 8.1 angegebenen Laufzeiten, wenn wir die entsprechenden Datenstrukturen für die Prioritätsschlange einsetzen. Die Zeiten für die Array-, d-Heap- und Fibonacci-Heap-Implementierung sind unmittelbar klar, da sich hier im Vergleich zu Prim nichts ändert.

Für die Dial-Queue ergibt sich allerdings ein wichtiger Unterschied zum Algorithmus von Prim. Bei Prim sind die Schlüsselwerte ganzzahlige Kantengewichte aus dem Bereich $\{0, 1, \dots, C\}$ mit $C = \max\{c(e) : e \in E\}$. Beim Dijkstra-Algorithmus entspricht jeder Schlüsselwert der *Länge eines (elementaren) Weges*, ist also potentiell aus dem Bereich $\{0, 1, \dots, nC\}$. Eine direkte Umsetzung mit Hilfe der Dial-Queue würde also Zeit $\mathcal{O}(m + n^2C)$ und $nC + 1$ doppelt verkettete Listen benötigen. In Anhang B.1.2 zeigen wir kurz, wie sich durch einen kleinen Trick die angegebene Laufzeit von $\mathcal{O}(D + m)$ erreichen lässt, wobei der Speicherplatzbedarf gleichzeitig

Tabelle 8.1: Zeitkomplexität der Prioritätsschlangen-Operationen bei verschiedenen Implementierungen sowie die resultierenden Laufzeiten des Algorithmus von Dijkstra. Die Zeiten für die einzelnen Operationen im Fibonacci-Heap sind amortisierte Laufzeiten. Die Dial-Queue ist nur für ganzzahlige Gewichte anwendbar und $C = \max \{ c(r) : r \in R \}$. Ferner ist $D \le nC$ eine beliebige obere Schranke für $\max \{ \text{dist}_c(s, v) : v \in V \}$.

Operation	Array	d-närer Heap	Fibonacci-Heap	Dial-Queue (modifiziert)
MAKE	$\mathcal{O}(n)$	$\mathcal{O}(1)$	$\mathcal{O}(1)$	$\mathcal{O}(C)$
INSERT	$\mathcal{O}(1)$	$\mathcal{O}(\log_d n)$	$\mathcal{O}(1)$	$\mathcal{O}(1)$
MINIMUM	$\mathcal{O}(n)$	$\mathcal{O}(1)$	$\mathcal{O}(1)$	$\mathcal{O}(1)$
EXTRACT-MIN	$\mathcal{O}(n)$	$\mathcal{O}(d \cdot \log_d n)$	$\mathcal{O}(\log n)$	$\mathcal{O}(C)$
DECREASE-KEY	$\mathcal{O}(1)$	$\mathcal{O}(\log_d n)$	$\mathcal{O}(1)$	$\mathcal{O}(1)$
Dijkstra	$\mathcal{O}(n^2)$	$\mathcal{O}(m \log_d n))$ für $d = \max\{2, \lceil \frac{m}{n} \rceil\}$	$\mathcal{O}(m + n \log n)$	$\mathcal{O}(D + m)$

auf $C + 1$ Listen sinkt. Hier ist $D \le nC$ eine vorgegebene obere Schranke für $\max \{ \text{dist}_c(s, v) : v \in V \}$, also für die maximale Distanz von s zu einer Ecke in V.

Mit Hilfe von reduzierten Kosten (siehe Definition 8.7 auf Seite 172) für die Pfeile lässt sich bei ganzzahligen Gewichten die Laufzeit von $\mathcal{O}(D + m) = \mathcal{O}(nC + m)$ noch verbessern. Wir verwenden dabei einen rekursiven Algorithmus auf Basis des Dijkstra-Algorithmus mit der modifizierten Dial-Queue.

Falls $C = 1$, so können wir die Distanzen von s aus in linearer Zeit bestimmen. Sei nun $C > 1$ und $d \in \mathbb{N}$. Wir definieren eine neue Pfeilgewichtung definiert durch

$$c'(u, v) := \lfloor c(u, v)/d \rfloor \text{ für } (u, v) \in R.$$

Wir bestimmen rekursiv die Distanzen $\text{dist}_{c'}(s, v)$ für $v \in V$ und betrachten anschließend die reduzierten Kosten $c^p : R \to \mathbb{N}$ mit

$$c^p(u, v) := c(u, v) + p(u) - p(v)$$
$$p(v) := d \cdot d'[v].$$

Wir haben dann

$$c^p(u, v) = c(u, v) + p(u) - p(v)$$
$$= c(u, v) + d \cdot d'[u] - d \cdot d'[v]$$
$$\ge d c'(u, v) + d \cdot d'[u] - d \cdot d'[v]$$
$$= d(c'(u, v) + d'[u] - d'[v]) \ge 0,$$

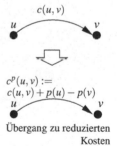

$c(u, v)$

$c^p(u, v) :=$
$c(u, v) + p(u) - p(v)$

Übergang zu reduzierten Kosten

Algorithmus 8.5 Rekursiver Algorithmus zum Berechnen kürzester Wege

---

RECURSIVE-DIJKSTRA(G, c, s)

Input: Ein gerichteter Graph $G = (V, R)$ in Adjazenzlistendarstellung, eine
              nichtnegative ganzzahlige Gewichtsfunktion $c \colon R \to \mathbb{N}$ und eine Ecke
              $s \in V$ mit $E_G(s) = V$

Output: Für alle $v \in V$ die Distanz $d[v] = \mathrm{dist}_c(s, v)$ sowie ein Baum G_π
              kürzester Wege von s aus

1   INIT(G, s)
2   Sei $C := \max \{ c(r) : r \in R \}$
3   **if** $C = 1$ **then**
4   Berechne die kürzesten Wege mit Hilfe der modifizierten Dial-Queue Imple-
         mentierung des Dijkstra-Algorithmus.
                            { Dies geht in Zeit $\mathcal{O}(n \cdot 1 + n) = \mathcal{O}(n + m)$. }
5   **return** $d[\,]$ und G_π
6   **else**   *{ $C > 1$ }*
7   Setze $c'(u, v) := \lfloor c(u,v)/d \rfloor$ für alle $(u, v) \in R$ mit $d := m/n$
8   Berechne durch RECURSIVE-DIJKSTRA(G, c', s) die Distanzen $d'[v] =$
         $\mathrm{dist}_{c'}(s, v)$
9   Sei $p \colon V \to \mathbb{N}$ definiert als $p(v) := d \cdot d'[v]$.
10   Berechne durch DIJKSTRA$(G, \bar{c}, s)$ mit modifizierter Dial-Queue-
         Implementierung die Distanzen $\bar{d}[v] = \mathrm{dist}_{c^p}(s, v)$. Dabei verwenden
         wir $D := m$ als obere Schranke für die größte Distanz.
                            { Die Laufzeit für diesen Schritt ist $\mathcal{O}(n + m) = \mathcal{O}(m)$ }
11   Setze $d[v] := \bar{d}[v] + p(v)$ für alle $v \in V$
12   **return** $d[\,]$ und G_π

---

da nach Lemma 8.6 die Distanzen d' bezüglich c' ein Potential für c' sind.
Nach Beobachtung 8.8 gilt

$$\mathrm{dist}_c(s, v) = \mathrm{dist}_{c^p}(s, v) + p(v) - p(s) = \mathrm{dist}_{c^p}(s, v) + p(v)$$

für alle $v \in V$. Mit Kenntnis von dist_{c^p} und p können wir also dist_c in
Zeit $\mathcal{O}(n)$ berechen. Das rekursive Verfahren gemäß unserer Diskussion
ist in Algorithmus 8.5 dargestellt.

Satz 8.15:

*Algorithmus 8.5 berechnet bei ganzzahligen Gewichten die Distanzen dist_c
und einen Baum kürzester Wege von s aus in Zeit $\mathcal{O}(m \log_d C)$, wobei $d :=$
$\max\{2, \lceil m/n \rceil\}$ und $C = \max \{ c(r) : r \in R \}$.*

Beweis:

Die Behauptung folgt durch Induktion nach C. Für $C = 1$ ist nichts zu
zeigen. Falls $C > 1$, so sei $C' := \max \{ c'(r) : r \in R \}$ das größte skalierte
Gewicht. Wegen $C' \leq C/d$ ist $\log_d C' \leq \log_d C - 1$ und somit $m \log_d C' \leq$
$m \log_d C - m$. Wenn wir daher zeigen können, dass außer dem Aufwand für
den rekursiven Aufruf nur linearer Zeitaufwand $\mathcal{O}(n + m) = \mathcal{O}(m)$ in der

Rekursionsstufe anfällt, so folgt die Behauptung des Satzes.

Sei dazu $P = [s = v_0, v_1, \ldots, v_k = v]$ ein bezüglich c' kürzester Weg von s nach v. Dann gilt

$$\text{dist}_{c'}(s, v_i) = \text{dist}_{c'}(s, v_{i-1}) + c'(v_{i-1}, v_i), \quad i = 1, \ldots, k \qquad (8.2)$$

und damit

$$
\begin{aligned}
c^p(v_{i-1}, v_i) &= c(v_{i-1}, v_i) + d \cdot d'[v_{i-1}] - d \cdot d'[v_i] \\
&\leq d(c'(v_{i-1}, v_i) + 1) + d \cdot d'[v_{i-1}] - d \cdot d'[v_i] \\
&= d + d(\underbrace{c'(v_{i-1}, v_i) + d'[v_{i-1}] - d'[v_i]}_{=0 \text{ nach } (8.2)}) \\
&= d.
\end{aligned}
$$

Somit folgt, dass $\text{dist}_{c^p}(s, v) \leq nd$ für alle $v \in V$. Daher ist die verwendete obere Schranke von $nd = n \cdot (m/n) = m$ für Schritt 10 korrekt und die Laufzeit für den Dijkstra-Algorithmus mit der modifizierten Dial-Queue-Implementierung $\mathcal{O}(D + m) = \mathcal{O}(m)$. Alle anderen Operationen sind offenbar in linearer Zeit ausführbar. ∎

Bemerkung 8.16:

1. Der Dijkstra-Algorithmus und alle unserer Beweise in diesem Abschnitt bleiben auch für ungerichtete Graphen korrekt. Der einzige Unterschied besteht darin, dass die Anzahl der DECREASE-KEY-Operationen von m auf $2m$ steigt.

2. Im Fall $c(r) = 1$ für alle $r \in R$ (bzw. $c(e) = 1$ für alle $e \in E$ im ungerichteten Fall) reduziert sich der Dijkstra-Algorithmus sich auf die Breitensuche BFS aus Abschnitt 7.4. In diesem Fall können wir die Prioritätsschlange als lineare Liste verwalten (DECREASE-KEY-Operationen finden niemals statt) und wir erhalten für diesen Spezialfall ebenfalls lineare Laufzeit.

3. Für sehr große Graphen, die häufig nur implizit gespeichert werden können, wird das Dijkstra-Verfahren verallgemeinert zum A^*-Algorithmus, den die interessierte Leserin und der interessierte Leser im Ergänzungsmaterial finden.

8.5 Der Algorithmus von Bellman und Ford

Wir betrachten wieder das SSP, also das Problem die kürzesten Wege von einer Ecke s zu allen anderen Ecken in V zu finden. Falls auch negative Gewichte im Graphen vorhanden sind, arbeitet der Algorithmus von Dijkstra im Allgemeinen nicht mehr korrekt. Bild 8.2 zeigt ein Beispiel.

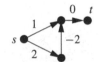

Graph mit negativen Gewichten, bei dem der Dijkstra-Algorithmus nicht korrekt arbeitet (s.u.)

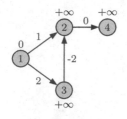 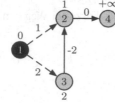 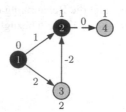 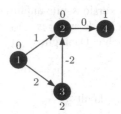

a: Ausgangsgraph, alle   b: Entfernen von $s = 1$ c: Ecke 2 wird aus der   d: Nach Entfernen der
   Distanzmarken bis auf   als Minimum aus der   Schlange entfernt   Ecken 4 und 3 termi-
   die der Startecke $s = 1$ Prioritätsschlange   niert der Algorithmus
   sind $+\infty$ mit einer falschen Di-
                                                                                          stanzmarke für die
                                                                                          Ecke 4 (korrekt wäre
                                                                                          $d[2] = 0$)

Bild 8.2: Bei negativen Gewichten versagt der Dijkstra-Algorithmus. Die Zahlen
         an den Ecken bezeichnen die Distanzmarken d, die schwarz gefärbten
         Ecken sind die permanent markierten Ecken PERM. Die in der aktuellen
         Iteration mittels TEST überprüften Pfeile sind gestrichelt hervorgehoben.

Der Algorithmus von Bellman und Ford [20, 65], den wir in diesem Abschnitt vorstellen, kann auch bei negativen Gewichte eingesetzt werden.
Wenn wir negative Gewichte zulassen, tritt ein grundsätzliches Problem
auf: es kann ein Kreis negativer Länge von s aus erreichbar sein und damit $\mathrm{dist}_c(s, v) = -\infty$ für alle Ecken v gelten, die von $V(C)$ aus erreichbar
sind. Wir werden sehen, dass der Algorithmus von Bellman und Ford in der
Lage ist, diesen Fall zu entdecken.

Der Algorithmus von Bellman und Ford (Algorithmus 8.6) benutzt das
in Abschnitt 8.3 eingeführte Grundgerüst für kürzeste-Wege-Algorithmen.
Nach der Initialisierung werden Testschritte TEST(u, v) für die Pfeile durchgeführt. Der Algorithmus arbeitet in n Phasen. In jeder Phase wird jeder
Pfeil genau einmal getestet.

Lemma 8.17:
*Am Ende von Phase $k = 1, 2, \ldots, n - 1$ im Algorithmus 8.6 gilt für alle
$v \in V$:*

$$d[v] \leq \min \{ c(P) : P \text{ ist ein Weg von } s \text{ nach } v \text{ mit höchstens } k \text{ Pfeilen} \}$$

Beweis:
Falls $v \notin E_G(s)$, so ist nichts zu zeigen, da $\min \emptyset = +\infty$. Für $v \in E_G(s)$
benutzen wir Induktion nach k. Für $k = 0$ ist die Aussage trivial. Im Induktionsschritt müssen wir nur zeigen, dass für $v \in V$ nach Phase k der Wert

---

Algorithmus 8.6 Algorithmus Bellman und Ford

BELLMAN-FORD(G, c, s)

Input: Ein gerichteter Graph $G = (V, R)$ in Adjazenzlistendarstellung, eine Gewichtsfunktion $c\colon R \to \mathbb{R}$, eine Ecke $s \in V$

Output: Für alle $v \in V$ die Distanz $d[v] = \mathrm{dist}_c(s, v)$ sowie ein Baum G_π kürzester Wege von s aus

```
1  INIT(G, s)
2  for k := 1, ..., n − 1 do
3                                              { Beginn der Phase k }
4      for all (u, v) ∈ R do
5          TEST(u, v)
6                                              { Ende der Phase k }
7  return d[] und G_π    { G_π wird durch die Vorgängerzeiger π »aufgespannt« }
```

$d[v]$ höchstens so groß ist, wie jeder Weg von s nach v mit *genau* k Pfeilen: Marken werden nie erhöht und für alle Wege P' mit weniger als k Pfeilen folgt dann $d[v] \leq c(P')$ nach Induktionsvoraussetzung.

Sei also $v \in E_G(s)$ und $P = [s = v_1, \ldots, v_k = v]$ ein Weg von s nach v, der genau k Pfeile benutzt. Dann ist $W := [s = v_1, \ldots, v_{k-1}]$ ein Weg von s nach v_{k-1} mit $k - 1$ Pfeilen und nach Induktionsvoraussetzung gilt am Ende der Phase $k - 1$ dann $d[v_{k-1}] \leq c(W)$. In Phase k wird in Schritt 4 der Pfeil (v_{k-1}, v_k) betrachtet und nach dem Testschritt gilt

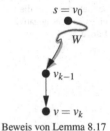

Beweis von Lemma 8.17

$$d[v_k] \leq d[v_{k-1}] + c(v_{k-1}, v_k) \leq c(W) + c(v_{k-1}, v_k) = c(P).$$

Dies zeigt die Behauptung. ∎

Mit dem letzten Lemma können wir nun den ersten Korrektheitsbeweis für den Algorithmus von Bellman und Ford führen:

Satz 8.18:

Wenn G keinen Kreis negativer Länge enthält, der von s aus erreichbar ist, dann gilt bei Abbruch des Algorithmus 8.6: $d[v] = \mathrm{dist}(s, v)$ für alle $v \in V$. Ferner ist G_π ein Baum kürzester Wege bezüglich s. Der Algorithmus kann so implementiert werden, dass seine Laufzeit $\mathcal{O}(nm)$ beträgt.

Beweis:

Wegen Korollar 8.13 genügt es zu zeigen, dass bei Abbruch die Bedingung $d[v] \leq \mathrm{dist}_c(s, v)$ für alle $v \in V$ gilt. Für $v \notin E_G(s)$ ist dies trivial.

Sei $v \in E_G(s)$ und $P = [s = v_0, v_1, \ldots, v_k = v]$ ein kürzester Weg von s nach v. Da G keine Kreise negativer Länge hat, können wir o.B.d.A. P als elementar annehmen (das Entfernen jedes Kreises aus P erhöht die Länge nicht, da jeder Kreis nichtnegative Länge besitzt). Dann ist $k \leq n - 1$ und aufgrund von Lemma 8.17 gilt nach Ende der Phase k dann $d[v] \leq c(P) =$

dist$_c(s,v)$. Der Algorithmus erhöht niemals Marken, also gilt auch bei Abbruch dann $d[v] \leq$ dist$_c(s,v)$. Dies zeigt die Korrektheit.

Die Laufzeitabschätzung ist einfach: Wir haben $n-1$ Phasen und in jeder Phase werden alle m Pfeile getestet, was jeweils nur konstante Zeit benötigt.   ∎

Falls $d[u] = \text{dist}(s,u)$ und $d[v] = \text{dist}(s,v)$, so müsste $d[v] \leq d[u] + c(u,v)$ gelten. Falls $d[v] > d[u] + c(u,v)$, so schließen wir auf die Existenz eines Kreises negativer Länge.

8.6   Kreise negativer Länge

Für den letzten Satz haben wir vorausgesetzt, dass in G kein Kreis negativer Länge von s aus erreichbar ist. Wir zeigen nun, dass wir den Algorithmus von Bellman und Ford so modifizieren können, dass er einen negativen Kreis korrekt entdeckt.

Unsere Modifikation besteht darin, dass wir am Ende des Verfahrens noch einmal alle Pfeile (u,v) durchlaufen und die Bedingung $d[v] \leq d[u] + c(u,v)$ überprüfen (Algorithmus 8.7). Falls $d[v] > d[u] + c(u,v)$ für einen Pfeil, so erklären wir dies zu einem Zertifikat für einen Kreis negativer Länge.

Algorithmus 8.7 Algorithmus, der nach Abschluss des Algorithmus von Bellman und Ford prüft, ob G einen Kreis negativer Länge enthält.

TEST-NEGATIVE-CYCLE(G,c,d)

  Input: Ein gerichteter Graph $G = (V,R)$ in Adjazenzlistendarstellung, eine
                Gewichtsfunktion $c\colon R \to \mathbb{R}$, Distanzmarken d aus dem
                Bellman-Ford-Algorithmus

  Output: Die Information, ob G einen Kreis negativer Länge enthält

 1 **for all** $(u,v) \in R$ **do**
 2   **if** $d[v] > d[u] + c(u,v)$ **then**
 3   **return** »Ja«
 4 **return** »Nein«

Satz 8.19:

Algorithmus 8.7 entscheidet nach Ablauf des Bellman-Ford-Algorithmus korrekt, ob es einen Kreis negativer Länge in G gibt, der von s aus erreichbar ist. Die Laufzeit beträgt $\mathcal{O}(n+m)$.

Beweis:

Ist in G kein Kreis negativer Länge von s aus erreichbar, so gilt nach Satz 8.18 $d[v] = \text{dist}_c(s,v)$ für alle $v \in V$. Wegen Lemma 8.6 gilt dann $d[v] \leq d[u] + c(u,v)$ für alle $(u,v) \in R$ und der Algorithmus liefert »Nein« zurück.

Wir nehmen nun umgekehrt an, dass der Algorithmus »Nein« liefert. Nach Lemma 8.17 gilt $d[v] < +\infty$ für alle $v \in E_G(s)$ nach Ende des Bellman-Ford-Algorithmus. Der von den Ecken $U := \{\, v \in V : d[v] < +\infty \,\}$ induzierte Teilgraph $G[U]$ enthält also alle von s aus erreichbaren Ecken. Es genügt demnach zu zeigen, dass $G[U]$ keinen Kreis negativer Länge enthält.

In $G[U]$ sind aber die Distanzmarken d wegen $d[v] \leq d[u] + c(u,v)$ ein Potential (siehe Definition 8.7) und nach Satz 8.9 kann $G[U]$ damit keinen Kreis negativer Länge enthalten.   ∎

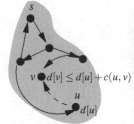

Wir können also in $\mathcal{O}(nm + n + m) = \mathcal{O}(nm)$ Zeit entscheiden, ob ein gerichteter Graph in Adjazenzlistendarstellung einen Kreis negativer Länge enthält, der von einer Startecke s erreichbar ist. Für einige Anwendungen, wie z.B. der Bestimmung einer kostenminimalen Strömung, benötigt man jedoch neben der einfachen Existenzaussage auch den konkreten Kreis, d.h. seine Spur oder seine Pfeilfolge.

$$U = \{v \in V : d[v] < +\infty\}$$
$$= E_G(s)$$

Die vom Bellman-Ford-Algorithmus gelieferten Distanzwerte d sind ein Potential, daher gibt es keinen Kreis negativer Länge.

Wir zeigen nun, wie sich in zusätzlicher Zeit $\mathcal{O}(n)$ ein Kreis negativer Länge konstruieren lässt, sofern wir durch den Algorithmus von Bellman und Ford sowie Algorithmus 8.7 bereits einen Pfeil $(u,v) \in R$ kennen mit

$$d[v] > d[u] + c(u,v). \tag{8.3}$$

Wir verfolgen ausgehend von $u = v_0$ solange die Vorgängerzeiger, d.h. $v_i := \pi[v_{i-1}]$ für $i = 1, 2, \ldots$, bis eines der beiden folgenden Ereignisse eintritt:

(a) Wir wiederholen zum ersten Mal eine Ecke, d.h. $v_i = v_{i-j}$.

   Dann ist $[v = v_i, v_{i-1}, \ldots, v_{i-j}]$ die Spur eines elementaren Kreises in G_π, der wegen Satz 8.12 (iii) negative Länge besitzt. Wir können diesen Kreis dann ausgeben.

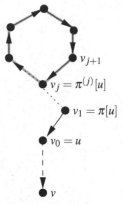

Fall 1: Die Folge $v_0, v_1, \ldots$ mit $v_i := \pi^{(i)}[u]$ liefert einen Kreis negativer Länge.

(b) Wir gelangen zu $v_i = s$ und $\pi[s] = \text{nil}$. Wir behaupten, dass in diesem Fall $v_j = v$ für ein $j \geq 0$ gelten muss. Andernfalls wäre $P = [s = v_i, v_{i-1}, \ldots, v_0 = u, v]$ ein elementarer Weg von s nach v, der insbesondere also höchstens $n-1$ Pfeile besitzt und für den gilt:

$$c(P) = c^d(P) + d[v] - d[s] \quad \text{(nach Beobachtung 8.8)}$$
$$= d[v] + c^d(P) \quad \text{(da } \pi[s] = 0 \text{ folgt } d[s] = 0)$$
$$\leq d[v] + c^d(u,v) \quad \text{(da } c^d(r) \leq 0 \text{ für } r \in R_\pi)$$
$$\quad \text{(nach Satz 8.12 (i))}$$
$$= d[v] + (c(u,v) + d[u] - d[v])$$
$$< d[v] \quad \text{(nach (8.3))}$$

Also ist P ein Weg von s nach v mit höchstens $n-1$ Pfeilen und $c(P) < d[v]$ im Widerspruch zu Lemma 8.17.

Falls $v_j = v$, so ist $C = [v = v_j, v_{j-1}, \ldots, v_0 = u, v]$ ein elementarer Kreis, der wegen $c^d(v_i, v_{i-1}) \leq 0$ und $c^d(u,v) < 0$ (nach (8.3)) negative Länge besitzt.

In beiden Fällen (a) und (b) haben wir also einen Kreis negativer Länge gefunden. Man beachte, dass einer der beiden Fälle auftreten muss, da $u \in$

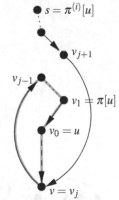

Fall 2: Die Folge $v_0, v_1, \ldots$ mit $v_i := \pi^{(i)}[u]$ bricht mit $v_i = s$ ab. Es gilt dann $v_j = v$ für ein $j \geq 0$.

G_π und $\pi[w] \neq$ nil für alle $w \neq s$ gilt. Das oben beschriebene Verfahren lässt sich mit Hilfe eines Hilfsarrays, in dem wir uns die bereits besuchten Ecken merken, leicht so implementieren, dass es in $\mathcal{O}(n)$ Zeit läuft: wir besuchen beim Zurückverfolgen der Vorgängerzeiger höchstens n Ecken und jede einzelne Operation ist in konstanter Zeit ausführbar.

Wir halten fest: Für gegebenes $s \in V$ lässt sich insgesamt in Zeit $\mathcal{O}(nm)$ ein Kreis negativer Länge finden, der von s aus erreichbar ist oder feststellen, dass kein solcher Kreis existiert. In einigen Anwendungen (etwa bei den kostenminimalen Flüssen) fragt man allgemein nach einem Kreis negativer Länge, ohne eine Startecke vorzugeben. Dieses Problem lässt sich dadurch lösen, dass wir wie beim Beweis von Satz 8.9 eine neue Ecke s' zum Graphen hinzufügen, die mit allen Ecken $v \in V$ durch Pfeile (s', v) mit Gewicht 0 verbunden ist. Diese Ecke können wir dann als Startecke wählen. Wir erhalten damit den folgenden Satz:

Satz 8.20:

Für einen gerichteten Graph G lässt sich in Zeit $\mathcal{O}(nm)$ ein Kreis negativer Länge bestimmen oder feststellen, dass kein solcher Kreis in G existiert. ∎

8.7   Die Bellmanschen Gleichungen und kreisfreie Graphen

Wir betrachten wieder das SSP, wobei wir annehmen, dass G keinen Kreis negativer Länge besitzt, der von der Startecke s aus erreichbar ist.

Sei $P = [s = v_0, \ldots, v_k = v]$ ein kürzester Weg von s zu einer Ecke v und $k \geq 1$. Dann muss $P' = [v_0, \ldots, v_{k-1}]$ ein kürzester Weg von s zu v_{k-1} sein. Daraus folgt, dass die Distanzen $\text{dist}_c(s, v)$ in G die folgenden sogenannten *Bellmanschen Gleichungen* erfüllen

$$\text{dist}_c(s, s) = 0 \tag{8.4a}$$

$$\text{dist}_c(s, v) = \min\{\text{dist}(s, u) + c(u, v) : (u, v) \in R\}, \text{ für } v \neq s \tag{8.4b}$$

Im Falle eines kreisfreien Graphen lassen sich die Bellmanschen Gleichungen benutzen, um die kürzesten Wege von s aus in linearer Zeit zu bestimmen (ist G kreisfrei, so existieren trivialerweise keine Kreise negativer Länge, die von s aus erreichbar sind).

Sei dazu σ eine topologische Sortierung von G. Dann folgt aus $(u, v) \in R$, dass $\sigma(u) < \sigma(v)$. Somit genügt es, die Ecken $v \in V$ in (8.4b) aufsteigend gemäß der topologischen Sortierung zu betrachten. In diesem Fall ist dann $\text{dist}_c(s, u)$ für alle Vorgänger u von v bereits berechnet, bevor wir das Minimum in (8.4b) bestimmen. Algorithmus 8.8 setzt diese Idee um. Es ergibt sich damit der folgende Satz:

$v_1 \quad v_2 \quad v_3 \qquad v_n$
topologische Sortierung

Satz 8.21:

Algorithmus 8.8 berechnet korrekt in $\mathcal{O}(n+m)$ Zeit die Abstände in einem kreisfreien Graphen von einer ausgezeichneten Ecke. Bei Abbruch ist G_π ein Baum kürzester Wege bezüglich s. ∎

Algorithmus 8.8 Kürzeste Wege Berechnungen in einem kreisfreien Graphen.

Acyclic-Shortest-Paths(G, c, s)

Input: Ein gerichteter kreisfreier Graph $G = (V, R)$ in Adjazenzlistendarstellung, eine Gewichtsfunktion $c \colon R \to \mathbb{R}$, eine Ecke $s \in V$

Output: Für alle $v \in V$ die Distanz $d[v] = \mathrm{dist}_c(s, v)$ sowie ein Baum G_π kürzester Wege von s aus

1 Init(G, s)

2 Erstelle aus den Adjazenzlisten ADJ$[v]$ neue Listen, die nach Endpunkten geordnet sind, d.h. $u \in $ ADJ$'[v]$ gdw. $(u, v) \in R$
   { Dies entspricht der Berechnung des inversen Graphen und ist in linearer Zeit möglich, vgl. Aufgabe 2.1. }

3 Berechne eine topologische Sortierung von G. Sei L die Liste der topologisch sortierten Ecken.
   { Dieser Schritt ist mit Hilfe von Algorithmus 3.1 oder 7.3 in linearer Zeit ausführbar }

4 **for all** $v \in L$ **do**
   { in aufsteigender Reihenfolge gemäß topologischer Sortierung }

5   **for all** $u \in $ ADJ$'[v]$ **do**

6   Test(u, v)

8.8 Kürzeste Wege für alle Paare (Apsp)

In diesem Abschnitt zeigen wir, wie man die kürzesten Wege für alle Paare von Ecken berechnen kann. Es gelte wieder Voraussetzung 8.1, zusätzlich nehmen wir noch an, dass G keinen Kreis negativer Länge besitzt. Diese Zusatzannahme ist nötig, um $\mathrm{dist}_c(u, v) > -\infty$ für alle $(u, v) \in V \times V$ zu sichern. Einen Kreis negativer Länge können wir in $\mathcal{O}(mn)$ Zeit erkennen (siehe Satz 8.20).

Prinzipiell können wir natürlich alle Distanzen $\mathrm{dist}_c(u, v)$ durch n-malige Anwendung des Bellman-Ford-Algorithmus bestimmen: wir wählen jede Ecken $v \in V$ einmal als Startecke s für den Algorithmus. Damit ergibt sich dann eine Laufzeit von $\mathcal{O}(n^2 m)$. Im Folgenden zeigen wir, wie man dieses Ergebnis verbessern kann.

8.8.1   Der Algorithmus von Floyd und Warshall

Die Idee für den Floyd-Warshall-Algorithmus [62, 167] (Algorithmus 8.9) ist eine Rekursion für die Distanzen. Wir nummerieren die Ecken $V = \{v_1, \ldots, v_n\}$ in einer beliebigen Reihenfolge und definieren für $v_i, v_j \in V$ und $k = 0, 1, \ldots, n$ den Wert $d_k(v_i, v_j)$ als die Länge (bzgl. c) eines kürzesten Weges von u nach v, der nur die Ecken $\{v_i, v_j, v_1, \ldots, v_k\}$ berührt. Falls kein solcher Weg existiert, so sei $d_k(v_i, v_j) := +\infty$. Die Distanz $\text{dist}_c(v_i, v_j)$ entspricht dann $d_n(v_i, v_j)$.

Wir zeigen nun, wie man die Werte $d_k(u, v)$ rekursiv (mit Hilfe der »dynamischen Programmierung«) berechnen kann. Für $k = 0$ darf der Weg nur v_i und v_j berühren, wir haben also

$$d_0(v_i, v_j) = \begin{cases} c(v_i, v_j), & \text{falls } (v_i, v_j) \in R \\ \infty, & \text{sonst.} \end{cases} \tag{8.5}$$

Sei nun P ein kürzester Weg von v_i nach v_j, der nur $\{v_i, v_j, v_1, \ldots, v_{k+1}\}$ berührt. Da G nach Annahme keine Kreise negativer Länge enthält, können wir ohne Beschränkung davon ausgehen, dass P elementar ist. Falls v_{k+1} nicht von P berührt wird, so ist $c(P) = d_k(v_i, v_j)$. Falls $v_{k+1} \in s(P)$, so können wir P in Wege $P_{v_i, v_{k+1}}$ von v_i nach v_{k+1} und P_{v_{k+1}, v_j} von v_{k+1} nach v_j aufspalten. Dann gilt $c(P_{v_i, v_{k+1}}) = d_k(v_i, v_{k+1})$ und $c(P_{v_{k+1}, v_j}) = d_k(v_{k+1}, v_j)$ (vgl. Beobachtung 8.5). Also haben wir für $k \geq 1$

$$d_{k+1}(v_i, v_j) = \min \left\{ d_k(v_i, v_j), d_k(v_i, v_{k+1}) + d_k(v_{k+1}, v_j) \right\}. \tag{8.6}$$

Mit Hilfe der Gleichungen (8.5) und (8.6) lassen sich die Distanzen $\text{dist}_c(u, v)$ in $\mathcal{O}(n^3)$ Zeit berechnen: Falls wir alle Werte d_k kennen, so benötigt die Berechnung aller Werte d_{k+1} mittels (8.6) nur $\mathcal{O}(n^2)$ Zeit.

Algorithmus 8.9 Algorithmus von Floyd und Warshall zur Berechnung der Distanzen zwischen allen Eckenpaaren

---

FLOYD-WARSHALL(G, c)

Input: Ein gerichteter Graph $G = (V, R)$ in Adjazenzlistendarstellung, eine Gewichtsfunktion $c \colon R \to \mathbb{R}$

Output: Für alle $u, v \in V$ die Distanz $D_n[u, v] = \text{dist}_c(u, v)$

```
1  for all v_i, v_j ∈ V do
2      D_0[v_i, v_j] := +∞
3  for all (v_i, v_j) ∈ R do
4      D_0[v_i, v_j] := c(v_i, v_j)
5  for k = 0, ..., n − 1 do
6      for i = 1, ..., n do
7          for j = 1, ..., n do
8              D_{k+1}[v_i, v_j] := min { D_k[v_i, v_j], D_k[v_i, v_{k+1}] + D_k[v_{k+1}, v_j] }
9  return D_n[]
```

Damit haben wir folgendes Ergebnis bewiesen:

Satz 8.22:
Falls G keinen Kreis negativer Länge enthält, so berechnet Algorithmus 8.9 korrekt die Distanzen zwischen allen Eckenpaaren in $\mathcal{O}(n^3)$ Zeit. ∎

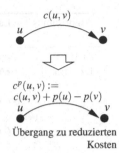

$c(u,v)$

$$c^p(u,v) := c(u,v) + p(u) - p(v)$$

Übergang zu reduzierten Kosten

8.8.2 Der Algorithmus von Johnson

Die Laufzeit von $\mathcal{O}(n^3)$ für den Floyd-Warshall Algorithmus lässt sich verbessern, indem wir die Möglichkeiten ausschöpfen, die sich durch reduzierte Kosten (siehe Definition 8.7) ergeben.

Wir erinnern daran, dass nach Satz 8.9 genau dann ein Potential p in G existiert, wenn G keinen Kreis negativer Länge besitzt. Der Beweis von Satz 8.9 zeigt auch, dass wir ein solches Potential durch einmalige Anwendung des Bellman-Ford-Algorithmus in einem Graphen G' bestimmen können, der aus G durch Hinzufügen einer neuen Ecke s' entsteht. Folglich benötigt die Berechnung eines Potentials $\mathcal{O}(nm)$ Zeit.

Wie wir in Beobachtung 8.8 gesehen hatten, können wir die Distanzen $\text{dist}_c(u,v)$ dadurch bestimmen, dass wir kürzeste Wege bezüglich der reduzierten Kosten $c^p(u,v) = c(u,v) + p(u) - p(v)$ berechnen. Da p ein Potential ist, haben wir $c^p(u,v) \geq 0$ für alle $(u,v) \in R$. Dies ermöglicht es uns, den Dijkstra-Algorithmus (mit Fibonacci-Heaps) einzusetzen, um $\text{dist}_c(s,v)$ für festes s und alle $v \in V$ zu erhalten. Wenn wir nun für s iterativ alle Ecken von G verwenden, so erhalten wir in Zeit $\mathcal{O}(n(m + n \log n)) = \mathcal{O}(nm + n^2 \log n)$ die Distanzen zwischen allen Eckenpaaren. Dieser Algorithmus stammt von David B. Johnson [97].

Man beachte, dass die Laufzeit für $m \in \mathcal{O}(n \log n)$ von der Größenordnung $\mathcal{O}(nm)$ ist, also von der Zeit, die *eine* Berechnung des Bellman-Ford-Algorithmus erfordert.

Tabellen 8.2 und 8.3 fassen die Laufzeiten der Algorithmen in diesem Kapitel zusammen.

8.9 Längste Wege

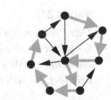

Hamiltonscher Weg (grau): alle Ecken des Graphen werden genau einmal berührt.

Bisher haben wir uns damit beschäftigt *kürzeste Wege* von einer Ecke s zu allen anderen Ecken $v \in V \setminus \{s\}$ zu finden. Falls ein negativer Kreis von s aus erreichbar war, so haben wir dies (etwa mit dem Algorithmus von Bellman und Ford) erkannt und den Algorithmus abgebrochen. Im Fall von Kreisen negativer Länge könnten wir auch nach dem kürzesten *elementaren Weg* von s zu den Ecken $v \in V \setminus \{s\}$ fragen. Dies ist äquivalent dazu, bezüglich der Gewichtsfunktion $-c$ nach einem längsten elementaren Weg zu fragen.

Tabelle 8.2: Laufzeit der verschiedenen Algorithmen in diesem Kapitel für kürzeste Wege von einer Ecke aus (SSP). Es bezeichnet $C = \max\{\,c(r) : r \in R\,\}$ das maximale Gewicht eines Pfeils.

Algorithmus	Laufzeit	Bemerkungen	$c(r) < 0$ erlaubt?
BFS	$\mathscr{O}(n+m)$	für ungewichtete Graphen ($c \equiv 1$)	nein
Dijkstra	$\mathscr{O}(m \log_d n)$	mit d-nären Heaps, $d = \max\{2, \lceil m/n \rceil\}$	nein
		Lineare Zeit, falls $m \in \Omega(n^{1+\varepsilon})$	
	$\mathscr{O}(n \log n + m)$	mit Fibonacci-Heaps.	nein
		Lineare Zeit, falls G »dicht« ist, d.h. $m \in \Omega(n \log n)$	
	$\mathscr{O}(m + nC)$	mit Dial-Queue für ganzzahlige Gewichte	nein
	$\mathscr{O}(m \log_d C)$	rekursive Variante für ganzzahlige Gewichte, $d = \max\{2, \lceil m/n \rceil\}$	nein
Bellman-Ford	$\mathscr{O}(nm)$	kann zur Erkennung von Kreisen negativer Länge benutzt werden	ja
Acyclic-SP	$\mathscr{O}(n+m)$	für kreisfreie Graphen	ja

Tabelle 8.3: Laufzeit der verschiedenen Algorithmen in diesem Kapitel für kürzeste Wege zwischen allen Eckenpaaren (APSP)

Algorithmus	Laufzeit	Bemerkungen	$c(r) < 0$ erlaubt?
$n \times$ BFS	$\mathscr{O}(n^2 + nm)$	für ungewichtete Graphen ($c \equiv 1$)	nein
$n \times$ Dijkstra	$\mathscr{O}(nm + n^2 \log n)$		nein
Floyd-Warshall	$\mathscr{O}(n^3)$		ja
Johnson	$\mathscr{O}(nm + n^2 \log n)$	einmal Bellman-Ford, danach $n-1$ mal Dijkstra	ja

Satz 8.23:

Das Problem, zu entscheiden, ob in einem (gerichteten oder ungerichteten) Graphen G mit nichtnegativer Pfeil- bzw. Kantengewichtungsfunktion c ein elementarer Weg der Länge mindestens L von $s \in V$ nach $t \in V$ ($s \neq t$) existiert, ist NP-*vollständig.*

Beweis:

Falls $c \equiv 1$ und $L := n - 1$, so ist das Problem äquivalent zur Frage, ob G einen Hamiltonschen Weg von s nach t enthält. Somit ergibt sich das NP-vollständige Problem HAMILTONSCHER WEG bzw. UNGERICHTETER HAMILTONSCHER WEG (vgl. Satz 3.35) als Spezialfall.   ■

Ist G ein kreisfreier gerichteter Graph, so können wir einen längsten elementaren Weg mit Hilfe einer topologischen Sortierung bestimmen. Die Vorgehensweise ist dabei analog zu Abschnitt 8.7.

8.10 Übungsaufgaben

Aufgabe 8.1:   Taillenweite

Sei $G = (V, E)$ ein zusammenhängender Graph, der (mindestens) einen elementaren Kreis besitzt. Die *Taillenweite* $g(G)$ von G ist die Länge des kürzesten elementaren Kreises in G. Zeigen Sie: Ist $\text{diam}(G)$ die Länge eines längsten elementaren Weges in G, so gilt: $g(G) \leq 2 \cdot \text{diam}(G) + 1$.

Aufgabe 8.2:   Zuverlässigste Wege

Sei $G = (V, R)$ ein endlicher gerichteter Graph, der ein Kommunikationsnetz modelliert: die Ecken sind Verbindungsknoten, die Pfeile sind unidirektionale Kommunikationslinks. Für jeden Pfeil $(u, v) \in R$ ist eine Wahrscheinlichkeit $p(u, v) \in (0,1)$ bekannt, mit der die Verbindung (u, v) ausfällt. Dabei nehmen wir an, dass diese Wahrscheinlichkeiten voneinander unabhängig sind. Daher ist dann für einen Weg $P = (v_0, r_1, \ldots, r_k, v_k)$ seine *Zuverlässigkeit*, d.h. die Wahrscheinlichkeit, dass er *nicht* ausfällt, durch $z(P) := \prod_{i=1}^{k}(1 - p(r_i))$ gegeben.

Geben Sie einen effizienten Algorithmus an, der zu zwei gegebenen Ecken $s, t \in V$ einen *zuverlässigsten Weg* P von s nach t bestimmt, d.h. einen Weg P, für den $z(P)$ maximal ist.

Aufgabe 8.3:   Bäume kürzester Wege und minimale Wurzelbäume

Es sei $G = (V, R)$ ein endlicher stark zusammenhängender gerichteter Graph mit einer nichtnegativen Pfeilbewertung $c\colon R \to \mathbb{R}_+$. Für eine Wurzel $s \in V$ sei T_s ein minimaler s-Wurzelbaum und T_D ein Baum kürzester Wege bezüglich s.

a) Zeigen Sie $c(T_D) \leq (|V| - 1) \cdot c(T_s)$.

b) Geben Sie ein Beispiel an, aus dem hervorgeht, dass der Faktor $|V| - 1$ eine scharfe Schranke für das Verhältnis der Gewichte ist.

Aufgabe 8.4:   Flaschenhalswege

Für einen Weg P in einem gerichteten Graphen $G = (V, R)$ mit Gewichten $c\colon R \to \mathbb{R}_+$ definieren wir sein *Flaschenhals-Gewicht* als $c_{\max}(P) = \max\{c(r) : r \in R(P)\}$. Seien $s, t \in V$ mit $s \neq t$ und $t \in E_G(s)$.

a) Geben Sie ein Verfahren an, das mit Hilfe von DFS einen (s, t)-Weg mit minimalem Flaschenhals-Gewicht in Zeit $\mathcal{O}((n + m) \log n)$ bestimmt.

b) Entwerfen Sie einen verbesserten Algorithmus mit Laufzeit $\mathcal{O}(m + n \log n)$, indem Sie einen geeigneten Algorithmus für die Berechnung (normaler) kürzester Wege modifizieren.

Aufgabe 8.5:   Lineare Ungleichungssysteme

Seien $x_1, \ldots, x_n$ reellwertige Variablen und $b_1, \ldots, b_m \in \mathbb{R}$ reelle Zahlen. Für $k = 1, \ldots, m$ gelte $i_k, j_k \in \{1, \ldots, n\}$. Zeigen Sie, wie man das Ungleichungssystem

$$x_{j_k} - x_{i_k} \leq b_k, \quad \text{für } k = 1, \ldots, m \tag{8.7}$$

durch kürzeste-Wege-Berechnung auf Lösbarkeit testen kann.

Aufgabe 8.6: **Rucksackproblem**

Wir betrachten das Rucksackproblem MAX-KNAPSACK (vgl. Abschnitt 6.4.2) mit ganzzahligen Gewichten $w(e_i) \in \mathbb{N}$ und Nutzen $u(e_i)$, $i = 1, \ldots, n$. Formulieren Sie das Problem, eine Menge $S \subseteq \{e_1, \ldots, e_n\}$ mit $w(S) \leq W$ und maximalem Nutzen $u(S)$ zu finden, als kürzeste-Wege-Problem in einem geeigneten kreisfreien Graphen. Geben Sie für den Fall, dass $W \leq p(n)$ für ein Polynom p gilt, einen polynomiellen Algorithmus für MAX-KNAPSACK an.

Aufgabe 8.7: **Radius und Diameter**

Sei G ein gerichteter oder ungerichteter Graph, und $\text{dist}(u, v)$ die Distanz zwischen u und v in G (gerechnet in der Anzahl der Pfeile). Wir bezeichnen mit

$$e(v) := \sup_{u \in V} d_G(u, v)$$

die *Exzentrizität* der Ecke v im Graphen. Damit sind durch

$$r(G) := \inf_{v \in V} e(v) \quad \text{und} \quad d(G) := \sup_{v \in V} e(v)$$

der *Radius* und der *Diameter* des Graphen definiert. Ferner ist

$$C((G) := \{\, v \in V : e(v) = r(G) \,\}$$

das *Zentrum* von G.

a) Zeigen Sie: Ist G ein ungerichteter zusammenhängender Graph, so gilt

$$r(G) \leq d(G) \leq 2 \cdot r(G).$$

b) Zeigen Sie: Für beliebige Zahlen $r, d \in \mathbb{N}$ mit $1 \leq r \leq d \leq 2r$ gibt es einen ungerichteten Graphen G, der Radius $r(G) = r$ und Diameter $d(G) = d$ aufweist.

9 Flüsse und Strömungen

Strömungen und Flüsse sind wichtige Werkzeuge zur Modellierung vieler Optimierungsprobleme. Informell besteht das »Maximalfluss-Problem« darin, in einem Netz mit Kapazitäten auf den Pfeilen so viel Fluss wie möglich von einer ausgezeichneten Quelle s zu einer ausgezeichneten Quelle t zu schicken. Dabei dürfen die Kapazitäten nicht überschritten werden.

In diesem Kapitel stellen wir Algorithmen zur Bestimmung maximaler und kostenminimaler Flüsse vor. Wir starten mit dem Maximalflussproblem und den einfachsten Algorithmen, die auf sogenannten flussvergrößernden Wegen basieren. Anschließend gehen wir zu fortgeschritteneren Techniken über.

9.1 Flüsse und Schnitte

In diesem Kapitel bezeichnet G immer einen endlichen gerichteten Graphen $G = (V, R, \alpha, \omega)$. Wie in den vorausgegangenen Kapiteln setzen wir eine Bewertung $h \colon R \to \mathbb{R}$ der Pfeile von G auf Teilmengen $R' \subseteq R$ durch $h(R') := \sum_{r \in R'} h(r)$ fort.

Sei $f \colon R \to \mathbb{R}$ eine beliebige Funktion. Wir stellen uns dabei $f(r)$ als »Flusswert« auf dem Pfeil r vor. Für eine Ecke $v \in V$ ist dann $f(\delta^+(v)) = \sum_{r \in \delta^+(v)} f(r)$ die Menge des Flusses, der aus v heraus- und $f(\delta^-(v)) = \sum_{r \in \delta^-(v)} f(r)$ die Flussmenge, die nach v hineinfließt. Wir bezeichnen daher mit

$$\operatorname{excess}_f(v) := f(\delta^-(v)) - f(\delta^+(v)) \qquad (9.1)$$

den Nettozufluss nach v oder auch den *Flussüberschuss* von v unter f.

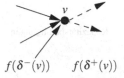

$f(\delta^-(v)) \qquad f(\delta^+(v))$

Definition 9.1:   **Fluss, zulässiger Fluss, maximaler Fluss**
Seien $s, t \in V$ Ecken in G mit $s \neq t$. Ein (s,t)-*Fluss* ist eine Funktion $f \colon R \to \mathbb{R}_+$ mit

$$\operatorname{excess}_f(v) = 0 \quad \text{für alle } v \in V \setminus \{s, t\}. \qquad (9.2)$$

Die Ecke s heißt *Quelle*, die Ecke t *Senke* des Flusses f. Falls s und t aus dem Kontext ersichtlich sind, so schreiben wir kurz Fluss statt (s,t)-Fluss. Wir nennen

$$\operatorname{val}(f) := \operatorname{excess}_f(t)$$

den *Wert des Flusses* oder der zu f gehörende *Flusswert*.

(s,t)-Fluss

Quelle

Senke

Flusswert

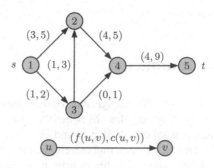

Bild 9.1: Ein zulässiger Fluss f mit val$(f) = 4$ in einem gerichteten Graphen G
mit Kapazitäten $c\colon R \to \mathbb{R}_+$.

Ist $c\colon R \to \mathbb{R}_+$ eine »Kapazitätsfunktion« für die Pfeile von G so heißt
der Fluss f *zulässig*, falls

$$0 \leq f(r) \leq c(r) \quad \text{für alle } r \in R \tag{9.3}$$

maximaler (s,t)-Fluss
    gilt. Ein zulässiger Fluss heißt *maximaler (s,t)-Fluss*, wenn er maximalen
Flusswert unter allen zulässigen (s,t)-Flüssen besitzt.

Flusserhaltungsbedingungen
    Die Bedingungen 9.2 werden auch als *Flusserhaltungsbedingungen* (engl.
flow conservation constraints oder *mass balance constraints*) bezeichnet:
alle Ecken bis auf die Quelle und Senke sind im Gleichgewicht. Die Un-
gleichungen (9.3) bezeichnen wir wie üblich auch als *Kapazitätsbedingun-*

Kapazitätsbedingungen
gen (engl. *capacity constraints*). Wir verwenden auch kurz den Begriff des
Flussnetzes oder Netzes für den Graphen G zusammen mit der Kapazitätsfunktion c auf den Pfeilen. Bild 9.1 enthält ein Beispiel für einen zulässigen
Fluss.

Bemerkung 9.2:

Strömung
    Später, in Abschnitt 9.8, werden wir den zum Fluss verwandten Begriff
der *Strömung* betrachten. Hier werden die Flusserhaltungsbedingungen (in
verallgemeinerter Form) für alle Ecken des Graphen gefordert.

Es besteht ein enger Zusammenhang zwischen Flüssen und Schnitten, den
wir im Folgenden näher untersuchen werden. Dazu definieren wir zunächst
einige nützliche Begriffe. Ist (S, T) ein Schnitt mit $s \in S$ und $t \in T$, so nennen wir (S, T) kurz einen (s,t)-*Schnitt*. Wie bei den Flüssen lassen wir die
explizite Referenz auf s und t weg, sofern keine Missverständnisse auftreten können.

Definition 9.3: **Vorwärts- und Rückwärtsteil eines Schnittes**

Sei (S, T) ein Schnitt in G. Dann definieren wir den *Vorwärtsteil* des Schnittes durch

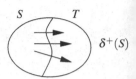

$$\delta^+(S) := \{\, r \in R : \alpha(r) \in S \text{ und } \omega(r) \in T \,\} \tag{9.4}$$

und den *Rückwärtsteil* des Schnittes (S, T) durch

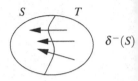

$$\delta^-(S) := \{\, r \in R : \alpha(r) \in T \text{ und } \omega(r) \in S \,\} \tag{9.5}$$

Ist (S, T) ein Schnitt, so besagt unsere Intuition, dass für einen Fluss f der »Nettofluss« von S nach T dem Überschuss $\text{excess}_f(t)$ in t entspricht. Wir werden gleich zeigen, dass diese Intuition in der Tat richtig ist. Zuvor beweisen wir aber eine nützliche Eigenschaft, die ebenfalls »intuitiv richtig« ist. Für eine Menge $S \subseteq V$ definieren wir den Überschuss in S durch

$$\text{excess}_f(S) := f(\delta^-(S)) - f(\delta^+(S)). \tag{9.6}$$

Das folgende Lemma zeigt, dass der Überschuss in S gleich der Summe der Überschüsse der Ecken in S ist.

Lemma 9.4:

Sei $f\colon R \to \mathbb{R}$ eine beliebige Funktion und $S \subseteq V$. Dann gilt

$$\text{excess}_f(S) = \sum_{v \in S} \text{excess}_f(v).$$

Beweis:

Es gilt nach Definition des Überschusses in einer Ecke

$$\sum_{v \in S} \text{excess}_f(v) = \sum_{v \in S} \left(\sum_{r \in \delta^-(v)} f(r) - \sum_{r \in \delta^+(v)} f(r) \right). \tag{9.7}$$

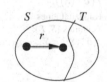

Wenn $\alpha(r) \in S$ und $\omega(r) \in S$, dann tritt $f(r)$ in der Summe (9.7) einmal positiv und einmal negativ auf.

Wenn für einen Pfeil r sowohl $\alpha(r)$ als auch $\omega(r)$ in S liegen, dann tritt der Term $f(r)$ in der Summe in (9.7) einmal positiv (für $\omega(r)$) und einmal negativ (für $\alpha(r)$) auf. Die Summe in (9.7) reduziert sich also auf

$$\sum_{v \in S} \text{excess}_f(v) = \sum_{r \in \delta^-(S)} f(r) - \sum_{r \in \delta^+(S)} f(r)$$

$$= f(\delta^-(S)) - f(\delta^+(S))$$

wie behauptet. ∎

Lemma 9.5:

Ist f ein (s,t)-Fluss und (S,T) ein (s,t)-Schnitt, so gilt:

$$val(f) = f(\delta^+(S)) - f(\delta^-(S)),$$

insbesondere folgt $excess_f(t) = -excess_f(s)$.

Beweis:

Sei f ein Fluss und (S,T) ein Schnitt im Graphen G. Dann gilt:

$$
\begin{aligned}
val(f) &= excess_f(t) \\
&= \sum_{v \in T} excess_f(v) && \text{(da } excess_f(v) = 0 \text{ für } v \in V \setminus \{s,t\}) \\
&= excess_f(T) && \text{(nach Lemma 9.4)} \\
&= f(\delta^-(T)) - f(\delta^+(T)) && \text{(nach Def. von } excess_f(T)) \\
&= f(\delta^+(S)) - f(\delta^-(S)) && \text{(da } \delta^-(T) = \delta^+(S),\ \delta^+(T) = \delta^-(S))
\end{aligned}
$$

wie behauptet. Der zweite Teil des Lemmas ergibt sich aus dem ersten, indem man die beiden speziellen Schnitte $(\{s\}, V \setminus \{s\})$ und $(V \setminus \{t\}, \{t\})$ einsetzt. ∎

Lemma 9.5 hat interessante Konsequenzen. Zunächst definieren wir die Kapazität eines Schnittes.

Definition 9.6:   **Kapazität eines (s,t)-Schnittes**

Ist (S,T) ein (s,t)-Schnitt im Graphen G mit Kapazitäten $c\colon R \to \mathbb{R}_+$ auf den Pfeilen, so nennen wir

$$c(\delta^+(S)) = \sum_{r \in \delta^+(S)} c(r)$$

$c(\delta^+(S))$

Kapazität eines
Schnittes (S,T):
$c(\delta^+(S)) = \sum_{r \in \delta^+(S)} c(r)$

die *Kapazität* des Schnittes (S,T). Wir nennen (S,T) einen *minimalen* (s,t)-*Schnitt*, falls er unter allen (s,t)-Schnitten minimale Kapazität besitzt.

Intuitiv ist die Kapazität eines Schnittes (S,T) eine obere Schranke für den Flusswert eines zulässigen Flusses f. Dass auch diese Intuition richtig ist, ergibt sich aus Lemma 9.5. Wie wir dort gezeigt haben, gilt $val(f) = f(\delta^+(S)) - f(\delta^+(S))$. Falls f zulässig ist, also $0 \le f(r) \le c(r)$ für alle $r \in R$, so gilt $f(\delta^+(S)) = \sum_{r \in \delta^+(S)} f(r) \le \sum_{r \in \delta^+(S)} c(r) = c(\delta^+(S))$. Analog ergibt sich $f(\delta^-(S)) \ge 0$, also insgesamt $val(f) \le c(\delta^+(S))$. Wir notieren dieses wichtige Ergebnis für später:

Lemma 9.7:

Ist f ein zulässiger (s,t)-Fluss und (S,T) ein (s,t)-Schnitt, so gilt:

$$val(f) \le c(\delta^+(S)).$$

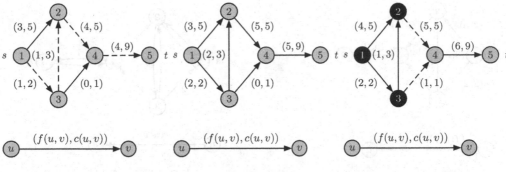

a: Weg P (gestrichelt hervorgehoben) mit »Restkapazität« $\Delta(P) = 1$.

b: Resultierender Fluss

c: Maximaler Fluss: Die Pfeile im Vorwärtsteil eines minimalen Schnittes sind gestrichelt hervorgehoben.

Bild 9.2: Ein Weg P in G mit $f(r) < c(r)$ für alle $r \in R(P)$ kann zum Vergrößern des Flusswertes benutzt werden.

Da f und (S, T) beliebig wählbar sind, folgt:

$$\max_{f \text{ ist zulässiger } (s,t)\text{-Fluss in } G} val(f) \leq \min_{(S, T) \text{ ist } (s,t)\text{-Schnitt in } G} c(\delta^+(S)). \quad (9.8)$$

(»Der maximale Flusswert ist höchstens gleich der Kapazität eines minimalen Schnittes.«) ∎

Korollar 9.8:
Falls f ein zulässiger Fluss und (S, T) ein Schnitt sind, so dass der Flusswert $val(f)$ gleich der Kapazität $c(\delta^+(S))$ des Schnittes ist, so ist f ein maximaler Fluss und (S, T) ein minimaler Schnitt. ∎

9.2 Residualnetze und flussvergrößernde Wege

Wenn wir den Fluss aus Bild 9.1 betrachten, so sehen wir, dass der Weg $P = [s = 1,3,2,4,5 = t]$ aus lauter Pfeilen r besteht, für die $f(r) < c(r)$ gilt. Wir können daher den Fluss auf den Pfeilen von P um $\Delta(P) := \min_{r \in R(P)} (c(r) - f(r)) = 1$ erhöhen, womit sich der Flusswert ebenfalls um $\Delta(P)$ auf 5 erhöht (vgl. Bild 9.2 (a)). Trivialerweise können wir also aus der Existenz eines Weges wie im Beispiel schließen, dass der gegebene Fluss nicht optimal ist.

Der resultierende Fluss ist in Bild 9.2(b) gezeigt. Jetzt existiert in G kein Weg mehr von s nach t, auf dem alle Pfeile noch nicht ganz ausgelastet sind. Ist der erhaltene Fluss optimal? Oder mit anderen Worten: Ist die Nicht-Existenz eines Weges mit Restkapazität nicht nur notwendig sondern auch

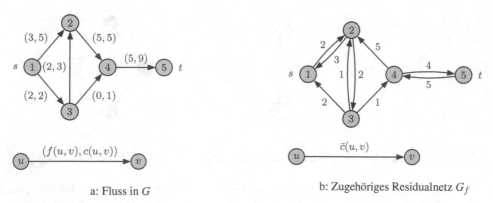

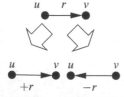

a: Fluss in G b: Zugehöriges Residualnetz G_f

Bild 9.3: Ein Fluss und das zugehörige Residualnetz.

hinreichend für Maximalität eines Flusses?

Die Antwort ist »Nein«. Bild 9.2(c) zeigt einen Fluss mit Wert 6, womit der Fluss aus (b), welcher den Flusswert 5 besitzt, nicht optimal sein kann. Der Fluss in Bild 9.2(c) ist übrigens ein maximaler Fluss, da der Schnitt $(\{s = 1,2,3\}, \{4,5 = t\})$ Kapazität 6 besitzt (vgl. Korollar 9.8).

Wenn man die Flüsse aus Bild 9.2(b) und (c) vergleicht, so stellt man fest, dass sich der Fluss auf den Pfeilen (1,2), (3,4) und (4,5) um eine Einheit erhöht haben, gleichzeitig der Flusswert auf (3,2) um eins gesunken ist. Wir müssen offenbar auch die Möglichkeit des Flussabbaus auf Pfeilen berücksichtigen.

In der folgenden Definition des Residualnetzes G_f lassen wir auch untere Kapazitätsschranken $l\colon R \to \mathbb{R}_+$ für den Fluss auf den Pfeilen zu und erlauben $c(r) = +\infty$ für einen Pfeil $r \in R$. Bis auf Abschnitt 9.8 werden wir für die maximalen Flüsse stets den Fall $l(r) = 0$ und $c(r) < +\infty$ für alle $r \in R$ betrachten.

Definition 9.9:   Residualnetz

Sei f ein zulässiger Fluss in G und seien l, c untere und obere Kapazitätsschranken für die Pfeile von G mit $0 \le l(r) \le c(r)$ für alle $r \in R$ (wir lassen hierbei explizit den Wert $c(r) = +\infty$ zu).

Das *Residualnetz* $G_f = (V, R_f, \alpha', \omega')$ besitzt die gleiche Eckenmenge wie G. Die Menge der Pfeile R_f im Residualnetz definiert sich wie folgt:

- Falls $r \in R$ und $f(r) < c(r)$, so enthält das Residualnetz G_f einen Pfeil $+r$ mit $\alpha'(+r) = \alpha(r)$ und $\omega'(+r) = \omega(r)$ sowie Residualkapazität $c_f(+r) := c(r) - f(r)$.

- Falls $r \in R$ und $f(r) > l(r)$, so enthält G_f einen Pfeil $-r$ mit $\alpha'(-r) = \omega(r)$ und $\omega'(-r) = \alpha(r)$ und Residualkapazität $c_f(-r) := f(r) - l(r)$.

Jeder Pfeil $r \in G$ induziert bis zu zwei Pfeile im Residualnetz G_f.

Abbildung 9.3 zeigt ein Beispiel für ein Residualnetz. Prinzipiell kann G_f durchaus parallele Pfeile besitzen, obwohl G selbst keine Parallelen hat. Wir haben hier die »Vorzeichen« für die Pfeile in G_f eingeführt, um zum einen mit $-r$ und $+r$ deutlich zu machen, dass diese Pfeile wegen $r \in R$ im Residualnetz sind. Zum anderen soll beispielsweise $-r$ betonen, dass dieser Pfeil eine »umgedrehte« Version von r ist. Im Folgenden benutzen wir σ als Platzhalter für ein Vorzeichen, d.h. jeder Pfeil in G_f hat die Form σr für ein $r \in R$. Mit $-\sigma r$ bezeichnen wir dann den entsprechenden inversen Pfeil, also $-r$ für $+r$ und umgekehrt.

Residualnetze haben eine wichtige Bedeutung für maximale Flüsse. Sei P ein Weg von s nach t im Residualnetz G_f und $\Delta(P) := \min_{\sigma r \in P} c_f(\sigma r)$ die minimale Residualkapazität auf den Pfeilen von P.

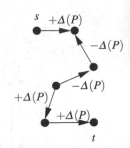

Erhöhung eines Flusses längs eines flussvergrößernden Wegs

Wir können nun den Fluss f längs des Weges P erhöhen: Falls der Pfeil $+r$ von G_f auf dem Weg P liegt, so ist $f(r) < c(r)$ und wir setzen $f'(r) := f(r) + \Delta(P)$. Liegt $-r$ auf P, so ist $f(r) > 0$ und wir setzen $f'(r) := f(r) - \Delta(P)$. Für alle Pfeile σr, die nicht auf P liegen, sei $f'(r) := f(r)$. Dann ist f' wieder ein Fluss in G und $\text{val}(f') = \text{val}(f) + \Delta(P) > \text{val}(f)$.

Definition 9.10: **Flussvergrößernder Weg**

Ein Weg P von s nach t im Residualnetz G_f heißt *flussvergrößernder Weg* für den Fluss f. Die *Residualkapazität*

$$\Delta(P) := \min_{\sigma r \in P} c_f(\sigma r)$$

des Weges P ist die minimale Residualkapazität auf seinen Pfeilen.

flussvergrößernder Weg
Residualkapazität

Wir illustrieren dieses Vorgehen am (nicht maximalen) Fluss aus Bild 9.2(a). Dieser ist in Bild 9.4(a) noch einmal zu sehen. Bild 9.4(b) zeigt das zugehörige Residualnetz G_f. Der Weg $P = [s = 1, 2, 3, 4, 5 = t]$ ist ein flussvergrößernder Weg mit Residualkapazität $\Delta(P) = 1$. Erhöhen wir den Fluss längs P, so entsteht der neue Fluss in Bild 9.4(c) mit Flusswert 5.

Aus unseren Überlegungen ergibt sich nun unmittelbar die folgende Beobachtung:

Beobachtung 9.11:

Existiert ein flussvergrößernder Weg für f, so ist f kein maximaler Fluss. ∎

In Lemma 9.7 hatten wir gezeigt, dass die Kapazität jedes (s, t)-Schnittes eine obere Schranke für den Flusswert jedes zulässigen (s, t)-Flusses ist. Wir formulieren diese Eigenschaft nun mit Hilfe der Residualnetze. Ausgangspunkt für Lemma 9.7 war die Identität

$$\text{val}(f) = f(\delta^+(S)) - f(\delta^-(S)) \tag{9.9}$$

aus Lemma 9.5, die für jeden Fluss f gilt. Sei nun f^* ein maximaler (s, t)-Fluss und $\text{val}(f^*) = \text{val}(f) + \varepsilon$ für ein $\varepsilon > 0$. Nach Lemma 9.7 gilt dann

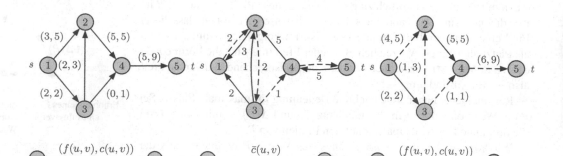

a: Das Ausgangsnetz mit einem Fluss f mit Wert $\mathrm{val}(f) = 5$.

b: Ein flussvergrößernder Weg P (gestrichelt hervorgehoben) im Residualnetz G_f mit $\Delta(P) = 1$.

c: Flusserhöhung längs des Weges ergibt einen neuen Fluss f' mit $\mathrm{val}(f') = \mathrm{val}(f) + \Delta(P) = \mathrm{val}(f) + 1$.

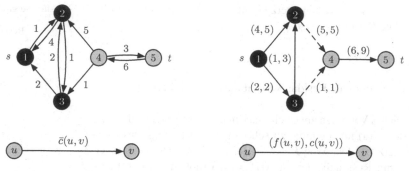

d: Das resultierende Residualnetz $G_{f'}$ besitzt keinen Weg von s nach t mehr. Die noch von der Quelle s im Residualnetz erreichbaren Ecken S sind schwarz hervorgehoben.

e: Die im Residualnetz $G_{f'}$ von s aus erreichbaren Ecken S induzieren einen Schnitt (S, T) mit $c(\delta^+(S)) = \mathrm{val}(f)$. Die Pfeile im Vorwärtsteil $\delta^+(S)$ sind gestrichelt hervorgehoben.

Bild 9.4: Ein gerichteter s-t-Weg in einem Residualnetz kann zum Erhöhen des Flusswertes benutzt werden.

für f^*:

$$\text{val}(f^*) = \text{val}(f) + \varepsilon \leq c(\delta^+(S)) \tag{9.10}$$

für jeden (s,t)-Schnitt (S,T). Subtrahieren wir (9.9) von (9.10), so ergibt sich

$$\begin{aligned}
\varepsilon &\leq c(\delta^+(S)) - f(\delta^+(S)) + f(\delta^-(S)) \\
&= \sum_{r \in \delta^+(S)} (c(r) - f(r)) + \sum_{r \in \delta^-(S)} f(r) \\
&= \sum_{+r \in \delta^+(S)} c_f(+r) + \sum_{-r \in \delta^+(S)} c_f(-r) \\
&= c_f(\delta^+_{G_f}(S)).
\end{aligned}$$

Damit erhalten wir folgendes Ergebnis:

Lemma 9.12:
Ist f ein zulässiger (s,t)-Fluss und f^* ein maximaler (s,t)-Fluss, so gilt

$$val(f^*) \leq val(f) + c_f(\delta^+_{G_f}(S))$$

für jeden (s,t)-Schnitt (S,T) in G_f.   ∎

9.3   Das Max-Flow-Min-Cut-Theorem

Beobachtung 9.11 liefert uns eine notwendige Bedingung für die Maximalität eines Flusses f: Es darf kein flussvergrößernder Weg existieren. Wir zeigen nun, dass diese Bedingung auch hinreichend ist.

Sei f^* ein maximaler (s,t)-Fluss (die Existenz eines solchen Flusses folgt aus Stetigkeitsgründen). Nach Beobachtung 9.11 existiert kein flussvergrößernder Weg für f^*. Folglich ist die Ecke t von s aus in G_{f^*} nicht erreichbar und die beiden Mengen

$$S := \{ v \in V : v \text{ ist in } G_{f^*} \text{ von } s \text{ erreichbar} \}$$

$$T := \{ v \in V : v \text{ ist in } G_{f^*} \text{ von } s \text{ nicht erreichbar} \}$$

sind beide nichtleer (es gilt: $s \in S$ und $t \in T$) und definieren damit einen Schnitt (S,T).

Sei $r \in \delta^+(S)$ ein Pfeil im Vorwärtsteil des Schnittes. Dann gilt $f^*(r) = c(r)$, denn sonst wäre $+r$ ein Pfeil in G_{f^*} und $\omega(r)$ von s in G_{f^*} erreichbar im Widerspruch zu $\omega(r) \in T$ (wir haben $v \in S$ und somit ist nach Definition von S die Ecke v von s aus in G_{f^*} erreichbar). Dies zeigt:

$$f^*(\delta^+(S)) = c(\delta^+(S)). \tag{9.11}$$

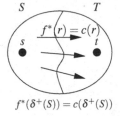

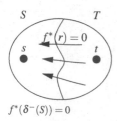

$f^*(\delta^-(S)) = 0$

Analog muss für jeden Pfeil $r \in \delta^-(S)$ gelten, dass $f^*(r) = 0$, da sonst $-r$ Pfeil in G_{f^*} wäre und mit $\omega(r)$ auch $\alpha(r)$ von s aus erreichbar wäre. Also ist:

$$f^*(\delta^-(S)) = 0 \tag{9.12}$$

Aus (9.11) und (9.12) folgt:

$$c(\delta^+(S)) = f^*(\delta^+(S)) - f^*(\delta^-(S)) \overset{\text{Lemma 9.5}}{=} \text{val}(f^*).$$

Wegen Korollar 9.8 muss f^* ein maximaler Fluss und gleichzeitig (S, T) ein minimaler Schnitt, d.h. ein Schnitt mit minimaler Kapazität, sein. Unser Ergebnis, dass der maximale Flusswert gleich der Kapazität eines minimalen Schnittes ist, ist als das berühmte *Max-Flow-Min-Cut-Theorem* von Ford und Fulkerson [68, 66, 67] bekannt:

Satz 9.13:   **Max-Flow-Min-Cut-Theorem**

In einem gerichteten Graphen G mit Kapazitäten $c\colon R \to \mathbb{R}_+$ ist der Wert eines maximalen (s, t)-Flusses gleich der minimalen Kapazität eines (s, t)-Schnittes:

$$\max_{f \text{ ist zulässiger } (s,t)\text{-Fluss in } G} \text{val}(f) = \min_{(S, T) \text{ ist } (s,t)\text{-Schnitt in } G} c(\delta^+(S)).$$

∎

Das Max-Flow-Min-Cut-Theorem hat eine größere Anzahl wichtiger und interessanter kombinatorischer Anwendungen, auf die wir in Abschnitt 9.10 eingehen. Unsere Beweisführung oben zeigt auch folgende Charakterisierung maximaler Flüsse:

Satz 9.14:   **Augmenting-Path-Theorem**

Ein zulässiger (s, t)-Fluss f ist genau dann ein maximaler Fluss, wenn es keinen flussvergrößernden Weg, d.h. keinen Weg von s nach t im Residualnetz G_f gibt.

∎

9.4   Der Algorithmus von Ford und Fulkerson

Im Folgenden nehmen wir für die Analyse von Algorithmen zur Bestimmung maximaler Flüsse an, dass der gerichtete Graph G des Flussnetzes einfach und schwach zusammenhängend ist. Die Annahme, dass G einfach ist, vereinfacht die Notation, bedeutet aber keine Einschränkung: ein Büschel paralleler Pfeile $r_1, \ldots, r_k$ kann zu einem einzigen Pfeil mit der Kapazität $\sum_{i=1}^k c(r_k)$ zusammengefasst werden, Schlingen spielen für maximale Flüsse keine Rolle. Wenn nötig, kann durch ein Preprocessing der Graph in einen einfachen Graphen umgewandelt werden (vgl. Aufgabe 9.1 für einen Algorithmus mit linearer Laufzeit). Auch die Annahme des schwachen Zusammenhangs ist keine Einschränkung, da wir das Problem sonst in der schwachen Komponente betrachten können, die s und t enthält (falls es keine solche Komponente gibt, ist der maximale Flusswert offenbar gleich 0).

Voraussetzung 9.15:
Der gerichtete Graph $G = (V, R, \alpha, \omega)$ ist *einfach* und wird wie üblich kurz mit $G = (V, R)$ bezeichnet. Zudem ist G schwach zusammenhängend, also insbesondere $m \geq n - 1$.

Jeder Pfeil in einem Residualnetz G_f hat die Form $\sigma(u, v)$ mit $\sigma \in \{+, -\}$. Es gilt

$$u = \alpha(+(u, v)) = \omega(-(u, v))$$
$$v = \omega(+(u, v)) = \alpha(-(u, v)).$$

Da $G = (V, R)$ einfach ist, gilt $|R| = m \leq |V|(|V| - 1) = n(n - 1) < n^2$.

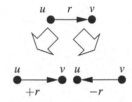

Jeder Pfeil $r \in G$ induziert bis zu zwei Pfeile im Residualnetz G_f.

Wir formulieren noch einmal das zu lösende Problem:

MAXIMALFLUSSPROBLEM

Instanz: Gerichteter Graph $G = (V, R)$ mit Kapazitäten
$c \colon R \to \mathbb{R}_+$, zwei Ecken $s, t \in V$ mit $s \neq t$

Gesucht: Ein maximaler (s, t)-Fluss

Satz 9.14 aus Abschnitt 9.3 motiviert in naheliegender Weise die Idee zu einem einfachen Algorithmus zur Bestimmung eines maximalen Flusses (siehe Algorithmus 9.1): Wir starten mit dem Nullfluss $f \equiv 0$. Solange G_f einen Weg von s nach t besitzt, erhöhen wir den Fluss längs dieses Weges. Danach aktualisieren wir G_f. Dieser Algorithmus geht auf Ford und Fulkerson [66, 67, 68] zurück.

Sind die Kapazitäten c im Netzwerk ganzzahlig, ist also $c \colon R \to \mathbb{N}$, so wird durch Algorithmus 9.1 der Fluss in jedem Erhöhungsschritt um einen ganzzahligen Betrag erhöht (ist der aktuelle Fluss f ganzzahlig, so sind alle Residualkapazitäten als Differenzen von ganzen Zahlen wieder ganzzahlig). Somit ist jeder Fluss, der zwischenzeitlich entsteht ganzzahlig. Außerdem erhöht sich der Fluss in jedem Schritt um mindestens 1. Sei $C :=$ max$\{c(r) : r \in R\}$ die größte auftretende Kapazität. Dann enthält der spezielle Schnitt $(\{s\}, V \setminus \{s\})$ höchstens $n - 1$ Pfeile (vgl. Annahme 9.15), von denen jeder Kapazität höchstens C besitzt. Daher besitzt der Schnitt, und damit natürlich auch der minimale (s, t)-Schnitt Kapazität höchstens $(n - 1)C$.

Aus diesem Grund muss Algorithmus 9.1 nach maximal $(n - 1)C$ Iterationen terminieren, weil er keinen flussvergrößernden Weg mehr findet. Nach Satz 9.14 ist der bei Abbruch gefundene Fluss (der nach unseren

$\delta^+(\{s\})$

Der Schnitt $(\{s\}, V \setminus \{s\})$ enthält höchstens $n - 1$ Pfeile und hat damit Kapazität $c(\delta^+(\{s\})) \leq (n - 1)C$, wobei $C = \max\{c(r) : r \in R\}$.

Algorithmus 9.1 Generischer Algorithmus auf Basis flussvergrößernder Wege.

FORD-FULKERSON(G, c, s, t)

   Input: Ein einfacher gerichteter Graph $G = (V, R)$ in
           Adjazenzlistendarstellung; eine nichtnegative Kapazitätsfunktion
           $c \colon R \to \mathbb{R}_+$, zwei Ecken $s, t \in V$.

   Output: Ein maximaler (s, t)-Fluss f (falls c ganzzahlig ist bzw. bei
           »geschickter« Wahl der flussvergrößernden Wege).

 1 Setze $f(r) = 0$ für alle $r \in R$, d.h. starte mit dem Nullfluss $f \equiv 0$.
 2 **while** in G_f existiert ein Weg von s nach t **do**
 3   Wähle einen solchen Weg P.
 4   Setze $\Delta := \min \{ c_f(\sigma r) : \sigma r \in P \}$ { *Residualkapazität des Weges* P }
 5   Erhöhe f längs P um Δ Einheiten.
 6   Aktualisiere G_f.

Überlegungen oben ganzzahlig ist) dann auch maximal. Einen flussvergrößernden Weg im Residualnetz können wir etwa mit Hilfe der Tiefensuche (DFS) oder Breitensuche (BFS) in $\mathcal{O}(n + m)$ Zeit finden. Damit haben wir folgenden Satz bewiesen:

Satz 9.16:

Sind alle Kapazitäten ganzzahlig, so bricht der generische Algorithmus auf Basis flussvergrößernder Wege, Algorithmus 9.1, nach $\mathcal{O}(nC)$ Vergrößerungsschritten und $\mathcal{O}((n + m)nC)$ Zeit mit einem maximalen Fluss ab, der ganzzahlig ist. Hierbei bezeichnet $C := \max \{ c(r) : r \in R \}$ die größte auftretende Kapazität. ∎

Korollar 9.17:   **Ganzzahligkeitssatz**

Sind alle Kapazitäten ganzzahlig, so existiert immer ein maximaler Fluss, der ganzzahlig ist. ∎

Das Ergebnis von Korollar 9.17 ist äußerst wichtig und Grundbaustein für viele kombinatorische Folgerungen aus dem Max-Flow-Min-Cut-Theorem. Achtung, das Korollar zeigt *nicht*, dass *jeder* maximale Fluss ganzzahlig ist! Es zeigt nur, dass *mindestens ein* maximaler Fluss existiert, der zusätzlich ganzzahlig ist. Beispielsweise zeigt Abbildung 9.5 einen maximalen Fluss der nicht ganzzahlig ist, obwohl alle Kapazitäten ganzzahlig sind.

    Es sollte bemerkt werden, dass der Algorithmus 9.1 bei ungeschickter Wegeauswahl extrem lange benötigen kann. Es gibt Beispiele, bei denen dann wirklich $\Omega(nC)$ Flusserhöhungen vorgenommen werden. Ein solches Beispiel ist in Abbildung 9.6 dargestellt. Falls $C = 2^n$, so besitzt Algorithmus 9.1 exponentielle Laufzeit.

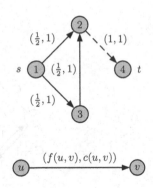

Bild 9.5: Auch bei ganzzahligen Kapazitäten kann ein maximaler Fluss existieren, der nicht ganzzahlig ist. Der gestrichelte Pfeil ist der Vorwärtsteil eines minimalen Schnittes. Nach Korollar 9.17 existiert aber mindestens ein ganzzahliger maximaler Fluss.

Satz 9.18:
Sind alle Kapazitäten rationale Zahlen, so bricht der generische Algorithmus auf Basis flussvergrößernder Wege, Algorithmus 9.1, nach endlich vielen Iterationen ab.

Beweis:
Sei K der gemeinsame Hauptnenner aller Kapazitäten. Dann sind während der Iteration des Algorithmus, ähnlich wie im ganzzahligen Fall, alle zwischenzeitlichen Flusswerte auf den Pfeilen ganzzahlige Vielfache von $1/K$. Daraus folgt die Endlichkeit, da wiederum der Flusswert nach oben beschränkt ist.   ∎

Obwohl wir reelle Zahlen normalerweise nicht exakt in unserem Berechnungsmodell darstellen können, ist es für theoretische Zwecke zeitweise nützlich, auch irrational Zahlen als Eingaben zuzulassen. In diesem Fall gehen wir davon aus, dass wir arithmetische Operationen auf reellen Zahlen ebenfalls in konstanter Zeit ausführen können. Allerdings ist für den generischen Algorithmus auf Basis flussvergrößernder Wege im reellen Fall der Abbruch nach endlich vielen Iterationen nicht gesichert. Ford und Fulkerson [66,67,68] gaben ein Beispiel an, wo bei ungeschickter Wahl der Wege der Algorithmus nicht nur nicht terminiert, sondern der »Grenzfluss« (der Grenzwert der erzeugten Flüsse) kein maximaler Fluss ist (siehe auch [3]).

9.5   Der Algorithmus von Edmonds und Karp

In Algorithmus 9.1 bleibt zunächst offen, wie wir in Schritt 3 einen flussvergrößernden Weg wählen. Zur Flusserhöhung (und zum Beweis von Satz 9.16

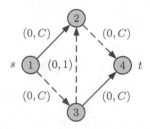

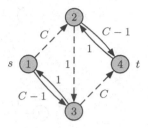

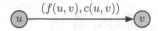

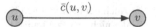

a: Das Ausgangsnetzwerk entspricht dem Residualnetzwerk G_f für den Nullfluss $f \equiv 0$. Der flussvergrößernde Weg $(1,3,2,4)$ hat Residualkapazität 1.

b: Nach der Flusserhöhung dreht sich im Residualnetzwerk die Richtung des Pfeils $(3,2)$ um. Der flussvergrößernde Weg $(1,2,3,4)$ hat wieder Residualkapazität 1.

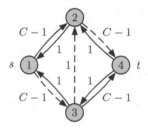

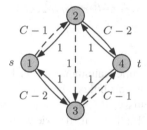

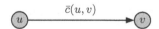

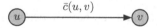

c: Wählt man nun wieder den flussvergrößernden Weg $(1,3,2,4)$ so hat dieser wieder Residualkapazität 1.

d: Auch im nächsten Schritt hat dann der Weg $(1,2,3,4)$ wieder Residualkapazität 1, so dass sich der Flusswert auch wieder um 1 erhöht.

Bild 9.6: Bei ungeschickter Wahl des flussvergrößernden Wegs kann der generische Algorithmus 9.1 $\Omega(nC)$ Iterationen benötigen. Im oben gezeigten Beispiel werden abwechselnd die flussvergrößernden Wege $(1,3,2,4)$ und $(1,2,3,4)$ gewählt. In jeder Iteration erhöht sich der Flusswert um 1, der maximale Flusswert ist $2C$.

und Korollar 9.17) genügt es, *irgendeinen* flussvergrößernden Weg zu finden. Dazu müssen wir im Residualnetz G_f einen Weg von s nach t finden, bzw. feststellen, dass es keinen solchen Weg gibt. Wie bereits erwähnt können wir mit Hilfe der Breitensuche (BFS, siehe Algorithmus 7.5) diese Aufgabe in $\mathscr{O}(n+m)$ Zeit lösen.

Da die Breitensuche immer einen kürzesten Weg (gemessen in der Anzahl der Pfeile) von s nach t in G_f liefert, finden alle Flussvergrößerungen auf kürzesten Wegen statt. Diese Auswahl der flussvergrößernden Wege im generischen Algorithmus 9.1 liefert den *Algorithmus von Edmonds und Karp* [59] (Algorithmus 9.2).

Algorithmus 9.2 Algorithmus von Edmonds und Karp.

EDMONDS-KARP-MAXFLOW(G, c, s, t)

   Input: Ein einfacher gerichteter Graph $G = (V, R)$ in
                 Adjazenzlistendarstellung; eine nichtnegative Kapazitätsfunktion
                 $c \colon R \to \mathbb{R}_+$, zwei Ecken $s, t \in V$.

   Output: Ein maximaler (s, t)-Fluss f.

   1 Setze $f(r) = 0$ für alle $r \in R$, d.h. starte mit dem Nullfluss $f \equiv 0$.
   2 **while** in G_f existiert ein Weg von s nach t **do**
   3   Wähle einen kürzesten solchen Weg P.
   4   Setze $\Delta := \min \{ c_f(\sigma r) : \sigma r \in P \}$ { *Residualkapazität des Weges P.* }
   5   Erhöhe f längs P um Δ Einheiten.
   6   Aktualisiere G_f.

Um die Laufzeit des Algorithmus von Edmonds und Karp zu beweisen, zeigen wir zunächst ein hilfreiches Lemma.

Lemma 9.19:

Sei H ein gerichteter Graph. Wir bezeichnen mit $dist(s, t, H)$ die Länge eines kürzesten Weges von s nach t in H und mit $R_{st}(H)$ die Menge aller Pfeile von H, die auf kürzesten s-t-Wegen liegen. Sei $R_{st}(H)^{-1} := \{ r^{-1} : r \in R_{st}(H) \}$, wobei r^{-1} der zu r inverse Pfeil ist. Dann gilt für den Graphen H', der durch Hinzufügen aller Pfeile aus $R_{st}(H)^{-1}$ zu H entsteht:

$$dist(s, t, H') = dist(s, t, H)$$
$$R_{st}(H') = R_{st}(H)$$

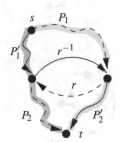

Beweis von Lemma 9.19

Beweis:

Per Induktion genügt es zu zeigen, dass sich $dist(s, t, H)$ und $R_{st}(H)$ nicht ändern, wenn wir für ein $r \in R_{st}(H)$ den inversen Pfeil r^{-1} zu H hinzufügen. Sei $u := \alpha(r)$ und $v := \omega(r)$.

Falls die Behauptung falsch ist, gibt es einen Weg $P' = P'_1 \circ (v, r^{-1}, u) \circ P'_2$ von s nach t in H', welcher r^{-1} benutzt, und dessen Länge höchstens $dist(s, t, H)$ ist. Wegen $r \in R_{st}(H)$ existiert aber auch ein Weg $P = P_1 \circ$

$(u, r, v) \circ P_2$ in H (und somit auch in H') der Länge $\text{dist}(s, t, H)$ von s nach t, welcher r benutzt. Dann sind aber $P_1 \circ P_2'$ und $P_1' \circ P_2$ beides s-t-Wege in H die zusammen höchstens $2\,\text{dist}(s, t, H) - 2$ Pfeile besitzen. Folglich hat einer dieser Wege Länge höchstens $\text{dist}(s, t, H) - 1$ im Widerspruch zu Definition von $\text{dist}(s, t, H)$. ■

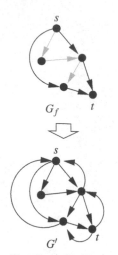

Hinzufügen aller inversen Pfeile zu den Pfeilen auf kürzesten s-t-Wegen in G_f (schwarze Pfeile) liefert den Graphen G'. Es gilt $\text{dist}(s, t, G') = \text{dist}(s, t, G_f)$ nach Lemma 9.19.

Damit haben wir alle Hilfsmittel zusammen, um die Komplexität des Algorithmus von Edmonds und Karp zu analysieren.

Satz 9.20:

Sei G ein Netzwerk mit ganzzahligen, rationalen oder reellen[1] Kapazitäten. Der Algorithmus von Edmonds und Karp terminiert nach $\mathcal{O}(nm)$ Iterationen mit einem maximalen Fluss. Die Gesamtkomplexität des Algorithmus ist $\mathcal{O}(nm^2)$.

Beweis:

Sei f der Fluss zu Beginn einer Iteration und f' der Fluss nach der Iteration, in der f längs eines kürzesten Weges in G_f erhöht wird.

Behauptung 1: Sei $X = \{ -\sigma r : \sigma r \in R_{st}(G_f) \}$. Dann gilt für den Graphen G', der durch Hinzufügen der Pfeile aus X zum Residualnetz G_f entsteht: $\text{dist}(s, t, G') = \text{dist}(s, t, G_f)$ und $R_{st}(G') = R_{st}(G_f)$.

Beweis: Lemma 9.19 mit $H := G_f$ und $H' := G'$. □

Behauptung 2: Es gilt $\text{dist}(s, t, G_{f'}) \geq \text{dist}(s, t, G_f)$. Falls Gleichheit gilt, so haben wir $R_{st}(G_{f'}) \subset R_{st}(G_f)$ (strikte Inklusion).

Beweis: $G_{f'}$ ist ein Partialgraph von G' aus Behauptung 1, da nur Pfeile auf kürzesten Wegen zur Flusserhöhung benutzt werden. Daher gilt dann $\text{dist}(s, t, G_{f'}) \geq \text{dist}(s, t, G') = \text{dist}(s, t, G_f)$, wobei sich die letzte Gleichheit aus Behauptung 1 ergibt.

Falls Gleichheit gilt, so ist $R_{st}(G_{f'}) \subset R_{st}(G') = R_{st}(G_f)$, da $G_{f'}$ Partialgraph von G' ist und somit jeder kürzeste s-t-Weg in $G_{f'}$ ein kürzester s-t-Weg in G' ist. Es gilt strikte Inklusion, da bei der Flusserhöhung mindestens einer der Pfeile auf dem kürzesten Weg aus dem Residualnetz, also aus $R_{st}(G_f)$ verschwindet. □

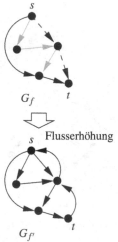

G_f ⇩ Flusserhöhung

$G_{f'}$

Flusserhöhung entlang eines kürzesten Weges in G_f (gestrichelt) ergibt eine neues Residualnetz $G_{f'}$, das ein Partialgraph von G' ist.

Aus Behauptung 2 folgt nun die Behauptung des Satzes: Der Abstand von s zu t im Residualnetz ist monoton wachsend und nach oben durch $n - 1$ beschränkt. Falls der Abstand zwischen zwei Iterationen nicht echt anwächst, so schrumpft die Menge der Pfeile auf kürzesten s-t-Wegen. Dies kann hintereinander maximal $2m$ mal passieren, da jedes Residualnetz höchstens $2m$ Pfeile enthält. ■

1 Im Fall von reellen Kapazitäten nehmen wir wieder an, dass wir arithmetische Operationen auf reellen Zahlen ebenfalls in konstanter Zeit ausführen können

9.6   Der Algorithmus von Dinic

Mit dem Algorithmus von Edmonds und Karp haben wir einen ersten polynomiellen Algorithmus für das Maximalflussproblem. Wir zeigen nun, wie
man die Laufzeit von $\mathcal{O}(nm^2)$ auf $\mathcal{O}(n^2m)$ verbessern kann. Die Schlüsselbeobachtung ist die, dass jede Berechnung eines kürzesten flussvergrößernden Weges (mittels BFS) nützliche Informationen liefert, die wir in der
nächsten Flusserhöhung nutzen können. Wir können diese Informationen,
die in den Distanzmarken steckt, nutzen, um den Aufwand für eine Fluss-
vergrößerung von $\mathcal{O}(n+m)$ auf $\mathcal{O}(n)$ zu reduzieren.

Bei den bisherigen Algorithmen haben wir den aktuellen Fluss f längs
eines Weges P im Residualnetz G_f um einen positiven Wert $\varepsilon := \Delta(P)$
erhöht:

$$f(r) := \begin{cases} f(r)+\varepsilon, & \text{falls } +r \in P \\ f(r)-\varepsilon, & \text{falls } -r \in P. \end{cases} \tag{9.13}$$

Wir betrachten die Funktion

$$g(\sigma r) := \begin{cases} \varepsilon, & \text{falls } \sigma r \in P \\ 0, & \text{falls } \sigma r \notin P. \end{cases} \tag{9.14}$$

Dann ist die durch (9.14) definierte Funktion g ein bezüglich c_f zulässiger
(s,t)-Fluss im Residualnetz G_f. Wir können dann (9.13) auch schreiben
als:

$$f(r) := f(r)+g(+r)-g(-r), \tag{9.15}$$

wobei wir zur Vereinfachung der Notation die Konvention $g(\sigma r) := 0$ für
$\sigma r \notin G_f$ benutzen. Ist allgemeiner g *irgendein* bezüglich c_f zulässiger (s,t)-
Fluss in G_f, so definiert (9.15) wieder einen zulässigen (s,t)-Fluss in G.

Definition 9.21:   Blockierender Fluss
Ein zulässiger (s,t)-Fluss f' in einem Graphen G' mit oberen Kapazitätsschranken c' ist ein *blockierender Fluss*, wenn es keinen Weg P von s nach t
in G' gibt mit $f'(r) < c'(r)$ für alle $r \in P$.

blockierender Fluss

Um den Algorithmus von Dinic formulieren zu können, benötigen wir noch
den Begriff des Schichtnetzes L_f. Sei $d[v] := \mathrm{dist}(v,t,G_f)$ der Abstand
von v nach t im Residualnetz G_f. Dann enthält das Schichtnetz $L_f = (V, A_f)$
nur diejenigen Pfeile aus G_f mit

$$d[\alpha(\sigma r)] = d[\omega(\sigma r)] + 1. \tag{9.16}$$

Nach Definition von L_f ist jeder Weg von s nach t im Schichtnetz L_f ein
kürzester Weg von s nach t im Residualnetz G_f. Das Schichtnetz lässt sich

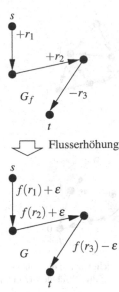

G_f

Flusserhöhung

G

Flusserhöhung längs eines
Weges in G_f

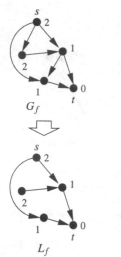

G_f

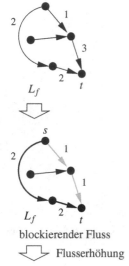

L_f

Schichtnetz L_f: die Zahlen
geben die Abstände zu t in G_f
an.

L_f

L_f

blockierender Fluss

Flusserhöhung

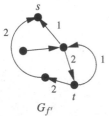

$G_{f'}$

Eine Iteration des
Algorithmus von Dinic

in linearer Zeit aus G und f berechnen, indem man zunächst das Residualnetz G_f berechnet, danach die Distanzmarken $d[v]$ mittels BFS berechnet und anschließend alle Pfeile, die (9.16) nicht erfüllen entfernt.

Wir könnten somit den Algorithmus von Edmonds und Karp mit gleicher Laufzeit so implementieren, dass wir in jeder Iteration zunächst das Schichtnetz L_f bestimmen und dann irgendeinen Weg von s nach t in L_f zum Flusserhöhen benutzen. Allerdings stellt sich zu Recht die Frage, warum man L_f berechnet, wenn man es nach nur einer Vergrößerung wieder verwirft. Hier kommt das angekündigte Ausnutzen der Information in den Distanzmarken ins Spiel.

Der Algorithmus von Dinic (Algorithmus 9.3) berechnet in jeder Iteration nicht *einen Weg* in L_f, sondern einen *blockierenden Fluss* g im Schichtnetz L_f. Diesen addiert er dann gemäß (9.15) zu f. Der Algorithmus terminiert, sobald t nicht mehr von s aus in G_f erreichbar ist.

Algorithmus 9.3 Algorithmus von Dinic

$\textsc{Dinic-Maxflow}(G, c, s, t)$

Input: Ein gerichteter Graph $G = (V, R, \alpha, \omega)$ in Adjazenzlistendarstellung;
eine nichtnegative Kapazitätsfunktion $c\colon R \to \mathbb{R}_+$, zwei Ecken $s, t \in V$.

Output: Ein maximaler (s, t)-Fluss f.

1 Setze $f(r) = 0$ für alle $r \in R$, d.h. starte mit dem Nullfluss $f \equiv 0$.
2 **while** in G_f existiert ein Weg von s nach t **do**
3   Berechne das Schichtnetz $L_f = (V, A_f) \sqsubseteq G_f$.
4   Berechne einen blockierenden (s, t)-Fluss g in L_f bezüglich der Residualkapazitäten $c_f\colon A_f \to \mathbb{R}_+$
5   Für $r \in R$ setze $f(r) := f(r) + g(+r) - g(-r)$, wobei $g(\sigma r) := 0$, falls $\sigma r \notin A_f$.
6 **return** f

Lemma 9.22:

Der Algorithmus von Dinic berechnet einen maximalen Fluss. Er terminiert nach höchstens n Iterationen, d.h. nach der Berechnung von höchstens n blockierenden Flüssen.

Beweis:

Falls der Algorithmus terminiert, so ist der gefundene Fluss nach Satz 9.14 maximal. Wir müssen daher nur die Anzahl der Iterationen geeignet beschränken.

Sei f der Fluss zu Beginn einer Iteration, g der blockierende Fluss in L_f, der in der Iteration gefunden wird und f' der gemäß (9.15) aus f und g entstandene Fluss. Wenn wir zeigen können, dass $\text{dist}(s, t, G_{f'}) > \text{dist}(s, t, G_f)$ gilt, so folgt, dass es höchstens n Iterationen geben kann (wenn nämlich $\text{dist}(s, t, G_f) \geq n$ gilt, so ist t von s nicht in G_f erreichbar und der Fluss f nach Satz 9.14 maximal).

Wir wenden Lemma 9.19 an, um die gewünschte Ungleichung zu zeigen. Durch Erhöhen von f mittels g wird möglicherweise für einen Pfeil $\sigma r \in L_f \sqsubseteq G_f$ der inverse Pfeil $-\sigma r$ zum Residualnetz $G_{f'}$ hinzugefügt. Da aber σr auf einem kürzesten Weg von s nach t in G_f lag (vgl. Konstruktion des Schichtnetzes L_f) gilt nach Lemma 9.19:

$$\text{dist}(s, t, G_{f'}) \geq \text{dist}(s, t, G') = \text{dist}(s, t, G_f),$$

wobei G' der Graph ist, der aus G_f entsteht, wenn wir für *alle* Pfeile auf kürzesten Wegen von s nach t in G_f den entsprechenden inversen Pfeil hinzufügen.

Falls $\text{dist}(s, t, G_{f'}) = \text{dist}(s, t, G_f) = k$, so existiert in $G_{f'}$ ein Weg von s nach t der Länge k. Wegen $G_{f'} \sqsubseteq G'$ ist dieser Weg auch ein Weg in G'. Nach Lemma 9.19 müsste dann dieser Weg auch ein kürzester s-t-Weg in G_f sein (die Menge der Pfeile auf kürzesten s-t-Wegen ändert sich nach dem Lemma beim Übergang von G_f zu G' nicht). Daher ist P ein Weg im Schichtnetz L_f und wir können g längs P noch erhöhen, was der Tatsache widerspricht, dass g ein blockierender Fluss ist. ∎

Um die versprochene Komplexität von $\mathcal{O}(n^2 m)$ für den Algorithmus von Dinic zu beweisen, müssen wir noch zeigen, wie man in $\mathcal{O}(nm)$ Zeit einen blockierenden Fluss g im Schichtnetz berechnet. Man beachte, dass L_f ein kreisfreier Graph ist.

Eine einfache Möglichkeit zur Bestimmung eines blockierenden Flusses ist es, mit $g \equiv 0$ zu starten und wiederholt mittels BFS oder DFS in L_f einen s-t-Pfad P zu finden und g längs P zu erhöhen. Wir entfernen dann alle gesättigten Pfeile aus L_f und iterieren, bis wir keinen Weg mehr finden. Offenbar entsteht dabei ein blockierender Fluss. In jeder Iteration wird mindestens ein Pfeil auf dem Weg gesättigt, so dass wir $\mathcal{O}(m)$ Iterationen haben, von denen jede $\mathcal{O}(n + m)$ Zeit benötigt (für BFS bzw. DFS). Der Zeitaufwand ist dann allerdings $\mathcal{O}(m^2)$, so dass wir insgesamt die gleiche Laufzeit von $\mathcal{O}(nm^2)$ wie für den Algorithmus von Edmonds und Karp erhalten.

Wir erarbeiten nun eine etwas sorgsamere Umsetzung der Idee aus dem letzten Absatz. Wir starten wieder mit $g \equiv 0$ und führen ein (leicht modifiziertes) DFS in L_f von s ausgehend durch, bis wir t erreichen. Die einzige Modifikation bei der Tiefensuche besteht darin, dass wir während des Verfahrens alle Pfeile, die wir erfolglos erforscht hatten (dies sind die Pfeile bei denen ein »Backtracking« erfolgt, d.h. die Pfeile r bei denen $\omega(r)$ schwarz gefärbt wird), aus L_f entfernen. Diese Pfeile können auf keinem Weg von s nach t liegen. Auf dem gefundenen Weg P von s nach t erhöhen wir g, wobei mindestens ein Pfeil auf P gesättigt wird. Wir entfernen die gesättigten Pfeile. Wir iterieren dann diese modifizierte Tiefensuche mit Flusserhöhung im Restnetz bis wir keinen Weg mehr finden.

Wir schätzen nun den Aufwand für den im letzten Absatz beschriebenen »Blockierungsschritt« ab. Sei $k \leq 2m$ die Anzahl der Iterationen des be-

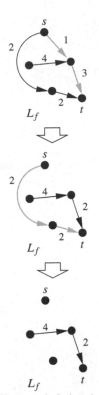

L_f

L_f

L_f

Wenn man in L_f iterativ mittels BFS oder DFS einen s-t-Weg P (grau) findet, den Fluss längs P erhöht und die gesättigten Pfeile aus L_f entfernt, so erhält man in $\mathcal{O}(m)$ Iterationen und $\mathcal{O}(m^2)$ Zeit einen blockierenden Fluss. Dies liefert aber noch keine bessere Zeitkomplexität als beim Algorithmus von Edmonds und Karp.

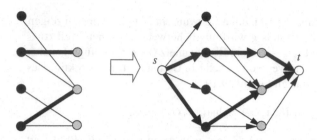

Bild 9.7: Das Problem, ein Matching maximaler Kardinalität in einem bipartiten
Graphen zu finden, kann auf ein Maximalflussproblem zurückgeführt
werden. Alle Kapazitäten sind dabei gleich 1, der Wert eines ganzzahligen (s,t)-Flusses entspricht der Kardinalität des Matchings.

schriebenen Verfahrens, um einen blockierenden Fluss zu finden. Die erste
Initialisierung für DFS (alle Ecken werden weiß gefärbt) benötigt $\mathcal{O}(n)$ Zeit.
Der weitere Aufwand für alle folgenden Tiefensuchen ist $\mathcal{O}(|A_i|)$, wobei A_i
die in der i-ten Iteration betrachteten Pfeile ist. Wir können die Markierungen an den Ecken mit Hilfe der Pfeile aus A_i wieder auf weiß zurücksetzen,
so dass wir L_f nur das erste Mal komplett weiß färben müssen.

Sei P_i der in Iteration i gefundene Weg und $D_i \subseteq A_i$ die Menge der Pfeile,
die in Iteration i aus L_f entfernt werden. Es gilt $A_i = D_i \cup R(R_i)$, wobei
$R(R_i)$ die Menge der Pfeile auf P_i bezeichnet. Der Aufwand für Iteration i
ist $\mathcal{O}(|A_i| + |D_i|) = \mathcal{O}(|R(P_i)| + |D_i|)$. Da jeder Pfeil nur einmal entfernt
werden kann, gilt $\sum_{i=1}^{k} |D_i| \leq 2m$. Da $|R(P_i)| \leq n - 1$ (zur Erinnerung: L_f
ist kreisfrei) und $k \leq 2m$, haben wir

$$\sum_{i=1}^{k} \mathcal{O}(|A_i| + |D_i|) = \sum_{i=1}^{k} \mathcal{O}(|R(P_i)| + |D_i|) \subseteq 2m \cdot \mathcal{O}(n) + \mathcal{O}(m) \subseteq \mathcal{O}(nm).$$

Wir haben damit folgendes Resultat bewiesen.

Satz 9.23:
*Sei G ein Netzwerk mit ganzzahligen, rationalen oder reellen Kapazitäten.
Der Algorithmus von Dinic terminiert nach $\mathcal{O}(n)$ Iterationen mit einem
maximalen Fluss. Die Gesamtkomplexität des Algorithmus ist $\mathcal{O}(n^2 m)$.* ∎

9.6.1   Flüsse bei Einheitskapazitäten

In diesem Abschnitt analysieren wir den Algorithmus von Dinic noch einmal genauer für den Fall von Einheitskapazitäten, d.h. falls $c(r) = 1$ für alle
$r \in R$. Dieser Fall tritt beispielsweise bei kombinatorischen Anwendungen
(siehe Abschnitt 9.10) und Matchings (Kapitel 10) auf. Bild 9.7 illustriert,
wie man das Problem, ein Matching maximaler Kardinalität in einem bipartiten Graphen zu finden, auf ein Maximalflussproblem zurückführen kann.

Wir haben im letzten Abschnitt gezeigt, dass wir einen blockierenden Fluss im Schichtnetz L_f in Zeit $\mathcal{O}(nm)$ berechnen können. Der Schlüssel unserer Analyse war, dass in einer Iteration des modifizierten DFS in L_f der Zeitaufwand $\mathcal{O}(|R(P_i)| + |D_i|)$ beträgt, wobei P_i der gefundene Weg und D_i die in der Iteration entfernten Pfeile sind. Falls nun $c(r) = 1$ für alle $r \in R$, so ist auch $c_f(\sigma r) = 1$ für alle $\sigma r \in G_f$. Dies bedeutet, dass bei der Erhöhung des Flusses g im Schichtnetz L_f längs P_i alle Pfeile auf P_i gesättigt werden. Daher ist $R(P_i) \subseteq D_i$ und der Zeitaufwand für die Konstruktion eines blockierenden Flusses lässt sich durch $\mathcal{O}(n + \sum_i |D_i|) = \mathcal{O}(n+m) = \mathcal{O}(m)$ abschätzen (der Term »n« kommt von der Initialisierung für das erste DFS).

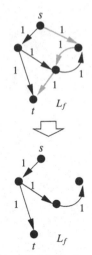

Beobachtung 9.24:
Gilt $c(r) = 1$ für alle $r \in R$, so lässt sich ein blockierender Fluss im Schichtnetz L_f in $\mathcal{O}(n+m)$ Zeit berechnen.

Wir haben bereits gezeigt (Lemma 9.22), dass der Algorithmus von Dinic insgesamt nur n blockierende Flüsse zur Bestimmung eines maximalen Flusses berechnet. Beobachtung 9.24 liefert uns somit sofort eine Laufzeit von $\mathcal{O}(nm)$. Der folgende Satz verbessert diese Schranke nochmals durch eine genauere Analyse:

Ist $c(r) = 1$ für alle $r \in R$, so ist auch $c_f(\sigma r) = 1$ für alle $\sigma r \in G_f$ bzw. alle $\sigma r \in L_f$. Bei Erhöhung des blockierenden Flusses g in L_f längs eines Weges P (graue Pfeile) werden alle Pfeile auf P gesättigt und verschwinden aus L_f.

Satz 9.25:
Falls $c(r) = 1$ für alle $r \in R$, so benötigt der Algorithmus von Dinic nur $\mathcal{O}(n^{2/3})$ blockierende Flüsse, bis er einen maximalen Fluss gefunden hat. Die Laufzeit ist daher dann $\mathcal{O}(n^{2/3}m)$.

Beweis:
Wir haben in Lemma 9.22 gezeigt, dass sich in jeder Iteration des Algorithmus (d.h. nach jeder Berechnung eines blockierenden Flusses) der Abstand $\mathrm{dist}(s,t,G_f)$ strikt erhöht.

Sei $d^* = 2\lceil n^{2/3} \rceil$. Wir unterteilen die Berechnung durch den Algorithmus von Dinic in zwei Epochen: Epoche 1 enthält alle Iterationen, bei denen $\mathrm{dist}(s,t,G_f) \le d^*$, Epoche 2 enthält alle folgenden Iterationen bis zum Abbruch.

Da sich $\mathrm{dist}(s,t,G_f)$ in jeder Iteration strikt erhöht, finden in Epoche 1 höchstens $d^* \in \mathcal{O}(n^{2/3})$ Blockierungsschritte statt, von denen jeder $\mathcal{O}(m)$ Zeit benötigt. Der Aufwand für Epoche 1 ist daher $\mathcal{O}(n^{2/3}m)$.

Wir betrachten nun den Beginn von Epoche 2. Sei $k := \mathrm{dist}(s,t,G_f) \ge d^*$ die Distanz von s zu t in G_f zu Beginn der Epoche. Für $i = 0,1,\dots,k$ sei $V_i := \{ v \in V : \mathrm{dist}(s,v,G_f) = i \}$ und $V_{k+1} := V \setminus \bigcup_i V_i$. Für $i = 0,1,\dots,k-1$ ist (S_i, T_i) mit

$$S_i := V_0 \cup V_1 \cup \cdots \cup V_i \tag{9.17a}$$

$$T_i := V_{i+1} \cup \cdots \cup V_{k+1} \tag{9.17b}$$

ein (s,t)-Schnitt in G und G_f. Ist $\sigma r \in G_f$ ein Pfeil mit $\alpha(\sigma r) \in V_j$ mit $j \leq i$, so gilt $\omega(\sigma r) \in V_l$ mit $l \leq j+1$. Also enthält der Schnitt (V_i, T_i) in G_f höchstens Pfeile von V_i nach V_{i+1}, von denen jeder Residualkapazität 1 besitzt. Da G keine Parallelen enthält, gibt es zwischen jedem Paar von Ecken in G_f höchstens 4 Pfeile. Also folgt

$$c_f(\delta_{G_f}^+(S_i)) \leq 4|V_i| \cdot |V_{i+1}|. \tag{9.18}$$

Wir behaupten, dass es ein $i \in \{0, 1, \ldots, k-1\}$ gibt, mit $|V_i| \leq n^{1/3}$ und $|V_{i+1}| \leq n^{1/3}$. Wäre dies nicht der Fall, so wäre

$$n = |V| \geq \frac{1}{2} \sum_{i=0}^{k-1} (|V_i| + |V_{i+1}|) > \frac{1}{2} k \cdot n^{1/3} \geq 2n^{2/3} n^{1/3} > n.$$

Mit (9.18) finden wir daher einen Schnitt (S_i, T_i) in G_f, der Residualkapazität höchstens $4n^{2/3} \in \mathcal{O}(n^{2/3})$ hat. Lemma 9.12 zeigt nun, dass der Fluss f zu Beginn von Epoche 2 die Bedingung

$$\mathrm{val}(f) \geq \mathrm{val}(f^*) + 4n^{2/3}$$

erfüllt, wobei f^* ein maximaler (s,t)-Fluss ist. Jeder Blockierungsschritt erhöht $\mathrm{val}(f)$ um einen ganzzahligen Wert, also können in Epoche 2 maximal $\mathcal{O}(n^{2/3})$ Blockierungsschritte erfolgen. ∎

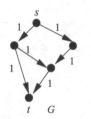

Graph mit
Einheitskapazitäten und
$g^-(v) \leq 1$ oder $g^+(v) \leq 1$ für
alle $v \neq s, t$

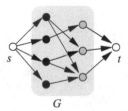

G

Formulierung des bipartiten
Matching-Problems auf G als
Maximalflussproblem auf
einem erweiterten Graphen

Wir spezialisieren das Ergebnis des letzten Satzes noch weiter. Bei den kombinatorischen Anwendungen treten oft Graphen mit Einheitskapazitäten auf, bei denen jede Ecke $v \neq s, t$ entweder einen Innengrad oder einen Außengrad höchstens 1 besitzt. Beispielsweise tritt diese Situation bei der Reduktion des bipartiten Matching-Problems auf ein Maximalflussproblem in Bild 9.7 auf.

Eine wichtige Beobachtung ist, dass sich bei Einheitskapazitäten die Eigenschaft $g^+(v) \leq 1$ oder $g^-(v) \leq 1$ für alle $v \in V \setminus \{s, t\}$ unter einem ganzzahligen (s,t)-Fluss f auch auf G_f überträgt. Für jede Ecke $v \neq s, t$ folgt nämlich wegen der Flusserhaltung, also $f(\delta^-(v)) = f(\delta^+(v))$, dass

$$
\begin{aligned}
|\{r \in \delta^-(v) : f(r) > 0\}| &= |\{r \in \delta^-(v) : f(r) = 1\}| \\
&= f(\delta^-(v)) \\
&= f(\delta^+(v)) \quad \text{(Flusserhaltung)} \\
&= |\{r \in \delta^+(v) : f(r) = 1\}| \\
&= |\{r \in \delta^+(v) : f(r) > 0\}|.
\end{aligned}
$$

Bei der obigen Rechnung haben wir neben der Ganzzahligkeit von f auch $c(r) = 1$ für alle $r \in R$ ausgenutzt. Wir zeigen nun die angekündigte verbesserte Laufzeitabschätzung für den Algorithmus von Dinic.

Satz 9.26:

Falls $c(r) = 1$ für alle $r \in R$ und $g^-(v) \leq 1$ oder $g^+(v) \leq 1$ für alle $v \in V \setminus \{s,t\}$, so benötigt der Algorithmus von Dinic nur $\mathcal{O}(n^{1/2})$ blockierende Flüsse, bis er einen maximalen Fluss gefunden hat. Die Laufzeit ist daher dann $\mathcal{O}(n^{1/2}m)$.

Beweis:

Wir verwenden eine ähnliche Analyse wie bei Satz 9.25. Wir setzen nun $d^* := \lceil n^{1/2} \rceil + 2$ und erklären wieder Epoche 1 als alle Blockierungsschritte, bei denen noch $\mathrm{dist}(s,t,G_f) \leq d^*$ gilt. Der Aufwand für Epoche 1 ist dann $\mathcal{O}(d^*m) = \mathcal{O}(n^{1/2}m)$.

Wir betrachten wieder die Schnitte (S_i, T_i), $i = 0, \ldots, k-1$ aus (9.17) zu Beginn von Epoche 2, wobei erneut $k = \mathrm{dist}(s,t,G_f)$ der Abstand von s zu t ist.

Sei diesmal $i \in \{1, \ldots, k-1\}$ so gewählt, dass $|V_i|$ minimal ist. Wir behaupten zunächst, dass $|V_i| \leq n^{1/2}$. Wäre dies nicht der Fall, so hätten wir

$$n = |V| \geq \sum_{i=1}^{k-1} |V_i| \geq (k-1)n^{1/2} > n^{1/2} \cdot n^{1/2} = n.$$

Wir konstruieren nun einen Schnitt (S,T) mit $c_f(\delta^+_{G_f}(S)) \in \mathcal{O}(n^{1/2})$. Damit folgt dann analog zum Beweis von Satz 9.25, dass Epoche 2 nur $\mathcal{O}(n^{1/2})$ Blockierungsschritte enthält, womit der Satz bewiesen ist. Sei $U \subseteq V$ die Menge der Ecken v mit $g^+_{G_f}(v) \leq 1$, also mit Außengrad höchstens 1 im Residualnetz G_f. Wir setzen:

$$S := V_0 \cup \cdots \cup V_{i-1} \cup (V_i \cap U)$$
$$T := V \setminus S = (V_i \setminus U) \cup V_{i+1} \cup \cdots \cup V_{k+1}$$

Da $i \geq 1$, ist $s \in S$. Wegen $i \leq k-1$ und $t \in V_k$ folgt $t \in T$, womit (S,T) tatsächlich einen (s,t)-Schnitt definiert.

Wir erinnern daran, dass jeder Pfeil σr mit $\alpha(\sigma r) \in V_j$ für ein j die Bedingung $\omega(\sigma r) \in V_l$ mit $l \leq j+1$ erfüllt. Daher startet jeder Pfeil $\sigma r \in \delta^+(S)$ entweder in einer Ecke aus $V_i \cap U$ oder er endet in einer Ecke aus $V_i \setminus U$. Wegen $g^+_{G_f}(v) \leq 1$ für alle $v \in U$ gibt es höchstens $|V_i \cap U|$ Pfeile vom ersten Typ. Da in G_f jede Ecke außer s und t entweder Innengrad oder Außengrad höchstens 1 besitzt, gilt auch $g^-_{G_f}(v) \leq 1$ für alle $v \in V_i \setminus U$, so dass maximal $|V_i \setminus U|$ Pfeile vom zweiten Typ existieren. Insgesamt enthält der Schnitt (S,T) in G_f maximal $|V_i \cap U| + |V_i \setminus U| = |V_i| \leq n^{1/2}$ Pfeile, von denen jeder Residualkapazität höchstens 1 besitzt. Folglich ist $c_f(\delta^+_{G_f}(S)) \leq n^{1/2}$. ∎

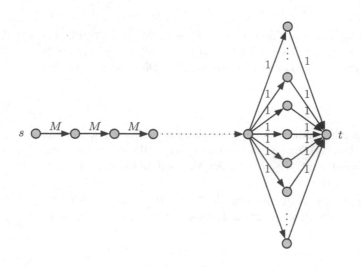

Bild 9.8: Bei Algorithmen auf Basis flussvergrößernder Wege wird der lange erste
Teil des Graphen in jedem Weg benutzt.

9.7   Push-Relabel-Algorithmen

In diesem Abschnitt stellen wir die sogenannten *Push-Relabel*-Algorithmen
zur Bestimmung maximaler Flüsse vor. Diese Algorithmen bieten sowohl
theoretisch als auch praktisch effiziente Laufzeiten. Wir erinnern daran,
dass wir in diesem Abschnitt wieder Annahme 9.15 voraussetzen, also dass
$G = (V, R)$ einfach ist.

Ein Nachteil der (meisten) Algorithmen auf Basis flussvergrößernder
Wege ist, dass sie in jedem Schritt einen (potentiell langen) flussvergrößernden Weg suchen und in der nächsten Iteration erneut mit der Suche
nach einem solchen Weg starten, ohne Informationen aus der letzten Suche zu benutzen. Bild 9.8 verdeutlicht diese Situation. Die Push-Relabel-
Algorithmen versuchen, effizienter zu arbeiten, indem sie nicht längs gan-
zer Wege, sondern nur längs einzelner Pfeile im Residualgraphen Fluss
»schieben«. Die ersten dieser Algorithmen wurden von Andrew V. Goldberg und Robert E. Tarjan vorgestellt [78].

Für einen Fluss f hatten wir gefordert, dass $excess_f(v) = 0$ für alle
Ecken $v \in V \setminus \{s, t\}$ gilt. Für einem Präfluss (engl. *preflow*) lockern wir
die Flusserhaltungsbedingungen dahingehend, dass wir für alle Ecken $v \in
V \setminus \{s, t\}$ fordern, dass $excess_f(v) \geq 0$ ist. In alle Ecken außer der Quelle
und der Senke läuft also mindestens soviel Fluss, wie aus der Ecke abläuft.

Definition 9.27: Präfluss, aktive Ecke

Seien $s, t \in V$ Ecken im Netz G mit Kapazitäten $c: R \to \mathbb{R}_+$. Ein (zulässiger) (s,t)-*Präfluss* (engl. *preflow*) ist eine Funktion $f: R \to \mathbb{R}$, welche die Kapazitätsbedingungen (siehe Definition 9.1) einhält, und die $\text{excess}_f(v) \geq 0$ für alle $v \in V \setminus \{s,t\}$ erfüllt. Eine Ecke $v \in V \setminus \{s,t\}$ mit $\text{excess}_f(v) > 0$ heißt *aktive Ecke*.

(s,t)-Präfluss

preflow

aktive Ecke

Für einen Präfluss definieren wir das Residualnetz G_f genau wie für einen Fluss (man beachte, dass in Definition 9.9 auf Seite 200 die Flusseigenschaft nicht benötigt wird). Im Folgenden werden wir oft kurz sagen, dass wir $\delta > 0$ Flusseinheiten längs eines Pfeils $\sigma r \in G_f$ schieben. Damit ist gemeint, dass wir im Fall $\sigma = +$ den Flusswert $f(r)$ um δ Einheiten erhöhen und im Fall $\sigma = -$ den Flusswert $f(r)$ um δ Einheiten erniedrigen.

Ein wichtiges Konzept für die *Push-Relabel*-Algorithmen ist das der *Distanzmarkierung*:

Definition 9.28: Distanzmarkierung

Wir nennen eine Eckenbewertung $d: V \to \mathbb{N}$ eine *Distanzmarkierung* bezüglich G_f, wenn sie folgende Eigenschaften besitzt:

$$d(t) = 0 \tag{9.19}$$

$$d(\alpha(\sigma r)) \leq d(\omega(\sigma r)) + 1 \qquad \text{für jeden Pfeil } \sigma r \in G_f. \tag{9.20}$$

Die Bedingungen (9.19) und (9.20) nennen wir die *Gültigkeitsbedingungen* und bezeichnen $d(v)$ als die *Distanzmarke* der Ecke v.

Ist P ein Weg von v nach t in G_f mit Spur $s(P) = (v_0 = v, v_1, \ldots, v_k = t)$, so folgt aus den Gültigkeitsbedingungen (9.19) und (9.20), dass

$$d(v) \leq d(v_1) + 1 \leq d(v_2) + 2 \leq \cdots \leq d(t) + k = k.$$

Also ist die Distanzmarke $d(v)$ höchstens so groß wie die Länge des Weges P (in Pfeilen). Da P beliebig war, folgt, dass $d(v)$ eine untere Schranke für die Länge des kürzesten Weges von v nach t in G_f ist.

Beobachtung 9.29:

Ist d eine Distanzmarkierung bezüglich G_f, dann gilt $d(v) \leq |P|$ für jeden Weg P von v nach t in G_f.

Aus dieser Eigenschaft und Satz 9.14 ergibt sich das folgende Korollar:

Korollar 9.30:

Sei f ein zulässiger (s,t)-Fluss in G. Ist d eine Distanzmarkierung bezüglich G_f und $d(s) \geq n$, so existiert in G_f kein Weg von s nach t und f ist ein maximaler (s,t)-Fluss.

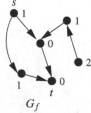

G_f

Distanzmarkierung bzgl. G_f: der Wert $d(v)$ ist eine untere Schranke für $\text{dist}(v, t, G_f)$

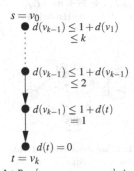

$s = v_0$
$d(v_{k-1}) \leq 1 + d(v_1)$
$\leq k$

$d(v_{k-1}) \leq 1 + d(v_{k-1})$
≤ 2

$d(v_{k-1}) \leq 1 + d(t)$
$= 1$

$d(t) = 0$
$t = v_k$

Ist $P = [v_0 = v, \ldots, v_k = t]$ ein Weg von v nach t mit $|P| = k$ Pfeilen, so gilt $d(v) \leq |P| = k$.

Beweis:

Gibt es einen Weg von s nach t in G_f, so existiert auch ein kreisfreier solcher Weg. Nach den Gültigkeitsbedingungen müsste ein Weg von s nach t in G_f mindestens Länge n besitzen. Daraus folgt aber, dass dieser Weg einen Kreis aufweisen muss. Also existiert kein flussvergrößernder Weg und f ist nach Satz 9.14 maximal.   ∎

Die *Push-Relabel*-Algorithmen basieren auf folgender Idee: Wir starten mit einem Präfluss f, der bewirkt, dass s von t in G_f nicht mehr erreichbar ist ($d(s) \geq n$). Die Eigenschaft, dass es in G_f keinen Weg von s nach t gibt, wird im Verlauf des Algorithmus invariant gesichert. Erreichen wir, dass für alle Ecken $v \in V \setminus \{s, t\}$ gilt: $\text{excess}_f(v) = 0$, so ist f ein Fluss, der darüberhinaus wegen Satz 9.14 maximal sein muss. Falls noch eine *aktive Ecke u*, also eine Ecke $u \in V \setminus \{s, t\}$ mit $\text{excess}_f(u) > 0$ existiert, so versuchen wir Fluss von u zu einer Ecke v längs eines Pfeils $\sigma r \in G_f$ mit $\alpha(\sigma r) = u$ und $\omega(\sigma r) = v$ zu schieben.

Beim Schieben von Fluss längs der Pfeile im Residualnetz halten wir uns an folgende Strategie: da wir letztendlich möglichst viel Fluss zur Senke t schieben wollen, ist es unser Ziel, (Über-) Fluss von Ecken, die weiter von t entfernt sind, zu Ecken zu schieben, die näher an t liegen. Hier kommen die Distanzmarkierungen ins Spiel.

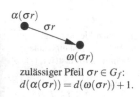

zulässiger Pfeil $\sigma r \in G_f$:
$d(\alpha(\sigma r)) = d(\omega(\sigma r)) + 1$.

Definition 9.31:   Zulässiger Pfeil

Sei G_f das Residualnetzwerk eines Präflusses f und d eine Distanzmarkierung bezüglich G_f. Ein Pfeil $\sigma r \in G_f$ heißt *zulässig*, wenn $d(\alpha(\sigma r)) = d(\omega(\sigma r)) + 1$.

Im *Push-Relabel*-Algorithmus schieben wir nur Fluss über zulässige Pfeile im Residualnetzwerk. Die Arbeitsweise hat eine einprägsame und bildliche Interpretation. Wir stellen uns den Fluss als Wasser in einem Röhrensystem vor. Die Distanzmarken der Ecken betrachten wir als »Höhen«. Das Wasser fließt immer »bergab«, und zwar immer nur durch Rohre mit Gefälle 1.

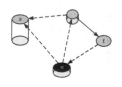

Falls aus einer aktiven Ecke u nur unzulässige Pfeile (gestrichelt) hinausführen ...

Anfangs heben wir die Quelle ganz hoch, so dass genügend Wasser ins Röhrensystem läuft. Irgendwann sind wir möglicherweise in der Situation, dass eine aktive Ecke u keinen Abfluss besitzt, da alle benachbarten Ecken höher liegen. In diesem Fall heben wir u »genügend« an, so dass überflüssiges Wasser nach und nach wieder zur Quelle zurückströmt.

Der Hauptteil des *Push-Relabel*-Algorithmus besteht aus dem wiederholten Aufruf des Unterprogramms PUSH-RELABEL(u) (Algorithmus 9.4 auf der nächsten Seite) für eine aktive Ecke u.

In PUSH-RELABEL(u) wird entweder in Schritt 2 Fluss von u »bergab« über einen zulässigen Pfeil zu einem Nachfolger in G_f geschoben (wir nennen dies einen *Flussschub*), oder in Schritt 4 wird u durch Erhöhen ihrer Markierung »angehoben« (wir nennen dies eine *Markenerhöhung*).

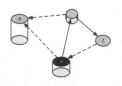

... wird u »genügend« angehoben.

Algorithmus 9.4 Unterprogramm für *Push-Relabel*-Algorithmen

PUSH-RELABEL(u)

Input: Eine aktive Ecke u.

1 **if** es gibt einen zulässigen Pfeil $\sigma r \in G_f$ mit $\alpha(\sigma r) = u$ **then**
$$\{ \text{ } zulässiger \text{ } Pfeil\text{: } d[\alpha(\sigma(u,v))] = d[\omega(\sigma(u,v))] + 1. \}$$

2 Schiebe $\delta := \min\{\text{excess}_f(u), c_f(\sigma r)\}$ Flusseinheiten längs σr
$$\{ \text{ } engl. \text{ Push} \}$$

3 **else**

4 $d[u] = 1 + \min \left\{ d[v] : v \in N^+_{G_f}(u) \right\}$
$$\{ \text{ } Erhöhe \text{ } die \text{ } Marke \text{ } von \text{ } u, \text{ } engl. \text{ Relabel.} \}$$

Algorithmus 9.5 zeigt den Pseudocode eines generischen *Push-Relabel*-Algorithmus. Er startet mit dem Nullfluss $f \equiv 0$, der ein gültiger Präfluss ist. Die exakten Distanzen zur Senke t werden in Schritt 2 berechnet. Anschließend werden in Zeile 3 alle von der Quelle ausgehenden Pfeile gesättigt ($f(r) = c(r)$ für alle $r \in \delta^+(s)$). Die Quelle s wird in Schritt 4 »hochgehoben«.

Solange eine aktive Ecke u vorhanden ist, wird das bereits beschriebene Unterprogramm PUSH-RELABEL für u aufgerufen. Der Algorithmus terminiert, sobald keine aktiven Ecken mehr vorhanden sind. Abbildungen 9.9 und 9.10 zeigen die Arbeitsweise des Algorithmus an einem Beispiel.

Algorithmus 9.5 Generischer *Push-Relabel*-Algorithmus

GENERIC-PUSH-RELABEL(G, c, s, t)

Input: Ein gerichteter Graph $G = (V, R, \alpha, \omega)$ in Adjazenzlistendarstellung; eine nichtnegative Kapazitätsfunktion $c\colon R \to \mathbb{R}_+$, zwei Ecken $s, t \in V$.

Output: Ein maximaler (s,t)-Fluss f.

1 Setze $f(r) := 0$ für alle $r \in R$ $\{ \text{ } Starte \text{ } mit \text{ } dem \text{ } Präfluss \text{ } f \equiv 0. \}$

2 Setze für $v \in V$ die Markierung $d[v]$ auf den kürzesten Abstand von v zu t in G_f.
$\left\{ \begin{array}{l} Diese \text{ } Abstandsberechnung \text{ } kann \text{ } mittels \text{ } einer \text{ } »umgedrehten \text{ } Breitensu-} \\ che« \text{ } von \text{ } t \text{ } aus \text{ } in \text{ } \mathcal{O}(n+m) \text{ } Zeit \text{ } erfolgen. \text{ } Bei \text{ } der \text{ } »umgedrehten \text{ } Brei-} \\ tensuche« \text{ } kehren \text{ } wir \text{ } die \text{ } Richtung \text{ } der \text{ } Pfeile \text{ } um, \text{ } so \text{ } dass \text{ } wir \text{ } anstelle \\ der \text{ } Abstände \text{ } von \text{ } t \text{ } die \text{ } Abstände \text{ } zu \text{ } t \text{ } erhalten. \end{array} \right.$

3 Setze $f(r) := c(r)$ für alle $r \in \delta^+(s)$.

4 $d[s] := n$

5 **while** es existiert eine aktive Ecke **do** $\{ \text{ } aktive \text{ } Ecke \text{ } v\text{: } excess_f(v) > 0. \}$

6   Wähle eine aktive Ecke u.

7   PUSH-RELABEL(u)

Wir beschäftigen uns zunächst mit der Korrektheit von Algorithmus 9.5. Dazu betrachten wir zuerst die Ecken-Markierungen d.

Lemma 9.32:

Die Eckenbewertungen $d[v]$ ($v \in V$), die Algorithmus 9.5 hält, sind eine gültige Distanzmarkierung.

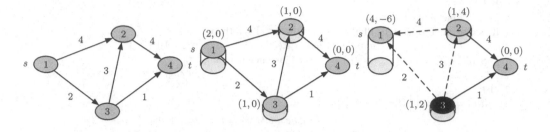

a: Das Ausgangsnetz.

b: Das Residualnetz zum Präfluss $f \equiv 0$ mit den exakten Distanzmarken und den Überschüssen der Ecken. Die Höhen der Ecken illustrieren die Distanz. Die Pfeilbewertungen zeigen die Residualkapazitäten.

c: Zuerst werden alle von s ausgehenden Pfeile gesättigt. Zusätzlich wird die Distanzmarke von s auf $d[s] = n$ gesetzt. Nicht zulässige Pfeile sind gestrichelt gezeichnet. Sie führen von einer Ecke zu einer Ecke mit mindestens »gleicher Höhe«. In der aktuellen Iteration wird die aktive Ecke 3 ausgewählt. Der Pfeil $(3,4)$ ist der einzige ausgehende zulässige Pfeil.

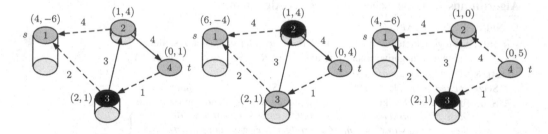

d: Es werde erneut die Ecke 3 ausgewählt. Es existieren keine zulässigen ausgehenden Pfeile. Daher wird die Marke von 3 auf $1 + \min\{1,4\} = 2$ erhöht. Dadurch wird der Pfeil $(3,2)$ zulässig.

e: In dieser Iteration werde Ecke 2 gewählt. Der einzige zulässige ausgehende Pfeil ist $(2,4)$, über den 4 Einheiten Fluss geschoben werden.

f: Es werde Ecke 3 gewählt. Der einzige zulässige ausgehende Pfeil ist $(3,2)$, über den 1 Einheit Fluss geschoben werden.

Bild 9.9: Bestimmung eines maximalen Flusses durch den *Push-Relabel*-Algorithmus 9.5

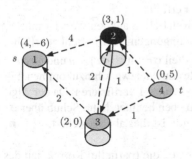

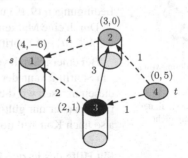

a: Die einzige aktive Ecke ist Ecke 2. Sie besitzt keinen zulässigen ausgehenden Pfeil. Ihre Marke wird auf $1 + \min\{4,2\} = 3$ erhöht. Dadurch wird der Pfeil $(2,3)$ zulässig. Es wird dann eine Einheit Fluss über $(2,3)$ geschoben

b: Als nächstes wird die Marke der einzigen aktiven Ecke 3 auf $1 + \min\{3,4\} = 4$ erhöht. Der Pfeil $(3,2)$ wird zulässig und es wird wieder eine Einheit Fluss über $(3,2)$ geschoben.

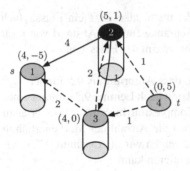

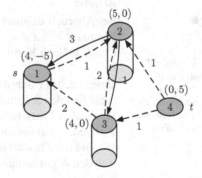

c: Die Ecke 2 wird gewählt. Ihre Marke wird auf $1 + \min\{4,4\} = 5$ erhöht. Es wird dann eine Einheit Fluss über den Pfeil $(2,1)$ geschoben.

d: Es existiert keine aktive Ecke mehr. Der Algorithmus terminiert mit einem Fluss, der wegen $d[s] = n$ maximal sein muss.

Bild 9.10: Fortsetzung: Bestimmung eines maximalen Flusses durch den *Push-Relabel*-Algorithmus.

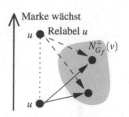

Eine Markenerhöhung von u auf
$1 + \min\{d[v] : v \in N_{G_f}^+(u)\}$
zerstört die Zulässigkeit der Distanzmarkierung nicht.

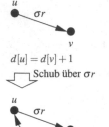

$d[u] = d[v] + 1$

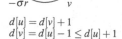

$d[u] = d[v] + 1$
$d[v] = d[u] - 1 \leq d[u] + 1$

Beim Flussschub von u nach v über σr kann $-\sigma r$ zu G_f hinzukommen. Da aber $d[u] = d[v] + 1$ gilt, bleibt die Distanzmarkierung gültig.

Beweis:

Wir zeigen die Behauptung durch Induktion nach der Anzahl der Aufrufe des PUSH-RELABEL-Unterprogramms. Vor dem ersten Aufruf sind alle Bedingungen (9.19) und (9.20) offenbar erfüllt.

Durch eine Markenerhöhung der aktiven Ecke u auf den Wert $1 + \min\{d[v] : v \in N_{G_f}^+(u)\}$ in Schritt 4 bleiben alle Bedingungen (9.20) offenbar erfüllt.

Bei einem Schub von Fluss über den Pfeil σr mit $\alpha(\sigma r) = u$ und $\omega(\sigma r) =: v$ in Schritt 2 kann der Pfeil $-\sigma r$ zum Residualnetzwerk hinzukommen. Für diesen müssen wir die Bedingung $d[v] \leq d[u] + 1$ verifizieren. Da der Algorithmus aber nur gültige Pfeile zum Schieben benutzt, beim Schub über σr also nach Konstruktion $d[u] = d[v] + 1$ gilt, ist dies aber gesichert. ∎

Mit Hilfe des letzten Lemmas lässt sich nun die (partielle) Korrektheit des Algorithmus folgern.

Lemma 9.33:
Falls Algorithmus 9.5 abbricht, so ist f ein maximaler Fluss.

Beweis:
Bei Abbruch existiert keine aktive Ecke mehr, also ist f ein Fluss. Nach Lemma 9.32 ist $d[s] \geq n$ eine untere Schranke für den Abstand von t zur Quelle s. Nach Korollar 9.30 muss f ein maximaler Fluss sein. ∎

Unser nächster Schritt ist es zu zeigen, dass Algorithmus 9.5 immer nach endlich vielen Schritten abbricht (und damit nach Lemma 9.33 immer einen maximalen Fluss liefert), sowie die Komplexität bis zum Abbruch abzuschätzen. Dazu beschränken wir zunächst die Anzahl der Markenerhöhungen und der Flussschübe. Anschließend zeigen wir in Abschnitt 9.7.3, wie man den Algorithmus effizient implementieren kann.

9.7.1   Anzahl der Markenerhöhungen im Algorithmus

Lemma 9.34:
Sei f der aktuelle Präfluss während der Ausführung von Algorithmus 9.5 und $v \in V$ eine aktive Ecke. Dann existiert ein Weg von v nach s in G_f.

Beweis:
Sei $S \subseteq V$ die Menge aller Ecken in G_f, von denen aus s erreichbar ist (d.h. für die es einen Weg zu s gibt), und sei $T := V \setminus S$. Wir müssen zeigen, dass T keine aktiven Ecken enthält.

Es existiert kein Pfeil σr in G_f mit $\alpha(\sigma r) \in T$ und $\omega(\sigma r) \in T$ (sonst wäre s auch von $\alpha(\sigma r)$ aus erreichbar). Also ist:

$$f(\delta^+(S)) - f(\delta^-(S)) = \sum_{r \in \delta^+(S)} f(r) - \sum_{r \in \delta^-(S)} f(r) = - \sum_{r \in \delta^-(S)} c(r). \quad (9.21)$$

Damit ergibt sich

$$0 \leq \sum_{v \in T} \text{excess}_f(v) \qquad \text{(da } f \text{ Präfluss ist und } s \in S)$$

$$= \text{excess}_f(T) \qquad \text{(nach Lemma 9.4)}$$

$$= f(\delta^-(T)) - f(\delta^+(T)) \qquad \text{(nach Def. von excess}_f(T))$$

$$= f(\delta^+(S)) - f(\delta^-(S)) \qquad \text{(da } \delta^-(T) = \delta^+(S), \delta^+(T) = \delta^-(S))$$

$$= - \sum_{r \in \delta^-(S)} c(r) \qquad \text{(nach (9.21))}$$

$$\leq 0 \qquad \text{(da } c \geq 0).$$

Es folgt $\sum_{v \in T} \text{excess}_f(v) = 0$ und wegen $\text{excess}_f(v) \geq 0$ dann ebenfalls $\text{excess}_f(v) = 0$ für alle $v \in T$. ∎

Als Korollar aus dem letzten Lemma erhalten wir, dass der Algorithmus in Schritt 4 nie über die leere Menge minimiert: Da es von der aktiven Ecke u einen Weg in G_f zu s gibt, startet insbesondere mindestens ein Pfeil aus G_f in u.

Lemma 9.35:
Während Algorithmus 9.5 gilt invariant $d[v] \leq 2n - 1$ für alle $v \in V$. Die Distanzmarke jeder Ecke wird höchstens $2n - 1$ mal erhöht. Insgesamt finden $\mathscr{O}(n^2)$ Markenerhöhungen statt.

Beweis:
Algorithmus 9.5 erhöht nur die Distanzmarken von aktiven Ecken. Es genügt daher zu zeigen, dass nie die Marke einer aktiver Ecke auf einen Wert größer als $2n - 1$ erhöht wird. Sei u eine aktive Ecke. Nach Lemma 9.34 existiert dann ein Weg von u nach s in G_f. Dieser Weg besteht ohne Einschränkung aus maximal $n - 1$ Pfeilen (da er sonst einen Kreis enthält). Aus der Gültigkeit der Distanzmarken (siehe Lemma 9.32) folgt, dass $d[u] \leq (n-1) + d[s] = (n-1) + n = 2n - 1$ gilt. ∎

Die Distanzmarke einer aktiven Ecke u beträgt höchstens $n - 1 + d[s] = 2n - 1$.

9.7.2 Anzahl der Flussschübe im Algorithmus

Die Anzahl der Markenerhöhungen haben wir im letzten Abschnitt abgeschätzt. Wir wenden uns nun den Flussschüben zu. Dabei zeigt es sich als sinnvoll, die Flussschübe in zwei Klassen einzuteilen.

Definition 9.36:   Sättigender und nicht-sättigender Flussschub
Ein Flussschub in Schritt 2 von Algorithmus 9.5 heißt *sättigend*, wenn $\delta = c_f(\sigma r)$. Andernfalls nennen wir den Flussschub *nicht-sättigend*.

sättigend

nicht-sättigend

Bei einem sättigenden Flussschub über σr verschwindet σr aus dem Residualnetz G_f und der entsprechende inverse Pfeil $-\sigma r$ erscheint.

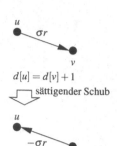

$d[u] = d[v] + 1$

sättigender Schub

$d[u] = d[v] + 1$

Bei einem sättigenden Flussschub verschwindet σr aus G_f und kann erst wieder erscheinen, wenn über $-\sigma r$ Fluss geschoben wurde.

Lemma 9.37:

Die Anzahl der sättigenden Flussschübe von Algorithmus 9.5 ist $\mathcal{O}(nm)$.

Beweis:

Sei σr ein Pfeil im Residualnetz. Wir zeigen, dass nur $\mathcal{O}(n)$ sättigende Flussschübe über σr erfolgen. Daraus folgt dann, dass die Gesamtanzahl der sättigenden Flussschübe höchstens $2m \cdot \mathcal{O}(n) = \mathcal{O}(nm)$ ist.

Sei $u := \alpha(\sigma r)$ und $v := \omega(\sigma r)$. Bei einem sättigenden Flussschub über σr gilt $d[u] = d[v] + 1$, da Algorithmus 9.5 nur über zulässige Pfeile Fluss befördert. Nach dem sättigenden Flussschub verschwindet σr aus dem Residualnetzwerk und kann erst dann wieder erscheinen, wenn über den zugehörigen inversen Pfeil $-\sigma r$ Fluss geschoben wird. Zum Zeitpunkt, an dem dies geschieht, muss dann für die aktuellen Marken d' gelten: $d'[v] = d'[u] + 1$. Da Marken nie erniedrigt werden, haben wir $d'[v] \geq d[u] + 1 = d[v] + 2$.

Dies zeigt, dass sich die Marke von $v = \omega(\sigma r)$ zwischen zwei sättigenden Flussschüben über σr um mindestens 2 erhöht. Nach Lemma 9.35 kann dies aber maximal $(2n - 1)/2 = \mathcal{O}(n)$ mal passieren, da $d[v] \leq 2n - 1$. ∎

Die Abschätzung der nicht-sättigenden Flussschübe ist etwas trickreicher.

Lemma 9.38:

Algorithmus 9.5 führt $\mathcal{O}(n^2 m)$ nicht-sättigenden Flussschübe bis zum Abbruch aus.

Beweis:

Wir benutzen ein Potentialfunktionsargument. Sei $A \subseteq V \setminus \{s, t\}$ die Menge aller aktiven Ecken und das Potential Φ definiert als

$$\Phi := \sum_{v \in A} d[v].$$

Dann ist Φ nichtnegativ und vor dem ersten Durchlauf der **while**-Schleife (also vor dem ersten Aufruf von PUSH-RELABEL) gilt $\Phi \leq (n - 1)(n + 1) = \mathcal{O}(n^2)$, da jeder der $n - 1$ Nachfolger von s in G_f wegen der Gültigkeit der Distanzmarkierung eine Marke von höchstens $n + 1$ besitzt.

Wenn im Hauptteil des Algorithmus irgendwann Φ auf 0 fällt, so muss wegen der Nichtnegativität der Marken $A = \emptyset$ gelten. Der Algorithmus terminiert dann, da keine aktive Ecke mehr vorhanden ist. Wir betrachten nun die Auswirkung der einzelnen Operationen, d.h. Markenerhöhungen, sättigende und nicht-sättigende Flussschübe, auf das Potential Φ:

• Nicht-sättigende Flussschübe:

Ein nicht-sättigender Flussschub über einen Pfeil σr von u nach v verringert den Überschuss der aktiven Ecke u auf 0. Möglicherweise wird v dabei aktiv. Das Potential fällt damit um mindestens $d[u] - d[v] = 1$, da der Pfeil σr zulässig ist und $d[u] = d[v] + 1$ gilt. Alle Potentialerhöhungen werden also durch Erhöhungen von Marken oder sättigende Schübe verursacht.

- Sättigende Flussschübe:

  Ein sättigender Schub über einen Pfeil σr kann das Potential höchstens um $d[v] \leq 2n - 1$ erhöhen. Nach Lemma 9.37 finden nur $\mathcal{O}(nm)$ sättigende Schübe statt, so dass der Potentialanstieg durch sättigende Schübe nach oben durch $(2n - 1) \cdot \mathcal{O}(nm) = \mathcal{O}(n^2 m)$ abgeschätzt werden kann.

- Markenerhöhungen:

  Eine Erhöhung der Marke $d[u]$ einer aktiven Ecke u (nur solche Marken werden erhöht) erhöht auch das Potential. Für jede der $n - 2$ potentiell aktiven Ecken kann die Marke maximal auf den Wert $2n - 1$ ansteigen, so dass die Summe aller Potentialanstiege durch Markenerhöhungen nach oben durch $(n - 2)(2n - 1) = \mathcal{O}(n^2)$ beschränkt ist.

Wir haben gezeigt, dass über den gesamten Algorithmus die Summe aller Potentialanstiege in $\mathcal{O}(n^2 m)$ liegt. Das Ausgangspotential ist von der Größenordnung $\mathcal{O}(n^2)$. Jeder nicht-sättigende Schub führt zu einem Potentialverlust von mindestens 1, und somit können insgesamt nur $\mathcal{O}(n^2 m)$ nicht-sättigende Flussschübe stattfinden. ∎

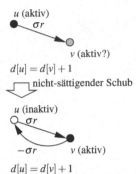

u (aktiv)
σr
v (aktiv?)
$d[u] = d[v] + 1$
nicht-sättigender Schub

u (inaktiv)
σr
$-\sigma r$ v (aktiv)
$d[u] = d[v] + 1$
Bei einem nicht-sättigenden Schub fällt Φ um mindestens $d[u] - d[v] = 1$.

u (aktiv)
σr
v (aktiv?)
$d[u] = d[v] + 1$
sättigender Schub

u (aktiv?)
$-\sigma r$ v (aktiv)
$d[u] = d[v] + 1$
Bei einem sättigenden Schub steigt Φ um höchstens $d[v] \leq 2n - 1$.

Wir fassen unsere bisherigen Ergebnisse über den generischen *Push-Relabel*-Algorithmus zusammen:

Satz 9.39:
Der generische Push-Relabel-*Algorithmus (Algorithmus 9.5) benötigt $\mathcal{O}(n^2)$ Markenerhöhungen, $\mathcal{O}(nm)$ sättigende und $\mathcal{O}(n^2 m)$ nicht-sättigende Flussschübe.*

Beweis:
Siehe Lemma 9.35, Lemma 9.37 und Lemma 9.38. ∎

Die Anzahl der nicht-sättigenden Flussschübe lässt sich mit zwei Modifikationen des generischen Algorithmus 9.5 von $\mathcal{O}(n^2 m)$ auf $\mathcal{O}(n^3)$ reduzieren:

- Wir rufen PUSH-RELABEL jeweils für die aktive Ecke u mit *höchster Distanzmarke* $d[u]$ auf. Insbesondere rufen wir dann PUSH-RELABEL solange für u auf, bis u inaktiv wird. Dies führt zum HIGHEST-LABEL-PUSH-RELABEL-Algorithmus.

- Beim FIFO-PUSH-RELABEL-Algorithmus halten wir die Menge der aktiven Ecken in einer First-in-First-Out-Schlange (FIFO-Schlange):

Wir entfernen aktive Ecken vom Kopf der Schlange und fügen neue aktive Ecken hinten an die Schlange an. Wenn eine aktive Ecke u vom Kopf entfernt wird, dann rufen wir PUSH-RELABEL solange für u auf, bis entweder u inaktiv oder die Marke von u erhöht wird. Im letzteren Fall wird u hinten an die FIFO-Schlange angefügt.

Beide Modifikationen des Algorithmus führen auch zu einer besseren Gesamtkomplexität, wie wir im Abschnitt 9.7.3 zeigen. Zunächst beweisen wir die angekündigten Schranken für die Zahl der nicht-sättigenden Flussschübe.

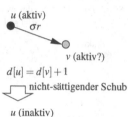

$d[u] = d[v] + 1$

nicht-sättigender Schub

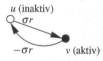

$d[u] = d[v] + 1$

Bei einem nicht-sättigenden Schub wird u mit maximaler Marke $d[u]$ inaktiv und kann erst wieder aktiv werden, wenn bei mindestens einer anderen Ecke eine Marke erhöht wird.

Satz 9.40:

Der HIGHEST-LABEL-PUSH-RELABEL-*Algorithmus benötigt* $\mathcal{O}(n^2)$ *Markenerhöhungen,* $\mathcal{O}(nm)$ *sättigende und* $\mathcal{O}(n^3)$ *nicht-sättigende Flussschübe.*

Beweis:

Es ist nur die Schranke für die Anzahl der nicht-sättigenden Flussschübe zu zeigen. Durch einen nicht-sättigenden Flussschub wird eine aktive Ecke u mit maximaler Distanzmarke $d[u]$ inaktiv. Bevor u wieder aktiv wird, muss mindestens eine Markenerhöhung stattgefunden haben (zum Zeitpunkt, wo u inaktiv wird, gilt $d[v] \leq d[u]$ für alle anderen Ecken v und somit kann nur wieder Fluss nach u geschoben werden, wenn sich bei einer anderen Ecke die Marke erhöht). Falls vor der nächsten Markenerhöhung n nicht-sättigende Flussschübe ausgeführt werden, so terminiert der Algorithmus, da keine aktiven Ecken mehr vorhanden sind. Da nach Lemma 9.35 $\mathcal{O}(n^2)$ Markenerhöhungen stattfinden, kann es bis zum Terminieren daher nur $n \cdot \mathcal{O}(n^2) = \mathcal{O}(n^3)$ nicht-sättigende Schübe geben.   ∎

Satz 9.41:

Der FIFO-PUSH-RELABEL-*Algorithmus benötigt* $\mathcal{O}(n^2)$ *Markenerhöhungen,* $\mathcal{O}(nm)$ *sättigende und* $\mathcal{O}(n^3)$ *nicht-sättigende Flussschübe.*

Beweis:

Auch hier fehlt uns nur die Schranke für die nicht-sättigenden Flussschübe. Wir partitionieren die Ausführung des Algorithmus in *Phasen*. Phase 1 besteht aus der Bearbeitung aller Ecken, die nach der Initialisierung, also dem Sättigen aller Pfeile $r \in \delta^+(s)$, in der FIFO-Schlange stehen. Phase $i + 1$ besteht aus der Bearbeitung aller aktiven Ecken, die in Phase i zur FIFO-Schlange hinzugefügt werden.

Zunächst beobachten wir, dass in jeder Phase maximal n nicht-sättigende Schübe stattfinden: bei einem nicht-sättigendem Schub in der Phase wird die aktive Ecke inaktiv. Wird er wieder durch andere Flussschübe aktiv, so wird er durch die FIFO-Schlange in der aktuellen Phase nicht mehr betrachtet. Für jede Ecke gibt es pro Phase also höchstens einen nicht-sättigenden Schub.

Wir benutzen wieder ein Potentialfunktionsargument, um die Anzahl der Phasen abzuschätzen. Sei erneut A die Menge aller aktiven Ecken, dann ist unser Potential definiert durch

$$\Phi := \max \{ d[u] : u \in A \}.$$

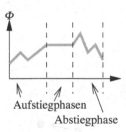

Aufstiegphasen

Abstiegphase

Wir nennen eine Phase eine *Aufstiegphase*, wenn Φ an Ende der Phase mindestens so groß ist wie zu Beginn der Phase. Ansonsten heißt die Phase eine *Abstiegphase*.

Findet in einer Phase keine Markenerhöhung statt, so wird der komplette Überschuss jeder Ecke, der zu Beginn der Phase aktiv war, zu Ecken geschoben, die niedrigere Marken haben. Es handelt sich also um eine Abstiegphase.

Also kann eine Aufstiegphase nur dann vorliegen, wenn in der Phase mindestens eine Marke erhöht wird. Da nach Lemma 9.35 nur $\mathcal{O}(n^2)$ Markenerhöhungen stattfinden, gibt es also nur $\mathcal{O}(n^2)$ Aufstiegphasen.

Wenn wir die Potentialanstiege vom Start bis zum Ende der Phase über alle Aufstiegphasen zusammenzählen, so erhalten wir eine obere Schranke für die Anzahl der Abstiegphasen, da nach Definition in einer Abstiegphase das Potential echt sinkt. Wir betrachten eine Aufstiegphase. Sei u eine Ecke mit größter Marke $d'[u]$ am Ende der Phase, also eine Ecke, der den Wert des Potentials bestimmt, und sei $d[u]$ sein Markenwert am Anfang der Phase. Der Potentialanstieg in der Phase ist maximal $d'[u] - d[u]$.

Die Summe der Potentialanstiege über alle Aufstiegphasen ist daher höchstens der Summe der Markenanstiege aller Ecken, nach Lemma 9.35 also höchstens $\sum_{u \in V}(2n - 1) = n(2n - 1) = \mathcal{O}(n^2)$. Daher existieren auch höchstens $\mathcal{O}(n^2)$ Abstiegphasen.

Wir haben gezeigt, dass insgesamt $\mathcal{O}(n^2)$ Phasen vorliegen. Wie bereits am Anfang des Beweises bemerkt, enthält jede Phase maximal n nicht-sättigende Flussschübe. Dies beendet den Beweis. ∎

9.7.3 Zeitkomplexität und Implementierung

In diesem Abschnitt zeigen wir, dass der Gesamtaufwand für den generischen Algorithmus 9.5 in $\mathcal{O}(n^2 m)$ und für die beiden Varianten (HIGHEST-LABEL-PUSH-RELABEL und FIFO-PUSH-RELABEL) in $\mathcal{O}(n^3)$ liegt.

Alle Operationen des Algorithmus in der Initialisierung bis einschließlich Zeile 3 sind in $\mathcal{O}(n+m)$ Zeit durchführbar. Wir haben außerdem Schranken von $\mathcal{O}(n^2)$ für die Anzahl der Markenerhöhungen und von $\mathcal{O}(n^2 m)$ für die Anzahl der Flussschübe hergeleitet. Das Unterprogramm PUSH-RELABEL wird daher also nur $\mathcal{O}(n^2 + n^2 m) = \mathcal{O}(n^2 m)$ mal aufgerufen.

Allerdings ist nicht klar, dass wir für jeden Aufruf nur konstante Zeit benötigen (zumindest *im Durchschnitt* benötigen wir diese Schranke, um etwa für den generischen Algorithmus 9.5 bei $\mathscr{O}(n^2m)$ Aufrufen eine Gesamtkomplexität von $\mathscr{O}(n^2m)$ zu erreichen). Beispielsweise müssen wir für eine Markenänderung bei u potentiell alle Marken für die Nachfolger von u in G_f betrachten. Außerdem müssen wir in Schritt 1 für eine aktive Ecke entscheiden, ob ein zulässiger ausgehender Pfeil in G_f existiert. Letztendlich stellt sich auch noch die Frage, wie wir in Zeile 6 in konstanter Zeit eine aktive Ecke finden, bzw. feststellen, dass keine solche Ecke vorhanden ist.

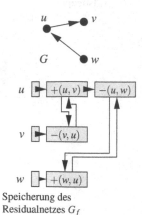

Speicherung des
Residualnetzes G_f

Alle diese Probleme lösen wir, indem wir das Residualnetz G_f geeignet (implizit) speichern. Dazu speichern wir für jede Ecke $u \in V$ ähnlich wie bei der Adjazenzlistenspeicherung eine Liste aller $g^+(u) + g^-(u)$ möglichen Pfeile von G_f, die in u starten. Die Liste $L[u]$ enthält also alle Pfeile der Menge

$$\hat{R}_u := \{\, +(u,v) : (u,v) \in R \,\} \cup \{\, -(v,u) : (v,u) \in R \,\}.$$

Für jeden Pfeil $\sigma r \in \hat{R}_u$ wird im Listeneintrag zusätzlich seine Residualkapazität $c_f(\sigma r)$ und ein Zeiger auf den Listeneintrag des zugehörigen inversen Pfeils $-\sigma r$ in der Liste $L[\omega(\sigma r)]$ abgelegt. Die Reihenfolge der Pfeile in $L[u]$ ist beliebig, wird aber am Anfang einmal festgelegt und dann nicht mehr geändert. Die Liste $L[u]$ enthält $g_G^+(u) + g_G^-(u)$ Pfeile. Damit ist die Gesamtgröße der Listen $\sum_{u \in V} |L[u]| = 2m$.

Für jede Liste $L[u]$ halten wir noch einen Zeiger current$[u]$ auf den »aktuellen« Listeneintrag (diesen Kniff hatten wir in ähnlicher Form bereits bei Algorithmus 3.4 für die effiziente Bestimmung eines Eulerschen Kreises benutzt). Zu Beginn zeigt current$[u]$ auf den ersten Eintrag in der Liste $L[u]$. Für jede Ecke $u \in V$ speichern wir außer ihrer Distanzmarke $d[u]$ auch noch ihren Überschuss im Eintrag excess$[u]$. Es sollte klar sein, dass wir unsere Strukturen zum Speichern des Residualnetzwerks und der Eckendaten in $\mathscr{O}(n+m)$ Zeit aus dem Originalnetzwerk aufbauen und initialisieren können. Die Menge der aktiven Ecken verwalten wir wie folgt:

- in einer doppelt verketteten Liste L_{active}, für den generischen PUSH-RELABEL Algorithmus;

  Wir erinnern daran, dass man Elemente in einer doppelt verketteten Liste in konstanter Zeit löschen und einfügen kann (sofern man bereits einen Zeiger auf das entsprechende Element und die betreffende Position besitzt). Der Test auf eine leere Liste ist ebenfalls in konstanter Zeit möglich.

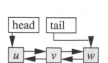

doppelt verkettete Liste L_{active}
für die aktiven Ecken im
generischen PUSH-RELABEL-
Algorithmus

- in einer First-In-First-Out-Schlange (FIFO-Schlange). für den FIFO-PUSH-RELABEL-Algorithmus;

  In einer FIFO-Schlange kann man in konstanter Zeit das erste Element löschen oder ein Element hinten anfügen. Der Test auf eine leere

Schlange ist ebenfalls in konstanter Zeit möglich.

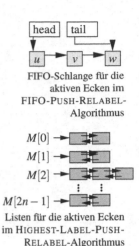

FIFO-Schlange für die
aktiven Ecken im
FIFO-PUSH-RELABEL-
Algorithmus

- in $2n$ doppelt verketteten Listen $M[i]$, $i = 0, \dots, 2n - 1$ beim HIGHEST-LABEL-PUSH-RELABEL-Algorithmus: Liste $M[i]$ speichert die Ecken mit Distanzmarke i;

Eine aktive Ecke mit höchster Distanzmarke findet sich dann in der Liste $M[k]$ mit dem höchsten Index k, so dass $M[k]$ nicht leer ist. Wir merken uns eine obere Schranke k^* für den maximalen Wert k, so dass $M[k]$ nicht leer ist. Um eine aktive Ecke mit höchster Distanzmarke zu finden, prüfen wir die Listen $M[k^*], M[k^*] - 1, \dots$, bis wir die erste nichtleere Liste $M[k]$ finden. Wir setzen dann $k^* := k$ und wählen die erste Ecke aus $M[k^*]$ für die folgenden PUSH-RELABEL-Aufrufe. Falls wir die Marke von u dabei auf einen Wert i erhöhen, so setzen wir dann $k^* := i$ und fügen u zur (leeren) Liste $M[i]$ hinzu. Wird bei einem Flussschub von u nach v die Ecke v aktiv, so fügen wir v zu $M[d[v]]$ hinzu. Man beachte, dass wegen $d[u] = d[v] + 1$ die obere Schranke k^* nicht aktualisiert werden muss.

Zwischen zwei Markenerhöhungen ist die Zeit für alle Maximabestimmungen $\mathcal{O}(k^*) \subseteq \mathcal{O}(n)$, da sich der Wert der oberen Schranke nicht erhöht und $k^* \leq 2n - 1$. Nach Satz 9.40 gibt es $\mathcal{O}(n^2)$ Markenerhöhungen, so dass der Gesamtaufwand für alle Maximabestimmungen $\mathcal{O}(n^3)$ ist.

Details zu Listen und FIFO-Schlangen finden sich in Standardbüchern über Datenstrukturen, etwa [45, 125, 136, 139].

Wird PUSH-RELABEL(u) aufgerufen, so müssen wir in Schritt 1 zunächst feststellen, ob in u ein zulässiger Pfeil startet. Dazu untersuchen wir ausgehend vom Eintrag current[u] alle Listenelemente in $L[u]$, bis dass wir entweder einen zulässigen Pfeil (also einen Pfeil σr) zu einer Ecke v mit $d[v] = d[u] - 1$ und $c_f(\sigma r > 0)$ finden, oder erfolglos am Ende der Liste ankommen.

Falls wir einen zulässigen Pfeil σr von u nach v gefunden haben, so setzen wir current[u] auf den entsprechenden Listeneintrag. Da wir die Residualkapazität im Listeneintrag gespeichert hatten und den Überschuss excess[u] direkt aus dem Array ablesen können, kann dann der Wert δ in Schritt 2 in konstanter Zeit bestimmt werden. Über den Zeiger von σr auf den zugehörigen inversen Pfeil $-\sigma r$ in $L[v]$ können wir die Residualkapazitäten beider Pfeil ebenfalls in konstanter Zeit aktualisieren. Falls durch den Flussschub die Endecke v aktiv werden sollte, so fügen wir v zu L_{active} hinzu bzw. hinten an die FIFO-Schlange an. Somit ist ein Flussschub in konstanter Zeit ausführbar.

Nach Lemma 9.37 und 9.38 liegt damit der gesamte Zeitaufwand für die Flussschübe für den generischen Algorithmus 9.5 in $\mathcal{O}(n^2 m)$ sowie für den HIGHEST-LABEL-PUSH-RELABEL- und FIFO-PUSH-RELABEL-Algorithmus in $\mathcal{O}(n^3)$.

Wenn wir erfolglos am Ende der Liste $L[u]$ ankommen, führen wir eine Markenerhöhung von u durch und setzen $\mathtt{current}[u]$ auf den ersten Eintrag in $L[u]$ zurück (wir werden im nächsten Absatz argumentieren, dass in diesem Fall tatsächlich kein zulässiger Pfeil aus G_f in u startet und wir korrekterweise eine Markenerhöhung durchführen können). Die Bestimmung des neuen Markenwerts kann durch einen vollständigen Durchlauf der Liste $L[u]$ von Anfang an erfolgen. Dies benötigt $\mathcal{O}(|L[u]|)$ Zeit. Da die Marke von u nur $2n-1$ mal erhöht wird (siehe Lemma 9.35), fällt dieser Aufwand insgesamt nur höchstens $2n-1$ mal an. Daher ist der gesamte Aufwand für alle Markenerhöhungen im Algorithmus nach oben abschätzbar durch $(2n-1)\sum_{u \in U}|L[u]| = (2n-1)2m = \mathcal{O}(nm)$.

Wir müssen noch zeigen, dass wir beim erfolglosen Durchlauf der Liste $L[u]$ ausgehend vom Eintrag $\mathtt{current}[u]$ in u keine zulässigen Pfeile mehr starten. Es ist natürlich trivial, dass ab dem Eintrag $\mathtt{current}[u]$ keine zulässigen Pfeile existieren (diese haben wir ja alle untersucht). Was ist aber mit den Pfeilen *vor* $\mathtt{current}[u]$?

Sei σr ein Pfeil von u nach v, der vor $\mathtt{current}[u]$ in $L[u]$ steht. Da wir $\mathtt{current}[u]$ irgendwann einmal am Eintrag von σr vorbeibewegt haben, war entweder zu diesem Zeitpunkt $c_f(\sigma r) = 0$ und $d[u] = d[v] + 1$ oder $c_f(\sigma r) > 0$, aber σr nicht zulässig. Seit dem letzten Zeitpunkt, wo wir $\mathtt{current}[u]$ am Eintrag vorbeibewegt haben, hat keine Markenerhöhung stattgefunden, da bei dieser $\mathtt{current}[u]$ wieder an den Anfang gesetzt wird.

Im ersten Fall kann jetzt nur $c_f(\sigma r) > 0$ gelten, wenn zwischendurch ein Flussschub über den inversen Pfeil $-\sigma r$ erfolgte. Dann gilt aber zu dem Zeitpunkt, wo dies geschieht $d'[v] = d'[u] + 1 \geq d[u] + 1$. Damit σr wieder zulässig wird, müsste eine Markenerhöhung von u stattfinden.

Im zweiten Fall haben wir $c_f(\sigma r) > 0$, aber σr war nicht zulässig, also galt dann $d[u] \leq d[v]$. Damit σr wieder zulässig wird, ist eine Markenerhöhung von u notwendig.

Wir können nun den Zeitaufwand abschätzen, der in Algorithmus 9.5 anfällt, um nach zulässigen Pfeilen zu suchen. Durch unseren Trick mit dem Zeiger $\mathtt{current}[u]$ bedingt ein kompletter Durchlauf der Liste $L[u]$ (eventuell aufgeteilt in mehrere Suchen nach zulässigen Pfeilen) eine Markenerhöhung von u. Nach Lemma 9.35 wird die Marke $d[u]$ höchstens $2n-1$ mal erhöht. Daher ist der Gesamtaufwand für die Suche nach zulässigen Pfeile wieder abschätzbar durch

$$(2n-1)\sum_{u \in U}|L[u]| = (2n-1)2m = \mathcal{O}(nm).$$

Damit haben wir nun folgenden Satz bewiesen:

Satz 9.42:

Der generische Push-Relabel-*Algorithmus kann so implementiert werden, dass er in $\mathcal{O}(n^2 m)$ Zeit einen maximalen Fluss findet. Die beiden Varian-*

Tabelle 9.1: Laufzeit der verschiedenen Algorithmen für maximale Flüsse. Hier ist
$C = \max \{ c(r) : r \in R \}$ die maximale Kapazität eines Pfeils.

Algorithmus	Laufzeit	Bemerkungen
Ford-Fulkerson	$\mathcal{O}(nmC)$	bei ganzzahligen Kapazitäten
Edmonds-Karp	$\mathcal{O}(nm^2)$	Erhöhung längs kürzester Wege
Dinic	$\mathcal{O}(n^2m)$	Benutzung blockierender Flüsse
	$\mathcal{O}(n^{2/3}m)$	falls $c(r) = 1$ für alle $r \in R$
	$\mathcal{O}(n^{1/2}m)$	falls $c(r) = 1$ und für alle $v \in V \setminus \{s,t\}$ entweder $g^-(v) \leq 1$ oder $g^+(v) \leq 1$.
Push-Relabel	$\mathcal{O}(n^2m)$	generische Variante
FIFO-Push-Relabel	$\mathcal{O}(n^3)$	Die aktive Ecke wird solange benutzt, bis sie inaktiv wird oder ihre Marke erhöht wird.
Highest-Label-Push-Relabel	$\mathcal{O}(n^3)$	Durch trickreiche Analyse kann man eine Laufzeit von $\mathcal{O}(n^2\sqrt{m})$ beweisen, siehe etwa [3].

ten, der HIGHEST-LABEL-PUSH-RELABEL-*Algorithmus und der* FIFO-PUSH-RELABEL-*Algorithmus besitzen eine Laufzeit von* $\mathcal{O}(n^3)$. ∎

Tabelle 9.1 gibt einen Überblick über die Laufzeiten der in diesem Kapitel behandelten Algorithmen für maximale Flüsse.

9.8   Untere Kapazitätsschranken, b-Flüsse und Strömungen

In einigen Anwendungen ist es sinnvoll, zusätzlich zu den oberen Kapazitätsschranken $c \colon R \to \mathbb{R}_+$ auch *untere Schranken* $l \colon R \to \mathbb{R}_+$ auf den Pfeilen zu haben. Man sucht dann etwa einen maximalen (s,t)-Fluss f^* mit $l(r) \leq f(r) \leq c(r)$ für alle $r \in R$.

Voraussetzung 9.43:
Im Folgenden sei $G = (V, R, \alpha, \omega)$ ein endlicher gerichteter Graph und l, c Funktionen, die den Pfeilen in G Kapazitäten zuweisen, wobei $0 \leq l(r) \leq c(r)$ für alle $r \in R$ gelte.

Zunächst ergibt sich aber die Frage, ob überhaupt irgendein (s,t)-Fluss existiert, der die unteren und oberen Schranken respektiert. In Bild 9.11 ist ein Graph mit unteren und oberen Kapazitätsschranken zu sehen, in dem kein zulässiger (s,t)-Fluss existiert.

Wir werden in diesem Abschnitt der Frage nach zulässigen und maximalen Flüssen bei unteren Kapazitätsschranken nachgehen. Dazu erweist es sich als nützlich, den Flussbegriff zu verallgemeinern. Wir erinnern daran,

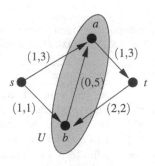

Bild 9.11: Ein Flussproblem mit unteren und oberen Schranken, bei dem kein
zulässiger (s,t)-Fluss existiert. Die Menge $U = \{a,b\}$ ist eine Menge
mit $c(\delta^+(U)) = 3 < 4 = l(\delta^-(U))$.

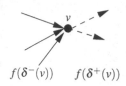

$f(\delta^-(v))$ $f(\delta^+(v))$

dass wir den *Flussüberschuss* von v unter f

$$\text{excess}_f(v) := f(\delta^-(v)) - f(\delta^+(v)) \tag{9.22}$$

für eine beliebige Funktion $f: R \to \mathbb{R}$ definiert hatten. Für einen (s,t)-
Fluss haben wir die Flusserhaltungsbedingungen $\text{excess}_f(v) = 0$ für alle
$v \in V \setminus \{s,t\}$ gefordert. Es gilt also

$$\text{excess}_f(v) = \begin{cases} -\text{val}(f), & \text{falls } v = s \\ \text{val}(f), & \text{falls } v = t \\ 0, & \text{sonst.} \end{cases}$$

Definition 9.44: b-Fluss, Strömung

Sei $b: V \to \mathbb{R}$ eine Eckenbewertung. Eine Funktion $f: R \to \mathbb{R}$ heißt b-*Fluss*
in G, wenn

$$\text{excess}_f(v) = b(v) \quad \text{für alle } v \in V$$

gilt. Im Spezialfall $b(v) = 0$ für alle $v \in V$, nennen wir den 0-Fluss auch
Strömung   *Strömung* oder *Zirkulation*.

Zirkulation   Sind l und c untere und obere Kapazitätsschranken wie in Voraussetzung 9.43, so nennen wir einen b-Fluss f bzw. eine Strömung β *zulässig*
(bzgl. l und c), falls $l(r) \le f(r), \beta(r) \le c(r)$ für alle $r \in R$ gilt.

Wie bereits gesehen, ist jeder (s,t)-Fluss ein b-Fluss mit $b(s) = -\text{val}(f)$,
$b(t) = \text{val}(f)$ und $b(v) = 0$ für alle $v \in V \setminus \{s,t\}$. Darüberhinaus ist *jede*
Funktion $h: R \to \mathbb{R}_+$ ein b-Fluss für $b(v) := \text{excess}_h(v)$. Notwendig für die
Existenz eines b-Flusses ist $\sum_{v \in V} b(v) = 0$, da für jede Funktion $f: R \to \mathbb{R}$
gilt: $\sum_{v \in V} \text{excess}_f(v) = 0$.

Da jede Strömung β in G ein (s,t)-Fluss für eine beliebige Wahl von $s, t \in V$ mit Flusswert $\mathrm{val}(\beta) = 0$ ist, ergibt sich aus Lemma 9.5 das folgende Korollar:

Korollar 9.45:

Ist β eine Strömung in G und (S,T) ein Schnitt, so gilt:

$$\beta(\delta^+(S)) = \beta(\delta^-(S)).$$

■

Für eine Strömung β und einen Schnitt (S,T) gilt $\beta(\delta^+(S)) = \beta(\delta^-(S))$.

9.8.1 Bestimmung zulässiger Strömungen und b-Flüsse

Wir beschäftigen uns zunächst mit der Existenz und Bestimmung einer bezüglich der unteren und oberen Kapazitätsschranken zulässigen Strömung β.

Sei $G = (V, R, \alpha, \omega)$ und $l, c \colon R \to \mathbb{R}_+$. Wir konstruieren einen Obergraphen $G' = (V', R', \alpha', \omega')$ von G in folgender Weise. Wir fügen zu G zwei neue Ecken s' und t' ein. Von s' führen zu allen $v \in V$ Pfeile, während umgekehrt von jedem $v \in V$ ein Pfeil zu t' führt.

$$V' := V \cup \{s', t'\}$$
$$R' := R \cup \{(s', v) : v \in V\} \cup \{(v, t') : v \in V\}$$

Wir setzen $l'(r') := 0$ für alle $r' \in R'$ und definieren obere Kapazitätsschranken c' wie folgt:

$$c'(r) := c(r) - l(r) \qquad \text{für alle } r \in R$$
$$c'(s', v) := \sum_{r \in \delta^-(v)} l(r) = l(\delta^-(v)) \quad \text{für } v \in V \quad (\text{»Mindestzufluss«})$$
$$c'(v, t') := \sum_{r \in \delta^+(v)} l(r) = l(\delta^+(v)) \quad \text{für } v \in V \quad (\text{»Mindestabfluss«})$$

Für eine Ecke $v \in V$ bezeichnen wir im Folgenden mit $\delta^+(v)$ das in G von v ausgehende Pfeilbüschel und mit $\delta^+_{G'}(v) = \delta^+(v) \cup \{(v, t')\}$ das entsprechende Pfeilbüschel im Obergraphen G'. Für die eingehenden Pfeilbüschel verwenden wir die analoge Notation.

Lemma 9.46:

Sei $f \colon R \to \mathbb{R}$ eine beliebige Funktion. Dann gilt für jede Funktion $f' \colon R' \to \mathbb{R}$ mit

$$f'(r) = f(r) - l(r) \qquad \text{für alle } r \in R \qquad (9.23)$$
$$f'(r') = c'(r') \qquad \text{für alle } r' \in R' \setminus R, \qquad (9.24)$$

dass $f'(\delta^+_{G'}(v)) = f(\delta^+(v))$ und $f'(\delta^-_{G'}(v)) = f(\delta^-(v))$ für alle $v \in V$.

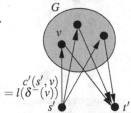

$= l(\delta^-(v))$

Bestimmung einer zulässigen Strömung in G durch Berechnung eines maximalen Flusses in G'

Beweis:
Es gilt:

$$f'(\delta_{G'}^{+}(v)) = f'(v,t') + \sum_{r \in \delta^{+}(v)} f'(r)$$

$$= c'(v,t') + \sum_{r \in \delta^{+}(v)} (f(r) - l(r)) \qquad \text{(nach (9.23), (9.24))}$$

$$= \sum_{r \in \delta^{+}(v)} l(r) + \sum_{r \in \delta^{+}(v)} (f(r) - l(r)) \quad \text{(Def. von } c'(v,t'))$$

$$= f(\delta^{+}(v)).$$

Analog zeigt man $f'(\delta_{G'}^{-}(v)) = f(\delta^{-}(v))$.   ∎

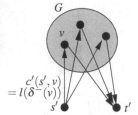

Bestimmung einer zulässigen
Strömung in G durch
Berechnung eines maximalen
Flusses in G'

Satz 9.47:

In G existiert genau dann eine bezüglich der Kapazitätsschranken l und c zulässige Strömung, wenn in G' der maximale (s',t')-Fluss den Wert $F :=$ $\sum_{r \in R} l(r)$ besitzt.

Beweis:

»⇒«: Sei β eine bezüglich l und c zulässige Strömung in G. Wir setzen $f'(r) := \beta(r) - l(r)$ für alle $r \in R$ und $f'(r') = c'(r')$ für alle $r' \in R' \setminus R$, so dass (9.23) und (9.24) erfüllt sind.

Aus Lemma 9.46 folgt, dass unter f' alle Ecken $v \in V$ des Ursprungsgraphen im Gleichgewicht sind, also ist f' ein (s',t')-Fluss in G' mit Flusswert

$$\sum_{v \in V} f'(v,t') = \sum_{v \in V} c'(v,t') = \sum_{v \in V} \sum_{r \in \delta^{+}(v)} l(r) = \sum_{r \in R} l(r) = F.$$

»⇐«: Sei nun umgekehrt f' ein zulässiger (s',t')-Fluss in G' mit Flusswert F. Die Summe der Kapazitäten aller von s' ausgehenden Pfeile beträgt $\sum_{v \in V} \sum_{r \in \delta^{-}(v)} l(r) = \sum_{r \in R} l(r) = F$, also müssen unter f' alle Pfeile (s',v) gesättigt sein. Analog folgt, dass f' alle Pfeile (v,t') sättigt. Daher gilt für f' die Gleichung 9.24. Definieren wir $\beta(r) := f'(r) + l(r)$, so gilt auch 9.23. Lemma 9.46 zeigt nun, dass $\beta(\delta^{+}(v)) = \beta(\delta^{-}(v))$ für alle $v \in V$ ist, da $f'(\delta^{+}(v)) = f'(\delta^{-}(v))$ für alle diese Ecken gilt. Daher ist β eine Strömung in G.

Aus $0 \leq f'(r) \leq c(r) - l(r)$ folgt $l(r) \leq \beta(r) \leq c(r)$, also die Zulässigkeit von β bezüglich der unteren und oberen Kapazitätsschranken.   ∎

Korollar 9.48:

Ist G wie in Voraussetzung 9.43, so lässt sich durch die Berechnung eines maximalen Flusses eine bezüglich l und c zulässige Strömung in G finden bzw. entscheiden, dass keine zulässige Strömung existiert. Falls eine zulässige Strömung existiert und l und c ganzzahlig sind, so findet das Verfahren eine ganzzahlige zulässige Strömung.   ∎

Wir beweisen nun ein weiteres notwendiges und hinreichendes Kriterium für die Existenz einer zulässigen Strömung.

Satz 9.49: **Satz von Hoffman**

Sei G wie in Voraussetzung 9.43. Dann existiert in G genau dann eine bezüglich l und c zulässige Strömung, wenn

$$c(\delta^+(S)) \geq l(\delta^-(S)) \qquad (9.25)$$

für alle Schnitte (S, T) in G gilt (»Aus S kann mindestens so viel Fluss herausströmen wie hineinströmen muss«). Falls l und c ganzzahlig sind, kann die Strömung ganzzahlig gewählt werden.

Beweis:

»⇒«: Ist β eine (nicht notwendigerweise zulässige) Strömung in G, so gilt nach Korollar 9.45 $\beta(\delta^+(S)) = \beta(\delta^-(S))$ für alle Schnitte (S, T). Falls β auch noch zulässig ist, so haben wir $\beta(\delta^+(S)) \leq c(\delta^+(S))$ und $\beta(\delta^-(S)) \geq l(\delta^-(S))$, womit (9.25) folgt.

»⇐«: Wir benutzen ein ähnliches Argument wie bei der Herleitung des Satzes von Euler für ungerichtete Graphen (Satz 3.32) aus dem entsprechenden Satz für gerichtete Graphen (Satz 3.26).

Sei $\beta: R \to \mathbb{R}$ eine Funktion mit $l(r) \leq \beta(r) \leq c(r)$ für alle $r \in R$, so dass der Defekt von β, definiert als $\sum_{v \in V} |\text{excess}_\beta(v)|$, minimal ist. Falls der Defekt von β gleich Null ist, so ist β eine Strömung und wir sind fertig. Wir nehmen also an, dass der Defekt positiv ist.

Im Residualnetz G_β existiert kein Weg von einer Ecke in

$$V^+ := \left\{ v : \text{excess}_\beta(v) > 0 \right\}$$

zu einer Ecke in $\left\{ v : \text{excess}_\beta(v) < 0 \right\}$, da wir sonst β längs des Weges erhöhen könnten, wodurch sich der Defekt verringert. Sei $U \subset V$ die Menge aller Ecken, die von Ecken v mit $\text{excess}_\beta(v) > 0$ erreicht werden kann.

Dann existiert in G_β kein Pfeil, der in U startet und in $V \setminus U$ endet. Für jeden Pfeil $r \in \delta^+(U)$ gilt daher $+r \notin G_\beta$, also $\beta(r) = c(r)$. Analog muss für jeden Pfeil $r \in \delta^-(U)$ die Gleichheit $\beta(r) = l(r)$ gelten, da sonst $-r \in G_\beta$ wäre. Daher gilt

$$c(\delta^+(U)) - l(\delta^-(U)) = \beta(\delta^+(U)) - \beta(\delta^-(U)) = -\text{excess}_\beta(U).$$

Nach Lemma 9.4 ist

$$\text{excess}_\beta(U) = \sum_{u \in U} \text{excess}_\beta(u) = \sum_{v \in V^+} \text{excess}_\beta(v) = \text{excess}_\beta(V^+) > 0.$$

Daher ist $c(\delta^+(U)) - l(\delta^-(U)) < 0$ im Widerspruch zu (9.25) ∎

$V^+ = \{v : \text{excess}_\beta(v) > 0\}$

Ein Weg in G_f von v mit $\text{excess}_\beta(v) > 0$ zu u mit $\text{excess}_\beta(u) < 0$ könnte benutzt werden, um $\text{excess}_\beta(v) > 0$ zu erniedrigen und $\text{excess}_\beta(u) < 0$ zu erhöhen. Dabei würde sich der Defekt $\sum_{v \in V} |\text{excess}_\beta(v)|$ von β echt verringern.

$$U = E_{G_f}(V^+)$$

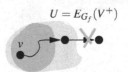

$V^+ = \{v : \text{excess}_\beta(v) > 0\}$

Es gibt keinen Pfeil in G_β, der in U startet und in $V \setminus U$ endet, da man sonst den Defekt von β verringern könnte.

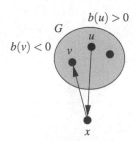

$b(u) > 0$

G

u

$b(v) < 0$

v

x

Obergraph G'' für die
Bestimmung eines zulässigen
b-Flusses: in G existiert
genau dann ein zulässiger
b-Fluss, wenn in G'' eine
zulässige Strömung existiert.

Wir betrachten nun den allgemeineren Fall eines in G bezüglich der unteren und oberen Schranken zulässigen b-Flusses. Die Bestimmung eines solchen Flusses lässt sich auf ein Strömungsproblem zurückführen.

Dazu konstruieren wir wieder einen geeigneten Obergraph G'' von G. Wir fügen eine neue Ecke x zu G hinzu. Für jedes $v \in V$ mit $b(v) < 0$ fügen wir einen Pfeil (x, v) mit $l(x, v) = c(x, v) = -b(v)$ hinzu. Für $u \in V$ mit $b(u) > 0$ enthält G'' einen Pfeil (u, x) mit $l(u, x) = c(x, v) = b(u)$. Nach Konstruktion existiert in G genau dann ein zulässiger b-Fluss, wenn in G'' eine zulässige Strömung existiert.

Damit ergeben sich aus Korollar 9.48 und dem Satz von Hoffman (siehe Satz 9.49) die beiden folgenden Resultate:

Korollar 9.50:

Sei $b\colon V \to \mathbb{R}$ eine Eckenbewertung und G wie in Voraussetzung 9.43. Durch Berechnung eines maximalen Flusses lässt sich ein bezüglich l und c zulässiger b-Fluss in G finden bzw. entscheiden, dass kein zulässiger b-Fluss existiert. Falls ein zulässiger b-Fluss existiert und l und c ganzzahlig sind, so findet das Verfahren einen ganzzahligen zulässigen b-Fluss. ∎

Korollar 9.51:   Satz von Hoffman (II)

Sei $b\colon V \to \mathbb{R}$ eine Eckenbewertung und G wie in Voraussetzung 9.43. Dann existiert in G genau dann ein bezüglich l und c zulässiger b-Fluss, wenn

$$c(\delta^+(S)) \geq l(\delta^-(S)) + b(T)$$

für alle Schnitte (S, T) in G gilt. Falls l und c ganzzahlig sind, so kann der b-Fluss ganzzahlig gewählt werden. ∎

9.8.2   Maximale Flüsse bei unteren und oberen Kapazitätsschranken

Bisher haben wir Algorithmen zur Bestimmung maximaler Flüsse für den Fall kennengelernt, dass die unteren Kapazitätsschranken alle Null sind, d.h. $l \equiv 0$.

Für den allgemeinen Fall $l \not\equiv 0$ hilft folgende einfache Beobachtung: Alle Algorithmen in den Abschnitten 9.4 und 9.7 arbeiten ausschließlich mit dem Residualnetz G_f, das wir in Definition 9.9 bereits für allgemeine untere Schranken definiert hatten. An keiner Stelle benutzen die Verfahren, dass $l(r) = 0$ für alle $r \in R$ gilt: es wird lediglich die Residualkapazität $c_f(\sigma r)$ der Pfeile $\sigma r \in G_f$ benötigt.

Sei (S, t) ein (s, t)-Schnitt. Nach Lemma 9.5 gilt für jeden (s, t)-Fluss f, dass $\mathrm{val}(f) = f(\delta^+(S)) - f(\delta^-(S))$. Ist f bezüglich l und c zulässig, so folgt $\mathrm{val}(f) \leq c(\delta^+(S)) - l(\delta^-(S))$. Falls ein flussvergrößernder Weg in G_f für einen zulässigen Fluss f existiert, so kann der Fluss nicht maximal sein.

Existiert umgekehrt kein flussvergrößernder Weg, so induzieren wie in Abschnitt 9.3 die in G_f von s aus erreichbaren Ecken einen Schnitt (S, T) mit $\mathrm{val}(f) = c(\delta^+(S)) - l(\delta^-(S))$ (es gilt nun $f(r) = l(r)$ für alle $r \in \delta^-(S)$). Daraus ergibt sich die allgemeinere Version des Max-Flow-Min-Cut-Theorems:

Satz 9.52:   **Max-Flow-Min-Cut-Theorem (II)**
Sei G wie in Voraussetzung 9.43. Dann gilt

$$\max_{f \text{ ist zulässiger } (s,t)\text{-Fluss in } G} \mathrm{val}(f) = \min_{(S,T) \text{ ist } (s,t)\text{-Schnitt in } G} c(\delta^+(S)) - l(\delta^-(S)).$$

$\blacksquare$

Aus unserer Argumentation folgt auch, dass das Augmenting-Path-Theorem (Satz 9.14) für $l \not\equiv 0$ gültig bleibt:

Satz 9.53:   **Augmenting-Path-Theorem**
Ein bezüglich l und c zulässiger (s,t)-Fluss f ist genau dann ein maximaler Fluss, wenn es keinen flussvergrößernden Weg, d.h. keinen Weg von s nach t im Residualnetz G_f, gibt. $\blacksquare$

Aus den Sätzen 9.52 und 9.53 folgt die Korrektheit aller Algorithmen aus den Abschnitten 9.4 und 9.7, falls wir sie mit einem bezüglich der unteren Schranken $l: R \to \mathbb{R}_+$ und oberen Schranken $c: R \to \mathbb{R}_+$ zulässigen »Startfluss« f_0 initialisieren: Alle Algorithmen sichern, dass bei Abbruch t nicht mehr von s aus im Residualnetz erreichbar ist. Daher können wir alle Algorithmen benutzen, um – ausgehend von f_0 – einen maximalen (s,t)-Fluss auch im allgemeinen Fall zu finden.

Einen zulässigen (s,t)-Startfluss f_0 können wir mit den Techniken aus Abschnitt 9.8.1 bestimmen, indem wir dieses Problem auf ein Strömungsproblem zurückführen. Wir fügen einen neuen Pfeil r_{ts} von t nach s zu G hinzu, der Kapazität $\sum_{r \in R} c(r)$ besitzt. Dann besitzt der um r_{ts} erweiterte Graph genau dann eine zulässige Strömung, wenn in G ein zulässiger (s,t)-Fluss existiert.

Wie in Korollar 9.48 können wir eine solche zulässige Strömung β durch Lösen eines Flussproblems finden. Die Einschränkung von β auf R ist dann unser gesuchter Startfluss f_0. Im Fall, dass l und c ganzzahlig sind, ist nach Korollar 9.48 dann β und damit auch f_0 ganzzahlig. Wie in Abschnitt 9.4 für $l \equiv 0$ erhält beispielsweise der generische Algorithmus auf Basis flussvergrößernder Wege die Ganzzahligkeit aller zwischenzeitlich erzeugten Flüsse. Dies zeigt folgende Verallgemeinerung des Ganzzahligkeitssatzes (Korollar 9.17):

Satz 9.54:   **Ganzzahligkeitssatz (II)**
Sei G wie in Voraussetzung 9.43 und seien die Kapazitätsschranken l und c ganzzahlig. Falls in G ein zulässiger (s,t)-Fluss existiert, dann existiert

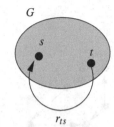

G

r_{ts}

Berechnung eines Startflusses bei unteren Kapazitätsschranken durch Lösen eines Strömungsproblems: r_{ts} ist ein neuer Pfeil mit Kapazität $\sum_{r \in R} c(r)$.

in G auch ein maximaler (s,t)-Fluss, der ganzzahlig ist. ■

Wir fassen noch einmal zusammen: Das Maximalflussproblem mit allgemeinen unteren Kapazitätsschranken lässt sich durch einen Zweiphasen-Ansatz lösen:

Phase 1: Bestimmung eines zulässigen Startflusses f_0

> Die erste Phase lässt sich durch ein Maximalflussproblem mit Kapazitätsschranken $l \equiv 0$ in einem um zwei Ecken erweiterten Graphen lösen.

Phase 2: Bestimmung eines maximalen Flusses ausgehend von f_0

> Hier können wir alle Algorithmen, die wir kennengelernt haben, benutzen, da sie lediglich das Residualnetz, nicht aber die expliziten unteren oder oberen Kapazitätsschranke benötigen.

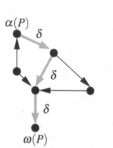

Wegfluss f auf einem Weg P
(graue Pfeile)

9.9   Flussdekomposition

In diesem Abschnitt lernen wir eine nützliche Zerlegung von Flüssen in besonders einfache Komponenten, Flüsse auf Wegen und Strömungen auf Kreisen, kennen.

Definition 9.55:   **Wegfluss, Kreisströmung**
Ein Wegfluss f auf einem einfachen Weg P in G (mit Wert $\delta > 0$) ist ein $(\alpha(P), \omega(P))$-Fluss, der auf allen Pfeilen $r \notin R(P)$ verschwindet, d.h.

$$f(r) = \begin{cases} \delta, & \text{falls } r \in R(P) \\ 0, & \text{sonst.} \end{cases}$$

Analog ist eine Kreisströmung β auf einem einfachen Kreis C in G (mit Strömungswert $\delta > 0$) eine Strömung in G mit

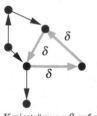

Kreisströmung β auf einem
Kreis C (graue Pfeile)

$$\beta(r) = \begin{cases} \delta, & \text{falls } r \in R(C) \\ 0, & \text{sonst.} \end{cases}$$

Sei $\mathscr{P}$ die Menge aller einfachen Wege in G, die keine Kreise sind, und $\mathscr{C}$ die Menge aller einfachen Kreise in G. Falls f_P, $P \in \mathscr{P}$ jeweils Wegflüsse auf P und β_C, $C \in \mathscr{C}$ Kreisströmungen sind, so erhalten wir eine Pfeilbewertung f durch

$$f(r) := \sum_{P \in \mathscr{P}: r \in P} f_P(r) + \sum_{C \in \mathscr{C}: r \in C} \beta_C(r).$$

Es folgt, dass für alle $v \in V$

$$\text{excess}_f(v) = \sum_{P \in \mathscr{P}} \text{excess}_{f_P}(v)$$

gilt. Aus Wegflüssen und Kreiseströmungen können wir also einen b-Fluss mit entsprechenden Flussüberschüssen/-defiziten gewinnen.

Umgekehrt ist die Zerlegung eines b-Flusses in Wegflüsse und Kreisströmungen ebenfalls möglich:

Satz 9.56:   Flussdekompositionssatz

Jeder b-Fluss $f: R \to \mathbb{R}_+$ lässt sich als Summe von $m + n$ Wegflüssen und Kreisströmungen mit folgenden Eigenschaften darstellen:

 (i) Für jeden Wegfluss f_P ist P ein Weg von einer Ecke v mit $b(v) < 0$ zu einer Ecke u mit $b(u) > 0$.

 (ii) In der Linearkombination treten höchstens m Kreisströmungen auf.

Falls f ganzzahlig ist, so sind alle Wegflüsse und Kreisströmungen ebenfalls ganzzahlig.

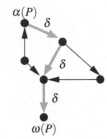

Wegfluss f auf einem Weg P
(graue Pfeile)

Beweis:

Wir beweisen das Resultat konstruktiv. Falls $f \equiv 0$, so ist nichts zu zeigen.

Anfangs ist die Menge M der konstruierten Wegflüsse und Kreisströmungen leer. Das Verfahren arbeitet in zwei Phasen. Solange es noch eine Ecke mit $b(v) \neq 0$ gibt, konstruieren wir Wegflüsse oder Kreisströmungen, die wir vom noch verbliebenen Fluss f subtrahieren. In der zweiten Phase sind dann alle Ecken im Gleichgewicht. Solange es dann noch einen Pfeil $r \in R$ mit $f(r) \neq 0$ gibt, konstruieren wir dann iterativ weitere Kreisströmungen.

Wir kommen zur ersten Phase. Da $\sum_{v \in V} b(v) = \sum_{v \in V} \text{excess}_f(v) = 0$, folgt aus der Existenz einer Ecke mit $\text{excess}_f(v) \neq 0$ auch immer, dass es eine Ecke $v_0 \in V$ gibt mit $\text{excess}_f(v_0) < 0$.

Wir wählen eine solche Ecke v_0. Da $\text{excess}_f(v_0) < 0$, gibt es mindestens einen Pfeil $r_1 \in \delta^+(v_0)$ mit $f(r) > 0$. Sei $v_1 := \omega(r_1)$. Falls $\text{excess}_f(v_1) > 0$, so setzen wir $P := (v_0, r_1, v_1)$ und stoppen. Ansonsten existiert wegen $\text{excess}_f(v_1) \leq 0$ und $f(r_1) > 0$ mindestens ein Pfeil $r_2 \in \delta^+(v_1)$ mit $f(r_2) > 0$. Fortsetzen des Verfahrens liefert entweder einen Kreis C oder einen Weg $P = (v_0, r_1, v_1, \ldots, r_k, v_k)$ zu einer Ecke v_k mit $\text{excess}_f(v_k) > 0$.

Falls wir einen Weg P erhalten, so setzen wir

$$\delta_1 := \min\{-\text{excess}_f(v_0), \text{excess}_f(v_k)\}$$
$$\delta_2 := \min\{f(r) : r \in R(P)\}$$
$$\delta := \min\{\delta_1, \delta_2\}.$$

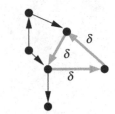

Kreisströmung β auf einem
Kreis C (graue Pfeile)

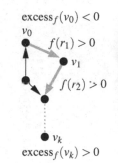

$\text{excess}_f(v_0) < 0$
v_0
$f(r_1) > 0$
v_1
$f(r_2) > 0$

v_k
$\text{excess}_f(v_k) > 0$

Konstruktion eines
Wegflusses im Beweis von
Satz 9.56

Wir fügen den Wegfluss f_P auf P vom Wert δ zu M hinzu. Anschließend setzen wir $f := f - f_P$ sowie $b(v_0) := b(v_0) + \delta$ und $b(v_k) := b(v_k) - \delta$. Der aktualisierte Fluss f ist dann ein b-Fluss für die aktualisierte Eckenbewertung b. Bei der Aktualisierung von f reduziert sind entweder der Fluss auf mindestens einem Pfeil auf P auf Null, oder es wird $\mathrm{excess}_f(v_0) = 0$ bzw. $\mathrm{excess}_f(v_k) = 0$. Daher erhalten wir maximal $n + m$ Wegflüsse in M.

Falls wir einen Kreis C finden, so setzen wir

$$\delta := \min\{\,f(r) : r \in R(C)\,\}.$$

Wir fügen die Kreisströmung β_C mit Strömungswert δ zu unserer Kollektion hinzu und aktualisieren den Fluss f auf $f := f - f_C$. Dabei reduziert sich der Flusswert auf mindestens einem Pfeil von C auf 0, so dass sich in M höchstens m Kreisströmungen ansammeln können.

Wenn die erste Phase des Verfahrens abbricht, gilt $b(v) = 0$ für alle $v \in V$. Falls $f \equiv 0$ gilt, so terminiert auch die zweite Phase. Ansonsten gibt es einen Pfeil $r_1 \in R$ mit $f(r_1) > 0$. Sei $v_0 := \alpha(r)$. Wir wiederholen die Prozedur aus der ersten Phase ausgehend von v_0. Diesmal muss das Verfahren mit einem Kreis C abbrechen, da $\mathrm{excess}_f(v) = 0$ für alle $v \in V$, den wir samt der zugehörigen Kreisströmung β_C wie in der ersten Phase zu M hinzufügen. Da wiederum der Fluss auf mindestens einem Pfeil zu Null wird, erhalten wir aus der ersten und zweiten Phase zusammen auch nur insgesamt m Kreisströmungen. ∎

Das Verfahren aus dem konstruktiven Beweis von Satz 9.56 lässt sich so implementieren, dass es in Zeit $\mathcal{O}((n+m)^2)$ läuft: Die Suche nach einem Weg oder Kreis benötigt $\mathcal{O}(n+m)$ Zeit (vgl. hierzu auch Algorithmus 3.4 auf Seite 47) und es treten nur maximal $n + m$ Wegflüsse und Kreisströmungen auf.

Korollar 9.57:

Jede nichtnegative Strömung β in G lässt sich als Summe von höchstens m Kreisströmungen darstellen. Falls β ganzzahlig ist, so lassen sich alle Kreisströmungen ganzzahlig wählen.

Beweis:

In der Dekomposition aus Satz 9.56 können wegen Eigenschaft (i) nur Kreisströmungen auftauchen. ∎

Der Satz über die Flussdekomposition hat eine weitere interessante Konsequenz. Sei f ein maximaler (s,t)-Fluss in einem Graphen G mit Kapazitäten $c : R \to \mathbb{R}_+$. Wir zerlegen f gemäß Satz 9.56 in Wegflüsse $f_{P_1}, \dots, f_{P_k}$ und Kreisströmungen $\beta_{C_1}, \dots, \beta_{C_l}$. Dann ist $f' := \sum_{i=1}^{k} f_{P_i}$ ebenfalls ein maximaler (s,t)-Fluss, den wir bereits in $k \leq n + m$ Wegflüsse zerlegt haben. Wenn wir nun mit dem Nullfluss f_0 starten und ähnlich wie in Algorithmus 9.1 den aktuellen Fluss auf dem Weg P_i, $i = 1, \dots, n + m$ um den

Flusswert von f_{P_i} erhöhen, so benötigen wir nur $\mathscr{O}(n+m)$ flussvergrößern-de Wege. Dies ist substantiell weniger als die Schranke von $\mathscr{O}(nm)$ Itera-tionen im Algorithmus von Edmonds und Karp! Allerdings ist nicht klar, wie man diese Beobachtung in einen Algorithmus mit der entsprechenden Zeitkomplexität umsetzen soll, da wir sowohl bereits die Kenntnis eines maximalen Flusses als auch die einer Dekomposition vorausgesetzt haben.

9.10 Kombinatorische Anwendungen des Max-Flow-Min-Cut-Theorems

9.10.1 Der Heiratssatz

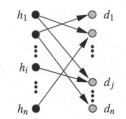

Bipartiter Graph aus n Herren und n Damen für das Heiratsproblem

Gegeben sei eine Menge von Herren $H = \{h_1, \ldots, h_n\}$ und eine Menge $D = \{d_1, \ldots, d_n\}$ von Damen ($H \cap D = \emptyset$). Ferner sei ein bipartiter »Sym-pathiegraph« $G = (H \cup D, R)$ gegeben, wobei $(h_i, d_j) \in R$ bedeutet, dass die Dame d_j bereit ist, den Herren h_i zu heiraten. Die Frage ist nun, ob es eine (monogame) Paarung der Damen und Herren gibt, so dass jeder Herr genau eine Dame heiraten kann, die ihn auch akzeptiert.

Wir erinnern daran, dass ein Matching M in einem Graphen eine Teil-menge M der Pfeil- bzw. Kantenmenge ist, so dass keine zwei Elemente aus M inzident zu einer gemeinsamen Ecke sind.

Definition 9.58:   **Perfektes Matching**
Ein *Matching M* in einem (gerichteten oder ungerichteten) Graphen G heißt *perfekt*, wenn jede Ecke $v \in V(G)$ mit einem Pfeil (einer Kante) aus M inzidiert.

perfektes Matching

Das Heiratsproblem lässt sich somit als die Frage umformulieren, ob ein gegebener bipartiter Graph ein perfektes Matching besitzt. Der berühmte Heiratssatz stammt von Philip Hall [83]:

Satz 9.59:   **Heiratssatz**
Das Heiratsproblem ist genau dann lösbar, wenn es für jede Teilmenge $D' \subseteq D$ *der Damen mindestens* $|D'|$ *akzeptierte Männer gibt, also*

$$|N^-(D')| \geq |D'| \quad \text{für alle } D' \subseteq D, \tag{9.26}$$

wobei

$$N^-(D') := \left\{ h \in H : (h, d) \in R \text{ für ein } d \in D' \right\}.$$

Beweis:
Offenbar ist die Bedingung in (9.26) notwendig, da ansonsten für eine Teil-menge D' der Damen weniger als $|D'|$ »kompatible Herren« existieren und mindestens eine Dame aus D' leer ausgehen muss.

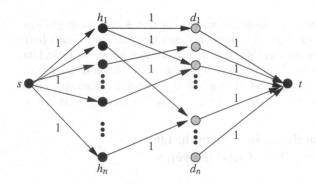

Bild 9.12: Konstruktion eines Flussnetzes für das Heiratsproblem. Alle Kapazitäten sind gleich 1.

Wir zeigen nun mit Hilfe des Max-Flow-Min-Cut-Theorems, dass Bedingung (9.26) auch hinreichend für die Lösbarkeit des Heiratsproblems
ist. Dazu erweitern wir den bipartiten Sympathiegraphen zu einem Graphen
$G' = (V', R')$ in folgender Weise. Wir setzen

$$V' := V \cup \{s, t\}$$
$$R' := R \cup \{(s, h) : h \in H\} \cup \{(d, t) : d \in D\}.$$

Jeder Pfeil $r \in R'$ hat Kapazität $c(r) := 1$. Bild 9.12 veranschaulicht die
Konstruktion. Jeder ganzzahlige zulässige (s, t)-Fluss f in G' induziert ein
Matching M_f in G durch

$$M_f := \{ r \in R : f(r) = 1 \}.$$

mit $|M_f| = \text{val}(f)$. Umgekehrt induziert jedes Matching M in G einen zu-
lässigen ganzzahligen (s, t)-Fluss f_M in G' mit $\text{val}(f_M) = |M|$ durch

$$f_M(r') = \begin{cases} 1, & \text{falls } r' \in M \\ 1, & \text{falls } r' = (s, h) \text{ oder } r' = (d, t) \text{ und } (h, d) \in M \\ 0, & \text{sonst.} \end{cases}$$

Wir betrachten nun das Problem einen maximalen (s, t)-Fluss in G' zu
finden. Nach dem Ganzzahligkeitssatz (Korollar 9.17) existiert ein maximaler Fluss, der auch ganzzahlig ist. Daher ist das Heiratsproblem genau dann
lösbar, wenn in G' der maximale Flusswert $n = |H| = |D|$ beträgt. Nach
dem Max-Flow-Min-Cut-Theorem ist dies wiederum genau dann der Fall,
wenn für jeden (s, t)-Schnitt (S, T) in G' gilt: $c(\delta^+(S)) \geq n$.

Sei nun (S, T) ein solcher Schnitt, d.h. $s \in S$ und $t \in T$. Wir definieren

$$H_S := H \cap S \qquad\qquad H_T := H \cap T$$

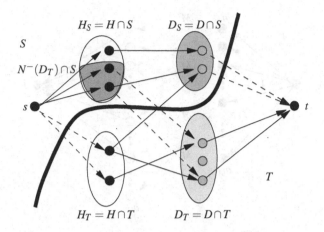

Bild 9.13: Ein (s,t)-Schnitt (S,T) im Graphen G' für das Heiratsproblem: die gestrichelten Pfeile tragen zur Kapazität des Schnittes bei.

$$D_S := D \cap S \qquad\qquad D_T := D \cap T$$

Damit lässt sich die Kapazität $c(\delta^+(S))$ wie folgt nach unten abschätzen:

$$
\begin{aligned}
c(\delta^+(S)) = \sum_{r \in \delta^+(S)} c(r) \\
\geq |H_T| + |D_S| + |N^-(D_T) \cap H_S| \\
\geq |N^-(D_T) \cap H_T| + |N^-(D_T) \cap H_S| + |D_S| \\
= |N^-(D_T)| + |D_S| \\
\geq |D_T| + |D_S| \quad \text{(nach (9.26): } |N^-(D')| \geq |D'| \text{ für } D' \subseteq D) \\
= |D| = n.
\end{aligned}
$$

Dies beendet den Beweis.   ∎

Der folgende Satz von Dénes Kőnig [109] stellt einen wichtigen Zusammenhang zwischen Matchings und Eckenüberdeckungen in bipartiten Graphen her:

Satz 9.60:   **Satz von Kőnig**

In einem bipartiten Graphen G ist die maximale Kardinalität eines Matchings gleich der minimalen Kardinalität einer Eckenüberdeckung:

$$\nu(G) = \tau(G).$$

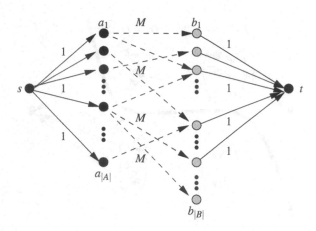

Bild 9.14: Konstruktion eines Flußnetzes für den Satz von Kőnig. Die durchgezogenen Pfeile haben Kapazität 1, die gestrichelten Pfeile haben Kapazität $M := n + 1$.

Beweis:

Es genügt, den Beweis für gerichtete Graphen zu führen. Der Beweis benutzt eine ähnliche Konstruktion wie beim Heiratssatz (Satz 9.59 auf Seite 243). Zunächst erinnern wir aber daran, dass nach Satz 4.32 gilt: $|M| \leq |C|$ für jedes Matching und jede Eckenüberdeckung in G.

Sei $G = (V, R, \alpha, \omega)$ ein bipartiter Graph mit Bipartition $V = A \cup B$ und $A \cap B = \emptyset$. Wir konstruieren wieder einen neuen Graphen $G' = (V', R', \alpha, \omega)$, indem wir eine Quelle s mit allen Ecken $a \in A$ verbinden, und von allen Ecken $b \in B$ einen Pfeil zu einer neuen Ecke, der Senke t, einfügen. Die Pfeile in $R \setminus R'$ erhalten Kapazität $M := n + 1$, alle neuen Pfeile, also die Pfeile, die mit s oder t inzidieren, haben Kapazität 1. Die Konstruktion ist in Bild 9.14 illustriert.

Wieder entspricht ein ganzzahliger (s, t)-Fluss im erweiterten Graphen G' einem Matching im Ausgangsgraphen G und umgekehrt, so dass der Wert eines maximalen (s, t)-Flusses in G' die maximale Kardinalität eines Matchings in G angibt.

Sei (S, T) ein minimaler (s, t)-Schnitt in G'. Der Schnitt $(\{s\}, V \setminus \{s\})$ hat Kapazität $|A| \leq n$. Daher enthält $\delta^+(S)$ keinen der Pfeile aus R, da jeder dieser Pfeile Kapazität $M = n + 1 > n$ besitzt (vgl. Bild 9.15). Daher ist $C := (A \cap T) \cup (B \cap S)$ eine Eckenüberdeckung in G (falls $r \in R$ mit $\alpha(r) = a \in A \cap S$ und $\omega(r) = b \in B \cap T$, so wäre $r \in \delta^+(S)$).

Die Kapazität des Schnittes (S, T) beträgt $|A \cap T| + |B \cap S| = |C|$. Somit ist wegen Satz 4.32 die Menge C eine Eckenüberdeckung kleinster Kardinalität, die wie behauptet der Größe des maximalen Matchings entspricht. ∎

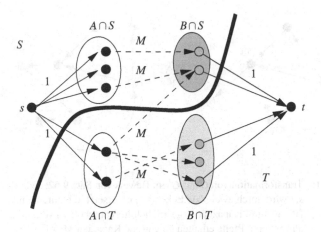

Bild 9.15: Ein minimaler (s,t)-Schnitt (S,T) im Graphen G' für den Satz von König: die gestrichelten Pfeile haben Kapazität $M = n + 1$ und können daher nicht im Vorwärtsteil des Schnittes $\delta^+(S)$ liegen.

9.10.2 Die Sätze von Menger über disjunkte Wege

Als weitere Anwendung des Max-Flow-Min-Cut-Theorems leiten wir die Sätze von Karl Menger [126] über disjunkte Wege her.

Satz 9.61: **Menger, 1927**

Sei $G = (V, R, \alpha, \omega)$ ein endlicher gerichteter Graph und $s, t \in V$ Ecken von G. Dann ist die Maximalzahl pfeildisjunkter Wege von s nach t gleich der minimalen Kardinalität eines (s,t)-Schnitts.

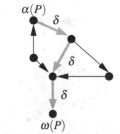

Wegfluss f auf einem Weg P
(graue Pfeile)

Beweis:

Wir definieren Kapazitäten auf G durch $c(r) := 1$ für alle $r \in R$. Sei f ein zulässiger (s,t)-Fluss mit val$(f) = k$. Nach dem Ganzzahligkeitssatz (Korollar 9.17) können wir f als ganzzahlig annehmen, also $f(r) \in \{0,1\}$ für alle $r \in R$.

Wir benutzen die Flussdekomposition aus Satz 9.56. Diese zeigt, dass sich f in Wegflüsse $f_{P_1}, \ldots, f_{P_q}$ und Kreisströmungen zerlegen lässt. Da Kreisströmungen den Flusswert unverändert lassen, ist val$(f) = k$ gleich der Summe der Flusswerte auf dem Wegen $P_1, \ldots, P_q$. Nun sind aber alle Kapazitäten gleich 1, also folgt, dass jeder Wegfluss den Wert 1 haben muss, also $p = k$ gilt, und die Wege $P_1, \ldots, P_k$ pfeildisjunkt sind.

Somit impliziert ein zulässiger Fluss mit Wert k, dass in G mindestens k pfeildisjunkte Weg von s nach t existieren. Ist (S, T) ein (s,t)-Schnitt, so enthält jeder Weg von s nach t mindestens einen Pfeil aus $\delta^+(S)$. Also ist die maximale Anzahl von pfeildisjunkten s-t-Wegen nicht größer als die

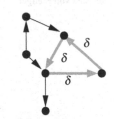

Kreisströmung β auf einem Kreis C (graue Pfeile)

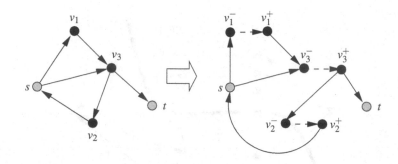

Bild 9.16: Transformation von G auf G' im Beweis von Satz 9.62: Jede Ecke $v \neq$
s, t wird durch zwei neue Ecken v^-, v^+ ersetzt, die durch einen Pfeil
(v^-, v^+) mit Kapazität 1 (gestrichelt hervorgehoben) verbunden sind,
alle anderen Pfeile erhalten eine große Kapazität $M > n$.

Kardinalität eines beliebigen (s, t)-Schnittes. Die Behauptung folgt nun mit
Hilfe des Max-Flow-Min-Cut Theorems (Satz 9.13 auf Seite 204).   ∎

eckendisjunkte Wege

Wir beweisen nun die »Eckenversion« des letzten Satzes. Dabei nennen
wir zwei Wege von s nach t *eckendisjunkt*, wenn sie außer s und t keine
weiteren Ecken gemeinsam haben.

Satz 9.62:   Menger, 1927

*Sei $G = (V, R, \alpha, \omega)$ ein endlicher gerichteter Graph und $s, t \in V$ nichtadja-
zente Ecken von G. Dann ist die Maximalzahl eckendisjunkter Wege von s
nach t gleich der minimalen Kardinalität einer s und t trennenden Eckenmenge.*

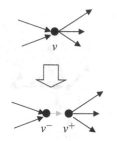

Ersetzen der Ecke v durch
zwei neue Ecken v^- und v^+
im Satz von Menger

Beweis:

Wir ersetzen in G jede Ecke $v \in V \setminus \{s, t\}$ durch zwei neue Ecken v^- und
v^+, die durch einen Pfeil (v^-, v^+) verbunden sind. Jeder Pfeil in G, der in v
endet, wird dabei zu einem Pfeil, der in v^- endet, und jeder in v startende
Pfeil startet nun in v^+. Wir bezeichen mit G' den resultierenden Graphen.
Bild 9.16 illustriert die Konstruktion von G'. Formal ist $G' = (V', R', \alpha', \omega')$
mit

$$V' := \{ v^+, v^- : v \in V \setminus \{s, t\} \} \cup \{s, t\}$$
$$R' := \{ r' : r \in R \} \cup \{ (v^-, v^+) : v \in V \}$$
$$\alpha((v^-, v^+)) := v^- \text{ für alle } v \in V$$
$$\omega((v^-, v^+)) := v^+ \text{ für alle } v \in V$$
$$\alpha(r') := \begin{cases} v^+, & \text{falls } \alpha(r) = v \notin \{s, t\} \\ s, & \text{falls } \alpha(r) \in \{s, t\} \end{cases}$$

$$\omega(r') := \begin{cases} v^-, & \text{falls } \omega(r) = v \notin \{s,t\} \\ s, & \text{falls } \omega(r) \in \{s,t\} \end{cases}$$

Jeder Pfeil (v^-, v^+) erhält Kapazität 1, alle anderen Pfeile erhalten eine große Kapazität $M \geq n+1$.

Zwei Wege von s nach t in G sind genau dann eckendisjunkt, wenn die entsprechenden Wege in G' pfeildisjunkt sind. Die Maximalzahl an eckendisjunkten s-t-Wegen in G entspricht demnach genau dem Flusswert eines maximalen Flusses in G'.

Ein (s,t)-Schnitt minimaler Kapazität in G' kann keinen Pfeil mit Kapazität M im Vorwärtsteil enthalten, da der Schnitt (S,T) mit $S := \{s\} \cup \{v^- : v \in V \setminus \{s,t\}\}$, $T := V \setminus S$ nur alle Pfeile der Form (v^-, v^+) im Vorwärtsteil enthält und somit Kapazität $n < M$ besitzt.

Man sieht leicht, dass für einen Schnitt (S', T'), der nur Pfeile mit Kapazität 1 im Vorwärtsteil enthält, die Menge $\{v : v^- \in S'\}$ eine s und t trennende Eckenmenge ist, deren Kardinalität genau der Kapazität des Schnittes entspricht. Die Behauptung folgt nun mit dem Max-Flow-Min-Cut Theorem. ∎

9.10.3 Repräsentantensysteme und Transversalen

Um die weitreichenden kombinatorischen Implikationen des Max-Flow-Min-Cut-Theorems zu illustrieren, machen wir in diesem Abschnitt einen Ausflug in die Kombinatorik und Algebra.

Definition 9.63:   Repräsentantensystem, Transversale

Sei $\mathcal{M} = \{M_1, \dots, M_n\}$ eine Familie von Teilmengen einer endlichen Menge M. Jede Menge $\{e_1, \dots, e_n\}$ mit $e_i \in M_i$ für $i = 1, \dots, n$ heißt dann ein *Repräsentantensystem* für $\mathcal{M}$. Gilt außerdem $e_i \neq e_j$ für $i \neq j$, so nennen wir $\{e_1, \dots, e_n\}$ eine *Transversale* von $\mathcal{M}$.

Repräsentantensystem

Transversale

Zunächst leiten wir ein notwendiges und hinreichendes Kriterium für die Existenz einer Transversale her.

Satz 9.64:

Die Familie $\mathcal{M} = \{M_1, \dots, M_n\}$ *hat genau dann eine Transversale, wenn für alle* $J \subseteq \{1, \dots, n\}$ *gilt:*

$$\left| \bigcup_{j \in J} M_j \right| \geq |J|. \tag{9.27}$$

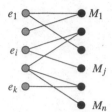

Bipartiter Graph für Satz 9.64:
Es gibt eine Kante $[e_i, M_j]$
genau dann, wenn $e_i \in M_j$.

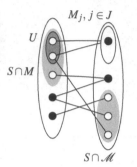

Beweis von Satz 9.64

Beweis:

»$\Rightarrow$«: Sei $\{e_1, \ldots, e_n\}$ eine Transversale. Für $J \subseteq \{1, \ldots, n\}$ gilt dann

$$\left| \bigcup_{j \in J} M_j \right| \geq |\{ e_j : j \in J \}| = |J|.$$

»$\Leftarrow$«: Es gelte (9.27) für alle $J \subseteq \{1, \ldots, n\}$. Wir betrachten den bipartiten Graphen $G = (M \cup \mathcal{M})$ mit $[e_i, M_j] \in M$ genau dann, wenn $e_i \in M_j$. Es existiert genau dann eine Transversale, wenn in G ein Matching der Größe n existiert. Nach dem Satz von Kőnig (Satz 9.60) genügt es daher zu zeigen, dass $|S| \geq n$ für jede Eckenüberdeckung S in G gilt.

Sei S eine Eckenüberdeckung und $J := \{ j : M_j \notin S \}$. Es gilt $|S| = |S \cap M| + |S \cap \mathcal{M}| = |S \cap M| + (n - |J|)$. Wir zeigen, dass $|S \cap M| \geq |J|$ gilt, womit die Behauptung folgt.

Sei $U := \bigcup_{j \in J} M_j$, nach (9.27) gilt $|U| \geq |J|$. Keine der Kanten $[e, M_j]$ mit $e \in U$ wird durch eine Ecke aus $S \cap \mathcal{M}$ überdeckt. Also enthält $S \cap M$ mindestens $|U|$ Ecken, was $|S \cap M| \geq |U|$ impliziert.   ∎

Der folgende Satz liefert eine Charakterisierung gemeinsamer Repräsentantensysteme.

Satz 9.65:

Seien $\mathcal{A} = \{A_1, \ldots, A_n\}$ und $\mathcal{B} = \{B_1, \ldots, B_n\}$ zwei Familien von Teilmengen der endlichen Menge M. Dann besitzen $\mathcal{A}$ und $\mathcal{B}$ genau dann ein gemeinsames Repräsentantensystem, wenn für alle $J \subseteq \{1, \ldots, n\}$ gilt:

$$\left| \left\{ i : B_i \cap \left(\bigcup_{j \in J} A_j \right) \neq \emptyset \right\} \right| \geq |J|. \tag{9.28}$$

Beweis:

»$\Rightarrow$«: Falls ein gemeinsames Repräsentantensystem $\{e_1, \ldots, e_n\}$ existiert, so gilt (9.28), da $e_i \in A_i \cap B_i$ für jedes i gilt.

»$\Leftarrow$«: Wir betrachten die Mengen $I_j := \{ i : A_j \cap B_i \neq \emptyset \}$ für $j = 1, \ldots, n$. Für eine Teilmenge $J \subseteq \{1, \ldots, n\}$ gilt dann

$$\bigcup_{j \in J} I_j = \bigcup_{j \in J} \{ i : A_j \cap B_i \neq \emptyset \} = \left\{ i : B_i \cap \left(\bigcup_{j \in J} A_j \right) \neq \emptyset \right\}$$

Wegen (9.28) gilt damit $|\bigcup_{j \in J} I_j| \geq |J|$. Satz 9.64 liefert die Existenz einer Transversale $i_1, \ldots, i_n$ mit $i_k \in I_k$ für $k = 1, \ldots, n$. Es gilt dann nach Konstruktion $A_k \cap B_{i_k} \neq \emptyset$. Zudem gilt $i_j \neq i_k$ für $j \neq k$, da $i_1, \ldots, i_n$ eine Transversale ist. Wir wählen für $k = 1, \ldots, n$ ein Element $e_k \in A_k \cap B_{i_k}$

beliebig. Dann ist $e_1, \ldots, e_n$ das gewünschte gemeinsame Repräsentantensystem von $\mathscr{A}$ und $\mathscr{B}$. ∎

Als Anwendung der beiden kombinatorischen Resultate beweisen wir einen Satz aus der Algebra über die Existenz eines gemeinsamen Repräsentantensystems der Rechts- und Linksnebenklassen in einer endlichen Gruppe. Für die grundlegenden Definitionen und Begriffe verweisen wir auf Standardwerke über Algebra [21, 95, 111].

Satz 9.66: **Van der Waerden, 1927**

Sei $(G, \cdot)$ eine endliche Gruppe und U eine Untergruppe von G. Dann existiert ein gemeinsames Repräsentantensystem für die Links- und Rechtsnebenklassen von U in G, d.h. es existieren $g_1, \ldots, g_k \in G$ mit $G = g_1 U \cup \cdots \cup g_k U = U g_1 \cup \cdots \cup U g_k$.

Beweis:

Wir erinnern zunächst daran, dass zwei Nebenklassen entweder disjunkt oder identisch sind. Es gibt daher genau $k := |G|/|U|$ Links- bzw. Rechtsnebenklassen von U in G. Sei also $G = a_1 U \cup \cdots \cup a_k U = U b_1 \cup \cdots \cup U b_k$ mit disjunkten Nebenklassen.

Wir beweisen mit Hilfe von Satz 9.65, dass es ein gemeinsames Repräsentantensystem von $\mathscr{A} := \{a_1 U, \ldots, a_k U\}$ und $\mathscr{B} := \{U b_1, \ldots, U b_k\}$ gibt. Dies zeigt dann die Behauptung des Satzes.

Sei dazu $J \subseteq \{1, \ldots, k\}$ eine beliebige Teilmenge. Wir verwenden für Teilmengen $A, B \subseteq G$ die übliche Notation $AB := \{ab : a \in A, b \in B\}$ und setzen $A_J := \{a_j : j \in J\}$. Dann gilt

$$\left| \left\{ i : B_i \cap \left(\bigcup_{j \in J} A_j \right) \neq \emptyset \right\} \right| = |\{i : U b_i \cap A_J U \neq \emptyset\}|$$

$$= |\{i : b_i \in U A_J U\}|$$

$$= |U A_J U| \geq |A_J U| \geq |A_J|$$

$$= |J|.$$

Damit ist Satz 9.65 anwendbar. ∎

9.11 Kostenminimale Flüsse

In diesem Abschnitt ist G wie in Voraussetzung 9.43 ein (nicht notwendigerweise einfacher) gerichteter Graph mit unteren und oberen Kapazitätsschranken. Zusätzlich zu den Kapazitätsschranken betrachten wir noch eine weitere Pfeilbewertung, die wir *Kostenfunktion* nennen.

Voraussetzung 9.67:

Im Folgenden sei $G = (V, R, \alpha, \omega)$ ein endlicher gerichteter Graph und l, c Funktionen, die den Pfeilen in G Kapazitäten zuweisen, wobei $0 \leq l(r) \leq c(r)$ für alle $r \in R$ gelte. Wir lassen dabei den Fall $c(r) = +\infty$ für $r \in R$ zu.

Sei $b \colon V \to \mathbb{R}$ eine Funktion, welche gewünschte Überschüsse in den Ecken spezifiziert. Zusätzlich sei $k \colon R \to \mathbb{R}$ eine Funktion, welche auf den Pfeilen Flusskosten definiert.

Definition 9.68:   **Flusskosten**

Flusskosten

Sei $k \colon R \to \mathbb{R}$ eine Pfeilbewertung, die wir *Kostenfunktion* nennen. Für einen b-Fluss f sind dann die *Flusskosten* gegeben durch

$$k(f) := \sum_{r \in R} k(r) \cdot f(r).$$

Wir erweitern k auf die Pfeile im Residualnetz durch $k(+r) := k(r)$ und $k(-r) := -k(r)$. Für eine Pfeilbewertung $h \colon R(G_f) \to \mathbb{R}$ definieren wir die *Kosten* von h durch

$$k(h) := \sum_{\sigma r \in R(G_f)} k(\sigma r) \cdot h(\sigma r).$$

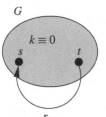

r_{ts}
$c(r_{ts}) = +\infty$
$k(r_{ts}) = -1$

Reduktion des Maximalflussproblems auf ein Minimalkostenflussproblem

Damit ergibt sich folgendes Optimierungsproblem:

MINIMALKOSTENFLUSSPROBLEM

Instanz: Gerichteter Graph $G = (V, R)$ mit Kapazitäten $c \colon R \to \mathbb{R}_+$, gewünschten Überschüssen $b \colon V \to \mathbb{R}$ und Flusskosten $k \colon R \to \mathbb{R}$

Gesucht: Ein b-Fluss f mit minimalen Flusskosten $k(f)$

Bemerkung 9.69:

Wir erlauben für die »Kosten« auf den Pfeilen $k \colon R \to \mathbb{R}$ prinzipiell auch negative Werte. Da wir auch unendliche obere Kapazitäten zulassen, lässt sich unter anderem das Maximalflussproblem als Minimalkostenflussproblem formulieren.

Sei dazu G ein gerichteter Graph mit unteren und oberen Kapazitätsschranken $0 \leq l(r) \leq c(r)$ für alle $r \in R$ und $s, t \in V$ zwei Ecken, für die wir einen maximalen (s, t)-Fluss berechnen wollen. Wir erweitern G zu G', indem wir einen neuen Pfeil r_{ts} von t nach s mit Kosten $k(r_{ts}) = -1$ und Kapazitäten $l(r_{ts}) = 0$ sowie $c(r_{ts}) = +\infty$ einführen. Alle anderen Pfeile erhalten Kosten 0. Wir setzen $b(v) := 0$ für alle $v \in V$. Dann existiert in G genau dann ein (s, t)-Fluss f mit $\mathrm{val}(f) = F$, wenn in G' ein kostenminimaler b-Fluss Kosten $-F$ hat.

Bei der Berechnung maximaler Flüsse hatten wir einen (s,t)-Fluss längs eines flussvergrößernden Weges P (also eines Weges im Residualnetz G_f) um einen Wert $\delta > 0$ vergrößert, indem wir für alle Pfeile $+r \in P$ den Flusswert um δ erhöht und für alle Pfeile $-r \in P$ den Flusswert um δ erniedrigt hatten. Für die kostenminimalen Flüsse benötigen wir zusätzlich die Erhöhung eines b-Flusses längs eines Kreises C in G_f. Analog erhöhen wir dabei den Fluss auf allen Pfeilen $+r \in C$ und erniedrigen den Fluss auf allen Pfeilen $-r \in C$. Dabei bleibt offenbar der Überschuss in allen Ecken unverändert.

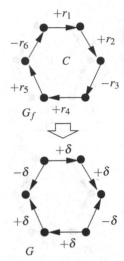

Erhöhung eines b-Flusses längs eines Kreises C in G_f

Es ist für das folgende Optimalitätskriterium in Satz 9.71 nützlich, die eben beschriebene Erhöhung von f längs des Kreises C in G_f als Summe von f und einer Kreisströmung β_C in G_f zu definieren. Sei also f ein b-Fluss und β_C eine Kreisströmung in G_f auf dem einfachen Kreis $C = (v_0, \sigma_1 r_1, v_1, \ldots, \sigma_k r_k, v_k = v_0')$ im Residualnetz G_f mit Strömungswert $\delta > 0$. Dann ist $f + \beta_C$, definiert durch

$$(f + \beta_C)(r) := \begin{cases} f(r) + \delta, & \text{falls } r = r_i \text{ und } \sigma_i = + \\ f(r) - \delta, & \text{falls } r = r_i \text{ und } \sigma_i = - \\ f(r), & \text{sonst} \end{cases}$$

wieder ein b-Fluss in G. Die Kosten $k(f + \beta_C)$ betragen $k(f) + k(\beta_C)$. Mit dieser Notation können wir folgenden Satz formulieren und beweisen:

Satz 9.70:

Seien f und f' beides bezüglich der unteren und oberen Kapazitätsschranken l und c zulässige b-Flüsse in G. Dann lässt sich f' als Summe aus f und höchstens $2m$ Kreisströmungen $\beta_{C_1}, \ldots, \beta_{C_p}$ in G_f darstellen. Es gilt $k(f') = k(f) + \sum_{i=1}^{p} k(\beta_{C_i})$.

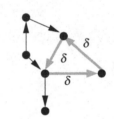

Kreisströmung β auf einem Kreis C (graue Pfeile)

Beweis:

Die Funktion $f' - f$ ist eine (nicht notwendigerweise zulässige) Strömung in G. Diese Strömung induziert in naheliegenderweise eine Strömung $\beta_{f'}$ in G_f: Ist $f'(r) - f(r) > 0$, so sei $\beta_{f'}(+r) := f'(r) - f(r) \leq c(r) - f(r) = c_f(+r)$. Falls $f'(r) - f(r) < 0$, so setzen wir $\beta_{f'}(-r) := f(r) - f'(r) \leq f(r) - l(r) = c_f(-r)$. Auf allen anderen Pfeilen von G_f ist $\beta_{f'}$ gleich Null. Dann ist $\beta_{f'}$ bezüglich der oberen Kapazitätsschranken c_f und unteren Kapazitätsschranken $l' \equiv 0$ eine in G_f zulässige Strömung.

Wir wenden die Flussdekomposition aus Korollar 9.57 auf $\beta_{f'}$ und G_f an. Die Dekomposition zerlegt die Strömung $\beta_{f'}$ in maximal $2m$ Kreisströmungen $\beta_{C_1}, \ldots, \beta_{C_p}$ in G_f, wobei C_i ein Kreis in G_f ist. Es gilt

$$k(f') = \sum_{r \in R} k(r)f(r) + \sum_{r \in R} k(r)(f'(r) - f(r))$$
$$= k(f) + \sum_{\sigma r \in G_f} k(\sigma r)(f'(r) - f(r))$$

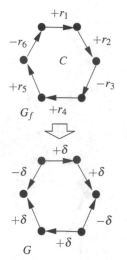

G

Erhöhung eines b-Flusses
längs eines Kreises C in G_f
mit negativer Länge senkt die
Kosten um
$\delta \sum_{\sigma r \in C} k(\sigma r) < 0$.

$$= k(f) + \sum_{\sigma r \in G_f} \sum_{i: \sigma r \in C_i} \beta_{C_i}(\sigma r)$$

$$= k(f) + \sum_{i=1}^{p} k(\beta_{C_i}). \quad \blacksquare$$

Satz 9.71:   **Kreis-Kriterium für kostenminimale b-Flüsse**

Sei G wie in Voraussetzung 9.67. Dann ist f genau dann ein kostenminimaler b-Fluss, wenn das Residualnetz G_f keinen Kreis mit negativer Länge bezüglich der Kostenfunktion k aufweist.

Beweis:

»⇒«: Wäre C ein Kreis negativer Länge in G_f, so könnten wir f längs C um einen positiven Betrag $\delta > 0$ erhöhen (d.h. $f(r) := f(r) + \delta$, falls $+r \in C$ und $f(r) := f(r) - \delta$, falls $-r \in C$). Dabei bleibt f ein b-Fluss, die Kosten verringern sich aber um $\delta \sum_{\sigma r \in C} k(\sigma r) < 0$ im Widerspruch zur Optimalität von f.

»⇐«: Sei f' ein weiterer b-Fluss. Nach Satz 9.70 können wir f' als Summe aus f und Kreisströmungen $\beta_{C_1}, \ldots, \beta_{C_p}$ in G_f schreiben, wobei $k(f') = k(f) + \sum_{i=1}^{p} k(\beta_{C_i})$. Für jede Kreisströmung β_{C_i} mit Wert $\delta_i \geq 0$ sind ihre Kosten aber $\delta_i \sum_{\sigma r \in C_i} k(\sigma r) \geq 0$, da nach Voraussetzung jeder Kreis in G_f eine nichtnegative Länge besitzt. Daher ist $k(f') \geq k(f)$. Da f' beliebig war, folgt, dass f ein kostenminimaler b-Fluss ist. $\quad \blacksquare$

Satz 9.72:

Falls es einen kostenminimalen b-Fluss f gibt, so existiert ein zulässiger kostenminimaler b-Fluss f' mit $l(r) \leq f'(r) \leq (n+m)(C+B)$ für alle $r \in R$, wobei $C = \max \{ c(r) : r \in R \wedge c(r) < +\infty \}$ und $B = \max \{ |b(v)| : v \in V \}$.

Beweis:

Sei f ein kostenminimaler b-Fluss. Dann kann in G kein Kreis mit negativen Kosten existieren, der nur aus Pfeilen mit oberer Kapazität $+\infty$ besteht (ansonsten könnten wir die Kosten von f durch Erhöhung längs des Kreises beliebig senken).

Nach Satz 9.56 können wir f in $m + n$ Wegflüsse und Kreisströmungen zerlegen. Falls einer der Kreise C nichtnegative Kosten besitzt, können wir f durch Flussabbau längs C modifizieren, ohne die Überschüsse in den Ecken zu ändern und ohne die Kosten zu erhöhen. Wir können daher davon ausgehen, dass jeder Kreis negative Kosten besitzt. Aufgrund der eingangs gemachten Beobachtung hat daher jeder Kreis mindestens einen Pfeil mit endlicher oberer Kapazität. Daher ist der Strömungswert der Kreisströmung in der Dekomposition höchstens C. Für einen Pfeil $r \in R$ tragen die Kreisströmungen damit maximal $(n+m)C$ zum Flusswert $f(r)$ bei.

Die Summe der Flusswerte der Wegflüsse ist $\sum_{v \in V : b(v) > 0} b(v) \leq nB \leq (n+m)B$ und somit tragen diese maximal $(n+m)B$ zum Wert $f(r)$ bei. $\quad \blacksquare$

Zur Vereinfachung der Darstellung setzen wir im Folgenden voraus, dass zusätzlich zu Voraussetzung 9.67 folgende Bedingungen erfüllt sind:

Voraussetzung 9.73:

(i) Es existiert ein bezüglich der unteren und oberen Kapazitätsschranken zulässiger b-Fluss. Dies bedeutet insbesondere, dass $\sum_{v \in V} b(v) = 0$, da für jede Funktion $f: R \to \mathbb{R}$ gilt: $\sum_{v \in V} \text{excess}_f(v) = 0$.

(ii) Für alle $u, v \in V$ mit $u \neq v$ existiert ein Weg von u nach v in G, der nur aus Pfeilen mit Kapazität $+\infty$ besteht. (Damit besteht dieser Weg auch in G_f für beliebiges $f: R \to \mathbb{R}_+$).

(iii) Es gilt $l(r) = 0$ und $k(r) \geq 0$ für alle $r \in R$.

Keiner der Punkte in der obigen Voraussetzung bedeutet eine Beschränkung der Allgemeinheit, erspart uns aber die Behandlung von lästigen und unübersichtlichen Fallunterscheidungen in den Verfahren.

• Punkt (i) stellt sicher, dass es eine zulässige Lösung gibt. Dies können wir durch Berechnung eines maximalen Flusses feststellen (vgl. Abschnitt 9.8.1).

• Punkt (ii) können wir notfalls dadurch erzwingen, dass wir neue Pfeile mit hohen (»unendlichen«) Kosten einführen. Keiner dieser Pfeile wird von einer Optimallösung benutzt.

• Punkt (iii) behandeln wir in Abschnitt 9.11.4 und zeigen, dass wir den allgemeinen Fall auf den behandelten Spezialfall zurückführen können.

9.11.1 Der Algorithmus von Klein

Satz 9.71 motiviert den Algorithmus von M. Klein [103] (vgl. Algorithmus 9.6), um einen kostenminimalen b-Fluss zu ermitteln. Wir starten mit einem zulässigen b-Fluss. Ein solcher b-Fluss kann durch Berechnung eines maximalen Flusses gefunden werden (siehe Abschnitt 9.8.1). Dann werden durch Addition von Kreisströmungen mit negativen Kosten die Flusskosten solange erniedrigt, bis im Residualgraphen kein Kreis negativer Länge mehr existiert.

Satz 9.74:

Falls alle geforderten Überschüsse b, Kapazitäten c und Kosten k ganzzahlig sind, terminiert der Algorithmus von Klein nach $\mathcal{O}(mCK)$ Iterationen mit einem kostenminimalen b-Fluss, der ebenfalls ganzzahlig ist. Hierbei bezeichnen $C = \max \{ c(r) : r \in R \}$ und $K := \max \{ k(r) : r \in R \}$ die maximale Kapazität bzw. die größten Kosten eines Pfeils.

Beweis:
Wie in Abschnitt 9.8.1 beschrieben, können wir einen ganzzahligen zuläs-
sigen Startfluss f durch Berechnung eines maximalen Flusses finden. Die
Kosten von f betragen $\sum_{r\in R} k(r)f(r) \leq \sum_{r\in R} KC = mKC$. In jeder Iterati-
on verringern sich die Kosten strikt um einen ganzzahligen Wert. Da die
Kosten eines optimalen b-Flusses nach unten durch 0 beschränkt sind (zur
Erinnerung: nach Voraussetzung 9.73 haben wir $k(r) \geq 0$ für alle $r \in R$),
folgt die Behauptung.   ∎

Ein wichtiges Nebenprodukt des letzten Satzes ist das folgende Korollar:

Korollar 9.75:   **Ganzzahligkeitssatz für kostenminimale Flüsse**
*Sind alle Eingabedaten ganzzahlig, so existiert immer ein kostenminimaler
b-Fluss, der auch ganzzahlig ist.*   ∎

In Algorithmus 9.6 ist nicht näher spezifiziert, auf welche Weise der Startfluss und negative Kreise gefunden werden sollen. Dazu werden in [3] verschiedene Verfahren vorgestellt und hinsichtlich ihrer Laufzeit verglichen.
Insbesondere führt die Wahl eines Kreises C mit minimalen Durchschnitts-
gewicht $k(C)/|C|$ zu einem polynomiellen Verfahren.

Algorithmus 9.6 Algorithmus von Klein zur Bestimmung eines kostenminimalen b-Flusses.

MINCOSTFLOW-KLEIN(G,l,c,b,k)

  Input: Ein gerichteter Graph $G = (V,R,\alpha,\omega)$ mit Kapazitätsschranken
               $0 \leq l(r) \leq c(r)$, gewünschten Überschüssen $b\colon V \to \mathbb{R}$ und
               Flusskosten $k(r)$ für $r \in R$
  Output: Falls l, c und k ganzzahlig sind, ein kostenminimaler zulässiger
               b-Fluss

1 Berechne einen zulässigen b-Fluss f.   *{ siehe Abschnitt 9.8.1 }*
2 **while** das Residualnetz G_f enthält einen negativen Kreis C **do**
3   Sei $\Delta := \min_{\sigma r \in C} c_f(\sigma r)$ die minimale Residualkapazität auf C.
4   Erhöhe f längs C um Δ Einheiten.   *{ Eliminiere den negativen Kreis C }*
5 **return** f

9.11.2   Der Successive-Shortest-Path Algorithmus

Wir leiten zunächst zwei weitere Optimalitätskriterien her.

$$\sigma r$$

$u \qquad\qquad v$

Für ein Potential p gilt
$p(v) \leq k(\sigma r) + p(u)$ für alle
$\sigma r \in G_f$ mit $u = \alpha(\sigma r)$ und
$v = \omega(\sigma r)$.

Satz 9.76:   **Potential-Kriterium für kostenminimale Flüsse**
*Sei G wie in Voraussetzung 9.67. Dann ist f genau dann ein kostenminima-
ler b-Fluss, wenn es in G_f ein Potential bezüglich der Pfeilgewichte k gibt,
also eine Funktion $p\colon V \to \mathbb{R}$ mit $p(v) \leq k(\sigma r) + p(u)$ für alle $\sigma r \in G_f$,
wobei $u = \alpha(\sigma r)$ und $v = \omega(\sigma r)$.*

Beweis:
Nach Satz 8.9 gibt es genau dann ein Potential in G_f, wenn G_f keinen Kreis negativer Länge besitzt. Die Behauptung folgt nun mit Satz 9.71. ∎

Wir können die Aussage des letzten Satzes auch äquivalent mit Hilfe der reduzierten Kosten formulieren:

Korollar 9.77: **Reduzierte-Kosten-Kriterium für kostenminimale Flüsse**
Sei G wie in Voraussetzung 9.67. Dann ist f genau dann ein kostenminimaler b-Fluss, wenn es eine Eckenbewertung $p: V \to \mathbb{R}$ gibt mit $k^p(\sigma r) \geq 0$ für alle $\sigma r \in G_f$. ∎

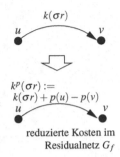

reduzierte Kosten im Residualnetz G_f

Wir benötigen für die Darstellung des Successive-Shortest-Path Algorithmus noch den Begriff des Pseudoflusses.

Definition 9.78: **Pseudofluss**
Sei G wie in Voraussetzung 9.67 und $l \equiv 0$. Ein zulässiger *Pseudofluss* in G ist eine Funktion $f: R \to \mathbb{R}$ mit $0 \leq f(r) \leq c(r)$ für alle $r \in R$. Für einen Pseudofluss f definieren wir die *Imbalance* einer Ecke $v \in V$ durch

$$\mathrm{imbal}_f(v) := \mathrm{excess}_f(v) - b(v).$$

Pseudofluss

Falls $\mathrm{imbal}_f(v) > 0$, so nennen wir $\mathrm{imbal}_f(v)$ eine *übersättigte Ecke* (*surplus node*). Ist $\mathrm{imbal}_f(v)0$, so heißt v *unterversorgte Ecke* (*deficit node*). Eine Ecke mit Imbalance Null heißt *befriedigte Ecke*.

übersättigte Ecke

unterversorgte Ecke

befriedigte Ecke

Für einen Pseudofluss f bezeichnen wir mit S_f und D_f die Menge der übersättigten bzw. untersättigten Ecken. Es gilt

$$\sum_{v \in V} \mathrm{imbal}_f(v) = \underbrace{\sum_{v \in V} \mathrm{excess}_f(v)}_{= 0 \text{ nach (9.6) und Lemma 9.4}} - \underbrace{\sum_{v \in V} b(v)}_{= 0 \text{ nach Voraussetzung 9.67}} = 0,$$

so dass

$$\sum_{v \in S_f} \mathrm{imbal}_f(v) = - \sum_{v \in D_f} \mathrm{imbal}_f(v). \tag{9.29}$$

Aus (9.29) ergibt sich folgende nützliche Beobachtung:

Beobachtung 9.79:
Ist f ein Pseudofluss, so ist die Menge S_f der übersättigten Ecken genau dann leer wenn die Menge D_f der unterversorgten Ecken leer ist.

Der Successive-Shortest-Path Algorithmus (Algorithmus 9.7) startet mit dem zulässigen Pseudofluss $f \equiv 0$ und sendet in jeder Iteration Fluss von einer übersättigten Ecke zu einer unterversorgten Ecke längs eines kürzesten Weges im Residualnetz G_f. Dabei sichert der Algorithmus invariant, dass der Pseudofluss f das Reduzierte-Kosten-Kriterium für kostenminimale Flüsse erfüllt: es gibt ein Potential p, so dass

$$0 \leq k^p(\sigma r) = k(\sigma r) + p(u) - p(v)$$

für alle $\sigma r \in G_f$, wobei $u = \alpha(\sigma r)$ und $v = \omega(\sigma r)$. Falls es daher gelingt, aus dem Pseudofluss f einen zulässigen b-Fluss zu machen (dahingehend arbeitet der Algorithmus, indem er von einer übersättigten Ecke zu einer unterversorgten Ecke Fluss sendet), ist der b-Fluss kostenminimal.

Das folgende Lemma legt den Grundstein für die Korrektheit des Algorithmus.

Lemma 9.80:

Sei f ein Pseudofluss und $s \in V$ beliebig. Sei ferner $G' \sqsubseteq G_f$ ein Partialgraph des Residualnetzes G_f, so dass in G' alle Ecken von s aus erreichbar sind. Es gelte $k^p(\sigma r) \geq 0$ für alle $\sigma r \in G'$. Sei $d(v) := dist_{k^p}(s, v, G')$ die Länge eines kürzesten Weges von s nach v bezüglich der reduzierten Kosten k^p in G'. Dann gelten folgende Eigenschaften:

(i) *Es gilt ebenfalls $k^{p'}(\sigma r) \geq 0$ für alle $\sigma r \in G'$, wobei $p' := p + d$.*

(ii) *Ist σr ein Pfeil in G' auf einem kürzesten Weg von s nach v, so gilt $k^{p+d}(\sigma r) = 0$.*

Beweis:

(i) Nach Voraussetzung ist $k^p(\sigma r) \geq 0$ für alle $r \in G'$. Insbesondere enthält G' keinen Kreis negativer Länge. Nach Voraussetzung sind alle $v \in V$ von s aus erreichbar. Daher sind die Abstände $dist_{k^p}(s, v, G')$ alle endlich.

Sei $\sigma r \in G'$ mit $u = \alpha(\sigma r)$ und $v = \omega(\sigma r)$. Nach Lemma 8.6 gilt

$$d(v) \leq d(u) + k^p(\sigma r) = d(u) + k(\sigma r) + p(u) - p(v).$$

Umformen ergibt

$$k(\sigma r) + (p(u) + d(u)) - (p(v) + d(v)) \geq 0,$$

also $k^{p+d}(\sigma r) \geq 0$.

(ii) Sei nun σr auf dem kürzesten Weg von s nach t mit $\alpha(\sigma r) = u$ und $\omega(\sigma r) = v$. Dann gilt $d(v) = d(u) + k^p(\sigma r)$ und es folgt $k^{p+d}(\sigma r) = 0$. ∎

Korollar 9.81:

Sei f ein Pseudofluss, der das Reduzierte-Kosten-Kriterium erfüllt und f' ein Pseudofluss, der aus f dadurch entsteht, dass wir von einer Ecke $s \in V$

zu einer anderen Ecke $t \in V$ Fluss längs eines kürzesten Weges P in G_f (bezüglich der reduzierten Kosten k^p) senden. Dann erfüllt f' ebenfalls das Reduzierte-Kosten-Kriterium.

Beweis:

Wir setzen in Lemma 9.80: $G' := G_f$. Seien p und $p' := p + d$ wie in Lemma 9.80.

Nach Voraussetzung 9.73 (ii) sind alle Ecken von s aus in G_f erreichbar. Lemma 9.80 besagt, dass $k^{p'}(\sigma r) = 0$ für alle $\sigma r \in P$. Durch Erhöhen des Flusses längs P wird möglicherweise $-\sigma r$ zum Residualnetz hinzugefügt. Da aber $k^{p'}(-\sigma r) = -k^{p'}(\sigma r) = 0$, haben aber weiterhin alle Pfeile im Residualnetz nichtnegative reduzierte Kosten. ∎

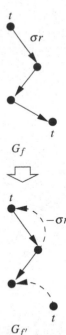

G_f

$G_{f'}$

Durch Erhöhen des Flusses f längs eines kürzesten Weges P wird möglicherweise für $\sigma r \in P$ der inverse Pfeil $-\sigma r$ (gestrichelte Pfeile) zum Residualnetz hinzugefügt. Es gilt aber $k^{p'}(-\sigma r) = 0$, so dass weiterhin das Reduzierte-Kosten-Kriterium erfüllt bleibt.

Algorithmus 9.7 Successive-Shortest-Path Algorithmus

SUCCESSIVE-SHORTEST-PATH(G, c, b, k)

Input: Ein gerichteter Graph $G = (V, R, \alpha, \omega)$ mit Kapazitätsschranken $l \equiv 0$, $c \colon R \to \mathbb{R}_+$, gewünschten Überschüssen $b \colon V \to \mathbb{R}$ und Flusskosten $k \colon R \to \mathbb{R}$

Output: Falls $l \equiv 0$, c, b und k ganzzahlig sind, ein kostenminimaler b-Fluss

1 Setze $f(r) := 0$ für alle $r \in R$ und $p(v) := 0$ für alle $v \in V$.
2 Setze $\mathrm{imbal}_f(v) := -b(v)$ für alle $v \in V$.
3 Berechne die Mengen der übersättigten und unterversorgten Ecken

$$S_f = \{ v \in V : \mathrm{imbal}_f(v) > 0 \}$$
$$D_f = \{ v \in V : \mathrm{imbal}_f(v) < 0 \}$$

4 **while** $S_f \neq \emptyset$ **do**
5   Wähle eine Ecke $s \in S_f$ und eine Ecke $t \in D_f$.
6   Berechne die Distanzen $d(v) = \mathrm{dist}_{k^p}(s, v, G_f)$ von s zu allen anderen Ecken in G_f bezüglich der reduzierten Kosten k^p.
7   Sei P ein kürzester Weg von s nach t.
8   Setze $\Delta := \min \{ c_f(\sigma r) : \sigma r \in P \}$
9   Aktualisiere $p := p + d$
10   $\varepsilon := \min\{\mathrm{imbal}_f(s), -\mathrm{imbal}_f(t), \Delta\}$.
11   Erhöhe f längs P um ε Einheiten.
12   Aktualisiere f, G_f, S_f und D_f.
13 **return** f

Algorithmus 9.7 zeigt den Successive-Shortest-Path Algorithmus. Wir haben mit Lemma 9.80 und Korollar 9.81 bereits die wichtigsten Bausteine für die Korrektheit: Sofern zu Beginn einer Iteration der Pseudofluss f und das Potential p das Reduzierte-Kosten-Kriterium erfüllen, so erfüllen nach Erhöhen längs eines kürzesten Weges auch der neue Pseudofluss f' und $p' := p + d$ das Reduzierte-Kosten-Kriterium. Der Start-Pseudofluss $f \equiv 0$ erfüllt das Reduzierte-Kosten-Kriterium mit dem Start-Potential $p \equiv 0$, da

$k(r) \geq 0$ für alle $r \in R$.

Es stellt sich die Frage, ob in Schritt 7 immer ein Weg P mit den gewünschten Eigenschaften existiert und wie man ihn findet. Nach Beobachtung 9.79 folgt aus $S_f \neq \emptyset$, dass auch $D_f \neq \emptyset$ gilt. Nach Voraussetzung 9.73 existiert in G_f dann stets ein Weg von jeder Ecke aus S_f zu jeder Ecke aus D_f. Einen kürzesten Weg können wir mit Hilfe des Dijkstra-Algorithmus bestimmen, da die reduzierten Kosten k^p nichtnegativ sind.

Satz 9.82:

Es seien alle geforderten Überschüsse b, Kapazitäten c und Kosten k ganzzahlig. Dann beträgt die Anzahl der Iterationen von Algorithmus 9.7 bis zum Abbruch höchstens nB mit $B = \max \{ |b(v)| : v \in V \}$. Der Pseudofluss bei Abbruch ist ein kostenminimaler b-Fluss. Algorithmus 9.7 kann so implementiert werden, dass seine Laufzeit $\mathcal{O}(nB(m + n \log n))$ beträgt.

Beweis:

Die Summe der Defizite aller unterversorgten Ecken vor der ersten Iteration ist höchstens $|nB|$. In jeder Iteration reduziert sich das Defizit einer unterversorgten Ecke um mindestens eins, da alle Daten nach Voraussetzung ganzzahlig sind. Also erfolgen höchstens nB Iterationen bis zum Abbruch. In jeder Iteration können wir die Distanzen und kürzesten Wege mit Hilfe des Dijkstra-Algorithmus berechnen, da alle reduzierten Kosten nichtnegativ sind. Dies benötigt $\mathcal{O}(m + n \log n)$ Zeit (siehe Abschnitt 8.4.1).

Bei Abbruch des Algorithmus ist $S_f = \emptyset$, also nach Beobachtung 9.79 auch $D_f = \emptyset$. Somit ist f ein zulässiger b-Fluss. Wir hatten bereits gesehen (Lemma 9.80 mit $G' = G_f$ und Korollar 9.81), dass f das Reduzierte-Kosten-Kriterium erfüllt, somit ist f ein kostenminimaler b-Fluss.   ∎

9.11.3   Ein polynomieller Algorithmus

Die Laufzeiten der Verfahren, die wir bisher für die Bestimmung kostenminimaler b-Flüsse kennengelernt haben, haben keine polynomielle Laufzeit. Man nennt die Laufzeit von $\mathcal{O}(nB(m + n \log n))$ für den Successive-Shortest-Path Algorithmus nur *pseudopolynomiell*, da hier eine Zahl (hier: B) aus der Eingabe vorkommt. Für eine polynomielle Laufzeit dürfte statt B nur $\log B$ in der Abschätzung auftreten, da die Zahl B nur Codierungslänge $\Theta(\log B)$ besitzt (siehe hierzu auch Abschnitt 2.6).

pseudopolynomieller
Algorithmus

Wir zeigen in diesem Abschnitt, wie wir die Anzahl der Iterationen von $\mathcal{O}(nB)$ auf $\mathcal{O}(m \log B)$ verringern können, indem wir in jeder Iteration »genügend« Fluss von einer übersättigten Ecke zu einer unterversorgten Ecke schicken. Dabei setzen wir voraus, dass die endlichen oberen Kapazitäten c, die gewünschten Überschüsse b und die Flusskosten k ganzzahlig sind.

Wir präzisieren nun, was wir mit »genügend« Fluss meinen. Sei $\Delta \geq 1$ ein »Skalierungsparameter«. Für einen zulässigen Pseudofluss f definieren wir die zwei Mengen

$$S_f(\Delta) := \left\{ \, v \in V : \mathrm{imbal}_f(v) \geq \Delta \, \right\}$$
$$D_f(\Delta) := \left\{ \, v \in V : \mathrm{imbal}_f(v) \leq -\Delta \, \right\}$$

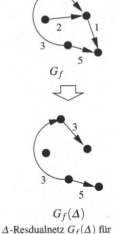

G_f

$G_f(\Delta)$

Δ-Resdualnetz $G_f(\Delta)$ für
$\Delta = 3$

der »genügend« übersättigten bzw. unterversorgten Ecken. Zudem definie-
ren wir das Δ-*Residualnetz* $G_f(\Delta)$, das nur diejenigen Pfeile $\sigma r \in G_f$ mit
$c_f(\sigma r) \geq \Delta$ enthält, also diejenigen Pfeile mit »genügend« Residualkapazität.

Der Kapazitätsskalierungs-Algorithmus (Algorithmus 9.8) ist eine Modifikation des Successive-Shortest-Path Algorithmus aus dem letzten Abschnitt. Wir starten wieder mit dem zulässigen Pseudofluss $f \equiv 0$. Der Algorithmus arbeitet in Phasen. In einer Phase ist der Skalierungsparameter Δ
konstant und wir senden wiederholt genau Δ Einheiten längs eines kürzesten Weges in $G_f(\Delta)$ von einer Ecke aus $S_f(\Delta)$ zu einer Ecke in $D_f(\Delta)$.
Sobald entweder $S_f(\Delta)$ oder $D_f(\Delta)$ leer wird, halbieren wir Δ und gehen
zur nächsten Phase über. Falls $\Delta = 1$, so ist $G_f(\Delta) = G_f$ und der Algorithmus reduziert sich ab dann auf den Successive-Shortest-Path Algorithmus.

Es gibt bei der oben geschilderten Vorgehensweise ein wichtiges Detail:
Wir können *nicht* sichern, dass $k^p(\sigma r) \geq 0$ für alle $\sigma r \in G_f$ gilt, da wir zwar
längs eines kürzesten Weges in $G_f(\Delta)$, nicht aber längs eines kürzesten
Weges in G_f Fluss erhöhen.

Der Kapazitätsskalierungs-Algorithmus sichert aber invariant während
seiner Laufzeit, dass $k^p(\sigma r) \geq 0$ für alle $\sigma r \in G_f(\Delta)$ gilt. Zu Beginn jeder Phase werden in Schritt 8 alle Pfeile mit negativen reduzierten Kosten
gesättigt. Ein Pfeil σr mit $k^p(\sigma r) < 0$ verschwindet dabei aus $G_f(\Delta)$, und
möglicherweise wird $-\sigma r$ hinzugefügt. Da aber $k^p(-\sigma r) = -k^p(\sigma r) > 0$,
besitzt dieser Pfeil positive reduzierte Kosten.

Wir betrachten nun den weiteren Fortgang einer Phase. Hier kommt uns
Lemma 9.80 zu Hilfe, das wir in einer allgemeineren Form bewiesen haben,
als wir es für den Successive-Shortest-Path Algorithmus benötigt haben.
Wenn wir das Lemma auf $G' := G_f(\Delta)$ anwenden, so zeigt es, dass eine
Flusserhöhung längs eines kürzesten Weges (bzgl. der reduzierten Kosten)
keine Pfeile in Δ-Residualnetz erzeugt, die negative reduzierte Kosten besitzen (alle Pfeile auf dem kürzesten Weg haben reduzierte Kosten 0).

Lemma 9.83:
Wenn Algorithmus 9.8 terminiert, so ist f ein kostenminimaler b-Fluss.

Beweis:
Wir haben bereits gezeigt, dass in jeder Phase der aktuelle Pseudofluss die
Bedingung $k^p(\sigma r) \geq 0$ für alle $\sigma r \in G_f(\Delta)$ erfüllt. Bei Abbruch des Algo-
rithmus ist $\Delta = 1$, also $G_f(\Delta) = G_f$. Zum einen ist f daher dann ein b-Fluss
ist (da $S_f(\Delta) = S_f = \emptyset$). Zum anderen erfüllt f dann das Reduzierte-Kosten-
Kriterium (siehe Korollar 9.77) und ist somit kostenminimal.   ■

Algorithmus 9.8 Kapazitätsskalierungs-Algorithmus.

CAPACITY-SCALING-ALGORITHM(G, u, c, b)

Input: Ein gerichteter Graph $G = (V, R, \alpha, \omega)$ mit Kapazitätsschranken $l \equiv 0$,
                $c \colon R \to \mathbb{N}$, gewünschten Überschüssen $b \colon V \to \mathbb{N}$ und
                Flusskosten $k \colon R \to \mathbb{N}$

Output: Ein kostenminimaler b-Fluss

1 Setze $f(r) := 0$ für alle $r \in R$ und $p(v) := 0$ für alle $v \in V$.

2 Sei $C := \max \{ c(r) : r \in R \wedge c(r) < +\infty \}$ und $B := \max \{ |b(v)| : v \in V \}$

3 Setze $U := \max\{B, C\}$.

4 Setze $\Delta := 2^{\lfloor \log_2 U \rfloor}$

5 **while** $\Delta \geq 1$ **do**   *{ Start der Δ-Skalierungsphase }*

6   **for all** $\sigma r \in G_f$ **do**

7   **if** $c_f(\sigma r) > 0$ und $k^p(\sigma r) < 0$ **then**

8   Schiebe $c_f(\sigma r)$ Flusseinheiten längs σr; aktualisiere f und G_f

9   Berechne die Mengen der »genügend« übersättigten bzw. unterversorgten Ecken

$$S_f(\Delta) = \{ v \in V : \mathrm{imbal}_f(v) \geq \Delta \}$$
$$D_f(\Delta) = \{ v \in V : \mathrm{imbal}_f(v) \leq -\Delta \}$$

10   **while** $S_f(\Delta) \neq \emptyset$ und $D_f(\Delta) \neq \emptyset$ **do**

11   Wähle $s \in S_f(\Delta)$ und $t \in D_f(\Delta)$.

12   Berechne die Distanzen $d(v) = \mathrm{dist}_{k^p}(s, v, G_f(\Delta))$ von s zu allen anderen Ecken in $G_f(\Delta)$ bezüglich der reduzierten Kosten k^p.

13   Sei P ein kürzester Weg von s nach t.

14   Aktualisiere $p := p + d$

15   Erhöhe f längs P um Δ Einheiten.

16   Aktualisiere f, $G_f(\Delta)$, $S_f(\Delta)$ und $D_f(\Delta)$.

17    $\Delta := \Delta/2$

18 **return** f

Aufgrund des letzten Lemmas müssen wir nur noch die Laufzeit des Algorithmus geeignet beschränken.

Satz 9.84:

Algorithmus 9.8 terminiert nach $\mathcal{O}((n+m) \log U)$ Flusserhöhungen mit einem kostenminimalen b-Fluss. Der Algorithmus kann so implementiert werden, dass die Laufzeit $\mathcal{O}((m+n)(m+n \log n) \log U)$ beträgt. Hierbei sind

$$U = \max\{B, C\} \ \textit{mit}$$
$$B = \max \{ |b(v)| : v \in V \}$$
$$C = \max \{ c(r) : r \in R \ \textit{und} \ c(r) < +\infty \}.$$

Beweis:

Jede Flusserhöhung benötigt eine kürzeste-Wege-Berechnung im Δ-Residualnetz bezüglich nichtnegativer Gewichte. Diese Berechnung können wir mit Hilfe des Dijkstra-Algorithmus in Zeit $\mathcal{O}(m + n \log n)$ durchführen. Insgesamt finden im Algorithmus $\mathcal{O}(\log U)$ Phasen statt. Es genügt daher zu zeigen, dass in jeder Phase nur $\mathcal{O}(n + m)$ Flusserhöhungen erfolgen. Man beachte, dass jede Flusserhöhung $\text{excess}_f(v) - b(v)$ für eine übersättigte Ecke v um Δ reduziert.

Wir betrachten zunächst die erste Phase, in der $\Delta = 2^{\lfloor \log_2 U \rfloor} \geq B/2$ gilt. Voraussetzung 9.73 $k(r) \geq 0$ für alle $r \in R$ gilt, werden für $f \equiv 0$ in Schritt 8 gar keine Pfeile gesättigt. Daher erfüllt zu Beginn der ersten Phase jede übersättigte Ecke v die Bedingung $\text{imbal}_f(v) = \text{excess}_f(v) - b(v) = -b(v) < B$. Daher ist die Summe Φ aller Imbalancen der übersättigten Ecken maximal nB. Da jede Flusserhöhung die Imbalance einer übersättigten Ecke um mindestens $B/2$ verringert ohne eine neue übersättigte Ecke zu erzeugen (weshalb $\Phi \geq 0$ bei der Erhöhung um mindestens $B/2$ sinkt), gibt es in der ersten Phase höchstens n Flusserhöhungen.

Wir untersuchen nun eine Phase mit $\Delta < 2^{\lfloor \log_2 U \rfloor}$. Wir nennen diese Phase kurz Δ-Phase und die vorhergehende Phase die 2Δ-Phase.

Am Ende der 2Δ-Phase war entweder $\text{imbal}_f(v) < 2\Delta$ für alle $v \in V$ (also $S_f(2\Delta) = \emptyset$) oder $\text{imbal}_f(v) > -2\Delta$ für alle $v \in V$ (entsprechend $D_f(2\Delta) = \emptyset$). Damit gilt

$$\Phi := \sum_{v \in V : \text{imbal}_f(v) > 0} \text{imbal}_f(v) = - \sum_{v \in V : \text{imbal}_f(v) < 0} \text{imbal}_f(v) \leq 2\Delta n. \quad (9.30)$$

Wir betrachten nun die Δ-Phase. Durch Sättigen eines einzelnen Pfeils σr in Schritt 8 der Δ-Phase kann sich für ein $v \in V$ die Imbalance $\text{imbal}_f(v)$ um maximal 2Δ erhöhen, da $c_f(\sigma r) < 2\Delta$ gilt (zur Erinnerung: am Ende der 2Δ-Phase hatten alle Pfeile mit Residualkapazität mindestens 2Δ nichtnegative reduzierte Kosten, also muss σr beim Übergang von $G_f(2\Delta)$ zu $G_f(\Delta)$ hinzugekommen sein). Daher erhöht sich die Summe Φ aus (9.30) durch das Sättigen aller entsprechenden Pfeile um maximal $2\Delta m$. Vor der ersten Flusserhöhung in der Δ-Phase ist somit $0 \leq \Phi \leq 2\Delta(n + m)$.

Da jede Flusserhöhung Φ um Δ verringert und $\Phi = 0$ das Ende der Phase bedeutet, können in der Δ-Phase nur $2(n + m) \in \mathcal{O}(n + m)$ Flusserhöhungen stattfinden. ∎

Tabelle 9.2 stellt die Laufzeiten der drei behandelten Algorithmen für kostenminimale Flüsse noch einmal zusammen.

Tabelle 9.2: Laufzeit der Algorithmen für kostenminimale Flüsse. Es bezeichnen $C = \max\{c(r) : r \in R \wedge c(r) < +\infty\}$ die maximale endliche Kapazität und $K = \max\{k(r) : r \in R\}$ die maximalen Kosten eines Pfeils. Ferner ist $B := \max\{|b(v)| : v \in V\}$. Alle Daten sind als ganzzahlig angenommen.

Algorithmus	Laufzeit	Bemerkungen
Klein	$\mathcal{O}(nm^2KC)$	durch geschickte Auswahl des Kreises mit negativen Kosten lassen sich verschiedene polynomielle Algorithmen erhalten. Die Wahl eines Kreises mit »minimalen Durchschnittskosten« liefert eine polynomielle Laufzeit von $\mathcal{O}(n^2m^3\log n)$, siehe etwa [3, 158]
Successive-Shortest-Path	$\mathcal{O}(nB(m+n\log n))$	
Capacity-Scaling	$\mathcal{O}((m+n)\cdot$ $(m+n\log n)\cdot$ $\log U)$	mit $U = \max\{B, C\}$

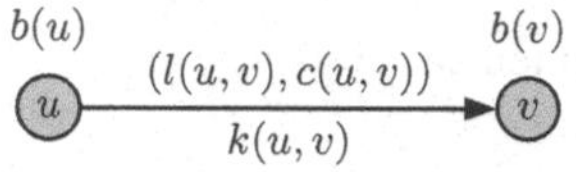

a: Ein Pfeil (u,v) mit unterer Kapazität $l(u,v) > 0$ 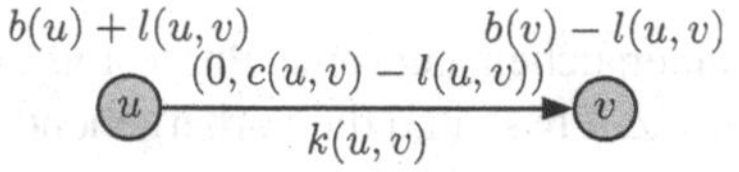   b: Ergebnis der Transformation

Bild 9.17: Elimination von nichttrivialen unteren Kapazitätsschranken

9.11.4   Untere Kapazitätsschranken, negative Kosten und Spezialfälle

In diesem Abschnitt beschäftigen wir uns mit Transformationen des Flussnetzes, die den »allgemeinen Fall« auf Spezialfälle reduziert. In diesem Abschnitt schreiben wir (u,v) für einen Pfeil r mit $\alpha(r) = u$ und $\omega(r) = v$, obwohl es möglicherweise mehrere parallele Pfeile von u nach v gibt. Dies dient lediglich der Verkürzung der Notation und soll keinerlei Einschränkung an den Graphen bedeuten.

Zunächst zeigen wir, dass wir den Fall mit nichttrivialen unteren Schranken $l: R \to \mathbb{R}_+$ für die Kapazitäten auf den bisher behandelten Fall $l \equiv 0$ zurückführen können.

Sei G wie in Voraussetzung 9.67 mit Kapazitäten $l, c: R \to \mathbb{R}_+$ und gewünschten Überschüssen $b: V \to \mathbb{R}$. Sei $(u,v) \in R$ mit $l(u,v) > 0$. Wir schicken nun $l(u,v)$ Einheiten Fluss längs (u,v), wodurch sich $b(u)$ um $l(u,v)$ erhöht und $b(v)$ um $l(u,v)$ verringert. Formaler setzen wir

$$b'(u) := b(u) + l(u,v)$$

$$b'(v) := b(v) - l(u, v)$$
$$b'(w) := b(w) \text{ für } w \in V \setminus \{u, v\},$$

und

$$l'(u, v) := 0 \qquad\qquad c'(u, v) := c(u, v) - l(u, v)$$
$$l'(r) := l(r) \qquad\qquad c'(r) := c(r) \text{ für } r \in R \setminus \{(u, v)\}.$$

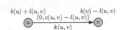

Ergebnis der Transformation
zur Elimininination von
nichttrivialen unteren
Kapazitätsschranken

Die Transformation ist in Bild 9.17 dargestellt. Offenbar ist f' genau dann ein bezüglich l' und c' zulässiger b'-Fluss, wenn f, definiert durch

$$f(r) = \begin{cases} f'(r) + l(r), & \text{falls } r = (u, v) \\ f'(r), & \text{sonst} \end{cases}$$

ein bezüglich l und c zulässiger b-Fluss ist. Der Wert $f'(u, v)$ entspricht dem zusätzlichen Fluss auf (u, v) über den Mindestfluss $l(u, v)$ hinaus. Es gilt $k(f) = k(f') + l(u, v)c(u, v)$, so dass sich die Kosten der beiden Flüsse nur um eine Konstante (unabhängig von f und f') unterscheiden.

Durch wiederholte Anwendung der beschriebenen Transformation können wir schrittweise alle unteren Kapazitätsschranken eliminieren. Wie wir gesehen haben, lässt sich ein kostenminimaler Fluss im resultierenden Netz auf einfache Weise wieder in einen kostenminimalen Fluss im Originalnetz transformieren. Damit erhalten wir folgende Beobachtung:

Beobachtung 9.85:

Das Problem, einen kostenminimalen b-Fluss in G mit Kapazitätsschranken l und c zu finden, kann (in linearer Zeit) auf das Problem zurückgeführt werden, einen kostenminimalen b'-Fluss in G mit Kapazitätsschranken $l' \equiv 0$ zu finden.

Überraschenderweise lassen sich nicht nur die nichttrivialen unteren Kapazitätsschranken eliminieren, sondern auch die oberen. Ein Flussproblem mit $l(r) = 0$ und $c(r) = +\infty$ für alle $r \in R$ nennt man auch *Transshipment Problem*. Sei bereits $l \equiv 0$. Die Idee der Transformation besteht darin, eine endliche obere Kapazitätsschranke $c(u, v) < +\infty$ auf einem Pfeil (u, v) zur Balancebedingung auf zwei neuen Ecken zu machen.

Transshipment Problem

Bild 9.18 zeigt die Transformation. Man sieht leicht, dass für jeden zulässigen b'-Fluss f im transformierten Netz die Bedingung $f(u, x) = f(y, v) \leq c(u, v)$ gilt (vgl. Bild 9.18(c)). Nach Konstruktion übertragen sich auch die Kosten zwischen dem Originalnetz und dem transformierten Netz. Damit erhalten wir folgendes Ergebnis:

Beobachtung 9.86:

Das Problem, einen kostenminimalen b-Fluss in G mit Kapazitätsschranken l und c zu finden, kann (in linearer Zeit) auf ein Transshipment-Problem zurückgeführt werden.

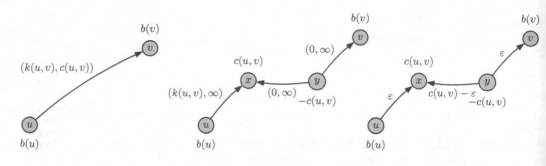

a: Ein Pfeil $r = (u, v)$ mit Kosten   b: Das transformierte Netz mit   c: Situation für einen zulässigen
$k(u, v)$ und oberer Kapazität   zwei neuen Ecken x und y Fluss im transformierten Netz
$c(u, v)$

Bild 9.18: Elimination von oberen Kapazitätsschranken

a: Ein Pfeil (u, v) mit negativen Kosten $k(u, v) < 0$ b: Ergebnis der Transformation

Bild 9.19: Elimination von negativen Kosten

Wir betonen, dass sich bei der Transformation auf ein Transshipment Problem die Anzahl der Ecken und Pfeile im Graphen erhöht. Dies kann in der Praxis ein Nachteil sein, insbesondere, wenn man bereits mit einem sehr großen Graphen arbeitet. Allerdings besitzt das Transshipment Problem eine derart einfache Struktur, dass man sie für die Konstruktion von effizienten Verfahren sehr gut ausnutzen kann. Oft kann man auch Algorithmen einfacher für den »Spezialfall« des Transshipment Problems formulieren. Details finden sich etwa in [3, 42, 158].

Abschließend beschäftigen wir uns noch mit negativen Flusskosten und zeigen, wie sich dieser Fall auf den bisher behandelten Fall $k(r) \geq 0$ für alle $r \in R$ zurückführen lässt. Sei G wie in Voraussetzung 9.67 mit $l \equiv 0$ und sei $(u, v) \in R$ ein Pfeil mit $k(u, v) < 0$. Nach Satz 9.72 können wir ohne Beschränkung davon ausgehen, dass $c(u, v) < +\infty$ ist. Die Transformation ist nun ähnlich wie beim Eliminieren einer unteren Kapazitätsschranke. Wir schicken $c(u, v)$ Einheiten Fluss längs (u, v), wodurch (u, v) komplett gesättigt wird und sich $b(u)$ um $c(u, v)$ erhöht, während sich $b(v)$ um $-c(u, v)$ erniedrigt. Anschließend ersetzen wir (u, v) durch den inversen Pfeil (v, u), der Kosten $k(v, u) := -k(u, v)$ erhält. Bild 9.19 zeigt die Transformation.

Wie bei der Elimination von nichttrivialen unteren Kapazitätsschranken lassen sich zulässige und kostenminimale Flüsse zwischen dem Original-

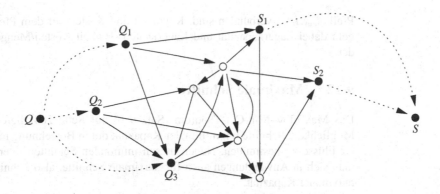

Bild 9.20: Beispiel für ein Transportproblem

graphen und dem transformierten Netz leicht ineinander überführen.

9.11.5 Ein Transportproblem

Im Folgenden erläutern wir, wie sich ein Transportproblem mit Hilfe von kostenminimalen Flüssen lösen lässt. Wir betrachten ein Gut, das an m Produktionsstätten $Q_1, \ldots, Q_m$ hergestellt und an n Orten/Regionen $S_1, \ldots, S_n$ nachgefragt wird. Die Produktionskapazität der Stätte Q_i ist a_i (Einheit Menge/Zeit), der Preis für die Herstellung beträgt $p_i \geq 0$ (Einheit Kosten/Menge), die geforderte Nachfrage in einer Region S_j beträgt d_j (Einheit Menge/Zeit). Weiter ist ein Transportnetz, etwa ein Straßennetz, in Form eines gerichteten Graphen gegeben, auf dessen Pfeilen die Werte c die maximale Transportkapazität (Einheit Menge/Zeit), und die Werte k die Transportkosten auf dem betreffenden Straßenstück angeben. Produktions- und Nachfrageorte finden sich als Ecken in dem Graphen wieder. Im folgenden nehmen wir an, dass $\sum_i a_i \geq \sum_i d_i$, da sonst offenbar keine zulässige Lösung existiert.

Wir führen nun als neue Ecken eine Superquelle Q und eine Supersenke S in den Transportgraphen ein. Für jede Produktionsstätte Q_i wird ein Pfeil (Q, Q_i) der Kapazität a_i und der Kosten p_i hinzugefügt. Jede Nachfrageregion S_j wird mit einem Pfeil (S_j, S) der unteren Kapazität $l = d_j$ mit der Supersenke verbunden. Wir setzen $b(Q) := -\sum_i a_i$ und $b(S) := \sum_i a_i$, sowie $b(v) := 0$ für alle anderen Ecken.

Ein zulässiger b-Fluss entspricht dann einem Transportplan, der die Nachfrage befriedigt, ohne Produktionsstätten und Transportwege zu überlasten. Die Kosten des Flusses geben dabei die Produktions- und Transportkosten des Planes an. Die optimale Lösung des Transportproblems erhält man dann durch die Berechnung eines kostenminimalen b-Flusses.

Das Modell ist noch erweiterbar. So lässt sich etwa ein Lager modellieren durch zwei Ecken l_{ein} und l_{aus} (Einfahrt und Ausfahrt), die durch einen

Pfeil $(l_{\text{ein}}, l_{\text{aus}})$ verbunden sind. Kapazität und Kosten auf dem Pfeil spiegeln dabei Lagerkapazität und Lagerkosten (Einheit Kosten/Menge) wieder.

9.12   Maximale Schnitte

Das Max-Flow-Min-Cut-Theorem (Satz 9.13 auf Seite 204) liefert eine Möglichkeit, Schnitte mit minimaler Kapazität durch Berechnung maximaler Flüsse zu bestimmen. Neben diesen minimalen Schnitten interessiert man sich in Anwendungen auch für maximale Schnitte, also Schnitte mit maximaler Kapazität.

$A \qquad \delta(A)$

Sei $G = (V, E)$ ein einfacher ungerichteter Graph und $c \colon E \to \mathbb{R}_+$ eine reellwertige Kantenbewertung, ferner $V = A \cup B$ eine Partitionierung von V in zwei nichtleere Mengen. Dann ist $\delta(A)$ der durch A induzierte Schnitt und $c(A, B) := c(\delta(A)) = \sum_{e \in \delta(A)} c(e)$ seine Kapazität. Wir sagen, dass (A, B) ein maximaler Schnitt ist, wenn $c(A, B)$ unter allen Schnitten maximal ist.

MAX-CUT

Instanz: Ungerichteter Graph $G = (V, E)$ mit Kantengewichten
$c \colon E \to \mathbb{R}_+$

Gesucht: Ein Schnitt (A, B) in G mit maximaler Kapazität
$c(A, B) = c(\delta(A))$

Natürlich kann man durch systematisches Generieren aller Schnitte und Bestimmung der zugehörigen Gewichte einen maximalen Schnitt in $\mathcal{O}(2^{n-1} \cdot m)$ Schritten bestimmen. Gibt es – wie bei minimalen Schnitten – wieder ein Verfahren mit polynomieller Zeitkomplexität?

Satz 9.87:
Das Problem, zu entscheiden, ob ein ungerichteter Graph $G = (V, E)$ mit Kapazitäten $c \colon E \to \mathbb{R}_+$ einen Schnitt mit Kapazität mindestens einer vorgegebenen Schranke C besitzt, ist NP-vollständig.

Beweis:
Siehe z.B. [76, ND16]. ∎

Es folgt, dass MAX-CUT NP-schwer ist. Wir untersuchen daher die Existenz von Approximationsalgorithmen für MAX-CUT. Seien dazu für $v \in V$ und $A, B \subseteq V$

$$c(A, v) := \sum_{[a,v] \in \delta(v) : a \in A} c(a, v)$$

$$c(A, B) := \sum_{[a,b] \in E : a \in A, b \in B} c(a, b).$$

Algorithmus 9.9 startet mit leeren Mengen $A = B = \emptyset$. Er betrachtet dann jede Ecke $v \in V$ genau einmal und fügt diese entweder zu A oder B hinzu, je nachdem welche Möglichkeit den Zielfunktionswert am meisten erhöht.

Algorithmus 9.9 Greedy-MaxCut-Algorithmus

Greedy-MaxCut

  Input: $G = (V, E), c: E \rightarrow \mathbb{R}_+$
  1 $A := \emptyset, B := \emptyset$
  2 **while** $V \neq \emptyset$ **do**
  3   Wähle $v \in V$ und bestimme $c_1 := c(A, v)$ und $c_2 := c(B, v)$;
  4   **if** $c_1 \geq c_2$ **then**
  5         $B := B \cup v$
  6   **else**
  7         $A := A \cup v$
  8      $V := V \setminus \{v\}$
  9 **return** (A, B)

Offenbar wird in Algorithmus 9.9 eine Kante $e = [u, v]$ genau dann bei der Bestimmung von c_1 und c_2 relevant, wenn eine Endecke bereits »eliminiert« und die andere Endecke die »aktuell gewählte« Ecke v darstellt.

Wir nehmen an, dass der Algorithmus 9.9 die Ecken in der Reihenfolge $v_1, v_2, \ldots, v_i, v_{i+1}, \ldots, v_n$ ausgewählt und bezeichnen mit A_i bzw. B_i jeweils die aktuellen Eckenteilmengen nach Auswahl und Elimination von v_i. Sei weiterhin $G_i = G[A_i \cup B_i]$ mit $G_i = (V_i, E_i)$ der durch die Eckenmenge $V_i = A_i \cup B_i$ induzierten Subgraph von G.

Lemma 9.88:
Es gilt $c(A_i, B_i) \geq c(E_i)/2$ für $i = 1, \ldots, n$.

Beweis:
Wir zeigen die Behauptung durch Induktion nach i. Für $i = 1$ sind E_1 und (A_1, B_1) leer, also $c(E_1) = c(A_1, B_1) = 0$ und die Aussage trivial. Wir nehmen an, dass die Aussage für ein i gilt. Bei der Auswahl von v_{i+1} gilt für das mit v_{i+1} inzidente Kantenbündel:

$$c(E_{i+1}) - c(E_i) = c(A_i, v_{i+1}) + c(B_i, v_{i+1}) = c_1 + c_2.$$

Ist also $c_1 \geq c_2$, so folgt:

$$
\begin{aligned}
c(A_{i+1}, B_{i+1}) = c(A_i, B_i \cup \{v_{i+1}\}) &= c(A_i, B_i) + c_1 \\
&\geq \frac{c(E_i)}{2} + \frac{1}{2}(c(E_{i+1}) - c(E_i)) \\
&= \frac{c(E_{i+1})}{2}
\end{aligned}
$$

und Analoges folgt im Falle $c_1 < c_2$. ∎

Da $E_n = E$, folgt, dass $c(A_n, B_n) \geq c(E)/2$ und aus dem obigen Lemma ergibt sich nun unmittelbar das folgende Approximationsresultat:

Korollar 9.89:

Algorithmus 9.9 ist ein 1/2-Approximationsalgorithmus für MAX-CUT. *Er kann so implementiert werden, dass seine Laufzeit* $\mathscr{O}(n+m)$ *beträgt.* ∎

Bemerkung 9.90:

1. Es gibt Instanzen, bei denen der Greedy-MaxCut-Algorithmus genau die Hälfte des Optimalwertes liefert.

2. Ein interessantes Problem aus dem VLSI-Layout ist das folgende: Man bestimme eine Minimalzahl von »Löchern« (vias; Henkel, Überführung, vgl. Kapitel 12) auf einem PCB (*Printed Circuit Board*), um eine Schaltung mit vorgegebenen PIN-Zuordnungen und Layer-Präferenzen zu realisieren. Dieses Problem lässt sich im Kern auf ein MAX-CUT-Problem zurückführen [18].

3. MAX-CUT ist in polynomieller Zeit lösbar für Graphen, die *nicht* K_5 als Minor (vgl. Kapitel 12) besitzen, insbesondere für alle planaren Graphen [17].

4. Die zur Zeit beste nachgewiesene Approximationsgüte für MAX-CUT ist 0,878 und basiert auf einer semidefiniten Relaxierung. Für jede Ecke $v \in V$ wählt man zunächst eine Variable $x_v \in \{-1, 1\}$, die angibt, auf welcher Seite des Schnittes v liegt. Es sei $c(u, v) := 0$ für $[u, v] \notin E$. Dann lässt sich MAX-CUT wie folgt als Optimierungsproblem formulieren:

$$\max \frac{1}{2} \sum_{u \neq v} c(u, v) \cdot \frac{1 - x_u x_v}{2}$$

$$x_v \in \{-1, +1\} \text{ für alle } v \in V.$$

Die semidefinite Relaxierung erhält man dadurch, dass man die x_v als »Einheitsvektoren in $\mathbb{R}$« betrachtet und durch Einheitsvektoren $\bar{x}_v \in \mathbb{R}^m$ mit $m \leq n$ ersetzt. Das Produkt $\bar{x}_u \cdot \bar{x}_v$ ist dann das Skalarprodukt zwischen $\bar{x}_u$ und $\bar{x}_v$. Die Relaxierung ist dann:

$$\max \frac{1}{2} \sum_{u \neq v} c(u, v) \frac{1 - \bar{x}_u \cdot \bar{x}_v}{2}$$

$$\|\bar{x}_v\| = 1 \text{ für alle } v \in V.$$

Die quadratische Matrix $Y = (y_{uv})$ mit $y_{uv} := \bar{x}_u \cdot \bar{x}_v$ ist dann symmetrisch und positiv definit. Die Relaxierung von MAX-CUT lässt sich äquivalent wie folgt schreiben:

$$\max \frac{1}{2} \sum_{u \neq v} c(u, v) \frac{1 - y_{uv}}{2} \tag{9.31a}$$

Printed Circuit Board (PCB)

$Y = (y_{uv})$ ist symmetrisch und positiv semidefinit (9.31b)

$y_{vv} = 1$ für alle $v \in V$. (9.31c)

Das »semidefinite Programm« (9.31) lässt sich in polynomieller Zeit mit beliebiger Genauigkeit lösen und durch »Runden« der Lösung mit Hilfe einer Hyperebene ergibt sich dann die erwähnte Approximation mit Güte 0,878, siehe [77].

9.13 Übungsaufgaben

Aufgabe 9.1: Preprocessing für maximale Flüsse

Geben Sie einen Algorithmus an, der für einen gerichteten Graphen $G = (V, R, \alpha, \omega)$ mit Kapazitäten $c: R \to \mathbb{R}_+$, welcher in Adjazenzlistendarstellung gegeben ist, in linearer Zeit $\mathcal{O}(n + m)$ einen einfachen Graphen $G' = (V, R')$ berechnet, so dass für jedes Büschel von Parallelen $r_1, \ldots, r_k \in R$ ein Pfeil $r \in R'$ existiert, mit $c(r) = \sum_{i=1}^{k} c(r_i)$.

Aufgabe 9.2: Gerade und ungerade Flüsse

Sei $G = (V, R)$ ein einfacher Graph mit ganzzahligen Kapazitäten $l(r) = 0$ und $c(r) \in \mathbb{N}$ für $r \in R$ wie in Voraussetzung 9.43. Beweisen oder widerlegen Sie die folgenden Behauptungen:

a) Sind alle Kapazitäten gerade Zahlen, so existiert ein maximaler (s, t)-Fluss, der nur gerade Flusswerte besitzt.

b) Sind alle Kapazitäten ungerade Zahlen, so existiert ein maximaler (s, t)-Fluss, der nur ungerade Flusswerte besitzt.

Aufgabe 9.3: Potentialdifferenz, Topologische Sortierung

Sei $G = (V, R, \alpha, \omega)$ ein Graph. Eine Eckenbewertung $\pi: V \to \mathbb{R}$ wird auch *Potential* genannt. Eine Pfeilbewertung $\Delta: R \to \mathbb{R}$ heißt *Potentialdifferenz*, wenn es ein Potential π gibt, so dass

$$\Delta(r) = \pi(\omega(r)) - \pi(\alpha(r)) \quad \text{für alle } r \in R.$$

a) Sei f eine beliebige Strömung in G (also $\text{excess}_f(v) = 0$ für alle $v \in V$), Δ eine beliebige Potentialdifferenz in G. Zeigen Sie:

$$f \cdot \Delta := \sum_{r \in R} f(r) \cdot \Delta(r) = 0.$$

b) Zeigen Sie, dass die folgenden Aussagen äquivalent sind.

 (i) G ist kreisfrei.

 (ii) Es gibt eine Potentialdifferenz Δ in G mit $\Delta(r) > 0$ für alle $r \in R$. (Das entsprechende Potential ist dann eine topologische Sortierung der Eckenmenge.)

 (iii) Ist f eine Strömung in G mit $f(r) \geq 0$ für alle $r \in R$, so ist f die Nullströmung $f \equiv 0$.

Aufgabe 9.4: **Strömungen als Vektorraum**

Die Menge der (nicht notwendigerweise zulässigen) Strömungen in einem Graphen G bildet einen Vektorraum $S(G)$. Bestimmen Sie für $n \in \mathbb{N}$ die Dimension des Vektorraumes $S(K_n)$ aller reellwertigen Strömungen über dem schlingenfreien vollständigen gerichteten Graphen K_n.

Aufgabe 9.5: **Min-Flow-Max-Cut Theorem**

Sei $G = (V, R)$ ein gerichteter Graph mit unteren und oberen Kapazitätsschranken $0 \leq l(r) \leq c(r)$ für $r \in R$. Seien $s, t \in V$ und es gebe einen bezüglich l und c zulässigen (s, t)-Fluss. Man zeige:

$$\min_{f \text{ ist zulässiger } (s,t)\text{-Fluss in } G} \text{val}(f) = \max_{(S, T) \text{ ist } (s,t)\text{-Schnitt in } G} l(\delta^+(S)) - c(\delta^-(S)).$$

Aufgabe 9.6: **Überdeckende Wege**

Sei $G = (V, R)$ ein kreisfreier gerichteter Graph und $A \subset R$. Wir sagen, dass eine Menge M von Wegen in G die Menge A überdeckt, wenn jeder Pfeil aus A auf mindestens einem Weg in M liegt. Zeigen Sie: Die Minimalzahl von Wege in G, die A überdecken, ist gleich der Maximalzahl von Pfeilen aus A, von denen keine zwei zu einem Weg in G gehören. **Hinweis:** Aufgabe 9.5.

Aufgabe 9.7: **Minimale Schnitte**

Es sei $G = (V, R)$ ein endlicher gerichteter Graph mit Pfeilkapazitäten $c \colon R \to \mathbb{N}$. Wir führen durch $c'(r) := |R| \cdot c(r) + 1$ für $r \in R$ eine neue Kapazitätsfunktion c' ein. Zeigen Sie: Ist (S, T) ein c'-minimaler Schnitt, so ist (S, T) auch ein c-minimaler Schnitt, und (S, T) hat die kleinste Zahl an Pfeilen (im Vorwärtsteil $c(\delta^+(S))$) unter allen c-minimalen Schnitten.

Aufgabe 9.8: **Kostenminimale Flüsse**

Ein Restaurantbesitzer steht vor folgendem Problem: Er weiß, dass er für den Tag i der nächsten Woche d_i frische Servietten benötigt ($i = 1, \ldots, 7$). Jeden Morgen kann er frische Servietten zum Preis von a Euro/Serviette kaufen. Ferner kann er jeden Abend einen Teil seiner Servietten in die Reinigung geben. Dabei gibt es die Schnellreinigung und die Standardreinigung zum Preis von b Euro/Serviette bzw. c Euro/Serviette. Bei der Standardreinigung erhält man die Servietten am übernächsten Tag morgens wieder gereinigt zurück. Die Schnellreinigung liefert die Servietten bereits am nächsten Morgen. Es gilt $c < b < a$. Führen Sie das Problem, eine kostenminimale »Serviettenstrategie« zu finden, auf ein kostenminimales Strömungsproblem zurück.

10 Matchings

Wir haben Matchings bereits in Abschnitt 9.10 (Heiratssatz, Satz von Kőnig) kennengelernt. Ein Matching in einem ungerichteten Graphen G ist
eine Teilmenge $M \subseteq E(G)$ der Kantenmenge $E(G)$, so dass keine zwei Kanten aus M inzidieren. In diesem Kapitel beschäftigen wir uns mit weiteren
Eigenschaften von Matchings und ihrer algorithmischen Bestimmung. Als
Grundvoraussetzung sei in diesem Kapitel stets $G = (V, E)$ ein ungerichteter einfacher und zusammenhängender Graph.

Ein Matching (dicke
schwarze Kanten)

10.1 Matchings und die Tutte-Berge-Formel

Ist M ein Matching in G, so bezeichnen wir die Endecken der Kanten aus M
als (von) *M-überdeckte Ecken*. Alle anderen Ecken nennen wir *M-frei*. Ein
perfektes Matching in G ist somit ein Matching, das alle Ecken überdeckt.

Definition 10.1: **Matching-Größe**
Mit

$$v(G) := \max \{ |M| : M \text{ ist ein Matching in } G \}$$

bezeichnen wir die sogenannte *Matching-Größe* von G.

Matching-Größe

Offenbar hat G genau dann ein perfektes Matching, wenn $v(G) = n/2$ gilt.
In Satz 4.32 haben wir bereits eine obere Schranke für $v(G)$ hergeleitet: Es
ist $v(G) \leq |S|$ für jede Eckenüberdeckung S in G. In bipartiten Graphen
gilt nach dem Satz von Kőnig (Satz 9.60) sogar, dass $v(G)$ gleich der minimalen Kardinalität einer Eckenüberdeckung in G ist. Man findet leicht
Beispiele für nicht-bipartite Graphen G, in denen $v(G)$ echt kleiner als jede Eckenüberdeckung ist. Insbesondere ist $G = K_3$ zwar 2-regulär, enthält
aber kein perfektes Matching.

Es gilt $v(K_3) = 1$, aber jede
Eckenüberdeckung enthält
mindestens zwei Ecken.

Aus dem Satz von Kőnig ergeben sich folgende Konsequenzen in bipartiten Graphen:

Korollar 10.2:
*Sei $\Delta \geq 1$ und G ein ungerichteter Δ-regulärer bipartiter Graph. Dann
besitzt G ein perfektes Matching.*

Beweis:
Nach Satz 9.60 genügt es zu zeigen, dass jede Eckenüberdeckung in G
aus mindestens $n/2$ Ecken besteht. Sei $C \subseteq V$ eine Eckenüberdeckung. Die

Gesamtzahl der Kanten in G beträgt $\frac{1}{2}n\Delta$. Da jede Ecke aus C nur Δ Kanten überdecken kann, enthält C mindestens $\frac{1}{2}n\Delta/\Delta = n/2$ Ecken.   ∎

Korollar 10.3:

Sei $\Delta \geq 1$ und G ein ungerichteter Δ-regulärer bipartiter Graph. Dann lässt sich die Kantenmenge $E(G)$ in Δ disjunkte perfekte Matchings partitionieren.

Beweis:

Wir führen eine Induktion nach Δ. Für $\Delta = 1$ erhalten wir die Behauptung aus Korollar 10.2. Falls $\Delta > 1$, so existiert wieder nach Korollar 10.2 ein perfektes Matching M in G. Der Graph $G - M$, der durch Entfernen aller Kanten aus M entsteht, ist $(\Delta - 1)$ regulär, so dass er sich nach Induktionsvoraussetzung in $\Delta - 1$ Matchings zerlegen lässt.   ∎

Darüberhinaus gilt der Satz von Tibor Gallai [75]:

$\alpha(G)$: Unabhängigkeitszahl
$\tau(G)$: Eckenüberdeckungsz.
$\nu(G)$: Matching-Zahl
$\rho(G)$: Kantenüberdeckungsz.

Satz 10.4:   Satz von Gallai

Sei $G = (V, E)$ ein ungerichteter Graph ohne isolierte Ecken. Dann gilt

$$\alpha(G) + \tau(G) = |V| = \nu(G) + \rho(G).$$

Beweis:

Die erste Gleichheit haben wir bereits in (4.4) gezeigt. Wir beweisen zunächst $\rho(G) \leq n - \nu(G)$. Sei M ein Matching in G mit $|M| = \nu(G)$ und sei $U \subseteq V$ die Menge der M-freien Ecken. Da G keine isolierten Ecken besitzt, können wir für jedes $u \in U$ eine inzidente Kante e_u wählen. Nach Konstruktion ist $E' := M \cup \{ e_u : u \in U \}$ eine Kantenüberdeckung. Es gilt daher $\rho(G) \leq |E'| = |M| + |U|$. Da M ein Matching ist, haben wir $|U| = n - 2|M|$, so dass $\rho(G) \leq |E'| = |M| + (n - 2|M|) = n - |M| = n - \nu(G)$.

Wir zeigen nun die umgekehrte Ungleichung: $\nu(G) \geq n - \rho(G)$. Sei dazu E' eine Kantenüberdeckung mit $|E'| = \rho(G)$ und $M \subseteq E'$ ein bezüglich Inklusion maximales Matching. Es gilt: $\nu(G) \geq |M|$.

Wir betrachten die Menge U der M-freien Ecken. Man beachte, dass $|U| = n - 2|M|$ und M genau die Ecken aus $V \setminus U$ überdeckt. Da M bezüglich Inklusion maximal in E' ist, gibt es keine Kante aus E', deren beide Endpunkte in U liegen. Andererseits überdecken die Kanten aus $E' \setminus M$ die Ecken aus U, so dass $|U| \leq |E' \setminus M| = |E'| - |M|$. Also ist $n - 2|M| \leq |E'| - |M|$, d.h. $|M| \geq n - |E'| = n - \rho(G)$.   ∎

Wir leiten nun eine weitere obere Schranke für $\nu(G)$ her, die sich für die Berechnung von perfekten und maximalen Matchings als sehr hilfreich erweisen wird:

Definition 10.5:   Ungerade Komponente

Sei $G = (V, E)$ ein ungerichteter Graph. Eine Zusammenhangskomponente V_i von G heißt *ungerade Komponente*, wenn $|V_i|$ ungerade ist. Mit $oc(G)$ bezeichnen wir die Anzahl der ungeraden Komponenten von G.

ungerade Komponente

$oc(G)$

Lemma 10.6:

Sei $G = (V, E)$ ein ungerichteter Graph und $S \subseteq V$. Dann gilt

$$\nu(G) \leq \frac{1}{2}\left(|V| - oc(G - S) + |S|\right). \tag{10.1}$$

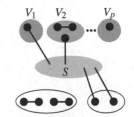

Jede der ungeraden Komponenten $V_1, \ldots, V_p$ von $G - S$ hat entweder eine M-freie Ecke oder eine Kante in M, welche V_i mit S verbindet.

Beweis:

Seien $V_1, \ldots, V_p$ mit $p = oc(G - S)$ die ungeraden Komponenten von $G - S$ und M ein Matching in G. Jede ungerade Komponente besitzt entweder eine M-freie Ecke oder es gibt eine Kante $[v_i, s_i] \in M$ mit $v_i \in V_i$ und $s_i \in S$. Da M ein Matching ist, gilt $s_i \neq s_j$, falls $i \neq j$. Somit kann M höchstens $|S|$ Kanten enthalten, die eine Endecke in S und die andere Ecke in einer der ungeraden Komponenten $V_1, \ldots, V_p$ haben. Folglich gibt es mindestens $p - |S|$ freie Ecken in den ungeraden Komponenten.

Mit anderen Worten, M überdeckt höchstens $|V| - (p - |S|) = |V| - p + |S|$ Ecken und, da jede Kante aus M zwei Ecken überdeckt, folgt $|M| \leq (|V| - p + |S|)/2$. ∎

Zunächst bemerken wir, dass die Schranke aus Lemma 10.6 stets mindestens so gut wie die aus Satz 4.32 ist: Ist nämlich $S \subseteq V$ eine Eckenüberdeckung, so ist nach Entfernen der Ecken aus S jede der restlichen Ecken eine isolierte Ecke, also $oc(G - S) = |V| - |S|$. Einsetzen in (10.1) liefert dann $\nu(G) \leq \frac{1}{2}(|V| - (|V| - |S|) + |S|) = |S|$, also die Aussage von Satz 4.32.

Nach Lemma 10.6 haben wir die Ungleichung

$$\nu(G) \leq \min_{S \subseteq V} \frac{1}{2}\left(|V| - oc(G - S) + |S|\right). \tag{10.2}$$

Wir werden zeigen, dass tatsächlich Gleichheit in (10.2) gilt. Dieses Resultat, das als die *Tutte-Berge-Formel* bekannt ist, werden wir als Folgerung aus dem Matching-Algorithmus in Abschnitt 10.6 herleiten.

Satz 10.7:   Tutte-Berge Formel

Für jeden ungerichteten Graphen $G = (V, E)$ gilt

$$\nu(G) = \min_{S \subseteq V} \frac{1}{2}\left(|V| - oc(G - S) + |S|\right).$$

Beweis:

Siehe Abschnitt 10.6.3. ∎

Für den Augenblick notieren wir eine einfache Beobachtung, die wir im Folgenden noch wiederholt verwenden:

Korollar 10.8:

Sei $G = (V, E)$ ein ungerichteter Graph. Falls es eine Menge $S \subseteq V$ gibt mit $\mathrm{oc}(G - S) > |S|$, so hat G kein perfektes Matching.

Beweis:

Nach Lemma 10.6 gilt $\nu(G) < |V|/2$.   ∎

10.2   Alternierende und augmentierende Wege

Wie wir in Kapitel 9 gesehen haben, besteht ein Zusammenhang zwischen Flüssen und vergrößernden Wegen. Wir konnten zeigen, dass ein Fluss genau dann maximal ist, wenn es keinen flussvergrößernden Weg gibt. Für Matchings existiert ein analoges Resultat, das auf sogenannten *augmentierenden Wegen* aufbaut.

Definition 10.9:   Alternierender Weg, augmentierender Weg

Sei M ein Matching in G. Ein Weg $P = (v_0, e_1, v_1, \ldots, e_k, v_k)$ in G heißt *alternierender M-Weg*, wenn die Kanten in P abwechselnd in und nicht in M liegen. Falls beide Endecken des Wegs M-frei sind, so nennen wir P einen *M-augmentierenden Weg*.

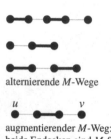

alternierende M-Wege

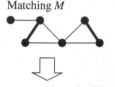

augmentierender M-Weg:
beide Endecken sind M-frei

Matching M

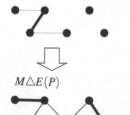

augmentierender Weg P

$M \triangle E(P)$

Vergrößern eines
Matchings M längs eines
augmentierenden Weges P

Ein M-augmentierender Weg P hat immer ungerade Länge, da die erste und die letzte Kante auf P nicht im Matching M liegen. Wir rechtfertigen zunächst den Begriff des »augmentierenden Weges«. Sei dazu M ein Matching und $P = (v_0, e_1, v_1, \ldots, e_k, v_k)$ ein M-augmentierender Weg. Wir betrachten die symmetrische Differenz aus M und den Kanten $E(P)$ auf dem Weg P:

$$M \triangle E(P) := (M \cup E(P)) \setminus (M \cap E(P)).$$

Dann ist $M \triangle E(P)$ wieder ein Matching, da jede der Ecken $v_0, v_1, \ldots, v_k$ mit genau einer Kante aus $M \triangle E(P)$ inzidiert (hier geht ein, dass v_0 und v_k M-frei sind) und für alle Ecken $v \in V \setminus V(P)$ die Situation unverändert bleibt. Zudem gilt $|M \triangle E(P)| = |M| + 1$, da P ungerade Länge hat. Das Matching $M \triangle E(P)$ entsteht dadurch, dass wir die Kanten auf P »umtauschen«: die Kanten in $M \cap E(P)$ werden aus dem Matching entfernt, die Kanten aus $E(P) \setminus M$ werden zum Matching hinzugenommen.

Bemerkung 10.10:

Ist M ein Matching und P ein M-augmentierender Weg, so sind in $M \triangle E(P)$ immer noch alle von M-überdeckten Ecken überdeckt. Beim Vergrößern

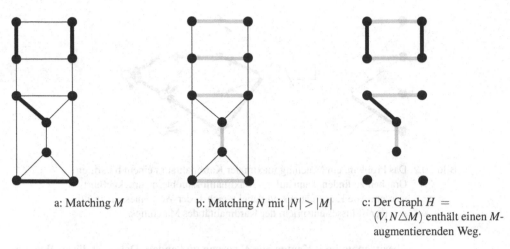

a: Matching M b: Matching N mit $|N| > |M|$ c: Der Graph $H = (V, N \triangle M)$ enthält einen M-augmentierenden Weg.

Bild 10.1: Beweis von Satz 10.11 über augmentierende Wege bei Matchings

eines Matchings längs eines augmentierenden Weges vergrößert sich somit nicht nur die Anzahl der überdeckten Ecken, sondern sogar die Menge selbst und zwar genau um die Endecken des augmentierenden Weges.

Der folgende Satz bildet die Grundlage für alle Algorithmen zur Bestimmung eines Matchings maximaler Kardinalität in diesem Kapitel.

Satz 10.11:   **Augmenting-Path-Theorem**
Ein Matching M in G ist genau dann ein Matching mit maximaler Kardinalität, wenn es keinen M-augmentierenden Weg gibt.

Beweis:
»⇒«: Wir haben bereits gezeigt, dass wir ein Matching über einen augmentierenden Weg vergrößern können. Also kann für ein Matching M maximaler Kardinalität kein M-augmentierender Weg existieren.
»⇐«: Sei M ein Matching, das nicht maximale Kardinalität besitzt. Wir müssen zeigen, dass es dann einen M-augmentierenden Weg gibt. Sei N ein Matching mit $|N| > |M|$. Wir betrachten die symmetrische Differenz $N \triangle M$. In $H = (V, N \triangle M)$ hat jede Ecke Grad 0, 1 oder 2 (eine Ecke kann maximal mit einer Kante aus M und einer Kante aus N inzidieren, da sowohl M als auch N Matchings sind), Bild 10.1 zeigt die Situation in H.
    Daher können wir H in elementare Wege und elementare Kreise zerlegen. Auf jedem Weg oder Kreis gehören die Kanten abwechselnd zu M und N. Daher besitzt insbesondere jeder Kreis eine gerade Länge und somit gleich viele Kanten aus M und N. Zudem sind alle Wege in H auch M-alternierende Wege.
    Da $|N| > |M|$ gibt es mindestens einen Weg, der mehr Kanten aus N als aus M enthält. Dieser alternierende Weg muss daher ungerade Länge

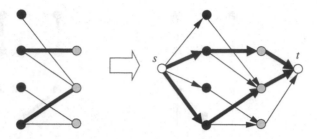

Bild 10.2: Das Problem, ein Matching maximaler Kardinalität in einem bipartiten
Graphen zu finden, kann auf ein Maximalflussproblem zurückgeführt
werden. Alle Kapazitäten sind dabei gleich 1, der Wert eines ganzzahligen (s,t)-Flusses entspricht der Kardinalität des Matchings.

besitzen und mit Kanten aus N starten und enden. Daher ist dieser Weg ein
M-augmentierender Weg.   ∎

Ähnlich wie bei den Flüssen, motiviert Satz 10.11 einen »Algorithmus«
zur Bestimmung eines Matchings maximaler Kardinalität: Wir starten mit
dem leeren Matching $M = \emptyset$ und vergrößern dann iterativ M längs eines
augmentierenden Weges, so lange ein solcher existiert. Dieses Verfahren
bricht nach höchstens $n/2$ Iterationen mit einem Matching maximaler Kardinalität ab. Es bleibt jedoch offen, wie man einen augmentierenden Weg
findet.

10.3   Matchings maximaler Kardinalität in bipartiten Graphen

> KARDINALITÄTSMAXIMALES MATCHING
>
> **Instanz:**   Ungerichteter Graph $G = (V, E)$
> **Gesucht:**   Ein Matching $M \subseteq E$ mit maximaler Kardinalität
> $|M| = \nu(G)$

In bipartiten Graphen können wir das obige Problem auf ein Maximalflussproblem zurückführen (vgl. Heiratssatz und Satz von Kőnig in Abschnitt 9.10). Sei dazu $V = A \cup B$ mit $A \cap B = \emptyset$. Wir konstruieren dazu
aus G einen gerichteten Graphen G', in dem jede Kante $[a, b]$ mit $a \in A$ und
$b \in B$ zu einem Pfeil (a, b) wird. Zudem enthält G' zwei neue Ecken s und t
mit $(s, a) \in R(G')$ für alle $a \in A$ und $(b, t) \in R(G')$ für alle $b \in B$. Alle Pfeile erhalten die Kapazität 1. Die Konstruktion ist noch einmal in Bild 10.2
gezeigt.

Ein ganzzahliger maximaler (s, t)-Fluss f in G' entspricht dann einem
Matching M mit $|M| = \text{val}(f)$ und umgekehrt. Wir können also einen belie-

bigen Algorithmus aus Kapitel 9 verwenden, um ein Matching maximaler Kardinalität zu bestimmen.

Eine wichtige Beobachtung ist es, dass in G' jede Ecke außer den zwei neuen Ecken s und t entweder Innengrad höchstens 1 (alle Ecken in A) oder Außengrad höchstens 1 (alle Ecken in B) besitzt. Es sind somit die Voraussetzungen für Satz 9.26 erfüllt und der Algorithmus von Dinic liefert in G' einen maximalen Fluss in Zeit $\mathcal{O}(n^{1/2}m)$. Wir erhalten somit folgendes Ergebnis:

Satz 10.12:

In einem bipartiten Graphen lässt sich ein Matching maximaler Kardinalität in Zeit $\mathcal{O}(n^{1/2}m)$ bestimmen. ∎

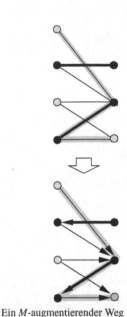

Wir stellen nun ein weiteres Verfahren zu Bestimmung eines Matchings maximaler Kardinalität vor, das auf augmentierenden Wegen und Satz 10.11 beruht. Die Komplexität des Verfahrens ist mit $\mathcal{O}(nm)$ zwar etwas schlechter als die des Dinic-Algorithmus, allerdings ist die Methode von bestechender Einfachheit.

Die entscheidende Beobachtung ist, dass wir für ein Matching M im bipartiten Graphen $G = (V,E)$ mit $V = A \cup B$ einen M-augmentierenden Weg mit Hilfe eines bipartiten gerichteten Graphen $G' = (V,R)$ berechnen können. Dazu orientieren wir jede Kante $[a,b]$ mit $a \in A$ und $b \in B$ wie folgt:

- Falls $[a,b] \notin M$, so sei $(a,b) \in R$,

- Falls $[a,b] \in M$, so sei $(b,a) \in R$.

Dann entspricht ein augmentierender Weg in G einem Weg in G' von einer M-freien Ecke in A zu einer M-freien Ecke in B (zur Erinnerung: jeder M-augmentierende Weg hat ungerade Länge). Das Bild am Rand zeigt die Konstruktion. Wir können also, etwa mittels BFS einen entsprechenden Weg in G' in $\mathcal{O}(n+m)$ Zeit finden bzw. feststellen, dass es keinen solchen Weg gibt.

Starten wir mit dem leeren Matching $M = \emptyset$, so benotigen wir maximal $n/2$-augmentierende Wege. Damit ergibt sich für das einfache Verfahren eine Komplexität von $\mathcal{O}(nm)$.

Ein M-augmentierender Weg in einem bipartiten Graphen lässt sich dadurch bestimmen, dass jede Kante $[a,b] \notin M$ mit $a \in A$ und $b \in B$ durch einen Pfeil (a,b) und jede Kante $[a,b] \in M$ durch einen Pfeil (b,a) ersetzt wird. Anschließend bestimmt man einen Weg von einer M-freien Ecke in A zu einer M-freien Ecke in B. Im Bild sind die M-freien Ecken hell hervorgehoben, die grauen Kanten/Pfeile zeigen den augmentierenden Weg.

10.4 Perfekte Matchings in regulären bipartiten Graphen

Nach Korollar 10.2 hat jeder bipartite Δ-reguläre Graph (für $\Delta \geq 1$) ein perfektes Matching. Insbesondere ist natürlich dann $\nu(G) = n/2$. Für reguläre bipartite Graphen können wir die *Größe* eines maximalen Matchings also in konstanter Zeit »berechnen« (man beachte, dass sich Regularität einfach in linearer Zeit testen lässt). Wie berechnen wir aber ein perfektes Matching selbst?

In [40] ist ein Verfahren angegeben, das in $\mathcal{O}(m)$ Zeit ein perfektes Matching in einem regulären bipartiten Graphen findet. Wir stellen im folgenden einen Algorithmus von Noga Alon [5] vor, der ein perfektes Matching in $\mathcal{O}(m \log m)$ Zeit findet. Um die Idee des Verfahrens zu illustrieren, nehmen wir zunächst an, dass der Δ-reguläre bipartite Graph $G = (V, E)$ die Bedingung $\Delta = 2^t$ für ein $t \in \mathbb{N}$ erfüllt. Es gilt dann $m = 2^t n/2 = 2^{t-1} n$. Falls $t = 0$, so ist nichts weiter zu tun. Sei daher im Folgenden $t \geq 1$.

Wir partitionieren die Kantenmenge E in zwei (gleich große) Teilmengen $E_1, E_2 \subseteq E$, so dass jeder der Graphen $H_i = (V, E_i)$ jeweils 2^{t-1}-regulär ist. Dies können wir wie folgt in $\mathcal{O}(m)$ Zeit erreichen: Nach Satz 3.32 existiert in jeder Zusammenhangskomponente von G ein Eulerscher Kreis C, den wir in Zeit $\mathcal{O}(m)$ finden können (vgl. Algorithmus 3.5 und Bemerkung 3.33). Wir fügen dann jede Kante $[a, b]$ mit $a \in A$, $b \in B$, welche in C in der Richtung von a nach b durchlaufen wird zu E_1 hinzu, alle anderen Kanten der Komponente gelangen nach E_2. Jeder der Graphen H_i enthält wieder ein perfektes Matching, das natürlich auch eines in G ist. Wir setzen $G := H_1$ und iterieren das obige Verfahren. Nach $\mathcal{O}(\log 2^t) = \mathcal{O}(\log m/n) \subseteq \mathcal{O}(\log m)$ Iterationen ist der aktuelle Graph dann 1-regulär und seine Kantenmenge bildet ein perfektes Matching. Die Gesamtlaufzeit ist also $\mathcal{O}(m \log \Delta) \subseteq \mathcal{O}(m \log m)$. Wir haben damit folgendes Ergebnis gezeigt.

Satz 10.13:

In einem Δ-regulären bipartiten Graphen $G = (V, E)$ mit $\Delta = 2^t$ für ein $t \in \mathbb{N}$ lässt sich ein perfektes Matching in $\mathcal{O}(m \log \Delta)$ Zeit bestimmen.   ∎

Für den Fall, dass Δ keine Zweierpotenz ist, müssen wir etwas trickreicher arbeiten. Die Grundidee ist es, den Graphen durch Hinzufügen von »schlechten Kanten« F dann 2^t-regulär für ein $t \in \mathbb{N}$ zu machen. Wenn man den resultierenden Graphen H wieder nach H_1 und H_2 wie oben aufsplittet, so enthält einer der beiden Graphen H_i höchstens $|F|/2$ schlechte Kanten. Iterieren wir, so haben wir nach $\mathcal{O}(\log |F|)$ Iterationen alle schlechten Kanten eliminiert, so dass wir anschließend wie in Satz 10.13 ein perfektes Matching im aktuellen Graphen finden können.

Die Umsetzung dieser an für sich einfachen Idee besitzt ein paar Fallstricke: Wir müssen sichern, dass der Grad im aktuellen Graphen H nicht schneller auf 1 sinkt als die Anzahl der in H enthaltenen schlechten Kanten. Wir benötigen also $|F| \leq 2^{t-1}$. Zudem ist auch nicht unmittelbar klar, wie wir die anfänglichen schlechten Kanten wählen sollen.

Im Algorithmus von Alon [5] (Algorithmus 10.1) werden bipartite Graphen H benutzt, die nicht notwendigerweise einfach sind, sondern Parallelen besitzen. Dabei repräsentieren wir ein Büschel von parallelen Kanten $e_1, \ldots, e_p$ jeweils nur durch *eine Kante* mit »Vielfachheit« (Gewicht) p.

Sei $G = (V, E)$ nun Δ-regulär mit $V = A \cup B$, wobei $A = \{a_1, \ldots, a_{n/2}\}$ und $B = \{b_1, \ldots, b_{n/2}\}$. Wir wählen das kleinste $t \in \mathbb{N}$ mit $2^t \geq 2m = n\Delta$. Sei $p := \lfloor 2^t/\Delta \rfloor$ und $q := 2^t - \Delta p$. Dann ist $0 \leq q < \Delta$. Aus $G = (V, E)$ konstruieren wir nun einen 2^t-regulären Graphen $H = (V, E')$ wie folgt: Für jede Kante $e \in E$ enthält H genau p parallele Kanten (die wir wie oben erwähnt implizit speichern). Zusätzlich enthält H für jede der Kanten aus $\{[a_i, b_i] : i = 1, \ldots, n/2\}$ jeweils q parallele Kanten. Wir nennen diese Kanten die *schlechten Kanten* und bezeichnen sie mit F. Nach Konstruktion inzidiert jede Ecke in H mit $\Delta \cdot p + q = 2^t$ Kanten, so dass H tatsächlich 2^t-regulär ist. Zudem ist $|F| = \frac{1}{2} qn < \frac{1}{2} n\Delta = m < 2^t$.

Wir partitionieren die Kantenmenge von H in zwei gleich große Teile $E_1 \cup E_2$, so dass jeder der Teilgraphen $H_i = (V, E_i)$ wieder 2^{t-1} regulär ist. Dies können wir wieder durch Berechnung von Eulerschen Kreisen erreichen. Wichtig ist dabei, dass wir die Partitionierung in Zeit $\mathcal{O}(m)$ durchführen können, wobei m die Anzahl der Kanten im Ausgangsgraphen G ist und *nicht* in H, sofern wir das Löschen der Kanten in Algorithmus 3.5 durch das Verringern ihrer Vielfachheit umsetzen.

Sei o.B.d.A. H_1 derjenige der beiden Teilgraphen von H, der die wenigsten schlechten Kanten besitzt. Dann ist $|E_1 \cap F| \leq |F|/2$. Wir setzen nun $H := H_1$ und iterieren. Nach $\mathcal{O}(\log |F|)$ Iterationen enthält der aktuelle Graph H keine schlechten Kanten mehr. Da $|F| < m$, ist der Aufwand bis zu diesem Zeitpunkt $\mathcal{O}(m \log m)$. Wir können nun das Verfahren aus Satz 10.13 anwenden, um ein perfektes Matching in $\mathcal{O}(m \log \Delta) \subseteq \mathcal{O}(m \log m)$ Zeit zu bestimmen.

Satz 10.14:
In einem regulären bipartiten Graphen $G = (V, E)$ lässt sich ein perfektes Matching in $\mathcal{O}(m \log m)$ Zeit bestimmen. ∎

10.5 Perfekte Matchings mit minimalem Gewicht in bipartiten Graphen

Wir betrachten nun das Problem, in einem bipartiten Graphen $G = (V, E)$ mit (nicht notwendigerweise nichtnegativen) Kantengewichten $w \colon E \to \mathbb{R}$ ein perfektes Matching M mit minimalem Gewicht $w(M) = \sum_{e \in M} w(e)$ zu finden. Dabei setzen wir stets voraus, dass in G ein perfektes Matching existiert. Die Existenz kann mit den Methoden aus Abschnitt 10.3 in $\mathcal{O}(n^{1/2}m)$ Zeit überprüft werden.

GEWICHTSMINIMALES PERFEKTES MATCHING

Instanz: Ungerichteter Graph $G = (V, E)$ mit Kantengewichten $w \colon E \to \mathbb{R}$

Gesucht: Ein perfektes Matching $M \subseteq E$ mit minimalem Gewicht $w(M)$

Algorithmus 10.1 Algorithmus zur Berechnung eines perfekten Matchings in einem regulären bipartiten Graphen

---

PERFECTMATCHING-REGULAR(G)

Input: Ein bipartiter Δ-regulärer ungerichteter Graph $G = (V, E)$ mit
$V = A \cup B, A \cap B = \emptyset$ in Adjazenzlistendarstellung

Output: Ein perfektes Matching M in G

1 Sei $t = \min \{ j \in \mathbb{N} : 2^j \geq 2m = n\Delta \}$.

2 Setze $p := \lfloor 2^t / \Delta \rfloor$ und $q := 2^t - \Delta p$.

3 Konstruiere einen bipartiten 2^t-regulären Graphen $H = (V, E')$ wie folgt:

- Für jede Kante $e \in E$ enthält H genau p Kopien

- Zusätzlich enthält H noch für jede Kante aus $\{ [a_i, b_i] : i = 1, \ldots, n/2 \}$ jeweils q parallele Kanten. Diese Kanten werden mit F bezeichnet.

4 **while** H enthält noch schlechte Kanten, d.h. noch Kanten aus F **do**

5   Teile $H = (V, E')$ in zwei reguläre Graphen $H_i = (V, E_i)$ auf, die beide gleichen Grad besitzen.

6   Sei o.B.d.A. H_1 der Graph mit den wenigsten schlechten Kanten.

7   Setze $H := H_1$

8   { *H enthält nun keine schlechten Kanten mehr.* }

9 Finde in $\mathcal{O}(m \log m)$ Zeit ein perfektes Matching M in H.
                                             { *Dies kann durch den Algorithmus aus Satz 10.13 erfolgen.* }

10 **return** M

Um ein perfektes Matching mit minimalem Gewicht zu finden, verwenden wir eine Transformation auf ein Minimalkostenflussproblem. Sei $G = (V, E)$ mit Bipartition $V = X \cup Y$. Wir konstruieren (in linearer Zeit) einen gerichteten Graphen $G = (V, R)$, der für jede Kante $[x, y] \in E$ mit $x \in X$, $y \in Y$ einen Pfeil (x, y) mit Kapazität 1 und Kosten $k(x, y) = w(x, y)$ enthält. Für alle $x \in X$ setzen wir $b(x) := -1$, für alle $y \in Y$ setzen wir $b(y) := 1$. Die Konstruktion ist in Bild 10.3 illustriert.

Ein zulässiger ganzzahliger b-Fluss f in G' mit Kosten $k(f) = K$ entspricht offenbar einem perfekten Matching M in G mit Gewicht $w(M) = K$ und umgekehrt.

Zur Lösung des Minimalkostenflussproblems können wir im Prinzip alle Algorithmen aus Abschnitt 9.11 benutzen. Allerdings ist aufgrund der speziellen Struktur des Graphen G' und der Daten vor allem der Successive-Shortest-Path Algorithmus aus Abschnitt 9.11.2 geeignet. Da $|b(v)| = 1$ für alle $v \in V(G')$, benötigt dieser Algorithmus nach Satz 9.82 Zeit $\mathcal{O}(nm + n^2 \log n)$. Wir erhalten somit folgenden Satz:

Satz 10.15:

Ein perfektes Matching mit minimalem Gewicht in einem bipartiten Graphen lässt sich in Zeit $\mathcal{O}(nm + n^2 \log n)$ berechnen. ∎

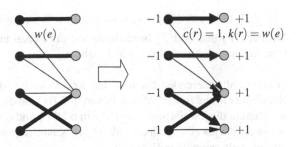

Bild 10.3: Das Problem, ein perfektes Matching mit minimalem Gewicht in einem
bipartiten Graphen zu finden, kann auf ein Minimalkostenflussproblem
zurückgeführt werden.

Bemerkung 10.16:
In der vorgestellten Variante entspricht der Successive-Shortest-Path Algorithmus bei Anwendung auf den Graphen G' bis auf kleinere Details der sogenannten *ungarischen Methode* (siehe beispielsweise [158, 98, 42]) zur Bestimmung eines perfekten Matchings mit minimalem Gewicht.

10.6   Matchings in allgemeinen Graphen

Um ein Matching maximaler Kardinalität in einem allgemeinen Graphen G zu bestimmen, genügt es, ein Verfahren zu haben, welches zu einem gegebenen Matching M einen M-augmentierenden Weg findet, bzw. korrekt feststellt, dass kein solcher Weg existiert (vgl. Satz 10.11).

Im bipartiten Fall konnten wir die Kanten so orientieren, dass im entstehenden gerichteten Graphen geeignete Wege dann augmentierende Wege sind (»einfacher« Algorithmus mit Komplexität $\mathcal{O}(nm)$ auf Seite 279). Die Orientierung benutzt entscheidend, dass der Graph bipartit ist. Im nicht-bipartiten Fall ist unklar, wie man eine derartige Orientierung vornehmen soll.

Wir beschäftigen uns zunächst mit der Aufgabe, ein perfektes Matching in $G = (V, E)$ zu bestimmen bzw. festzustellen, dass es kein perfektes Matching in G gibt. Wir werden anschließend sehen, dass sich die erarbeiteten Techniken nahezu unmittelbar für die Berechnung eines Matchings maximaler Kardinalität einsetzen lassen.

Definition 10.17:   Alternierender Baum
Sei $G = (V, E)$ ein ungerichteter Graph und M ein Matching in G. Sei $s \in V$ eine M-freie Ecke. Ein *alternierender Baum* (mit Wurzel s) ist ein Baum T in G mit Wurzel s und folgenden Eigenschaften:

(i)   Für jede Ecke $v \in V(T)$ ist der eindeutige Weg von s nach v in T ein M-alternierender Weg.

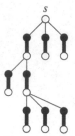

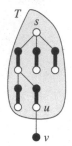

Ein alternierender Baum T:
Die Kanten im Matching M
sind dick hervorgehoben. Die
weißen Ecken sind die Ecken
in even(T).

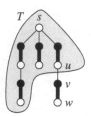

Fall 1

Fall 2

(ii) Jede Ecke $v \in V(T) \setminus \{s\}$ wird von einer Kante in $M \cap E(T)$ überdeckt.

Mit even(T) und odd(T) bezeichnen wir die Ecken in $V(T)$, die geraden bzw. ungeraden Abstand von s in T haben.

In einem alternierenden Baum T hat jede Ecke $v \in$ odd(T) genau einen Nachfolger w und $[v, w] \in M$. Die Ecken in T (bis auf die Wurzel s) bestehen aus Paaren, die jeweils aus einer Ecke in odd(T) und einer Ecke in even(T) bestehen, die jeweils durch eine Matching-Kante verbunden sind. Somit gilt für jeden alternierenden Baum T:

$$| \text{even}(T)| = |\text{odd}(T)| + 1. \tag{10.3}$$

Man beachte, dass nach Definition eines alternierenden Baumes jede Ecke $w \in V(T) \setminus \{s\}$ vom Matching M überdeckt wird und die entsprechende Kante in $E(T)$ liegt.

Sei T ein M-alternierender Baum, $u \in$ even(T) und $[u, v] \in E$ mit $v \notin V(T)$. Es existieren zwei Fälle:

Fall 1: v ist M-frei In diesem Fall ist der Weg P von s nach u zusammen mit der Kante $[u, v]$ ein M-augmentierender Weg (er ist alternierend und beide Endecken sind M-frei). Wir können in diesem Fall das Matching M längs P vergrößern, indem wir $M := M \triangle E(P)$ setzen.

Fall 2: v ist von M überdeckt Sei $[v, w]$ die eindeutige Kante aus M, welche v überdeckt. Dann gilt $w \notin V(T)$, da ansonsten die Kante $[v, w]$ in $E(T)$ liegen müsste (zur Erinnerung: jede Ecke aus $V(T) \setminus \{s\}$ wird durch Kanten aus $M \cap E(T)$ überdeckt). Wir können nun den alternierenden Baum T vergrößern (»wachsen lassen«), indem wir v zu odd(T) und w zu even(T) hinzufügen. Dabei werden dann auch die beiden Kanten $[u, v]$ und $[v, w]$ zu T hinzugenommen. Wir bezeichnen die geschilderte Operation auch kurz als *Wachstumsschritt*.

Die obigen zwei Fälle zeigen, dass eine Kante $[u, v]$ mit $u \in$ even(T) und $v \notin V(T)$ entweder einen augmentierenden Weg liefert oder benutzt werden kann, um den alternierenden Baum wachsen zu lassen. Wir betrachten nun die Situation, dass für jede Kante $[u, v]$ mit $u \in$ even(T) auch $v \in V(T)$ gilt. Dann unterscheiden wir wiederum zwei Fälle:

Fall 3: Jede Kante $[u, v]$ mit $u \in$ even(T) erfüllt $v \in$ odd(T).

Fall 4: Es gibt eine Kante $[u, v]$ mit $u \in$ even(T) und $v \in$ even(T).

Wir zeigen zunächst, dass Fall 3 ein Zertifikat für die Tatsache ist, dass G kein perfektes Matching besitzt.

Definition 10.18:   Verkümmerter Baum

Ein alternierender Baum T heißt *verkümmert*, wenn für jede Kante $e \in E$, deren eine Endecke in even(T) liegt, die andere Endecke von e in odd(T) liegt.

Lemma 10.19:
Ist T ein verkümmerter Baum in G, so existiert in G kein perfektes Matching.

Beweis:
Nach Voraussetzung bildet in $G - \text{odd}(T)$ jede Ecke aus $\text{even}(T)$ eine ungerade Komponente aus einer Ecke. Also ist

$$\text{oc}(G - \text{odd}(T)) \geq |\text{even}(T)| \overset{(10.3)}{=} |\text{odd}(T)| + 1.$$

Nach Korollar 10.8 angewendet auf $S := \text{odd}(T)$ folgt, dass G kein perfektes Matching besitzt.   ∎

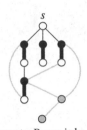

Verkümmerter Baum: jede Kante $e \in E$, deren eine Endecke in $\text{even}(T)$ liegt, hat die andere Endecke in $\text{odd}(T)$. Die grauen Ecken/Kanten gehören nicht zum Baum.

Was können wir im Fall 4 aussagen? Hinzunahme von $[u, v]$ zu T induziert einen eindeutigen elementaren Kreis C (vgl. Satz 6.3). Da sowohl $u \in \text{even}(T)$ als auch $v \in \text{even}(T)$ besitzt C ungerade Länge. Ist nämlich z die letzte gemeinsame Ecke der beiden Wege von s nach u bzw. s nach v, so muss $z \in \text{even}(T)$ gelten (Ecken aus $\text{even}(T)$ haben mehr als einen Sohn, die Ecken aus $\text{odd}(T)$ sind über eine Matching-Kante mit einem einzelnen Sohn verbunden). Dann haben aber die Wege von z nach u und von z nach v beide gerade Länge und bilden zusammen mit der Kante $[u, v]$ den einfachen Kreis C, der damit ungerade Länge besitzen muss.

10.6.1 Noch einmal der bipartite Fall

Zur Erleichterung des Verständnisses ist es nützlich, zunächst noch einmal zum bipartiten Fall zurückzukehren. Hier kann nämlich Fall 4 nicht auftreten, da ein bipartiter Graph nach Satz 3.24 keinen ungeraden Kreis enthält.

Unsere Erkenntnisse über alternierende Bäume liefern dann bereits einen Algorithmus, der entscheidet, ob G ein perfektes Matching enthält. Wir starten mit dem leeren Matching $M = \emptyset$. Falls es noch eine M-freie Ecke $s \in V$ gibt, so lassen wir ausgehend von s einen alternierenden Baum T wachsen. Dabei erhalten wir nach höchstens $n - 1$ Wachstumsschritten entweder einen verkümmerten Baum oder finden einen augmentierenden Weg. Im letzteren Fall vergrößern wir das Matching und starten erneut bei einer freien Ecke, sofern es eine solche gibt. Algorithmus 10.2 zeigt das Verfahren.

Satz 10.20:
Algorithmus 10.2 entscheidet korrekt, ob ein bipartiter Graph ein perfektes Matching besitzt. Er kann so implementiert werden, dass seine Laufzeit $\mathcal{O}(nm)$ beträgt.

Beweis:
Die Korrektheit folgt unmittelbar aus der obigen Diskussion.

Algorithmus 10.2 Algorithmus, der entscheidet, ob ein bipartiter Graph ein perfektes Matching enthält.

TREE-BIPARTITE-PERFECT-MATCHING(G)

Input: Ein ungerichteter zusammenhängender bipartiter Graph $G = (V, E)$ in Adjazenzlistendarstellung

Output: Ein perfektes Matching in G oder die Information, dass G kein perfektes Matching enthält

1 Setze $M := \emptyset$
2 **if** M ist ein perfektes Matching **then**
3   **return** M
4 Wähle eine M-freie Ecke s und setze $T := (\{s\}, \emptyset)$
                                                                      { *alternierender Baum mit Wurzel* s }
5 **if** es gibt eine Kante $[u, v] \in E$ mit $u \in \text{even}(T)$ und $v \notin V(T)$ **then**
6   **if** v ist M-frei **then**   { *Fall 1* }
7   Vergrößere das Matching M längs des gefunden augmentierenden Weges.
8   **goto** 2   { *zum Test, ob* M *bereits ein perfektes Matching ist.* }
9   **if** v ist von $[v, w] \in M$ überdeckt **then**   { *Fall 2* }
10   Füge v, w und die Kanten $[u, v]$, $[v, w]$ zu T hinzu.
11   **goto** 5   { *zum Wachsen des Baums bzw. Vergrößern des Matchings* }
12 Der Baum ist T verkümmert.
13 **return** "G besitzt kein perfektes Matching".

Wir implementieren den Algorithmus so, dass wir für jede Ecke $v \in V$ einen Zeiger `edge`$[v]$ auf diejenige Kante in M speichern, welche v überdeckt (dies ist dann ein Zeiger auf eine Kante in $\delta(v)$). Falls v nicht überdeckt, also M-frei, ist, so ist dieser Zeiger `nil`.

Beim Wachsen eines alternierenden Baumes T erhält jede Ecke eine von drei Markierungen: unmarkiert, gerade und ungerade. Unmarkierte Ecken liegen nicht in T, die anderen beiden Markierungen geben an, ob eine Ecke in even(T) bzw. in odd(T) liegt.

Für jede Ecke $u \in \text{even}(T)$ gehen wir ADJ$[u]$ *einmal* durch, um zu prüfen, ob es $[u, v] \in E$ mit $v \notin T$ (es genügt für jede Ecke ein einziger Durchlauf der Adjazenzliste, da durch Wachsen des Baumes keine neuen Kanten dieses Typs entstehen können). Falls wir eine solche Kante finden, so können wir anhand der Zeiger `edge` in konstanter Zeit zwischen den Fällen 1 und 2 unterscheiden.

Eine Vergrößerung des Matchings benötigt $\mathcal{O}(n)$ Zeit, da die Länge des augmentierenden Weges durch $n - 1$ nach oben beschränkt ist. Im Algorithmus erfolgen maximal $n/2$ Vergrößerungen des Matchings, so dass insgesamt $\mathcal{O}(n^2) \subseteq \mathcal{O}(nm)$ Zeit für die Vergrößerungen anfällt.

Beim Wachsen eines einzelnen Baumes wird jede Kante maximal zweimal betrachtet (für jede der beiden Endecken maximal einmal), so dass eine Wachstumsphase auch nur $\mathcal{O}(m)$ Zeit benötigt. Eine Wachstumsphase endet entweder mit einer Vergrößerung (dies kann maximal n mal passieren) oder mit einem verkümmerten Baum (dieser Fall tritt maximal einmal auf). Daher ist der Gesamtaufwand des Algorithmus in $\mathcal{O}(nm)$.   ∎

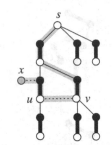

Der augmentierende Weg von
s nach x wird nicht gefunden.

10.6.2 Perfekte Matchings in nicht-bipartiten Graphen

In nicht-bipartiten Graphen müssen wir auch Fall 4 in einen Algorithmus integrieren. Wir haben dann einen elementaren Kreis C ungerader Länge in G gefunden. Warum diese Situation entscheidende Bedeutung für Matchings in nicht-bipartiten Graphen hat, verdeutlicht das nebenstehende Bild. Hier existiert ein augmentierender Weg (grau hervorgehoben) von der Wurzel s zu einer freien Ecke $x \notin V(T)$, der mit unseren bisherigen Regeln für die Behandlung von alternierenden Bäumen nicht gefunden wird: der bisherige Algorithmus für bipartite Graphen steckt fest, obwohl der Baum nicht verkümmert ist.

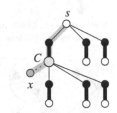

Nach der Kontraktion des
ungeraden Kreises kann der
Baum wieder wachsen bzw.
der augmentierende Weg wird
gefunden.

Jack Edmonds [56] fand den Schlüssel um weiterzukommen. Er liegt darin, dass wir den ungeraden Kreis C kontrahieren, d.h. durch eine Ecke ersetzen. Nach der Kontraktion des Kreises können wir dann wieder den Baum wachsen lassen und finden dann den augmentierenden Weg. Allerdings handelt es sich dann beim augmentierenden Weg um einen Weg in einem »abgeleiteten Graphen« (der statt der Ecken in $V(C)$ eine »Superecke« C enthält). Um zu einem funktionstüchtigen Algorithmus zu kommen, müssen wir folgende Probleme lösen:

- Wie können wir den augmentierenden Weg im abgeleiteten Graphen G' nutzen, um das Matching in G zu vergrößern?

- Welche Information liefert uns ein verkümmerter Baum im abgeleiteten Graphen G'?

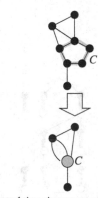

Um diese Fragen zu beantworten, definieren wir zunächst die Kontraktion eines Kreises und den Begriff eines abgeleiteten Graphen exakt.

Definition 10.21: Kontraktion eines ungeraden Kreises
Sei $G = (V, E)$ ein ungerichteter Graph und C ein elementarer Kreis ungerader Länge in G. Den Graphen $G' := G/C$, der durch *Kontraktion* von C entsteht, erhält man dadurch, dass man in G alle Ecken aus $V(C)$ entfernt und durch eine neue Ecke C ersetzt. Für jede Kante $[u, v] \in E$ mit $u \notin V(C)$ und $v \in V(C)$ enthält G' eine Kante $[u, C]$.

Kontraktion eines ungeraden
Kreises C

Zunächst beschäftigen wir uns mit der ersten Frage. Das folgende Lemma zeigt, dass wir ein Matching in G/C immer zu einem Matching in G fortsetzen können, wobei wir dafür nur Kanten aus dem Kreis C benutzen.

Lemma 10.22:
Sei C ein elementarer ungerader Kreis in G, $G' := G/C$ und M' ein Matching in G'. Dann gibt es ein Matching M in G mit $M \subseteq M' \cup E(C)$, so dass

die Anzahl der M-freien Ecken in G gleich der Anzahl der M'-freien Ecken in G' ist.

Beweis:

Falls C von M' in G' durch eine Kante $[u, C]$ überdeckt wird, so wählen wir $v \in V(C)$ als die Ecke, für welche die Kante $[u, v]$ die Kante $[u, C]$ in G' bei der Kontraktion induzierte. Falls C andererseits M'-frei ist, so wählen wir $v \in V(C)$ beliebig.

Der Graph $(V(C), E(C)) - v$ ist dann ein Weg ungerader Länge, der ein perfektes Matching $M_1 \subseteq E(C)$ besitzt. Das Matching $M := M_1 \cup M'$ hat dann die gewünschten Eigenschaften.   ∎

Fortsetzen eines Matchings in G/C zu einem Matching in G.

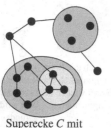

Superecke C mit $|S(C)| = 7$

Sei G' ein Graph, der aus G durch eine Folge von Kontraktionen elementarer Kreise ungerader Länge entsteht. Wir nennen dann G' einen *abgeleiteten Graphen* von G. Die Ecken in G' teilen sich in zwei Klassen: Ecken aus $V(G)$ und sogenannte *Superecken*. Jede Ecke $v \in V(G')$ entspricht einer Teilmenge $S(v) \subseteq V$ der ursprünglichen Eckenmenge. Falls v keine Superecke ist, so enthält $S(v) = \{v\}$ nur ein Element. Für eine Superecke $v = C$ ist $S(C)$ die Vereinigung aller $S(w)$ mit $w \in V(C)$.

Es folgt, dass $S(v)$ in beiden Fällen immer ungerade Kardinalität hat, da für eine Superecke eine ungerade Anzahl von ungeraden Mengen vereinigt werden. Darüberhinaus bilden die Mengen $S(v)$, $v \in V(G')$ eine Partition von $V = V(G)$. Das folgende Lemma beantwortet die zweite oben gestellte Frage (unter einer speziellen Voraussetzung):

Lemma 10.23:
Sei G' ein abgeleiteter Graph von G, M' ein Matching in G' und T ein M'-alternierender Baum in G', so dass $\mathrm{odd}(T)$ im alternierenden Baum keine Superecke enthält. Falls T verkümmert ist, so besitzt G kein perfektes Matching.

Beweis:

Jede Menge $S(v)$, $v \in \mathrm{even}(T)$ bildet eine ungerade Komponente in $G - \mathrm{odd}(T)$. Also ist $\mathrm{oc}(G - \mathrm{odd}(T)) > |\mathrm{odd}(T)|$ und die Behauptung folgt mit Korollar 10.8.   ∎

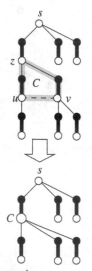

Anwendung von
SHRINK-AND-UPDATE

Lemma 10.23 setzt voraus, dass im alternierenden Baum $\mathrm{odd}(T)$ keine Superecke enthält. Sei C der Kreis, der durch die Kante $[u, v]$ zwischen den Ecken aus $u, v \in \mathrm{even}(T)$ geschlossen wird. Ist z der letzte gemeinsame Vorgänger auf den Wegen von u bzw. v zur Wurzel s, so ist $z \in \mathrm{even}(T)$, da nur Ecken aus $\mathrm{even}(T)$ mehr als einen Sohn haben können. Bei der Kontraktion nimmt C quasi den Platz von z ein, wird also zu einer Ecke aus $\mathrm{even}(T)$. Algorithmus 10.3 zeigt das Kontrahieren des Kreises C, bei dem aus dem aktuellen Matching alle Kanten aus $E(C)$ entfernt werden (vgl. hierzu den Beweis von Lemma 10.22).

Algorithmus 10.3 Algorithmus zur Kontraktion eines ungeraden Kreises und zum Aktualisieren des Graphen und Matchings.

SHRINK-AND-UPDATE(M', T, $[u, v]$)

Input: Ein Matching M' eines ungerichteten Graphen G', ein
M'-alternierender Baum T und eine Kante $[u, v] \in E(G')$ mit
$u, v \in \text{even}(T)$

1 Sei C der elementare Kreis ungerader Länge, den die Hinzunahme von $[u, v]$
   zu T erzeugt.
2 Setze $G' := G'/C$ und $M' := M' \setminus E(C)$
3 Ersetze T durch den Baum im aktualisierten Graphen G' mit Kantenmenge
   $E(T) \setminus E(C)$.

Wir machen folgende Beobachtung:

Beobachtung 10.24:

Nach der Anwendung von SHRINK-AND-UPDATE *(Algorithmus 10.3) zur Kontraktion eines ungeraden Kreises C ist M' ein Matching in G', T ein M'-alternierender Baum in G' und $C \in \text{even}(T)$.*

Algorithmus 10.4 zeigt das Verfahren, das aus unserer obigen Diskussion hervorgeht. Wir haben den Algorithmus so formuliert, dass er mit einem beliebigen Matching M in G initialisiert wird. Dies wird sich im nächsten Abschnitt für die Berechnung maximaler Matchings als nützlich erweisen. Für die Bestimmung eines perfekten Matchings können wir $M = \emptyset$ wählen.

Satz 10.25:

Algorithmus 10.4 entscheidet korrekt, ob ein ungerichteter Graph ein perfektes Matching besitzt. Er benutzt $\mathcal{O}(n)$ Vergrößerungen des Matchings sowie $\mathcal{O}(n^2)$ Kontraktionen und Wachstumsschritte.

Beweis:

Per Induktion folgt mit Beobachtung 10.24, dass invariant M' ein Matching in G' und T ein alternierender Baum in G' ist, bei dem keine Ecke aus $\text{odd}(T)$ eine Superecke ist. Falls der Algorithmus daher in Schritt 17 einen verkümmerten Baum T in G' gefunden hat, so kann er korrekterweise die Information ausgeben, dass G kein perfektes Matching besitzt (siehe Lemma 10.23).

Jede Vergrößerung des Matchings M' verringert die Anzahl der M'-freien Ecken, daher kann es insgesamt höchstens $\mathcal{O}(n)$ Vergrößerungen im Algorithmus geben. Zwischen zwei Vergrößerungen des Matchings verringert jede Kontraktion die Anzahl der Ecken in G' und jeder Wachstumsschritt die Anzahl der Ecken in $V(G') \setminus V(T)$. Somit können jeweils maximal $\mathcal{O}(n)$ Kontraktionen und $\mathcal{O}(n)$ Wachstumsschritte zwischen zwei Vergrößerungen stattfinden, was insgesamt eine obere Schranke von $\mathcal{O}(n^2)$ für beide Operationstypen ergibt. ∎

Algorithmus 10.4 Algorithmus, der entscheidet, ob ein ungerichteter Graph ein perfektes Matching enthält.

PERFECT-MATCHING(G, M)

Input: Ein ungerichteter zusammenhängender Graph $G = (V, E)$ in
              Adjazenzlistendarstellung, ein Matching M in G

Output: Ein perfektes Matching in G oder die Information, dass G kein
              perfektes Matching enthält

1 Setze $G' := G$ { *später ist G' ein abgeleiteter Graph* }
2 Setze $M' := M$
3 **if** M' ist ein perfektes Matching in G' **then**
4   **return** M' { *M' ist ein perfektes Matching* }
5 Wähle eine M'-freie Ecke s und setze $T := (\{s\}, \emptyset)$
                                                { *alternierender Baum mit Wurzel s* }
6 **if** es gibt eine Kante $[u, v] \in E(G')$ mit $u \in \text{even}(T)$ und $v \notin \text{odd}(T)$ **then**
                                                { *im bipartiten Fall stand hier $v \notin V(T)$* }
7   **if** v ist M'-frei **then**   { *Fall 1* }
8   vergrößere das Matching M' längs des gefunden augmentierenden Weges.
9   Setze M' zu einem Matching M in G fort.   { *vgl. Lemma 10.22* }
10   Setze $G' := G$, $M' := M$, **goto** 3
                                                { *zum Test, ob M bereits ein perfektes Matching ist.* }
11   **if** v ist von $[v, w] \in M'$ überdeckt **then**   { *Fall 2* }
12   Füge v, w und die Kanten $[u, v]$, $[v, w]$ zu T hinzu.
13   **goto** 6   { *zum Wachsen des Baums bzw. Vergrößern des Matchings* }
14   **if** $v \in \text{even}(T)$ **then**   { *Fall 4* }
15   Kontrahiere den gefunden elementaren Kreis C ungerader Länge und ak-
         tualisiere M' und T mittels SHRINK-AND-UPDATE$(M', T, [u, v])$ **goto** 6
                { *zum Test, ob T wächst oder ein augmentierender Weg gefunden wird* }
16 T ist ein verkümmerter Baum in G'.
                { *Nach Lemma 10.23 hat dann auch G kein perfektes Matching.* }
17 **return** "G besitzt kein perfektes Matching".

Aus Satz 10.25 folgt unmittelbar, dass man Algorithmus 10.4 so implementieren kann, dass er polynomielle Laufzeit besitzt. Wir zeigen nun, wie man eine Laufzeit von $\mathscr{O}(nm\alpha(n))$ erreichen kann.

Im Prinzip arbeiten wir bei der Implementierung so wie bereits beim bipartiten Fall in Abschnitt 2. Allerdings haben wir die zusätzliche Schwierigkeit der Kontraktionen und die damit verbundene Frage, wie wir den abgeleiteten Graphen G' verwalten.

Hier hilft folgende Beobachtung: Wir erinnern daran, dass die Mengen $S(w)$, $w \in V(G')$ eine Partition der Eckenmenge $V(G)$ bilden. Eine Kante $[u, v] \in E(G)$ ist genau dann noch in G' vorhanden, wenn u und v in verschiedenen Blöcken der Partition liegen. Diese Beobachtung legt nahe, eine Datenstruktur zur Verwaltung disjunkter Mengen (siehe Anhang B.2 und die Implementierung des Kruskal-Algorithmus in Abschnitt 6.3) zu verwenden.

Jedes Mal, wenn wir einen neuen alternierenden Baum wachsen lassen, führen wir für jede Ecke $v \in V$ ein MAKE-SET(v) durch, so dass jeder Block der Partition einelementig ist. Beim Kontrahieren eines Kreises C werden alle Blöcke $S(v)$ mit $v \in V(C)$ mittels $|C|$ UNION-Operationen vereinigt.

Beim Wachsen eines Baums gehen wir für jede Ecke $u \in$ even(T) wie im bipartiten Fall die zu v inzidenten Kanten einmal durch. Dabei testen wir für jede Kante $[u, v]$ mittels zwei FIND-SET-Operationen, ob $[u, v]$ noch in G' vorhanden ist. Falls dies nicht mehr der Fall ist, ignorieren wir die Kante.

Der Wachstumsprozess bis zu einer Vergrößerung des Matchings oder einem verkümmerten Baum benötigt dann $\mathcal{O}(m)$ FIND-SET-Operationen (anstelle von $\mathcal{O}(m)$ Zeit im bipartiten Fall). Außerdem benötigen die Kontraktionen bis zu diesem Zeitpunkt $\mathcal{O}(n)$ UNION-Operationen. Wenn wir die Datenstruktur aus Satz 6.11 benutzen, erhalten wir damit eine Laufzeit von $\mathcal{O}((n+m)\alpha(n)) \in \mathcal{O}(m\alpha(n))$ pro Vergrößerung des Matchings. Hierbei bezeichnet wieder α die inverse Ackermann-Funktion. Die Laufzeit von Algorithmus 10.4 ist daher $\mathcal{O}(nm\alpha(n))$.[1]

Satz 10.26:
Bei geeigneter Implementierung benötigt Algorithmus 10.4 $\mathcal{O}(nm\alpha(n))$ Zeit, um ein perfektes Matching zu finden bzw. um festzustellen, dass der Graph kein perfektes Matching enthält. ∎

10.6.3 Von perfekten Matchings zu Matchings maximaler Kardinalität

In diesem Abschnitt zeigen wir, wie Algorithmus 10.4 benutzt werden kann, um ein Matching maximaler Kardinalität zu bestimmen.

Wir wenden den Algorithmus auf $G = (V, E)$ an. Falls dabei ein perfektes Matching gefunden wird, so ist dies auch ein Matching maximaler Kardinalität und wir sind fertig. Andernfalls liefert das Verfahren ein nicht-perfektes Matching M' und einen verkümmerten Baum T in einem abgeleiteten Graphen G'. Wir entfernen alle Ecken aus $V(T)$ aus G' und wenden den Algorithmus auf den Restgraphen $G' - V(T)$ mit initialem Matching $M' \setminus E(T)$ an. Man beachte, dass $G' - V(T)$ keine Superecken enthält, da jede Superecke im Baum T enthalten war. Wir iterieren diesen Prozess so lange, bis keine freien Ecken mehr übrig sind.

Seien $T_1, \ldots, T_k$ die verkümmerten Bäume, die beim obigen Prozess generiert werden. Unser endgültiges Matching M besteht aus allen Matching-Kanten in $\bigcup_{i=1}^{k} E(T_i)$ (nach eventuellem Dekontrahieren der Superecken) und den perfekten Matchings, die in einzelnen Teilgraphen gefunden wurden. Die M-freien Ecken sind dann genau die Wurzeln der Bäume $T_1, \ldots, T_k$.

---

1 Mit Hilfe der einfachen Datenstruktur aus Anhang B.2 ergibt sich eine Laufzeit von $\mathcal{O}(m \log n)$ pro Vergrößerung und eine Gesamtlaufzeit von $\mathcal{O}(nm \log n)$.

Folglich gibt es genau k Ecken in G, die M-frei sind und es folgt $|M| = (n-k)/2$.

Wir betrachten die Menge $S := \bigcup_{i=1}^{k} \mathrm{odd}(T_i)$. Die ungeraden Komponenten in $G - S$ sind mindestens die einelementigen Mengen $\{v\}$ mit $v \in \bigcup_{i=1}^{k} \mathrm{even}(T_i)$ Also gilt

$$\mathrm{oc}(G-S) \geq \sum_{i=1}^{k} |\,\mathrm{even}(T_i)| \overset{(10.3)}{=} \sum_{i=1}^{k} (|\,\mathrm{odd}(T_i)| + 1) = |S| + k.$$

Mit Lemma 10.6 folgt daher $v(G) \leq \frac{1}{2}(n - |S| - k + |S|) = \frac{1}{2}(n-k) = |M|$. Daher ist M ein Matching maximaler Kardinalität. Wir erhalten somit folgendes Resultat:

Satz 10.27:

Ein Matching maximaler Kardinalität lässt sich in Zeit $\mathcal{O}(nm\alpha(n))$ berechnen. ∎

Abschließend kommen wir noch einmal auf die Tutte-Berge-Formel (siehe Satz 10.7) zurück. Wie wir gesehen haben, gilt für das mit dem oben geschilderte Verfahren bestimmte Matching M und die Menge S: $\frac{1}{2}(n - \mathrm{oc}(G-S) + |S|) = |M|$. Da wir bereits wissen, dass $|M'| \leq \frac{1}{2}(n - \mathrm{oc}(G-S') + |S'|)$ für jedes Matching und jede Teilmenge $S' \subseteq V$ gilt, folgt damit die Korrektheit der Tutte-Berge-Formel:

Korollar 10.28:   **Tutte-Berge-Formel**

Für jeden ungerichteten Graphen $G = (V, E)$ gilt

$$v(G) = \min_{S \subseteq V} \frac{1}{2} \left(|V| - \mathrm{oc}(G-S) + |S| \right).$$ ∎

10.6.4   Gewichtsminimale perfekte Matchings

In Abschnitt 10.5 haben wir einen Algorithmus analysiert, der in einem bipartiten Graphen in Zeit $\mathcal{O}(nm + n^2 \log n)$ ein gewichtsminimales perfektes Matching bestimmt. Dieses Matching-Problem lässt sich auch in allgemeinen Graphen in polynomieller Zeit lösen. Der derzeit schnellste Matching-Algorithmus für nicht-bipartite Graphen ist der Algorithmus von Hal Gabow [73] (der auf einem Algorithmus von Jack Edmonds [56] aufbaut) mit einer Laufzeit von $\mathcal{O}(nm + n^2 \log n)$. Wir verzichten hier auf die Darstellung dieses (komplizierten) Verfahrens und verweisen auf [158, 42, 73] für verschiedene polynomielle Matching-Algorithmen in allgemeinen Graphen.

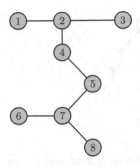

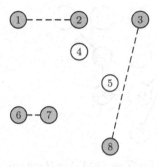

a: Minimaler aufspannender Baum T

b: Gewichtsminimales perfektes Matching M auf den Ecken ungeraden Grades in T

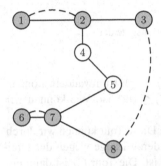

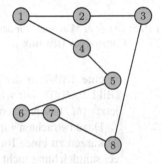

c: Der Eulersche Graph $H = (V, E(T) \cup M)$

d: Abkürzen der Eulerschen Tour in H liefert eine TSP-Tour

Bild 10.4: Christofides-Heuristik für das metrische TSP

10.7 Die Christofides-Heuristik

Wir betrachten wieder das metrische *Traveling Salesman Problem* (TSP) (vgl. Abschnitt 6.9). Gesucht ist ein kürzester Hamiltonscher Kreis im vollständigen Graphen $G = K_n$, wobei die Kantengewichte der Dreiecksungleichung genügen. Die MST-Heuristik aus Abschnitt 6.9 liefert uns eine TSP-Tour mit Länge höchstens 2OPT, wobei OPT die Länge der optimalen Tour bezeichnet.

Unter Verwendung gewichtsminimaler perfekter Matchings lässt sich die Approximationsgüte verbessern. Zunächst berechnen wir wieder einen minimalen aufspannenden Baum T in G bezüglich der Kantengewichte c (Bild 10.4(a)). Sei $U \subseteq V$ die Menge der Ecken in T mit ungeradem Grad. Nach Lemma 2.5 ist U gerade. Daher existiert ein perfektes Matching im ebenfalls vollständigen induzierten Graphen $G[U]$.

Sei M ein perfektes Matching in $G[U]$ minimalen Gewichts (Bild 10.4(b)). Dann ist in $H = (V, E(T) \cup M)$ der Grad jeder Ecke gerade (Bild 10.4(c)), so dass wir wie in Abschnitt 6.9 eine Eulersche Tour in H durch Abkürzen

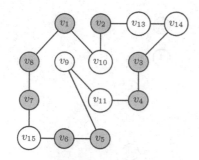

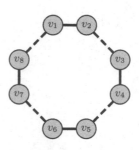

a: Die optimale TSP-Tour. Die Ecken U mit un-geradem Grad im minimalen aufspannenden Baum sind grau gezeichnet.

b: Die zwei Matchings M_1 (durchgezogene Kan-ten) und M_2 (gestrichelte Kanten).

Bild 10.5: Die zwei Matchings für den Beweis der Approximationsgüte der Christofides-Heuristik

in eine TSP-Tour der Länge höchstens $c(T) + c(M)$ umwandeln können (Bild 10.4(d)). Wir wissen bereits, dass $c(T) \leq$ OPT ist. Wie können wir jetzt $c(M)$ beschränken?

Dazu betrachten wir die optimale Tour C^*. Diese Tour können wir durch Abkürzen zu einer Tour C_U auf U machen, deren Länge wegen der Drei-ecksungleichung nicht länger als die von C^* ist. Die Tour C_U ist dann ein Hamiltonscher Kreis in $G[U]$. Sei o.B.d.A. die Spur von C_U gegeben durch $C_U = (v_1, \ldots, v_{2k})$. Dann lässt sich C_U in zwei perfekte Matchings M_1 und M_2 zerlegen: (vgl. Bild 10.5):

$$M_1 = \{[v_1, v_2], [v_3, v_4], \ldots, [v_{2k-1}, v_{2k}]\}$$
$$M_2 = \{[v_2, v_3], [v_4, v_5], \ldots, [v_{2k}, v_1]\},$$

so dass $c(M_1) + c(M_2) = c(C_U) \leq$ OPT. Insbesondere gilt für mindestens eines dieser Matchings $c(M_i) \leq$ OPT$/2$. Daher folgt für das perfekte Mat-ching minimalen Gewichts M in $G[U]$ die Abschätzung $c(M) \leq$ OPT$/2$.

Das vorgestellte Verfahren stammt von Nicos Christofides [38]. Da man ein perfektes Matching minimalen Gewichts in allgemeinen Graphen in $\mathcal{O}(n^3)$ Zeit bestimmen kann (siehe z.B. [158, 42]), ergibt sich damit fol-gender Satz:

Satz 10.29:
Die Christofides-Heuristik liefert eine $3/2$-Approximation für das metri-sche TSP. *Die Laufzeit beträgt bei geeigneter Implementierung $\mathcal{O}(n^3)$.* ∎

Bemerkung 10.30:
Bessere Schranken für die Optimallösung erhält man bei konkreten Eingabe-Instanzen gewöhnlich durch die folgende untere Schranke für die optima-

le Tour-Länge OPT: Wir betrachten dazu 1-Bäume (vgl. [172, 132, 135]): Zu jedem $v \in V$ bestimmen wir in $G - v$ einen minimalen aufspannenden Baum $T(v)$ (bgzl. der Gewichte c) und fügen die zwei c-kleinsten Kanten, die mit v inzidieren, hinzu: wir erhalten einen c-minimalen sogenannten *1-Baum* $T_1(v)$ mit n Kanten, der V aufspannt. Ist $T_1(v)$ ein Hamiltonscher Kreis, so ist er offensichtlich optimale Lösung für die TSP-Instanz. In jedem Falle - auch für nicht metrische TSP - gilt: $c(T_1(v)) \leq$ OPT, also auch $\bar{c} := \max_{v \in V} c(T_1(v)) \leq$ OPT.

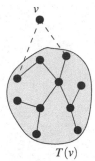

$T(v)$
1-Baum $T_1(v)$

Die Berechnung von $\bar{c}$ erfordert neben dem Sortieren der Kantengewichte $\mathcal{O}(m\alpha(n))$ Aufwand (vgl. [131] und Korollar 6.12). Hier bezeichnet $\alpha(n)$ wieder die inverse Ackermann-Funktion. Statt eines MST kann auch $T_1(v)$, insbesondere ein solcher (unter obigen 1-Bäumen) mit minimalem Gewicht für ein ergänzendes perfektes Matching genutzt werden, da jeder 1-Baum ebenfalls eine (positive) gerade Anzahl von Ecken ungeraden Grades besitzt (für $n \geq 3$).

10.8 Gewichtsmaximale Matchings – Approximation in Linearzeit

Sei wieder $G = (V, E)$ ein einfacher ungerichteter Graph und $w \colon E \to \mathbb{R}_+$ eine nichtnegative (Kanten-) Gewichtung. Unter allen Matchings M in G interessiert man sich in vielen Anwendungen (Zuordnungsproblem, Crew Scheduling, *Roommate Problem* u.a.) für solche, die maximales Gesamtgewicht $c(M) := \sum_{e \in M} c(e)$ aufweisen (aber nicht notwendigerweise perfekt sind).

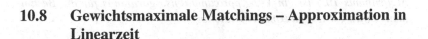

GEWICHTSMAXIMALES MATCHING

Instanz: Ungerichteter Graph $G = (V, E)$ mit Kantengewichten $w \colon E \to \mathbb{R}_+$

Gesucht: Ein Matching $M \subseteq E$ mit maximalem Gewicht $w(M)$

Wie bereits in Abschnitt 10.6.4 erwähnt, ist der aktuell schnellste Algorithmus für dieses Problem der Algorithmus von Gabow [73] mit einer Laufzeit von $\mathcal{O}(nm + n^2 \log n)$. Für große Graphen ist diese Laufzeit häufig unzumutbar, ganz abgesehen von Problemen, welche die komplexe Implementierung mit all ihren Datenstrukturen mit sich bringt. Man interessiert sich daher (trotz der prinzipiellen polynomiellen Lösbarkeit) für Approximationsalgorithmen, die in linearer Zeit akzeptable Güte garantieren. Naheliegend ist das Greedy-Matching-Verfahren, das in Algorithmus 10.5 dargestellt ist.

Es ist leicht, Algorithmus 10.5 so zu implementieren, dass seine Laufzeit $\mathcal{O}(n + m)$ plus die Zeit für das Sortieren der m Kanten beträgt. Im »Normalfall« ergibt sich damit eine Komplexität von $\mathcal{O}(m \log m)$, sollten

---

Algorithmus 10.5 Greedy-Heuristik für gewichtsmaximale Matchings

GREEDY-MATCHING

Input: Ein ungerichteter zusammenhängender Graph $G = (V, E)$ in
             Adjazenzlistendarstellung und eine Kantengewichtung $c\colon E \to \mathbb{R}_+$

1 $M := \emptyset$;
2 **while** $E \neq \emptyset$ **do**
3   Sei $e \in E$ die »schwerste« Kante in E
4     $M := M \cup \{e\}$
5     $E := E \setminus (\{e\} \cup \{e' : e' \text{ inzidient mit } e\})$
6 **return** M

---

die Kanten schneller sortierbar sein (dies ist in linearer Zeit möglich, falls die Kantengewichte alle aus $\{1, \ldots, m\}$ sind, siehe [45]), so hat Algorithmus 10.5 eine entsprechend bessere Laufzeit.

Satz 10.31:

Algorithmus 10.5 ist ein $1/2$-Approximationsalgorithmus für die Bestimmung eines gewichtsmaximalen Matchings.

Beweis:

Sei M^* ein gewichtsmaximales Matching und M das Matching, welches Algorithmus 10.5 erzeugt. Wir konstruieren eine Abbildung $\varphi\colon M^* \to M$ mit folgenden Eigenschaften: (i) jeder Kante $e' \in M$ werden höchstens zwei Kanten $\varphi^{-1}(\{e'\})$ zugeordnet, und (ii) es gilt $c(e) \leq c(e')$ für alle $e \in \varphi^{-1}(\{e'\})$. Aus der Existenz dieser Abbildung folgt unmittelbar die Behauptung.

Sei $e = [u, v] \in M^*$. Falls $e \in M$, so sei $\varphi(e) := e$. Ansonsten muss M mindestens eine Kante e' enthalten, die mit e inzident und die zudem $c(e') \geq c(e)$ erfüllt, da Algorithmus 10.5 ansonsten e zu M hinzugefügt hätte. Wir setzen $\varphi(e) := e'$.

Eigenschaft (ii) der Abbildung φ ist trivial. Eigenschaft (i) ergibt sich aus der Tatsache, dass jede Kante $e' \in M$ nur inzidente Kanten zugeordnet bekommen kann, und zwar nur eine für jede seiner Endecken, da M^* ein Matching ist. ∎

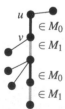

»Path-Growing Algorithmus«: Die Kanten aus den beiden Matchings sind dick hervorgehoben.

Einen interessanten anderen Ansatz, den »Path-Growing Algorithmus« (Algorithmus 10.6 auf der nächsten Seite), haben Stefan Hougardy und Doratha E. Drake [55] vorgestellt. Basisidee ist dabei die folgende: Man wähle eine (beliebige) Ecke u als Startecke und eine zu u inzidente Kante $[u, v]$ mit möglichst großem Gewicht. Dann setze man mit der anderen Endecke v der ausgewählten Kante diese *heaviest-weight-first*-Strategie fort (*Path Growing*), ohne zu bereits aufgesuchten Ecken zurückzukehren. Alternierend werden die ausgewählten Kanten zwei Matchings M_0 und M_1 zugewiesen.

Algorithmus 10.6 Path-Growing Algorithmus zur Bestimmung eines approximativ gewichtsmaximalen Matchings

---

PGA-MATCHING

Input: Ein ungerichteter zusammenhängender Graph $G = (V, E)$ in
Adjazenzlistendarstellung und eine Kantengewichtung $c \colon E \to \mathbb{R}_+$

1   Setze $M_0 := \emptyset$, $M_1 := \emptyset$ und $i := 0$.   *{ zwei (initial leere) Matchings }*
2   Durchlaufe E und markiere dabei alle Ecken $u \in V$ mit Grad $g(u) \geq 1$. Sei L
    die Menge der markierten Ecken.
3   **if** $L = \emptyset$ **then**
4   **return** G besitzt nur das leere Matching.
5   **while** $L \neq \emptyset$ **do**
6   Wähle eine beliebige markierte Ecke $u \in L$.
7   **while** u hat markierten Nachbarn **do**
8   Wähle eine Kante $e = [u, v]$ mit $v \in L$ und maximalem Gewicht $c(e)$ unter
            allen Kanten in $\delta(u)$.
9           $M_i := M_i \cup \{e\}$
10          $i := 1 - i$
11   Lösche die Marke von u *{ Implizit: $G := G - u$ }*
12          $u := v$;
13   **if** $c(M_0) \geq c(M_1)$ **then**
14   **return** M_0
15   **else**
16   **return** M_1

Satz 10.32:

Algorithmus 10.6 ist $1/2$-approximativ. Die Laufzeit ist $\mathcal{O}(n + m)$.

Beweis:

Ist u die aktuelle Ecke, deren Marke als nächstes gelöscht wird, so ordnen
wir alle Kanten, die mit u und (aktuell) markierten Ecken inzidieren, der
Ecke u zu: $E(u) \subseteq E$. Nach Terminieren des Algorithmus ist jede Kante e
genau einer (mit e inzidenten) Ecke zugeordnet; es gilt: $E = \bigcup_{u \in L} E(u)$,
$E(u) \cap E(v) = \emptyset$ für $u \neq v$, wobei ggf. $E(v) = \emptyset$ für einzelne $v \in L$ ist.

Sei M^* ein gewichtsmaximales Matching, und $e, e' \in M^*$ mit $e \neq e'$, so
folgt aus der Matching-Eigenschaft, dass $e \in E(v)$ und $e' \in E(v')$ mit $v \neq v'$.
Algorithmus 10.6 wählt aus jeder nichtleeren Menge $E(u)$ das gewichtsmaximale Element aus und fügt dieses entweder M_0 oder M_1 hinzu. Also gilt:

$$c(M_0) + c(M_1) \geq \sum_{u: E(u) \neq \emptyset} \max\{c(e) : e \in E(u)\} \geq \sum_{e \in M^*} c(e) = c(M^*).$$

Insbesondere hat eines der beiden Matchings M_i ($i = 0, 1$) Gewicht mindestens $c(M^*)/2$.

Zur Laufzeit: Die Initialisierung benötigt $\mathcal{O}(n + m)$ Schritte. Jede Kantenauswahl braucht $\mathcal{O}(|\delta(u)|)$ Schritte, wobei $g(u) = |\delta(u)|$ den Grad der
aktuellen Ecke angibt. Alle Kantenauswahlschritte zusammen benötigen da-

her $\mathscr{O}(\sum_{u \in L} g(u)) = \mathscr{O}(m)$ Aufwand.   ■

Bemerkung 10.33:

Es gibt Instanzen, bei denen Algorithmus 10.6 ein Matching mit Gewicht genau $c(M^*)/2$ liefert (vgl. Aufgabe 10.8). Das vom Algorithmus gelieferte Matching ist zudem nicht notwendigerweise ein maximales Matching. Daher liegt es nahe, iterativ Kanten, die nicht mit dem aktuellen Matching inzidieren (in beliebiger Reihenfolge) hinzuzufügen. Wegen $c \colon E \to \mathbb{R}_+$ erhöht sich in der Regel der Wert des resultierenden Matchings bei diesem »Auffüllen«. Umfangreiche Experimente in [54] ergaben, dass der so modifizierte Algorithmus i.a. bessere Ergebnisse liefert und dabei deutlich weniger als 10% vom Optimalwert abweicht.

Weitere Verbesserungsmöglichkeiten im Rahmen des Postprocessing ergeben sich durch Anwendung geeigneter lokaler Graphtransformationen (vgl Abschnitt 13.6). Drake und Hougardy [54] zeigen, dass in linearer Zeit eine Approximationsgarantie von nahezu $2/3$ erreicht wird.

Ist $G = (V, E)$ vollständig mit $|V| = 2k$ Ecken, so liefert Algorithmus 10.6 ein perfektes Matching. Sucht man unter allen perfekten Matchings eines mit *minimaler* Gewichtssumme, so liefert das Verfahren – wählt man jeweils eine Kante e mit *minimalem* Gewicht (zu markierten Nachbarn) – ein perfektes Matching, dessen Gewicht höchstens gleich dem Doppelten des Optimalgewichts ist.

10.9   Übungsaufgaben

Aufgabe 10.1:   **Matchings**

Sei $G = (V, E)$ ein ungerichteter Graph.

a) Sei M ein Matching in G. Zeigen Sie, dass es dann ein Matching M' in G gibt, mit $|M'| = v(G)$, das alle Ecken überdeckt, die von M' überdeckt werden.

b) Sei $e = [u, v] \in E$ mit $g(v) = 1$. Zeigen Sie, dass es ein Matching M' in G gibt mit $|M'| = v(G)$ und $e \in M'$.

Aufgabe 10.2:   **Überdeckende Matchings**

Sei $G = (V, E)$ ein ungerichteter Graph und $A, B \subseteq V$ nicht notwendigerweise disjunkte Mengen mit $|A| < |B|$. Es gebe ein Matching M_A, das alle Ecken aus A überdeckt, und ein Matching M_B, das alle Ecken aus B überdeckt. Beweisen Sie, dass es dann ein Matching M gibt, das alle Ecken in A und mindestens eine Ecke aus B überdeckt.

Aufgabe 10.3:   **Maximale Matchings**

Zeigen Sie, dass für einen ungerichteten bipartiten Graphen $G = (A \cup B, E)$ folgende Aussagen äquivalent sind:

(i) $v(G) = |A|$

(ii) $|N(S)| \geq |S|$ für alle $S \subseteq A$.

Aufgabe 10.4:   Eckenüberdeckungen in bipartiten Graphen

Beweisen Sie, dass für bipartite Graphen ohne isolierte Ecken gilt: $\alpha(G) = \rho(G)$.

Aufgabe 10.5:   Perfekte Matchings in Bäumen

Sei $T = (V, E)$ ein Baum. Zeigen Sie, dass T höchstens ein perfektes Matching besitzt.

Aufgabe 10.6:   Matchings und Matroide

Sei $G = (V, E)$ ein ungerichteter Graph und

$$\mathscr{F} := \{\, A \subseteq V : \text{es gibt ein Matching in } G, \text{ das alle Ecken aus } A \text{ überdeckt} \,\}.$$

Beweisen Sie, dass $(V, \mathscr{F})$ ein Matroid ist. **Hinweis:** Benutzen Sie Aufgabe 10.2.

Aufgabe 10.7:   Kritisch nicht-faktorisierbare Graphen

Ein ungerichteter Graph $G = (V, E)$ heißt *kritisch nicht-faktorisierbar*, wenn G kein perfektes Matching enthält, aber für alle $[u, v] \notin E$ der Graph $G + e := (V, E \cup \{e\})$ ein perfektes Matching besitzt. Sei G kritisch nicht-faktorisierbar und $S := \{\, v \in V : N_G(v) = V \setminus \{v\} \,\}$. Zeigen Sie, dass die Komponenten von $G - S$ dann vollständige Graphen sind.

Aufgabe 10.8:   Path-Growing Algorithmus

a) Geben Sie eine Instanz an, für die der Path-Growing Algorithmus (Algorithmus 10.6) ein Matching erzeugt, dessen Gewicht genau die Hälfte eines gewichtsmaximalen Matchings ist.
b) Bestimmen Sie eine Instanz, bei der das erzeugte Matching nicht maximal ist.
c) Zeigen Sie: ist $G = (V, E)$ vollständig und hat V eine gerade Anzahl von Ecken, so liefert Algorithmus 10.6 ein perfektes Matching.

Aufgabe 10.9:   Stabile Matchings

Im Heiratssatz 9.59 geht es darum, unter welchen Voraussetzungen n Männer zu n Frauen zugeordnet werden können, so dass die von jeder Frau gegebenen »Kompatibilitätsbedingungen« berücksichtigt werden. Wir betrachten hier eine etwas andere Variante von Zuordnungen, sogenannte *stabile Zuordnungen*. Seien n Männer $H = \{h_1, \ldots, h_n\}$ und n Frauen $D = \{d_1, \ldots, d_n\}$ gegeben. Wir nehmen an, dass jede Person (Mann und Frau) eine absteigend sortierte Präferenzliste hat, in der alle Personen des anderen Geschlechts aufgelistet sind. Sei M ein Matching im vollständigen bipartiten Graphen $G = (H \cup D, H \times D)$. Das Matching M heißt *instabil*, wenn es zwei »Zuordnungen« $(h, d) \in M$ und $(h', d') \in M$ gibt, so dass h lieber d' als d mag und h' auch d dem augenblicklichen Partner d' bevorzugt. Man nennt dann das Paar (h, d') *unzufrieden* in M. Ein Matching heißt *stabil*, wenn es in ihr keine unzufriedenen Paare gibt. Beweisen Sie, dass immer ein stabiles Matching existiert.

Aufgabe 10.10:   Online Matchings

Die Heiratsvermittlung *Online-Matching* hat noch n unverheiratete Herren $H = \{h_1, \ldots, h_n\}$ aus guten Verhältnissen im Angebot. Diese sollen im Rahmen einer Tanzveranstaltung »an die Frau« gebracht werden. Dazu hat die Heiratsvermittlung an n unverheiratete Damen $D = \{d_1, \ldots, d_n\}$ Einladungen verschickt und auf den Einladungen Portraits der n Herren abgebildet. Jede Dame soll nun diejenigen Herren ankreuzen, die ihr gefallen. Am Abend des Balls bringt dann jede Dame die ausgefüllte Karte mit und zeigt diese am Eingang vor. Wir nehmen der Einfachheit halber an, dass jede der Damen zur Veranstaltung erscheint. Der Herr am Empfang an der Tür ordnet sie dann einem noch verfügbaren Herren, der auf Ihrer Kompatibilitätsliste angekreuzt ist, als Tanzpartnerin für den Abend zu. Ist keiner der entsprechenden Herren mehr frei, so wird die Dame wieder heim-geschickt. Natürlich sollen möglichst viele Paare gebildet werden, damit die Aussichten, einen ledigen Herren zu verheiraten, möglichst groß sind.

Das obige Problem der Partnerzuordnung lässt sich als *Online Version* des Heiratsproblems modellieren. Gegeben sei ein bipartiter Graph $G = (H \cup D, R)$ mit $2n$ Ecken. Wir setzen voraus, dass G ein perfektes Matching besitzt, d.h. dass das Heiratsproblem auf G lösbar ist.

a) Geben Sie einen Algorithmus für den Herren am Empfang an, so dass zum Schluss *mindestens* $n/2$ Herren »unter die Haube gekommen« sind.

b) Zeigen Sie, dass es für *jede Strategie*, die der Empfang benutzt, eine Folge der Damen mit entsprechenden Präferenzen existiert, so dass *höchstens* $n/2$ Herren zugeordnet werden kön-nen.

Aufgabe 10.11:   Spielen auf Graphen

Wir betrachten ein Zweipersonen-Spiel, das auf einem ungerichteten Graphen $G = (V, E)$ gespielt wird. Zwei Spieler, A und B, wählen abwechselnd eine noch nicht gewählte Kante in G. Die Regel besagt, dass die gewählten Kanten immer einen einfachen Weg bilden müssen. Der Spieler, der als erster keine Kante mehr wählen kann, verliert. Wir setzen im Folgenden voraus, dass A den ersten Zug macht. Zeigen Sie: Falls G ein perfektes Matching besitzt, so hat A eine Gewinnstrategie.

11 Netzwerkdesign und Routing

11.1 Steinerbäume

Im Vernetzungs-Problem aus Abschnitt 6.1 sollten *alle* Orte miteinander verbunden werden. Was passiert, wenn wir nur eine *Teilmenge* der Orte verbinden müssen?

Vernetzungs-Problem aus Abschnitt 6.1

Definition 11.1:   Steinerbaum
Sei $G = (V, E)$ ein ungerichteter Graph und $K \subseteq V$ eine beliebige Teilmenge der Eckenmenge. Ein *Steinerbaum* in G für die Menge K ist ein Teilgraph $T \sqsubseteq G$, der ein Baum ist und dessen Eckenmenge K umfasst: $K \subseteq V(T)$. Die Elemente von K nennt man *Terminale*, die Ecken aus $V(T) \setminus K$ *Steinerpunkte*.

Steinerbaum

Ist $G = (V, E)$ ein vollständiger Graph mit Kantengewichten $c\colon E \to \mathbb{R}_+$, so scheint bei flüchtiger Betrachtung das Problem, einen gewichtsminimalen Steinerbaum für die Terminalmenge K zu finden, identisch damit zu sein, einen minimalen spannenden Baum im (vollständigen) induzierten Subgraphen $G[K]$ zu bestimmen. Nähere Betrachtung zeigt aber, dass ein minimaler spannender Baum in $G[K]$ nicht zwangsweise ein minimaler Steinerbaum ist.

Steinerbaum

MST
in $G[K]$

Im gezeigten vollständigen Graphen mit Euklidischen Abständen ist der minimale Steinerbaum für die Terminalmenge K (weiße Ecken) mit Kosten $2\sqrt{2}$ kürzer als der minimale spannende Baum in $G[K]$, welcher Länge 3 besitzt.

STEINERBAUM

Instanz: Ungerichteter Graph $G = (V, E)$ mit Kosten $c\colon E \to \mathbb{R}_+$ auf den Kanten, eine Teilmenge $K \subseteq V$ von Terminalen und eine Zahl $k \in \mathbb{R}_+$

Frage: Besitzt G einen Steinerbaum T mit $c(T) \le k$?

Mit MIN-STEINERBAUM bezeichnen wir wieder das zu STEINERBAUM gehörende Optimierungsproblem, in dem ein Steinerbaum mit minimalem Gewicht gesucht wird.

MIN-STEINERBAUM

Instanz: Ungerichteter Graph $G = (V, E)$ mit Kosten $c\colon E \to \mathbb{R}_+$ auf den Kanten, eine Teilmenge $K \subseteq V$ von Terminalen

Gesucht: Ein Steinerbaum T mit minimalen Kosten $c(T)$

Das Steinerbaumproblem enthält zwei Spezialfälle, die in polynomieller Zeit lösbar sind: Falls $K = V$, so erhalten wir das MST-Problem, das wir mit den Algorithmen aus diesem Kapitel effizient lösen können. Falls $|K| = 2$, etwa $N = \{s, t\}$, so reduziert sich das Steinerbaumproblem auf die Bestimmung eines kürzesten Weges von s nach t. Dieses Problem haben wir ebenfalls eingehend in Kapitel 8 untersucht und verschiedene Algorithmen mit polynomieller Laufzeit vorgestellt. Im Allgemeinen ist STEINERBAUM aber NP-vollständig zu lösen, sogar wenn $c(e) = 1$ für alle $e \in E$ ist, siehe [76, ND12].

Wir stellen einen Approximations-Algorithmus, die sogenannte *MST-Steinerbaum-Heuristik*, für die Berechnung eines Steinerbaums mit minimalem Gewicht vor. Wir setzen dabei voraus, dass in G jedes Terminal von allen anderen Terminalen aus erreichbar ist, da sonst offenbar kein Steinerbaum existiert (diese Bedingung können wir in linearer Zeit mittels BFS testen).

Die MST-Steinerbaum-Heuristik benutzt den sogenannten Terminal-Distanzgraphen $H = (K, E')$, der ein vollständiger Graph mit Eckenmenge K ist. Die Kanten in H gewichten wir mit Hilfe der kürzesten Wege in G, indem wir $d(t, t') := \text{dist}_c(t, t')$ für Terminale $t, t' \in K$ setzen (wegen $c: E \to \mathbb{R}_+$ und der Voraussetzung, dass in G jedes Terminal von allen anderen erreichbar ist, existiert stets ein kürzester Weg).

Die Distanzen $\text{dist}_c(u, v)$ für $u, v \in V$ lassen sich etwa mit Hilfe des Floyd-Warshall Algorithmus (siehe Abschnitt 8.8.1) oder des Algorithmus von Johnson (Abschnitt 8.8.2) berechnen. Der zuletzt genannte Algorithmus benötigt dafür $\mathcal{O}(nm + n^2 \log n)$ Zeit.

Im Terminal-Distanzgraphen H berechnet die MST-Steinerbaum-Heuristik dann einen MST T bezüglich der d-Gewichte. Mit Hilfe des Algorithmus von Prim kann diese Berechnung in Zeit

$$\mathcal{O}(|E(H)| + |V(H)| \log |V(H)|) = \mathcal{O}(|V(H)|^2) = \mathcal{O}(|K|^2) \subseteq \mathcal{O}(n^2)$$

erfolgen.

Jede Kante $[u, v]$ des Baums T entspricht einem u-v-Weg in G mit gleichem Gewicht. Der Algorithmus ersetzt jede Kante durch den entsprechenden Weg. Der dabei entstehende Teilgraph (V, E'') von G ist zusammenhängend und enthält alle Terminale, möglicherweise aber auch Kreise. Im letzten Schritt berechnet der Algorithmus (irgend-) einen spannenden Baum in (V, E''). Das Verfahren ist in Algorithmus 11.1 notiert. Die Laufzeit beträgt $\mathcal{O}(nm + n^2 \log n)$.

Satz 11.2:
Die MST-Steinerbaum-Heuristik findet in $\mathcal{O}(nm + n^2 \log n)$ Zeit einen Steinerbaum T'' mit $c(T'') \leq (2 - 2/|K|)$OPT, wobei OPT das Gewicht eines optimalen Steinerbaums bezeichnet.

Beweis:
Sei T^* ein optimaler Steinerbaum für $K = \{t_1, \ldots, t_p\}$ mit $c(T^*) = $ OPT. Wir betrachten den Graphen D, der durch Verdoppeln jeder Kante in T^*

Algorithmus 11.1 MST-Heuristik für das Steinerbaum-Problem

MST-STEINERBAUM-HEURISTIK(G, c, K)

Input: Ein ungerichteter zusammenhängender Graph $G = (V, E)$ mit
           Kantengewichten $c \colon E \to \mathbb{R}_+$, eine Teilmenge $K \subseteq V$ von Terminalen

Output: Ein Steinerbaum für K

1 Sei $H = (K, E')$ der vollständige Graph mit Eckenmenge K und $d(u, v) :=$ $\text{dist}_c(u, v)$.

2 Berechne einen MST T in H bezüglich c

3 Ersetze jede Kante $[u, v] \in E(T)$ durch den entsprechenden Weg P in G mit Länge $c(P) = d(u, v) = \text{dist}_c(u, v)$. Sei E'' die Vereinigung aller so erhaltenen Kantenmengen $E(P)$.

4 Berechne einen spannenden Baum T'' in (V, E'').

5 **return** T''

---

entsteht. Dann ist D zusammenhängend (da T^* zusammenhängend ist) und jede Ecke in D hat geraden Grad. Nach Satz 3.32 besitzt D einen Eulerschen Kreis $C = (v_0, e_1, \ldots, e_k, v_k = v_0)$. Dieser Kreis hat Länge $c(C) = 2c(T^*)$ und berührt alle Terminale, möglicherweise aber auch Ecken aus $V \setminus K$.

Wir nehmen o.B.d.A. an, dass die Terminale $K = \{t_1, \ldots, t_p\}$ in der Reihenfolge $t_1, \ldots, t_p, t_{p+1} = t_1$ von C berührt werden und $v_0 = t_1$ gilt (dies ist durch zyklisches Vertauschen und Umnummerieren erzwingbar). Dann ist $C = P_1 \circ P_2 \circ \ldots \circ P_p \circ P_{p+1}$, wobei P_i ein Weg in D von t_i nach t_{i+1} ist und $c(C) = \sum_{i=1}^{p} c(P_i)$. Wir haben $c(P_i) \geq \text{dist}_c(t_i, t_{i+1}) = d(t_i, t_{i+1})$, so dass der Hamiltonsche Kreis $C' := [t_1, t_2, \ldots, t_p, t_{p+1} = t_1]$ im Terminal-Distanzgraphen H Kosten

$$d(C') \leq c(C) = 2c(T^*) \tag{11.1}$$

besitzt.

Entfernen einer beliebigen Kante aus C' liefert einen Hamiltonschen Weg in H, der somit auch einen spannenden Baum bildet. Sei $e = [t_j, t_{j+1}]$ die teuerste Kante auf C'. Es gilt dann $d(e) \geq d(C')/|C'| = d(C')/p$ und $T' := C' - e$ ist ein spannender Baum in H mit Kosten $d(T')$ höchstens

$$
\begin{aligned}
d(T') &= d(C') - d(e) \\
&\leq (1 - 1/p)d(C') \\
&\leq 2(1 - 1/p)c(T^*) \qquad \text{(nach (11.1))} \\
&= 2(1 - 1/p)\text{OPT}.
\end{aligned}
$$

Der MST T, den der Algorithmus in H berechnet, hat daher ebenfalls höchstens Gewicht $d(T') \leq (2 - 2/p)\text{OPT}$. Beim Ersetzen der Kanten in T durch Wege und anschließendem Entfernen von Kanten erhöht sich das Gewicht nicht (da die Gewichtsfunktion c nichtnegativ ist). Daher sind die Kosten des endgültigen Baums (V, E'') nach oben durch $(2 - 2/p)\text{OPT}$ beschränkt. ∎

Steinerbaum T^*

Graph D

Euler-Kreis C

Hamilton-Kreis C' in H

11.2   Spanner

Bei dem Entwurf von Netzwerken sind gewöhnlich viele Kriterien zu berücksichtigen. Bei einem Kommunikationsproblem wünscht man sich etwa einen zusammenhängenden (bidirektionalen Kommunikations) Graphen $G = (V, E)$, bei dem die Erstellungskosten einerseits gering, die Signallaufzeiten aber nicht zu groß sind. Genauer betrachten wir folgendes Szenario:

Zu verbinden sind n Standorte (*Hubs* o.Ä.) $v_1, \ldots, v_n$; die Kosten für die Realisierung einer Verbindung von v_i nach v_j seien $c(v_i, v_j) \geq 0$. Die Laufzeiten in einer Verbindung $[v_i, v_j]$ seien jeweils proportional zu den Erstellungskosten c_{ij}. Eine kostengünstigste Realisierung bietet offenbar jeder minimale spannende Baum T von G; induziert aber der längste Weg in T unvertretbar hohe Laufzeiten, so müssen ggf. zusätzliche Verbindungen realisiert werden.

Wir erinnern daran, dass $\text{dist}_c(u, v, G)$ die Distanz zwischen $u \in V(G)$ und $v \in V(G)$ bezüglich einer Kantengewichtung $c \colon E(G) \to \mathbb{R}$ bezeichnet (Definition 8.2 auf Seite 170).

Definition 11.3: k-Spanner

Sei $G = (V, E)$ mit $c \colon E \to \mathbb{R}_+$ ein ungerichteter zusammenhängender kantenbewerteter Graph und $k \geq 1$ ein vorgegebener reeller Parameter. Ein Partialgraph $H = (V, E_H)$ heißt k-*Spanner* von G, falls für alle $v, v' \in V$ gilt:

k-Spanner

$$\text{dist}_c(v, v', H) \leq k \cdot \text{dist}_c(v, v', G). \tag{11.2}$$

Der Wert $\max\{\text{dist}(v, v', H) / \text{dist}(v, v', G) : v \neq v'\}$ heißt auch die *Dehnung* (*stretch*) von H. Der Partialgraph H heißt *leichtester k-Spanner von G*, falls $c(H) := \sum_{e \in E_H} c(e)$ minimal unter allen k-Spannern von G ist.

Das folgende Lemma zeigt, dass wir in einem k-Spanner Eigenschaft (11.2) nur für benachbarte Ecken garantieren müssen:

Lemma 11.4:

Ein Partialgraph H von $G = (V, E)$ mit Kantenbewertung $c \colon E \to \mathbb{R}_+$ ist genau dann ein k-Spanner von G, wenn für jede Kante $e = [u, v] \in E$ gilt: $\text{dist}(u, v, H) \leq k \cdot c(u, v)$.

Beweis:

»⇒«: Falls H ein k-Spanner ist, so gilt aufgrund von (11.2) für jede Kante $e = [u, v]$ von G: $\text{dist}(u, v, H) \leq k \cdot \text{dist}(u, v, G) \leq k \cdot c(u, v)$.

»⇐«: Seien $v, v' \in V$ und $P = (v_1 = v, v_2, \ldots, v_k = v')$ ein kürzester Weg zwischen v und v' in G, also $\text{dist}(v, v', G) = c(P)$. Nach Voraussetzung gilt dann $\text{dist}(v_i, v_{i+1}, H) \leq k c(v_i, v_{i+1})$ für $i = 1, \ldots, k - 1$. Durch Summation und Benutzen der Dreiecksungleichung für die Distanzen folgt:

$$\text{dist}(v, v', H) \leq \sum_{i=1}^{k-1} \text{dist}(v_i, v_{i+1}, H)$$

$$\leq k \sum_{i=1}^{k-1} c(v_i, v_{i+1})$$

$$= k \cdot c(P) = k \cdot \text{dist}(v, v', G).$$

Dies zeigt die Behauptung.   ∎

Das vorausgegangene Lemma motiviert das in Algorithmus 11.2 gezeigte Verfahren zur Berechnung eines k-Spanners in G. Der Algorithmus verallgemeinert den Algorithmus von Kruskal (vgl. Abschnitt 6.3): für $k = \infty$ bzw. für $k > \sum_{e \in E} c(e)$ ergibt sich der Kruskal-Algorithmus.

Algorithmus 11.2 Algorithmus zur Berechnung eines k-Spanners

---

k-SPANNER
Input: Graph $G = (V, E)$, schwach zusammenhängend; Kantenbewertung
$c : E \to \mathbb{R}_+$; Parameter $k \geq 1$.
1 Sortiere die Kantengewichte, so dass $c(e_1) \leq c(e_2) \leq \cdots \leq c(e_m)$ gilt.
2 $E_H := \emptyset$ { *Es sei stets $H := (V, E_H)$.* }
3 **for** $i = 1, \ldots, m$ **do**
4   Sei $e_i = [u, v]$.
5   **if** $\text{dist}(u, v, H) \geq k \cdot c(e_i)$ **then**
6          $E_H := E_H \cup \{e_i\}$
7 **return** $H = (V, E_H)$

Aus Lemma 11.4 folgt unmittelbar die Korrektheit von Algorithmus 11.2. In [6] sind Abschätzungen für das Gewicht des resultierenden Spanners bewiesen. Im Allgemeinen ist die Bestimmung eines leichtesten Spanners NP-vollständig, sogar wenn $c(e) = 1$ für alle $e \in E$ [141, 110]. Will man einen Kompromiss zwischen »kürzeste-Wege-Baum« und »minimalem spannendem Baum« durch Vorgabe von Gewichten für beide Kriterien erzielen, so lässt sich dies in linearer Zeit erreichen [101]. Auch für gerichtete Graphen lassen sich k-Spanner definieren (vgl. Aufgabe 11.2 und [155,170]; in [155] werden gerichtete Spanner mit Blick auf »Wireless Networks« verallgemeinert).

Bisher haben wir Netzwerk-Design-Probleme betrachtet, in denen jeweils ein »neues« Netz konstruiert werden soll. Probleme, bei denen man sich fragt, wie man ein bereits bestehendes Netz optimal »ausbauen« soll, sind unter dem Begriff »Netzwerk-Modifikationsprobleme« (*network modification/upgrade problems*) bekannt. Näheres hierzu findet sich etwa in [34, 142, 117, 113, 112, 114, 69, 36, 49, 50].

11.3   Median eines Baumes

Simultan mit der Routenplanung – häufig ihr sogar vorgelagert – wird folgendes Standortproblem betrachtet: Gegeben sei ein Baum $T = (V, E)$, der als *Backbone*-Netz bei der Verteilung von materiellen oder immateriellen Gütern (z.B. Informationen) benutzt werden kann. Seine Ecken repräsentieren »Nachfrager« (Städte, Stadtteile, Abteilungen einer Unternehmung oder einzelne Personen u.v.m.), die Eckenbewertung $\omega \colon V \to \mathbb{R}_+$ gibt das »Gewicht« der Nachfrage in v an (z.B. Einwohnerzahl, disponibles Einkommen der betroffenen Personen u.a.). Die Kantenbewertung $c \colon E \to \mathbb{R}_+$ entspricht den »Kosten« (evtl. auch Länge, Zeitdauer, etc.), die der Transport einer Einheit des Gutes in der Kante e verursacht.

Gesucht ist ein Standort – einfachheitshalber hier eine Ecke des Baumes $s \in V = \{v_1, \dots, v_n\}$ – für ein Distributionszentrum (Informationsquelle, Zentrallager o.ä.), bei dem die mit der Nachfrage gewichtete Kostensumme minimal wird. Sei dazu $d(u, v) := \mathrm{dist}_c(u, v, T)$ die c-Länge des Pfades in T, der u und v verbindet. Dann ist die Kostensumme, die der Standort $s \in V$ induziert $c(s) := \sum_{i=1}^n w_i d(v_i, s)$. Ein Standort mit minimaler Kostensumme

Median   wird dann auch *Median* (des Baumes T) genannt.

Zur Bestimmung eines Medians betrachten wie folgende einfache iterative Strategie (siehe Algorithmus 11.3): Sei v_0 ein Blatt in T. Falls in v_0 mindestens die Hälfte des Gesamtgewichtes $\sum_{v \in V} \omega(v)$ liegt, so wählen wir v_0 als Median. Ansonsten »verschmelzen« wir v_0 mit seinem eindeutigen Nachbarn v in T und schlagen auf v das Gewicht $\omega(v_0)$ hinzu. Wir iterieren maximal solange, bis T nur aus einer Ecke besteht.

Algorithmus 11.3 Wäge-Algorithmus für einen (Baum-)Median

WÄGE-ALGORITHMUS

Input: Baum $T = (V, E)$ mit Eckengewichten $\omega \colon V \to \mathbb{R}_+$ und
              Kantengewichten $c \colon E \to \mathbb{R}_+$

1 Sei $W := \sum_{v \in V} \omega(v)$ das Gesamtgewicht der Ecken.
2 **while** $V \neq \emptyset$ **do**
3   wähle ein beliebiges Blatt v_0 in T;
4   **if** $\omega(v_0) \geq \frac{W}{2}$ **then**
5          $v^* := v_0$
6   **else**
7   Sei $e = [v_0, v]$ die eindeutige mit dem Blatt v_0 inzidente Kante von T. Setze
            $\omega(v) := \omega(v) + \omega(v_0)$.
8   Setze $T := T - v_0$
9 **return** v^*

Satz 11.5:

Algorithmus 11.3 bestimmt korrekt einen Median in linearer Zeit.

Beweis:

Die lineare Laufzeit ist offensichtlich. Wir zeigen nun die Korrektheit durch Induktion nach der Anzahl n der Ecken von T. Diese Behauptung ist offensichtlich für $n = 1$ und $n = 2$. Sei sie bereits für alle Bäume mit weniger als n Ecken gezeigt und T ein Baum mit n Ecken. Ist nun v_0 ein Blatt mit Nachbar v und $\omega(v_0) > \frac{W}{2}$, so ist bei dem Standort v_0 die Kostensumme $\sum_{v_i \neq v_0} \omega_i d(v_i, v_0)$. Würde der Standort um ε in Richtung v verlegt $(0 < \varepsilon \leq c(v_0, v))$, so ergibt sich als Kostenänderung:

$$\omega(v_0) \cdot \varepsilon - \sum_{v_i \neq v_0} \omega_i \varepsilon = \left(\omega(v_0) - \sum_{v_i \neq v_0} \omega_i\right)\varepsilon > 0,$$

also wachsende Kosten insbesondere bei Auswahl von v. Ist $\omega(v_0) = \frac{W}{2}$, so induzieren v und v_0 gleiche Kosten. Parametrisiert man – wie angedeutet – jede Kante e über dem Intervall $[0, c(e)]$, so kann man »Zwischenpunkte« auf den Kanten einführen und die gewichtete Kostensumme leicht als lineare Funktion auf jeder Kante und als konvexe Funktion über jedem Weg in T nachweisen.

Ist also nun $\omega(v_0) < \frac{W}{2}$, so ist obige Kostenänderung negativ und v kostengünstiger als v_0. Der Weg von einem Median zu v_0 führt demnach über v. Eliminieren wir v_0 und e, erhöhen stattdessen die Nachfrage von v auf $\omega(v) + \omega(v_0)$, so erhalten wir eine Instanz mit weniger als n Ecken, bei der die Kostensumme um den *konstanten* Summanden $\omega(v_0) \cdot c(e)$ gegenüber der Ausgangsinstanz verändert ist. Mit der Induktionsvoraussetzung ergibt sich nun die Behauptung. ∎

Auch das 1-CENTER PROBLEM (vgl. Abschnitt 4.8) lässt sich auf Bäumen in linearer Zeit lösen: man wählt eine beliebige Ecke u und bestimmt mittels Breitensuche (siehe Abschnitt 7.4) eine von u entfernteste Ecke v, danach mittels einer neuen Breitensuche ausgehend von v erneut eine entfernteste Ecke w. Dann ist der v-w-Weg ein längster (»diametraler«) Weg im Baum, seine »Mittelecke(n)« sind dann 1-Center.

11.4 Dynamische Flüsse

Beim Maximalflussproblem in Kapitel 9 haben wir untersucht, wie viel Fluss man von einer Quelle zu einer Senke in einem Netzwerk schicken kann, wenn untere und obere Kapazitäten auf den Pfeilen vorgegeben sind. In diesem Abschnitt betrachten wir eine Erweiterung unserer »statischen« Flüsse aus Kapitel 9 in einem dynamischen Kontext. Zusätzlich zu den Kapazitätsschranken haben wir noch »Durchlaufzeiten« für die Pfeile gegeben, und wir wollen möglichst viel Fluss *in einem vorgegebenen Zeitintervall* von der Quelle zur Senke schicken. Diese Fragestellung ergibt sich unter anderem (in komplexerer Form) bei der Modellierung von Verkehrsströmen. Liegen allerdings nur qualitative Restriktionen vor, so spricht man von der

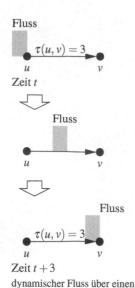

dynamischer Fluss über einen Pfeil (u, v) mit Durchlaufzeit $\tau(u, v) = 3$

Modellierung kooperierender Prozesse (vgl. Petri-Netze im Ergänzungsmaterial).

Es sei wieder $G = (V, R)$ ein einfacher schwach zusammenhängender Graph, $s, t \in V$ zwei ausgezeichnete Ecken und $c\colon R \to \mathbb{R}_+$ eine Kapazitätsfunktion (vgl. Voraussetzung 9.15). Sei zusätzlich $\tau\colon R \to \mathbb{R}_+$ eine Funktion, die jedem Pfeil $r \in R$ eine »Durchlaufzeit« oder »Flusszeit« $\tau(r)$ zuweist. Fluss, der zum Zeitpunkt t von $\alpha(r)$ über r geschickt wird, erreicht die Endecke $\omega(r)$ zur Zeit $t + \tau(r)$. Zu jedem Zeitpunkt können maximal $c(r)$ Einheiten Fluss über $r \in R$ laufen.

Sei $f\colon R \times \mathbb{R} \to \mathbb{R}_+$ eine Funktion, die jedem Pfeil $r \in R$ zu jedem Zeitpunkt $x \in \mathbb{R}$ einen Flusswert $f(r, x)$ (»Flussrate«) zuweist. Analog zu (9.1) bezeichnen wir dann mit

$$\operatorname{excess}_f(v, \theta) := \sum_{r \in \delta^-(v)} \int_{-\infty}^{\theta} f(r, x - \tau(r))\, dx - \sum_{r \in \delta^+(v)} \int_{-\infty}^{\theta} f(r, x)\, dx \quad (11.3)$$

den *Flussüberschuss* von v unter f zum Zeitpunkt $\theta \in \mathbb{R}$. Die erste Summe in (11.3) entspricht dabei dem Flusszugang in v bis zur Zeit θ, die zweite dem Abfluss aus v bis zu dieser Zeit.

Sei $T \in \mathbb{R}_+$. Wir sagen, dass $f\colon R \times \mathbb{R} \to \mathbb{R}_+$ den Zeithorizont T besitzt, falls

$$f(r, x) = 0 \quad \text{für alle } r \in R \text{ und } x \notin [0, T - \tau(r)]. \quad (11.4)$$

Gleichung (11.4) besagt, dass f nicht vor Zeit 0 Fluss verschickt und auch nur dann Fluss über eine Kante r sendet, wenn dieser bis zum Zeitpunkt T die Endecke $\omega(r)$ von r erreicht. Ist f eine Funktion mit Zeithorizont T, so gilt für alle $v \in V$:

$$\operatorname{excess}_f(v, T) = \sum_{r \in \delta^-(v)} \int_{-\infty}^{T} f(r, x - \tau(r))\, dx - \sum_{r \in \delta^+(v)} \int_{-\infty}^{T} f(r, x)\, dx$$

$$= \sum_{r \in \delta^-(v)} \int_{0}^{T} f(r, x)\, dx - \sum_{r \in \delta^+(v)} \int_{0}^{T} f(r, x)\, dx \quad (11.5)$$

Definition 11.6:   **Dynamischer Fluss mit Zeithorizont T**

dynamischer (s, t)-Fluss mit Zeithorizont T

Seien $s, t \in V$ Ecken in G mit $s \neq t$. Ein *dynamischer (s, t)-Fluss mit Zeithorizont T* ist eine Funktion $f\colon R \times \mathbb{R} \to \mathbb{R}_+$ mit Zeithorizont T, welche die Gleichgewichtsbedingungen

$$\operatorname{excess}_f(v, \theta) \geq 0 \quad \text{für alle } v \in V \setminus \{s, t\} \text{ und alle } \theta \in [0, T] \quad (11.6)$$

$$\operatorname{excess}_f(v, T) = 0 \quad \text{für alle } v \in V \setminus \{s, t\} \quad (11.7)$$

erfüllt. Falls in (11.6) Gleichheit für alle $v \neq s, t$ und alle θ gilt, so ist f ein wartefreier Fluss, ansonsten nennen wir f einen Fluss mit Warten. Wieder heißen s und t *Quelle* bzw. *Senke* von f. Der *Wert* val(f) von f ist dann

Quelle

Senke

Wert

$$\text{val}(f) := \text{excess}_f(s, T),\tag{11.8}$$

d.h. die Flussmenge, die bis zur Zeit T die Senke erreicht hat. Der dynamische Fluss f heißt *zulässig* bezüglich der Kapazitätsfunktion $c\colon R \to \mathbb{R}_+$, wenn $0 \leq f(r, \theta) \leq c(r)$ für alle $r \in \mathbb{R}$ und alle $\theta \in [0, T]$ gilt.

zulässig

Für einen dynamischen (s, t)-Fluss f mit Zeithorizont T gilt dann:

$$\begin{aligned}
&\text{excess}_f(s, T) + \text{excess}_f(t, T) \\
&= \sum_{v \in V} \text{excess}_f(v, T) \\
&= \sum_{v \in V} \left(\sum_{r \in \delta^-(v)} \int_0^T f(r, x)\, dx - \sum_{r \in \delta^+(v)} \int_0^T f(r, x)\, dx \right) \\
&= 0,
\end{aligned}\tag{11.9}$$

wobei die letzte Gleichung daraus folgt, dass jeder Term $\int_0^T f(r, x)\, dx$ genau zweimal auftaucht, einmal positiv und einmal negativ. Gleichung (11.9) entspricht wie bei den statischen Flüssen unserer Intuition: Der Fluss aus s hinaus entspricht dem Fluss nach t hinein, da zum Zeitpunkt T alle Ecken $v \neq s, t$ im Gleichgewicht sind.

Analog zum statischen Maximalflussproblem in Abschnitt 9.3 betrachten wir nun das Problem, in einem Netzwerk G mit Kapazitäten $c\colon R \to \mathbb{R}$ zu vorgegebenem Zeithorizont T einen zulässigen dynamischen Fluss f mit maximalem Flusswert val(f) zu bestimmen:

DYNAMISCHES MAXIMALFLUSSPROBLEM

Instanz: Gerichteter Graph $G = (V, R)$ mit Kapazitäten
$c\colon R \to \mathbb{R}_+$, Durchlaufzeiten $\tau\colon R \to \mathbb{R}_+$, zwei Ecken
$s, t \in V$ mit $s \neq t$ und ein Zeithorizont $T \in \mathbb{R}_+$

Gesucht: Ein dynamischer (s, t)-Fluss mit Zeithorizont T und
maximalem Flusswert

Wie bei den statischen Flüssen spielen auch für die dynamischen Flüsse Schnitte im Graphen eine wichtige Rolle:

Definition 11.7: Dynamischer Schnitt

Ein *dynamischer Schnitt* mit Zeithorizont T ist eine Funktion $X\colon [0, T) \to 2^V$ mit folgenden Eigenschaften:

(i) $s \in X(\theta) \subseteq V \setminus \{t\}$ für alle $\theta \in [0, T)$;

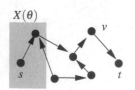

Zeit $\theta = 0$

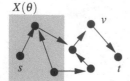

Zeit $\theta = 1$

⋮

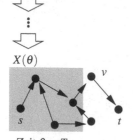

Zeit $\theta = T$

Dynamischer Schnitt: für die Ecke v gilt $\xi_v = T$

(Dies bedeutet, dass $(X(\theta), V \setminus X(\theta))$ für alle $\theta \in [0, T)$ ein (s, t)-Schnitt in G ist).

(ii) $X(\theta_1) \subseteq X(\theta_2)$ für $\theta_1 \leq \theta_2$;

Sei X ein dynamischer Schnitt. Für $v \in V$ definieren wir $\rho_v \in [0, T]$ durch

$$\xi_v := \inf(\{\, \theta : v \in X(\theta') \,\} \cup \{T\}). \tag{11.10}$$

Um den dynamischen Schnitt X auf $r = (u, v)$ zu überqueren, muss Fluss die Ecke u nach der Zeit ξ_u verlassen und bei v vor der Zeit ξ_v ankommen. Wir sagen daher, dass der Pfeil $r = (u, v)$ während des Zeitintervalls $[\xi_u, \xi_v - \tau(u, v)]$ im dynamischen Schnitt X liegt.

Definition 11.8:   Kapazität eines dynamischen Schnitts

Die *Kapazität* des dynamischen Schnitts X mit Zeithorizont T entspricht der Flussmenge, die man über die Pfeile schicken könnte, während sie im Schnitt sind, also

$$c(X) := \sum_{(u,v) \in R} \max\{0, \xi_v - \tau(u, v) - \xi_u\} \cdot c(u, v) \tag{11.11}$$

Lemma 11.9:

Ist f ein zulässiger dynamischer (s, t)-Fluss und X ein dynamischer (s, t)-Schnitt, so gilt $val(f) \leq c(X)$.

Beweis:

Sei f ein dynamischer Fluss mit Zeithorizont T. Für beliebiges $v \in V \setminus \{s, t\}$ gilt wegen der Gleichgewichtsbedingungen (11.6) $\text{excess}_f(v, T) = 0$, also

$$0 = \text{excess}_f(v, T)$$

$$= \sum_{r \in \delta^-(v)} \int_0^T f(r, x)\, dx - \sum_{r \in \delta^+(v)} \int_0^T f(r, x)\, dx \quad \text{(nach (11.5))}$$

$$= \sum_{r \in \delta^-(v)} \int_0^{\xi_v - \tau(r)} f(r, x)\, dx - \sum_{r \in \delta^+(v)} \int_0^{\xi_v} f(r, x)\, dx$$

$$+ \sum_{r \in \delta^-(v)} \int_{\xi_v - \tau(r)}^T f(r, x)\, dx - \sum_{r \in \delta^+(v)} \int_{\xi_v}^T f(r, x)\, dx$$

$$= \text{excess}_f(v, \xi_v)$$

$$+ \sum_{r \in \delta^-(v)} \int_{\xi_v - \tau(r)}^T f(r, x)\, dx - \sum_{r \in \delta^+(v)} \int_{\xi_v}^T f(r, x)\, dx. \tag{11.12}$$

Wegen $\text{excess}_f(v, \xi_v) \geq 0$ ergibt sich damit:

$$\sum_{r \in \delta^+(v)} \int_{\xi_v}^{T} f(r,x)\, dx - \sum_{r \in \delta^-(v)} \int_{\xi_v - \tau(r)}^{T} f(r,x)\, dx \geq 0. \qquad (11.13)$$

Damit erhalten wir für den Wert $\text{val}(f)$ des Flusses:

$$\text{val}(f) = -\text{excess}_f(s, T)$$

$$= \sum_{r \in \delta^+(s)} \int_{0}^{T} f(r,x)\, dx - \sum_{r \in \delta^-(s)} \int_{0}^{T} f(r,x)\, dx$$

$$\leq \sum_{v \in V} \sum_{r \in \delta^+(v)} \int_{\xi_v}^{T} f(r,x)\, dx - \sum_{r \in \delta^-(v)} \int_{\xi_v - \tau(r)}^{T} f(r,x)\, dx \quad \text{(nach (11.13))}$$

$$= \sum_{\substack{r \in R \\ r=(u,v)}} \int_{\xi_u}^{\xi_v - \tau(r)} f(r,x)\, dx$$

$$\leq \sum_{\substack{r \in R \\ r=(u,v)}} \max\{0, \xi_v - \tau(r) - \xi_u\} \cdot c(r) = c(X). \quad \blacksquare$$

Sei $\hat{f} \colon R \to \mathbb{R}_+$ ein statischer (s,t)-Fluss in G, der bezüglich der oberen Kapazitätsschranken c zulässig ist. Wie wir in Abschnitt 9.9 gesehen haben, können wir $\hat{f}$ in (s,t)-Wegflüsse und Kreisströmungen zerlegen. Sei $\hat{f}_P$ der Fluss auf dem Weg $P \in \mathscr{P}$ mit Wert $\text{val}(\hat{f}_P)$ in der Zerlegung (vgl. Satz 9.56 auf Seite 241) und $\tau(P) := \sum_{r \in P} \tau(r)$ die Durchlaufzeit des Weges.

Definition 11.10:   Zeitlich wiederholter Fluss
Für einen statischen Fluss $\hat{f}$ mit Flussdekomposition $\{\hat{f}_P : P \in \mathscr{P}\}$, $\{\beta_C : C \in \mathscr{C}\}$ ist der *zeitlich wiederholte Fluss mit Zeithorizont T* f^T (*temporally repeated flow*) wie folgt definiert: Für $P \in \mathscr{P}$ senden wir im Zeitintervall $[0, T - \tau(P)]$ jeweils $\text{val}(\hat{f}_P)$ Einheiten Fluss längs P.

zeitlich wiederholte Fluss mit
Zeithorizont T

Nach Konstruktion besitzt f^T offenbar tatsächlich den Zeithorizont T und zu jedem Zeitpunkt $\theta \in [0, T]$ gilt $\text{excess}_f(v, \theta) = 0$ für alle $v \in V \setminus \{s, t\}$. Um zu zeigen, dass f^T ein zulässiger dynamischer Fluss ist, verbleibt daher nur noch zu beweisen, dass f^T keine Kapazitätsrestriktionen verletzt. Sei $r \in R$. Zum Zeitpunkt $\theta \in [0, T]$ beträgt der Flusswert von f^T auf r

$$f^T(r, \theta) \leq \sum_{P \in \mathscr{P} : r \in P} \text{val}(\hat{f}_P) = \hat{f}(r) \leq c(r).$$

Damit ist die Zulässigkeit von f^T bewiesen.

Satz 11.11:

Sei $\hat{f}$ ein zulässiger (s,t)-Fluss und f^T der durch $\hat{f}$ induzierte zeitlich wiederholte Fluss. Dann ist f^T ein zulässiger dynamischer (s,t)-Fluss mit Zeithorizont T und es gilt:

$$val(f^T) = T\,val(\hat{f}) - \sum_{r \in R} \tau(r)\hat{f}(r).$$

Beweis:

Bis auf die Gleichung für den Flusswert von f^T haben wir bereits alle Aussagen bewiesen. Der dynamische Fluss f^T schickt über $P \in \mathscr{P}$ im Intervall $[0, T - \tau(P)]$ genau $val(\hat{f}_P)$ Einheiten Fluss pro Zeiteinheit. Daher ist die Flussmenge, die bis zur Zeit T zu t gelangt dann

$$\begin{aligned}
val(f^T) &= \sum_{P \in \mathscr{P}} val(\hat{f}_P)(T - \tau(P)) \\
&= T \sum_{P \in \mathscr{P}} val(\hat{f}_P) - \sum_{P \in \mathscr{P}} \sum_{r \in P} \tau(r)val(\hat{f}_P) \\
&= T\,val(\hat{f}) - \sum_{r \in R} \tau(r) \sum_{P \in \mathscr{P}:r \in P} val(\hat{f}_P) \\
&= T\,val(\hat{f}) - \sum_{r \in R} \tau(r)\hat{f}(r). \quad \blacksquare
\end{aligned}$$

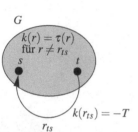

Berechnung eines maximalen zeitlich wiederholten Flusses durch Bestimmung einer kostenminimalen Strömung

Satz 11.11 zeigt, dass der Wert f^T *unabhängig* von den Wegen in der Flusszerlegung ist. Zudem erlaubt es uns der Satz, einen zeitlich wiederholten Fluss mit maximalem Flusswert mit Hilfe eines statischen Flussproblems zu lösen. Wir suchen einen statischen (s,t)-Fluss $\hat{f}$, der die Zielfunktion $T\,val(\hat{f}) - \sum_{r \in R} \tau(r)\hat{f}(r)$ maximiert, bzw. die Zielfunktion $\sum_{r \in R} \tau(r)\hat{f}(r) - T\,val(\hat{f})$ minimiert.

Wenn wir die Durchlaufzeiten als Flusskosten $k(r) := \tau(r)$ auf $r \in R$ betrachten und einen neuen Pfeil r_{ts} von t nach s mit Flusskosten $k(r_{ts}) = -T$ und unbeschränkter Kapazität einführen, so minimiert $\hat{f}$ genau dann die Zielfunktion $\sum_{r \in R} \tau(r)\hat{f}(r) - T\,val(\hat{f})$, wenn $\hat{f}$ eine kostenminimale Strömung im erweiterten Graphen $\bar{G}$ ist. Dieses Problem können wir mit den Methoden aus Abschnitt 9.11 effizient optimal lösen (siehe auch Abschnitt 9.11.4 für die Elimination des Pfeils mit negativen Kosten).

Beobachtung 11.12:

Ein zeitlich wiederholter Fluss f^T mit maximalem Flusswert $val(f^T)$ kann durch Berechnung einer kostenminimalen Strömung im (um einen Pfeil r_{ts}) erweiterten Graphen $\bar{G}$ bestimmt werden.

Damit können wir nun unter den zeitlich wiederholten Flüssen einen maximalen bestimmen. Ist dies aber ein dynamischer Fluss mit maximalem

Flusswert unter *allen* zulässigen dynamischen (s,t)-Flüssen? Wir werden zeigen, dass dies tatsächlich so ist.

Sei $\hat{f}$ ein kostenminimaler Fluss im erweiterten Graphen $\bar{G}$. Satz 9.71 zeigt, dass das Residualnetz $\bar{G}_{\hat{f}}$ bezüglich $\hat{f}$ dann keinen Kreis negativer Länge (bgzl. der Kostenfunktion $k = \tau$) enthält. Somit ist für $v \in V$ die Länge $\mathrm{dist}(s,v) = \mathrm{dist}_\tau(s,v,\bar{G}_{\hat{f}})$ eines kürzesten Weges von s nach v in $\bar{G}_{\hat{f}}$ wohldefiniert.

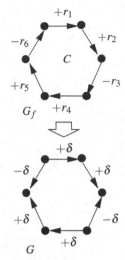

Lemma 11.13:

Die Abstände $\mathrm{dist}(s,v) = \mathrm{dist}_\tau(s,v,\bar{G}_{\hat{f}})$ besitzen folgende Eigenschaften:

(i) $\mathrm{dist}(s,t) \geq T$

(ii) $\mathrm{dist}(s,u) \leq \mathrm{dist}(s,v) - \tau(u,v)$ *für alle* $(u,v) \in R$ *mit* $\hat{f}(u,v) > 0$.

(iii) $\mathrm{dist}(s,v) \leq \mathrm{dist}(s,u) + \tau(u,v)$ *für alle* $(u,v) \in R$ *mit* $\hat{f}(u,v) < c(r)$.

Beweis:

(i) Gäbe es in $\bar{G}_{\hat{f}}$ einen Weg P von s nach t mit Länge kleiner als T, so wäre $P \circ (t, r_{ts}, s)$ ein Kreis negativer Länge, da r_{ts} Länge $-T$ besitzt.

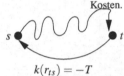

Erhöhung eines Flusses längs eines Kreises C in G_f mit negativer Länge senkt die Kosten.

(ii) Ist $\hat{f}(u,v) > 0$, so enthält das Residualnetz $\bar{G}_{\hat{f}}$ einen Pfeil von v nach u der Länge $-\tau(u,v)$. Damit kann jeder Weg von s nach v der Länge $\mathrm{dist}(s,v)$ durch den Pfeil zu einem Weg von s nach u der Länge $\mathrm{dist}(s,v) - \tau(u,v)$ verlängert werden und es folgt, dass die behauptete Ungleichung gilt (vgl. auch Lemma 8.6).

(iii) Analog zu (ii). ∎

$$k(r_{ts}) = -T$$

Ein Weg P von s nach t der Länge kleiner als T ergibt zusammen mit dem Pfeil r_{ts} einen Kreis negativer Länge.

Satz 11.14:

Sei f^T ein zeitlich wiederholter Fluss mit Zeithorizont T mit maximalem Flusswert. Dann ist f^T auch ein maximaler dynamischer Fluss mit Zeithorizont T.

Beweis:

Sei $\hat{f}$ ein kostenminimaler Fluss in $\bar{G}$, der f^T induziert. Für $v \in V$ sei $\xi_v := \max\{\mathrm{dist}(s,v), 0\} \geq 0$ der Abstand von s nach v im Residualnetz $\bar{G}_{\hat{f}}$. Dann gilt insbesondere $\xi_s = 0$ und wir können einen dynamischen (s,t)-Schnitt $X \colon [0,T) \to 2^V$ durch

$$X(\theta) := \{\, v \in V : \xi_v \leq \theta \,\} \tag{11.14}$$

definieren. Da $\xi_t \geq T$ nach Lemma 11.13 gilt, ist $X(\theta) \subseteq V \setminus \{t\}$ für alle $\theta \in [0,T)$, und durch (11.14) wird tatsächlich ein gültiger dynamischer Schnitt definiert. Wir behaupten, dass für alle $r = (u,v)$ folgende Eigenschaft gilt:

$$f^T(r,\theta) = c(r) \quad \text{für alle } \theta \in [\xi_u, \xi_v - \tau(r)), \text{ falls } \xi_u < \xi_v - \tau(r) \tag{11.15a}$$

Ein kürzester s-v-Weg der Länge $\mathrm{dist}(s,v)$ lässt sich zu einem s-u-Weg der Länge $\mathrm{dist}(s,v) - \tau(u,v)$ ergänzen.

$$f^T(r, \theta) = 0 \quad \text{für alle } \theta \in [\xi_v - \tau(r), \xi_u), \text{ falls } \xi_v - \tau(r) < \xi_u.$$
$$\text{(11.15b)}$$

Bevor wir (11.15) beweisen, zeigen wir, dass aus (11.15) die Behauptung des Satzes folgt.

Zunächst benutzen wir Gleichung (11.12) aus dem Beweis von Lemma 11.9 für $f = f^T$. Darüberhinaus gilt für f^T sogar $\text{excess}_{f^T}(v, \theta) = 0$ für alle $v \in V \setminus \{s, t\}$ und alle θ, also insbesondere $\text{excess}_{f^T}(v, \xi_v) = 0$. Benutzen wir dies in (11.12) so ergibt sich dann für $v \neq s, t$:

$$\sum_{r \in \delta^+(v)} \int_{\xi_v}^{T} f^T(r, x)\, dx - \sum_{r \in \delta^-(v)} \int_{\xi_v - \tau(r)}^{T} f^T(r, x)\, dx = 0. \tag{11.16}$$

Falls $v = t$, so haben wir $\xi_t = T$, so dass die obige Gleichung (11.16) auch für $v = t$ gilt, also

$$\text{val}(f^T) = \sum_{v \in V} \sum_{r \in \delta^+(v)} \int_{\xi_v}^{T} f^T(r, x)\, dx - \sum_{r \in \delta^-(v)} \int_{\xi_v - \tau(r)}^{T} f^T(r, x)\, dx$$

$$= \sum_{\substack{r \in R \\ r = (u,v)}} \int_{\xi_u}^{\xi_v - \tau(r)} f^T(r, x)\, dx.$$

Aus (11.15) folgt nun

$$\text{val}(f^T) = \sum_{\substack{r \in R \\ r = (u,v)}} \max\{0, \xi_v - \tau(r) - \xi_u\} \cdot c(r) = c(X).$$

Damit ist $\text{val}(f^T) = c(X)$ gleich der Kapazität $c(X)$ des dynamischen Schnittes X und nach Lemma 11.9 müssen sowohl der Flusswert $\text{val}(f^T)$ maximal als auch die Kapazität $c(X)$ minimal sein.

Es verbleibt, Eigenschaft (11.15) zu zeigen. Wir beginnen mit (11.15a). Sei $r = (u, v)$ mit $\xi_u < \xi_v - \tau(r)$. Wir zeigen zunächst, dass $\hat{f}(r) = c(r)$ gilt. Wäre nämlich $\hat{f}(r) < c(r)$, so hätten wir nach Lemma 11.13 (iii) $\xi_v \leq \xi_u + \tau(r)$, d.h. $\xi_u \geq \xi_v - \tau(r)$.

Sei $f := \hat{f}|_{R(G)}$ die Einschränkung von $\hat{f}$ auf G. Dann ist f ein (s, t)-Fluss. Wir dekomponieren f in Wegflüsse und Kreisströmungen. Wenn wir zeigen können, dass jeder Weg P in der Dekomposition, der r enthält, einen (s, u) Weg der Länge höchstens ξ_u und einen (v, t)-Weg der Länge höchstens $T - \xi_v$ induziert, dann folgt aus der Konstruktion von f^T, dass auf r zu jedem Zeitpunkt $\theta \in [\xi_u, \xi_v - \tau(r))$ ein Flusswert $\text{val}(f_P)$ besteht. Da die Summe der Werte der Wegflüsse genau $f(r) = c(r)$ beträgt, ist damit dann (11.15a) gezeigt.

Sei also $P = (s = v_1, \ldots, v_q = u, v_{q+1} = v, \ldots, v_z = t) \in \mathscr{P}$ ein Weg in der Flussdekomposition von f. Wir betrachten $P' := (s = v_1, \ldots, v_q = u)$. Da f auf allen Pfeilen aus P' strikt positiv ist, ist der umgekehrte Weg $-P' = (u = v_q, v_{q-1}, \ldots, v_1 = s)$ in $\bar{G}_{\hat{f}}$ enthalten. Wir haben

$$\tau(P') = -\tau(-P') \leq -(\text{dist}(s,s) - \text{dist}(s,u)) = \text{dist}(s,u) = \xi_u.$$

Der Beweis, dass $(v_{q+1} = v, \ldots, v_z = t)$ Länge höchstens $T - \xi_v$ hat, verläuft vollkommen analog.

Wir beweisen nun noch (11.15b). Sei $r = (u,v)$ und $\xi_v - \tau(r) < \xi_u$. Es genügt dazu $\hat{f}(r) = 0$ zu zeigen, da der zeitlich wiederholte Fluss f^T nur auf solchen Pfeilen Fluss versendet, auf denen $\hat{f}(r) > 0$ gilt. Die Tatsache $\hat{f}(r) = 0$ folgt aber sofort aus Lemma 11.13 (ii). ∎

Als Nebenprodukt des letzten Satzes erhalten wir die folgende dynamische Version des statischen Max-Flow-Min-Cut-Theorems (Satz 9.13 auf Seite 204):

Satz 11.15: **Dynamisches Max-Flow-Min-Cut-Theorem**

In einem gerichteten Graphen G mit Kapazitäten $c\colon R \to \mathbb{R}_+$ und Durchlaufzeiten $\tau\colon R \to \mathbb{R}_+$ ist der Wert eines maximalen dynamischen (s,t)-Flusses mit Zeithorizont T gleich der minimalen Kapazität eines dynamischen (s,t)-Schnittes mit Zeithorizont T. ∎

Bisher haben wir dynamische Flüsse als Funktionen $f\colon R \to [0,T) \to \mathbb{R}_+$ betrachtet. In vielen Anwendungen ist jedoch eine diskrete Variante von Bedeutung, in der Fluss längs eines Pfeils $r \in R$ nur zu ganzzahligen Zeitpunkten $\theta \in \{0, \ldots, T-1\}$ geschickt werden kann.

Analog zum kontinuierlichen Fall definieren wir für eine Funktion $f\colon R \to \{0, \ldots, T-1\} \to \mathbb{R}_+$ den Überschuss in v zur Zeit $\theta \in \{0, \ldots, T-1\}$ durch

$$\text{excess}_f(v, \theta) := \sum_{r \in \delta^-(v)} \sum_{x=0}^{\theta - \tau(r)} f(r,x) - \sum_{r \in \delta^+(v)} \sum_{x=0}^{\theta} f(r,x).$$

Die folgende Definition ist das diskrete Analogon zu Definition 11.6:

Definition 11.16: **Diskreter dynamischer Fluss mit Zeithorizont T**

Ein zulässiger *diskreter dynamischer (s,t)-Fluss mit Zeithorizont T* ist eine Funktion $f\colon R \times \{0, \ldots, T-1\} \to \mathbb{R}_+$, so dass $f(r,\theta) \leq c(r)$ für alle $r \in R$ und alle $\theta \in \{0, \ldots, T-1\}$ erfüllt ist, und der den Gleichgewichtsbedingungen

$$\text{excess}_f(v, \theta) \geq 0 \quad \text{für alle } v \in V \setminus \{s,t\} \text{ und } \theta \in \{0, \ldots, T-1\}$$
$$(11.17)$$

diskreter dynamischer (s,t)-Fluss mit Zeithorizont T

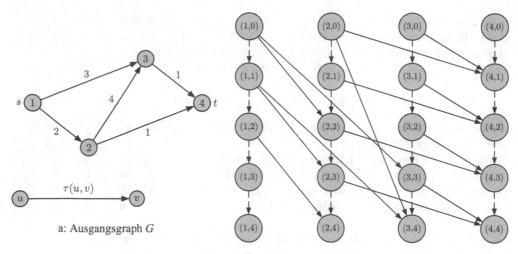

a: Ausgangsgraph G

b: Zeitexpandierter Graph G^T für $T = 5$

Bild 11.1: Graph G und zeitexpandierter Graph G^T. Die gestrichelten Pfeile sind nur dann in G^T enthalten, wenn wir Warten erlauben.

$$\text{excess}_f(v, T) = 0 \quad \text{für alle } v \in V \setminus \{s, t\} \tag{11.18}$$

genügt. Falls (11.17) mit Gleichheit für alle $v \neq s, t$ und alle $\theta \in \{0, \ldots, T - 1\}$ erfüllt ist, so ist f ein *wartefreier Fluss*, ansonsten heißt f *Fluss mit Warten*. Der *Wert* $\text{val}(f)$ von f ist

wartefreier Fluss

Fluss mit Warten

Wert

$$\text{val}(f) := \text{excess}_f(s, T). \tag{11.19}$$

Im diskreten Fall können wir einen maximalen dynamischen Fluss durch Berechnung eines maximalen Flusses im sogenannten *zeitexpandierten Graphen* $G^T = (V^T, R^T)$ bestimmen. Sei

$$V^T := \{ v_\theta : v \in V, \theta = 0, \ldots, T - 1 \}$$

$$R^T := \{ (u_\theta, v_{\theta + \tau(u,v)}) : (u, v) \in R, \theta = 0, \ldots, T - \tau(u, v) - 1 \}$$

Falls wir Warten erlauben, so enthält G^T auch alle Pfeile $(v_\theta, v_{\theta+1})$. Die Kapazitäten für die Pfeile in G^T ergeben sich aus den Kapazitäten in G in offensichtlicher Weise. Bild 11.1 illustriert die Konstruktion des zeitexpandierten Graphen.

Wir fügen noch eine neue Quelle s^* und eine neue Senke t^* zu G^T hinzu. Die Ecke s^* ist durch Pfeile (s^*, s_θ), $\theta = 0, \ldots, T - 1$ mit den Kopien der ursprünglichen Quelle s verbunden. Analog haben wir Pfeile (t_θ, t^*) von den Kopien der ursprünglichen Senke zur neuen Senke, die ebenfalls unbeschränkte Kapazität aufweisen. Man sieht leicht, dass ein (s^*, t^*)-Fluss im expandierten Graphen einem diskreten (s, t)-Fluss in G mit Zeithorizont T mit gleichem Flusswert entspricht und umgekehrt. Damit können wir das diskrete dynamische Flussproblem etwa mit Hilfe der Push-Relabel-Algorithmen aus Abschnitt 9.7 in Zeit $\mathcal{O}(n^3 T^3)$ lösen. Allerdings ist diese Zeitschranke nicht polynomiell, sondern nur pseudopolynomiell, da wir für die Spezifikation von T nur $\Theta(\log T)$ Bits benötigen.

Mit Hilfe des folgenden Satzes können wir aber unsere Erkenntnisse über zeitlich wiederholte Flüsse aus dem kontinuierlichen Fall auch auf den diskreten Fall (bei ganzzahligen Durchlaufzeiten) übertragen:

Satz 11.17:
Sei $G = (V, R)$ mit Kapazitäten $c\colon R \to \mathbb{R}_+$ und ganzzahligen Durchlaufzeiten $\tau\colon R \to \mathbb{N}$ und $T \in \mathbb{N}$. Jeder kontinuierliche dynamische Fluss mit Zeithorizont T (Definition 11.6) entspricht einem äquivalenten diskreten dynamischen Fluss mit Zeithorizont T (Definition 11.16). Dabei übertragen sich Flusswert und Warten.

Beweis:
Sei $f\colon R \times [0, T) \to \mathbb{R}_+$ ein dynamischer Fluss. Wir definieren eine diskreten dynamischen Fluss g durch:

$$g(r, \theta) := \int\limits_{\theta}^{\theta+1} f(a, x)dx \quad \text{für } r \in R \text{ und } \theta = 0, \dots, T - 1.$$

Ist umgekehrt $g\colon R \times \{0, \dots, T - 1\} \to \mathbb{R}_+$ ein diskreter dynamischer Fluss, so definieren wir einen kontinuierlichen Fluss mittels:

$$f(r, x) := g(r, \theta) \quad \text{für } r \in R \text{ und } x \in [\theta, \theta + 1).$$

Die gewünschten Eigenschaften lassen sich leicht nachprüfen. ∎

Satz 11.17 erlaubt es uns, einen maximalen dynamischen Fluss auch im diskreten Fall mit Hilfe der zeitlich wiederholten Flüsse zu bestimmen.

Einen Überblick über dynamische Flüsse geben [84, 93]. Aktuelle Forschungsergebnisse und Anwendungen von dynamischen Flüssen finden sich unter anderem in [162, 108, 107, 93].

11.5 Übungsaufgaben

Aufgabe 11.1: Multicast Cost Sharing

Im Baum $T = (V, E)$ aus Bild 11.2 sollen von der Quelle zu einem Teil der »Nutzer« Informationen übertragen werden. Dabei entstehen für die Nutzung einer Kante e Kosten $c(e) \geq 0$ (unabhängig davon, wie viele Informationen über die Kante geroutet werden). Zudem ist für jeden Kunden w

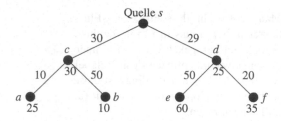

Bild 11.2: Beispielgraph für Multicast Cost Sharing.

der Nutzen $v(w)$ einer Übertragung zu dieser Ecke bekannt. Für $Q \subseteq V$ sei $T(Q)$ der Steinerbaum in T zur Terminalmenge $Q \cup \{s\}$, d.h., der minimale Teilgraph von T, der alle Kunden aus Q und die Quelle s enthält.

a) *Marginal Cost Strategie (MC):* Der Gewinn $W(Q)$ von $Q \subseteq V$ ist definiert als $W(Q) := \sum_{w \in Q} v(w) - c(T(Q))$. Die MC-Strategie sucht eine Menge Q^*, die diesen Wert maximiert. Anschließend verteilen wir Kosten $p(w)$ für jede Ecke w durch:

$$p(w) := \begin{cases} v(w) - (W(Q^*) - W(Q^* \setminus w)) & \text{falls } w \in Q^* \\ 0, & \text{falls } w \notin Q^* \end{cases}$$

Berechnen Sie im obigen Beispiel eine optimale Lösung Q^*_{MC} nach der Strategie MC. Lohnt es sich für einen Nutzer, seinen Nutzen nicht wahrheitsgemäß zu äußern?

b) *Shapley Value Strategie (SH):* Die Kosten $c(e)$ einer Kante e des Baumes $T(Q)$ werden gleichmäßig unter allen Ecken in Q aufgeteilt, für die diese Kante auf dem eindeutigen Weg zur Quelle in $T(Q)$ liegt. Seien $p(w)$ die resultierenden Kosten für eine Ecke $w \in Q$. Der Kunde w ist *zufrieden*, wenn $v(w) \geq p(w)$ gilt. Die Strategie sucht eine Menge Q^* mit maximaler Eckenzahl, so dass alle versorgten Mitglieder $w \in Q^*$ zufrieden sind. Berechnen Sie in obigem Beispiel eine optimale Lösung Q^*_{SH} nach der Strategie SH.

Geben Sie in beiden die Gesamtkosten $c(T(Q^*))$ der Lösung sowie die Gesamteinnahmen $\sum_{w \in Q^*} p(w)$ an und interpretieren Sie das Ergebnis.

Aufgabe 11.2:   Balancierung von Kosten und Distanzen (Zeit)

Es wurde der Greedy-Algorithmus (Algorithmus 11.2) für leichte k-Spanner in ungerichteten Graphen vorgestellt. Wir betrachten nun stark zusammenhängende gerichtete Graphen $G = (V, R)$ mit $c \colon R \to \mathbb{R}_+$ als Pfeil-Bewertung.

a) Wir betrachten das Problem in G einen Partialgraphen $G' = (V, R')$ mit $\text{dist}_c(u, v, G') \leq k \, \text{dist}_c(u, v, G)$ für alle $u, v \in V$ zu finden, so dass $c(G') := c(R')$ minimal ist. Liefert Algorithmus 11.2 für dieses »Spanner Problem in gerichteten Graphen« eine konstante Approximationsgüte?

b) Im Bereich des Vehicle-Routing interessiert man sich für folgende Variante von Spanner-Problemen: Gegeben sei ein Depot v_0. Gesucht ist ein c-minimaler Partialgraph $G_0 = (V, R_0)$ mit $\text{dist}_c(v, v_0, G_0) \leq k \, \text{dist}_c(v, v_0, G)$ für alle $v \in V$. Wie ist hier die Approximationsgüte für Algorithmus 11.2?

12 Planare Graphen

Graphen sind im Kern durch Inzidenzbeziehungen von zwei disjunkten Objektmengen (Eckenmenge und Pfeil- bzw. Kantenmenge) definiert. Die inhaltliche Interpretation dieser Objektmengen wird in vielfältigen Anwendungen problemspezifisch festgelegt.

Häufig liegen geometrische Interpretationen zu Grunde, z.B. bei Intervallgraphen (vgl. Aufgabe 4.8). Dabei werden geometrische Objekte (z.B. offene oder abgeschlossene Intervalle) zur Repräsentation von Ecken, die Inzidenz von Objekten (hier nichtleerer Durchschnitt zweier Intervalle) zur Repräsentation von Kanten genutzt.

Besonderes Interesse verdienen Linienstücke als Objektmenge. Ein *Linienstück* ist dabei eine stetige Abbildung $f: [0,1] \to T$ des Einheitsintervalls in einen topologischen Raum T, die stetig und in jedem inneren Punkt – bis auf endlich viele »Knicke« – differenzierbar ist. Man nennt $f(0)$ und $f(1)$ dabei die Endpunkte von f; durch monoton wachsendes $t \in [0,1]$ kann zusätzlich eine Orientierung (»Pfeilrichtung«) vereinbart werden. Die Inzidenz von Linienstücken wird dabei wieder durch nichtleeren Durchschnitt ihrer (Bild-)Punktmengen in T charakterisiert. Häufig verwendete topologische Räume sind dabei Mannigfaltigkeiten wie $\mathbb{R}^2$ (»Ebene«), die Kugeloberfläche, der Torus oder eine Kugel mit k Henkeln.

Wir betrachten zunächst den $\mathbb{R}^2$ und beschränken uns auf Abbildungen f, die *Polygonzüge* darstellen: stetige, stückweise lineare, injektive Abbildungen von $[0,1]$ in $\mathbb{R}^2$ mit endlich vielen Stücken. Ist bei diesen Forderungen die Injektivität nur bei $f(0) = f(1)$ verletzt, so ist f ein *einfaches Polygon*. Wir sehen auch zunächst von der Orientierung von Polygonzügen ab und beschränken uns (ohne wesentliche Einschränkung) zur Vereinfachung der Darstellung auf ungerichtete Graphen. Im weiteren identifizieren wir oft eine Abbildung $f: [0,1] \to \mathbb{R}^2$ mit ihrem Bild $f([0,1]) \subseteq \mathbb{R}^2$.

Linienstücke im $\mathbb{R}^2$

Polygonzug und einfaches Polygon im $\mathbb{R}^2$

12.1 Grundbegriffe

Definition 12.1: Planare Grapheinbettung

Eine *planare Grapheinbettung* ist ein Paar $\Gamma = (V, E)$ endlicher Mengen (V ist die Menge der *Ecken*, E die Menge der *Kanten*) mit

planare Grapheinbettung

1. $V \subset \mathbb{R}^2$
2. Jede Kante ist Polygonzug im $\mathbb{R}^2$; die beiden Endpunkte sind Punkte aus V.
3. Das Innere jeder Kante enthält weder eine Ecke noch einen Punkt einer anderen Kante (»überschneidungsfreie Darstellung«).

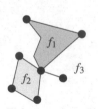

Einbettung Γ mit zwei
Innengebieten f_1 und f_2 und
dem Außengebiet f_3

Wenn $\mathbb{G}$ die Punktmenge $V \cup \bigcup_{e \in E} e$ einer planaren Einbettung $\Gamma = (V, E)$ bezeichnet, dann ist $\mathbb{R}^2 \setminus \mathbb{G}$ eine offene Menge; deren *Gebiete* heißen *Gebiete (Regionen) von* Γ. Die Menge $\mathbb{G}$ ist beschränkt. Es gibt genau ein unbeschränktes Gebiet im $\mathbb{R}^2 \setminus \mathbb{G}$, das *Außengebiet von* Γ. Alle anderen Gebiete sind beschränkt und heißen *Innengebiete*.

Satz 12.2:   **Jordanscher Kurvensatz für Polygone**

Ist $P \subset \mathbb{R}^2$ ein einfaches Polygon, so hat $\mathbb{R}^2 \setminus P$ genau zwei Gebiete; jedes der Gebiete hat P als Rand.   ∎

Lemma 12.3:

Sei Γ eine planare Einbettung, e eine Kante. Dann gilt:

1. *Liegt e auf einem Polygon von Γ, so liegt e auf dem Rand genau zweier Gebiete.*
2. *Liegt e auf keinem Polygon von Γ, so liegt e auf dem Rand genau eines Gebiets.*

1. Fall: e liegt auf einem
Polygon

Beweis: **(Skizze)**
1. Fall: e liege auf einem Polygon. Wähle x im Inneren von e. Jede offene Kreisscheibe D_x um x trifft nach dem Jordanschem Kurvensatz zwei Gebiete f_1, f_2 und zerfällt in zwei Halbscheiben. Da e kompakt ist, kann die Kante mit endlich vielen Kreisscheiben $(D_y)_{y \in I}$ überdeckt werden. Induktion nach der Anordnung zeigt, dass es keine weiteren verschiedenen Gebiete geben kann, die e als Rand haben.

e ist Brücke

2. Fall: e liege auf keinem Polygon. Dann ist e eine »Brücke« bzw. »Antenne« und verbindet zwei disjunkte Punktmengen X, Y miteinander. Wäre $f_1 \neq f_2$, dann wäre o.E. f_1 beschränktes Gebiet und von einem Polygon berandet, auf dem e liegt.   ∎

e ist Antenne
2. Fall: e liegt auf keinem
Polygon

Jede planare Grapheinbettung induziert in natürlicher Weise einen (ungerichteten) Graphen, wobei die Polygone der Einbettung zu elementaren Kreisen im Graphen werden.

Definition 12.4:   **Planarer Graph**
Ein ungerichteter Graph $G' = (V', E', \gamma)$ heißt *planarer Graph*, wenn es eine planare Grapheinbettung $\Gamma = (V, E)$ gibt und eine bijektive Abbildung, die V' auf V und E' auf E abbildet und dabei alle Inzidenzen erhält.

Der K_4 ist planar: zwei
überschneidungsfreie
Einbettungen.

Die Einbettung eines planaren Graphen ist nicht eindeutig. Insbesondere wird es im Allgemeinen auch für planare Graphen Einbettungen geben, die nicht überschneidungsfrei sind.

Definition 12.5: **Kantenkontraktion, Graph-Minor**

Sei $G = (V, E)$ ein einfacher ungerichteter Graph und $e \in E$ mit Endecken $u, v \in V$. Die *Kontraktion der Kante e* ergibt den Graphen $G/e = (V', E')$ in folgender Weise: Die Kante e und die Ecken u, v werden eliminiert und durch eine neue Ecke $\widehat{uv}$ ersetzt, die adjazent zu allen Nachbarn von u oder v ist; die dabei ggf. entstehenden Parallelen oder Schlingen werden entfernt.

Ein Graph H heißt *Minor* eines Graphen G, in Zeichen $H \leq G$, wenn H ein Teilgraph von G ist oder aus einem solchen durch Kantenkontraktionen, Entfernen von Kanten und Löschen von isolierten Ecken hervorgeht.

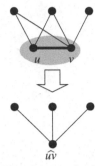

Kontraktion von $[u, v]$

Bemerkung 12.6:

1. Parallelen und Schlingen beeinflussen Planarität nicht. Daher können wir uns im Folgenden auf *einfache* Graphen beschränken.

2. Planarität kann in naheliegender Weise auch für gerichtete Graphen erklärt werden. Wo für einen ungerichteten Graphen »einfach« vorausgesetzt wird, ist für einen gerichteten »einfach und ohne inverse Pfeile« zu fordern.

3. Ein Graph ist genau dann planar, wenn jeder Minor planar ist.

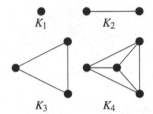

Lemma 12.7:
Alle Graphen $G = (V, E)$ mit $|V| \leq 4$ Ecken sind planar.

Beweis:
Für K_n, $1 \leq n \leq 4$, erfolgt die Verifikation durch nebenstehende Beispiele. Weitere Graphen sind entweder Teilgraphen oder haben Parallelen und/oder Schlingen. ∎

Einbettungen von K_1 bis K_4.

Wie bereits erwähnt, ist bei gegebenem planaren Graphen eine Einbettung nicht eindeutig festgelegt. In der Wahl, welcher der elementaren Kreise im Graphen die unbeschränkte Region in einer Einbettung berandet, ist man sogar frei. Um dies einzusehen, betrachten wir eine beliebige Einbettung Γ_1 und einen elementaren Kreis C, der zu einer beschränkten Region in Γ_1 gehört. Dann kann daraus eine Einbettung Γ_2 gewonnen werden, bei der C zu der unbeschränkten Region gehört.

Dazu bedienen wir uns der *stereographischen Projektion*: Anschaulich wird auf die Zeichenebene (mit der planaren Einbettung) eine Kugel gelegt. Der Berührungspunkt mit der Zeichenebene heißt Südpol, der gegenüberliegende Punkt Nordpol. Ein Strahl vom Nordpol zu einem Punkt der Zeichenebene trifft die Kugeloberfläche in genau einem Punkt. Dadurch wird eine Bijektion zwischen der gesamten Zeichenebene und der Kugeloberfläche (mit Ausnahme des Nordpols) festgelegt.

Die beschriebene Bijektion hat »schöne Eigenschaften«. Sie verzerrt

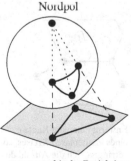

stereographische Projektion

zwar das Urbild, aber topologische Eigenschaften (Inzidenzen usw.) bleiben erhalten. Also ist das Bild einer planaren Einbettung auf der Kugel auch
wieder eine überschneidungsfreie Einbettung. Das Bild der unbeschränkten Region ist auf der Kugeloberfläche die beschränkte Region, die um den
Nordpol liegt.

Nun werde die Kugel so gedreht, dass die zu C gehörende Region den
Nordpol enthält. Bei der Projektion von der Kugeloberfläche auf die Zei-
chenebene entsteht dann die gesuchte planare Einbettung, bei der C die un-
beschränkte Region berandet. Zu beachten ist, dass die Projektion für den
Nordpol nicht definiert ist, d.h. die Kugel ist immer so zu drehen, dass am
Nordpol kein Punkt oder Linienstück der Einbettung zu liegen kommt.

Betrachtet man ein in der Kugel liegendes (konvexes) Polyeder (»Viel-
flächer«) und projiziert dieses von einem inneren Punkt auf die Kugeloberfläche, von dort auf die Zeichenebene, so bleiben die Anzahlen der Ecken,
Regionen und Linienzüge invariant.

12.2   Die Eulersche Polyederformel

Satz 12.8:   **Eulersche Polyederformel**

*Es sei Γ eine planare Einbettung eines endlichen Graphen mit n Ecken,
m Kanten, f Gebieten und k Zusammenhangskomponenten. Dann gilt*

$$n - m + f = k + 1 .$$

Beweis:

Wir zeigen die Behauptung durch Induktion nach der Anzahl m der Kanten
in G. Falls $m = 0$, so gibt es nur die unbeschränkte Region, also $f = 1$ und
$k = n$ Zusammenhangskomponenten. Die Formel gilt daher: $n - m + f =
n - 0 + 1 = n + 1 = k + 1$. Wir setzen im Induktionsschritt voraus, dass die
Formel für alle Graphen mit weniger als $m \geq 1$ Kanten gilt.

Falls G ein Wald mit k Zusammenhangskomponenten ist, so gilt nach
Satz 6.3: $m = n - k$. Da im Falle eines Waldes nur eine Region, nämlich die
unbeschränkte Region, vorhanden ist, haben wir $n - m + f = n - (n - k) +
1 = k + 1$ wie gefordert.

Ist G kein Wald, so enthält G einen elementaren Kreis C. Sei $e \in E(C)$
eine Kante auf C, die damit auf einem Polygon der Einbettung und somit nach Lemma 12.3 auf dem Rand von genau zwei Gebieten f_1 und f_2
liegt. Dann besitzt $G' := G - e$ genausoviele Zusammenhangskomponenten
wie G. Durch Entfernen von e verschmelzen die beiden Gebiete f_1 und f_2,
so dass G' eine Kante weniger als G und ein Gebiet weniger als G besitzt.
Nach Induktionsvoraussetzung gilt $n - (m - 1) + (f - 1) = k + 1$ und die
Behauptung folgt. ∎

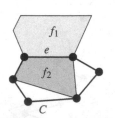

Entfernt man eine Kante e
eines elementaren Kreises, so
verringert sich die Anzahl der
Kanten und Gebiete jeweils
um 1.

Korollar 12.9:

Für zusammenhängende einfache planare Graphen gilt

$$n - m + f = 2 \,.$$

Das obige Korollar lässt sich alternativ auch wie folgt beweisen: Zunächst überzeugt man sich, dass jeder endliche Baum planar ist (z.B. mit BFS und »geschichtetem« Layout). Ist nun Γ eine planare Einbettung von G, so bestimmt man einen spannenden Baum T von G; $\Gamma(T)$ sei die planare Einbettung von T mit $m = n - 1$ und $f = 1$ (für die unbeschränkte Region). Fügen wir nun sukzessive jede weitere Kante gemäß Γ ein, so erhöhen sich f und m jeweils um 1 (durch den zugehörigen elementaren Kreis); $n - m + f$ bleibt also invariant.

Aus der Eulerschen Polyederformel lassen sich einige wichtige Beziehungen zwischen Ecken-, Kanten- und Regionenzahl in planaren Graphen ableiten.

Satz 12.10:　　　　**Kanten und Regionen in planaren Graphen**

Für jeden einfachen planaren Graphen $G = (V, E)$ mit $|V| \geq 3$ gilt

$$m \leq 3n - 6 \quad und \quad f \leq 2n - 4 \,.$$

Beweis:

Wir können annehmen, dass G zusammenhängend ist (andernfalls fügen wir solange Kanten hinzu, bis dies erfüllt ist, wodurch m und f sicher nicht verringert werden, während die Anzahl n der Ecken konstant bleibt). Sei Γ eine Einbettung. Zählen wir die Inzidenzen zwischen Kanten und Gebieten[1], so haben wir für jede Kante zwei Seiten zu betrachten. Bei diesem Zählen wird jedes Gebiet mindestens dreimal gezählt: Beschränkte Gebiete sind wegen des Fehlens von Parallelen und Schlingen von mindestens drei

---

1　Diese oder eine ähnliche Zählweise wird im Folgenden noch öfter verwendet; sie soll daher einmal genauer gefasst werden. Zu einer Einbettung von G mit Eckenmenge V, Kantenmenge E und Regionenmenge F definieren wir den *Face-Edge-Inzidenzgraphen* G' wie folgt: Die Eckenmenge von G' ist partitioniert zu $V(G') = E \,\dot\cup\, F$. Der Inzidenzgraph enthält genau dann eine Kante (e, f), wenn in der Einbettung von G die Kante $e \in E$ und die Region $f \in F$ »inzidieren«, d.h. e ist Randkante von f (vgl. Lemma 12.3). Der Inzidenzgraph G' ist also bipartit. Ein Sonderfall tritt ein, wenn f zu beiden Seiten von e liegt: Dann fügen wir zwei parallele Kanten (e, f) in den Inzidenzgraphen ein. Es bezeichne z die Zahl der Kanten in G'. Dann gilt im vorliegenden Fall

$$3|F| \leq z = 2|E| \,.$$

Die erste Ungleichung folgt aus der Tatsache, dass der Graph G einfach ist: Jedes beschränkte Gebiet muss von mindestens drei verschiedenen Kanten berandet sein; das unbeschränkte braucht mindestens drei Kanten-Seiten auf seinem Rand (sonst wäre der Graph nicht zusammenhängend) bzw. hat in G' wegen $|V| \geq 3$ mindestens 4 inzidente Kanten. Die zweite Gleichung ist klar nach der Definition des Inzidenzgraphen.

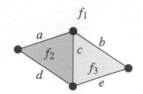

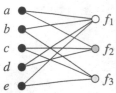

Beispiel für einen
Face-Edge-Inzidenzgraphen.

verschiedenen Kanten berandet; das unbeschränkte Gebiet entweder auch von drei verschiedenen Kanten oder es gibt nur zwei Kanten, dann aber vier Seiten. Also gilt $3f \leq 2m$. Nach der Eulerschen Polyederformel gilt $f = 2 - n + m$, also $3(2 - n + m) \leq 2m$, woraus sich $m \leq 3n - 6$ ergibt. Aus $m = n - 2 + f$ folgt $3f \leq 2(n - 2 + f)$, also $f \leq 2n - 4$ wie behauptet. ∎

Aus diesem Ergebnis folgt insbesondere, dass in planaren Graphen die Zahl der Kanten höchstens *linear* von der Zahl der Ecken abhängt (Die »Beschreibungskomplexität« planarer Graphen ist linear in der Eckenanzahl). In der Konsequenz ergibt sich, dass für viele Algorithmen auf planaren Graphen bessere Laufzeitabschätzungen möglich sind als auf allgemeinen Graphen.

Satz 12.11:
Jeder einfache planare Graph $G = (V, E)$ mit $|V| \geq 3$ hat mindestens drei Ecken vom Grad kleiner als 6.

Beweis:
Wir können o.B.d.A. annehmen, dass G zusammenhängend ist (sonst fügen wir Kanten hinzu, ohne dabei den Grad zu verringern). Dann hat in G jede Ecke wegen des Zusammenhangs mindestens Grad 1. Gäbe es höchstens zwei Ecken mit Grad kleiner 6, so hätten wir

$$2m = \sum_{v \in V} g(v) \geq 6(n - 2) + 2 = 6n - 10. \tag{12.1}$$

Andererseits ist nach Satz 12.10 $2m \leq 6n - 12$, was (12.1) widerspricht. ∎

Korollar 12.12:
In einem einfachen planaren Graphen gilt $\frac{1}{n} \sum_{v \in V} g(v) < 6$, d.h. der durchschnittliche Eckengrad ist kleiner als sechs. ∎

Mit diesen Resultaten lassen sich nun zwei besondere Graphen als nicht planar nachweisen:

Satz 12.13:
Der vollständige Graph K_5 mit fünf Ecken und der vollständige bipartite Graph $K_{3,3}$ mit sechs Ecken sind nicht planar.

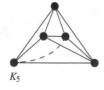

K_5

$K_{3,3}$

Beweis:
Für den K_5 ist $n = 5$ und $m = 10$, also $m \leq 3n - 6$ verletzt. Zum $K_{3,3}$: Betrachte eine Einbettung. Jede Region ist von einem elementaren Kreis berandet. Da der Graph bipartit ist, hat jeder dieser Kreise gerade Länge (siehe Satz 3.24), und weil der Graph keine Parallelen enthält, ist die Länge

jedes Kreises größer als zwei, also mindestens vier. Abzählen wie oben liefert $4f \leq 2m$ und mit $f = 2 - n + m$ folgt der Widerspruch:

$$20 = 4 \cdot 5 = 4(2 - n + m) = 4f \leq 2m = 18.$$

Damit ist die Behauptung gezeigt.   ∎

Die Wahl der beiden Vertreter von nicht-planaren Graphen war nicht zufällig. Ohne Beweis nennen wir den folgenden besonders wichtigen Satz für planare Graphen von [120]:

Satz 12.14:   **Satz von Kuratowski**

Jeder einfache Graph ist genau dann planar, wenn er weder K_5 noch $K_{3,3}$ als Minor enthält.

Beweis:
Siehe z.B. [85, 51].   ∎

Algorithmen, die für einen vorgegebenen Graphen $G = (V, E)$ entscheiden, ob er planar ist, basieren in der Regel auf diesem Satz. Zunächst verifiziert man, dass $|E| \leq 3|V| - 6$ gilt, danach versuchen diese Algorithmen eine planare Einbettung des Graphen zu konstruieren oder einen Minor als K_5 bzw. $K_{3,3}$ nachzuweisen.

Hopcroft und Tarjan [92] gaben als erste einen Planaritätstest-Algorithmus mit linearer Laufzeit $\mathcal{O}(n)$ an. Weitere Ansätze findet der interessierte Leser in [28, 37, 134].

István Fáry konnte 1948 nachweisen, dass jeder planare Graph sogar Einbettungen gestattet, bei denen alle Polygonzüge Strecken sind (»geradlinige Einbettungen«). Für einige Zwecke (Visualisierung von Schaltkreisen u.a.) sind Einbettungen von Interesse, bei denen die Polygonzüge aus Strecken bestehen, die parallel zu wenigen vorgegebenen Basisrichtungen sind (z.B. achsenparallele Strecken). Zusätzliche Anforderungen ergeben sich dabei durch Einschränkungen bei der Darstellung von Ecken (etwa als Punkte in einem ganzzahligen Gitter), vorgegebene maximale Anzahl von Teilstrecken in einem Polygonzug (beschränkte Knick-Anzahl) und vorgegebene maximale, für die Einbettung benötigte Fläche (vgl. [19, 100]).

12.3 Triangulationen

Definition 12.15:   **Maximal planarer Graph**

Ein einfacher planarer Graph heißt *maximal planar*, wenn keine Kante hinzugefügt werden kann, ohne Einfachheit oder Planarität zu verletzen.   maximal planarer Graph

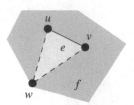

Ist $e = [u,v]$ nur mit einem Gebiet f inzident, so können wir mindestens eine der Kanten $[w,u]$ oder $[w,v]$ hinzufügen, ohne die Planarität zu verletzen.

Lemma 12.16:

Sei Γ eine planare Einbettung eines maximal planaren Graphen $G = (V,E)$, $|V| \geq 3$. Dann ist jede Kante mit genau zwei Gebieten inzident.

Beweis:

Sei eine Kante $e = [u,v]$ nur mit einem Gebiet f inzident. Wegen $|V| \geq 3$ und der Einfachheit gibt es auf dem Rand von f eine dritte Ecke $w \neq u, v$. Wäre w sowohl zu u als auch zu v adjazent, so hätten wir ein Dreieck, und nach dem Jordanschen Kurvensatz wäre e, als Kante auf diesem Polygon, mit zwei Gebieten benachbart. Also können wir (mindestens) eine der Kanten $[w,u]$ oder $[w,v]$ zum Graphen hinzunehmen, ohne Planarität und Einfachheit zu verletzen. Somit war der Graph nicht maximal planar. ∎

Satz 12.17:

Sei Γ planare Einbettung eines planaren Graphen $G = (V,E)$ mit $n \geq 3$ Ecken. Der Graph G ist genau dann maximal planar, wenn jede Region von einem Dreieck berandet ist.

Beweis:

»⇐«: Sei jede Region von einem Dreieck berandet. Dann ist G einfach, und es gilt $3f = 2m$. Mit der Eulerschen Polyederformel folgt: $m = 3n - 6$. Somit ist die Zahl der Kanten bereits maximal.

»⇒«: Sei G maximal planar. Offenbar muss G dann zusammenhängend sein.

1. Fall: Sei f Gebiet mit mehr als drei berandenden Kanten.

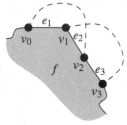

Fall 1a

1a   Keine drei Kanten bilden ein Dreieck. Seien e_1, e_2, e_3 aufeinanderfolgende Kanten auf dem Rand von f, v_0, v_1, v_2, v_3 die Spur. Dann sind weder $[v_0, v_2]$ noch $[v_1, v_3]$ Kanten, die mit f inzident liegen, und es ist nicht möglich, dass *beide* Kanten außerhalb überschneidungsfrei eingebettet sind. Also gibt es eine Kante, die, ohne die Einfachheit zu verletzen, zu G hinzugefügt werden kann; der Linienzug kann im Inneren von f überschneidungsfrei gezogen werden, also ist das Resultat planar. Somit war G nicht maximal planar.

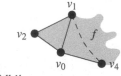

Fall 1b

1b   Drei Kanten e_1, e_2, e_3 bilden ein Dreieck mit Spur $v_0, v_1, v_2, v_3 = v_0$. Sei e_4 weitere Kante des Randes von f, o. E. $e_4 = [v_0, v_4]$. Die Kante $[v_4, v_1]$ kann nicht auf dem Rand von f liegen, sonst würde der Rand (mindestens) zwei Gebiete umfassen.

2. Fall: Sei f ein Gebiet mit weniger als drei berandenden Kanten. Wegen $|V| \geq 3$ und des Zusammenhangs muss $|V| = 3$ gelten und der Rand genau aus zwei Kanten bestehen. Der Graph ist nicht maximal planar, da das bisher nicht adjazente Eckenpaar durch eine weitere Kante verbunden werden kann. ∎

Korollar 12.18: **Charakterisierung von maximal planaren Graphen**

Für planare Graphen G mit $|V| \geq 3$ sind folgende Aussagen äquivalent:

(i) G ist maximal planar.

(ii) G ist einfach und $m = 3n - 6$.

(iii) G ist einfach und in einer (und damit in allen) planaren Einbettungen gibt es $f = 2n - 4$ Gebiete.

Beweis:

»(i)⇔(ii)«: G ist genau dann maximal planar, wenn G planar und einfach sowie jedes Gebiet von einem Dreieck berandet ist (Satz 12.17). Abzählen der Inzidenzen ergibt $3f = 2m$ genau dann, wenn $m = 3n - 6$ (mit der Eulerschen Polyederformel $f = 2 - n + m$).

»(ii)⇒(iii)«: Sei G planar und einfach und $m = 3n - 6$. Dann ist G zusammenhängend: Andernfalls könnten sicher noch Kanten überschneidungsfrei hinzugefügt werden, wodurch $m \leq 3n - 6$ verletzt wäre. Anwendung der Eulerschen Polyederformel zeigt nun dass $m = 3n - 6$ genau dann gilt, wenn $f = 2n - 4$.

»(iii)⇒(ii)«: Sei G planar und einfach und $f = 2n - 4$. Da G einfach ist, ist jedes Gebiet von mindestens drei Kanten-Seiten berandet; Abzählen der Inzidenzen liefert $3f \leq 2m$. Daraus folgt $m \geq 3n - 6$, also $m = 3n - 6$. ∎

Wir untersuchen noch einige Eigenschaften bezüglich des Zusammenhangs von maximal planaren Graphen.

Definition 12.19: **Mehrfach zusammenhängender Graph**

Ein Graph $G = (V, E, \gamma)$ heißt *k-fach eckenzusammenhängend*, wenn $|V| > k$ und für jede Teilmenge $S \subseteq V$ mit $|S| < k$, der Graph $G - S$ zusammenhängend ist. Mit $\sigma(G)$ bezeichnen wir die *Eckenzusammenhangszahl* von G, d.h. das größte $k \in \mathbb{N}$, so dass G k-fach eckenzusammenhängend ist.

Wir nennen G *k-fach kantenzusammenhängend*, wenn $|V| \geq 2$ und für jede Teilmenge $A \subseteq E$ mit $|A| < k$ der Graph $G - A$ zusammenhängend ist. Mit $\lambda(G)$ bezeichnen wir die *Kantenzusammenhangszahl* von G, d.h. das größte $k \in \mathbb{N}$, so dass G k-fach kantenzusammenhängend ist.

mehrfach zusammenhängender Graph

$\sigma(G)$

$\lambda(G)$

Jeder Graph ist 0-fach eckenzusammenhängend. Jeder Graph mit mindestens zwei Ecken ist 0-fach kantenzusammenhängend. Die Menge der 1-ecken-/kantenzusammenhängenden Graphen ist gerade die der zusammenhängenden Graphen (ohne den trivialen Graphen mit $|V| = 1$).

Satz 12.20:   **Satz von Whitney**

Für jeden ungerichteten Graphen $G = (V, E, \gamma)$ mit $|V| \geq 2$ gilt:

$$\sigma(G) \leq \lambda(G) \leq \min\{g(v) : v \in V\}.$$

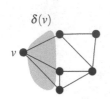

$\delta(v)$

v

Beweis:

Sei $g_{min} := g_{min}(G) := \min\{g(v) : v \in V\}$. Falls G nicht zusammenhängend ist, so sind die Aussagen trivial. Wir nehmen im Weiteren daher an, dass G zusammenhängend und $g_{min} \geq 1$ ist (für $g_{min} = 0$ ist G nicht zusammenhängend, wenn $|V| \geq 2$).

Zunächst zeigen wir $\lambda(G) \leq g_{min}$. Sei $v \in V$ eine Ecke mit Grad $g(v) = g_{min}$. Entfernen aller Kanten aus $A := \delta(v)$ isoliert dann v, so dass $G - A$ nicht mehr zusammenhängend ist. Also gilt $\lambda(G) \leq |A| = g_{min}$.

Es verbleibt noch $\sigma(G) \leq \lambda(G)$ zu zeigen. Da sich beim Entfernen aller Parallelen und Schlingen die Eckenzusammenhangszahl nicht ändert und die Kantenzusammenhangszahl sich nicht erhöht, können wir im Weiteren annehmen, dass G einfach ist. Sei $A \subseteq E$ mit $|A| = \lambda(G)$, so dass in $G - A$ keine Ecke aus $S \subseteq V$ von einer Ecke in $V \setminus S$ erreichbar ist. Falls alle möglichen Kanten im Schnitt, d.h. alle Kanten zwischen S und $V \setminus S$ in G vorhanden waren, so gilt $\lambda(G) = |A| = |S| \cdot |V \setminus S| = |S| \cdot (|V| - |S|)$. Der Ausdruck $|S|(|V| - |S|)$ wird minimal für $|S| = 1$, so dass in diesem Fall $\lambda(G) \geq |V| - 1 \geq \sigma(G)$.

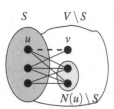

S $V \setminus S$

u v

$N(u) \setminus S$

Beweis von Satz 12.20

Ansonsten gibt es $u \in S$ und $v \in V \setminus S$ mit $[u, v] \notin E$. Wir betrachten $U := (N(u) \setminus S) \cup \{v \in V \setminus S : N(v) \cap S \neq \emptyset\}$, also die Nachbarn von u in $V \setminus S$ und die Ecken in $V \setminus S$, die Nachbarn in S haben. Dann gilt $|U| \leq \delta(S)$ und $G - U$ ist nicht mehr zusammenhängend. Also ist $\sigma(G) \leq |U| \leq \delta(S) = |A| = \lambda(G)$.   ∎

Definition 12.21:   **Artikulationspunkt**

Artikulationspunkt

Sei $k(G)$ die Anzahl der Zusammenhangskomponenten des Graphen G. Dann heißt $v \in V(G)$ *Artikulationspunkt*, falls $k(G - v) > k(G)$.

Definition 12.22:   **Triangulation**

(vollständig) trianguliert

Ein planarer Graph heißt *(vollständig) trianguliert*, wenn jede Region von einem Dreieck berandet ist.

Satz 12.23:

Jeder triangulierte Graph $G = (V, E)$ mit $|V| \geq 4$ ist dreifach eckenzusammenhängend.

Beweis:

Falls G trianguliert ist, so ist G offenbar zusammenhängend. Wir zeigen nun schrittweise, dass G zweifach- und dreifach eckenzusammenhängend ist.

Falls G nicht zweifach eckenzusammenhängend ist, dann gibt es einen Artikulationspunkt $v \in V$. Sei $v_1, \ldots, v_t$ die zirkulare Ordnung der Nachbarn $N(v)$ von V in der Einbettung. Dann gibt es v_i und v_{i+1} so dass beide in verschiedenen Komponenten von $G - v$ liegen. Daher ist $[v_i, v_{i+1}] \notin E$, also die Region mit den Ecken v_i, v, v_{i+1} kein Dreieck. Widerspruch!

Angenommen, G wäre nicht dreifach eckenzusammenhängend. Dann gibt es $\{u, v\}$, so dass $G - \{u, v\}$ zerfällt. Wir behaupten, dass eine der beiden Ecken zu mindestens zwei Komponenten von $G - \{u, v\}$ adjazent ist. Wäre das nicht der Fall, so wären u und v jeweils nur mit einer Komponente adjazent. Da wir bereits wissen, dass G zweifach ecken- und damit auch 2-fach kantenzusammenhängend ist (siehe Satz 12.20), gibt es einen einfachen Kreis, auf dem u und v liegen, und dieser hat mindestens Länge 3, besucht also neben u und v noch weitere Ecken; diese Ecken liegen in einer Komponente, die sowohl mit u als auch mit v adjazent ist; also gäbe es überhaupt nur eine Komponente. Der Widerspruch zeigt diese Behauptung.

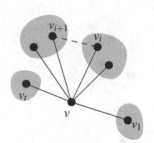

G ist zweifach eckenzusammenhängend.

Mit der Behauptung zeigen wir den dreifachen Eckenzusammenhang wie oben: Sei u die Ecke, in dessen Nachbarschaft mindestens zwei Komponenten liegen und $u_1, \ldots, u_t$ die zirkulare Anordnung von $N(u)$. Dann gibt es u_i, u_{i+1} in verschiedenen Komponenten, d.h. u_i, u, u_{i+1} folgen einander auf dem Rand einer Region, bilden aber kein Dreieck. Widerspruch! ∎

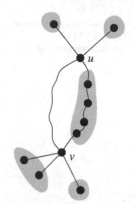

Die Komponenten des Graphen $G - \{u, v\}$.

12.4 Kreisplanare Graphen

Eine wichtige Teilklasse der planaren Graphen ist die Klasse der kreisplanaren Graphen.

Definition 12.24: Kreisplanarer Graph
Ein einfacher planarer Graph heißt *kreisplanar*, wenn er so eingebettet werden kann, dass jede Ecke mit derselben Region (i.A. wählen wir dafür die unbeschränkte Region) inzidiert. Er heißt *maximal kreisplanar*, wenn er kreisplanar ist, aber jede hinzugefügte Kante diese Eigenschaft verletzt.

Beispiel eines (nicht zusammenhängenden) kreisplanaren Graphen.

Es folgt, dass jeder Minor eines kreisplanaren Graphen wieder kreisplanar ist. Im Gegensatz zu Satz 12.23 ist der Zusammenhang in einem kreisplanaren Graphen nicht so stark:

Satz 12.25:
Jeder maximal kreisplanare Graph mit $|V| \geq 3$ ist zweifach eckenzusammenhängend, aber nicht dreifach eckenzusammenhängend.

Beweis:
Sei G maximal kreisplanar. Dann ist G sicher zusammenhängend, sonst können wir eine weitere Kante hinzufügen, die zwei Zusammenhangskom-

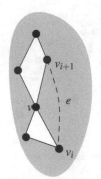

Ein maximal kreisplanarer
Graph ist 2-fach
eckenzusammenhängend.

ponenten verbindet, ohne die Kreisplanarität zu verletzen.

Der Graph G ist auch zweifach eckenzusammenhängend: Angenommen, dies sei nicht der Fall. Dann gibt es einen Artikulationspunkt $v \in V$, so dass $G - v$ in (mindestens) zwei Komponenten zerfällt. Sei $v_1, \ldots, v_t$ die Menge der Nachbarn von v in der zirkularen Ordnung, die durch die Einbettung gegeben ist. Es gibt v_i und v_{i+1}, die in verschiedenen Komponenten von $G - v$ liegen. Die Kante $e = [v_i, v_{i+1}]$ ist nicht Teil des Graphen. Wir fügen die Kante zum Graphen hinzu. Die Ecken v_i und v_{i+1} liegen weiter auf dem Rand des Außengebiets. Wäre v nicht mehr am Außengebiet, so schlösse e ein Polygon mit v im Inneren, also wären v_i und v_{i+1} auch ohne e zusammenhängend. Somit konnte e hinzugenommen werden, ohne die Kreisplanarität zu verletzen: Widerspruch!

Wie wir in Lemma 12.27 zeigen, besitzt jeder kreisplanare Graph eine Ecke v vom Grad $g(v) \leq 2$. Die maximal zwei Nachbarn trennen v vom Rest des Graphen, so dass $\sigma(G) \leq 2$ folgt. ∎

Korollar 12.26:

Jeder maximal kreisplanare Graph ist ein elementarer Kreis, dessen (o.E.) Innengebiet durch Sehnen trianguliert ist.

Beweis:

G ist zweifach eckenzusammenhängend und somit nach dem Satz von Whitney (Satz 12.20) auch zweifach kantenzusammenhängend. Damit gibt es keine Brücke, d.h. jede Kante liegt auf einem Kreis (vgl. Aufgabe 3.7). Insbesondere ist der Rand jeder Region ein elementarer Kreis, sonst gäbe es einen Artikulationspunkt.

Gibt es im Innengebiet des Kreises eine Region, die kein Dreieck ist, so kann sie durch eine weitere Sehne zerteilt werden, ohne die Kreisplanarität zu verletzen. ∎

Lemma 12.27:

In jedem kreisplanaren Graphen gibt es eine Ecke v vom Grad $g(v) \leq 2$.

Beweis:

Sei ohne Einschränkung G maximal kreisplanar (sonst fügen wir Kanten hinzu, wodurch die Grade nicht abnehmen), also G ein im Inneren triangulierter elementarer Kreis.

Wir ermitteln die Zahl f' der beschränkten Regionen: Diese sind Dreiecke; die unbeschränkte Region ist von genau n Kanten berandet. Abzählen der Inzidenzen liefert $3f' + n = 2m$. Mit der Eulerschen Polyederformel und $f' + 1 = f$ folgt $f' = n - 2$. Somit gibt es mindestens ein Dreieck, das zwei adjazente Kanten mit dem Rand der Außenregion teilt; die dazwischenliegende Ecke v hat Grad $g(v) = 2$. ∎

Satz 12.28:

Jeder kreisplanare Graph ist 3-färbbar.

Beweis:

Wir weisen die Existenz einer 3-Färbung mittels Induktion nach der Anzahl n der Ecken nach. Für $n \leq 3$ ist die Behauptung trivial. Sei Behauptung für alle Graphen der Größe n gezeigt und G ein kreisplanarer Graph
mit $n + 1$ Ecken. Nach Lemma 12.27 existiert eine Ecke v mit $g(v) \leq 2$.
Da $G - v$ kreisplanar ist, gilt nach Induktionsvoraussetzung $\chi(G - v) \leq 3$.
Die 3-Färbung von $G - v$ kann auf G ohne zusätzliche Farben fortgesetzt
werden, da die einzige verbleibende Ecke v nur zwei Nachbarn besitzt. ∎

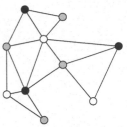

Wenn auf den drei weiß
gefärbten Ecken je ein Wärter
platziert wird, ist das gesamte
Polygon bewacht.

Wir erinnern an das »Museumswärterproblem« (Abschnitt 1.3): Dort haben
wir das Innere eines Polygons trianguliert. Der entstehende Graph ist kreisplanar, und die damals behauptete 3-Färbbarkeit ergibt sich aus dem letzten
Satz.

Bemerkung 12.29:

Falls der Grundriss des Museums ein »Loch« enthält, gilt die obere Schranke für die Wärter im Allgemeinen nicht mehr – das stimmt damit überein,
dass der entsprechende triangulierte Graph nicht mehr notwendigerweise
kreisplanar und auch nicht mehr notwendigerweise 3-färbbar ist. Trotzdem
gilt Satz 12.28 *nicht* in der umgekehrten Richtung: Ein 3-färbbarer planarer Graph ist nicht notwendigerweise kreisplanar, z.B. der nebenstehende
Graph.

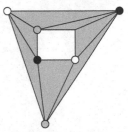

Beispiel für Grundriss mit
Loch, wo der triangulierte
Graph nicht mehr 3-färbbar
ist.

Ähnlich wie bei gewöhnlichen planaren Graphen gibt es auch für die Klasse der kreisplanaren Graphen eine übersichtliche Menge von »verbotenen«
Minoren.

Satz 12.30:

Ein Graph ist genau dann kreisplanar, wenn er weder $K_{2,3}$ noch K_4 als
Minor enthält.

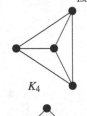

K_4

Beweis:

Ist G kreisplanar, so kann eine neue Ecke v hinzugefügt werden – z.B. in
der unbeschränkten Region einer kreisartigen Einbettung – und diese mit
einigen bzw. allen anderen Ecken durch jeweils eine Kante verbunden werden: jeder so entstehende Obergraph G' ist ebenfalls planar. Daher kann G
weder K_4 noch $K_{2,3}$ sein bzw. diese Graphen als Minoren enthalten, da bei
der beschriebenen Operation ein K_5 bzw. $K_{3,3}$ entstünde. Jeder echte Minor
von K_4 oder $K_{2,3}$ ist aber offensichtlich kreisplanar.

Ist umgekehrt G ein (minoren-)minimaler, nicht kreisplanarer Graph, so
ist G' (alle Ecken werden mit der neuen Ecke verbunden) nicht planar und
es folgt mit dem Satz von Kuratowski $G \in \{K_{2,3}, K_4\}$. ∎

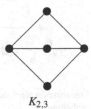

$K_{2,3}$

verbotene Minoren
kreisplanare Graphen

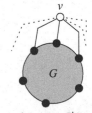

Konstruktion von G' im
Beweis von Satz 12.30

Eine Klasse $\mathscr{G}$ heißt *minorenabgeschlossen*, wenn für jeden Graphen $G \in \mathscr{G}$ und jeden Minor H von G auch $H \in \mathscr{G}$ gilt. Ein Minor H in einer Graphklasse $\mathscr{G}$ heißt *minorenminimal*, wenn für jeden Minor F von H mit $F \in \mathscr{G}$ folgt $F = H$. Minorenabgeschlossen ist offenbar die Klasse der planaren Graphen sowie die Klasse der Wälder. Minorenminimal darin sind genau die endlichen Graphen, die ausschließlich isolierte Ecken aufweisen.

Betrachtet man die »Komplementklasse« $\bar{\mathscr{G}}$ aller endlichen einfachen Graphen, die nicht in $\mathscr{G}$ liegen, so heißt die Menge aller minorenminimalen Elemente von $\bar{\mathscr{G}}$ die *Obstruktionsmenge* von $\mathscr{G}$, kurz obstr$(\mathscr{G})$. Nach dem Satz von Kuratowski ist die Obstruktionsmenge der planaren Graphen $\{K_5, K_{3,3}\}$. Für die Klasse der Wälder ist offenbar K_3 einziges Obstruktionselement, für die Klasse der kreisplanaren Graphen besteht die Obstruktionsmenge aus $K_{2,3}$ und K_4.

Neil Robertson und Paul Seymour haben in umfangreichen, bahnbrechenden Arbeiten (*Graph minors I-XIV*, 1983 bis 1994) tiefgehende Sätze und Beweismethoden veröffentlicht. Wir erwähnen hier nur das Resultat, dass jede minorenabgeschlossene Graphklasse eine endliche Obstruktionsmenge besitzt.

12.5   Duale Graphen

Für eine planare Einbettung $\Gamma = (V, E)$ eines planaren Graphens G identifizieren wir im Folgenden wieder eine Kante $e \in E$ mit ihrer kompakten Bildmenge $e := e([0,1]) \subseteq \mathbb{R}^2$ und setzen $\mathbb{G} := V \bigcup_{e \in E} e$. Wir schreiben $\operatorname{int} e := e((0,1))$ für das topologisch relativ Innere der Kante e.

Definition 12.31:   Duale Einbettung

Es seien $\Gamma_1 = (V_1, E_1)$ und $\Gamma_2 = (V_2, E_2)$ planare Einbettungen zweier Graphen G_1 und G_2 mit Regionenmengen F_1 und F_2. Wir nennen Γ_2 *dual* zu Γ_1 (und G_2 dual zu G_1) und schreiben $\Gamma_2 = \Gamma_1^*$ (bzw. $G_2 = G_1^*$), wenn es Bijektionen

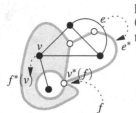

Konstruktion einer dualen
Einbettung

$$v^* : F_1 \to V_2 \qquad\qquad f \mapsto v^*(f)$$
$${}^* : E_1 \to E_2 \qquad\qquad e \mapsto e^*$$
$$f^* : V_1 \to F_2 \qquad\qquad v \mapsto f^*(v)$$

mit folgenden Eigenschaften gibt:

(i) $v^*(f) \in f$ für alle $f \in F_1$

(ii) $|e^* \cap \mathbb{G}| = |\operatorname{int} e^* \cap \operatorname{int} e| = |e \cap \mathbb{G}^*| = 1$ für alle $e \in E_1$

(iii) $v \in f^*(v)$ für alle $v \in V_1$.

Aus der Konstruktion folgt, dass mit $G_2 = G_1^*$ sowohl G_2 als auch G_2^* zusammenhängend sind, auch wenn G_1 nicht zusammenhängend war. Anschaulich können wir uns die Konstruktion einer dualen Einbettung $\Gamma^* = (V^*, E^*)$ zu einer Einbettung $\Gamma = (V, E)$ von G wie folgt vorstellen: Die

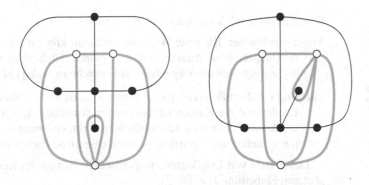

Bild 12.1: Zwei verschiedene Einbettungen desselben Graphen (schwarz). Die entstehenden dualen Graphen (grau) sind nicht isomorph.

Eckenmenge V^* wird gleich der Menge F der Regionen der Einbettung von G gewählt. Für jede Kante $e \in E$, die in der vorliegenden Einbettung von G mit den Regionen f_1, f_2 inzidiert, gibt es im Graphen G^* die Kante $[f_1, f_2]$. Diese Kante ist so zu zeichnen, dass sie keine anderen Kanten schneidet. Damit folgt, dass jeder zusammenhängende planare Graph (mindestens) einen dualen Graphen hat.

Lemma 12.32:
Für zusammenhängende Graphen G gilt $G^{**} \cong G$.

Beweis:
Man verwende als Bijektionen von G^* nach G^{**} die Umkehrabbildungen der ersten Bijektionen. Bedingungen (i) und (iii) tauschen ihre Rolle, (ii) ist ohnehin symmetrisch. ∎

Es ist zu bemerken, dass ein dualer Graph von der ursprünglich gewählten Einbettung abhängig ist. In Bild 12.1 ist derselbe Graph in zwei verschiedenen Einbettungen zu sehen. Die entstehenden dualen Graphen sind nicht isomorph, wie ein Vergleich der Grade der Ecken zeigt.

Lemma 12.33:
Es sei G^* dual zu G. Eine Kantenmenge $C \subseteq E(G)$ ist genau dann ein Kreis in G, wenn $C^* = \{e^* : e \in C\}$ in G^* ein Schnitt ist.

Beweis:
Zwei Ecken $v^*(f_1)$ und $v^*(f_2)$ sind genau dann zusammenhängend in G^*, also in der gleichen Komponente, wenn f_1 und f_2 im gleichen Gebiet von $\mathbb{G} \setminus C$ liegen. Nach dem Jordanschen Kurvensatz hat letzteres genau zwei Gebiete, also muss es zwei Komponenten in G^* geben, d.h. C^* ist ein Schnitt. Die Umkehrung folgt analog. ∎

Dieser Sachverhalt lässt sich vielfältig nutzen:

Maximale Flüsse: Kürzeste Wege-Algorithmen können zur Bestimmung maximaler Flüsse dienen; liegt eine planare Einbettung vor, so kann diese zusätzlich die Wege-Auswahl erleichtern, vgl. [134, 3]

Färbung von Landkarten: Es sei G eine »Landkarte«, wobei die Gebiete Länder und die Kanten Ländergrenzen darstellen. In solchen Karten werden die Länder, also die Gebiete, gefärbt, und zwar so, dass Länder mit gemeinsamer Grenze stets unterschiedliche Farben erhalten.

Färbung der Deutschland-Karte mit vier Farben und zugehörige duale Graph G^* (duale Einbettung)

Das Färben von Landkarten entspricht dem Färben der Regionen einer planaren Einbettung $\Gamma = (V, E)$.

Lemma 12.34:

Sei $\Gamma = (V, E)$ planare Einbettung des planaren Graphen G. Wenn der Grad jeder Ecke in G gerade ist, dann lassen sich die Länder (d.h. die Regionen von G) mit zwei Farben so färben, dass an jeder Grenze benachbarte Länder verschieden gefärbt sind.

Beweis:

Eine Färbung der Länder entspricht einer Eckenfärbung des dualen Graphen G^*. Wir zeigen, dass G^* bipartit, also 2-färbbar ist (vgl. Abschnitt 4.3). Nach Satz 3.24 genügt es zu zeigen, dass G^* keine Kreise ungerader Länge enthält.

Sei ein Kreis in G^* gegeben. Nach dem vorhergehenden Lemma induziert dieser einen Schnitt (S, T) in G. Der Schnitt hat die gleiche Kantenzahl wie der Kreis, die Zahl der Kanten beträgt $\sum_{v \in S} g(v) - 2 \cdot |\{ e \in E : \gamma(e) \subseteq S \}|$. Nachdem beide Terme gerade sind, ist auch die Zahl der Kanten gerade. ∎

Bemerkung 12.35:

Voronoi-Diagramm und Delaunay-Triangulation einer Punktmenge im $\mathbb{R}^2$

Ein wichtiges Paar zueinander dualer Graphen bilden der Delaunay-Graph (Delaunay-Triangulation) und das (mit einem unendlich fernen Punkt kompaktifizierte) Voronoi-Diagramm, vgl. [144, 137, 26].

12.6   Färbung planarer Graphen

Da jeder einfache planare Graph G nach Satz 12.11 eine Ecke v vom Grad höchstens fünf besitzt, lässt er sich mit höchstens sechs Farben färben: Wir färben (induktiv) $G - v$ mit höchstens sechs Farben und setzen dann die Färbung auf G fort. Die Fortsetzung benötigt keine neue Farbe, da v höchstens fünf Nachbarn besitzt. In diesem Abschnitt zeigen wir, dass jeder einfache planare Graph sogar mit höchstens fünf Farben (ecken-) gefärbt werden kann. Wir beweisen ein schärferes Resultat, nämlich dass jeder solche Graph eine 5-*Listenfärbung* besitzt.

Definition 12.36:   **Listenfärbung, listenchromatische Zahl**

Sei $G = (V, E)$ ein ungerichteter Graph und für jede Ecke $v \in V$ die Menge $L(v)$ eine Menge von »erlaubten Farben«. Eine *Listenfärbung* ist eine Färbung $f \colon V \to \bigcup_{v \in V} L(v)$ mit $f(v) \in L(v)$ für alle $v \in V$. Die *listenchromatische Zahl* $\chi_\ell(G)$ ist die kleinste Zahl k, so dass für jede Auswahl von Farbenmengen $L(v)$ mit $|L(v)| = k$ der Graph eine gültige Listenfärbung besitzt.

Offenbar gilt $\chi_\ell(G) \leq |V(G)|$ und $\chi(G) \leq \chi_\ell(G)$, da sich herkömmliche Färbungen als Spezialfall mit $L(v) = L(u)$ für alle $u, v \in V(G)$ ergeben. Der folgende elegante Beweis stammt von Thomassen [164] (vgl. auch [4]):

Satz 12.37:
Jeder einfache planare Graph G erfüllt $\chi_\ell(G) \leq 5$.

Beweis:

Wir können $G = (V, E)$ durch Hinzufügen von Kanten zu einem »fast triangulierten planaren Graphen« erweitern: die beschränkten Regionen dieses Obergraphen besitzen dann genau drei berandende Kanten. Da sich durch neue Kanten die listen-chromatische Zahl nicht verringern kann, können wir im Folgenden ohne Beschränkung annehmen, dass G bereits fast trianguliert ist. Wir beweisen folgende Aussage durch Induktion nach $n = |V|$:

Behauptung: Sei $G = (V, E)$ ein fast triangulierter Graph und B der Kreis, der die äußere Region umrandet. Für die Farblisten $L(v)$ $(v \in V)$ gelte:

  (i) Zwei adjazente Ecken x, y aus B sind bereits mit verschiedenen Farben α, β gefärbt.

 (ii) $|L(v)| \geq 3$ für alle anderen Ecken aus B.

(iii) $|L(v)| \geq 5$ für alle $v \in V \setminus B$.

Dann lässt sich die Färbung von x, y fortsetzen, und es gilt: $\chi_\ell(G) \leq 5$.

Für $n = 3$ ist die Behauptung einfach: es ist nur eine Ecke v ungefärbt, die sich aber wegen $|L(v)| \geq 3$ noch gültig färben lässt. Sei daher $n > 3$ und die Behauptung für alle kleineren Eckenzahlen bereits bewiesen.

Fall 1: B hat eine Sehne, d.h. es gibt eine Kante zwischen zwei Ecken $u, v \in B$, welche nicht in B enthalten ist. Der Teilgraph G_1, der vom Kreis $B_1 \cup \{[u, v]\}$ umrandet wird, ist fast trianguliert und besitzt nach Induktionsvoraussetzung eine 5-Listenfärbung. Dabei erhalten u und v verschiedene Farben $f(u) \neq f(v)$. Der Teilgraph G_2 mit $B_2 \cup \{[u, v]\}$ als Umrandung erfüllt ebenfalls die Induktionsannahme (mit bereits vorgefärbten Ecken u und v). Die Färbungen beider Teilgraphen ergeben dann eine gewünschte Färbung von G.

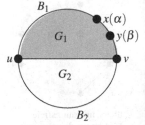

Fall 1: B hat eine Sehne

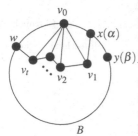

Fall 2: B hat keine Sehne

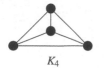

K_4

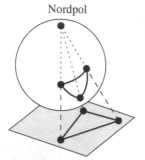

Nordpol

stereographische Projektion

Torus

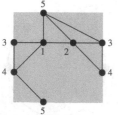

überschneidungsfreie
Einbettung des K_5 in den
Torus

Fall 2: B hat keine Sehne. Dann gilt $N(x) \cap V(B) = \{v_0, y\}$ (x hat zwei Nachbarn auf dem Kreis B). Seien $x, v_1, \ldots, v_t, w$ die Nachbarn von v_0 ($w \in B$, $t \geq 1$). Da G fast trianguliert ist, ergibt sich die Situation aus der nebenstehenden Abbildung. Sei $G' := G - v_0$, dann ist G' wieder fast trianguliert. Der umrandende Kreis von G' ist $B' = (B \setminus \{v_0\}) \cup \{v_1, \ldots, v_t\}$. Wegen $|L(v_0)| \geq 3$ gibt es $\gamma, \delta \in L(v_0) \setminus \{\alpha\}$. Ersetzt man nun alle Farblisten $L(v_i)$ durch $L(v_i) \setminus \{\gamma, \delta\}$, $i = 1, \ldots, t$, dann erfüllt G' die Induktionsannahme und hat eine 5-Listenfärbung. Mindestens eine der Farben γ, δ unterscheidet sich von der Farbe, die der Ecke w zugeteilt wurde. Diese Farbe kann für v_0 verwendet werden, um eine 5-Listenfärbung von G zu erhalten.   ∎

Wie weit lässt sich das Ergebnis des letzten Satzes noch verbessern, zumindest wenn man Eckenfärbungen und keine Listenfärbungen betrachtet? Das Beispiel des K_4 zeigt, dass es es planare Graphen mit chromatischer Zahl 4 gibt. Es gilt darüberhinaus der berühmte *Vierfarbensatz*:

Satz 12.38:   **Vierfarbensatz**
Jeder einfache planare Graph ist mit vier Farben (ecken-)färbbar.

Obwohl bereits 1852 formuliert, konnten die Mathematiker den Vierfarbensatz erst 1976 unter Einsatz eines Computers beweisen [7, 8]. Da jedoch Fehler in ersten Versionen des verwendeten Programms gefunden wurden, wurde der Satz von vielen Mathematikern lange noch als »Vierfarbenvermutung« geführt. Im Jahr 1997 stellten dann Robertson, Sanders, Seymour und Thomas [149] einen neuen Beweis vor.

12.7   Grapheinbettungen in (orientierbare) Mannigfaltigkeiten

Mittels stereographischer Projektion lassen sich überkreuzungsfreie Grapheinbettungen in der Ebene und auf der Kugeloberfläche direkt in Beziehung bringen. Beide Flächen sind vom Geschlecht $g = 0$. Flächen höheren Geschlechts sind etwa Oberflächen von Kugeln mit $g \geq 1$ »Henkeln« (oder dazu homöomorphe Mannigfaltigkeiten). Der Torus (»Rettungsring«) ist vom Geschlecht 1 und erlaubt die überkreuzungsfreie Einbettung des K_5.
 Sogar der K_7 ist überkreuzungsfrei in den Torus einbettbar (vgl. Aufgabe 12.1). Betrachtet man einen beliebigen endlichen Graphen und platziert Punkte (als Repräsentanten seiner Ecken) so in der Ebene, dass nicht drei der Punkte auf einer Geraden liegen, und repräsentiert jede Kante durch eine ihre Endpunkte verbindende Strecke, so erhält man gewöhnlich Schnittpunkte von zwei Strecken, die nicht Ecken repräsentieren. Wählt man jeweils für eine der sich schneidenden Strecken eine »Überführung« (Henkel), so erkennt man unmittelbar: jeder endliche Graph $G = (V, E)$ ist in

der Oberfläche S_g einer Kugel mit höchstens $g = |E| - |V|$ Henkeln überkreuzungsfrei einbettbar.

Bezeichnet $\chi(S_g)$ das Maximum der chromatischen Zahlen aller Graphen, die überkreuzungsfrei in S_g einbettbar sind, so konnte Percy J. Heawood bereits 1890 für $g \geq 1$ zeigen [87]:

$$\chi(S_g) \leq \left\lfloor \frac{7 + \sqrt{1 + 48g}}{2} \right\rfloor .$$

Gerhard Ringel und J.W.T. Youngs [148] bewiesen 1969 die Gleichheit (ebenfalls für $g \geq 1$). Für $g = 0$ entspricht die Formel dem Vierfarben-Satz: $\chi(S_0) = 4$.

> Heawoods Formel ergibt sich in folgender Weise:
>
> In S_g gilt eine verallgemeinerte Euler-Formel (Euler-Poincaré-Charakteristik): jeder endliche einfache (zusammenhängende), in S_g überschneidungsfrei einbettbare Graph $G = (V, E)$ mit $n = |V|$ und $m = |E|$ erfüllt $n - m + f = 2 - 2g$. Über den Face-Edge-Inzidenzgraphen folgt für maximale, in S_g überschneidungsfrei einbettbare Graphen (wie im Falle S_0): $m \leq 3n - 6 + 6g$. Der vollständige Graph K_7 ist auf S_1 (»Torus«) einbettbar (vgl. Aufgabe 12.1 mit Lösung).
>
> Sei daher G ein Graph mit $k := \chi(G) \geq 7$ und G' ein kritischer Teilgraph mit n Ecken und m Kanten, d.h. ein Teilgraph G' mit $\chi(G') = \chi(G)$, für den jeder echte Teilgraph mit weniger als $\chi(G)$ Farben (ecken-)färbbar ist. Dann ist in G' der Grad jeder Ecke mindestens $k - 1$, also: $(k - 1)n \leq 2m \leq 6n - 12 + 12g$, d.h. $(k - 7)n \leq 12g - 12$. Wegen $n \geq k \geq 7$ ergibt sich $(k - 7)k \leq 12g - 12$. Ferner folgt $(k - \frac{7}{2})^2 \leq 12g + \frac{1}{4}$ und damit $k \leq \left\lfloor \frac{7 + \sqrt{1 + 48g}}{2} \right\rfloor$.

12.8 Übungsaufgaben

Aufgabe 12.1:   Einbettung in Torus

Zeigen Sie, dass der K_7 überschneidungsfrei in den Torus einbettbar ist.

Hinweis: Schneiden Sie den Torus durch, den resultierenden »Schlauch« erneut so, dass ein Rechteck entsteht. Platzieren Sie sieben Ecken, gegebenenfalls mit Duplikaten auf dem Rechteckrand, welche später durch »Verkleben« der Ränder wieder zu einer Ecke »verschmelzen«.

Aufgabe 12.2:   Regelmäßige Graphen

Ein einfacher zusammenhängender planarer Graph $G = (V, E)$ heißt regelmäßig, falls gilt:

   (i) G ist Δ-regulär mit $\Delta \geq 3$.

  (ii) Es existiert eine Einbettung von G in $\mathbb{R}^2$, bei der alle Regionen von k-eckigen Polygonen berandet werden mit $k \geq 3$ fest.

Zeigen Sie:

   a) Es gibt keine regelmäßigen Graphen mit $\Delta \geq 6$.

Bild 12.2: Zu Aufgabe 12.4

b) Es gibt genau 5 Typen mit 4,6,8,12,20 Regionen. Ihre räumliche Repräsentation als »regelmäßige« Polyeder ergeben: Tetraeder, Würfel, Oktaeder, Dodekaeder und Ikosaeder.

Aufgabe 12.3:   Duale Graphen und spannende Bäume

Sei $G = (V, E)$ ein einfacher, schwach zusammenhängender planarer Graph und $T = (V, E_T)$ ein spannender Baum von G.

a) Induzieren die zu $E \setminus E_T$ dualen Kanten stets einen spannenden Baum T^* im dualen Graphen $G^* = (V^*, E^*)$?

b) Ist G kreisplanar, so existiert für G^* ein spannender Baum T^*, der ein Stern mit Wurzel v_∞ ist. Gilt auch die Umkehrung: besitzt G^* einen Stern T^* mit Wurzel v_∞, ist dann G kreisplanar?

Aufgabe 12.4:   Planares Spiel

Zwei Spieler A und B zeichnen einen ungerichteten Graphen. A startet bei einem Graphen, der genau n_0 isolierte Ecken hat und keine Kante aufweist ($m_0 = 0$). Die Spieler dürfen abwechselnd jeweils einen Zug der folgenden Art tätigen: Zwei Ecken u und v, die beide momentan jeweils einen Grad kleiner 3 haben, können durch einen Weg der Länge 2 verbunden werden, der über eine neue Ecke z führt: der Weg ergänzt den Graphen um z und die neuen Kanten $[u, z]$ und $[v, z]$ (vgl. Bild 12.2). Der Zug ist gültig, wenn G bei der beschriebenen Operation planar bleibt.

a) Kann dieses Spiel beliebig lang fortgesetzt werden?

b) Falls der Spieler gewinnt, der den letzten Zug tätigt: gibt es für Spieler A eine Gewinnstrategie?

13   Graphtransformationen

Den Begriff des Isomorphismus zwischen zwei Graphen hatten wir bereits am Anfang eingeführt (Definition 2.4). Wir haben zwei gerichtete Graphen $G = (V, R, \alpha, \omega)$ und $G' = (V', R', \alpha', \omega')$ als *isomorph* bezeichnet, wenn es bijektive Abbildungen $\sigma\colon V \to V'$ und $\tau\colon R \to R'$ gibt, die in G inzidente bzw. adjazente Objekte auf solche in G' abbilden. In diesem Kapitel beschäftigen wir uns erneut mit Graphenisomorphie und eingehender mit der Frage, wann zwei Graphen »ähnlich« zueinander sind.

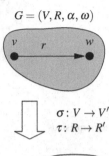

$$G = (V, R, \alpha, \omega)$$

$$\sigma\colon V \to V'$$
$$\tau\colon R \to R'$$

13.1   Tripeldarstellung von Graphen

Sei $G = (V, R, \alpha, \omega)$ ein Graph. Wie üblich setzen wir dabei voraus, dass $V \cap R = \emptyset$ gilt (vgl. Definition 2.1). Wir definieren die *Grundmenge (eines Graphen)* von G durch $\underline{G} := V \cup R$ und erweitern die beiden Abbildungen α, ω auf $\underline{G}$ in folgender Weise:

$$\alpha(v) := v \quad \text{und} \quad \omega(v) := v \quad \text{für alle } v \in V.$$

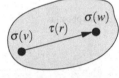

$$G' = (V', R', \alpha', \omega')$$
Graph-Isomorphismus nach
Definition 2.4

Somit lässt sich ein Graph $G = (V, R, \alpha, \omega)$ auch in *Tripeldarstellung* $G = (\underline{G}, \alpha, \omega)$ notieren. Ein Graph ist genau dann endlich, wenn $\underline{G}$ endlich ist. Für einen Graphen $G = (\underline{G}, \alpha, \omega)$ in Tripeldarstellung gilt dann:

$$V := \alpha(\underline{G}) = \omega(\underline{G})$$

und ein Element $x \in \underline{G}$ ist genau dann eine Ecke von G, wenn

$$\alpha(x) = x \quad \text{bzw.} \quad \omega(x) = x$$

gilt (V ist die gemeinsame Fixpunktmenge von α und ω). Zwei Elemente $e, e' \in \underline{G}$ sind dann *inzident*, wenn $\{\alpha(e), \omega(e)\} \cap \{\alpha(e'), \omega(e')\} \neq \emptyset$.

13.2   Homomorphismen

Definition 13.1:   Homomorphismus

Seien $G = (\underline{G}, \alpha, \omega)$ und $G' = (\underline{G}', \alpha', \omega')$ zwei Graphen. Eine Abbildung $\tau\colon \underline{G} \to \underline{G}'$ heißt *(Graph-) Homomorphismus* (von G auf G'), wenn sie surjektiv ist und

(Graph-) Homomorphismus

$$\alpha'(\tau(x)) = \tau(\alpha(x)) \text{ und } \omega'(\tau(x)) = \tau(\omega(x)) \text{ für alle } x \in \underline{G} \qquad (13.1)$$

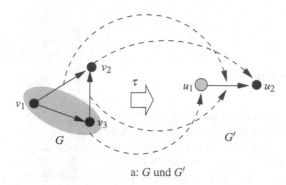

x	$\tau(x)$
v_1	u_1
v_2	u_2
v_3	u_1
(v_1, v_2)	(u_1, u_2)
(v_1, v_3)	u_1
(v_3, v_2)	(u_1, u_2)

b: Homomorphismus τ

a: G und G'

Bild 13.1: Beispiel für einen Homomorphismus

Isomorphismus

gilt (kurz: $\alpha' \circ \tau = \tau \circ \alpha$ und $\omega' \circ \tau = \tau \circ \omega$; für ungerichtete Graphen: $\gamma' \circ \tau = \tau \circ \gamma$). Der Homomorphismus τ ist ein *Isomorphismus*, falls τ bijektiv ist. Falls es einen Isomorphismus von G nach G' gibt, so nennen wir G und G' *isomorph* und schreiben $G \cong G'$. Ein Isomorphismus ist ein

Automorphismus

Automorphismus, wenn $G = G'$ gilt. Mit $\mathscr{A}(G)$ bezeichnen wir die Menge aller Automorphismen des Graphen G.

Korollar 13.3 auf der nächsten Seite zeigt, dass ein Isomorphismus $\tau\colon \underline{G} \to \underline{G'}$ die Ecken von G auf die Ecken von G' und die Pfeile von G auf die Pfeile von G' abbildet. Daher stimmt der Begriff des Isomorphismus aus Definition 13.1 mit unserer ursprünglichen Definition 2.4 überein: Die Funktion σ aus Definition 2.4 ist einfach die Einschränkung von τ auf $V(G)$.

Falls $\tau\colon \underline{G} \to \underline{G'}$ ein Isomorphismus ist, dann ist auch die inverse Abbildung $\tau^{-1}\colon \underline{G'} \to \underline{G}$ ein Homomorphismus und bijektiv, also ein Isomorphismus. Somit gilt mit $G \cong G'$ auch $G' \cong G$, d.h. die Relation »$\cong$« ist symmetrisch. Man überzeugt sich ebenso leicht, dass »$\cong$« auch transitiv ist (siehe auch Aufgabe 13.1). Somit ist »$\cong$« eine Äquivalenzrelation (vgl. Seite 38).

Bild 13.1 zeigt einen Graphen G und sein homomorphes Bild G' unter dem angegebenen Homomorphismus τ. Das folgende Lemma zeigt, dass unter Homomorphismen Ecken immer nur auf Ecken (und nicht auf Pfeile) abgebildet werden.

Lemma 13.2:
Ist $\tau\colon \underline{G} \to \underline{G'}$ ein Homomorphismus, so gilt $\tau(V) = V'$.

Beweis:
»$\tau(V) \subseteq V'$«: Sei $v \in V$. Dann ist $\alpha(v) = v$ und folglich

$$\tau(v) = \tau(\alpha(v)) = \underbrace{\alpha'(\tau(v))}_{\in V'}.$$

Somit ist $\tau(v) \in V'$.

»$\tau(V) \supseteq V'$«: Sei $v' \in V'$. Da τ surjektiv ist, gibt es $x \in \underline{G}$ mit $\tau(x) = v'$. Dann gilt

$$v' = \alpha'(v') = \alpha'(\tau(x)) = \tau(\underbrace{\alpha(x)}_{=:y \in V})$$

und es ist $\tau(y) = v'$ für ein $y \in V$, also $v' \in \tau(V)$. ∎

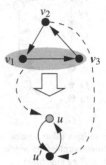

Beispiel für einen Homomorphismus: Der Teilgraph $G[\{v_1, v_3\}]$ wird auf die Ecke u abgebildet.

Mit dem vorausgegangenen Lemma sieht man nun schnell, dass, wenn man in G den Pfeil (v_1, v_2) durch den dazu inversen Pfeil (v_2, v_1) ersetzt, es keinen Homomorphismus von G auf G' mehr gibt. Da $|V'| < |V|$ gibt es zwei Ecken aus V, die auf die gleiche Ecke aus V' abgebildet werden. Sei o.B.d.A. $\tau(v_1) = \tau(v_3) = u \in V'$. Dann ist $\tau(v_2) = u'$ mit $u' \neq u$, da sonst τ nicht surjektiv wäre. Es folgt $\alpha'(\tau(v_1, v_3)) = \tau(\alpha(v_1, v_3)) = \tau(v_1)$ und analog $\omega'(\tau(v_1, v_3)) = \tau(v_3) = \tau(v_1)$. Somit wird auch (v_1, v_3) auf die Ecke u abgebildet. Aus der Homomorphismen-Eigenschaft folgt $\tau(v_2, v_1) = (u', u)$ und $\tau(v_3, v_2) = (u, u')$, womit G' einen Kreis besitzen müsste.

Aus dem obigen Beispiel sieht man, dass ein Teilgraph nicht notwendigerweise homomorphes Bild jedes (seiner) Obergraphen ist.

Korollar 13.3:

Es sei $\tau \colon \underline{G} \to \underline{G}'$ ein Isomorphismus. Dann gilt:

(i) $\tau(V) = V'$ und $\tau(R) = R'$

(ii) $|V| = |V'|$ und $|R| = |R'|$.

Beweis:

(i) Nach Lemma 13.2 gilt $\tau(V) = V'$. Wäre $\tau(r) \in V'$ für ein $r \in R$, so wäre τ nicht injektiv, also auch nicht bijektiv. Da τ nach Definition eines Homomorphismus surjektiv ist, folgt, dass für jedes $r' \in R'$ auch ein $r \in R$ mit $\tau(r) = r'$ existiert.

(ii) Folgt aus (i) und der Bijektivität von τ. ∎

Lemma 13.4:

Ist $\tau \colon \underline{G} \to \underline{G}'$ ein Isomorphismus, so gilt für jedes $v \in V$: $g_G^+(v) = g_{G'}^+(\tau(v))$, und $g_G^-(v) = g_G^-(\tau(v'))$, d.h. der Außengrad und Innengrad der Ecke $\tau(v)$ in G' ist gleich dem Außen- bzw. Innengrad von v in G.

Beweis:

Sei $v \in G$ beliebig und $r \in \delta_G^+(v)$. Dann gilt nach Korollar 13.3 $r' := \tau(r) \in R'$ und nach Definition eines Isomorphismus $\alpha'(\tau(r)) = \tau(\alpha(r)) = \tau(v)$. Somit wird jeder Pfeil $r \in \delta_G^+(v)$ auf einen Pfeil $r' \in G'$ mit $r' \in \delta_{G'}^+(\tau(v))$ abgebildet. Da nach Korollar 13.3 Pfeile auf Pfeile abgebildet werden, folgt, dass $g_G^+(v) = g_{G'}^+(\tau(v))$ gilt. Analog zeigt man die Behauptung für den Innengrad. ∎

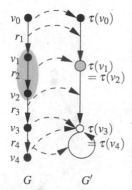

G G'

Ein Weg wird unter einem
Homomorphismus wieder auf
einen Weg abgebildet.

Seien $G = (\underline{G}, \alpha, \omega)$ und $G' = (\underline{G}', \alpha, \omega)$ zwei Graphen und $\tau\colon \underline{G} \to \underline{G}'$ ein Homomorphismus von G auf G'. Falls $P = (v_0, r_1, v_1, \ldots, r_k, v_k)$ ein Weg in G ist, so gilt $\alpha'(\tau(r_i)) = \tau(\alpha(\tau(r_i))) = \tau(v_{i-1})$ für $i = 1, \ldots, k$. Analog ist $\omega'(\tau(r_i)) = \tau(v_i)$ für $i = 1, \ldots, k$. Daraus folgt, dass $\tau(r_i)$ entweder ein Pfeil in G' mit Anfangsecke $\tau(v_{i-1})$ und Endecke $\tau(v_{i-1})$ ist, oder $\tau(r_i) = \tau(v_{i-1}) = \tau(v_i) \in V(G')$ gilt. Nach Streichen von direkt hintereinanderfolgenden Ecken ist daher $(\tau(v_0), \tau(r_1), \tau(v_1), \ldots, \tau(r_k), \tau(v_k))$ ein Weg in G'.

Beobachtung 13.5:
Sind $G = (\underline{G}, \alpha, \omega)$ und $G' = (\underline{G}', \alpha, \omega)$ zwei Graphen und $\tau\colon \underline{G} \to \underline{G}'$ ein Homomorphismus von G, so gilt:

(i) *Das Bild eines Weges in G unter τ ist ein Weg in G' (der zu einer einzelnen Ecke degenerieren kann).*

(ii) *Das Bild eines Kreises in G unter τ ist ein Kreis in G' (der ebenfalls zu einer einzelnen Ecke degenerieren kann).*

13.3   Das Graphenisomorphieproblem

GRAPHENISOMORPHIE

Instanz: Zwei Graphen G_1 und G_2
Frage: Gilt $G_1 \cong G_2$?

Das Graphenisomorphieproblem liegt in NP, seine genaue Komplexität ist bisher noch unbekannt. Es konnte bisher weder gezeigt werden, dass das Problem NP-vollständig ist, noch dass es in polynomieller Zeit lösbar ist, außer für spezielle Graph-Klassen. Beispielsweise ist die Isomorphie für Wurzelbäume in linearer Zeit entscheidbar [2, S. 84–86]. Vieles deutet darauf hin, dass GRAPHENISOMORPHIE nicht NP-vollständig ist; es könnte ein Problem sein, welches weder NP-vollständig noch polynomiell lösbar ist - solche Probleme existieren, sofern $P \neq NP$ ist (vgl. die Bücher [156, 106] und die Artikel [12, 165, 166]). Ein einfacher Ansatz führt zu einem nicht polynomiellen Algorithmus:

Lemma 13.6:
Sind $G = (V, R)$ und $G' = (V', R')$ einfache Graphen, so ist jeder Isomorphismus $\tau\colon \underline{G} \to \underline{G}'$ durch die Bilder $\tau(v)$ $(v \in V)$ eindeutig festgelegt.

Beweis:
Ist $r \in R$ mit $r = (u, v)$ so gilt dann

$$\alpha'(\tau(r)) = \tau(\alpha(r)) = \tau(u) \text{ und } \omega'(\tau(r)) = \tau(\omega(r)) = \tau(v),$$

also $\tau(r) = (\tau(u), \tau(v))$.   ∎

Nach Korollar 13.3 gilt für isomorphe Graphen $G \cong G'$ die Bedingung $|V| = |V'|$. Sei o.B.d.A. $V = V' = \{1, \ldots, n\}$. Dann können wir jeden Isomorphismus $\tau \colon \underline{G} \to \underline{G'}$ mit einer Permutation π von $\{1, \ldots, n\}$ identifizieren. Also genügt es[1] für den Test, ob $G \cong G'$ gilt, für jede der $n!$ Permutationen zu prüfen, ob diese Permutation einen Isomorphismus zwischen G und G' induziert. Dies führt zu einem Aufwand von $\mathscr{O}(n! n^2)$.

Subgraph-Isomorphie-Problem

Ein allgemeineres Problem ist das *Subgraph-Isomorphie-Problem*: Hier sind zwei Graphen G_1 und G_2 gegeben, und es ist zu entscheiden, ob der Graph G_1 einen Teilgraphen enthält, der isomorph zu G_2 ist. Dieses Problem wurde als NP-vollständig nachgewiesen [76, GT48].

Kann man die Isomorphie zweier Graphen aus der Kenntnis der Isomorphie ihrer Teilgraphen entscheiden? Diese Frage führt zum sogenannten *Rekonstruktionsproblem*: Gegeben seien zwei endliche, einfache Graphen $G = (V, R)$ und $G' = (V', R')$ mit $|V| = |V'| =: n \geq 3$, und o.B.d.A. $V = \{v_1, \ldots, v_n\}$, $V' = \{v'_1, \ldots, v'_n\}$, so dass $G - v_i \cong G' - v'_i$ für $i = 1, \ldots, n$. Sind dann G und G' selbst isomorph?

Rekonstruktionsproblem

Vermutung 13.7:   Vermutung von Ulam

Sind $G = (V, R)$ und $G' = (V', R')$ einfache Graphen mit $V = \{v_1, \ldots, v_n\}$, $V' = \{v'_1, \ldots, v'_n\}$ und $G - v_i \cong G' - v'_i$ für $i = 1, \ldots, n$, so gilt auch $G \cong G'$.

Die Ulam-Vermutung stimmt für Bäume (Kelly, 1957), für kreisplanare Graphen und einige weitere Graph-Klassen. Bislang ist sie für allgemeine Graphen weder widerlegt noch bewiesen.

Ist $G = (\underline{G}, \alpha, \omega)$ ein Graph und $\tau, \varphi \in \mathscr{A}(G)$ zwei Automorphismen von G, dann sind insbesondere beide Abbildungen Bijektionen von $\underline{G}$ in sich. Wir können daher die Komposition $\tau \circ \varphi \colon \underline{G} \to \underline{G}$, definiert durch $(\tau \circ \varphi)(x) := \tau(\varphi(x))$, betrachten. Diese ist wieder eine Bijektion von $\underline{G}$ in sich und wieder ein Automorphismus. In Aufgabe 13.2 wird sogar gezeigt, dass $(\mathscr{A}(G), \circ)$ eine Gruppe ist.

Es stellt sich die Frage, ob jeder Graph durch seine Automorphismengruppe (bis auf Isomorphie) eindeutig charakterisiert ist. Dies ist i.A. zu verneinen. Man verifiziert leicht:

Beobachtung 13.8:
Jeder endliche einfache ungerichtete Graph $G = (V, E)$ und sein einfaches Komplement $\bar{G} = (V, \bar{E})$ besitzen (algebraisch) isomorphe Automorphismengruppen.

Es gilt darüberhinaus der folgende interessante Satz von Robert Frucht [71]:

Satz 13.9:   Satz von Frucht
Zu jeder (endlichen) Gruppe F existiert ein (endlicher) Graph G, dessen Automorphismengruppe $\mathscr{A}(G)$ zu F (algebraisch) isomorph ist.

---

[1] Falls $|V| \neq |V'|$, so können wir die Frage nach der Isomorphie sofort mit »nein« beantworten.

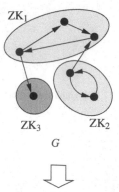

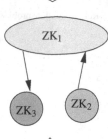

Ein gerichteter Graph G und
der zugehörige reduzierte
Graph $\hat{G}$

13.4   Homomorphismen und der Reduzierte Graph

Der reduzierte Graph $\hat{G}$ eines gerichteten Graphen G wurde in Kapitel 5.3 eingeführt. Dort wurde bereits gezeigt, dass der reduzierte Graph kreisfrei ist. Es gilt nun:

Satz 13.10:

Sei $G = (V, R, \alpha, \omega)$ ein endlicher Graph und $\hat{G} = (\hat{V}, \hat{R})$ der zugehörige reduzierte Graph. Dann ist $\hat{G}$ homomorphes Bild von G.

Beweis:

Wir geben einen passenden Homomorphismus $\tau \colon \underline{G} \to \underline{\hat{G}}$ an. Sei $\hat{V} :=$ $\{ZK_1, \ldots, ZK_p\}$. Sei $v \in V$ beliebig, dann existiert eine eindeutige Komponente $ZK_j \in \hat{V}$ mit $v \in ZK_j$. Wir setzen $\tau(v) := ZK_j$. Für einen Pfeil $r \in R$ definieren wir

$$\tau(r) := \begin{cases} \tau(\alpha(r)) & \text{falls } \alpha(r) \text{ und } \omega(r) \text{ stark zsh. sind} \\ (\tau(\alpha(r)), \tau(\omega(r))) & \text{sonst} \end{cases}$$

Man sieht leicht, dass die oben definierte Abbildung ein Homomorphismus ist. Dieser wird *kanonischer Homomorphismus* genannt.   ∎

Sei G ein Graph und τ ein Homomorphismus von G auf G'. Falls G' kreisfrei ist, dann kontrahiert τ nach Beobachtung 13.5(ii) jeden Kreis von G auf eine Ecke. Dies gilt insbesondere für solche Kreise, die alle Ecken einer starken Zusammenhangskomponente berühren, d.h. die starken Zusammenhangskomponenten werden auf eine Ecke zusammengezogen. Mit dieser Beobachtung ergibt sich:

Satz 13.11:

Der reduzierte Graph $\hat{G}$ ist das »feinste« einfache kreisfreie Bild von G. Genauer: Ist $\tau \colon G \to G'$ ein beliebiger Homomorphismus mit einfachem und kreisfreiem Bild G', so ist G' homomorphes Bild von $\hat{G}$.   ∎

13.4.1   Anwendungen in der Prozessplanung

Bei der Prozessplanung geht es darum, für eine Menge $P = \{p_1, \ldots, p_n\}$ von Prozessen eine Ablaufreihenfolge zu bestimmen. Dabei treten oft Nebenbedingungen der Form »Prozess p_i darf nicht vor Prozess p_j starten« auf. Fasst man in obigem Beispiel die Prozesse als Ecken und die Nebenbedingung als Pfeil (p_i, p_j) auf, so ergibt sich der *Präzedenzgraph*.

Man erkennt, dass die Prozesse, die auf einem Kreis liegen, alle gleichzeitig gestartet werden müssen, um eine gültige Ablaufreihenfolge zu gewährleisten. Die Kreise im Präzedenzgraphen dienen hier also als *Synchronisationsprimitive*.

Eine neue Situation ergibt sich, wenn die Präzedenzbedingungen die Form »p_i darf nicht starten, bevor p_j beendet ist« haben (vgl. das Beispiel zum Hausbau aus Abschnitt 3.2). Hat der Präzedenzgraph dann einen Kreis, so befinden sich die beteiligten Prozesse in einem *Deadlock*, da jeder auf das Ende seines Vorgängers im Kreis wartet. Derartige Probleme haben also nur dann eine zulässige Lösung, falls der Präzedenzgraph kreisfrei ist. Ist dies nicht der Fall, dann kann man etwa durch den Übergang zum reduzierten Graphen eine Lösung finden, die »möglichst viele« der Bedingungen erfüllt – für die Auflösung der *Deadlocks* kann man dann in den Zusammenhangskomponenten eine Strategie lokal wählen, etwa zur Auflösung von Ressourcenkonflikten bei Mehrbenutzerbetrieb in Datenbanksystemen.

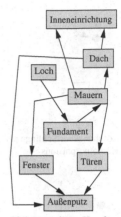

Aktivitäten beim Hausbau, vgl. Abschnitt 3.2

13.5 Ähnlichkeit von Graphen

Beim Vergleich von Graphen reicht es in vielen Fällen nicht aus, wenn man feststellen kann, ob sie isomorph sind; insbesondere ist es nützlich, wenn man ein Maß dafür hat, wie »verschieden« Graphen sind. Eine Möglichkeit bietet für ungerichtete Graphen die Zahl der Kantenkontraktionen beim Vergleich eines Graphen mit einem Minor (siehe Definition 12.5). Verbreitet ist auch die Bestimmung der *Edit-Distanz* zwischen Graphen.

Definition 13.12: Edit-Operationen
Eine Edit-Operation η konstruiert aus einem ungerichteten (gerichteten) Graphen G einen ungerichteten (gerichteten) Resultatgraphen $\eta(G)$. Wir definieren vier elementare Edit-Operationen:

- Löschen einer Kante (eines Pfeils): $\eta = (e \to \varepsilon)$ für ein $e \in E$

- Einfügen einer Kante (eines Pfeils): $\eta = (\varepsilon \to e = [v,w])$ für zwei Ecken $v, w \in V$

- Löschen einer Ecke: $\eta = (v \to \varepsilon)$ für eine Ecke $v \in V$. Durch diese Operation werden gleichzeitig alle mit v inzidenten Kanten (Pfeile) aus dem Graphen entfernt.

- Einfügen einer Ecke: $\eta = (\varepsilon \to v)$ für ein neues Element $v \notin \underline{G}$; v wird dann als Ecke der Eckenmenge V hinzugefügt.

Die Anwendung einer Folge $D = (\eta_1, \ldots, \eta_k)$ von Edit-Operationen auf einen Graphen G führt zum Resultatgraphen

$$D(G) := \eta_k(\cdots(\eta_2(\eta_1(G)))\cdots).$$

Man erkennt, dass jede der vier elementaren Edit-Operationen durch eine geeignete Folge von elementaren Edit-Operation rückgängig gemacht werden kann: Löschen und Einfügen einer Kante bzw. eines Pfeils sind jeweils

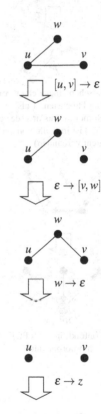

Edit-Operationen

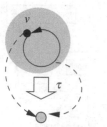

Löschen einer Schlinge als
Homomorphismus

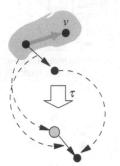

Löschen einer Ecke v vom
Grad höchstens 1 als
Homomorphismus (der graue
Pfeil ist im Falle von $g(v) = 0$
nicht vorhanden)

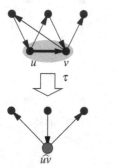

Kontraktion eines Pfeils als
Homomorphismus

invers zueinander, das Löschen einer Ecke invertiert deren Einfügen. Die inverse Operation zum Löschen einer Ecke kann komplizierter werden, weil die eventuell gleichzeitig gelöschten Kanten/Pfeile wieder neu eingefügt werden müssen.

Welche Beziehungen bestehen zwischen Edit-Operationen, Graphhomomorphismen und Minorenbildung?

13.5.1   Edit-Operationen und Homomorphismen

Offenbar lassen sich Einfüge-Operationen nicht als Homomorphismus ausdrücken. Beim Löschen eines Pfeils r muss man genauer unterscheiden:

- Ist r eine Schlinge, also $\alpha(r) = \omega(r)$, so beschreibt der Homomorphismus τ mit $\tau(r) = \tau(\alpha(r)) = \tau(\omega(r))$ und $\tau(x) = x$ für alle $x \in \underline{G} \setminus \{r\}$ das Löschen der Schlinge.
- Hat r zwei verschiedene Endpunkte, so ist das Löschen von r nicht durch einen Homomorphismus beschreibbar.

Auch beim Löschen einer Ecke v muss man differenzieren:

- Hat die Ecke Grad 0, so kann durch das Abbilden der Ecke v auf das Bild einer anderen Ecke das Löschen beschrieben werden.
- Hat die Ecke Grad 1, so kann durch »Zusammenziehen« des adjazenten Pfeiles die Operation »Löschen einer Ecke und der adjazenten Pfeile« homomorph modelliert werden.
- In allen anderen Fällen gibt es keine Beschreibung der Edit-Operation durch einen Homomorphismus.

13.5.2   Minoren und Homomorphismen

Jede Pfeilkontraktion bzw. Kantenkontraktion (siehe Definitionen 5.23 und 12.5) ist durch einen Homomorphismus charakterisiert: Minoren sind homomorphe Bilder des Teilgraphen, mit dem die Folge von Kantenkontraktionen startet. Allerdings ist ein Minor eines Graphen G nicht notwendigerweise homomorphes Bild von G selbst (vgl. Bemerkung zum Beispiel aus Bild 13.1).

13.5.3   Edit-Distanzen

Führt man für jede Edit-Operation η Transformationskosten $c(\eta)$ ein, so ergeben sich die Kosten einer Transformationsfolge D in natürlicher Weise als Summe der Kosten der einzelnen Operationen. Will man die Ähnlichkeit zweier Graphen G_1 und G_2 mit Hilfe der Edit-Operationen messen, so bietet es sich an, als Maß die minimalen Kosten einer solchen Transformationsfolge zu wählen, die G_1 in G_2 transformiert. Wenn man nur an einer *strukturellen* Ähnlichkeit interessiert ist, so reicht es aus, eine solche Transformationsfolge zu finden, die einen zu G_2 *isomorphen* Graphen ergibt, und deren Kosten zu messen.

Dazu betrachtet man ein Paar aus Transformationsfolge und passendem Isomorphismus als ein Paar, das *fehlerkorrigierender Graphisomorphismus* genannt wird. Die Bezeichnung »fehlerkorrigierend« deutet darauf hin, dass die Betrachtung der Ähnlichkeit von Graphen insbesondere im Zusammenhang mit durch Fehler-Rauschen verfälschten Graphen aufgetreten ist (vgl. Abschnitt 13.5.4).

Definition 13.13:

Es seien G_1 und G_2 zwei ungerichtete Graphen. Ein Tupel (D, τ) heißt *fehlerkorrigierender Graph-Isomorphismus* (auch *ecgi* für englisch *Error Correcting Graph Isomorphism*), falls D eine Folge von Edit-Operationen auf G_1 und τ ein Graphisomorphimus von $D(G_1)$ nach G_2 ist.

Die *Graph-Edit-Distanz* $d(G_1, G_2)$ ist dann definiert durch

$$d(G_1, G_2) := \min_{(D,\tau)} \{ c(D) \mid (D, \tau) \text{ ist ecgi von } G_1 \text{ nach } G_2 \}$$

Die Edit-Distanz $d(G_1, G_2)$ zweier endlicher Graphen G_1 und G_2 ist stets wohldefiniert, da es immer eine endliche Folge D von Edit-Operationen gibt, die den Graphen G_1 in einen Graphen $D(G_1) \cong G_2$ überführen: eine mögliche Wahl von D besteht etwa darin, zuerst alle Ecken von G_1 zu löschen und dann alle Ecken und alle Kanten von G_2 wieder hinzuzufügen.

Aus den Beobachtungen über die zu den elementaren Edit-Operationen inversen Operationen erkennt man ferner, dass die Edit-Distanz im Allgemeinen nicht symmetrisch ist, d. h. im allgemeinen gilt $d(G_1, G_2) \neq d(G_2, G_1)$. Aus der Definition ergibt sich aber unmittelbar folgendes Ergebnis:

Satz 13.14:
Die Graph-Edit-Distanz erfüllt die Dreiecksungleichung, d.h. es gilt

$$d(G_1, G_3) \leq d(G_1, G_2) + d(G_2, G_3)$$

für beliebige endliche Graphen G_1, G_2 und G_3.

Zur Komplexität der Bestimmung der (Graph-) Edit-Distanz sei hier nur auf [16, 143] hingewiesen. Weitere Operatoren findet man etwa in [146].

13.5.4 Anwendungen bei der Schrifterkennung

Eine Anwendung von Edit-Distanzen ergibt sich etwa bei der Bild- oder Schrifterkennung (OCR: *Ordinary Character Recognition*; vgl. [33]). Hier

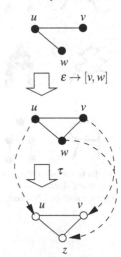

Graph-Edit-Distanz

Fehlerkorrigierender Graph-Isomorphismus: Bei einer Transformationsfolge *ohne* Isomorphismus müsste unter anderem w aus dem Graphen gelöscht und die neue Ecke z eingefügt werden.

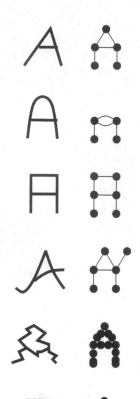

soll ein eingelesenes Bild dadurch »erkannt« oder »klassifiziert« werden, dass es mit einem Satz von gespeicherten Referenzbildern verglichen wird.

Falls die Bilder so gestaltet sind, dass sie auf eine Menge von einfachen Linien reduziert werden können, dann liegt es nahe, diese als Graph zu repräsentieren: Knick- und Endpunkte der Linien werden zu Ecken im Graphen (bewertet mit den kartesischen Koordinaten), und die Linien selbst werden zu Kanten zwischen den Ecken. Wir haben hier also einen zur Bestimmung (planarer) Einbettungen inversen Sachverhalt: Gegeben ist eine Menge von Linienstücken und ggf. Punkten, die wir als Einbettung eines planaren Graphen interpretieren; gesucht ist ein zur Einbettung »passender« Graph.

Es zeigt sich, dass in diesem Zusammenhang insbesondere die Beschränkung der Edit-Operationen auf *Substitutionen* sinnvoll ist:

- Eine Eckensubstitution ist dabei eine Folge der Form $(v_1 \to \varepsilon)$, $(\varepsilon \to v_2)$ für Ecken v_1 und v_2. Die Kosten dieser Folge werden durch die euklidische Distanz $d(v_1, v_2)$ festgelegt.
- Eine Kantensubstitution ist eine Folge der Form $(e_1 \to \varepsilon)$, $(\varepsilon \to e_2)$ für Kanten $e_1 = (v_1, w_1)$ und $e_2 = (v_2, w_2)$. Die Kosten dieser Folge werden etwa als

$$\min\{d(v_1, v_2) + d(w_1, w_2), d(v_1, w_2) + d(v_2, w_1)\}$$

festgesetzt.

Bei der Anwendung etwa für die Schriftenerkennung wird man dann zweiphasig vorgehen: In der ersten Phase, der *Lernphase*, werden bekannte Schriftmuster gelernt. Dazu werden von bekannten Mustern die Graph-Repräsentationen ermittelt. Muster, die den gleichen Buchstaben repräsentieren, werden in Äquivalenzklassen zusammengefasst und durch einen geeignet zu wählenden *Repräsentanten* vertreten. Hier bietet es sich etwa an, bezüglich der Edit-Distanz einen *Median* in der Klasse als Vertreter zu wählen. Bezeichnen wir mit C eine Klasse der verschiedenen Repräsentationen desselben Musters, so ist der Median $G_{\text{median}} \in C$ definiert durch

$$\sum_{G \in C} d(G, G_{\text{median}}) = \min_{G' \in C} \sum_{G \in C} d(G, G').$$

Beispiele für Schriftmuster (links) und deren Graph-Repräsentationen (rechts)

Ein Median einer Klasse von Repräsentationen ist also ein solches Element der Klasse, für das die Summe der Abstände zu allen anderen Elementen minimal wird.

In der zweiten Phase, der *Erkennungsphase*, werden dann unbekannte Muster eingelesen, und die Repräsentation ermittelt. Die Klassifizierung wird dann mittels Minimierung der Edit-Distanz zu den Repräsentanten der Klassen vorgenommen (»*nearest neighbor*«-Klassifikation) und damit schließlich die eigentliche »Erkennung« des Musters durchgeführt.

Die Bilder am Rand zeigen mögliche Graph-Repräsentationen, bei denen ganau die End-, Knick- und Kreuzungspunkte des Musters mit Ecken im Graphen identifiziert werden. Wie zu erkennen ist, sind hier noch weitere Schwierigkeiten zu beachten: In manchen Fällen (zittrige Schrift) kann die ermittelte Repräsentation wegen ihrer großen Edit-Distanz keinem Muster sinnvoll zugeordnet werden. Außerdem kann es vorkommen, dass unterschiedliche Muster die gleiche Repräsentation haben und somit nicht auseinandergehalten werden können.

13.6 Graph-Grammatiken

Graph-Grammatiken bieten einen Mechanismus, um aus gegebenen Graphen durch Ersetzen von Teilgraphen neue Graphen zu konstruieren. Im Allgemeinen ist eine Graphgrammatik spezifiziert durch einen Startgraphen und eine Menge von Ersetzungsregeln. Eine solche Regel hat etwa die Form (G_l, G_r), wobei G_l und G_r Graphen sind. Die Anwendung dieser Regel auf einen Graphen G besteht nun darin, dass in G ein zu G_l isomorpher Teilgraph identifiziert und dann durch G_r ersetzt wird. Da im allgemeinen Fall weder G_l noch G_r isolierte Teilgraphen sein werden, sondern durch Kanten mit dem Restgraphen verbunden sind, ist neben der eigentlichen Regel auch die Spezifikation einer Einbettungsvorschrift nötig, durch die die Behandlung dieser verbindenen Kanten oder Pfeile geregelt wird.

Wie bereits bemerkt wurde, ist es für die Anwendung einer Regel nötig, eine »passende« Stelle im Graphen zu identifizieren. Dazu muss im allgemeinen Fall das NP-vollständige *Subgraphen-Isomorphie-Problem* gelöst werden. Im Folgenden stellen wir eine spezielle Form von Graph-Grammatiken vor, bei der diese Komplikation nicht auftritt.

13.6.1 NLC-Grammatiken

Eine spezielle Form von Graphgrammatiken, bei denen der Ablauf der Ersetzung durch Eckenmarkierungen kontrolliert wird (*node label controlled*), stellen die sogenannten *NLC-Grammatiken* dar. Durch Beschränkung der zu ersetzenden Teilgraphen auf einzelne Ecken wird der notwendige Test auf Anwendbarkeit einer Regel einfach.

Eine *NLC-Grammatik* K ist gegeben durch ein Quintupel

$$K = (\Sigma, \Delta, G_0, \mathcal{R}, \mathcal{E}).$$

Hier bezeichnet Σ eine endliche Menge von Marken, und $\Delta \subseteq \Sigma$ die Menge der *terminalen* Marken. G_0 spezifiziert den (ungerichteten) *Startgraphen*. $\mathcal{R}$ ist eine endliche Menge von *Ersetzungsregeln* der Form (σ, G') mit $\sigma \in \Sigma \setminus \Delta$ und $G' \in \mathcal{G}(\Sigma)$, wobei $\mathcal{G}(\Sigma)$ die Menge aller Graphen bezeichnet, deren Ecken mit Marken aus Σ markiert sind. Letztendlich bezeichnet $\mathcal{E} \subseteq \Sigma \times \Sigma$ die Menge der *Einbettungsvorschriften*.

Eine *Ableitung* G_2 aus einem Graphen G_1 unter Anwendung einer Regel $r = (\sigma, G_r) \in R$, in Zeichen $G_1 \overset{r}{\to} G_2$, wird wie folgt konstruiert:

1. Es wird genau eine Ecke $v \in V(G_1)$ mit Marke σ ausgewählt. Diese wird inklusive aller inzidenten Kanten aus G_1 gelöscht und durch den (eckenmarkierten) Graphen G_r ersetzt.
2. Für jede Einbettungsvorschrift $e = (\delta, \mu) \in \mathscr{E}$ wird für jede mit δ markierte Ecke w in G_r und für jede μ-markierte Ecke u im Restgraphen, die mit der Ecke v in G_1 adjazent war, genau eine Kante $[u, w]$ eingefügt.

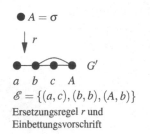

$\mathscr{E} = \{(a,c), (b,b), (A,b)\}$

Ersetzungsregel r und
Einbettungsvorschrift

Die Menge $L(K) := \{\, g \in \mathscr{G}(\Delta) : G_0 \overset{*}{\to} g \,\}$ aller nur mit Terminalsymbolen markierten Graphen, die sich durch eine endliche Ableitungsfolge aus dem Startgraphen G_0 ableiten lassen, heisst die durch K erzeugte *Sprache*.

Wir verdeutlichen die Situation an einem Beispiel. Gegeben ist eine Graphgrammatik $K = (\Sigma, \Delta, G_0, \mathscr{R}, \mathscr{E})$ durch:

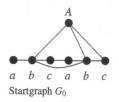

Startgraph G_0

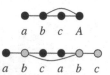

Ausgangsgraph nach dem
Ersetzungsschritt (grau
markiert sind Ecken, die zur
ersetzten Ecke adjazent
waren)

$$\Sigma := \{A, a, b, c\}$$
$$\Delta := \{a, b, c\}$$

$$G_0 := \quad \begin{matrix} A \\ \bullet \\ \bullet\ \bullet\ \bullet\ \bullet\ \bullet\ \bullet \\ a\ b\ c\ a\ b\ c \end{matrix}$$

$$\mathscr{R} := \left\{\, r = \begin{matrix}\bullet \\ A\end{matrix} \;\to\; \begin{matrix}\bullet\ \bullet\ \bullet\ \bullet \\ a\ b\ c\ A\end{matrix} \,\right\}$$

$$\mathscr{E} := \{(a, c), (b, b), (A, b)\}$$

Eine Anwendung der (einzigen) Regel r geschieht nun wie folgt: Zunächst wird eine Ecke identifiziert, an der die Regel angewandt werden kann. Die Regel schreibt eine mit A markierte Ecke vor, eine solche gibt es nur einmal im Ausgangsgraphen. Nun wird die Ecke ersetzt, d.h. sie wird zusammen mit allen inzidenten Kanten gelöscht und stattdessen der durch r spezifizierte Teilgraph eingefügt. Es ergibt sich die am Rand dargestellte Situation eines Graphen, der nicht zusammenhängend ist. Nun wird der neue Teilgraph durch neue Kanten mit dem Restgraphen gemäß der Einbettungsvorschrift verbunden. Dabei ist insbesondere zu beachten, dass nur solche Ecken des Restgraphen als Kandidaten für eine Kante zur Verfügung stehen, die vor der Ersetzung mit der fraglichen Ecke benachbart waren (diese sind in der Abbildung grau markiert).

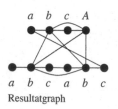

Resultatgraph

Bemerkung:

Neben den NLC-Grammatiken (vgl. auch [152]) sind noch weitere Graphgrammatiken bekannt, die ausdrucksmächtiger, aber trotzdem praktikabel sind, insbesondere also nicht durch die Subgraph-Isomorphie-Problematik betroffen sind. Solche Verfahren benutzen zum Beispiel die Ersetzung von Kanten oder die Ersetzung von Hyperkanten (spezielle Teilmengen von Kanten, vgl. [130, 82]).

13.6.2 Anwendungen beim Computer Aided Design

Neben der Beschreibung von Kontouren und Silhouetten mittels Graph-Sprachen sind Graphtransformationen auch beim *Computer Aided Design* (*CAD*) vorteilhaft einzusetzen. So sind *Euler-Operatoren* solche Graphtrans-formationen, welche für geometrische Objekte die Euler-Poincaré-Charak-teristik $n - m + f = 2 - 2g$ (vgl. 12.2 und 12.7) invariant lassen ([1, 91]).

Euler-Operatoren

Auch das Vergröbern von polygonalen Netzen zur Repräsentation kom-plexer geometrischer Objekte (*Multiskalen-Technik*) benutzt häufig Euler-Operatoren. Dies erlaubt die Darstellung mit verschiedenen Auflösungen und ist bei der Visualisierung, aber auch bei der Detektion von Kollisionen bewegter Objekte sehr hilfreich (vgl. [127, 22]).

Schließlich sind Verfeinerungen und Vergröberungen von Petri-Netzen wichtige Modellierungshilfen und benutzen diverse Graphtransformationen (vgl. [94, 32]).

13.7 Übungsaufgaben

Aufgabe 13.1: Homomorphismen

Sei G ein gerichteter Graph. Beweisen oder widerlegen Sie die folgenden Aussagen:

a) Jedes homomorphe Bild eines elementaren Weges ist ein elementarer Weg.
b) Jedes homomorphe Bild eines kreisfreien (nicht kreisfreien) Graphen ist ein kreisfreier (nicht kreisfreier) Graph.
c) Die Isomorphie-Relation »$\cong$« ist transitiv auf der Menge aller (endlichen) gerichteten Gra-phen.

Aufgabe 13.2: Automorphismengruppen

Sei $G = (\underline{G}, \alpha, \omega)$ ein Graph. Zeigen Sie, dass $(\mathscr{A}(G), \circ)$ eine (im Allgemeinen nicht-kommutative) Gruppe ist.

Aufgabe 13.3: Automorphismen

Seien $(\mathscr{G}, \circ)$ und $(\mathscr{H}, \star)$ Gruppen mit neutralen Elementen $1_{\mathscr{G}}$ bzw. $1_{\mathscr{H}}$. Wir sagen, dass $\mathscr{G}$ und $\mathscr{H}$ isomorph sind, und schreiben $\mathscr{G} \cong \mathscr{H}$, falls es eine bijektive Abbildung $\varphi : \mathscr{G} \to \mathscr{H}$ gibt, so dass für alle $e_1, e_2 \in \mathscr{G}$ gilt: $\varphi(e_1 \circ e_2) = \varphi(e_1) \star \varphi(e_2)$. Die Abbildung φ heißt dann *Gruppeniso-morphismus* zwischen $\mathscr{G}$ und $\mathscr{H}$.

Eine Gruppe $(\mathscr{G}, \circ)$ heißt *zyklisch*, wenn ein $e \in \mathscr{G}$ existiert, so dass $\mathscr{G} = \{e^0, e^1, e^2, \dots\}$ gilt. Dabei sei $e^0 := 1_{\mathscr{G}}$, $e^1 := e$ und $e^t := e^{t-1} \circ e$ für $t > 1$.

a) Geben Sie zu jedem $n \in \mathbb{N}$ einen gerichteten Graphen G_n an, so dass $\mathscr{A}(G_n)$ zyklisch ist und $|\mathscr{A}(G_n)| = n$ gilt.
b) Seien $G_1 \cong G_2$ zwei gerichtete Graphen. Zeigen oder widerlegen Sie, dass dann auch $\mathscr{A}(G_1) \cong \mathscr{A}(G_2)$ gilt.

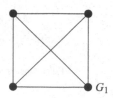 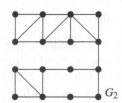 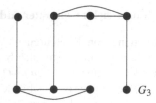 

Bild 13.2: Graphen zu Aufgabe 13.5

c) Es gelte nun umgekehrt $\mathscr{A}(G_1) \cong \mathscr{A}(G_2)$ für die Automorphismengruppen zweier gerichteter Graphen $G_1 = (V_1, R_1, \alpha_1, \omega_1)$ und $G_2 = (V_2, R_2, \alpha_2, \omega_2)$ mit $|V_1| = |V_2|$. Zeigen oder widerlegen Sie, dass dann $G_1 \cong G_2$ folgt.

Aufgabe 13.4:   NLC-Graph-Grammatiken

Es sei $k \in \mathbb{N}$. Ein ungerichteter Graph $G = (V, E)$ heißt *k-partit*, wenn eine Partition $V = V_1 \,\dot\cup \cdots \dot\cup\, V_k$ der Eckenmenge in k disjunkte nichtleere Mengen V_i existiert, so dass innerhalb jeder Menge V_i keine Ecken adjazent sind. Ist G ein k-partiter Graph, in dem je zwei Ecken aus verschiedenen Partitionsklassen adjazent sind, so heißt G *vollständig k-partit*. Falls G vollständig k-partit für ein $k \in \mathbb{N}$ ist, so nennen wir auch G *vollständig partit*.

a) Geben Sie eine NLC-Grammatik K_1 an, so dass $L(K_1)$ genau die Menge der vollständig bipartiten Graphen ist.

b) Geben Sie nun eine NLC-Grammatik K_2 an, so dass $L(K_2)$ die Menge aller vollständig partiten Graphen ist.

Aufgabe 13.5:   Seriell-Parallele Graphen

Die Klasse der *seriell-parallelen* Graphen ist rekursiv definiert. Der Graph $G = (\{u, v\}, \{[u, v]\})$, der aus zwei Ecken u, v und einer Kante $e = [u, v]$ besteht, ist seriell-parallel mit Startterminal u und Endterminal v. Sind G_1 und G_2 eckendisjunkte seriell-parallele Graphen mit Startterminalen u_1, u_2 und Endterminalen v_1, v_2, so sind folgende Graphen wieder seriell-parallel:

1. der durch Identifikation von v_1 mit u_2 entstehende Graph mit Startterminal u_1 und Endterminal v_2 (serielle Komposition von G_1 und G_2)

2. der durch Identifikation von u_1 mit u_2 und von v_1 mit v_2 entstehende Graph mit Startterminal u_1 und Endterminal v_1 (parallele Komposition von G_1 und G_2)

a) Welche der Graphen aus Bild 13.2 sind seriell-parallel?

b) Zeigen Sie: Jede endliche Teilmenge der Klasse der seriell-parallelen Graphen ist durch eine NLC-Grammatik erzeugbar.

c) Zeigen Sie: Es gibt eine echte Teilmenge der Klasse der seriell-parallelen Graphen, die nicht durch eine NLC-Grammatik erzeugbar ist.

14 Baumweite

In diesem Kapitel betrachten wir wieder, sofern nicht explizit angegeben, ungerichtete einfache endliche Graphen $G = (V, E)$ mit $|V| = n$ und $|E| = m$.

14.1 Baumdekompositionen

Die Baumweite eines Graphen ist ein gewisses Maß dafür, wie »ähnlich« der Graph zu einem Baum ist.

Definition 14.1: **Baumdekomposition, Baumweite**

Eine *Baumdekomposition* (oder auch *Baumzerlegung*) eines Graphen $G = (V, E)$ ist ein Paar $D = (S, T)$, wobei $S = \{X_i : i \in I\}$ eine Menge von Teilmengen von V und $T = (I, F)$ ein Baum ist, der für jede Teilmenge in der Kollektion S eine Ecke besitzt, so dass Folgendes gilt: *(Baumdekomposition)* *(Baumzerlegung)*

  (i) $\bigcup_{i \in I} X_i = V$,

  (ii) Für jede Kante $[u, v] \in E$ gibt es (mindestens) eine Teilmenge $X_i \in S$, die sowohl u als auch v enthält.

  (iii) Für jede Ecke $v \in V$ induziert die Eckenteilmenge $\{i \in I : v \in X_i\}$ von T einen Teilbaum von T.

Die *Weite* der Baumdekomposition $D = (S, T)$ ist dann *(Weite)*

$$\text{width}(D) := \max_{i \in I} |X_i| - 1.$$

Die Mengen X_i nennt man auch *Behälter* der Dekomposition. Oft werden wir die Menge X_i in naheliegender Weise mit der entsprechenden Ecke i des Baums T identifizieren. Letztendlich definieren wir die *Baumweite* eines Graphen $G = (V, E)$ als die minimale Weite aller Baumdekompositionen von G: *(Behälter)* *(Baumweite)*

$$\text{tw}(G) := \min\{\text{width}(D) : D \text{ ist Baumdekomposition von } G\}.$$

Abbildung 14.1 zeigt einen Graphen und eine zugehörige Baumdekomposition der Weite 3. Im Übrigen besitzt jeder Graph G eine Baumzerlegung der Weite $|V(G)| - 1$: Man verwendet einfach einen Baum mit einer Ecke X, wobei der Behälter X alle Ecken aus V enthält. Dies nennt man dann die *triviale Baumdekomposition* für G.

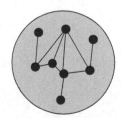

triviale Baumdekomposition

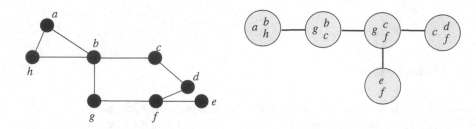

Bild 14.1: Beispiel eines Graphen und einer zugehörigen Baumdekomposition

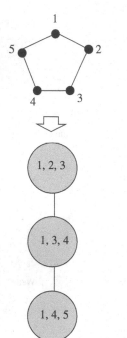

Der C_5 und eine zugehörige
Baumzerlegung

Beobachtung 14.2:
Für jeden Graphen G gilt: $tw(G) \leq n - 1$.

Eigenschaft (iii) in Definition: 14.1 kann man offenbar auch alternativ wie
folgt formulieren:

(iii)' Gilt für eine Ecke $v \in V$, dass $v \in X_i$ und $v \in X_j$, dann gilt für jede
        Ecke $k \in T$ auf dem eindeutigen Weg zwischen i und j in T, dass
        auch $v \in X_k$ gilt.

(iii)'' Sind i, j und k Ecken des Baumes T und k liegt auf dem eindeutigen
         Weg von i nach j in T, dann gilt $X_i \cap X_j \subseteq X_k$.

Je nach Situation werden wir daher in diesem Kapitel auf (iii), (iii)' oder
(iii)'' zurückgreifen.
    Für die Bestimmung der Baumweite genügt es, sich auf *zusammenhängende* Graphen zu beschränken: Die Baumweite eines Graphen erhält man
als das Maximum der Baumweiten seiner Zusammenhangskomponenten.
Daher werden wir in diesem Kapitel nur zusammenhängende Graphen betrachten. Jeder zusammenhängender Graph G mit $n \geq 2$ Ecken hat mindestens eine Kante, so dass seine Baumweite aufgrund von Eigenschaft (ii) in
Definition 14.1 mindestens 1 ist. Der zusammenhängende Graph $(\{v\}, \emptyset)$
hat offenbar Baumweite 0 und dies ist der einzige zusammenhängende
Graph mit Baumweite 0. Daher treffen wir zur Vermeidung von pathologischen Randfällen für den Rest des Kapitels folgende Annahme:

Voraussetzung 14.3:
Im Folgenden sei $G = (V, E)$ ein zusammenhängender Graph mit $|V| \geq 2$.

Wir betrachten nun als Erstes einen Zusammenhang zwischen den Cliquen
eines Graphen und seinen Baumzerlegungen.

Lemma 14.4:
*Sei G ein Graph und $D = (S, T)$ eine Baumdekomposition von G. Für jede
Clique $C \subseteq V(G)$ existiert ein Behälter X_i, so dass $C \subseteq X_i$.*

Beweis:

Wir beweisen die Aussage durch Induktion nach der Größe $k = |C|$ der Clique. Für $k = 1$ folgt die Aussage unmittelbar aus Eigenschaft (i) in Definition 14.1. Für $k = 2$ ergibt sich die Behauptung ebenfalls unmittelbar aus der Definition, diesmal aus Eigenschaft (ii). Wir nehmen nun an, dass $k \geq 2$, $|C| = k+1$ und die Behauptung für alle Cliquen der Größe k bereits gezeigt ist. Da $k \geq 2$ gilt, haben wir $k+1 \geq 3$ und die Clique C enthält mindestens drei verschiedene Ecken u, v und w. Nach Induktionsvoraussetzung gibt es in der Dekomposition $D = (S, T)$ Behälter X_a, X_b und X_c, so dass

$$C \setminus \{u\} \subseteq X_a, C \setminus \{v\} \subseteq X_b, C \setminus \{w\} \subseteq X_c.$$

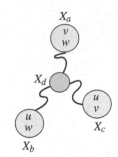

Beweis von Lemma 14.4

Wenn zwei der Ecken a, b und c identisch sind, dann gibt es bereits einen Behälter, der alle Elemente aus C enthält. Daher können wir für den Rest des Beweises annehmen, dass a, b und c drei verschiedene Ecken aus $V(T)$ sind.

Wir betrachten die eindeutigen Wege $P_{a,b}$, $P_{b,c}$ und $P_{c,a}$ zwischen den drei Ecken a, b und c im Baum T der Dekomposition. Diese drei Wege müssen eine Ecke $d \notin \{a, b, c\}$ gemeinsam haben (denn sonst würde die Komposition von $P_{a,b}$, $P_{b,c}$ und $P_{c,a}$ einen elementaren Kreis in T bilden).

Eigenschaft (iii)" einer Baumdekomposition zeigt jetzt, dass $C \setminus \{u, v\} \subseteq X_a \cap X_b \subseteq X_d$. Analog erhalten wir $C \setminus \{u, w\} \subseteq X_a \cap X_c \subseteq X_d$ und $C \setminus \{v, w\} \subseteq X_b \cap X_c \subseteq X_d$. Aus diesen drei Inklusionen folgt unmittelbar, dass $C \subseteq X_d$. ∎

Korollar 14.5:

Für jeden Graphen G gilt:

$$\omega(G) - 1 \leq tw(G),$$

wobei $\omega(G)$ wie üblich die Cliquenzahl von G, also die Kardinalität einer größten Clique in G bezeichnet.

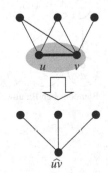

Kontraktion von $[u, v]$

In Abschnitt 12.1 hatten wir Minoren von Graphen eingeführt. Zur Erinnerung: Ein Graph H heißt Minor von G, wenn H aus G durch Kantenkontraktionen, Entfernen von Kanten und Löschen von isolierten Ecken entsteht. Man sieht nun leicht, dass jeder Minor H von G höchstens Baumweite $tw(G)$ besitzt. Entfernen einer Kante oder isolierten Ecken kann die Baumweite offenbar nicht erhöhen, da jede Baumdekomposition (eventuell unter Entfernen der gelöschten Ecke) weiterhin eine gültige Baumdekomposition für den Resultatgraphen bleibt. Kontrahiert man die Kante $[u, v]$, so können wir einfach in jedem Behälter, der u oder v enthält, diese durch die neue Ecke $\widehat{uv}$ ersetzen. Da jeweils die Behälter, die u bzw. v enthalten, einen Teilbaum induzieren (Eigenschaft (iii)) und es nach Eigenschaft (ii) einen Behälter gibt, der sowohl u als auch v enthält, bilden dann die Behälter, die $\widehat{uv}$ enthalten, ebenfalls einen Teilbaum. Wir notieren dieses Ergebnis für später:

Beobachtung 14.6:
Ist $H \leq G$, also H Minor von G, so gilt $tw(H) \leq tw(G)$.

Damit sind wir jetzt in der Lage, die Graphen mit Baumweite 1 zu charakterisieren:

Lemma 14.7:
Die Baumweite eines Graphen $G = (V, E)$ mit $|V| \geq 2$ ist genau dann gleich 1, wenn G ein Baum ist.

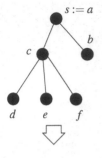

Beweis:
Sei $G = (V, E)$ ein Baum. Wir müssen eine Baumdekomposition von G mit Weite 1 konstruieren (also mit maximal zwei Knoten in jeder Menge X_i). Dazu wählen wir eine beliebige Ecke $s \in V$ als Wurzel von G und starten eine Tiefensuche (DFS) auf G ausgehend von s (siehe Abschnitt 7.1 bzw. 7.3). Die Tiefensuche liefert für jede Ecke $v \in V \setminus \{s\}$ einen eindeutigen *Vorgänger* $\pi[v] \in V$, nämlich die letzte Ecke auf dem eindeutigen Weg von s nach v in G.

Wir setzen $X_s := \{s\}$ und $X_v := \{v, \pi[v]\}$ für $v \neq s$, so dass wir eine Kollektion $S = \{ X_v : v \in V \}$ von Teilmengen erhalten. Der Baum für unsere Dekomposition ist $T := G$. Wir sind fertig, wenn wir zeigen können, dass (S, T) tatsächlich eine Baumdekomposition für G ist.

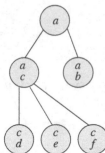

Bäume haben Baumweite 1.

Eigenschaft (i) ist offensichtlich erfüllt. Auch Eigenschaft (ii) ist erfüllt, da für jede Kante $[u, v] \in E$ eine tree edge sein muss, also entweder $\pi[v] = u$ oder $\pi[u] = v$ gilt (nach Satz 7.12 ist jede Kante eine tree edge oder eine back edge, aber aufgrund der Kreisfreiheit des Baums G können keine back edges existieren). Eigenschaft (iii) folgt letztendlich daraus, dass eine Ecke v genau in den Mengen X_v X_w (mit w direkter Nachfahre von v in G) enthalten ist.

Sei nun umgekehrt $G = (V, E)$ ein zusammenhängender Graph mit mindestens zwei Ecken und $tw(G) = 1$. Ist G kein Baum, so hat G einen elementaren Kreis und damit besitzt G einen elementaren Kreis der Länge mindestens 3, also einen K_3 als Minor. Korollar 14.5 besagt, dass $tw(K_3) \geq 2$ gilt und Beobachtung 14.6 liefert $2 \leq tw(K_3) \leq tw(G)$ im Widerspruch zur Annahme, dass $tw(G) = 1$. $\blacksquare$

Definition 14.8:   Kleine Baumdekomposition
Eine Baumdekomposition $D = (S, T)$ eines Graphen G heißt *kleine Baum-*

kleine Baumdekomposition

dekomposition wenn für alle $i, j \in V(T)$ mit $i \neq j$ gilt: $X_i \not\subseteq X_j$.

Lemma 14.9:
Jeder Graph G hat eine kleine Baumdekomposition der Weite $tw(G)$.

Beweis:

Unter allen Baumdekompositionen $D = (S,T)$ von G mit Weite $k = \text{tw}(G)$ wählen wir eine mit minimaler Eckenanzahl $|V(T)|$ im zugehörigen Baum T. Wir zeigen, dass $D = (S,T)$ eine kleine Baumzerlegung von G ist.

Angenommen, es wäre $X_i \subseteq X_j$ für $i, j \in V(T)$ mit $i \neq j$. Sei $l \in V(T)$ eine Ecke auf dem eindeutigen Weg $P = [i = v_0, v_1, \ldots, v_r = j]$ zwischen i und j in T. Nach Eigenschaft (iii)" haben wir $X_l \supseteq X_i \cap X_j = X_i$. Also ist $X_i \subseteq X_l$ für alle $l \in V(T)$ auf dem Weg P.

Wir betrachten den Baum T', der aus T durch Kontraktion der Kante $[i = v_0, v_1]$ entsteht (man beachte: $v_1 = j$ ist hier durchaus möglich) und ordnen der neuen Ecke $\widehat{iv_1}$ den Behälter X_{v_1} zu. Alle anderen Ecken behalten ihre Behälter aus der Zerlegung D. Als Resultat erhalten wir eine neue Baumzerlegung $D' = (S', T')$ von G, die höchstens Weite k besitzt und $|V(T')| < |V(T)|$ erfüllt. Dies widerspricht der Wahl von $D = (S,T)$. ∎

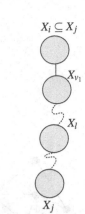

Beweis von Lemma 14.9

Lemma 14.10:

Für jede kleine Baumdekomposition $D = (S,T)$ von G gilt: $|V(T)| \leq |V(G)|$.

Beweis:

Wir benutzen Induktion nach der Anzahl $n = |V(G)|$ der Ecken in G. Falls $n = 1$, so ist die Aussage trivial. Sei daher $n > 1$ und die Aussage für alle kleineren Graphen bereits bewiesen.

Sei $D = (S,T)$ eine kleine Baumdekomposition von G. Wir wählen ein Blatt $i \in V(T)$. Sei $j \in V(T)$ sein einziger Nachbar in T. Da D klein ist, gilt $Z := X_i \setminus X_j \neq \emptyset$. Aufgrund von Eigenschaft (iii) einer Baumdekomposition gilt $Z \cap X_l = \emptyset$ für alle $l \in V(T) \setminus \{j\}$. Daher ist $(S \setminus \{X_i\}, T - i)$ eine kleine Baumdekomposition von $G - Z$. Nach Induktionsvoraussetzung gilt $|V(T - i)| \leq |V(G-Z)|$, also $|V(T)| - 1 \leq |V(G)| - |Z| \leq |V(G)| - 1$. Es folgt nun unmittelbar, dass $|V(T)| \leq |V(G)|$. ∎

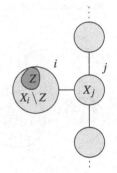

Die Elemente der Menge $Z = X_i \setminus X_j$ sind nur im Behälter X_i enthalten.

14.2   Berechnung von Baumdekompositionen

Wie schnell lässt sich die Baumweite eines Graphen bestimmen? Das zugehörige Entscheidungsproblem lautet:

TREEWIDTH	
Instanz:	Ungerichteter Graph $G = (V, E)$ und eine natürliche Zahl k mit $0 \leq k \leq |V|$
Frage:	Ist $\text{tw}(G) \leq k$?

Das Problem TREEWIDTH ist NP-vollständig, sogar auf bipartiten Graphen [10]. Allerdings konnte Hans Bodlaender folgendes Ergebnis beweisen:

Satz 14.11:

Es gibt einen Algorithmus, der auf Eingabe eines Graphen G eine Baum-
zerlegung von G der Weite $k = tw(G)$ in Laufzeit $2^{\mathcal{O}(k^3)} \cdot |V(G)|$ berechnet.

Beweis:

Siehe [24].   ∎

Die Konsequenz aus Satz 14.11 ist die Folgende: Falls wir uns auf eine
Klasse von Graphen beschränken, deren Baumweite durch eine Konstante k
(unabhängig von der Graphengröße) beschränkt ist, dann lassen sich für diese Graphen jeweils die Baumweite und eine entsprechende Zerlegung sogar
in linearer Zeit berechnen. Dieses Ergebnis werden wir in Abschnitt 14.3
noch intensiv nutzen.

eine simpliziale Ecke v

Wir zeigen nun, dass sich für chordale Graphen die Baumweite effizient
in Polynomialzeit berechnen lässt. Sei dazu $G = (V, E)$ ein chordaler Graph.
Wie wir in Satz 4.20 gesehen haben, besitzt G dann ein perfektes Eliminati-
onsschema $\sigma = (v_1, \ldots, v_n)$. Sei $v = v_1$ eine simpliziale Ecke in G. Nach
Definition ist $N(v)$ eine Clique in G und auch in $G - v$. Sei $D = (S, T)$ eine
optimale Baumdekomposition von $G - v$. Nach Lemma 14.4 gibt es dann
einen Behälter X_j in D, so dass $N(v) \subseteq X_j$. Wir konstruieren nun eine neue
Baumdekomposition D' für G, indem wir an den Knoten $j \in T$ eine neue
Ecke k anfügen, welcher der neue Behälter $X_k := N(v) \cup \{v\}$ zugeordnet ist.
Dies liefert offenbar eine gültige Baumdekomposition für G der Weite

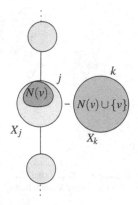

$$\text{width}(D') = \max\{|N(v)|, tw(G - v)\}. \tag{14.1}$$

Da v simplizial in G und somit $\{v\} \cup N(v)$ eine Clique in G ist, gilt nach
Korollar 14.5: $tw(G) \geq |N(v) \cup \{v\}| - 1 = |N(v)|$. Außerdem haben wir
$tw(G) \geq tw(G - v)$. Damit ist aufgrund von (14.1) die Baumdekomposition D' eine optimale Baumdekomposition für G. Wir erhalten also:

Satz 14.12:

Die Baumweite eines chordalen Graphen kann man in Polynomialzeit be-
rechnen.   ∎

Für nicht-chordale Graphen kann man analog eine Baumdekomposition berechnen, die dann aber nicht notwendigerweise eine mit minimaler Weite
ist. Sei dazu $G = (V, E)$ ein Graph. Man berechnet dann eine *Chordalisie-*

Chordalisierung   *rung* von G, d.h. einen Obergraphen $H = (V, E \cup F)$ von G, der chordal ist.
Hierbei bezeichnet F die Menge der neu hinzugefügten Kanten.

Sei $v \in V$ eine Ecke in G mit minimalem Grad $g(v)$ und $N(v)$ ihre Nachbarn in G. Wir fügen alle noch möglichen Kanten zwischen den Ecken
aus $N(v)$ zu F hinzu und entfernen dann v (und die zu v inzidenten Kanten) aus dem Graphen. Für den Resultatgraphen G' berechen wir rekursiv
eine Baumdekomposition $D' = (S', T')$. Nach Lemma 14.4 gibt es in T'

einen Behälter X_i, der $N(v)$ enthält (da wir $N(v)$ zu einer Clique gemacht hatten). Wir fügen an T' ein neues Blatt j an, dem der (neue) Behälter $X_j = \{v\} \cup N(v)$ zugeordnet ist und dessen einziger Nachbar i ist. Dies ist dann die gewünschte Baumdekomposition $D = (S, T)$ von G.

Wie im Beweis von Satz 14.12 oben sieht man, dass D eine Baumdekomposition für einen chordalen Obergraphen H von G ist. Das Verfahren ist als *Minimum Degree Heuristik* bekannt. Minimum Degree Heuristik

14.3 Algorithmische Konsequenzen

Für die algorithmische Nutzung der Baumweite stellt es sich als nützlich heraus, dass wir uns auf bestimmte Baumzerlegungen, sogenannte *schöne Baumdekomposition* beschränken können.

Eine *schöne Baumdekomposition* eines Graphen G ist eine Baumdekomposition $D = (S, T)$ bei der eine Wurzel von T so gewählt werden kann, dass T ein binärer Wurzelbaum ist (jede Ecke v in T hat maximal zwei direkte Nachfahren) und bei der jede Ecke von T einer der folgenden vier Typen ist: schöne Baumdekomposition

Blatt Dies sind die Blätter des Baums T (also Ecken ohne direkten Nachfahren). Für ein solches Blatt i gilt $|X_i| = 1$, wobei X_i der entsprechende Behälter ist.

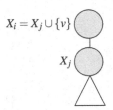

Erweiterung/Verkleinerung Falls i genau einen direkten Nachfahren j hat, dann gilt entweder $X_i = X_j \cup \{v\}$ mit einem $v \notin X_j$ oder $X_i = X_j \setminus \{v\}$ für ein $v \in V(G)$. Im ersten Fall nennen wir i einen *Erweiterungsknoten* und zweiten Fall heißt i *Verkleinerungsknoten*.

Erweiterungsknoten i

Verzweigung Falls i genau zwei direkte Nachfahren j_1 und j_2 hat, dann gilt $X_i = X_{j_1} = X_{j_2}$. Wir nennen dann i auch *Verzweigungsknoten*.

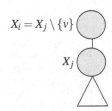

Satz 14.13:
Sei $D = (S, T)$ eine Baumzerlegung des Graphen G. Dann lässt sich in polynomialer Zeit eine schöne Baumzerlegung $D' = (S', T')$ von G konstruieren, so dass $width(D') \leq width(D)$ und $|V(T')| \leq width(D) \cdot |V(T)|$ gilt.

Verkleinerungsknoten i

Beweis:
Sei $D = (S, T)$ eine Baumzerlegung. Wir wurzeln T an einer beliebigen Ecke $s \in T$. Als erstes transformieren wir die Zerlegung so, dass der Baum ein binärer Baum ist. Sei dazu $i \in V(T)$ eine Ecke mit $t \geq 3$ Nachfolgern $j_1, j_2, \dots, j_t$. Wir ersetzen dann i und seine Nachfolger durch einen Teilgraphen wie in Abbildung 14.2. Man sieht unmittelbar, dass bei diesem Schritt wieder eine gültige Baumzerlegung entsteht.

Im nächsten Schritt stellen wir sicher, dass alle Knoten von T mit zwei direkten Nachfolgern Verzweigungsknoten sind. Sei $i \in V(T)$ eine Ecke mit zwei Nachfolgern j_1 und j_2. Wir erzeugen dann durch Kopieren der Ecke i

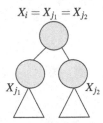

Verzweigungsknoten i

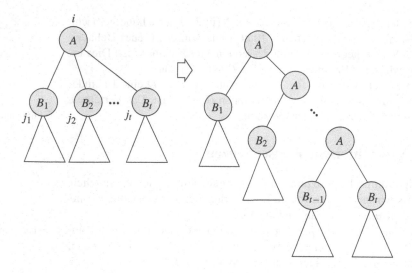

Bild 14.2: Erster Schritt der Transformation in Satz 14.13. Die Großbuchstaben
bezeichnen die Mengen (Behälter), die den einzelnen Ecken zugeordnet
sind.

neue Ecken im Graphen wie in Abbildung 14.3. Wieder bleiben offenbar
alle Eigenschaften einer Baumzerlegung erhalten.

Im dritten Schritt sorgen wir dafür, dass alle Knoten in T mit genau
einem Nachfolger entweder Erweiterungs- oder Verkleinerungsknoten sind.
Sei $i \in V(T)$ mit dem einzigen Nachfolger $j \in V(T)$ und X_i bzw. X_j die den
Ecken i und j zugeordneten Behälter. Wenn wir $M := X_i \cap X_j$ setzen, dann
haben X_i und X_j die Form

$$X_i = M \cup \{v_1, \ldots, v_p\} \quad \text{und} \quad X_j = M \cup \{u_1, \ldots, u_q\}$$

mit $\{v_1, \ldots, v_p\} \cap \{u_1, \ldots, u_q\} = \emptyset$. Wir ersetzen in T die Kante $[i, j]$ durch
einen Weg

$$X_i = Z_0, Z_1, \ldots, Z_p, Y_q, Y_{q-1}, \ldots, Y_0 = X_j,$$

wobei

$$Z_\ell := M \cup \{v_1, \ldots, v_{p-\ell}\}, \ell = 0, \ldots, p$$
$$Y_\ell = M \cup \{u_1, \ldots, v_{q-\ell}\}, \ell = 0, \ldots, q.$$

Das Vorgehen ist in Abbildung 14.4 illustriert.

Im vierten und letzten Schritt erzwingen wir wieder durch Einführen
eines geeigneten Weges, dass den Blättern im Baum T alle einelementige Behälter zugeordnet sind. Ist i ein Blatt und $X_i = \{v_1, \ldots, v_p\}$, so er-

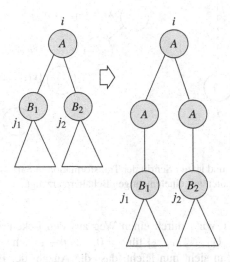

Bild 14.3: Zweiter Schritt der Transformation in Satz 14.13. Die Großbuchstaben
bezeichnen die Mengen (Behälter), die den einzelnen Ecken zugeordnet
sind.

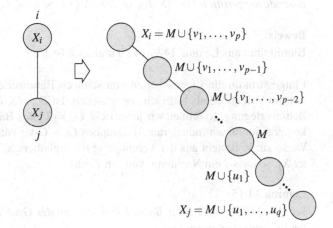

Bild 14.4: Dritter Schritt der Transformation in Satz 14.13.

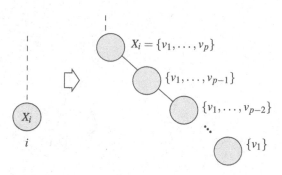

Bild 14.5: Vierter und letzter Schritt der Transformation in Satz 14.13: Es werden Blattknoten mit einelementigen Behältern erzeugt..

setzen wir i durch einen Weg aus den Ecken $X_i = W_0, \ldots, W_{p-1}$, wobei $W_\ell = \{v_1, \ldots, v_{p-\ell}\}$ für $\ell = 0, \ldots, p-1$, siehe Abbildung 14.5.

Man sieht nun leicht, dass die Anzahl der Ecken in der neuen Baumzerlegung D' höchstens $\text{width}(D) \cdot |V(T)|$ ist. Die Weite erhöht sich nach Konstruktion nicht, so dass wir $\text{width}(D') \leq \text{width}(D)$ wie gefordert erhalten. ∎

Korollar 14.14:
Jeder Graph $G = (V, E)$ mit Baumweite $k = tw(G)$ besitzt eine schöne Baumdekomposition $D = (S, T)$, so dass $|V(T)| \leq k \cdot |V(G)|$.

Beweis:
Unmittelbar aus Lemma 14.9, 14.10 und Satz 14.13. ∎

Einige strukturelle Eigenschaften von schönen Baumzerlegungen werden sich im Folgenden als hilfreich herausstellen. Ist $D = (S, T)$ eine (schöne) Baumzerlegung, so ordnen wir jeder Ecke $i \in V(T)$ des Baums aus der Dekomposition einen induzierten Teilgraphen $G_i = G[V_i]$ von G in folgender Weise zu: V_i besteht aus der Vereinigung des Behälters X_i und aller Behälter X_j, so dass j ein Nachfahre von i in T ist.

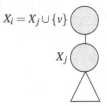

Erweiterungsknoten i

Lemma 14.15:
Sei $D = (S, T)$ eine schöne Baumdekomposition des Graphen G. Dann gelten folgende Aussagen:

(i) Sei $i \in V(T)$ ein Erweiterungsknoten und j sein direkter Nachfahre in T, so dass $X_i = X_j \cup \{v\}$. Der Graph G_i entsteht dann aus G_j, indem die neue Ecke v und zu ihr inzidente Kanten hinzugefügt werden. Insbesondere ist v nicht adjazent zu einer Ecke aus $V_j \setminus X_j$.

(ii) Sei $i \in V(T)$ ein Verkleinerungsknoten und j sein direkter Nachfahre

in T, so dass $X_i = X_j \setminus \{v\}$. Dann sind die Graphen G_i und G_j identisch.

(iii) *Sei $i \in V(T)$ ein Verzweigungsknoten mit direkten Nachfahren j_1 und j_1, so dass $X_i = X_{j_1} = X_{j_2}$. Dann gilt für alle $v \in V_{j_1} \setminus X_i$, $w \in V_{j_2} \setminus X_i$: $[v, w] \notin E$.*

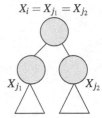

Verkleinerungsknoten i

Verzweigungsknoten i

Beweis:

(i) Unmittelbar aus der Definition einer Baumzerlegung.

(ii) Trivial.

(iii) Angenommen, es wäre $[v, w] \in E$. Nach Eigenschaft (ii) einer Baumdekomposition gibt es dann einen Behälter X_l mit $v, w \in X_l$. Die Ecke l kann nur in einem der beiden Teilbäume von T liegen, die in j_1 bzw. j_2 wurzeln. Wir können ohne Beschränkung der Allgemeinheit annehmen, dass l nicht im Teilbaum mit Wurzel j_1 liegt.

Es gilt nach Voraussetzung $v \in V_{j_1}$. Also gibt es einen weiteren Behälter X_p, so dass $p = j_1$ oder p Nachfahre von j_1 ist, so dass $v \in V_p$. Da l nicht im Teilbaum mit Wurzel j_1 liegt, liegt die Ecke i auf dem eindeutigen Weg zwischen p und l in T. Nach Eigenschaft (iii) einer Baumdekomposition folgt dann $v \in X_i$, was aber den Voraussetzungen widerspricht.   ∎

Viele Probleme, die auf allgemeinen Graphen NP-schwer sind, lassen sich auf Graphen mit beschränkter Baumweite in polynomialer Zeit lösen. Die Grundidee ist dabei meist wieder die *dynamische Programmierung*. Zur Illustration zeigen wir zunächst, wie man in einem Baum T mit Gewichten $c\colon V(T) \to \mathbb{R}_+$ auf den Ecken eine unabhängige Menge S mit maximalem Gewicht $c(S) = \sum_{v \in S} c(v)$ berechnet. Dieses Problem verallgemeinert offenbar die Aufgabe, die Unabhängigkeitszahl $\alpha(G)$ zu berechnen, ein Problem, das auf allgemeinen Graphen NP-schwer ist (vgl. Kapitel 4).

dynamische Programmierung

Unabhängigkeitszahl

Wir wurzeln den Baum T an einer beliebigen Ecke $s \in V(T)$ und bezeichnen für $v \in V(T)$ mit T_v den Teilbaum von T mit Wurzel v. Wir werden durch dynamische Programmierung für jede Ecke v zwei Werte berechnen: $A(v)$ ist das maximale Gewicht einer unabhängigen Menge in T_v, und $B(v)$ ist das maximale Gewicht einer unabhängigen Menge in T_v unter der Nebenbedingung, dass v nicht in der Menge enthalten ist. Der optimale Zielfunktionswert des gesamten Problems ist dann also $A(s)$.

Wir beginnen mit der Berechnung der Werte $A(v)$ und $B(v)$ an den Blättern. Ist v ein Blatt in T, dann gilt offenbar

$$A(v) = c(v) \quad \text{und} \quad B(v) = 0. \tag{14.2}$$

Sei nun v kein Blatt und habe die Söhne $w_1, \ldots, w_k$. Falls die unabhängige Menge S_v mit maximalem Gewicht im Teilbaum T_v die Ecke v enthält, so kann keiner der Söhne in S_v enthalten sein. Es gilt in diesem Fall demnach $c(S_v) = c(v) + B(w_1) + \cdots + B(w_k)$. Falls v nicht in S_v enthalten ist, dann können potentiell alle Söhne in S_v enthalten sein und wir haben $c(S_v) = A(w_1) + \cdots + A(w_k)$. Insgesamt gilt:

$$A(v) = \max\{c(v) + B(w_1) + \cdots + B(w_k), A(w_1) + \cdots + A(w_k)\}.$$

$$(14.3)$$

Als Nebenprodukt unserer Überlegungen erhalten wir dabei auch

$$B(v) = A(w_1) + \cdots + A(w_k) \qquad\qquad (14.4)$$

(dies war genau der zweite Fall). Die Gleichungen (14.2), (14.3) und (14.4) erlauben es uns nun, beginnend von den Blättern, die Werte $A(v)$ und $B(v)$ für alle $v \in V(T)$ in gesamter Zeit $\mathcal{O}(n)$ zu berechnen.

Beobachtung 14.16:
In einem Baum T mit Gewichten $c\colon V(T) \to \mathbb{R}_+$ lässt sich eine unabhängige Menge mit maximalem Gewicht in linearer Zeit $\mathcal{O}(n)$ berechnen.

Im Prinzip folgen die Verfahren auf Basis dynamischer Programmierung für Graphen mit beschränkter Baumweite dem einfachen Vorgehen von oben. Sei $\mathscr{G}$ eine Klasse von Graphen, so dass für jeden Graphen $G \in \mathscr{G}$ gilt: $\mathrm{tw}(G) \le k$, wobei k eine Konstante ist.

1. Bei Eingabe von $G \in \mathscr{G}$ berechnet man zunächst mit den Algorithmus aus Satz 14.11 in $2^{\mathcal{O}(k^3)} \cdot |V(G)|$ Zeit eine optimale Baumdekomposition $D = (S, T)$ von G. Da k eine Konstante ist, benötigt dies nur $\mathcal{O}(|V(G)|) = \mathcal{O}(n)$ Zeit. Nach Satz 14.13 können wir ohne Beschränkung annehmen, dass D eine schöne Baumdekomposition ist.

2. Ausgehend von den Blättern, berechnet man dann mit dynamischer Programmierung für alle $i \in V(T)$ eine Liste L_i von »Teillösungen«.

3. Die gesamte Lösung wird zum Schluss aus den Teillösungen in der Wurzel von T konstruiert.

Die skizzierte Vorgehensweise liefert typischerweise Algorithmen mit einer Laufzeit von der Form $O(2^{p(k)}q(n))$, wobei p, q Polynome sind und k die Baumweite ist. In der Sprache der sogenannten *parametrisierten Komplexität* lässt sich dies wie folgt ausdrücken: wir betrachten für ein Graphenproblem seine parametrisierte Version, bei der die Baumweite der Parameter ist. Dann sind viele solcher Probleme *fixed parameter tractable* (FPT). Mehr Informationen hierzu finden sich in [53, 63, 133].

parametrisierte Komplexität

fixed parameter tractable

   Wir verwenden diese Technik jetzt, um in Graphen mit beschränkter Baumweite eine unabhängige Menge mit maximalem Gewicht zu berechnen. Sei $G = (V, E)$ ein Graph mit Baumweite $\mathrm{tw}(G) \le k$ und Gewichten $c\colon V \to \mathbb{R}_+$ auf den Ecken.

Sei $D = (S, T)$ eine schöne Baumdekomposition der Weite width$(D) = k$. Jeder Ecke $i \in V(T)$ des Baums aus der Dekomposition ordnen wir einen induzierten Teilgraphen $G_i = G[V_i]$ von G in folgender Weise zu: V_i besteht aus der Vereinigung des Behälters X_i und aller Behälter X_j, so dass j ein Nachfahre von i in T.

Wir berechnen ausgehend von den Blättern von T für jede Ecke $i \in V(T)$ eine Tabelle C_i von Werten: C_i enthält für jede Teilmenge $S \subseteq X_i$ einen Eintrag $C_i(S)$, so dass

$$C_i(S) = \max\{ c(M) : M \text{ ist eine unabhängige Menge in } G_i \text{ und } M \cap X_i = S \}.$$

Der Wert $C_i(S)$ gibt also das maximale Gewicht einer unabhängigen Menge M in G_i unter der Nebenbedingung an, dass aus X_i genau die Ecken aus S zu M gehören. Falls es keine solche unabhängige Menge gibt, setzen wir $C_i(S) := -\infty$. Die Tabelle für $i \in V(T)$ enthält also $2^{|X_i|} \leq 2^{k+1}$ Einträge. Falls k eine Konstante ist, so sind demnach mit jeder Ecke i auch nur konstant viele Tabelleneinträge verbunden.

Wir zeigen jetzt, wie wir für die einzelnen Ecken von T die Tabellen effizient mit Hilfe dynamischer Programmierung berechnen können. Ist $s \in V(T)$ die Wurzel des Baums T, dann ist $V_s = V$ und es gilt:

$$\max\{ c(M) : M \text{ ist unabhängige Menge in } G \} = \max\{C_s(S) : S \subseteq X_s\}.$$

Daher lässt sich das maximale Gewicht einer unabhängigen Menge in G aus der Tabelle C_s in Zeit $\mathscr{O}(2^{k+1})$ berechnen.

Blätter

Falls $i \in V(T)$ ein Blatt ist, dann gilt $X_i = \{v\}$, da $D = (S, T)$ eine schöne Baumzerlegung ist. In diesem Fall haben wir

$$C_i(\{v\}) = c(v) \quad \text{und} \quad C_i(\emptyset) = 0.$$

Erweiterungsknoten

Sei i ein Erweiterungsknoten. Dann hat i genau einen direkten Nachfahren j und $X_i = X_j \cup \{v\}$. Nach Lemma 14.15 (i) ist v nicht adjazent zu einer Ecke aus $V_j \setminus X_j$.

Sei nun $S \subseteq X_i = X_j \cup \{v\}$. Falls $S \subseteq X_j$ (also $v \notin S$), dann sind die unabhängigen Mengen M in G_i mit $M \cap X_i = S$ genau die unabhängigen Mengen M in G_j mit $M \cap X_j = S$. Wir haben also:

$$C_i(S) = C_j(S) \quad \text{falls } v \notin S. \tag{14.5}$$

Wir müssen also jetzt nur noch den Fall $v \in S$ betrachten. Falls es eine Ecke $w \in S$ mit $[v, w] \in E$ gibt, dann gibt es keine unabhängige Menge M

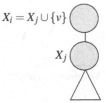

$X_i = X_j \cup \{v\}$

X_j

Erweiterungsknoten i

in G_i mit $M \cap X_i = S$. Falls $[w,v] \notin E$ für alle $w \in X_i$, dann können wir v zu jeder unabhängigen Menge M von G_j mit $M \cap X_j = S$ hinzufügen. Wir haben also

$$C_i(S) = \begin{cases} -\infty, & \text{falls } v \in S \text{ und } [v,w] \in E \text{ für ein } w \in S. \\ C_j(S) + c(v), & \text{falls } v \in S \text{ und } [v,w] \notin E \text{ für alle } w \in S. \end{cases}$$

(14.6)

Mit Hilfe von (14.5) und (14.6) können wir jeden einzelnen Tabelleneintrag $C_i(S)$ in $\mathcal{O}(k)$ Zeit berechnen, wenn wir die gesamte Tabelle C_j des Nachfahren kennen. Insgesamt benötigt die Berechnung der Tabelle C_i daher $\mathcal{O}(k2^{k+1})$ Zeit.

Verkleinerungsknoten

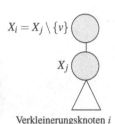

$X_i = X_j \setminus \{v\}$

X_j

Verkleinerungsknoten i

Sei i ein Verkleinerungsknoten. Dann hat i ebenfalls genau einen direkten Nachfahren j und $X_i = X_j \setminus \{v\}$. Die Graphen G_i und G_j sind in diesem Fall identisch (siehe Lemma 14.15 (ii)).

Für $S \subseteq X_i$ enthält die unabhängige Menge M in G_i mit $M \cap X_i = S$ und maximalem Gewicht $C_i(S)$ entweder v oder sie enthält v nicht. Daher gilt:

$$C_i(S) = \max\{C_j(S), C_j(S \cup \{v\})\} \quad \text{für alle } S \subseteq X_i.$$

(14.7)

Mit Hilfe von (14.7) lässt sich die Tabelle C_i in Zeit $\mathcal{O}(2^{k+1})$ berechnen, wenn wir die Tabelle für C_j kennen.

Verzweigungsknoten

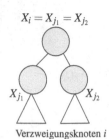

$X_i = X_{j_1} = X_{j_2}$

X_{j_1} X_{j_2}

Verzweigungsknoten i

Zuletzt müssen wir noch die Verzweigungsknoten im Baum behandeln. Sei $i \in V(T)$ ein solcher Verzweigungsknoten. Dann hat i genau zwei direkte Nachfahren j_1 und j_2 und $X_i = X_{j_1} = X_{j_2}$. Eine unabhängigen Menge M in G_i induziert dann eine unabhängige Menge $M \cap V_{j_1}$ in G_{j_1} und eine unabhängige Menge $M \cap V_{j_2}$ in G_{j_2}. Beim Zusammensetzen der Teilergebnisse aus G_{j_1} und G_{j_2} müssen wir aufpassen, dass wir Ecken nicht doppelt zählen.

Wir beweisen, dass für $S \subseteq X_i$ gilt:

$$C_i(S) = C_{j_1}(S) + C_{j_2}(S) - c(S).$$

(14.8)

Damit lässt sich die Tabelle für einen Verzweigungsknoten in $\mathcal{O}(2^{k+1})$ Zeit berechnen.

Sei M eine unabhängige Menge in G_i mit $M \cap X_i = S$ und Gewicht $C_i(S)$. Dann ist $M \cap V_{j_1}$ eine unabhängige Menge in G_{j_1} mit $M \cap X_{j_1} = M \cap X_i = S$. Analog ist $M \cap V_{j_2}$ eine unabhängige Menge in G_{j_2} mit $M \cap X_{j_2} = M \cap X_i =$

S. Wegen $M \cap V_{j_1} \cap V_{j_2} = M \cap X_i = S$ haben wir:

$$C_i(S) = c(M) = c(M \cap V_{j_1}) + c(M \cap V_{j_2}) - c(M \cap V_{j_1} \cap V_{j_2})$$
$$\leq C_{j_1}(S) + C_{j_2}(S) - c(S). \tag{14.9}$$

Sei für $r = 1,2$ die Menge M_r eine unabhängige Menge in G_{j_r} mit $M_r \cap X_{j_r} = S$ und Gewicht $C_{j_r}(S)$. Wir behaupten, dass $M := M_1 \cup M_2$ eine unabhängige Menge in G_i ist.

Seien dazu $v, w \in M$. Falls $v, w \in V_{j_1}$, dann gilt $[v, w] \notin E$, da M_1 eine unabhängige Menge in G_{j_1} ist. Analog folgt $[v, w] \notin E$, falls $v, w \in V_{j_2}$. Sei daher ohne Beschränkung der Allgemeinheit $v \in V_{j_1}$ und $w \in V_{j_2}$. Falls keine der Ecken v und w in X_i liegt, dann ist nach Lemma 14.15 (iii) ebenfalls $[v, w] \notin E$. Falls $v \in X_i$, dann gilt $v \in S \subseteq M_2$ und $w \in M_2$. Da M_2 eine unabhängige Menge ist, folgt $[v, w] \notin E$. Analog verläuft der Fall, dass $w \in X_i$. Insgesamt ist $M = M_1 \cup M_2$ eine unabhängige Menge in G_i. Daher haben wir:

$$C_i(S) \geq c(M) = c(M_1 \cup M_2)$$
$$= c(M_1) + c(M_2) - c(M_1 \cap M_2)$$
$$= C_{j_1}(S) + C_{j_2}(S) - c(S).$$

Zusammen mit (14.9) folgt damit die Korrektheit von (14.8). Damit haben wir jetzt folgendes Ergebnis bewiesen:

Satz 14.17:
In einem Graphen mit Baumweite höchstens k und Gewichten $c: V(T) \to \mathbb{R}_+$ lässt sich eine unabhängige Menge mit maximalem Gewicht in Zeit $\mathcal{O}((2^{\mathcal{O}(k^3)} + k2^{k+1})n)$ berechnen. ∎

Wir zeigen als nächstes, dass man auch Färbungsprobleme auf Graphen mit beschränkter Baumweite effizient lösen kann.

Satz 14.18:
Sei $k \in \mathbb{N}$ eine Konstante und $\mathscr{G}$ eine Klasse von Graphen, deren Baumweite durch k nach oben beschränkt ist. Dann lässt sich das 3-Färbbarkeitsproblem (also, die Frage, ob für einen gegebenen Graphen G die Ungleichung $\chi(G) \leq 3$ gilt) auf $\mathscr{G}$ in Zeit $\mathcal{O}(3^{k+1}k^3 n)$ lösen.

Beweis:
Sei $D = (S, T)$ eine schöne Baumdekomposition und $s \in V(T)$ die Wurzel des Baums T. Wie oben ordnen wir jeder Ecke $i \in V(T)$ des Baums aus der Dekomposition den induzierten Teilgraphen $G_i = G[V_i]$ von G zu.

Für jede Ecke $i \in V(T)$ berechnen wir mit Hilfe dynamischer Programmierung folgende Mengen:

$$\text{col}(i) := \{ f : f \text{ ist eine Färbung von } G[X_i] \text{ mit höchstens 3 Farben} \}$$

$$\text{ext}(i) := \left\{ f \in \text{col}(i) : \begin{array}{l} f \text{ lässt sich zu einer Färbung von } G_i \\ \text{mit höchstens 3 Farben forsetzen} \end{array} \right\}.$$

Da $G_s = G$, ist der Graph G genau dann mit drei Farben färbbar, wenn $\text{ext}(s) \neq \emptyset$ gilt.

Jede Färbung $f \in \text{col}(i)$ ist eine Abbildung $f: X_i \to \{1,2,3\}$. Da $|X_i| \leq k+1$ für alle $i \in V(T)$, enthalten die Mengen $\text{col}(i)$ und $\text{ext}(i)$ nur maximal 3^{k+1} Elemente. Darüber hinaus können wir für jede Abbildung $f: X_i \to \{1,2,3\}$ in $\mathcal{O}(k(k+1)) = \mathcal{O}(k^2)$ Zeit entscheiden, ob f eine gültige Färbung von $G[X_i]$ ist. Da die schöne Baumzerlegung die Bedingung $|V(T)| \leq kn$ erfüllt, können wir $\text{col}(i)$ für alle $i \in V(T)$ in Zeit $\mathcal{O}(3^{k+1}k^3n)$ berechnen. Dazu benötigen wir noch nicht einmal die dynamische Programmierung, die jetzt für die Werte $\text{ext}(i)$ ins Spiel kommt.

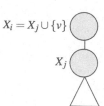

$X_i = X_j \cup \{v\}$

X_j

Erweiterungsknoten i

Ist $i \in V(T)$ ein Blatt, so ist $\text{ext}(i) = \text{col}(i)$. Falls $i \in V(T)$ ein Verkleinerungsknoten mit direktem Nachfolger j ist, dann gilt $G_i = G_j$ (siehe Lemma 14.15 (ii)) und $\text{ext}(i)$ besteht aus allen denjenigen Färbungen $f \in \text{col}(i)$, die auch in $\text{ext}(j)$ liegen.

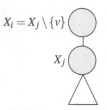

$X_i = X_j \setminus \{v\}$

X_j

Verkleinerungsknoten i

Sei nun i ein Erweiterungsknoten mit Nachfolger j, so dass $X_i = X_j \cup \{v\}$. Wir zeigen, dass $f: X_i \to \{1,2,3\}$ genau dann in $\text{ext}(i)$ liegt, wenn folgendes gilt: Die Einschränkung $f|_{X_j}$ von f auf X_j liegt in $\text{ext}(j)$ und für alle $w \in X_j$ mit $[v,w] \in E$ gilt: $f(v) \neq f(w)$.

Sei dazu zunächst $f \in \text{ext}(i)$. Dann gilt wegen $X_j = X_i \setminus \{v\}$ offenbar $f|_{X_j} \in \text{ext}(j)$. Ist $w \in X_j$ mit $[v,w] \in E$, dann gilt $f(v) \neq f(w)$, da f eine Färbung ist.

Sein nun umgekehrt $f: X_i \to \{1,2,3\}$ mit den genannten Eigenschaften. Nach Voraussetzung lässt sich dann $f|_{X_j}$ zu einer Färbung g von G_j mit höchstens drei Farben fortsetzen. Nach Lemma 14.15 (i) ist $G_j = G_i - \{v\}$ und alle Nachbarn von v liegen in X_j. Wegen $f(v) \neq f(w)$ für alle $w \in X_j$ mit $[v,w] \in E$ liefert dann die Erweiterung von g mittels $g(v) := f(v)$ eine Färbung von G_i mit höchstens drei Farben, also ist $f \in \text{ext}(i)$.

Mit der gewonnenen Charakterisierung der Menge $\text{ext}(i)$ können wir jetzt diese aus $\text{ext}(j)$ leicht berechnen, indem wir für jedes $f' \in \text{ext}(j)$ und jede Farbe $c \in \{1,2,3\}$ prüfen, ob die Erweiterung von f' auf G_i mittels $f'(v) := c$ in $\text{col}(i)$ liegt. Dies erfordert insgesamt für den Knoten i Zeit $\mathcal{O}(k^2 3^{k+1})$.

Letztendlich müssen wir noch die Verzweigungsknoten behandeln. Sei i ein solcher Verzweigungsknoten mit den Nachfolgern j_1 und j_2. Dann gilt $X_i = X_{j_1} = X_{j_2}$ und daher $\text{col}(i) = \text{col}(j_1) = \text{col}(j_2)$. Lemma 14.15 (iii) besagt, dass keine Ecke $u \in V_{j_1} \setminus X_i$ zu einer Ecke $w \in V_{j_2} \setminus X_i$ adjazent ist. Daher besteht $\text{ext}(i)$ genau aus denjenigen $f \in \text{col}(i)$, so dass $f \in \text{ext}(j_1) \cap \text{ext}(j_2)$.

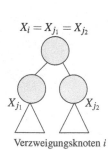

$X_i = X_{j_1} = X_{j_2}$

X_{j_1} X_{j_2}

Verzweigungsknoten i

Zur Berechnung aller Einträge $\text{ext}(i)$ ($i \in V(T)$) benötigen wir wegen $|V(T)| \leq kn$ daher insgesamt $\mathcal{O}(3^{k+1}k^3n)$ Zeit.   ∎

Die wohl allgemeinste Resultat zum Lösen von Graphproblemen auf Graphen mit beschränkter Baumweite stammt von Bruno Courcelle [48] und wurde später von Borie et al. [29] sowie Arnborg et al. [9] erweitert: jedes Graphenproblem, das sich in sogenannter *monadischer Logik zweiter Stufe* formulieren lässt, kann auf Graphen mit beschränkter Baumweite in linearer Zeit gelöst werden.

Anwendungen von Algorithmen für Graphen mit beschränkter Baumweite finden sich etwa in [23,25]. Die Arbeit [104] entält eine umfassendere Darstellung vieler struktureller Resultate über Baumweite.

14.4 Übungsaufgaben

Aufgabe 14.1:   **Baumdekompositionen und Teilgraphen**

Sei $G = (V, E)$ ein Graph und $H \sqsubseteq G$ ein Teilgraph von G mit $V = V(G) = V(H) \cup \{v\}$. Sei $D = (S, T)$ eine Baumdekomposition von G. Beweisen Sie, dass $D' = (S', T)$ mit $X_i' = X_i \cup \{v\}$ ein Baumdekomposition von H ist.

Aufgabe 14.2:   **Baumzerlegungen und trennende Eckenmengen**

Ist $D = (S, T)$ eine Baumzerlegung und $U \subseteq V(T)$, so definieren wir $B(U) := \cup_{i \in U} X_i$ als die Vereinigung aller Behälter, die den Ecken aus I zugeordnet sind.

Sei $G = (V, E)$ ein Graph und $D = (S, T)$ eine Baumzerlegung von G. Sei $[i_1, i_2] \in E(T)$ eine Kante des Baums T und U_1 und U_2 die beiden Zusammenhangskomponenten von $T - [i, j]$, so dass $i_1 \in U_1$ und $i_2 \in U_2$. Beweisen Sie, dass $Z := X_{i_1} \cap X_{i_2}$ eine Eckenmenge ist, die $B(U_1)$ und $B(U_2)$ in G trennt (d.h., in $G - Z$ gibt es keinen Weg von einer Ecke aus $B(U_1)$ zu einer Ecke aus $B(U_2)$).

Aufgabe 14.3:   **Chromatische Zahl und Baumweite**

Zeigen Sie, dass für jeden Graphen G gilt: $\text{tw}(G) \geq \chi(G) - 1$.

Aufgabe 14.4:   **Berechnung der chromatischen Zahl**

Beweisen Sie, dass man auf jeder Klasse der Graphen, deren Baumweite durch eine Konstante k nach oben beschränkt ist, die chromatische Zahl eines Graphen in linearer Zeit berechnen kann.

Aufgabe 14.5:   **Alternative Definition der Baumweite**

Die Klasse der k-Bäume ist rekursiv wie folgt definiert. Jede Clique mit $k + 1$ Ecken ist ein *k-Baum*. Ein k-Baum mit $n + 1$ Ecken lässt sich aus einem k-Baum G mit n Ecken konstruieren, indem man eine neue Ecke hinzufügt und diese durch neue Kanten adjazent zu einer Clique der Größe k in G macht. Ein Partialgraph H eines k-Baums G mit $V(H) = V(G)$ heißt *partieller k-Baum*.

a) Zeigen Sie: Ein Graph G ist genau dann ein k-Baum, wenn $|V(G)| > k$ und es ein perfektes Eliminationsschema $\sigma = (v_1, \ldots, v_n)$ für G gibt, so dass für $i = 1, \ldots, n - k$ die Ecke v_i adjazent zu einer k-Clique in $G[\{v_i, \ldots, v_n\}]$ ist (insbesondere sind nach Satz 4.20 k-Bäume chordal).

b) Beweisen Sie, dass jeder partielle k-Baum Baumweite höchstens k besitzt (Hinweis: Benutzen Sie eine ähnliche Technik wie im Beweis von Satz 14.12).

c) Beweisen Sie, dass ein Graph G mit $n \geq k+1$ Ecken genau dann ein partieller k-Baum ist, wenn $tw(G) \leq k$ gilt. Es folgt dann, dass

$$tw(G) = \min\{\, k : G \text{ ist partieller } k\text{-Baum}\,\}.$$

Aufgabe 14.6:   Baumweite und Graphpotenzen

Sei G ein Graph mit Baumweite $tw(G) = k$ und Maximalgrad $\Delta = \Delta(G)$. Zeigen Sie, dass dann gilt $tw(G^2) \leq 2k\Delta - 1$.

Anhang

A   Lösungen zu den Aufgaben

A.1   Schiebepuzzle

Eine kürzeste Zugfolge (mit 17 Zügen) ist:

```
3 7 6    3 7 6    3   6    3 6      3 6 4    3 6 4    3 6 4
  1 4    1   4    1 7 4    1 7 4    1 7      1 7 2    1 7 2
8 5 2    8 5 2    8 5 2    8 5 2    8 5 2    8 5      8   5
```

```
3 6 4    3 6 4    3   4      3 4    1 3 4    1 3 4
1 7 2    1   2    1 6 2    1 6 2      6 2    8 6 2
8   5    8 7 5    8 7 5    8 7 5    8 7 5      7 5
```

```
1 3 4    1 3 4    1 3 4    1 3      1   3    1 2 3
8 6 2    8   2    8 2      8 2 4    8 2 4    8   4
7   5    7 6 5    7 6 5    7 6 5    7 6 5    7 6 5
```

Man kann sie etwa durch BFS (siehe Kapitel 7.4) bestimmen.

A.2   Kapitel 2

Lösung 2.1:

Für die Adjazenzmatrix des inversen Graphen G^{-1} gilt $A(G^{-1}) = A^T(G)$, wobei wir mit $A^T(G)$ die Transponierte der Matrix $A(G)$ bezeichnen.

Die Transponierte einer Matrix lässt sich durch Vertauschen der Zeilen- und Spalten-Indizes berechnen. Sei $A(G) = (a_{ij})$, dann liefert Algorithmus A.1 die Matrix $A(G^{-1}) = (a'_{ij})$. Die Laufzeit ist $\Theta(n^2)$. Diese Laufzeit ist bestmöglich, da allein die Ausgabe n^2 Elemente (die Matrixelemente von $A(G^{-1})$ umfasst.

Algorithmus A.1 Berechnung von G^{-1} bei Adjazenzmatrix-Darstellung

Input: Ein gerichteter Graph $G = (V, R, \alpha, \omega)$ in Adjazenzmatrixdarstellung
1 **for** $i = 1, \ldots, n$ **do**
2   **for** $j = 1, \ldots, n$ **do**
3       $a'_{ij} := a_{ji}$

Zur Berechnung der Adjazenzlisten ADJ' des inversen Graphen durchläuft man alle Pfeile des Ursprungsgraphen, d.h. alle Listenelemente seiner Adjazenzliste ADJ, und fügt die Pfeile mit vertauschten Anfangs- und Endecken in die Liste des inversen Graphen ein. Dieses Verfahren ist in Algorithmus A.2 dargestellt.

Da das Einfügen an den Anfang einer Liste in konstanter Zeit möglich ist, beträgt die Laufzeit $\Theta(n+m)$. Auch dieser Algorithmus ist von der Laufzeit her Worst-Case optimal, da das Ergebnis, also der Graph G^{-1} in Adjazenzlisten-Darstellung Größe $\Theta(n+m)$ besitzt.

Algorithmus A.2 Berechnung von G^{-1} bei Adjazenzlistendarstellung

Input: Ein gerichteter Graph $G = (V, R, \alpha, \omega)$ in Adjazenzlistendarstellung
1 **for all** $v \in V$ **do**
2    $\text{ADJ}'[v] := \emptyset$ { *leere Liste* }
3 **for all** $v \in V$ **do**
4   **for all** $w \in \text{ADJ}[v]$ **do**
5   Füge die Ecke v an den Anfang der Liste $\text{ADJ}'[w]$ an.

Lösung 2.2:

Sei $G = (V, R)$ ein gerichteter einfacher Graph. Da G keine Schlingen enthält, folgt aus $g^-(v) = n - 1$, dass $(u, v) \in R$ für alle $u \in V \setminus \{v\}$. Insbesondere gilt dann $g^+(u) \geq 1$ für alle $u \in V \setminus \{v\}$ und somit kann G höchstens eine Ecke $v \in V$ mit $g^+(v) = 0$ und $g^-(v) = n - 1$ existieren.

Eine Ecke $v \in V$ mit $g^+(v) = 0$ und $g^-(v) = n - 1$ hat in der zu v gehörenden Spalte der Adjazenzmatrix $A = (a_{ij})$ bis auf den Diagonaleintrag $a_{ii} = 0$ nur Einsen. Gleichzeitig besteht die zu v gehörende Zeile von A nur aus Nullen. Daher gilt für $i \neq j$:

(i) Falls $a_{ij} = 1$: die Ecke i kommt nicht in Betracht (die Zeile von i hat eine Eins).

(ii) falls $a_{ij} = 0$: die Ecke j kommt nicht in Betracht (die Spalte von j enthält ein Nichtdiagonalelement, das Null ist)

In Algorithmus A.3 ist ein Verfahren angegeben, das in $\mathcal{O}(n)$ Zeit testet, ob eine Ecke v mit $g^-(v) = n - 1$ und $g^+(v) = 0$ in G existiert.

Algorithmus A.3 Suche nach $v \in V$ mit $g^+(v) = 0$ und $g^-(v) = n - 1$.

Input: Ein gerichteter einfacher Graph $G = (V, R)$ in Adjazenzmatrixdarstellung
1 Setze $i := 2$ (Zeilen-) und $j := 1$ (Spalten-Zähler)   { *Es gilt invariant $j \neq i$.* }
2 **while** $i \leq n$ **do**
3   **if** $a_{ij} = 0$ **then**   { *Ecke j kann wegen (ii) ausgeschlossen werden* }
4       $j := i$
5    $i := i + 1$ { *Ecke i kann wegen (i) ausgeschlossen werden.* }
6 Falls die j-te Zeile von A nur aus Nullen besteht und die j-te Spalte von A nur Einsen bis auf das Diagonalelement $a_{jj} = 0$ enthält, dann liefere j zurück, ansonsten die Information, dass in G keine Ecke v mit $g^+(v) = 0$ und $g^-(v) = n - 1$ existiert.

Offenbar ist die Laufzeit von Algorithmus A.3 in $\mathcal{O}(n)$. Nach Ende des Algorithmus ist nur noch eine Ecke j potentieller Kandidat. Ob j dann $g^-(j) = n - 1$ und $g^+(j) = 0$ erfüllt, kann einfach in $\mathcal{O}(n)$ Zeit getestet werden.

Wir beweisen durch Induktion nach der Anzahl der Operationen im Algorithmus, dass keine Ecke ausgeschlossen wird, welche die gesuchten Eigenschaften besitzt. Mit anderen Worten: Nach Ende der **while**-Schleife ist j der einzig mögliche Kandidat in G, der $g^+(j) = 0$ und $g^-(j) = n - 1$ erfüllen könnte. Sei dazu

$$M(i, j) := \{1, 2, \ldots, i - 1\} \setminus \{j\}.$$

Wir zeigen: Steht der Algorithmus an Position (i, j), dann können alle Ecken in $M(i, j)$ als Kandidaten ausgeschlossen werden.

Induktionsanfang: $(i, j) = (2, 1)$. Die Behauptung gilt, weil $M(2, 1) = \emptyset$.

Induktionsschluss: Befinde sich der Algorithmus an Position (i, j), und sei die Menge $M := M(i, j)$ markiert.

1. Fall: $a_{ij} = 0$. Wegen (ii) oben können wir j ausschließen. Also können die Ecken in $M' = M \cup \{j\}$ keine Kandidaten sein. Der Algorithmus setzt $i' := i + 1$ und $j' := i$. Damit ist

$$M(i', j') = M(i + 1, i) = \{1, 2, \ldots, i\} \setminus \{i\} = \{1, \ldots, i - 1\} = (\{1, \ldots, i - 1\} \setminus \{j\}) \cup \{j\} = M \cup \{j\}.$$

2. Fall: $a_{ij} = 1$. Wegen (i) oben ist die Ecke i auszuschließen, d.h. wir können $M' = M \cup \{i\}$ als Kandidaten ausschließen.

Der Algorithmus setzt $i' := i+1$ und $j' := j$. Damit ist

$$M(i', j') = M(i+1, j) = \{1, 2, \ldots, i\} \setminus \{j\} = (\{1, \ldots, i-1\} \setminus \{j\}) \cup \{i\} = M \cup \{i\}$$

Damit haben wir gezeigt, dass der Algorithmus nie falsche Ecken ausschließt.

Am Ende des Algorithmus gilt $i = n+1$, also sind die Ecken $M(n+1, j) = \{1, \ldots, n\} \setminus \{j\}$ markiert, und es verbleibt nur die Ecke j als Kandidat.

Lösung 2.3:

Der Algorithmus geht jede Adjazenzliste ADJ$[v]$ ($v \in V$) durch, ersetzt dabei parallele Pfeile/Kanten durch ein Exemplar und eliminiert Schlingen zusammen. Die neue Adjazenzliste wird in ADJ$'[v]$ gespeichert. Das Verfahren ist in Algorithmus A.4 abgebildet.

Beim Durchlauf von ADJ$[v]$ merken wir anhand des Eintrags `war_schon_da`$[w]$, ob w schon einmal in der Liste als Endecke vorgekommen ist. Falls ja, so hängen wir w nicht noch einmal an ADJ$'[v]$ an. Nach Abarbeiten von ADJ$[v]$ laufen wir die Liste noch einmal durch und löschen die `war_schon_da`-Markierungen. Da jeder Pfeil von G genau einmal (jede Kante genau zweimal) betrachtet wird, erhalten wir die Laufzeit von $\mathcal{O}(n+m)$.

Algorithmus A.4 Algorithmus zu Aufgabe 2.3

MAKE-SIMPLE(G)

Input: Ein gerichteter oder ungerichteter Graph G in Adjazenzlistendarstellung
Output: Ein einfacher Graph G', der aus G durch Entfernen aller Parallelen und Schlingen entsteht.
1 **for all** $v \in V$ **do**
2   `war_schon_da`$[v] := 0$
3 **for all** $v \in V$ **do**
4   ADJ$'[v] := \emptyset$ { *leere Liste* }
5   **for all** $w \in$ ADJ$[v]$ mit $w \neq v$ **do**
6   **if** `war_schon_da`$[w] = 0$ **then**
7   Füge w an ADJ$'[v]$ an.
8   `war_schon_da`$[w] := 1$
9   Laufe die Liste ADJ$'[v]$ durch und setze `war_schon_da`$[w] = 0$ für alle w in dieser Liste.
   return G' entsprechend den Adjazenzlisten ADJ$'$.

Lösung 2.4:

a) Eine Kante $e = [u, v]$ inzidiert mit allen Kanten aus $\delta(u) \cup \delta(v)$. Da $|\delta(u) \setminus \{e\}| = g(u) - 1 \leq 1$ und $|\delta(v) \setminus \{e\}| = g(v) - 1 \leq 1$ gilt, folgt $g_{L(G)}(e) \leq 2$.

b) Ja, da $g_{L(G)}(e) = 2(\Delta(G) - 1)$ für alle $e \in E$.

c) G_1': Ja, z.B. G_1:

G_2': Nein, denn inzidiert eine Kante mit drei anderen Kanten, so haben (mindestens) zwei dieser Kanten eine gemeinsame Endecke.

G_3': Nein, denn inzidiert eine Kante mit fünf anderen Kanten, so existieren (mindestens) drei Kanten mit einer gemeinsamen Ecke. Diese Kanten müssen im Linegraphen (mindestens) den Grad 4 aufweisen.

Lösung 2.5:

a) Siehe Bild A.1.
b) Nein: $3 \cdot 5 = 15 \neq 2|E|$

$n = 4$　　　　　　　$n = 6$　　　　　　　$n = 8$

a: 3-reguläre Graphen

b: Kreis C_{2k} mit $\Omega(n^3)$ asteroidalen Tripeln

Bild A.1: Lösung zu den Aufgaben 2.5 und 3.5

Lösung 2.7:

Sei C_i Clique in G_i mit $|C_i| = \omega(G_i)$ für $i = 1, 2$. Dann ist $C := C_1 \cup C_2$ eine Clique in G, denn für alle $v, w \in C$ gilt: Falls $v, w \in C_1$ (C_2), so sind v, w adjazent. Falls $v \in C_1$ und $w \in C_2$, so sind v und w per Definition von $G_1 + G_2$ adjazent. Da $|C| = |C_1| + |C_2|$ folgt somit $\omega(G) \geq \omega(G_1) + \omega(G_2)$.

Ist umgekehrt C eine Clique in G maximaler Kardinalität $\omega(G)$ und definieren wir $C_i := C \cap V_i$, so ist C_i eine Clique in G_i, da es sonst nichtadjazente Ecken $v, w \in C_i \subseteq C$ gäbe. Also ist wegen $|C| = |C_1| + |C_2|$ dann auch $\omega(G) \leq \omega(G_1) + \omega(G_2)$.

Lösung 2.8:

a) Wir testen, ob G überhaupt eine Kante besitzt. Falls nein, dann ist $\omega(G) = 1$ und wir geben eine Ecke zurück. Ansonsten sei $[u, v] \in E(G)$, dann ist $\{u, v\}$ eine Clique der Größe 2. Da $\omega(G) \leq n$, liefert dies eine Approximation der Güte $2/n$.

b) Wir zeigen zunächst $\omega(G_1 \times G_2) \geq \omega(G_1) \cdot \omega(G_2)$. Sei C_i eine Clique in G_i der Größe $\omega(G_i)$ für $i = 1, 2$. Wir behaupten, dass $C := C_1 \times C_2$ eine Clique in $G_1 \times G_2$ ist. Seien $(u_1, u_2) \in C$ und $(v_1, v_2) \in C$. Entweder haben wir $u_1 = v_1$ und dann ist wegen $u_2, v_2 \in C_2$ die Kante $[u_2, v_2] \in E$, womit nach Definition der Graph $G_1 \times G_2$ die Kante $[(u_1, u_2), (v_1, v_2)]$ enthält. Ansonsten ist $[u_1, v_1] \in E$, da $u_1, v_1 \in C_1$, und $G_1 \times G_2$ enthält wieder die Kante $[(u_1, u_2), (v_1, v_2)]$.

Nun zeigen wir noch die andere Ungleichung: $\omega(G_1 \times G_2) \leq \omega(G_1) \cdot \omega(G_2)$. Sei C eine Clique maximaler Kardinalität in $G_1 \times G_2$. Sei

$$C_1 := \{\, u_1 \in G_1 : \text{ es gibt } u_2 \in G_2 \text{ mit } (u_1, u_2) \in C \,\}.$$

Falls $u_1, v_1 \in C_1$, dann gilt $(u_1, u_2) \in C$ und $(v_1, v_2) \in C$ für geeignete $u_2, v_2 \in G_2$. Da C eine Clique in $G_1 \times G_2$ ist, enthält dieser Graph die Kante $[(u_1, u_2), (v_1, v_2)]$. Ist also $u_1 \neq v_1$, so folgt dann $[u_1, v_1] \in E(G_1)$ und wir sehen, dass C_1 eine Clique in G_1 ist.

Für $u_1 \in C_1$ definieren wir die Menge

$$C_2(u_1) := \{\, u_2 \in G_2 : (u_1, u_2) \in C \,\}. \tag{A.1}$$

Für $u_2, v_2 \in C_2$ folgt $[u_2, v_2] \in E(G_2)$, da C eine Clique ist. Damit haben wir

$$|C| = \sum_{u_1 \in C_1} |C \cap (\{u_1\} \times V(G_2))| = \sum_{u_1 \in C_1} |C_2(u_1)| \leq \sum_{u_1 \in C_1} \omega(G_2) \leq \omega(G_1) \cdot \omega(G_2).$$

c) Aus der letzten Teilaufgabe folgt mit Induktion $\omega(G^k) = \omega(G)^k$. Sei $G_1 := G^{k-1}$ und $G_2 = G$, so dass $G^k = G_1 \times G_2$. Ist C eine Clique in G^k, so ist jede der Mengen $C_2(u_1)$ aus (A.1) eine Clique in G und es gilt $|C| \leq |C_1| \cdot \max_{u_1} |C_2(u_2)|$. Man kann damit induktiv Cliquen $K_1, \ldots, K_k$ von G finden, so dass $|C| \leq \prod_{i=1}^{k} |K_i|$. Eine der k Cliquen K_i hat dann Kardinalität mindestens $|C|^{1/k}$.

d) Wir wählen k so groß, dass $c^{1/k} > 1 - \varepsilon$. Man beachte, dass k nur von c und ε abhängt, so dass wir G^k in polynomieller Zeit berechnen können. Wir wenden dann ALG auf G^k an. Dann findet ALG eine Clique C in G^k mit $|C| \geq c\omega(G^k) = \omega(G)^k$. Nach der letzten Teilaufgabe können wir in polynomieller Zeit aus C eine Clique C' in G der Größe $|C'| \geq |C|^{1/k} \geq c^{1/k}\omega(G) > (1 - \varepsilon)\omega(G)$ berechnen.

A.3   Kapitel 3

Lösung 3.1:

Wir behandeln zunächst den gerichteten Fall. Sei $P = (v_0, r_1, v_1, \ldots, r_k, v_k)$ mit Spur $s(P) = (u = v_0, \ldots, v_k = v)$ ein kürzester Weg von u nach v. Falls P bereits elementar ist, so ist nichts zu zeigen. Ansonsten muss nach Bemerkung 3.2 mindestens eine Ecke von P mehrfach berührt werden. Sei $v_i = v_{i+p}$ und i minimal mit der Eigenschaft, dass v_i von P mehr als einmal berührt wird. Dann ist $P' := (v_0, r_1, \ldots, r_i, v_i, r_{i+p+1}, \ldots, r_k, v_k)$ ein Weg von u nach v mit geringer Länge im Widerspruch zur Wahl von P.

Wir betrachten nun den ungerichteten Fall. Sei $P = (u = v_0, e_1, v_1, \ldots, e_k, v_k = v)$ wieder ein kürzester Weg von u nach v und wir nehmen an, dass P nicht einfach sei. Wir zeigen wieder, dass wir P verkürzen können, wenn P eine Ecke oder eine Kante mehrfach benutzt. Der Fall einer wiederholten Ecke funktioniert identisch zum gerichteten Fall. Sei daher $e_i = e_{i+q}$ mit minimalem i. Entweder wird $e_i = e_{i+q}$ von P zweimal in der gleichen Richtung oder zweimal in unterschiedliche Richtungen durchlaufen. Im ersten Fall ist $v_i = v_{i+q}$ und wir können wieder analog zum gerichteten Fall verkürzen. Im zweiten Fall ist $v_{i-1} = v_{i+q}$ und wir können in P den Kreis $(v_{i-1}, e_i, v_i, \ldots, v_{i+p-1}, e_{i+q} = e_i, v_{i+p} = v_i)$ entfernen.

Lösung 3.2:

Da jeder elementare Weg einfach ist, impliziert die Existenz eines elementaren Weges auch die eines einfachen Weges. Sei nun $P = (v_0, r_1, v_1, \ldots, r_k, v_k)$ ein kürzester einfacher Weg von v_0 nach v_k. Wir behaupten, dass P auch elementar ist. Falls P nicht elementar ist, so wird eine Ecke mehrmals berührt. Sei v_i die erste Ecke in $s(P)$, die mehrmals berührt wird und $j > i$ der kleinste Index mit $v_i = v_j$. Dann ist $(v_i, r_{i+1}, \ldots, r_j, v_j)$ ein Kreis und $P' = (v_0, r_1, v_1, \ldots, v_i, r_{j+1}, v_{j+1}, \ldots, r_k, v_k)$ ein kürzerer Weg von v_0 nach v_k im Widerspruch zur Wahl von P.

Wiederum ist nur zu zeigen, dass ein einfacher Kreis einen elementaren Kreis impliziert. Sei $C = (v_0, r_1, v_1, \ldots, r_k, v_k = v_0)$ ein kürzester einfacher Kreis mit $k \geq 1$ Pfeilen/Kanten. Offenbar kann nicht $v_i = v_0$ für ein $i \in \{1, \ldots, k-1\}$ gelten, da sonst $(v_0, r_1, \ldots, r_i, v_i = v_0)$ ein kürzerer einfacher Kreis wäre. Falls C nicht elementar ist, so sei v_i wieder die erste Ecke in $s(P)$, die mehrfach berührt wird und $j > i$ minimal mit $v_i = v_j$. Wie wir eben gesehen haben, gilt $i \geq 1$, also enthält $C' = (v_0, r_1, \ldots, v_i, r_{j+1}, v_{j+1}, \ldots, r_k, v_k = v_0)$ immer noch mindestens einen Pfeil und ist daher ein kürzerer einfacher Kreis als C. Widerspruch!

Lösung 3.3:

In Aufgabe 3.2 wurde bereits die Äquivalenz von (i) und (ii) gezeigt. Da trivialerweise (i) auch (iii) impliziert, genügt es, (iii)⇒(i) zu zeigen. Sei $C = (v_0, r_1, v_1, \ldots, r_k, v_k = v_0)$ ein kürzester Kreis in G. Wir zeigen, dass C einfach ist. Wäre $r_i = r_j$ für $i < j$, so ist $C' = (v_0, \ldots, v_{i-1}, r_j, v_{j+1}, \ldots, v_k)$ ein kürzerer Kreis im Widerspruch zur Wahl von C.

Lösung 3.4:

Wir betrachten den Graphen $G = (V, R, \alpha, \omega)$ mit zwei Ecken $V = \{1,2\}$ und g parallelen Pfeilen mit Startecke 1 und Endecke 2, sowie g parallelen Pfeilen mit Startecke 2 und Endecke 1. Jeder elementare Kreis in G hat Länge 2.

Lösung 3.5:

a) Der Kreis C_{2k} gerader Länge ergibt $\binom{k}{3}$ Tripel (vgl. Bild A.1(b)).
b) Siehe [47].

Lösung 3.6:

Sei $(v = v_0, v_1, \ldots, v_k)$ die Spur eines längsten elementaren Weges im zugehörigen ungerichteten Graphen $H = (V, E, \gamma)$. Wir behaupten, dass $H - v$ noch zusammenhängend, also $G - v$ noch schwach zusammenhängend, ist. Wäre dem nicht so, so zerfällt $H - v$ in $p > 1$ Zusammenhangskomponenten $C_1, \ldots, C_p$. Eine dieser Komponenten C_j enthält kein Element der Spur, da $v_1, \ldots, v_k$ in *einer* schwachen Zusammenhangskomponente enthalten sind. Da H zusammenhängend ist, gibt es ein

$w \in C_j$, das zu u adjazent ist. Dann ist aber $(w, v = v_0, v_1, \ldots, v_k)$ die Spur eines elementaren Weges, der länger ist als der ursprüngliche. Widerspruch!

Lösung 3.7:

Die erste Ungleichung ist trivial. Wir zeigen daher nur den zweiten Teil. Dabei genügt es offenbar, die Behauptung für einfache Graphen zu beweisen. Seien $G_1, \ldots, G_p$ die Komponenten von G und $G_1', \ldots, G_k'$ die Komponenten von $G - e$, wobei $e = [u, v]$. Offenbar sind dann u und v in der gleichen Komponente von G, o.B.d.A. G_1, enthalten.

Wir zeigen nun, dass für $i = 2, \ldots, p$ folgendes gilt: Sind $a, b \in G_i$, so existiert eine Komponente von $G - e$ die beide Ecken a und b enthält. Danach zeigen wir, dass G_1 durch Entfernen von e in höchstens zwei Komponenten zerfällt. Daraus folgt dann $k \leq p + 1$.

Seien $a, b \in G_i$ für ein $i \geq 2$. Dann existiert nach Definition des Zusammenhangs ein Weg P zwischen a und b in G. Dieser Weg kann e nicht enthalten, denn sonst wären $u, v \in G_i$ im Widerspruch dazu, dass $u, v \in G_1$ und der Tatsache, dass die Komponenten eine Partition von V bilden. Dann ist P aber auch ein Weg in $G - e$ zwischen a und b, d.h. a und b müssen in der gleichen Komponente von $G - e$ enthalten sein.

Wir betrachten nun $G_1 = (V_1, E_1)$, d.h. diejenige Komponente von G, welche u und v enthält. Wir definieren eine Partition $V_1 = U \cup (V_1 \setminus U)$ von V_1 durch

$$U := \{u\} \cup \{x \in V_1 : \text{es gibt einen Weg von } x \text{ nach } u, \text{ der } e \text{ nicht benutzt}\}.$$

Offenbar sind dann alle $x \in U$ in der gleichen Zusammenhangskomponente von $G - e$ wie u. Wir zeigen, dass alle Ecken aus $V_1 \setminus U$ in der gleichen Zusammenhangskomponente wie v sind.

Sei dazu $x \in V_1 \setminus U$ beliebig. Nach Voraussetzung existiert ein Weg $P = (v_0 = x, e_1, v_1, \ldots, e_k, v_k = u)$ von x nach u in G. Dieser Weg benutzt e. O.B.d.A. können wir annehmen, dass $e = e_k$ und e sonst nicht in P vorkommt. Dann ist $(v_0, e_1, \ldots, e_{k-1}, v)$ ein Weg von x nach v in $G - e$.

Lösung 3.8:

»⇒«: Betrachte eine Kante $e = [u, v]$, die nicht auf einem Kreis liegt. Wäre nach Entfernen von e die Ecke v noch von u aus über einen Weg P erreichbar, so bildete P zusammen mit e einen Kreis. Widerspruch!
»⇐«: Sei $e \in E$ und $u, v \in V$ beliebig. Da G zusammenhängend ist, existiert ein Weg P von u nach v in G. Wenn P die Kante e nicht benutzt, ist nichts zu zeigen. Andernfalls kann in dem Weg e durch das Teilstück des Kreises, auf dem e liegt, ersetzt werden.

Lösung 3.9:

Offenbar genügt es, einen Algorithmus für zusammenhängende Graphen anzugeben, da ein ungerichteter Graph genau dann bipartit ist, wenn jede seiner Zusammenhangskomponenten bipartit ist.

Die Idee für den Algorithmus ist die folgende: Sei $G = (V, E)$ bipartit mit $V = A \cup B$, $A \cap B = \emptyset$ und $v \in A$. Dann gilt $w \in B$ für alle $w \in N_G(v)$. Analog gilt $u \in A$ für alle u, die über einen Weg der Länge genau 2 von v aus erreichbar sind. Wir modifizieren Algorithmus 3.2 wie in Algorithmus A.5 dargestellt. Die lineare Laufzeit des Algorithmus folgt mit den gleichen Argumenten wie in Satz 3.11, es verbleibt daher nur noch, die Korrektheit des Verfahrens nachzuweisen.

Wir betrachten den Aufruf von BIPARTITE-SUCHE für eine Ecke $s \in V$. Wie im Beweis von Satz 3.11 folgt, dass bei Ende von BIPARTITE-SUCHE alle von s aus erreichbaren Ecken markiert sind, sofern der Algorithmus nicht mit der Information abbricht, dass G nicht bipartit ist.

Sei zunächst G bipartit mit Bipartition $V = A \cup B$. Beim Aufruf von BIPARTITE-SUCHE für ein $s \in V$ mit $s \in A$ erhalten im ersten Durchlauf der **while**-Schleife die Nachbarn von s die Marke 1. Diese sind in B. Es folgt induktiv, dass nur Ecken aus A mit der Marke 1 und nur Ecken aus B mit der Marke 0 markiert werden. Daher kann der Algorithmus nicht mit der Information abbrechen, dass G nicht bipartit ist, da sonst eine Kante zwischen Ecken der gleichen Marke (also beide aus A oder beide aus B) existieren müsste.

Sei nun umgekehrt G nicht bipartit. Dann enthält G nach Satz 3.24 einen Kreis $K = (v_1, \ldots, v_{2k-1})$ ungerader Länge. Sei $s = v_1 \in K$ die erste Ecke von K, für die BIPARTITE-SUCHE aufgerufen wird. Zu diesem Zeitpunkt sind dann alle Ecken

---

Algorithmus A.5 Algorithmus zur Erkennung bipartiter Graphen

BIPARTIT(G)

Input: Ein ungerichteter Graph G in Adjazenzlistendarstellung
1 marke[v] := nil für alle $v \in V$
2 **for all** $v \in V$ **do**
3 **if** marke[v] = nil **then**
4   BIPARTITE-SUCHE(G, v)
5 **return** »G besitzt die Bipartition $A = \{ v \in V : \text{marke}[v] = 0 \}$ und $B = \{ v \in V : \text{marke}[v] = 1 \}$.«

BIPARTITE-SUCHE(G, s)

Input: Ein (un-) gerichteter Graph G in Adjazenzlistendarstellung; eine Ecke $s \in V(G)$
1 Setze marke[s] := 0
2 $L := (s)$ { *Eine Liste, die nur s enthält.* }
3 **while** $L \neq \emptyset$ **do**
4 Entferne das erste Element u aus L.
5 **for all** $v \in \text{ADJ}[u]$ **do**
6   **if** marke[v] = nil **then**
7   Setze marke[v] := $1 - \text{marke}[u]$ und füge v an das Ende von L an.
8   **else if** marke[v] = marke[u] **then**
9   **STOP**: »Der Graph ist nicht bipartit.«

---

von K noch unmarkiert. Im ersten Durchlauf der **while**-Schleife werden v_2 und v_{2k-1} mit 1 markiert. Beim Entfernen der nächsten Ecke von K aus L, o.B.d.A. v_2 wird v_3 mit 0 markiert.

Es folgt induktiv dass $v_1, v_3, \dots, v_{2k-1}$ mit 0 und $v_2, \dots, v_{2k-2}$ mit 1 markiert werden. Wenn dann die letzte Ecke von K aus L entfernt wird (dies ist entweder v_k oder v_{k+1}) sind beide Nachbarn dieser Ecke bereits mit unterschiedlichen Marken versehen, und der Algorithmus bricht mit der Information ab, dass G nicht bipartit ist.

Lösung 3.10:

»(i)⇒(ii)«: Sei $v \in V$ Artikulationspunkt von G. Da $G - v$ nicht zusammenhängend ist, muss es in diesem Graphen zwei Ecken x und y geben, die durch keinen Weg verbunden sind. Da G aber zusammenhängend war, muss es in G Wege von x nach y geben. Diese müssen die Ecke v enthalten.

»(ii)⇒(i)«: Seien $x, y \in V$ zwei von v verschiedene Ecken, so dass jeder Weg zwischen x und y die Ecke v berührt. Wir zeigen, dass x und y in verschiedenen Komponenten von $G - v$ liegen. In der Tat, wäre P ein Weg in $G - v$ zwischen x und y, so wäre wegen $G - v \sqsubseteq G$ dies auch ein Weg in G, der aber v nicht enthält, im Widerspruch zu (ii).

Lösung 3.11:

Nach dem Satz von Euler (Satz 3.32) ist ein ungerichteter Graph genau dann Eulersch, wenn der durch seine Kanten induzierte Graph zusammenhängend und der Grad an jeder Ecke gerade ist. Wir nutzen die Beobachtung, dass für beliebige ganze Zahlen $a, b \in \mathbb{Z}$ die Summe $a + b$ genau dann gerade ist, wenn die Zahlen a und b die gleiche Parität haben, also entweder beide Zahlen gerade oder beide Zahlen ungerade sind. Wegen

$$|E_1 \triangle E_2| = |E_1 \setminus E_2| + |E_2 \setminus E_1| = |E_1 \setminus (E_1 \cap E_2)| + |E_2 \setminus (E_1 \cap E_2)|$$
$$= (|E_1| - |E_1 \cap E_2|) + (|E_2| - |E_1 \cap E_2|) = |E_1| + |E_2| - 2 \cdot |E_1 \cap E_2|$$

und der Tatsache, dass die Addition einer geraden Zahl die Parität nicht verändert, gilt also insbesondere: Die Parität der symmetrischen Differenz ist gerade, falls die Mächtigkeit beider Ausgangsmengen gerade ist. Die Argumentation kann für jede Ecke $v \in V$ auf das inzidente Pfeilbüschel geführt werden, woraus folgt, dass der Grad jeder Ecke in $G_1 \triangle G_2$ gerade ist, falls dies in beiden Graphen G_i gilt.

Der Graph $G_1 \triangle G_2$ ist nur Eulersch, falls der durch seine Kanten induzierte Graph auch zusammenhängend ist. Der Zusammenhang folgt aber nicht zwingend aus den Voraussetzungen, wie einfache Gegenbeispiele zeigen.

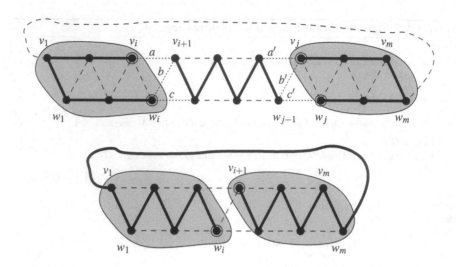

Bild A.2: Zum Beweis von Aufgabe 3.12.

Lösung 3.12:

a) Für $1 \leq n \leq 4$ ist der K_n eine gültige Lösung. Bild A.2 zeigt den Graphen G_n für den Fall, dass $n = 2m$ gerade ist. Falls $n = 2m - 1$ ungerade ist, ist die Ecke w_m zu entfernen, und die Kante (v_1, w_m) durch (v_1, v_m) zu ersetzen. Man überzeuge sich, dass die Anzahl der Kanten gleich $2n - 2$ ist.

Seien $s, t \in V$ gegeben. Es ist zu zeigen, dass es einen Hamiltonschen Weg von s nach t gibt. Im ersten Fall gelte $\{s, t\} = \{v_i, w_i\}$ oder $\{w_i, v_{i+1}\}$ für ein i. Dann liegen s und t benachbart auf dem in Bild A.2 unten dargestellten Hamiltonschen Kreis $(v_1, w_1, v_2, w_2, \ldots, v_m, w_m, v_1)$. Die Lösung ergibt sich durch Entfernen der Kante (s, t) aus dem Kreis.

Nun seien i und j so gewählt, dass gilt $s \in \{v_i, w_i\}$, $t \in \{v_j, w_j\}$ und $j > i$. Das ist durch Vertauschen von s und t immer möglich. Durch i und j sind folgende drei Teilwege im Graphen festgelegt (die Wege sind in Bild A.2 oben mit dicken Linien ausgezeichnet):

- der Weg $l = (v_i, v_{i-1}, \ldots, v_1, w_1, w_2, \ldots, w_i)$ von v_i nach w_i, der genau die Knoten mit Indizes aus $\{1, \ldots, i\}$ besucht,

- der Weg $m = (v_{i+1}, w_{i+1}, v_{i+2}, w_{i+2}, \ldots, v_{j-1}, w_{j-1})$ von v_{i+1} nach w_{j-1}, der genau die Knoten mit Indizes im Bereich $\{i+1, \ldots, j-1\}$ besucht (für den Fall $j = i+1$ ist dieser Weg leer),

- der Weg $r = (v_j, v_{j+1}, \ldots, v_m, w_m, w_{m-1}, \ldots, w_j)$ von v_j nach w_j, der genau die Knoten mit Indizes im Bereich $\{j, \ldots, m\}$ besucht (falls $n = 2m - 1$ ungerade ist, entfällt der Knoten w_m in r).

Im Bild sind ferner die Kanten $a = (v_i, v_{i+1})$, $b = (w_i, w_{i+1})$, $b' = (w_{j-1}, v_j)$ und $c' = (w_{j-1}, w_j)$ dargestellt. Für die Lage von s und t verbleiben folgende Fälle (falls m der leere Weg ist, entfallen die eingeklammerten Teilwege in der Lösung):

- $s = v_i, t = v_j$: Der Weg $l \circ (b \circ m) \circ c' \circ r^{-1}$ von s nach t ist Hamiltonsch.
- $s = v_i, t = w_j$: Der Weg $l \circ (b \circ m) \circ b' \circ r$ von s nach t ist Hamiltonsch.
- $s = w_i, t = v_j, j > i+1$: Der Weg $l^{-1} \circ a \circ m \circ c' \circ r^{-1}$ von s nach t ist Hamiltonsch.
- $s = w_i, t = w_j$: Der Weg $l^{-1} \circ a \circ (m \circ b') \circ r$ von s nach t ist Hamiltonsch.

b) Sei $G = (V, E)$ ein Hamiltonsch zusammenhängender Graph. Wähle eine beliebige Kante $e = [u, v] \in E$. Da G Hamiltonsch zusammenhängend ist, gibt es einen Hamiltonschen Weg P in G von u nach v, und da G mehr als zwei Ecken enthält, benutzt P nicht die Kante e. Der Weg $P \circ (v, e, u)$ ist dann ein Hamiltonscher Kreis.

Lösung 3.13:

Sei $P = (v_0, r_1, \ldots, r_k, v_k)$ ein längster elementarer Weg in G. Ist P ein Hamiltonscher Weg, so sind wir fertig. Ansonsten gibt es $v \in V \setminus V(P)$. Es gilt $(v, v_0) \notin R$ und $(v_k, v) \notin R$, da wir sonst P noch um die Ecke v verlängern könnten. Da G aber eine Orientierung des vollständigen Graphen K_n ist, ergibt sich $(v_0, v) \in R$ und $(v, v_k) \in R$. Sei $i \in \{0, \ldots, k-1\}$ maximal mit der Eigenschaft, dass $(v_i, v) \in R$. Dann ist $(v_{i+1}, v) \notin R$, also $(v, v_{i+1}) \in R$.

Damit ist $P' := (v_0, r_1, v_1, \ldots, v_i, (v_i, v), v, (v, v_{i+1}), v_{i+1}, \ldots, v_k)$ ein längerer elementarer Weg in G als P im Widerspruch zur Wahl von P.

A.4   Kapitel 4

Lösung 4.1:

Sei U eine maximale unabhängige Menge in G. Dann ist jedes $v \in V \setminus U$ adjazent zu mindestens einer Ecke $u \in U$. Da jede Ecke $u \in U$ aber nur adjazent zu maximal Δ Ecken ist, folgt $|V \setminus U| \leq \Delta|U|$. Somit ist $\Delta|U| \geq |V| - |U|$, also $(\Delta + 1)|U| \geq |V|$.

Lösung 4.2:

Wir definieren für $v \in V$ den Wert $f(v)$ als die maximale Länge eines elementaren Weges P mit $\alpha(P) = v$. Nach Voraussetzung ist $f : V \to \{0, \ldots, \ell\}$. Wir zeigen, dass f eine $(\ell + 1)$-Färbung von G ist.

Seien dazu $u, v \in V$ mit $u \neq v$ und $(u, v) \in R$. Wir nehmen an, dass $f(u) = f(v) = k$ gilt. Seien $P_u = [v_0 = u, v_1, \ldots, v_k]$ und $P_v = [w_0 = v, w_1, \ldots, w_k]$ die entsprechenden längsten elementaren Wege mit Anfangsecke u bzw. v. Wäre $v \notin P_u$, so wäre $(u, v) \circ P_u$ ein elementarer Weg der Länge $k + 1$ von v aus im Widerspruch zur Wahl von P_v. Also gilt $v = v_j$ für ein j. Insbesondere ist v von u durch den Weg $[v_0 = u, c_1, \ldots, v_j = v]$ erreichbar. Dann ist aber $[v_0, v_1, \ldots, v_j = v] \circ (v, v')$ ein Kreis in G. Widerspruch!

Lösung 4.3:

Die Behauptung ist falsch, wie der Kreis C_6 mit sechs Ecken zeigt. C_6 ist regulär vom Grad 2, also haben alle Permutationen π die gleiche Eckengradfolge. Für $\pi^+ = (v_1, v_2, v_3, v_4, v_5, v_6)$ und $\pi^- = (v_1, v_4, v_3, v_2, v_5, v_6)$ gilt dann $F_{\pi^+}(C_6) = 2$ und $F_{\pi^-}(C_6) = 3$.

Lösung 4.4:

Für Färbungen f_1 von G_1 und f_2 von G_2 gilt $(f_1(u), f_2(u)) \neq (f_1(u), f_2(u))$ für alle $[u, v] \in E_1 \cup E_2$. Benutzt f_i jeweils $\chi(G_i)$ Farben, so ist die Größe des Bildbereichs von $f : v \mapsto (f_1(v), f_2(v))$ genau $\chi(G_1) \cdot \chi(G_2)$, so dass wir den Vereinigungsgraphen $G_1 \cup G_2$ mit höchstens $\chi(G_1) \cdot \chi(G_2)$ Farben färben können.

Lösung 4.5:

a) Für $k \geq 2$ ist der K_k kritisch k-chromatisch.

b) Die Kreise ungerader Länge sind kritisch 3-chromatisch.

Lösung 4.6:

a) Wäre $v \in V$ mit $g(v) < k - 1$, dann ist $\chi(G - v) \leq k - 1$. Eine $(k-1)$ Färbung von $G - v$ lässt sich zu einer $(k-1)$ Färbung von G fortsetzen, da unter den Nachbarn von v in G höchstens $k - 2$ Farben vorkommen. Dies widerspricht $\chi(G) = k$.

b) Die Fälle $\ell \in \{0, 1, 2\}$ sind trivial. Sei also $\chi(G) = k$ und $H \subseteq G$ ein k-eckenkritisch chromatischer Teilgraph von G, also insbesondere $\chi(G) = \chi(H) = k$. Nach a) gilt in H für Ecke v: $g_H(v) \geq k - 1$. Nach Lemma 3.4 hat H einen elementaren Kreis der Länge mindestens k, also einen elementaren Weg der Länge mindestens $k - 1$. Dann gilt $\ell \geq k - 1 = \chi(H) - 1 = \chi(G) - 1$.

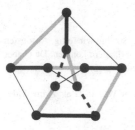

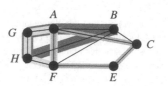

b: Intervallgraph für die Bestimmung des Mörders des Dukes von Densmore

a: Kantenfärbung des Petersen-Graphen mit 4 Farben

Bild A.3: Lösungen zu Aufgabe 4.7 und Aufgabe 4.9

Lösung 4.7:

Wegen $g(v) \equiv 3$ ist $\chi'(\text{PG}) \geq 3$. Wäre $\chi'(\text{PG}) = 3$, so inzidiert jede Ecke mit einer Kante aus jeder Farbklasse und die Farbklassen ergeben drei perfekte, kantendisjunkte Matchings M_1, M_2, M_3, die zusammen alle Kanten von PG umfassen. Der »äußere Kreis« C_5 enthält genau zwei Kanten (mindestens) eines Matchings, o.B.d.A. M_1. Dann ist $\text{PG} - M_1$ die disjunkte Vereinigung von zwei Kreisen, die aber jeweils drei Farben benötigen im Widerspruch zur Annahme. Vier Farben reichen aber offenbar aus (siehe Bild A.3(b)).

Lösung 4.8:

Man zeigt leicht mit elementaren Mitteln folgende Hilfsbehauptung:

Behauptung: Seien $[a_1, b_1]$, $[a_2, b_2]$, $[a_3, b_3]$ Intervalle mit $[a_1, b_1] \cap [a_2, b_2] \neq \emptyset$ und $[a_2, b_2] \cap [a_3, b_3] \neq \emptyset$, aber $[a_1, b_1] \cap [a_3, b_3] = \emptyset$. Ist $a_1 \leq a_2$, so folgt $a_2 \leq a_3$.

Sei nun $C = (I_0, e_1, I_1, \ldots, e_k, I_k = I_0)$ ein elementarer Kreis in G_Γ der Länge $k \geq 4$ und $I_j = [a_j, b_j]$ mit $a_j \leq b_j$ und o.B.d.A. $a_0 \leq a_1$ (ansonsten orientieren wir den Kreis in die andere Richtung). Enthielte C keine Sehne, so liefert wiederholte Anwendung der obigen Behauptung: $a_0 \leq a_1 \leq \cdots \leq a_k = a_0$, also $a_0 \in I_j$ für $i = 0, \ldots, k$ womit in C alle Sehnen existieren müssten.

Lösung 4.9:

Wir fassen die Aufenthaltsdauern der jeweiligen Frauen als Intervall von Tagen auf. Dann existiert eine Kante zwischen zwei Frauen genau dann, wenn sich ihre Aufenthaltsdauern überschnitten haben (nach ihren Angaben). Wir erhalten den Intervallgraphen aus Bild A.3(b). Nach Aufgabe 4.8 müsste in den Kreisen $C_1 = [A, C, E, F, A]$, $C_2 = [A, F, H, G, A]$ und $C_3 = [A, B, H, G, A]$ jeweils eine Sehne existieren: für C_1 entweder $[A, E]$ oder $[F, C]$, in C_2 entweder $[A, H]$ oder $[G, F]$ und in C_3 entweder $[A.H]$ oder $[G, B]$. In jedem der drei Kreise ist die Sehneneigenschaft dadurch wieder herstellbar, dass man *eine* Sehne von A aus einfügt, während man sonst mindestens zwei Sehnen benötigt, die *nicht inzident* sind. Also hat entweder A dreimal gelogen, oder zwei andere Frauen mindestens einmal. Nach Voraussetzung der Aufgabe muss damit A (Ann) die Mörderin sein.

Lösung 4.10:

a) Betrachte eine Färbung von G mit $\chi(G)$ Farben. Wähle $1 \leq k < \chi(G)$ und eine Teilmenge von k Farbklassen. Die Menge V_1 enthalte genau die Knoten, die mit den gewählten k Farben gefärbt sind. Dann ist offenbar $\chi(G[V_1]) \leq k$ und $\chi(G[V_2]) \leq \chi(G) - k$. Gleichzeitig ist aber $\chi(G[V_1]) \geq k$: eine Färbung von $G[V_1]$ mit weniger als k Farben würde zusammen mit der $(\chi(G) - k)$-Färbung von $G[V_2]$ eine Färbung von G mit weniger als $\chi(G)$ Farben induzieren. Analog ist $\chi(G[V_2]) \geq \chi(G) - k$.

b) Betrachte eine maximale Clique V_1 mit k Knoten. Angenommen, $G[V_2]$ wäre $(\chi(G) - k)$-färbbar. Dann induziert diese Färbung zusammen mit der k-Färbung von V_1 eine gültige $\chi(G)$-Färbung von G. In dieser Färbung kommen die

k Farben, die in der Clique verwendet werden, außerhalb der Clique nicht vor, die entsprechenden Farbklassen sind also einelementig.

Wähle einen Knoten $v \in V_1$, eine Farbe f, die in V_2 vorkommt, und die (nichtleere) Menge T der Nachbarn von v in V_2, die mit Farbe f gefärbt sind. Da die Clique maximal ist, gibt es zu jedem Knoten $t \in T$ einen Knoten $t' \in V_1$, der nicht zu t adjazent ist. Färbe t mit der Farbe von t'. Nun kann v mit Farbe f gefärbt werden, wodurch die ursprüngliche Farbklasse von v leer wird. Dies ergibt eine $(\chi(G) - 1)$-Färbung von G. Widerspruch!

A.5   Kapitel 5

Lösung 5.1:

Wir zeigen, dass stets $G' := T_u \circ T_v \circ G = T_v \circ T_u \circ G =: G''$ gilt. Dazu genügt es zu zeigen, dass gilt: $(x, y) \in G' \Rightarrow (x, y) \in G''$. Sei daher $(x, y) \in G'$. Falls $(x, y) \in T_v \circ G$, so folgt $(x, y) \in G''$ aus $G \sqsubseteq T_u \circ G$ und der Monotonieeigenschaft der Tripeloperatoren:

$$G \sqsubseteq T_u \circ G \Rightarrow T_v \circ G \sqsubseteq T_v \circ T_u \circ G = G''.$$

Sei daher $(x, y) \notin T_v \circ G$. Nach Definition des Tripeloperators T_u gilt dann entweder $(x, y) = (u, u)$ oder $(x, u) \in T_v \circ G \wedge (u, y) \in T_v \circ G$. Falls $(x, y) = (u, u)$, so gilt offenbar $(u, u) \in G''$. Ansonsten existieren folgende Fälle:

1. Fall: $(x, u) \in G$ und $(u, y) \in G$ Dann ist $(x, y) \in T_u \circ G$, also auch $(x, y) \in T_v \circ T_u \circ G = G''$.

2. Fall: $(x, u) \in G$ und $(u, y) \notin G$ Dann gilt nach Definition von T_v: $(u, v) \in G$ und $(v, y) \in G$. In diesem Fall folgt aus $(x, u) \in G$ und $(u, v) \in G$ dann $(x, v) \in T_u \circ G$. Aus $(x, v) \in T_u \circ G$ und $(v, y) \in G$ folgt $(x, v) \in T_u \circ G$ und $(v, y) \in T_u \circ G$, was wiederum $(x, y) \in T_v \circ T_u \circ G = G''$ impliziert.

3. Fall: $(x, u) \notin G$ und $(u, y) \in G$ Analog zum 2. Fall.

4. Fall: $(x, u) \notin G$ und $(u, y) \notin G$ Dann ist $(x, v) \in G$ und $(v, u) \in G$, sowie $(u, v) \in G$ und $(v, y) \in G$. Aus $(x, v) \in G$ und $(v, y) \in G$ folgt $(x, y) \in T_v \circ G$ und damit auch $(x, y) \in T_v \circ T_u \circ G = G''$.

Lösung 5.2:

Die Pfeile in R lassen sich disjunkt in die Pfeile $R(G_i)$ in den einzelnen Zusammenhangskomponenten G_i von G und die Pfeile R' zwischen den Komponenten partitionieren. Nach Beobachtung 3.21 gilt $|R(G_i)| \geq |V(G_i)|$ für $i = 1, \ldots, p$, so dass $\sum_{i=1}^{p} |R(G_i)| \geq |V(G)| - (q - p)$ gilt.

Wir betrachten nun den reduzierten Graphen $\hat{G}$ von G. Jeder Pfeil aus R' induziert einen Pfeil in $\hat{G}$, so dass $|R'| \geq |R(\hat{G})|$. Nach Voraussetzung ist $\hat{G}$ schwach zusammenhängend, so dass mit Beobachtung 3.21 $|R(\hat{G})| \geq |V(\hat{G})| - 1 = q - 1$ folgt. Damit ergibt sich letztendlich $|R(G)| \geq |V(G)| - (q - p) + (q - 1) = |V(G)| + p - 1$.

Lösung 5.3:

»(i)⇒(ii): Sei $u \neq v$ mit o.B.d.A. $(u, v) \in R$. Für alle $w \in N^+(v)$ gilt dann wegen $(u, v) \in R$, $(v, w) \in R$ und der Transitivität von G auch $(u, w) \in R$. Somit ist $N^+(u) \supseteq N^+(v) \cup \{v\}$, also $g^+(u) \geq g^+(u) + 1$.

»(ii)⇒(iii): Nach (ii) sind alle Außengrade der n Ecken verschieden. Da aber $g^+(v) \in \{0, \ldots, n-1\}$ für alle $v \in V$ ist (G besitzt keine Schleifen), müssen die $n - 1$ verschiedenen Außengrade genau $0, \ldots, n - 1$ sein.

»(iii)⇒(i)«: Wir benutzen Induktion nach der Anzahl n der Ecken. Für $n = 1$ ist die Aussage trivial. Sei sie für alle Orientierungen des K_{n-1} bereits gezeigt und G eine Orientierung des K_n, so dass (iii) erfüllt ist. Die eindeutige Ecke v_{n-1} mit $g_G^+(v_{n-1} = n - 1$ hat dann keine ausgehenden Pfeile und ist Nachfolger jeder anderen Ecke. Also ist $G - v_{n-1}$ eine Orientierung des K_{n-1}, so dass die Außengrade der $n - 1$ Ecken genau die Zahlen $0, \ldots, n - 2$ sind. Nach Induktionsvoraussetzung ist $G - v_{n-1}$ transitiv. Da alle Ecken in G Vorgänger von v_{n-1} sind und v_{n-1} keinen Nachfolger besitzt, ist auch G transitiv.

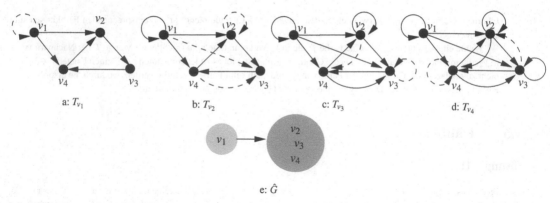

a: T_{v_1} b: T_{v_2} c: T_{v_3} d: T_{v_4}

e: $\hat{G}$

Bild A.4: Lösung von Aufgabe 5.4. Die im jeweiligen Schritt hinzukommenden Pfeile sind gestrichelt hervorgehoben.

Lösung 5.4:

Siehe Bild A.4.

Lösung 5.5:

KERN liegt offenbar in NP: ein irreduzibler Kern $G = (V, R_*)$ ist ein polynomiell großer Zeuge, den wir etwa mit Hilfe des Tripelalgorithmus in Polynomialzeit verifizieren können.

Wir benutzen nun eine Reduktion von HAMILTONSCHER KREIS, das als NP-vollständig bekannt ist (vgl. Satz 3.35). Gegeben sei eine beliebige Instanz $G = (V, R)$ von HAMILTONSCHER KREIS. Ohne Beschränkung können wir annehmen, dass G stark zusammenhängend ist (starker Zusammenhang ist etwa mit Hilfe des Tripelalgorithmus in Polynomialzeit testbar). Falls G nicht stark zusammenhängend ist, kann G nicht Hamiltonsch sein.

Wir konstruieren eine Instanz $G' = (V', R')$, K' von KERN mit folgender Eigenschaft: G ist genau dann Hamiltonsch, wenn G' einen irreduziblen Kern mit Kardinalität höchstens K' besitzt. Die Konstruktion ist wie folgt: $G' := G$ und $K' := |V|$. Offenbar die Konstruktion in Polynomialzeit durchführbar.

Ist G Hamiltonsch, so bildet die Pfeilmenge jedes Hamiltonschen Kreises in G einen irreduziblen Kern mit $|V| = K'$ Pfeilen. Wir nehmen nun an, dass G' einen irreduziblen Kern $G_* = (V, R_*)$ mit $|R_*| \leq K' = |V|$ besitzt. Da G und damit auch G_* stark zusammenhängend ist, gilt nach Beobachtung 3.21 $|R_*| \geq |V|$, also insgesamt $|R_*| = |V|$.

Da G_* stark zusammenhängend ist, folgt: $g_{G_*}^-(v) > 0$ und $g_{G_*}^+(v) > 0$ für alle $v \in V$. Aus $\sum_{v \in V} g^+(v) = \sum_{v \in V} g^-(v) = |R_*| = |V|$ ergibt sich nun $g^+(v) = g^-(v) = 1$ für alle $v \in V$. Nach Satz 3.26 besitzt G_* einen Eulerschen Kreis, der wegen des starken Zusammenhangs von G_* alle Ecken $v \in V$ berührt. Wegen $g_{G_*}^+(v) = g_{G_*}^-(v) = 1$ für alle $v \in V$ muss dieser Kreis elementar und damit ein Hamiltonscher Kreis sein.   ∎

A.6   Kapitel 6

Lösung 6.1:

Der Graph $T[V']$ ist als Teilgraph von T ein Wald. Um zu zeigen, dass $T[V']$ ein Baum ist, müssen wir daher nur zeigen, dass dieser Graph zusammenhängend ist. Seien $u, v \in V'$ beliebig. Da jeder Graph T_i ein Baum ist, existiert ein elementarer Weg P zwischen u und v in T_i (und in T). Da der elementare Weg zwischen u und v nach Satz 6.3 eindeutig ist, folgt, dass jeder Baum T_i alle Ecken auf P enthalten muss. Damit sind diese Ecken aber auch in V' enthalten und P existiert ebenfalls in $T[V']$.

Lösung 6.2:

Wäre $g(v) \geq 2$ für mindestens $|V(T)| - 1$ Ecken $v \in V(T)$, so wäre $2|V(T)| - 2 = 2|E(T)| = \sum_{v \in V} g(v) \geq 2(|V(T)| - 1) + 1 = 2|V(T)| - 1$. Dabei haben wir ausgenutzt, dass $g(v) \geq 1$ für alle $v \in V$ gilt, da T schwach zusammenhängend ist.

Lösung 6.3:

Sei $G = (V, E)$ ein Baum. Wir beweisen die Existenz einer Abpflückordnung durch Induktion nach $n := |V|$. Falls $|V| = 2$, so ist die Aussage klar. Sei die Aussage für n bewiesen und $|V| = n + 1$. Nach Aufgabe 6.2 gibt es in G eine Ecke v_{n+1} mit Grad 1 in G. Dann ist $G[V \setminus \{v_{n+1}\}]$ ein Baum mit n Ecken, für den nach Induktionsvoraussetzung eine Abpflückordnung $v_1, \ldots, v_n$ existiert. Somit ist $v_1, \ldots, v_n, v_{n+1}$ Abpflückordnung für G.

Sei nun G ein Graph und $v_1, \ldots, v_n$ eine Abpflückordnung für G. Dann besitzt G genau $|V| - 1$ Kanten, da wir beim Entfernen einer Ecke v_i jeweils genau eine Kante entfernen, die mit v_i inzidiert. Wir beweisen durch Induktion nach $n := |V|$, dass G zusammenhängend ist. Für $n = 2$ ist die Aussage wiederum offensichtlich. Im Induktionsschritt entfernen wir v_{n+1} aus G. Der induzierte Subgraph $G[\{v_1, \ldots, v_n\}]$ ist nach Induktionsvoraussetzung zusammenhängend (da er eine Abpflückordnung besitzt). Somit muss auch G schwach zusammenhängend sein, da v_{n+1} zu einer der anderen Ecken adjazent ist.

Lösung 6.4:

a) Ja, siehe b).

b) Der Diameter des *Swap*-Graphen ist höchstens $n - 1$. Seien dazu $E(T) = \{e_1, \ldots, e_k, e_{k+1}, \ldots, e_{n-1}\}$ und $E(T') = \{e_1, \ldots, e_k, e'_{k+1}, \ldots, e'_{n-1}\}$ die Kantenmengen zweier spannender Bäume von G, so dass für $T_{\text{Rest}} := \{e_{k+1}, \ldots, e_{n-1}\}$ und $T'_{\text{Rest}} := \{e'_{k+1}, \ldots, e'_{n-1}\}$ gilt: $T_{\text{Rest}} \cap T'_{\text{Rest}} = \emptyset$. Hinzufügen von e'_{k+1} zu T erzeugt genau einen elementaren Kreis C in $T + e'_{k+1}$. Wegen $e_1, e_2, \ldots, e_k, e'_{k+1} \in T'$ existiert ein $e_j \in C$ mit $j \geq k + 1$ und $e_j \notin T'$. Dann ist $\hat{T} := T + e'_{k+1} - e_j$ ein spannender Baum, der mit T' genau $k + 1$ gemeinsame Kanten aufweist. Durch vollständige Induktion folgt dann die Behauptung.

Es gilt darüberhinaus: es gibt Graphen, bei denen der *Swap*-Graph Diameter genau $n - 1$ aufweist, z.B. K_n für ungerades $n \geq 5$. Die Mengen $T = \{[i, i+1] : i = 1, \ldots, n-1\}$ und $T' = \{[i, i+2] : i = 1, \ldots, n-2\} + [n, 2]$ sind disjunkte Kantenmengen zweier spannender Bäume in K_n.

Lösung 6.5:

Sei T ein MST in G. Wir nehmen an, dass T' ein spannender Baum in G ist mit $c_{\max}(T') < c_{\max}(T)$. Sei $e \in E(T)$ mit $c(e) = c_{\max}(T)$. Für alle Kanten $f \in E(T')$ gilt dann $c(f) < c(e)$. Durch Entfernen von $e = [u, v]$ aus T zerfällt der Baum T in zwei Komponenten C_u und C_v mit $C_u \cup C_v = V$. Da T' zusammenhängend ist, muss T' eine Kante $f \in \delta(C_u)$ enthalten, die nicht e sein kann, da $c_{\max}(T') < c(e)$. Dann ist $T - e + f$ ein spannender Baum in G mit $c(T - e + f) < c(T)$ im Widerspruch zur Voraussetzung, dass T ein MST ist.

Die Umkehrung gilt nicht. Ist T' ein MBT und T ein MST, so gilt $c(T') \leq (n-1)c_{\max}(T') = (n-1)c_{\max}(T)$. Sind alle Kantengewichte nichtnegativ, so gilt $c_{\max}(T) \leq c(T)$, also $c(T') \leq (n-1)c(T)$. Dies ist (für nichtnegative Gewichte) auch die bestmögliche Schranke für den Quotienten $c(T')/c(T)$: Im K_n $n \geq 3$ wählen wir einen beliebigen spannenden Baum T und eine Kante $e \in T$. Wir setzen $c(e') := 0$ für $e' \in E(T') \setminus \{e\}$, alle anderen Kanten erhalten Gewicht $M \gg 1$. Jeder spannende Baum hat dann Flaschenhals-Gewicht M, ist damit ein minimaler Flaschenhalsbaum. Es gibt einen MBT, der nur Kanten vom Gewicht M enthält, also Gesamtgewicht $(n-1)M$ hat, während der MST T Gewicht $c(T) = M$ besitzt.

Lösung 6.6:

Betrachte $c' := -c$ und wende Aufgabe 6.5 an.

Lösung 6.7:

Wir zeigen zunächst, dass der vom Kruskal-Algorithmus im k-ten Schritt erzeugte Teilbaum ein Wald mit k Kanten und minimalem Flaschenhals-Gewicht ist. Wir beweisen den allgemeinen Fall für Matroide und verwenden die Notation aus Abschnitt 6.4.

Sei $(S, \mathscr{F})$ ein Matroid und $c \colon S \to \mathbb{R}$ eine Gewichtsfunktion. Wie im Beweis von Satz 6.20 sei $M_k \in \mathscr{F}$ die unabhängige Menge nach Hinzufügen des k-ten Elements. Wir zeigen induktiv, dass $c_{\max}(M_k) = \min\{c_{\max}(M) : M \in \mathscr{F} \text{ und } |M| = k\}$.

Für $k = 1$ ist die Behauptung offensichtlich richtig. Im Induktionsschritt sei $M_{k+1} = M_k + e$. Wir nehmen an, dass es $M \in \mathscr{F}$ gibt mit $|M| = k+1$ und $c_{\max}(M) < c_{\max}(M_{k+1}) = c(e)$.

Da $|M_k| = k < k+1 = |M|$ gibt es nach Definition eines Matroids ein $e' \in M \setminus M_k$ mit $M_k + e' \in \mathscr{F}$. Da $c(e') \leq c_{\max}(M) < c_{\max}(M_{k+1}) = c(e)$ und $e' \notin M_k$, wurde e' in einem früheren Schritt $j \leq k$ vom Greedy-Algorithmus verworfen, d.h. es war $M_j + e' \notin \mathscr{F}$. Das kann aber nicht sein, da $M_j + e' \subseteq M_k + e' \in \mathscr{F}$ also auch $M_j + e' \in \mathscr{F}$. Wiederspruch!

Mit der Hilfsbehauptung lässt sich das gewünschte Resultat nun einfach beweisen: Sei der T vom Kruskal-Algorithmus bestimmte MST mit $L(T) = (c(e_1), \dots, c(e_{n-1}))$ und T' ein weiterer MST mit $L(T') = (c(e'_1), \dots, c(e'_{n-1}))$. Da der Kruskal-Algorithmus die Kanten nach aufsteigendem Gewicht betrachtet, ist $M_k = \{e_1, \dots, e_k\}$. Nach der Hilfsbehauptung für M_k gilt $c(e_k) = c_{\max}(M_k) \leq c_{\max}(\{e'_1, \dots, e'_k\}) = c(e'_k)$ für $k = 1, \dots, m$. Wegen $c(T) = c(T')$ folgt daher $c(e_k) = c(e'_k)$ für alle k, also $L(T) = L(T')$.

Ist die Kantenbewertung injektiv, so ist jedem Element von $L(T)$ eindeutig eine Kante zugeordnet und der MST muss eindeutig sein.

Lösung 6.8:

Wir nennen eine Kante, die keine Brücke ist, eine *innere Kante*.

»(i)⇒(ii)«: Sei G unizyklisch. Dann ist G zusammenhängend. Wähle eine Kante e auf dem Kreis. Durch Entfernen von e entsteht ein kreisfreier Graph, der immer noch zusammenhängend ist. Dies ist ein Baum.

»(ii)⇒(iii)«: Sei $G - e$ ein Baum. Dann ist $G - e$ zusammenhängend und besteht aus $|V| - 1$ Kanten. Durch Hinzunahme von e bleibt der Zusammenhang erhalten, und es gilt $|E| = |V|$.

(iii)»⇒(iv)«: Da $|E| = |V|$, ist G kein Baum. Also gibt es innere Kanten. Da der Zusammenhang durch Entfernen einer inneren Kante nicht zerstört wird, liegt sie auf einem Kreis. Gleichzeitig entsteht aber durch Wegnehmen einer beliebigen inneren Kante ein zusammenhängender Graph mit $|V| - 1$ Kanten, also ein Baum. Dieser ist kreisfrei. Folglich müssen alle inneren Kanten auf demselben elementaren Kreis liegen, da sonst nach Wegnehmen einer inneren Kante noch ein Kreis verbliebe. Alle Kanten auf diesem Kreis sind innere Kanten, da eine Brücke nicht auf einem Kreis liegen kann.

"(iv)⇒(i)«: Sei G ein zusammenhängender Graph, dessen innere Kanten auf einem elementaren Kreis liegen. In G kann es keinen zweiten Kreis geben, da Brücken nicht auf einem Kreis liegen. Somit hat G genau einen Kreis, ist also unizyklisch.

Lösung 6.9:

Falls $e = [u, v] \in E \setminus E(T)$ eine T-leichte Kante ist, so ist $T' := T \setminus \{e\} \cup \{f\}$ für eine geeignete Kante $f \in P_T(u, v)$ wieder ein aufspannender Baum. Da die Kante e nach Annahme T-leicht war und alle Kanten verschiedenes Gewicht haben, gilt $c(T') < c(T)$, also kann T kein MST sein.

Wenn umgekehrt alle Kanten aus $E \setminus T$ auch T-schwer sind, so liefert der Kruskal-Algorithmus (Algorithmus 6.1) zur Bestimmung eines MST genau den Baum T. Somit ist T ein MST.

Lösung 6.10:

a) Sei $\sigma \colon V \to \{1, \dots, n\}$ eine topologische Sortierung von G. Da T_1 die Wurzel s_1 hat, gilt $E_G(s_1) = V$, also insbesondere $s_2 \in E_G(s_2)$. Durch Induktion nach der Länge des Weges von s_1 nach s_2 in T_1 folgt aus der topologischen Sortierung $\sigma(s_1) < \sigma(s_2)$, also $s_1 \neq s_2$.

b) Nein: Im Graphen $G = (V, R)$ mit $V = \{1, 2, 3\}$ und $R = \{(1,2), (1,3), (2,3)\}$ sind $R_1 = \{(1,2), (1,3)\}$ und $R_2 = \{(1,2), (2,3)\}$ beides Pfeilmengen eines 1-Wurzelbaums.

c) Der Quotient lässt sich nicht beschränken. Im Graphen aus Bild A.5 gilt $c(W)/c(T) = (K + 0)/0$.

Bild A.5: Kreisfreier Graph, in dem der minimale Wurzelbaum schwerer ist als der MST

Lösung 6.11:

a) $P(T) = (6, 5, 1, 9, 5, 6, 6, 9)$

b) Nach Aufgabe 6.2 hat jeder Baum mindestens zwei Blätter, so dass wir bei der Auswahl des zu eliminierenden Blattes niemals v_n wählen. Folglich verbleibt als letzte Ecke v_n und damit ist $a_{n-1} = n$.

c) Sei $M_i = \{1 \leq k \leq n : k \neq b_1, \ldots, b_{i-1}, a_i, \ldots, a_{n-1}\}$ und T_i der Baum T *vor* Elimination von b_i. Für das im i-ten Eliminationsschritt gewählte Blatt v_{b_i} gilt offenbar $b_i \neq b_1, \ldots, b_{i-1}$ (da die entsprechenden Ecken nicht mehr im Baum vorhanden sind) und $b_i \neq a_i, \ldots, a_{n-1}$ (da diese Ecken nach Elimination von b_i im Baum verbleiben), also ist $b_i \in M_i$. Nach Wahl von b_i genügt es daher zu zeigen, dass jede Ecke aus M_i in T_i Grad 1 besitzt.

Wir zeigen diese Behauptung durch (Rückwärts-) Induktion nach i. Für $i = n-1$ ist $M_{n-1} = \{b_1, \ldots, b_{n-2}, a_{n-1}\}$. Nach b) ist $b_j \neq n$ und a_{n-1}, so dass M_{n-1} genau aus $n-1$ Elementen besteht. Es folgt $M_{n-1} = \{b_{n-1}\}$ und die Behauptung folgt. Im Induktionsschritt $i+1 \rightarrow i$ betrachten wir $M_i = M_{i+1} \setminus \{a_i\} \cup \{b_{i+1}\}$. Es genügt zu zeigen, dass b_{i+1} Grad 1 in T_i hat. Da b_{i+1} im $(i+1)$-ten Schritt eliminiert wird, hat b_{i+1} Grad 1 in $T_{i+1} = T_i - b_i$. Die Ecke b_{i+1} könnte daher nur größeren Grad in T_i haben, wenn sie in T_i zu b_i adjazent wäre. Dann gilt aber $a_i = b_{i+1}$ und $b_{i+1} \notin M_i$.

Sei $P(T) = (a_1, \ldots, a_{n-1})$ der Prüfercode zum Baum T. Die b_i sind nach (6.10) eindeutig aus den a_i rekonstruierbar. Da b_i das im i-ten Schritt eliminierte Blatt und a_i sein Nachbar ist, sind $[a_i, b_i]$, $i = 1, \ldots, n-1$, genau die Kanten des Baums T mit Prüfercode $(a_1, \ldots, a_{n-1})$ und somit ist T aus $P(T)$ eindeutig rekonstruierbar.

d) Der Graph $T = (V, E)$ hat $n-1$ Kanten. Aus (6.10) folgt unmittelbar, dass die b_i alle verschieden sind. Außerdem ist $b_1 \neq a_i$, $i = 1, \ldots, n-1$, so dass b_1 nur zu a_1 benachbart ist. Induktiv folgt nun leicht, dass $(b_1, \ldots, b_{n-1}, n)$ eine Abpflückordnung ist, bei der die a_i jeweils der eindeutige Nachbar des abgepflückten Blattes b_i ist. Nach Aufgabe 6.3 ist T damit ein Baum, der darüberhinaus Prüfercode $P(T) = P$ besitzt.

Das Ergebnis der Teilaufgabe zeigt, dass $T \mapsto P(T)$ surjektiv ist. Zusammen mit c) ist $T \mapsto P(T)$ also eine Bijektion zwischen den spannenden Bäumen von K_n und der Menge $\{(a_1, \ldots, a_{n-1}) : 1 \leq a_i \leq n, a_{n-1} = n\}$, die Kardinalität n^{n-2} besitzt.

Lösung 6.12:

a) Sei $I_0 = I \cap E_0 \in \mathscr{F}_0$ mit $I \in \mathscr{F}$. Für $I_0' \subseteq I_0$ gilt dann $I_0' = I' \cap E_0$ für eine geeignete Teilmenge $I' \subseteq I$. Da M ein Matroid ist, folgt $I' \in \mathscr{F}$, also $I_0' \in \mathscr{F}_0$.

Seien nun $A = I_A \cap E_0 \in \mathscr{F}_0$ und $B = I_B \cap E_0 \in \mathscr{F}_0$ mit $|A| < |B|$. Dann ist wegen $A \subseteq I_A$ und $I_A \in \mathscr{F}$ auch $A \in \mathscr{F}$. Analog folgt $B \in \mathscr{F}$. Da M ein Matroid ist, existiert also $e \in B \setminus A$, so dass $A + e \in \mathscr{F}$, also $A + e = (A + e) \cap E_0 \in \mathscr{F}_0$.

b) Eine gewichtsmaximale unabhängige Menge kann niemals Elemente mit negativem Gewicht enthalten (Entfernen der negativen Elemente liefert eine unabhängige Menge mit größerem Gewicht). Also können wir den Greedy-Algorithmus auf den Matroid M_0 mit $E_0 = \{e \in E : c(e) > 0\}$ anwenden, um eine gewichtsmaximale unabhängige Menge zu finden.

A.7 Kapitel 7

Lösung 7.1:

Wir starten DFS in der Ecke s. Nach Satz 7.1 ist der Vorgängergraph G_π dann ein Wald, wobei jede schwache Zusammenhangskomponente von G_π ein Wurzelbaum ist. Da G stark zusammenhängend ist, gilt $E_G(s) = V$, so dass nach dem Satz 7.4 alle Ecken Nachfahren von s in G_π werden. Folglich ist G_π ein Wald aus einem (spannenden) Wurzelbaum mit Wurzel s.

Lösung 7.2:

Sei $s \in V$ beliebig. Nach Aufgabe 7.1 gibt es einen spannenden Wurzelbaum $T_1 = (V, R_1)$ mit Wurzel s. Da mit G auch der inverse Graph G^{-1} stark zusammenhängend ist, besitzt auch G^{-1} einen spannenden Wurzelbaum $T_2 = (V, R_2)$ mit Wurzel s. Der Partialgraph $H = (V, R_1 \cup R_2^{-1})$ mit

$$R_2^{-1} = \{ (v, u) : (u, v) \in R_2 \}$$

besitzt dann höchstens $2(|V| - 1)$ Pfeile. Er ist stark zusammenhängend, da $T_1 \sqsubseteq H$, so dass in H alle Ecken von s aus erreichbar sind, und auch s von jeder Ecke aus erreichbar ist (da in T_2 jede Ecke von s aus erreichbar war). Streicht man aus H alle redundanten Pfeile, so erhält man einen irreduziblen Kern mit höchstens $2|V| - 2$ Pfeilen.

Lösung 7.3:

Wir führen eine Induktion nach der Anzahl k der grauen Ecken: Gibt es zum Zeitpunkt $d[v]$ nur eine graue Ecke, so wurde DFS-VISIT(v) aus der DFS-Hauptprozedur aufgerufen. Also ist v Wurzel und besitzt keine Vorfahren.

Im Induktionsschritt betrachten wir den Zeitpunkt, zu dem die $(k+1)$-te Ecke v grau gefärbt wird. DFS-VISIT(v) wurde dann rekursiv aufgerufen. Also wurde vor dem Aufruf $\pi[v] = u$ gesetzt, wobei u grau war.

Zum Zeitpunkt $d[u]$ gab es k graue Ecken, die nach Induktionsvoraussetzung genau die Vorfahren von u waren. Da u der einzige direkte Vorgänger von v ist, sind diese Ecken sowie u genau die Vorfahren von v. Da u zum Zeitpunkt $d[v]$ noch nicht vollständig erforscht ist, sind diese Ecken noch grau.

Nach Satz 7.1 sind die Zusammenhangskomponenten von G_π Wurzelbäume. Daher gibt es genau einen Weg von der Wurzel s nach v und alle Ecken auf diesem Weg sind Vorfahren von v.

Lösung 7.4:

Die Aussage ist falsch. Wenn im Graphen $G = (V, R)$ mit $V = \{s, u, v\}$ und $R = \{(s, u), (u, s), (s, v)\}$ bei Tiefensuche von s aus zuerst u und danach v entdeckt wird, ist der Pfeil (u, s) nicht in G_π enthalten, aber $d[s] < d[u] < d[v]$ und $v \in E_G(u)$.

Lösung 7.5:

Wir benutzen zunächst Algorithmus 7.4, der die starken Zusammenhangskomponenten von G berechnet. Jede dieser Komponenten bildet eine Ecke im reduzierten Graphen. Bei der Ermittlung der Pfeile im reduzierten Graphen kann man für jeden Pfeil von G den entsprechenden Pfeil in $\hat{G}$ eintragen. Dabei treten jedoch möglicherweise Parallelen auf. Wenn man die Pfeile vorher (in linearer Zeit) nach den Zusammenhangskomponenten sortiert hat, kann man diese Parallelen von vornherein ausschließen.

Betrachte Algorithmus A.6. Das Sortieren nach der Nummer der Zusammenhangskomponente der Zielecke der Pfeile sorgt dafür, dass nach Zeile 5 in der Liste L alle Pfeile hintereinanderstehen, deren Nummer der Zielkomponenten gleich ist. Das Sortierverfahren ist stabil. Nachdem dann nach der Nummer der Startkomponente sortiert wurde, ist also in Zeile 9 erreicht, dass alle Pfeile mit gleichen Anfangs- und Endnummern hintereinander in der Liste L stehen. Damit können in Zeile 13 Parallelen dadurch ausgeschlossen werden, dass der aktuelle Pfeil nur mit dem zuletzt betrachteten Pfeil verglichen wird.

Zur Laufzeit: Zwei Listen können in konstanter Zeit konkateniert werden. Damit ist die Initialisierung der Listen in den Zeilen 2 und 6 und die Konkatenation in den Zeilen 5 und 9 in einer Zeit von $\mathcal{O}(p) \subseteq \mathcal{O}(|V|)$ möglich. Die übrigen **for**-Schleifen haben jeweils eine Laufzeit von $\mathcal{O}(|R|)$.

A.8   Kapitel 8

Lösung 8.1:

Wäre $g(G) > 2 \cdot \text{diam}(G) + 1$, so enthält jeder kürzeste elementare Kreis C zwei Ecken u, v mit $\text{dist}(u, v, C) > \text{diam}(G)$. Da $\text{dist}(u, v, G) \le \text{diam}(G)$, existiert ein kürzester Weg P von u nach v, der eine Ecke w berührt, die nicht von C berührt wird

---

Algorithmus A.6 Routine zur Berechnung des reduzierten Graphen

REDUZIERTERGRAPH

Input: Ein Graph G in Adjazenzlistendarstellung

1 Rufe Algorithmus 7.4 zur Berechnung der starken Zusammenhangskomponenten auf. Sei p die Anzahl der Komponenten. Anstelle der Ausgabe der Komponente versehe jede Ecke v mit einer Nummer $z[v]$ ($1 \leq z[v] \leq p$), die der Nummer der Komponente entspricht.

2 Initialisiere die Listen $L_1 \leftarrow \ldots \leftarrow L_p = \varnothing$

3 **for all** $r = (v, w) \in R$ **do**   *{ Sortieren nach der End-Ecke der Pfeile }*

4   Hänge r an die Liste $L_{z[w]}$ an.

5 Konkateniere die Listen $L := L_1 + \ldots + L_p$.

6 Initialisiere die Listen $L_1 := \ldots := L_p = \varnothing$

7 **for all** $r = (v, w) \in L$ **do**   *{ Sortieren nach der Anfangsecke der Pfeile }*

8   Hänge r an die Liste $L_{z[v]}$ an.

9 Konkateniere die Listen $L := L_1 + \ldots + L_p$.

10 Setze $\hat{V} := \{1 \ldots, p\}$ *{ Berechnen von $\hat{G} = (\hat{V}, \hat{R})$ }*

11 Setze $\alpha := \omega := 0$

12 **for all** $r = (v, w) \in L$ **do**

13   **if** $z[v] \neq \alpha$ oder $z[w] \neq \omega$ **then**

14   Füge den Pfeil $(z[v], z[w])$ in $\hat{R}$ ein

15   Setze $\alpha := z[v]$ und $\omega := z[w]$

16 **return** Der reduzierte Graph $\hat{G} = (\hat{V}, \hat{R})$.

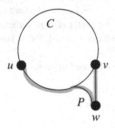

a: Illustration zu Aufgabe 8.1

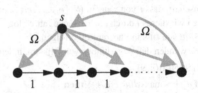

b: Graph für Aufgabe 8.3: Alle grauen Pfeile haben Gewicht $\Omega \gg 1$, die restlichen Pfeile haben Gewicht 1.

Bild A.6: Zu den Aufgaben 8.1 und 8.3

(vgl. Bild A.6(a)). Konkateniert man den kürzesten Teilweg von C (von u nach v) mit P, so ergibt sich ein Kreis, der kürzer ist als C im Widerspruch zur Annahme.

Lösung 8.2:

Wir nutzen die Monotonie der Logarithmus-Funktion, um die Suche nach einem zuverlässigsten Weg auf die Suche nach einem kürzesten Weg zurückzuführen. Ein Weg $(v_0, r_1, \cdots, r_k, v_k)$ hat genau dann maximale Zuverlässigkeit $\prod_{i=1}^{k}(1 - p(r_i))$, wenn der Wert $\log \prod_{i=1}^{k}(1 - p(r_i)) = \sum_{i=1}^{k} \log(1 - p(r_i))$ maximal, also $\sum_{i=1}^{k} -\log(1 - p(r_i))$ minimal ist. Damit können wir einen zuverlässigsten Weg bestimmen, indem wir einen kürzesten Weg bezüglich der Gewichte $c(r) = -\log(1 - p(r_i)) \geq 0$ (etwa mit Hilfe des Dijkstra-Algorithmus) berechnen.

Lösung 8.3:

a) Sei $v \in V$ mit $v \neq s$. Dann gilt: $\text{dist}(s, v, G) \leq c(T_s)$, da T_s einen Weg von s nach v enthält, dessen Länge nicht größer sein kann als das Gesamtgewicht im Baum. Werden für alle $v \in V$, $v \neq s$, nun kürzeste Wege bestimmt und die

Pfeilmengen vereinigt, entsteht ein Obergraph eines Baumes kürzester Wege, d. h. es gilt

$$c(T_D) \leq \sum_{\substack{v \in V \\ v \neq s}} \text{dist}(s, v, G).$$

Zusammengenommen folgt also

$$c(T_D) \leq \sum_{\substack{v \in V \\ v \neq s}} \text{dist}(s, v, G) \leq \sum_{\substack{v \in V \\ v \neq s}} c(T_s) \leq (|V| - 1)c(T_s).$$

b) Betrachte den Graphen G in Bild A.6(b). Der Graph G besteht aus einem Weg über $n - 1$ Knoten, der aus $n - 2$ Pfeilen von der Länge jeweils 1 gebildet wird. Ein weiterer Knoten, die Wurzel s, wird hinzugefügt, und zu jedem Knoten v des Weges wird ein Pfeil vom Gewicht $\Omega \gg 1$ von der Wurzel nach v eingesetzt.

Der minimale s-Wurzelbaum nutzt genau einen Ω-Pfeil und $n - 2$ weitere Pfeile, damit gilt $c(T_s) = \Omega + n - 2$. Der Baum kürzester Wege nutzt alle Ω-Pfeile und hat daher Gewicht $c(T_D) = (n - 1) \cdot \Omega$. Für festes n gilt dann

$$\frac{c(T_D)}{c(T_s)} = \frac{(n-1)\Omega}{\Omega + n - 2} \rightarrow n - 1 \qquad \text{für } \Omega \rightarrow \infty.$$

Folglich würde jede schärfere Schranke bei geeigneter Wahl von Ω verletzt werden.

Lösung 8.4:

a) Das Flaschenhals-Gewicht jedes Weges entspricht dem Gewicht irgendeines Pfeils. Sei $c(e_1) \leq c(e_2) \leq \cdots \leq c(e_m)$. Dann ist das minimale Flaschenhals-Gewicht eines (s, t)-Weges gleich $c(e_i)$, wobei $i \in \{1, \ldots, m\}$ minimal ist mit der Eigenschaft, dass t von s aus in $(V, \{e_1, \ldots, e_i\})$ erreichbar ist. Wenn wir die Gewichte in $\mathcal{O}(m \log m)$ Zeit sortieren, können wir dieses i durch binäre Suche mit $\mathcal{O}(\log m)$ Erreichbarkeitstests bestimmen. Jeder Erreichbarkeitstest kann mit Hilfe von DFS in linearer Zeit erfolgen.

b) Wir verwenden den Algorithmus von Dijkstra, indem wir den Testschritt TEST(u, v) wie folgt modifizieren:

TESTNEU(u, v)

1 **if** $d[v] > \max\{d[u], c(u, v)\}$ **then**
2    $d[v] := \max\{d[u], c(u, v)\}$
3    $\pi[v] := u$

Es folgt durch Induktion nach der Anzahl der Testschritte, dass $d[v]$ invariant eine obere Schranke für das Flaschenhals-Gewicht eines leichtesten (s, v)-Weges ist. Dass bei Abbruch sogar Gleichheit gilt, zeigt man analog zum Beweis von Satz 8.14 durch Induktion nach der Anzahl der Pfeile eines optimalen Weges.

Lösung 8.5:

Wir konstruieren einen gerichteten Graphen $G = (V, R, \alpha, \omega)$, dessen Eckenmenge $V = \{x_1, \ldots, x_n\}$ den Variablen entspricht, und der für jede Ungleichung $x_{j_k} - x_{i_k} \leq b_k$ einen Pfeil von x_{i_k} nach x_{j_k} der Länge b_k enthält. Jede Lösung von (8.7) ist dann ein Potential in G (vgl. Definition 8.7). Da nach Satz 8.9 in G genau dann ein Potential existiert, wenn G keinen Kreis negativer Länge existiert, können wir mit dem Bellman-Ford-Algorithmus testen, ob das Ungleichungssystem lösbar ist (vgl. Abschnitt 8.6).

Lösung 8.6:

Der gerichtete kreisfreie Graph $G = (V, R)$ enthält für jeden Gegenstand e_i, $i = 1, \ldots, n$, genau $W + 1$ Ecken (i, w), $w = 0, \ldots, W$. Für $i = 1, \ldots, n - 1$ führen aus der Ecke (i, w) maximal zwei Pfeile hinaus, der Pfeil $(i + 1, w)$ mit Kosten 0 (»Nicht-Einpacken von e_i«) und der Pfeil $(i + 1, w + w(e_i))$ (»Einpacken von e_i«) mit Kosten $-u(e_i)$. Falls $w + w(e_i) > W$, so wird der zweite Pfeil weggelassen. Die Ecken (n, w) sind über Pfeile $((n, w), t)$ mit Kosten 0 mit einer neuen Endecke t verbunden. Falls $w + w(e_n) < W$, so existiert auch der Pfeil $((n, w), t)$ mit Kosten $-c(e_n)$. Jeder Weg von $(1,0)$ nach t in G der Länge $-U$ entspricht einer gültigen Packung des Rucksacks mit Nutzen U und umgekehrt.

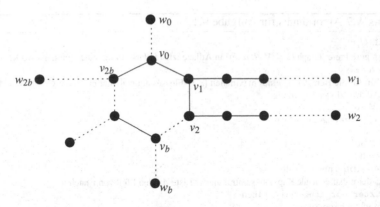

Bild A.7: Zum Beweis von Aufgabe 8.7

Falls $W \le p(n)$, so besitzt der konstruierte Graph polynomielle Größe und wir können in linearer Zeit (in der Größe des Graphen) $\mathcal{O}(nW) = \mathcal{O}(np(n))$ mit Algorithmus 8.21 einen kürzesten Weg berechnen, der dann eine optimale Packung induziert.

Lösung 8.7:

a) Die erste Ungleichung ist klar nach Definition. Zur Ungleichung $d(G) \le 2r(G)$: sei $z \in V$ eine Ecke des Zentrums von G, also mit $e(z) = r(G)$. Dann gilt für alle Eckenpaare $v, w \in V$: $\mathrm{dist}(v, w) \le \mathrm{dist}(v, z) + \mathrm{dist}(z, w) \le r + r \le 2r$.

b) Seien r und d gegeben. Konstruiere einen Graphen aus einem Kreis der Länge $2b$, wobei $b := 2r - d \ge 0$ gewählt wird. An jeder Ecke des Kreises werde ein Pfad der Länge $a := d - r \ge 0$ angehängt (vgl. Bild A.7). Wegen der Symmetrie genügt es, die Exzentrizitäten nur für die Ecken auf einem der Pfade, etwa dem Pfad von w_0 nach v_0, zu untersuchen. Offenbar ist für alle Ecken dieses Pfades die Ecke w_b die am weitesten entfernteste. Damit ist

$$e(w_0) = \mathrm{dist}(w_0, w_b) = a + b + a = (d - r) + (2r - d) + (d - r) = d \quad \text{und}$$

$$e(v_0) = \mathrm{dist}(v_0, w_b) = b + a = (2r - d) + (d - r) = r.$$

Für alle anderen Ecken auf dem Pfad liegt die Exzentrizität zwischen diesen Extremen. Es gibt folgende Sonderfälle:

- Für $d = 2r$ wird $a = r$ und $b = 0$. Der Graph degeneriert zu einem Pfad der Länge $2r$. Die zentrale Ecke hat Exzentrizität r, die beiden Endecken des Pfades haben Exzentrizität $2r = d$.

- Für $d = 2r - 1$ wird $a = r - 1$ und $b = 1$. Der Kreis degeneriert zu einer Kante. Damit ist der Graph ein Pfad der Länge $2r - 1$. Die beiden zentralen Ecken haben Exzentrizität r, die beiden Endecken des Pfades haben Exzentrizität $2r - 1 = d$.

- Für $d = r$ wird $a = 0$ und $b = r$. Der Graph degeneriert zu einem Kreis der Länge $2r$. Jede Ecke hat gleiche Exzentrizität r.

A.9   Kapitel 9

Lösung 9.1:

Der Algorithmus geht jede Adjazenzliste ADJ$[v]$ $(v \in V)$ durch und fasst parallele Pfeile zusammen. Die neue Adjazenzliste wird in ADJ$'[v]$ gespeichert. Das Verfahren ist in Algorithmus A.7 abgebildet.

Beim Durchlauf von ADJ$[v]$ merken wir anhand des Eintrags letzter_vorgaenger$[w]$, ob w schon einmal in der Liste als Endecke vorgekommen ist. In diesem Fall, addieren wir die Kapazität zu cap$[w]$ hinzu, ansonsten wird cap$[w]$ auf den

---

Algorithmus A.7 Algorithmus für Aufgabe 9.1

MAKE-SIMPLE(G, c)

Input: Ein gerichteter Graph $G = (V, R, \alpha, \omega)$ in Adjazenzlistendarstellung; eine nichtnegative Kapazitätsfunktion
$c \colon R \to \mathbb{R}_+$

Output: Ein für die Berechnung eines maximalen (s, t)-Flusses äquivalenter einfacher Graph $G = (V, R')$ in
Adjazenzlistendarstellung

```
 1  for all v ∈ V do
 2      letzter_vorgaenger[v] := nil
 3      cap[v] := 0
 4  for all v ∈ V do
 5      ADJ'[v] := ∅                                                    { leere Liste }
 6      for all w ∈ ADJ[v] mit w ≠ v do
 7          Sei c_w der entsprechende Kapazitätseintrag in der Liste für den Pfeil von v nach w.
 8          if letzter_vorgaenger[w] = v then
 9              cap[w] := cap[w] + c_w
10          else
11              cap[w] := c_w
12              Füge w an ADJ'[v] an.
13              letzter_vorgaenger[w] := v
14      Laufe die Liste ADJ'[v] durch und trage in den Eintrag für den Pfeil nach w den Wert cap[w] ein.
    return G' entsprechend den Adjazenzlisten ADJ'.
```

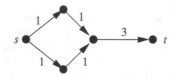

Bild A.8: Gegenbeispiel für Aufgabe 9.2

Wert des entsprechenden Pfeils gesetzt. Nach Abarbeiten von ADJ[v] laufen wir die Liste noch einmal durch und tragen die aufsummiertem Kapazitäten ein. Da jeder Pfeil von G genau einmal betrachtet wird, erhalten wir die Laufzeit von $\mathcal{O}(n + m)$.

Lösung 9.2:

a) Die Behauptung ist richtig: Wir benutzen den generischen Algorithmus 9.1 ausgehend vom Nullfluss $f \equiv 0$. Sind die Kapazitäten c im Netzwerk gerade, so wird durch Algorithmus 9.1 der Fluss in jedem Erhöhungsschritt um einen geraden Betrag erhöht (ist der aktuelle Fluss f gerade, so sind alle Residualkapazitäten als Differenzen von geraden Zahlen wieder gerade). Somit ist jeder Fluss, der zwischenzeitlich entsteht gerade.

b) Die Behauptung ist falsch: Betrachte den Graphen mit fünf Ecken aus Bild A.8.

Lösung 9.3:

a) Es gilt

$$2 \cdot \sum_{r \in R} f(r) \Delta(r) = \sum_{v \in V} \sum_{r \in \delta^+(v)} f(r) \Delta(r) + \sum_{v \in V} \sum_{r \in \delta^-(v)} f(r) \Delta(r)$$

$$= \sum_{v \in V} \sum_{r \in \delta^+(v)} f(r) \pi(\omega(r)) - \sum_{v \in V} \sum_{r \in \delta^-(v)} f(r) \pi(\alpha(r)) + \sum_{v \in V} \sum_{r \in \delta^-(v)} f(r) \pi(\omega(r)) - \sum_{v \in V} \sum_{r \in \delta^+(v)} f(r) \pi(\alpha(r))$$

$$= \sum_{v \in V} \sum_{r \in \delta^+(v)} f(r)\pi(\omega(r)) - \sum_{v \in V} \sum_{r \in \delta^-(v)} f(r)\pi(\alpha(r)) + \sum_{v \in V} \underbrace{\text{excess}_f(v)}_{=0} \pi(v)$$

$$= \sum_{r \in R} f(r)\Delta(r),$$

also $\sum_{r \in R} f(r)\Delta(r) = 0$.

b) (i)$\Rightarrow$(ii): Wähle eine topologische Sortierung σ von G und setze $\Delta(r) := \sigma(\omega(r)) - \sigma(\alpha(r))$.

(ii)$\Rightarrow$(iii) Nach Teilaufgabe a) ist $f \cdot \Delta = 0$. Da $\Delta(r) > 0$ und $f(r) \geq 0$, ist jeder Summand nichtnegativ und somit muss jeder Summand gleich Null sein. Aus $\Delta(r) > 0$ folgt dann $f(r) = 0$ für alle $r \in R$.

(iii)$\Rightarrow$(i) Angenommen, C wäre ein Kreis in G, dann ist die Kreisströmung β_C auf C zu einem beliebigen Wert $\varepsilon > 0$ eine Strömung in G, die überall nichtnegativ ist, aber trotzdem nicht die Nullströmung ist.

Lösung 9.4:

Wir zeigen, dass die Dimension des Raumes $(n-1)^2$ ist. Wir bezeichnen mit $X = \mathbb{R}^R$ den Raum aller reellen Pfeilbewertungen über der Pfeilmenge R. Offenbar ist X ein $\mathbb{R}$-Vektorraum (mit der pfeilweisen Addition der Werte als Addition), und die Dimension von X ist gleich der Anzahl der Pfeile, also gleich $n(n-1)$.

Der Vektorraum $S(K_n)$ der Strömungen in G ist ein Unterraum $U := S(K_n)$ von X. Zwei Vektoren f, g heißen U-*äquivalent*, falls $f - g \in U$ gilt, also $\text{excess}_f(v) = \text{excess}_g(v)$ für alle $v \in V$ gilt. Der durch die U-Äquivalenzklassen aufgespannte Raum heißt *Faktorraum* und wird mit X/U bezeichnet, und es gilt (siehe z.B. [111,21]) $\dim X = \dim U + \dim X/U$.

Betrachten wir den Faktorraum. Offenbar ist dieser isomorph zum Raum der induzierten Eckenbewertungen $\{\text{excess}_f : f \in X\}$. Für jede induzierte Eckenbewertung excess_f gilt $\text{excess}_f(V) = \sum_{v \in V} \text{excess}_f(v) = 0$ (vgl. (9.6)). Jede induzierte Eckenbewertung excess_f wird also durch n Werte auf den Ecken determiniert, die der Nebenbedingung $\sum_{v \in V} \text{excess}_f(v) = 0$ genügen. Damit ist die Dimension dieses Raumes gleich $n-1$. Mit Anwendung der Dimensionsformel ergibt sich $\dim U = \dim X - \dim X/U = n(n-1) - (n-1) = (n-1)^2$.

Lösung 9.5:

Wir fügen in G einen neuen Pfeil (t, s) mit Kapazitäten $l(t,s) = 0$ und $c(t,s) = M > 0$ ein. Die Voraussetzung impliziert, dass in dem derart erweiterten Graphen G' eine bezüglich l und c zulässige Strömung existiert, sofern $M > 0$ groß genug gewählt ist. Nach dem Satz von Hoffman (Satz 9.49) gilt dann für jeden Schnitt (T, S) in G' die Ungleichung $c(\delta_{G'}^+(T)) \geq l(\delta_{G'}^-(S))$. Insbesondere gilt für jeden Schnitt (T, S) mit $s \in S$ und $t \in T$: $l(\delta_G^-(T)) = l(\delta_{G'}^-(T)) \leq c(\delta_{G'}^+(T)) = c(\delta_G^+(T)) + c(t,s)$, also $M = c(t,s) \geq l(\delta_G^-(T)) - c(\delta_G^+(T)) = l(\delta_G^-(S)) - c(\delta_G^-(S))$. Wählen wir M als Flusswert eines zulässigen (s,t)-Flusses in G, so ergibt sich damit $\text{val}(f) \geq l(\delta_G^-(S)) - c(\delta_G^-(S))$ für alle zulässigen (s,t)-Flüsse f in G und alle (s,t)-Schnitte (S,T).

Sei M nun minimal mit der Eigenschaft, dass in G' mit $c(t,s) = M$ noch eine zulässige Strömung f' existiert. Dann gilt $f'(t,s) = c(t,s) = M$, da wir sonst M noch verringern könnten. Zudem folgt, dass es einen Schnitt (T,S) mit $t \in T$ und $s \in S$ geben muss, mit $c(\delta_G^+(T)) \geq l(\delta_G^-(S))$, da wir sonst M ebenfalls verringern könnten. Die analoge Rechnung von oben zeigt mit $f'(t,s) = l(\delta_G^+(S)) - c(\delta_G^-(S))$. Die Strömung f' induziert durch Einschränkung auf die Pfeile in R einen zulässigen (s,t)-Fluss f in G' mit Flusswert $\text{val}(f) = M$.

Lösung 9.6:

Wir erweitern $G = (V, R)$ zu einem neuen Graphen $G' = (V', R')$ durch $V' := V \cup \{s,t\}$ und $R' := R \cup \{[s,v],[v,t] : v \in V\}$. Wir definieren Kapazitäten $l, c : R' \to \mathbb{R}_+$ durch

$$l(r) := \begin{cases} 1, & \text{falls } r \in A \\ 0, & \text{sonst,} \end{cases} \quad \text{und} \quad c(r) := +\infty \text{ für } r \in R'.$$

Für jeden zulässigen (s,t)-Fluss f in G' gilt dann $f(r) \geq 1$ für alle $r \in A$. Wir zeigen zunächst, dass der minimale Flusswert $\text{val}(f)$ eines zulässigen Flusses gleich der minimalen Anzahl N_A von Wegen ist, die man benötigt, um A zu überdecken. Nach Satz 9.56 können wir f in $\text{val}(f)$ Wegflüsse zerlegen (Kreisströmungen können in der Dekomposition nicht vorkommen, da G' kreisfrei ist). Wäre $\text{val}(f) < N_A$, so gäbe es einen Pfeil in A, auf dem kein Fluss ist. Somit ist $\text{val}(f) \geq N_A$. Ist andererseits

M eine minimale A überdeckende Wegmenge in G', so können wir jeden Weg $P \in M$ zu einem (s,t)-Weg in G' erweitern und Fluss 1 längs P schicken. Der resultierende Fluss hat Flusswert $|M| = N_A$. Insgesamt ist also $\mathrm{val}(f) = N_A$.

Nach Aufgabe 9.5 ist $N_A = \max l(\delta_{G'}^+(S)) - c(\delta_{G'}^-(S)) =: z$, wobei das Maximum über alle Schnitte (S,T) mit $s \in S$ und $t \in T$ genommen wird. Sei nun $A' := \{r_1, \dots, r_p\}$ eine maximale Menge von Pfeilen aus A, von denen keine zwei zu einem Weg in G gehören. Wir definieren einen Schnitt (S,T) in G' wie folgt: T bestehe aus allen Ecken $v \in V(G')$, die von einer Endecke der Pfeile aus A' in G' erreichbar sind, und $S := V(G') \setminus T$. Nach Konstruktion von G' ist $t \in T$ und $s \in S$, da sonst G' einen Kreis enthielte. Aus der Kreisfreiheit von G folgt auch $\omega(r_i) \in T$ für $i = 1, \dots, p$. Wäre $\alpha(r_i) \in T$ für ein i, etwa $\alpha(r_i) \in E_{G'}(\omega(r_j))$, so lägen r_i und r_j auf einem gerichteten Weg im Widerspruch zur Wahl von A'. Insgesamt ist also $r_i \in \delta_{G'}^+(S)$ für $i = 1, \dots, p$, d.h. $l(\delta_{G'}^+(S)) = p$. Zudem gibt es keinen Pfeil $r = (u,v)$ mit $u \in T$ und $v \in S$, da sonst mit u auch v von einer Endecke der Pfeile r_i erreichbar wäre. Damit ist aber $c(\delta_{G'}^-)(S) = 0$. Der konstruierte Schnitt erfüllt also $l(\delta_{G'}^+(S)) - c(\delta_{G'}^-(S)) = p = N_A = \mathrm{val}(f)$.

Lösung 9.7:

Wir zeigen zunächst: Ein c'-minimaler Schnitt ist auch c-minimal. Sei dazu (S,T) ein c'-minimaler Schnitt der Kapazität $c'(\delta^+(S)) = |R| \cdot c(\delta^+(S)) + |\delta^+(S)|$. Sei (A,B) ein beliebiger Schnitt. Dann gilt wegen der c'-Minimalität von (S,T), dass $|R|c(\delta^+(A)) + |\delta^+(A)| \geq |R|c(\delta^+(S)) + |\delta^+(S)|$,

$$c(\delta^+(S)) \leq c(\delta^+(A)) + \frac{|\delta^+(A)| - |\delta^+(S)|}{|R|}$$

Der Zähler auf der rechten Seite ist wegen $|\delta^+(S)| > 0$ und $|\delta^+(A)| \leq |R|$ echt kleiner als $|R|$, daher ist der Bruch echt kleiner als 1. Da die Kapazitäten ganzzahlig sind, gilt somit sogar $c(\delta^+(S)) \leq c(\delta^+(A))$, also ist (S,T) auch c-minimal.

Wir zeigen nun: Ein c'-minimaler Schnitt hat geringste Pfeilanzahl unter allen c-minimalen Schnitten. Angenommen, es gebe einen c-minimalen Schnitt (A,B), der weniger Pfeile als (S,T) besitzt, also $|\delta^+(A)| < |\delta^+(S)|$. Dann wäre

$$c'(\delta^+(A)) = |R|c(\delta^+(A)) + |\delta^+(A)| = |R|c(\delta^+(S)) + |\delta^+(A)| < |R|c(\delta^+(S)) + |\delta^+(S)| = c'(\delta^+(S))$$

im Widerspruch zur c'-Minimalität von (S,T).

Lösung 9.8:

Wir konstruieren einen gerichteten Graphen mit Kosten und Kapazitäten wie folgt (siehe Bild A.9): Für jeden Tag i gibt es zwei Ecken i (Morgen) und i' (Abend), die mit einem Pfeil (i, i') verbunden sind, der das »Verbrauchen« der d_i Servietten am Tag i modelliert. Wir setzen $k(i, i') := 0$, $l(i, i') := c(i, i') := d_i$, so dass über diesen Pfeil in jedem zulässigen Fluss genau d_i Einheiten fließen müssen. Für das »Kaufen« der Servietten führen wir eine Superquelle Q ein, die mit Pfeilen (Q, i) mit dem Morgen jedes Tages verbunden ist. Wir setzen $k(Q, i) := a$ (Kaufkosten pro Serviette) und $l(Q, i) := 0$, $c(Q, i) := +\infty$. Zur Modellierung der Schnellreinigung führen wir Pfeile $(i', i+1)$ $k(i', i+1) = b$, $l(i', i+1) = 0$ und $c(i', i+1) = d_i$ ein, die Standardreinigung modellieren Pfeile $(i', i+2)$ mit entsprechenden Kapazitäten und Kosten $c(i', i+2) = c$. Letztendlich führen wir noch Pfeile (i', Q) mit Kosten 0 und Kapazitäten $l(i', Q) := 0$, $c(i', Q) := d_i$ ein, die für den Ausgleich der Superquelle sorgen. Eine kostenminimale (ganzzahlige) Strömung im Graphen liefert dann einen optimalen Serviettenplan.

A.10   Kapitel 10

Lösung 10.1:

a) Solange M noch nicht maximale Kardinalität besitzt, vergrößern wir M längs eines M-augmentierenden Weges (dieser existiert nach Satz 10.11). Dieses »Verfahren« terminiert mit einem Matching M' mit $|M'| = \nu(G)$. Wie in Bemerkung 10.10 beschrieben, bleiben beim Augmentieren alle einmal überdeckten Ecken auch überdeckt.

b) Betrachte das Matching $M := \{e\}$ und wende Teil a) an. Da M die Ecke v überdeckt, muss das Matching M' auch v überdecken. Da $g(v) = 1$, folgt $e \in M'$.

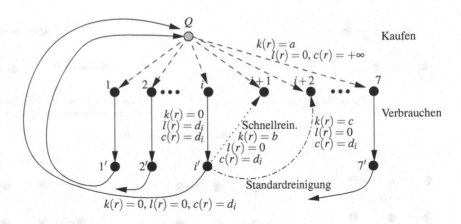

Bild A.9: Graph für das Serviettenproblem in Aufgabe 9.8

Lösung 10.2:

Der Beweis verläuft ähnlich zum Beweis von Satz 10.11: Betrachte die symmetrische Differenz $M_A \triangle M_B$, die in alternierende Kreise und alternierende Wege zerfällt. In jeder Ecke aus $B \setminus A$ startet ein M_A-M_B-alternierender Weg. Da $|B \setminus A| > |A \setminus B|$ muss mindestens einer dieser Wege P nicht in einer Ecke aus $A \setminus B$ enden. Dann überdeckt das Matching $M_A \triangle E(P)$ alle Ecken aus A und zusätzlich eine Ecke aus $B \setminus A$ wie gefordert.

Lösung 10.3:

(i)$\Rightarrow$ (ii): Sei $S \subseteq A$. Ist M ein Matching in G mit $|M| = |A|$, so bilden die in B enthaltenen Matchingpartner der Ecken aus S eine Teilmenge von $N(S)$ der Größe $|S|$.

(ii)$\Rightarrow$(i): Wir nehmen an, dass $\nu(G) < |A|$ und führen diese Annahme zum Widerspruch. Nach dem Satz von König (Satz 9.60) gibt es dann eine Eckenüberdeckung $C := C_A \cup C_B$ mit $C_A \subseteq A$, $C_B \subseteq B$ und $|C| = \nu(G) < |A|$. Also ist $|C_B| < |A| - |C_A| = |A \setminus C_A|$. Betrachte $S := A \setminus C_A \subseteq A$. Ist $[u,v] \in E$ und $u \in S$, so folgt $v \in C_B$, da C sonst keine Eckenüberdeckung wäre. Also liegen die Endecken aller Kanten $[u,v] \in E$ mit $u \in S$ allesamt in C_B und damit ist $N(S) = N(A \setminus C_A) \leq |C_B| < |A \setminus C_A| = |S|$. Widerspruch!

Lösung 10.4:

Nach dem Satz von Gallai (Satz 10.4) ist $\alpha(G) = n - \tau(G)$ und $\rho(G) = n - \nu(G)$. Der Satz von König (Satz 9.60) zeigt in bipartiten Graphen aber $\nu(G) = \tau(G)$, so dass $\alpha(G) = \rho(G)$ folgt.

Lösung 10.5:

Seien M_1 und M_2 zwei perfekte Matchings in T. Dann zerfällt die symmetrische Differenz $M_1 \triangle M_2$ wie im Beweis von Satz 10.11 in alternierende Wege und Kreise. Alternierende Wege können dabei aber nicht vorkommen, da sonst eines der Matchings eine Ecke nicht überdecken würde. Andererseits können auch Kreise nicht vorkommen, da T ein Baum ist. Also ist $M_1 \triangle M_2 = \emptyset$, d.h. $M_1 = M_2$.

Lösung 10.6:

Da jedes Matching M mit A auch jede Teilmenge von A überdeckt, ist die Vererbung der Unabhängigkeit auf Teilmengen trivial. Ist $A \in \mathscr{F}$ und $B \in \mathscr{F}$ mit $|A| < |B|$, so seien M_A und M_B Matchings, die alle Ecken aus A bzw. B überdecken. Nach Aufgabe 10.2 gibt es dann ein Matching M, das alle Ecken aus A und mindestens eine weitere Ecke v aus $B \setminus A$ überdeckt, so dass $A + v \in \mathscr{F}$.

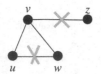
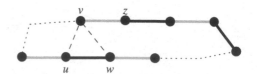

a: Die vier Ecken u, v, w und z | b: Konstruktion eines M_2-alternierenden Kreises; die Kanten aus M_2 sind grau gezeichnet.

Bild A.10: Zu Aufgabe 10.7

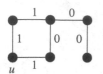

a: Ausgangsgraph | b: Lösung des Algorithmus | c: Optimales Matching

Bild A.11: Zu Aufgabe 10.8

Lösung 10.7:

Sei C eine Komponente von $G - S$. Es genügt zu zeigen, dass für $u, v, w \in C$ mit $[u, v] \in E$, $[v, w] \in E$ auch $[u, w] \in E$ gilt. Angenommen $[u, w] \notin E$. Da $v \notin S$ existiert eine Ecke $z \in V$ mit $[v, z] \notin E$. Es gilt $z \neq u, w$ (siehe Bild A.10(a)).

Nach Voraussetzung haben $G + [u, w]$ und $G + [v, z]$ perfekte Matchings M_1 und M_2. Es gilt dann $[u, w] \in M_1$ und $[v, z] \in M_2$, da sonst das entsprechende Matching ein perfektes Matching in G wäre. Wir betrachten die symmetrische Differenz $M_1 \triangle M_2$ der beiden Matchings. Da beide Matchings perfekt sind, besteht $M_1 \triangle M_2$ aus alternierenden Kreisen, die somit gerade Länge besitzen (vgl. Beweis von Satz 10.11). Es liege $[u, w]$ auf dem Kreis K_1 und $[v, z]$ auf dem Kreis K_2.

Falls $K_1 \neq K_2$, so ist $M_1 \triangle E(K_1)$ ein perfektes Matching in G, da es die gleichen Ecken wie M_1 überdeckt, aber $[v, w]$ nicht enthält. Es muss daher $K_1 \neq K_2$ gelten. Wir durchlaufen K_1 ausgehend von v über $[v, z]$ nach z, bis wir auf u oder w stoßen. Wir nehmen an, dass zuerst w in der Spur auftaucht (siehe Bild A.10(b)), der andere Fall ist vollkommen analog. Sei P der entsprechende Weg, dann ist $C := P \circ (w, [w, v], v)$ ein alternierender Kreis für M_2 und $M_2 \triangle E(C)$ ist ein perfektes Matching in G im Widerspruch zur Annahme, dass G kein perfektes Matching enthält.

Lösung 10.8:

a) Wird Algorithmus 10.6 auf den Graphen in Bild A.11(a) angewendet, so kann er die in Bild A.11(b) gezeigte Lösung liefern. Optimal wäre das Matching in Bild A.11(c).

b) Bei Anwendung auf den Graphen in Bild A.12(a) kann das Verfahren das nicht maximale Matching aus Bild A.12(b) liefern. Bild A.12(c) zeigt eine echte Obermenge, die immer noch ein Matching ist.

c) Wäre das vom Algorithmus erzeugte Matching M nicht perfekt, so gibt es mindestens zwei markierte Ecken, die nicht von M überdeckt werden: ihre (Verbindungs-)Kante initiiert einen weiteren Pfad gemäß Algorithmus 10.6.

Lösung 10.9:

Wir geben einen Algorithmus an, der in $\mathcal{O}(n^2)$ Zeit ein stabiles Matching bestimmt. Unser Algorithmus zur Berechnung einer stabilen Zuordnung ist sehr einfach. Der Algorithmus PROPOSAL startet mit dem leeren Matching $M = \emptyset$ in G.

Solange es noch einen Single-Mann gibt, wählt der Algorithmus dann den männlichen Single $h_i \in H$ mit kleinstem Index i. Der Mann h_i spricht nun die wünschenswerteste Frau d_j auf seiner Liste an, die ihn bisher noch nicht zurückgewiesen hat. Die Frau d_j akzeptiert h_i als neuen Partner, falls sie momentan keinen Partner hat (dann wird (h_i, d_j) zu M hinzugefügt)

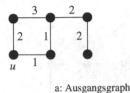

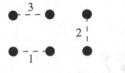

a: Ausgangsgraph

b: Lösung M des Algorithmus (gestrichelte Kanten)

c: Matching $M_1 \supset M$

Bild A.12: Zu Aufgabe 10.8

oder der aktuelle Partner h_k aus ihrer Sicht weniger wünschenswert als h_i ist. Im letzteren Fall löst sie ihre Verbindung zu h_k und geht die Verbindung mit d_i ein (dabei wird (h_k, d_j) aus M entfernt und (h_i, d_j) hinzugefügt).

Wir behaupten, dass PROPOSAL eine stabile Zuordnung liefert. Besitzt eine Frau einmal einen Partner, so wird sie im Verlauf des Algorithmus nie wieder single. Außerdem kann ihr Partner im Verlauf des Algorithmus aus ihrer Sicht nur attraktiver werden. Folglich wird in jedem Schritt entweder ein weiblicher Single einem Mann zugeordnet oder eine bereits zugeordnete Frau bekommt einen aus ihrer Sicht besseren Partner.

Wir müssen sicherstellen, dass der in einem Schritt gewählte männliche Single h_i noch eine Frau hat, die er ansprechen kann. Dies ist aber der Fall: Nach den Beobachtungen im letzten Absatz ist jede Frau, die h_i bereits angesprochen hat, einem Mann zugeordnet. Falls alle Frauen von h_i bereits angesprochen wurden, so sind alle Frauen zugeordnet. Dies kann nur dann eintreten, wenn ebenfalls alle Männer zugeordnet sind. Insbesondere existiert dann kein Mann, der ein Single ist.

Algorithmus PROPOSAL terminiert nach $\mathcal{O}(n^2)$ Kontaktaufnahmen. In jedem Schritt eliminiert ein männlicher Single eine Frau aus seiner Präferenzliste. Da die n Listen der n Männer insgesamt n^2 Frauen auflisten, muss PROPOSAL nach höchstens n^2 Kontaktaufnahmen terminieren.

Es verbleibt nun noch zu zeigen, dass das Matching M, das PROPOSAL beim Abbruch liefert, tatsächlich stabil ist. Angenommen (h, d') wäre ein unzufriedenes Paar, so dass $(h, d) \in M$ und $(h', d') \in M$. Da h die Frau d' gegenüber d bevorzugt, hat h die Frau d' angesprochen, bevor er sich d zuwandte. Zu dem Zeitpunkt, wo h die Frau d' ansprach, hat sie ihn entweder akzeptiert oder abgelehnt. Im ersten Fall hat sie ihn später wieder für einen besseren Mann fallengelassen. Im zweiten Fall war sie bereits einem besseren Mann zugeordnet. In jedem Fall muss d' mit einem (aus ihrer Sicht) besseren Mann enden als h. Das widerspricht der Tatsache, dass sie bei Abbruch mit h' zusammen ist, der für sie weniger attraktiv als h ist.

Historisches zu stabilen Matchings findet man in [74], aktuelle Ergebnisse in [14].

Lösung 10.10:

a) Wir betrachten den folgenden sehr simplen Algorithmus: Wenn eine Dame eintrifft, wird sie *irgendeinem* Herren, der ihr gefällt und noch frei ist, zugeordnet. Wenn keine Zuordnung möglich ist, wird die Dame heimgeschickt.

Der Algorithmus liefert offenbar ein (inklusionsweise) maximales Matching M in G. Wie im Beweis von Satz 4.33 sind die Endecken S der Kanten in M eine Eckenüberdeckung der Größe $|S| = 2|M|$. Nach Satz 4.32 gilt $n = \nu(G) \leq |S| = 2|M|$, also $|M| \geq n/2$.

b) Wir nehmen der Einfachheit halber an, dass n gerade ist. Zuerst kommen $n/2$ Damen, die zu jedem Herren kompatibel sind. Der Algorithmus ordne $k \leq n/2$ von diesen Damen Herren zu. Sei $H' \subseteq H$ diese Herrenmenge, die wir durch beliebige $n/2 - k$ Herren zu einer Teilmenge $H'' \subseteq H$ der Größe $n/2$ ergänzen. Nun folgen noch $n/2$ Damen, von denen jede genau zu einem Herren aus H'' kompatibel ist. Damit kann der Algorithmus nur Herren aus H'' zuordnen und liefert höchstens $n/2$ Tanzpaare. Andererseits enthält der Kompatibilitätsgraph ein perfektes Matching, da wir die zweiten $n/2$ Damen den Herren aus H'' und die ersten »voll kompatiblen« Damen den Herren aus $H \setminus H''$ zuordnen können.

Lösung 10.11:

Sei M ein perfektes Matching in G. Im ersten Zug wählt A eine Kante $e \in E$. Wir zeigen durch Induktion folgende Behauptung: Immer wenn A am Zug ist, bilden die bisher gewählten Kanten einen M-alternierenden Weg gerader Länge und A kann

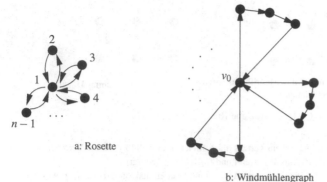

a: Rosette

b: Windmühlengraph

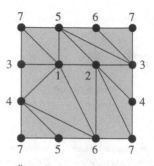

c: Überschneidungsfreie Einbettung des K_7 auf dem Torus

Bild A.13: Zu den Aufgaben 11.2 und 12.1

einen Zug machen. Die Behauptung gilt vor dem ersten Zug von A (dann ist der Weg der leere Weg der Länge 0). Sei nun P der M-alternierende Weg gerader Länge, der vorliegt, wenn A an der Reihe ist. Da P gerade Länge hat, ist eine der Endkanten von P nicht in M. Sei dies $[u, v]$ und $v \in E(P)$ eine Endecke von P. Da M ein perfektes Matching ist, überdeckt M die Ecke v und wir finden $[v, w] \in M$ mit $w \notin V(P)$, da alle Ecken aus $V(P) \setminus \{v\}$ bereits durch die Matchingkanten in $E(P)$ überdeckt werden und M sonst kein Matching wäre. Spielerin A wählt die Kante $[v, w]$ und kann damit insbesondere einen gültigen Zug ausführen. Jetzt haben wir einen alternierenden Weg $P' := P \circ (v, [v, w], w)$ ungerader Länge, bei dem beide Endecken durch Matching-Kanten überdeckt werden. Falls B überhaupt noch einen Zug machen kann, so muss B daher eine Kante $e \notin M$ wählen und beim nächsten Zug findet A wieder einen M-alternierenden Weg gerader Länge vor.

A.11   Kapitel 11

Lösung 11.1:

a) Nach der Strategie MC ergibt sich folgende optimale Eckenmenge $Q^*_{MC} = \{a, c, d, e, f\}$ mit Gewinn $W(Q^*_{MC}) = 36$. Die anteiligen Kosten betragen für $a : 10, b : -, c : 0, d : 0, e : 50, f : 20$ mit Gesamteinnahmen 80 und (Brutto-)Nutzen 175.

b) Nach der Strategie SH ergibt sich $Q^*_{SH} = \{a, c, d, e, f\}$ wie zuvor. Die anteiligen Kosten betragen für $a : 25, b : -$, $c : 15, d : 9\frac{2}{3}, e : 59\frac{2}{3}, f : 29\frac{2}{3}$ mit Gesamteinnahmen 139 und (Brutto-)Nutzen 175.

Moulin und Shenker [129] haben allgemeiner gezeigt, dass es bei der MC-Strategie für einen einzelnen Nutzer nicht lohnt, seinen wahren Nutzen zu verheimlichen (MC ist »strategyproof«). Dies gilt aber i.A. nicht für Benutzergruppen, bei denen interne Absprachen erfolgen können. Dagegen ist die SH-Strategie sogar »group-strategyproof«: auch interne Absprachen zur Verheimlichung der wahren individuellen Nutzen lohnen sich nicht. Weitere Hinweise findet der Leser in [61] und zum Mechanismen-Design in [124, Kapitel 23]. Einen Überblick über Problemausprägungen beim Multicast Routing einschließlich gängiger Algorithmen geben [138].

Lösung 11.2:

a) Wendet man den Algorithmus auf den vollständigen symmetrischen Graphen $\vec{K}_n = (V, R)$ mit $V = \{1, 2, \ldots, n\}$, $R = \{(i, j) : i \neq j\}$ und mit $c(r) = 1$ für $r \in R$ an, so wählt er möglicherweise folgende Pfeilmenge iterativ aus: $R' = \{(1,2), (1,3), \ldots, (1,n), (2,3), (2,4), \ldots, (2,n), (3,4), \ldots, (3,n), \ldots (n-1,n), (n,1)\}$. Es ist $|R'| = \frac{n(n-1)}{2} + 1 \in \Theta(n^2)$. Dagegen gilt für die »Rosette« (V, R'') in Bild A.13(a): $|R''| = 2(n-1)$, also für einen c-minimalen k-Spanner R^* im Falle $k \geq 2 : |R'| \geq \frac{n}{4}|R^*|$. Daher liefert der Algorithmus im allgemeinen keine konstante Approximationsgüte.

b) Für den vollständigen symmetrischen Graphen $\vec{K}_n$ betrachtet man den *Windmühlengraphen* W_p, bei dem jeder »Flügel« (höchstens) p Ecken aufweist (ohne v_0) (siehe Bild A.13(b)). Bei jeweils genau p Ecken und f Flügeln folgt

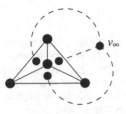

b: Aufgabe 12.4

a: Aufgabe 12.3

Bild A.14: Zu den Aufgaben 12.3 und 12.4

für $W_p = (V, R_p)$: $|V| = 1 + f \cdot p$, $|R_p| = f(p+1) = f \cdot p + f \leq |V| + \frac{|V|}{p}$, also $|R_p| \leq |V|\left(1 + \frac{1}{p}\right)$. W_p ist k-Spanner von $\vec{K}_n$ (bei $c \equiv 1$) für $k \geq 2p$ (diam$(W_p) = 2p$). Also folgt für diesen Fall für den von Algorithmus 11.2 gelieferten Partialgraphen (V, R'): $|R'| > \frac{n-1}{2(1+\frac{1}{p})}|R^*|$, so dass auch hier keine konstante Güte erreicht wird.

A.12   Kapitel 12

Lösung 12.1:

Siehe Bild A.13(c).

Lösung 12.2:

a) Für einen regelmäßigen Graphen folgt $2m = \Delta n$, also $m = \frac{\Delta}{2} \cdot n$ und $kf = 2m = \Delta n$, also $f = \frac{\Delta}{k}n$. Mit $n - m + f = 2$ ergibt sich

$$n\left(1 - \frac{\Delta}{2} + \frac{\Delta}{k}\right) = 2 \quad \text{bzw.} \quad \Delta\left(\frac{1}{2} - \frac{1}{k}\right)n = n - 2. \tag{A.2}$$

Für $k \geq 3$ haben wir $\Delta/2 - \Delta/k \geq \Delta/2 - \Delta/3 = \Delta/6$, also müsste gelten: $\Delta n/6 \leq n - 2$, was für $\Delta \geq 6$ unmöglich ist.

b) Sei $\Delta \in \{3, 4, 5\}$

(b_1) $\Delta = 3$: Für $k = 3$ folgt aus (A.2), dass $\frac{1}{2}n = 2$, also $n = 4$ und damit wegen $2m = 3n$ dann $m = 6$. Mit $3f = 3n$ ergibt sich $f = 4$ (K_4 bzw. »Vierflächer«: Tetraeder). Für $k = 4$ folgt: $n(1 - 3/2 + 3/4) = 2$, also $n = 8$ und $m = 12$, $f = 6$ (»Würfel«). Für $k = 5$ folgt: $n(1 - 3/2 + 3/5) = 2$, also $n = 20$, $m = 30$, $f = 12$ (»Zwölfflächer«: Dodekaeder). Für $k \geq 6$ folgt: $n(1 - 3/2 + 3/k) \leq 0 \neq 2$, also gibt es für $k \geq 6$ keinen derartigen Graphen.

(b_2) $\Delta = 4$: Für $k - 3$ folgt wieder aus (A.2), dass $n(1 - 2 + 4/3) = 2$, also $n = 6$, $m = 12$, $f = 8$ (»achtflächige Doppelpyramide«: Oktaeder). Für $k \geq 4$ ist $n(1 - 2 + 4/k) \leq 0 \neq 2$.

(b_3) $\Delta = 5$: Für $k = 3$ folgt: $n = 12$, $m = 30$ und $f = 20$ (»Zwanzigflächer«: Ikosaeder). Für $k \geq 4$ ist $n(1 - 5/2 + 5/k) < 0 \neq 2$.

Lösung 12.3:

a) Die Aussage ist richtig: Sei $T^* = (E \setminus E_T)^*$ die zugehörige Kantenmenge in $G^* = (V^*, E^*)$. Dann existiert zu jeder Ecke $v^* \in V^*$ ein Weg zu $v_\infty \in V^*$, da $T = (V, E_T)$ keinen Kreis aufweist. Da sich bei einer planaren Einbettung Kanten aus E_T und T^* nicht schneiden, besitzt auch T^* keinen elementaren Kreis. Folglich spannt T^* den Graphen G^* kreisfrei auf.

b) Im Allgemeinen ist dies nicht der Fall, betrachte z.B. den K_4 (vgl. Bild A.14(a)).

Lösung 12.4:

a) Seien n_i und m_i die Eckenanzahl bzw. Kantenanzahl im Graphen nach dem i-ten Zug. Dann gilt $n_0 \geq 2$ und $m_0 = 0$, sowie $n_{i+1} = n_i + 1$ und $m_{i+1} = m_i + 2$. Daraus ergibt sich $n_i = n_0 + i$, $m_i = 2i$ für $i = 0,1,2,\ldots$. Sei V_i die Eckenmenge des Graphen nach dem i-ten Zug. Da jede Ecke $w \in V_i$ Grad höchstens 3 besitzt, folgt $4i = 2m_i = \sum_{v \in V_i} g(v) \leq 3n_i = 3(n_0 + i)$, also $4i \leq 3n_0 + 3i$ bzw. $i \leq 3n_0$. Da der letzte Zug noch zwei Ecken mit Grad 2 voraussetzt, gilt sogar $i \leq 3n_0 - 1$ und diese Anzahl ist auch bei Wahrung der Planarität für jedes $n_0 \geq 2$ bei geeigneter Spielweise möglich, aber nicht in *jedem* Spielverlauf erreichbar, z.B. nicht in der Spielsituation mit 6 Ecken aus Bild A.14(b).

b) Siehe [43, 64].

A.13   Kapitel 13

Lösung 13.1:

a) Die Aussage ist falsch. Ein Pfeil kann in eine Schlinge abgebildet werden.

b) Beide Aussagen sind falsch. Die Kreisfreiheit bleibt im Allgemeinen nicht erhalten, da durch Identifizierung zweier Ecken ein Kreis geschlossen werden kann. Auch Kreise bleiben im Allgemeinen nicht erhalten, da ein Kreis in einen Punkt abgebildet werden kann (insbesondere ist der gesamte Graph homomorph auf den kreisfreien Graphen $(\{1\}, \emptyset)$ abbildbar).

c) Die Aussage ist richtig. Es gelte $G_1 \cong G_2$ und $G_2 \cong G_3$. Dann gibt es Isomorphismen τ_1 und τ_2, so dass $\underline{G_2} = \tau_1(\underline{G_1})$ und $G_3 = \tau_2(\underline{G_2})$. Als Verkettung von bijektiven Abbildungen ist $\tau := \tau_2 \circ \tau_1$ wieder bijektiv. Man prüft analog zu Aufgabe 13.2 nach, dass τ ein Isomorphismus ist. Also gilt $G_1 \cong G_3$.

Lösung 13.2:

Wie bereits erwähnt ist jeder Automorphismus von G eine Bijektion von $\underline{G}$ nach $\underline{G}$. Da die Menge B der Bijektionen von $\underline{G}$ nach $\underline{G}$ eine Gruppe bezüglich der Komposition bilden, genügt es zu zeigen, dass $\mathscr{A}(G)$ eine Untergruppe von B ist. Dafür müssen wir zeigen, dass für alle $\tau, \varphi \in \mathscr{A}(G)$ gilt: $\tau \circ \varphi \in \mathscr{A}(G)$ und $\tau^{-1} \in \mathscr{A}(G)$ (vgl. [21, 111]). Zunächst zeigen wir $\tau \circ \varphi \in \mathscr{A}(G)$. Für beliebiges $x \in \underline{G}$ gilt

$$\alpha((\tau \circ \varphi)(x)) = \alpha(\tau(\underbrace{\varphi(x)}_{=:y \in \underline{G}})) = \alpha(\tau(y)) = \tau(\alpha(y))$$

$$= \tau(\alpha(\varphi(x))) = \tau(\varphi(\alpha(x))) = (\tau \circ \varphi)(\alpha(x)).$$

Analog folgt $\omega((\tau \circ \varphi)(x)) = (\tau \circ \varphi)(\omega(x))$. Somit ist $\tau \circ \varphi \in \mathscr{A}(G)$.

Nun zeigen wir $\tau^{-1} \in \mathscr{A}(G)$. Für beliebiges $x \in \underline{G}$ gilt mit $y := \tau^{-1}(x)$:

$$\tau^{-1}(\alpha(x)) = \tau^{-1}(\alpha(\tau(y))) = \tau^{-1}(\tau(\alpha(y))) = \alpha(y) = \alpha(\tau^{-1}(x))$$

und analog zeigt man wieder $\tau^{-1}(\omega(x)) = \omega(\tau^{-1}(x))$. Somit ist auch $\tau^{-1} \in \mathscr{A}(G)$.

Lösung 13.3:

a) Sei $G_n = (V_n, R_n, \alpha_n, \omega_n)$ mit $V_n := \{v_0, v_1, \ldots, v_{n-1}\}$, $R_n := \{r_0, r_1, \ldots, r_{n-1}\}$, und für alle $k \in \{0,1,\ldots,n-1\}$ gelte $\alpha_n(r_k) := v_k$ und $\omega_n(r_k) := v_{(k+1) \bmod n}$. Wir zeigen, dass G_n die gewünschten Eigenschaften besitzt.

Ein Automorphismus φ von G_n ist bereits durch $\varphi(v_0)$ eindeutig festgelegt: Seien φ und ϑ Automorphismen von G_n mit $\varphi(v_0) = \vartheta(v_0)$. Als Abbildung von R nach V sind α und ω surjektiv, und, da R und V endlich und gleichmächtig sind, auch injektiv. Also folgt aus $\varphi(v_k) = \vartheta(v_k)$ für ein $k \in \mathbb{N}$, dass

$$\alpha(\varphi(r_k)) = \varphi(\alpha(r_k)) = \varphi(v_k) = \vartheta(v_k) = \vartheta(\alpha(r_k)) = \alpha(\vartheta(r_k))$$

und somit $\varphi(r_k) = \vartheta(r_k)$. Damit ergibt sich wiederum

$$\varphi(v_{(k+1)\bmod n}) = \varphi(\omega(r_k)) = \omega(\varphi(r_k)) = \omega(\vartheta(r_k)) = \vartheta(\omega(r_k)) = \vartheta(v_{(k+1)\bmod n}).$$

Durch Induktion folgt nun $\varphi = \vartheta$.

Da $\varphi(v_0)$ nur n verschiedene Werte annehmen kann, gilt $|\mathscr{A}(G_n)| \le n$. Sei nun $\sigma \in \mathscr{A}(G_n)$ definiert durch $\sigma(v_k) := v_{(k+1)\bmod n}$ und $\sigma(r_k) := r_{(k+1)\bmod n}$ für alle k. Dann gilt für $k \in \{0,1,\dots,n-1\}$, dass $\sigma^k(v_0) = v_k$. Insbesondere sind so also n verschiedene Automorphismen $\sigma^0, \sigma^1, \dots, \sigma^{n-1}$ angegeben, es gilt $|\mathscr{A}(G_n)| = n$ und $\mathscr{A}(G_n)$ ist zyklisch.

b) Seien G und H zwei isomorphe Graphen. Es existiert also ein Isomorphismus $\tau\colon \underline{G} \to \underline{H}$. Um $\mathscr{A}(G) \cong \mathscr{A}(H)$ zu zeigen, konstruieren wir mit Hilfe von τ eine Abbildung $\varphi\colon \mathscr{A}(G) \to \mathscr{A}(H)$ wie folgt:

$$\varphi(\chi) := \tau \circ \chi \circ \tau^{-1} \text{ für } \chi \in \mathscr{A}(G).$$

Dies ist wohldefiniert, da bijektive Abbildungen bijektiv invertierbar sind und die Verkettung bijektiver Abbildung wieder eine bijektive Abbildung ist.

Die Abbildung φ ist injektiv, da aus $\tau \circ \chi \circ \tau^{-1} = \tau \circ \psi \circ \tau^{-1}$ folgt $\chi = \psi$. Darüberhinaus ist φ auch surjektiv, da für ein beliebiges $\psi \in \mathscr{A}(H)$ ein $\chi \in \mathscr{A}(G)$ existiert mit $\varphi(\chi) = \psi$ und zwar $\chi := \tau^{-1} \circ \psi \circ \tau$, also

$$\varphi(\chi) = \tau \circ \chi \circ \tau^{-1} = \tau \circ \tau^{-1} \circ \psi \circ \tau \circ \tau^{-1} = \psi.$$

Letztendlich ist φ ist ein (Gruppen-) Homomorphismus, da

$$\varphi(\chi \circ \psi) = \tau \circ \chi \circ \psi \circ \tau^{-1} = \tau \circ \chi \circ \tau^{-1} \circ \tau \circ \psi \circ \tau^{-1} = \varphi(\chi) \circ \varphi(\psi)$$

gilt.

c) Die Graphen $G = (\{v\},\emptyset)$ und $H = (\{u\},\{(u,u)\})$ haben beide als einzigen Automorphismus die Identität, es gilt also $\mathscr{A}(G) \cong \mathscr{A}(H)$, aber nicht $G \cong H$ was alleine aus $|\underline{G}| = 1 \ne 2 = |\underline{H}|$ folgt.

Lösung 13.4:

a) $K_1 := (\Sigma, \Delta, G_0, \mathscr{R}, \mathscr{E})$ mit $\Sigma := \{T, t\}$, $\Delta := \{t\}$

$G_0 := \{T \; \bullet\!\!-\!\!\bullet \; T\}$

$\mathscr{R} := \{r_1 := (T, T\bullet \quad \bullet T), r_2 := (T, t\bullet)\}$

und $\mathscr{E} := \Sigma \times \Sigma$.

Sei B die Menge der vollständig bipartiten Graphen.

«$L(K_1) \subseteq B$»: Wir führen eine Induktion über die Anzahl l der Ableitungen. Für $l = 0$ ist die Aussage klar, da der Startgraph vollständig bipartit ist.

Sei nun $G \xrightarrow{r_1} G'$, wobei G durch höchstens l Schritte aus G_0 abgeleitet ist. Nach Induktionsvoraussetzung ist G vollständig bipartit, es gibt also eine Partition der Eckenmenge $V = V_1 \,\dot\cup\, V_2$. Für die ersetzte Ecke v gelte o.B.d.A. $v \in V_1$. Da $\mathscr{E} = \Sigma \times \Sigma$, sind auch die neuen Ecken zu den selben Ecken adjazent, zu denen v adjazent war (also zu allen Ecken aus V_2). Fügt man die neuen Ecken zur Menge V_1 hinzu, erhält man die gesuchte Partition in G'. Der Fall $G \xrightarrow{r_2} G'$ verläuft analog.

«$B \subseteq L(K_1)$»: Sei G ein vollständig bipartiter Graph mit Partition $V = V_1 \,\dot\cup\, V_2$. Wir beginnen nun mit dem Startgraphen G_0 – dem kleinstmöglichen bipartiten Graphen – und augmentieren die Anzahl der Elemente seiner Partitionen durch $|V_1| - 1$ bzw. $|V_2| - 1$ Ableitungen gemäß Regel r_1. Der resultierende Graph G' ist dann bereits isomorph zum Graphen G. Durch $|V|$ Ableitungen nach Regel r_2 werden alle nichtterminalen Labels entfernt, ohne die Topologie des Graphen G' zu verändern.

b) $K_2 := (\Sigma, \Delta, G_0, \mathscr{R}, \mathscr{E})$ mit $\Sigma := \{S, T, t\}$, $\Delta := \{t\}$,

$G_0 := \{S \bullet\}$

$\mathscr{R} := \{r_1 := (S, S \, \bullet\!\!-\!\!\bullet \, S), r_2 := (S, T\bullet), r_3 := (T, T\bullet \quad \bullet T), r_4 := (T, t\bullet)\}$

und $\mathscr{E} := \Sigma \times \Sigma$.

Wir nennen eine Ecke v *Vorgänger* (in der Ableitungsfolge) einer Ecke w, wenn w durch eine (endliche) Folge von Ableitungen aus v erzeugt wurde. Die Ecke v heißt *unmittelbarer Vorgänger* von w, wenn w durch genau eine Ableitung aus v entstanden ist.

Sei B' die Menge der vollständig partiten Graphen.

«$L(K_2) \subseteq B'$»: Wir zeigen hierzu mittels Induktion über die Anzahl l der Ableitungen folgende Aussage: Alle Graphen, die durch Ableitungen aus dem Startgraphen erzeugt werden können, sind vollständig k-partit, wobei eine mögliche Partition wie folgt aussieht: Jede mit S gekennzeichnete Ecke bildet für sich eine einelementige Partitionsklasse, ebenso wie jede mit T gekennzeichnete Ecke, deren unmittelbarer Vorgänger die Marke S trug. Alle übrigen mit T und t gekennzeichneten Ecken liegen genau dann in einer gemeinsamen Partitionsklasse, wenn sie einen gemeinsamen Vorgänger haben, der die Marke T besaß.

Für $l = 0$ ist die Aussage wiederum einfach: Der Startgraph ist vollständig 1-partit und die mit S gekennzeichnete Ecke bildet eine einelementige Partitionsklasse.

Im Induktionsschritt sei G der Graph vor der $l+1$-ten Ableitung. Dann ist G nach Induktionsvoraussetzung vollständig partit und es existiert die beschriebene Partition der Eckenmenge. Wir unterscheiden nach der zuletzt angewandten Regel.

$G \overset{r_1}{\to} G'$: Da der unmittelbare Vorgänger nach Induktionsvoraussetzung eine einelementige Partitionsklasse gebildet hat und da $\mathscr{E} = \Sigma \times \Sigma$, sind auch die beiden neuen Ecken wieder mit allen Elementen aus den übrigen Partitionsklassen adjazent. Man sieht leicht, dass somit G' wieder vollständig partit ist; es ist lediglich eine einelementige Partitionsklasse hinzugekommen.

$G \overset{r_2}{\to} G'$: Da $\mathscr{E} = \Sigma \times \Sigma$, wird die Topologie des Graphen nicht geändert, sondern nur die Marke eines einzelnen Knoten getauscht. Die Partition der Eckenmenge entspricht immer noch der Induktionsbehauptung.

$G \overset{r_3}{\to} G'$: Der unmittelbare Vorgänger war Element einer Partitionsklasse. Die neuen Ecken sind somit nach der Einbettung weder untereinander noch mit irgendeiner anderen Ecke dieser Partitionsklasse adjazent. Sie besitzen mit den übrigen Elementen dieser Partition einen gemeinsamen Vorgänger der mit T gekennzeichnet war. Weiterhin sind sie aber auch mit allen Elemente aus den anderen Partitionsklassen adjazent, da $EV = \Sigma \times \Sigma$. Man sieht, dass G' wieder vollständig partit ist; zur Partitionsklasse des ersetzten Knotens ist eine Ecke hinzugekommen.

$G \overset{r_4}{\to} G'$: Analog zu Regel r_2.

«$B' \subseteq L(K_2)$»: Sei $G = (V, E)$ ein vollständig partiter Graph mit einer Partition $V = V_1 \dot{\cup} V_2 \dot{\cup} \cdots \dot{\cup} V_k$ der Eckenmenge. Wir beginnen nun mit dem Startgraphen G_0 – dem kleinstmöglichen partiten Graphen – und erhöhen durch $k-1$-maliges Anwenden der Regel r_1 die Anzahl der Partitionsklassen auf k. Nun werden mittels Regel r_2 alle S-Marken durch T-Marken ersetzt, ohne die Topologie des Graphen zu verändern. Anschließend augmentiert man die Anzahl der Elemente der einzelnen Partitionsklassen durch Ableitungen nach Regel r_3. Der Graph ist nun bereits isomorph zum Graphen G. Es müssen nur noch die nichtterminalen Marken T durch terminale Labels t ersetzt werden, was mittels Regel r_4 geschehen kann.

Lösung 13.5:

a) G_1 ist nicht seriell-parallel, alle anderen sind seriell-parallel. Die Terminale von Graph G_2 sind die Ecke vom Grad 5 in der obersten und die vom Grad 4 in der untersten Reihe.

b) Die Aussage ist trivial: Wähle als Startgraphen den Graphen mit einem Knoten, und nimm für jeden Zielgraphen eine geeignete Regel zur Grammatik hinzu, die genau diesen Graphen erzeugt.

c) Bezeichne mit P_k den Graphen mit zwei Ecken, der k parallele Kanten zwischen den Ecken aufweist. Dann ist $\cup_{k \in \mathbb{N}} P_k$ eine (unendliche) Familie von seriell-parallelen Graphen, die weder die gesamte Klasse der seriell-parallelen Graphen umfasst noch durch eine NLC-Grammatik erzeugbar ist.

A.14   Kapitel 14

Lösung 14.1:

Die Eigenschaften (i) und (ii) sind unmittelbar klar. Da v in allen Behältern liegt, ist auch die Eigenschaft (iii) erfüllt.

Lösung 14.2:

Sei P ein Weg in G von einer Ecke $v \in B(U_1)$ zu einer Ecke $w \in B(U_2)$. Wir müssen zeigen, dass dieser Weg eine Ecke aus $Z := X_{i_1} \cap X_{i_2}$ enthält. Nach Eigenschaft (i) der Baumzerlegung gibt es Ecken $i_v \in V(T)$ und $i_w \in V(T)$, so dass $v \in X_{i_v}$ und $w \in X_{i_w}$ gilt. Die Ecke i_1 liegt nach Voraussetzung auf jedem Weg in T von einer Ecke aus U_1 zu einer Ecke aus U_2. Das Gleiche gilt analog für i_2. Also folgt nach der Eigenschaft (iii) der Baumzerlegung, dass aus $u \in B(U_1) \cap B(U_2)$ auch $u \in X_{i_1}$ und $u \in X_{i_2}$, also $u \in X_{i_1} \cap X_{i_2}$ folgt. $X_{u_1} \cap X_{u_2} \subseteq X_{i_2}$.

Falls der Weg P (in G) also eine Ecke $z \in B(U_1) \cap B(U_2)$ enthält, dann enthält P daher auch eine Ecke $z \in X_{i_1} \cap X_{i_2}$ und wir sind fertig. Wir zeigen, dass der Weg P eine solche Ecke $z \in B(U_1) \cap B(U_2)$ enthalten muss. Angenommen, dies wäre nicht so. Man beachte, dass nach Voraussetzung $B(U_1) \cup B(U_2) = V$. Daher müssen alle Ecken auf P genau in einer Menge $B(U_1)$ und $B(U_2)$ liegen. Nach Voraussetzung gilt $v \in B(U_1)$ und $w \in B(U_2)$. Sei $P = (v_0 = v, v_1, \ldots, v_p = w)$ und k maximal, so dass $v_k \in B(U_1)$. Dann gilt $0 \le k \le p-1$ (da $w \in B(U_2)$) und somit $v_k \ne w$. Weiterhin ist nach Wahl von k dann $v_{k+1} \in B(U_2) \setminus B(U_1)$. Daher gibt es keinen Behälter X_j, so dass $v_k \in X_j$ und $v_{k+1} \in X_j$. Wegen $[x_k, x_{k+1}] \in E$ widerspricht dies aber der Eigenschaft (ii) einer Baumzerlegung.

Lösung 14.3:

Wir benutzen Induktion nach der Anzahl $n = |V(G)|$ der Ecken von G, um zu zeigen, dass $\chi(G) \le \text{tw}(G) + 1$ gilt. Die Behauptung ist offenbar korrekt für $n = 1$ und $n = 2$.

Sei daher G ein Graph mit $n > 2$ Ecken und $D = (S, T)$ eine Baumdekomposition von G der Weite $k = \text{tw}(G)$. Falls $n \le k+1$, so ist nichts mehr zu zeigen, da für jeden Graphen G die Ungleichung $\chi(G) \le n$ gilt. Wir können im Folgenden also $n > k+1$ annehmen. Sei $i \in V(T)$ ein Blatt von T und $j \in V(T)$ sein Nachbar. Wie üblich bezeichen wir mit X_i und X_j die zugehörigen Behälter. Nach Lemma 14.9 können wir ohne Beschränkung der Allgemeinheit annehmen, dass D eine kleine Baumdekomposition ist. Daher gibt es ein $v \in X_i \setminus X_j$.

Man beachte, dass wegen Eigenschaft (iii) einer Baumdekomposition die Ecke v wegen $v \in X_i \setminus X_j$ in keinem anderen Behälter als in X_i enthalten sein kann. Das Entfernen von $v \in X_i \setminus X_j$ aus X_i liefert daher eine Baumdekomposition von $G - v$ der Weite k. Nach Induktionsvoraussetzung ist $\chi(G - v) \le \text{tw}(G - v) + 1 \le k+1$. Sei $f \colon V \setminus \{v\} \to \{1, \ldots, k+1\}$ eine entsprechende Färbung. Da $|X_j| \le k+1$ gibt es eine Farbe $\ell \in \{1, \ldots, k+1\}$, die nicht in $X_j \setminus \{v\}$ vorkommt. Wir setzen f durch $f(v) := \ell$ auf ganz V fort. Dies liefert eine gültige Färbung von G mit $k+1$ Farben.

Lösung 14.4:

Das Verfahren funktioniert analog zum Beweis von Satz 14.18. Nach Aufgabe 14.3 ist die chromatische Zahl $\chi(G)$ durch $k+1 = \text{tw}(G) + 1$ beschränkt. Für jedes $\ell = 1, 2, \ldots, k+1$ kann man analog zum Algorithmus aus Satz 14.18 in linearer Zeit testen, ob G mit ℓ Farben gefärbt werden kann. Der einzige Unterschied zur Konstruktion aus Satz 14.18 ist der, dass man sich nicht alle 3^{k+1} (partiellen) Färbungen mit drei Farben merken muss, sondern alle (partiellen) Färbungen mit maximal ℓ Farben. Dies sind dann $\ell^{k+1} \le k^{k+1}$, so dass man eine Laufzeit von $\mathcal{O}(k^{k+1}k^3n)$ für jedes $\ell = 1, 2, \ldots, k+1$ erhält. Insgesamt benötigt man dann $\mathcal{O}(k^{k+2}k^3n)$ Zeit. Dies ist für festes k aber immer noch linear.

Lösung 14.5:

a) Sei G ein k-Baum und $n = |V(G)|$. Wir führen eine Induktion nach n. Falls $n = k+1$, dann ist G eine Clique der Größe $k+1$ und jede Permutation der Eckenmenge von G liefert ein perfektes Eliminationsschema mit den gewünschten Eigenschaften. Sei nun $n > k+1$. Nach Definition eines k-Baums gibt es dann eine Ecke $v \in V(G)$, so dass $G - v$ ein

k-Baum mit $n-1$ Ecken und v benachbart zu einer k Clique in $G-v$ ist. Nach Induktion gibt es ein perfektes Eliminationsschema $\sigma = (v_1, \ldots, v_{n-1})$ für $G-v$ mit den geforderten Eigenschaften. Dann ist $(v, v_1, \ldots, v_n)$ ein perfektes Eliminationsschema für G wie gewünscht.

Sei umgekehrt jetzt G ein Graph mit $n > k$ Ecken und $\sigma = (v_1, \ldots, v_n)$ ein perfektes Eliminationsschema, so dass für $i = 1, \ldots, n-k$ die Ecke v_i adjazent zu einer k-Clique in $G[\{v_i, \ldots, v_n\}]$ ist. Ist $n = k+1$, dann ist offenbar G wieder eine Clique der Größe $k+1$ und damit ein k-Baum. Falls $n > k+1$, dann ist $\sigma' = (v_2, \ldots, v_n)$ ein perfektes Eliminationsschema für $G' = G - v_1$ mit den entsprechenden Eigenschaften. Nach Induktion ist dann G' ein k-Baum. Da v_1 simplizial und adjazent zu einer k Clique in G' ist, ist auch G ein k-Baum.

b) Zunächst bemerken wir, dass es genügt zu zeigen, dass jeder k-Baum Baumweite höchstens k besitzt: ist H ein partieller k-Baum und G ein k-Baum mit $H \subseteq G$, dann ist jede Baumzerlegung von G auch eine von H (da $V(H) = V(G)$).

Sei also G ein k-Baum. Falls $|V(G)| \leq k+1$, dann ist nichts zu beweisen, da nach Beobachtung 14.2 gilt: $\mathrm{tw}(G) \leq |V(G)| - 1$. Sei also $n = |V(G)| > k+1$. Nach Teil a besitzt G ein perfektes Eliminationsschema $\sigma = (v_1, \ldots, v_n)$, so dass für $i = 1, \ldots, n-k$ die Ecke v_i adjazent zu einer k-Clique in $G[\{v_i, \ldots, v_n\}]$ ist. Sei $v = v_1$ und $N(v)$ die Menge der Nachbarn in, dann ist $N(v)$ eine Clique der Größe k in G.

Der Graph $\overline{G} = G - v$ ist ein k-Baum mit $n-1$ Ecken und hat induktiv eine Baumzerlegung $D = (S, T)$ der Weite höchstens k. Nach Lemma 14.4 gibt es einen Behälter X_j in der Dekomposition D, so dass $N(v) \subseteq X_j$ (da $N(v)$ eine Clique ist). Wir konstruieren nun eine neue Baumdekomposition D' für G, indem wir an den Knoten $j \in T$ eine neue Ecke k anfügen, welcher der neue Behälter $X_k := N(v) \cup \{v\}$ zugeordnet ist. Dies liefert offenbar eine gültige Baumdekompostion für G der Weite $\mathrm{width}(D') = \max\{|N(v)|, \mathrm{tw}(G-v)\} \leq k$.

c) Nach Teil b gilt für jeden partiellen k-Baum G, dass $\mathrm{tw}(G) \leq k$. Die Behauptung der Aufgabe ist gezeigt, wenn wir beweisen, dass jeder Graph G mit $\mathrm{tw}(G) = k$ (und $n \geq k+1$ Ecken) ein partieller k-Baum ist.

Sei $D = (S, T)$ eine Baumkomposition von G der Weite $k = \mathrm{tw}(G)$, wobei wir nach Lemma 14.9 annehmen können, dass die Dekomposition D eine kleine Baumdekomposition ist. Wir definieren einen Obergraphen H von G mit gleicher Eckenmenge (eine Chordalisierung von G) wie folgt: Wir setzen $[u, v] \in E(H)$, falls es einen Behälter X_j gibt, so dass $u \in X_j$ und (gleichzeitig) $v \in X_j$ gilt. Wir sind fertig, wenn wir beweisen können, dass H ein k-Baum ist. Falls T nur eine Ecke hat, dann ist H eine $k+1$ Clique und es ist nichts mehr zu zeigen. Es gelte daher $|V(T)| \geq 2$.

Wir wählen ein Blatt $i \in V(T)$. Sei $j \in V(T)$ sein einziger Nachbar in T. Da D eine kleine Baumdekomposition ist, gibt es ein $v \in X_i \setminus X_j$. Aufgrund von Eigenschaft (iii) einer Baumdekomposition gilt $v \notin X_l$ für alle $l \in V(T) \setminus \{j\}$. Daher müssen alle Nachbarn von v in H ebenfalls in X_i enthalten sein. Das bedeutet, dass $v = v_1$ simplizial in $H - v_1$ ist und adjazent zur k-Clique $N_H(v) = X_i \setminus \{v_1\}$ ist. Per Induktion finden wir nun ein perfektes Eliminationsschema $(v_2, \ldots, v_n)$ für H, so dass v_i adjazent zu einer k-Clique in $H[\{v_i, \ldots, v_n\}]$ ist. Dann ist $\sigma = (v_1, \ldots, v_n)$ ein perfektes Eliminationsschema für H und nach Aufgabenteil a ist H ein k-Baum.

Lösung 14.6:

Sei $D = (S, T)$ eine Baumdekomposition von G der Weite $k = \mathrm{tw}(G)$. Wir definieren eine Baumdekomposition $D' = (S', T')$ für G^2 wie folgt: Wir setzen $T' := T$ und ordnen der Ecke $i \in V(T')$ den neuen Behälter $X_i' := X_i \cup \{v : [v, w] \in E$ für ein $w \in E\}$ zu. Man sieht leicht, dass dies eine gültige Baumdekomposition von G^2 ergibt. Ferner ist für jedes $i \in V(T')$ dann: $|X_i'| \leq |X_i|\Delta \leq (k+1)\Delta \leq 2k\Delta$. Somit folgt $\mathrm{tw}(G^2) \leq 2k\Delta - 1$.

B   Elementare Datenstrukturen

B.1   Datenstrukturen für Prioritätsschlangen

Heaps (deutsch: Haufen) sind Datenstrukturen, um effizient sogenannte *Prioritätsschlangen* zu verwalten. Prioritätsschlangen stellen folgende Operationen zur Verfügung:

MAKE() erstellt eine leere Prioritätsschlange.

INSERT(Q, x) fügt das Element x ein, dessen Schlüssel key[x] bereits korrekt gesetzt ist.

MINIMUM(Q) liefert einen Zeiger auf das Element in der Schlange, das minimalen Schlüsselwert besitzt.

EXTRACT-MIN(Q) löscht das Element mit minimalem Schlüsselwert aus der Schlange und liefert einen Zeiger auf das gelöschte Element.

DECREASE-KEY(Q, x, k) weist dem Element x in der Schlange den neuen Schlüsselwert k zu. Dabei wird vorausgesetzt, dass k nicht größer als der aktuelle Schlüsselwert von x ist.

Prioritätsschlangen spielen bei vielen Algorithmen eine wichtige Rolle, etwa beim Dijkstra-Algorithmus (Kapitel 8) oder beim Algorithmus von Prim (Kapitel 6).

B.1.1   *d*-Heaps

Ein *d*-närer Heap ist ein Array A, welches man als »links vollständigen« *d*-nären Baum mit besonderen Eigenschaften auffassen kann. Ein Array, welches einen binären Heap repräsentiert, hat folgende Attribute:

* length[A] bezeichnet die Größe des Arrays;

* size[A] speichert die Anzahl der im Heap abgelegten Elemente.

Wir indizieren das Array beginnend mit 1.

Für eine Heap-Ecke $1 \leq i \leq$ size[A] ist parent(i) := $\lceil (i-1)/d \rceil$ der *Vater* von i im Heap. Umgekehrt sind für eine Ecke j dann $(j-1)d+2, \ldots, \min\{ jd+1, \text{size}[A] \}$ die Söhne von j^1 im Heap. Bild B.1 zeigt einen *d*-Heap für $d = 2$ und seine Visualisierung als Baum.

Die entscheidende *Heap-Eigenschaft* ist, dass für alle $1 \leq i \leq$ size[A] gilt:

$$A[i] \geq A[\text{parent}(i)]. \tag{B.1}$$

---

1 In diesem Buch verwenden wir aus historischen Gründen die Begriffe »Sohn« und »Vater«. Natürlich könnten wir genausogut »Tochter« und »Mutter« verwenden.

Bild B.1: Ein d-Heap ($d = 2$) als Array und seine Visualisierung als Baum.

Folglich steht in der Wurzel des Baums bzw. in $A[1]$ das kleinste Element. Einen Heap mit der Eigenschaft (B.1) nennt man auch *minimum-geordnet*. Analog dazu kann man natürlich auch *maximum-geordnete* Heaps betrachten, bei denen das Ungleichheitszeichen in (B.1) umgekehrt ist. Hier steht dann das größte Element in der Wurzel.

Man sieht leicht, dass der Baum, den ein binärer Heap mit $\text{size}[A] = n$ repräsentiert, eine Höhe von $\lfloor \log_d n \rfloor + 1 = \mathcal{O}(\log_d n)$ besitzt: auf Höhe h, $h = 0, 1, \ldots$ befinden sich maximal d^h Ecken, und, bevor eine Ecke auf Höhe h existiert, müssen alle Höhen $h' < h$ bereits voll sein.

Die Prioritätsschlangen-Operationen lassen sich einfach im binären Heap implementieren. Das Erstellen eines leeren binären Heaps und das Liefern des Minimums sind trivial und benötigen nur konstante Zeit.

Das Einfügen eines neuen Elements x in den Heap funktioniert wie folgt. Angenommen, der aktuelle Heap habe n Elemente. Wir fügen das Element an die Position $n + 1$ an. Im Baum bedeutet dies, dass x Sohn der Ecke $\text{parent}(n+1)$ wird. Jetzt lassen wir x durch sukzessives Vertauschen mit seiner Vaterecke soweit im Baum hochsteigen (»*Bubble up*«), bis die Heap-Eigenschaft wiederhergestellt ist. Der Code für das Einfügen ist in Algorithmus B.1 beschrieben, Bild B.2 zeigt ein Beispiel. Da ein d-närer Heap für n Elemente die Höhe $\mathcal{O}(\log_d n)$ besitzt, benötigen wir zum Einfügen $\mathcal{O}(\log_d n)$ Zeit.

Beim Extrahieren des Minimums (siehe Algorithmus B.2) ersetzen wir $A[1]$ durch das letzte Element y des Heaps. Nun lassen wir y im Heap durch Vertauschen mit dem kleineren seiner Söhne soweit im Heap »absinken«, bis die Heap-Eigenschaft wieder erfüllt ist. Bild B.3 zeigt ein Beispiel. Das Extrahieren des Minimums benötigt Zeit $\mathcal{O}(d \log_d n)$, da wir pro Ebene aus d Söhnen den mit dem kleinsten Schlüsselwert bestimmen müssen.

Das Verringern des Schlüsselwerts eines Elements an Position j läuft analog zum Einfügen ab und ist in Algorithmus B.3 dargestellt. Nach Verringern des Schlüsselwerts lassen wir das Element im Heap durch sukzessives Vertauschen mit der Vaterecke aufsteigen, bis die Heap-Ordnung wieder hergestellt ist. Auch hier erhält man eine logarithmische Zeitkomplexität. Tabelle B.1 fasst die Zeitkomplexitäten für die Operationen im d-nären Heap zusammen.

B.1.2   Dial-Queue

Die Dial-Queue ist nur für ganzzahlige Schlüsselwerte, etwa aus $\{0, 1, \ldots, C\}$ für ein $C \in \mathbb{N}$ einsetzbar. Wir verwalten ein Array S der Größe $C + 1$, wobei der Eintrag $S[k]$ (ein Zeiger auf) eine doppelt verkettete Liste ist, welche alle Elemente in der Prioritätsschlange mit Schlüsselwert k enthält. Bild B.4 illustriert die Dial-Queue.

Für jedes Element x, das in der Queue gespeichert wird, merken wir uns einen Zeiger auf das entsprechende Listenelement in $S[\text{key}[x]]$. Damit können wir x aus seiner Liste in konstanter Zeit

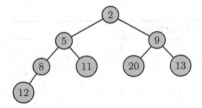

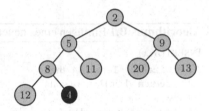

a: Ausgangsheap.

b: Einfügen des neuen Elements 4.

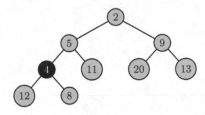

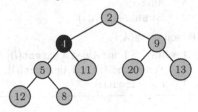

c: Nach einer Vertauschung mit der Vaterecke.

d: Endposition, die Heap-Ordnung ist
wiederhergestellt.

Bild B.2: Einfügen des neuen Elements 4 in einen d-nären Heap ($d = 2$). Das neue Element wird unten in den
Heap eingefügt und steigt dann durch Vertauschen mit den Vaterecken solange auf, bis die Heap-
Ordnung wiederhergestellt ist.

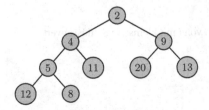

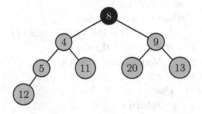

a: Ausgangsheap.

b: Die Wurzel wird durch das letzte Element ersetzt.

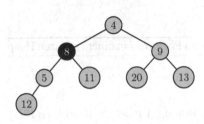

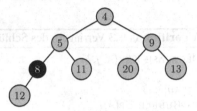

c: Vertauschen mit den kleinsten Sohn.

d: Endposition.

Bild B.3: Extrahieren des Minimums in einem d-nären Heap ($d = 2$).

Algorithmus B.1 Einfügen eines neuen Elements in einen d-nären Heap

INSERT(A, x)

1 **if** size$[A] =$ length$[A]$ **then**
2   **return** »Der Heap ist voll«
3 **else**
4   size$[A] :=$ size$[A] + 1$
5    $i :=$ size$[A]$
6    $A[i] := x$
7   BUBBLE-UP(A, i)

BUBBLE-UP(A, i)

1 **while** $i > 1$ und $A[i] < A[\text{parent}(i)]$ **do**
2   Vertausche $A[i]$ und $A[\text{parent}(i)]$.
3    $i :=$ parent(i)

Algorithmus B.2 Extrahieren des Minimums in einem d-nären Heap

EXTRACT-MIN(A)

1 $r := A[1]$ *{ Das Minimum, welches zurückgeliefert wird. }*
2 $A[1] := A[\text{size}(A)]$ *{ Das alte Minimum wird überschrieben. }*
3 size$[A] :=$ size$[A] - 1$
4 $i := 1$ *{ Das neue Element in $A[1]$ muss nun im Heap absinken, bis die Heap-Eigenschaft wieder hergestellt ist. }*
5 **while** $i <$ size$[A]$ **do**
6   Sei $j \in \{ (i-1)d + 2, \ldots, \min\{ id + 1, \text{size}[A] \} \}$ der Sohn von i mit kleinstem Schlüsselwert.
7   **if** $A[i] > A[j]$ **then**
8   Vertausche $A[i]$ und $A[j]$.
9      $i := j$
10   **else**
11   **return** r
12 **return** r

Algorithmus B.3 Verringern des Schlüsselwerts des Elements an Position j in einem d-nären Heap

DECREASE-KEY(A, j, k)

1 $i := j$
2 $A[i] := k$
3 BUBBLE-UP(A, i) *{ BUBBLE-UP steht in Algorithmus B.1. }*

Tabelle B.1: Zeitkomplexität der Prioritätsschlangen-Operationen bei Implementierung durch einen d-nären Heap der Größe n und einer Dial-Queue, die ganzzahlige Schlüsselwerte aus $\{0,1,\dots,C\}$ speichert.

Operation	Zeitaufwand d-närer Heap	Zeitaufwand Dial-Queue
MAKE	$\mathcal{O}(1)$	$\mathcal{O}(C)$
INSERT	$\mathcal{O}(\log_d n)$	$\mathcal{O}(1)$
MINIMUM	$\mathcal{O}(1)$	$\mathcal{O}(1)$
EXTRACT-MIN	$\mathcal{O}(d \cdot \log_d n)$	$\mathcal{O}(C)$
DECREASE-KEY	$\mathcal{O}(\log_d n)$	$\mathcal{O}(1)$

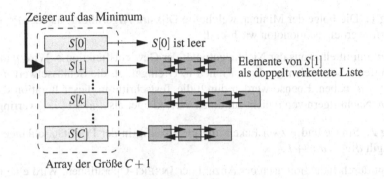

Bild B.4: Dial-Queue für Elemente mit Schlüsselwerten aus $\{0,\dots,C\}$.

entfernen. Zusätzlich merken wir uns noch das kleinste k, so dass $S[k]$ nichtleer ist. Wir bezeichnen dies mit $k_{\min}$. Dieser Wert kann dann benutzt werden, um das Minimum in einer Dial-Queue in konstanter Zeit zu finden.

Um eine leere Dial-Queue zu erstellen, legen wir das Array S und k leere Listen an. Dies benötigt $\mathcal{O}(C)$ Zeit. Zum Einfügen von x hängen wir das Element an $S[\text{key}[x]]$ an. Dies benötigt nur konstante Zeit $\mathcal{O}(1)$. Anschließend aktualisieren wir noch den Wert für das Minimum, was ebenfalls in konstanter Zeit durch Vergleich von $\text{key}[x]$ mit dem bisherigen Wert möglich ist.

Auch das Verringern des Schlüsselwerts eines Elements x von $\text{key}[x]$ auf k ist in konstanter Zeit durchführbar. Wir entfernen dazu x aus der Liste $S[\text{key}[x]]$ und fügen x in $S[k]$ ein. Anschließend aktualisieren wir den Wert für das Minimum.

Die einzig »teure Operation« (bis auf das einmalige Erzeugen der Queue zu Beginn) ist das Extrahieren des Minimums. Zwar können wir ein Element x mit minimalem Schlüsselwert $\text{key}[x]$ in konstanter Zeit finden und aus der entsprechenden Liste entfernen. Allerdings müssen wir danach den Wert für das Minimum aktualisieren, wenn durch das Entfernen von x die Liste $S[\text{key}[x]]$ leer geworden ist. Dazu müssen wir im *worst-case* alle $C+1$ Listen $S[0],\dots,S[C]$ betrachten und das kleinste k finden, so dass $S[k]$ nicht leer ist. Daher benötigt EXTRACT-MIN in der Dial-Queue $\mathcal{O}(C)$ Zeit. Tabelle B.1 fasst die Zeiten für die Prioritätsschlangenoperationen in der Dial-Queue zusammen.

Beim Dijkstra-Algorithmus mit ganzzahligen Gewichten aus $\{0,1,\dots,L\}$ (siehe Abschnitt 8.4) führt eine direkte Verwendung einer Dial-Queue wie wir sie bisher beschrieben haben, zu einer

Laufzeit von $\mathcal{O}(m + n^2 L)$, da die Schlüsselwerte den Längen von elementaren Wegen entsprechen, also aus dem Bereich $\{0, 1, \ldots, nL\}$ sind. Zur Erinnerung: im Algorithmus von Dijkstra wird höchstens n mal eine Ecke in die Prioritätsschlange eingefügt, höchstens n mal das Minimum entfernt und höchstens m mal ein Schlüsselwert verringert.

Wenn die Schlüsselwerte aus dem Bereich $\{0, 1, \ldots, nL\}$ sind, so benötigen wir in der Dial-Queue im Allgemeinen auch ein Array der Größe $nL + 1$, um die Listen zu speichern. Dieser Speicherplatzaufwand ist für größere Werte von n und L unbrauchbar. Wir beschreiben nun eine einfache Modifikation der Dial-Queue für die Anwendung im Dijkstra-Algorithmus, der zum einen den Speicherplatzaufwand auf $C + 1$ Listen verringert und zum anderen die Gesamtlaufzeit auf $\mathcal{O}(m + D)$ verringert, wobei $D \leq nL$ eine vorgegebene obere Schranke für $\max \{ \text{dist}_c(s, v) : v \in V \}$ ist.

Die entscheidenden Beobachtungen für den Dijkstra-Algorithmus sind die folgenden:

Beobachtung 1: Die Folge der Minima, welche im Dijkstra-Algorithmus aus der Prioritätsschlange entfernt werden, ist monoton wachsend.

Dies folgt unmittelbar aus der Nichtnegativität der Gewichtsfunktion c. Wird u als Minimum aus Q entfernt, so werden nur Ecken v neu in Q eingefügt, die Schlüsselwert $d[v] = d[u] + c(u, v) \geq d[u]$ haben. Ebenso werden durch die Testschritte in dieser Iteration die Schlüsselwerte von Nachfolgern von u nicht auf einen Wert kleiner als $d[u] + c(u, v)$ verringert.

Beobachtung 2: Sind u und v zwei Ecken, die gleichzeitig in der Prioritätsschlange gespeichert sind, so gilt $d[v] \leq d[u] + L$.

Dies folgt durch Induktion nach der Anzahl der INSERT-Operationen. Wird eine neue Ecke v beim Entfernen des Minimums u neu in die Schlange Q aufgenommen, so gilt $d[u] \leq d[v] = d[u] + c(u, v) \leq d[u] + L$.

Beobachtung 2 besagt, dass von den $nL + 1$ Listen in der Dial-Queue für die Schlüsselwerte $\{0, 1, \ldots, nL\}$ beim Dijkstra-Algorithmus gleichzeitig nur höchstens $L + 1$ genutzt werden, die auch noch konsekutiv im Array liegen. Es handelt sich um die Listen $S[k], \ldots, S[k+L]$ für ein $k \in \mathbb{N}$. Daher liegt die Idee nahe, Listen »wiederzuverwerten«. Wir verwenden in der Implementierung nur $L + 1$ Listen $S[0], \ldots, S[L]$ und speichern ein Element v mit Schlüsselwert $\text{key}[v] = j$ in der Liste mit der Nummer $j \bmod (L + 1)$. Aufgrund von Beobachtung 2 enthält damit jede Liste immer nur Elemente mit gleichem Schlüsselwert. Man kann sich die Listen $S[0], S[1], \ldots, S[L]$ als zyklisch angeordnet vorstellen, siehe Bild B.5.

Mit der modifizierten Speicherung sind das Einfügen, das Finden des Minimums und das Verringern von Schlüsselwerten weiterhin in konstanter Zeit möglich. Der gesamte Aufwand für diese Operationen im Algorithmus von Dijkstra ist $\mathcal{O}(n + m) = \mathcal{O}(m)$.

Um das Extrahieren des Minimums schnell zu erledigen, hilft nun Beobachtung 1. Sei u das aktuell entfernte Minimum und $k_{\min} = \text{key}[u]$. Falls die Menge $S[k_{\min} \bmod (L + 1)]$ nicht leer ist, so ist jedes Element in $S[k_{\min} \bmod (L + 1)]$ jetzt ein Element mit minimalem Schlüsselwert (Beobachtung 1).

Andernfalls wissen wir wieder nach Beobachtung 1, dass jedes Element in der Schlange Schlüsselwert echt größer als $k_{\min}$ besitzt. Falls $k_{\min} + 1 \geq D$, wobei D die vorgegebene obere Schranke für die maximale Distanz ist, so können wir den Algorithmus beenden. Sei also $k_{\min} + 1 \leq D$. Wir finden wir das kleinste $i \geq 1$, so dass $S[(k_{\min} + i) \bmod (L + 1)]$ nicht leer ist und setzen $k_{\min} := k_{\min} + i$. Dies benötigt $\mathcal{O}(L)$ Zeit.

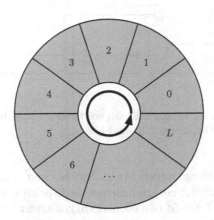

Bild B.5: Zyklische Visualisierung der Organisation der Listen in der modifizierten Dial-Queue für den Einsatz im Algorithmus von Dijkstra

Daher ist $\mathcal{O}(nL)$ eine obere Schranke für den gesamten Aufwand für alle EXTRACT-MIN-Operationen im Dijkstra-Algorithmus. Allerdings können wir den Aufwand noch etwas besser abschätzen: Wir testen im gesamten Algorithmus höchstens je einmal für die Schüsselwerte $j = 0, 1, \ldots, D$, ob die Menge $S[j \bmod (L+1)]$ leer ist. Also ist der Gesamtaufwand sogar höchstens $\mathcal{O}(D)$. Damit ergibt sich eine Laufzeit von $\mathcal{O}(D+m)$ für den Algorithmus von Dijkstra mit der modifizierten Dial-Queue.

B.2   Verwaltung disjunkter Mengen

Eine Datenstruktur für disjunkte Mengen verwaltet eine Kollektion $\{S_1, \ldots, S_k\}$ von disjunkten Mengen, welche sich dynamisch ändern. Jede Menge wird mit einem seiner Elemente, dem Repräsentanten der Menge, identifiziert. Folgende Operationen werden unterstützt:

MAKE-SET(x) Erstellt eine neue Menge, deren einziges Element und damit Repräsentant x ist.

UNION(x, y) Vereinigt die beiden Mengen, welche x und y enthalten, und erstellt eine neue Menge, deren Repräsentant irgend ein Element aus der Vereinigungsmenge ist. Es wird vorausgesetzt, dass die beiden Mengen disjunkt sind. Die Ausgangsmengen werden bei dieser Operation zerstört.

FIND-SET(x) Liefert (einen Zeiger auf) den Repräsentanten der Menge, welche x enthält.

Eine einfache Möglichkeit, die Mengen in einer Partition zu verwalten, ist es, lineare Listen zu verwenden: Wir halten jede Menge als lineare Liste, bei der der Kopf der Liste den Repräsentanten darstellt. Jedes Element in der Liste besitzt einen Zeiger auf den Kopf der Liste. Zusätzlich halten wir uns noch Zeiger auf den Kopf und das Ende jeder Liste. Abbildung B.6 veranschaulicht die Listen-Implementierung.

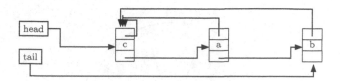

Bild B.6: Datenstruktur für disjunkte Mengen auf Basis von linearen Listen. Im Bild wird die Menge $S =$ $\{a, b, c\}$ dargestellt, ihr Repräsentant ist das Element c.

Das Erstellen einer neuen Menge mittels MAKE-SET benötigt in der Listenrepräsentation lediglich $\mathcal{O}(1)$ Zeit: Wir müssen lediglich ein Listenelement und Speicher für head und tail allozieren und vier Zeiger initialisieren. FIND-SET ist ebenfalls in konstanter Zeit möglich: für ein Element x haben wir einen Zeiger auf seinen Listenkopf, so dass wir nur diesem Zeiger folgen müssen.

Etwas aufwändiger ist das Vereinigen zweier Mengen UNION(x, y). Sei L_x die Liste für die Menge, welche x enthält, und L_y die entsprechende Liste für y (siehe Abbildung B.7(a) und (b)). Wir müssen eine Liste an die andere Liste anhängen. Angenommen, wir hängen L_y an L_x an. Da wir einen Zeiger auf das Ende von L_x halten, können wir die Listen zunächst einmal in konstanter Zeit verketten, wobei wir gleich den Zeiger auf das Ende der neuen Liste setzen (siehe Abbildung B.7(c)).

Bisher haben wir nur $\mathcal{O}(1)$ Zeit benötigt. Jetzt müssen wir aber noch für alle Elemente in der Liste L_y den Zeiger an den Kopf der Liste neu setzen, so dass wir das Ergebnis aus Abbildung B.7 (d) erhalten. Das kostet uns $\Theta(n_y)$ Zeit, wobei n_y die Anzahl der Elemente in der Liste L_y bezeichnet.

Wir betrachten jetzt eine beliebige Folge von m Operationen MAKE-SET, FIND-SET und UNION, von denen n MAKE-SET-Operationen sind. Nach den obigen Überlegungen liefert die Implementierung mit Hilfe von linearen Listen eine Laufzeit von

$$\underbrace{n \cdot \mathcal{O}(1)}_{\text{für } n \text{ MAKE-SET}} + \underbrace{(m-n) \cdot \Theta(n)}_{m - n \text{ andere Operationen}} \in \mathcal{O}(mn),$$

wobei wir die Kosten für jedes UNION mit $\Theta(n)$ abgeschätzt haben, da keine Menge mehr als n Elemente enthalten kann.

Wenn wir etwas genauer sind, können wir diese Schranke verbessern. Wenn wir die Liste L_y an die Liste L_x anhängen, entstehen uns Kosten n_y. Wahlweise könnten wir auch umgekehrt L_x an L_y anhängen. Auf jeden Fall ist es günstiger, die *kleinere Liste* hinten anzuhängen. Dazu müssen wir für jede Menge (Liste) noch zusätzlich ihre Größe abspeichern. Dann können wir bei UNION in $\mathcal{O}(1)$ Zeit die kleinere Liste erkennen und diese hinten an die größere anhängen. Die Größe der Vereinigung ist natürlich in konstanter Zeit aktualisierbar. Wir nennen diese Zusatzregel für die Vereinigung die *Größenregel*.

Der folgende Satz zeigt, dass die Größenregel die Laufzeit deutlich verringert, nämlich von $\mathcal{O}(mn)$ auf $\mathcal{O}(m + n \log n)$.

Satz B.1:
Eine Folge von m Operationen MAKE-SET, FIND-SET *und* UNION, *von denen n Operationen* MAKE-SET *sind, benötigt in der Listenimplementierung mit der Größenregel* $\mathcal{O}(m + n \log n)$ *Zeit.*

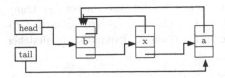

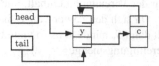

a: Die Menge S_x (Liste L_x) vor der Vereinigung

b: Die Menge S_y (Liste L_y) vor der Vereinigung

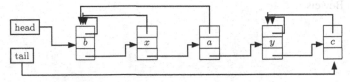

c: Anhängen der Liste von S_y an S_x

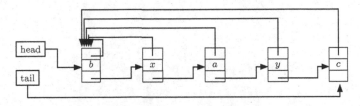

d: Endgültiges Ergebnis der Vereinigung

Bild B.7: Vereinigen der beiden Mengen $S_x = \{x, a, b\}$ und $S_y = \{y, c\}$

Beweis:

Offenbar sind die UNION-Operationen bei der Listenimplementierung der Punkt, auf den wir bei der Analyse besonders achten müssen, da m FIND-Operationen sowieso nur insgesamt $\mathcal{O}(m)$ Zeit benötigen.

Den Gesamtaufwand für die UNION-Operationen können wir abschätzen, indem wir folgende Beobachtung benutzen: Der Aufwand für alle UNION-Operationen entspricht (bis auf einen konstanten Faktor) der Anzahl der Veränderungen für die Zeiger auf die Repräsentanten in den Listenelementen. Wenn wir somit zeigen können, dass sich für jedes Element der Zeiger auf den Listenkopf (d.h. auf den Repräsentanten) im Verlauf der Operationenfolge nur $\mathcal{O}(\log n)$ mal ändert, so ergibt dies die passende obere Schranke von $\mathcal{O}(n \log n)$ für die Kosten aller UNION-Operationen.

Sei dazu x ein Element. Wir zeigen durch Induktion, dass nach i Zeigeränderungen auf den Listenkopf im Listenelement von x die Menge, in der x enthalten ist, mindestens 2^{i-1} Elemente enthält. Da keine Menge größer als n werden kann, ergibt dies die gewünschte Anzahl von $\mathcal{O}(\log n)$ Zeigeränderungen. Man beachte, dass sich die Größe einer Menge im Verlauf der Operationenfolge niemals verkleinern kann.

Die Behauptung ist offensichtlich richtig für $i = 1$: Die erste Zeigeränderung erfolgt durch ein MAKE-SET(x) (sonst wäre x gar nicht an unserer Operationenfolge beteiligt) und die x enthaltende Menge hat $1 = 2^0 = 2^{1-1}$ Elemente.

Wir betrachten nun die i-te Zeigeränderung, die durch ein UNION erfolgen muss. Sei S_x die Menge, welche x vor der Vereinigung enthält, und S_y die andere Menge. Nach Induktionsvoraussetzung gilt $|S_x| \geq 2^{i-2}$. Da sich der Zeiger von x ändert, muss S_x an S_y angehängt werden. Nach der Größenregel enthält dann S_y mindestens so viele Elemente wie S_x. Da S_x und S_y disjunkt sind, gilt daher dann für die Vereinigungsmenge

$$|S_x \cup S_y| = |S_x| + |S_y| \geq |S_x| + |S_x| = 2 \cdot |S_x| \geq 2 \cdot 2^{i-2} = 2^{i-1}.$$

Dies beendet den Beweis.   ∎

Literaturverzeichnis

[1] Abramowski, S. und H. Müller: *Geometrisches Modellieren*. BI-Wissenschaftsverlag, Mannheim, 1991.

[2] Aho, A. V., J. E. Hopcroft und J. D. Ullman: *The Design and Analysis of Computer Algorithms*. Addison-Wesley Publishing Company, Inc., Reading, Massachusetts, 1974.

[3] Ahuja, R. K., T. L. Magnanti und J. B. Orlin: *Networks Flows*. Prentice Hall, Englewood Cliffs, New Jersey, 1993.

[4] Aigner, M. und G. M. Ziegler: *Proofs from THE BOOK*. Springer, 1998.

[5] Alon, N.: *A simple algorithm for edge-coloring bipartite multigraphs*. Information Processing Letters, 85:301–302, 2003.

[6] Althöfer, I., G. Das, D. Dobkin und B. Joseph: *On sparse spanners for weighted graphs*. Discrete and Computational Geometry, 9:81–100, 1993.

[7] Appel, K. und W. Haken: *Every planar map is four colorable, part I: Discharing*. Illinois Journal of Mathematics, 21:429–490, 1977.

[8] Appel, K., W. Haken und J. Koch: *Every planar map is four colorable, part II: Reducibility*. Illinois Journal of Mathematics, 21:491–567, 1977.

[9] Arnborg, S., B. Courcelle, A. Proskurowski und D. Seese: *An algebraic theory of graph reductions*. Journal of the ACM, 40(5):1134–1164, 1993.

[10] Arnborg, S., D. G. Courneil und A. Proskurowski: *Complexity of finding embeddings in a k-tree*. SIAM Journal on Discrete Methods, 8:277–284, 1987.

[11] Arora, S.: *Polynomial-time approximation schemes for euclidean TSP and other geometric problems*. Journal of the ACM, 45(5):753–782, 1998.

[12] Arvind, V. und P.P. Kurur: *Graph isomorphism is in SPP*. In: *Proceedings of the 43th Annual IEEE Symposium on the Foundations of Computer Science*, Seiten 743–750, 2002.

[13] Ausiello, G., P. Crescenzi, G. Gambosi, V. Kann, A. Marchetti-Spaccamela und M. Protasi: *Complexity and Approximation. Combinatorial Optimization Problems and Their Approximability Properties*. Springer, 1999.

[14] Baiou, M. und M. Balinski: *Student admissions and faculty recruitment*. Theoretical Computer Science, 322:245–265, 2004.

[15] Balcázar, J. L., J. Díaz und J. Gabarró: *Structural Complexity I*. EATCS monographs on theoretical computer science. Springer, 1988.

[16] Bar-Yossef, Z., T.S. Jayram, R. Krauthgamer und R. Kumar: *Approximating edit distance efficiently*. In: *Proceedings of the 45th Annual IEEE Symposium on the Foundations of Computer Science*, Seiten 550–559, 2004.

[17] Barahona, F.: *The max cut problem in graphs not contractible to k_5*. Operations Research Letters, 2:107–111, 1983.

[18] Barahona, F., M. Grötschel, M. Jünger und G. Reinelt: *An application of combinatorial optimization to statistical physics and circuit layout design*. Operations Research, 36(3):493–513, 1988.

[19] Battista, G. di, P. Eades, R. Tamassia und J.G. Tollis: *Graph Drawings*. Prentice Hall, 1999.

[20] Bellman, R.: *On a routing problem*. Quarterly of Applied Mathematics, 16:87–90, 1958.

[21] Beutelspacher, A.: *Lineare Algebra. Eine Einführung in die Wissenschaft der Vektoren, Abbildungen und Matrizen*. Vieweg, 2004.

[22] Bischoff, S. und L. Kobbelt: *Netzbasiertes Geometrisches Modellieren*. Informatik-Spektrum, Springer, 27(6):516–522, December 2004.

[23] Bodlaender, H. L.: *A tourist guide through treewidth*. Technischer Bericht RUU-CS-92-12, Department of Computer Science, Utrecht University, Utrecht, The Netherlands, 1992.

[24] Bodlaender, H. L.: *A linear time algorithm for finding tree-decompositions of small width*. SIAM Journal on Computing, 25:1305–1317, 1996.

[25] Bodlaender, H. L. und A. M. C. A. Koster: *Combinatorial optimization on graphs of bounded treewidth*. The Computer Journal, 2008.

[26] Boissonat, J.D. und M. Yrinec: *Algorithmic Geometry*. Cambridge University Press, 1998.

[27] Bondy, J. A. und V. Chvátal: *A method in graph theory*. Dicrete Mathematics, 15:111–135, 1976.

[28] Booth, K.S. und G.S. Lueker: *Testing the consecutive ones property, interval graphs, and graph planarity using pq-tree algorithms*. Journal of Computer and System Sciences, 13:335–379, 1976.

[29] Borie, R. B., R. G. Parker und C. A. Tovey: *Automatic generation of linear-time algorithms from predicate calculus descriptions of problems on recursively constructed graph families*. Algorithmica, 7:555–581, 1992.

[30] Borndörfer, Ralf, Martin Grötschel und Andreas Löbel: *Der schnellste Weg zum Ziel*. In: Aigner, M. und E. Behrends (Herausgeber): *Alles Mathematik*, Seiten 45–76. Vieweg Verlag, Braunschweig/Wiesbaden, 2000.

[31] Brandstädt, A.: *Graphen und Algorithmen*. B.G. Teubner, 1994.

[32] Brauer, W., R. Gold und W. Vogler: *A survey of behaviour and equivalence preserving refinements of petri nets*. In: Rosenberg, G. (Herausgeber): *Advances in Petri Nets*, Band 483 der Reihe *Lecture Notes in Computer Science*, Seiten 1–46. Springer, 1990.

[33] Bunke, H., X. Jiang und A. Kandel: *On the minimum common supergraph of two graphs*. Computing, 65(1):13–25, 2000.

[34] Burch, C., R. Carr, S. O. Krumke, M. V. Marathe, C. Phillips und E. Sundberg: *A decomposition-based pseudoapproximation algorithm for network flow inhibition*. In: Woodruff, D.L. (Herausgeber): *Network Interdiction and Stochastic Integer Programming*, Seiten 51–68. Kluwer Academic Press, 2003.

[35] Cayley, A: *A theorem about trees*. Quarterly Journal on Pure and Applied Mathematics, 23:376–378, 1889.

[36] Chepoi, V., H. Noltemeier und Y. Vaxes: *Upgrading trees under diameter and budget constraints.* Networks, 41(1):24–35, 2003.

[37] Chiba, N., T. Nishizeki, S. Abe und T. Ozawa: *A linear algorithm for embedding planar graphs using PQ-trees.* Journal of Computer and System Sciences, 30(1):54–76, 1985.

[38] Christofides, N.: *Worst-case analysis of a new heuristic for the traveling salesman problem.* Technischer Bericht, Graduate School of Industrial Administration, Carnegie-Mellon University, Pittsburgh, PA, 1976.

[39] Chudnovsky, M., N. Robertson, P.D. Seymour und R. Thomas: *Progress on perfect graphs.* Mathematical Programming, Ser. B 97:405–422, 2003.

[40] Cole, R., K. Ost und S. Schirra: *Edge-coloring bipartite multigraphs in $\mathcal{O}(|e| \log d)$ time.* Combinatorica, 21:5–12, 2001.

[41] Cook, S. A.: *The complexity of theorem-proving procedures.* In: *Proceedings of the 3rd Annual ACM Symposium on the Theory of Computing*, Seiten 151–158, 1971.

[42] Cook, W. J., W. H. Cunningham, W. R. Pulleyblank und A. Schrijver: *Combinatorial Optimization.* Wiley Interscience Series in Discrete Mathematics and Optimization. John Wiley & Sons, 1998.

[43] Cooper, M.: *Graph theory and the game of sprouts.* American Mathematical Monthly, 100:478–482, 1993.

[44] Coppersmith, D. und S. Winograd: *Matrix multiplication via arithmetic progressions.* In: *Proceedings of the 19th Annual ACM Symposium on the Theory of Computing*, Seiten 1–6, 1987.

[45] Cormen, T. H., C. E. Leiserson, R. L. Rivest und C. Stein: *Introduction to Algorithms.* MIT Press, 2 Auflage, 2001.

[46] Corneil, D. G.: *Lexicographic breadth first search - a survey.* In: *Proceedings of the 30th International Workshop on Graph-Theoretic Concepts in Computer Science*, Band 3353 der Reihe *Lecture Notes in Computer Science*, Seiten 1–19. Springer, 2004.

[47] Corneil, D., S. Olariu und L. Stewart: *The linear structure of graphs: asteroidal triple-free graphs.* In: *Proceedings of the 19th International Workshop on Graph-Theoretic Concepts in Computer Science*, Seiten 211–225, 1993.

[48] Courcelle, B.: *The monadic second-order logic of graphs I: recognizable sets of finite graphs.* Information and Computation, 85:12–75, 1990.

[49] Demgensky, I., H. Noltemeier und H.C. Wirth: *On the flow cost lowering problem.* European Journal of Operations Research, 137(2):265–271, 2002.

[50] Demgensky, I., H. Noltemeier und H.C. Wirth: *Optimizing cost flows by edge cost and capacity upgrade.* Journal of Discrete Algorithms, 2:407–423, December 2004.

[51] Diestel, R.: *Graph Theory.* Springer, 1997.

[52] Dijkstra, E. W.: *A note on two problems in connexion with graphs.* Numerische Mathematik, 1:269–271, 1959.

[53] Downey, R. G. und M. R. Fellows: *Parameterized Complexity.* Springer, 1998.

[54] Drake, D. E. und S. Hougardy: *Linear time local improvements for weighted matchings in graphs.* In: *Proceedings of the 2nd International Workshop on Experimental and Efficient Algorithms*, Band 2647 der Reihe *Lecture Notes in Computer Science*, Seiten 107–119, 2003.

[55] Drake, D. E. und S. Hougardy: *A simple approximation algorithm for the weighted matching problem.* Information Processing Letters, 85:211–213, 2003.

[56] Edmonds, J.: *Paths, trees, and flowers.* Canadian Journal of Mathematics, 17:449–467, 1965.

[57] Edmonds, J.: *Optimum branchings.* Journal of Research of the Natural Bureau of Standards, 71B:233–240, 1967.

[58] Edmonds, J.: *Matroids and the greedy algorithm.* Mathematical Programming, 1:127–136, 1971.

[59] Edmonds, J. und R. M. Karp: *Theoretical improvements in algorithmic efficiency for network flow problems.* Journal of the ACM, 19:248–264, 1972.

[60] Euler, L.: *Solutio problematis ad geometriam situs pertinentis.* Commentarii academiae scientiarum Petropolitanae, 8:128–140, 1741.

[61] Feigenbaum, J., C. Papadimitriou und S. Shenker: *Sharing the cost of multicast transmission.* Journal of Computer and System Sciences, 63:21–41, 2001.

[62] Floyd, R. W.: *Algorithm 97 shortest path.* Communications of the ACM, 5:345, 1962.

[63] Flum, J. und M. Grohe: *Parameterized Complexity Theory.* Springer, 2006.

[64] Focardi, R. und F. L. Luccio: *A modular approach to sprouts.* Discrete Applied Mathematics, 144:303–319, 2004.

[65] Ford, Jr., L. R.: *Network flow theory.* Technischer Bericht Paper P-923, The RAND Corporation, Santa Monica, California, 1956.

[66] Ford, Jr., L. R. und D. R. Fulkerson: *Maximal flow through a network.* Technischer Bericht Paper P-605, The RAND Corporation, Santa Monica, California, 1954.

[67] Ford, Jr., L. R. und D. R. Fulkerson: *Maximal flow through a network.* Canadian Journal of Mathematics, 8:399–404, 1956.

[68] Ford, Jr., L. R. und D. R. Fulkerson: *Flows in Networks.* Princeton University Press, 1962.

[69] Frederickson, G. N. und R. Solis-Oba: *Increasing the weight of minimum spanning trees.* In: *Proceedings of the 7th Annual ACM-SIAM Symposium on Discrete Algorithms,* Seiten 539–546, January 1996.

[70] Fredman, M. L. und R. E. Tarjan: *Fibonacci heaps and their uses in improved network optimization algorithms.* Journal of the ACM, 34(3):596–615, 1987.

[71] Frucht, R.: *Herstellung von Graphen mit vorgegebener abstrakter Gruppe.* Compositio Mathematica, 6:239–250, 1939.

[72] Fürer, M. und B. Raghavachari: *Approximating the minimum-degree Steiner tree to within one of optimal.* Journal of Algorithms, 17:409–423, 1994.

[73] Gabow, H. N.: *Data structures for weighted mathing and nearest common ancestors with linking.* In: *Proceedings of the 1st Annual ACM-SIAM Symposium on Discrete Algorithms,* Seiten 434–443, 1990.

[74] Gale, D. und L. S. Shapley: *College admissions and the stability of marriages.* American Mathematical Monthley, 69:9–15, 1962.

[75] Gallai, T.: *Über extreme Punkt- und Kantenmengen.* Annales Universitatis Scientiarum Budapestinensis de Rolando Eötvös Nominatae, Sectio Mathematica, 2:133–138, 1959.

[76] Garey, M. R. und D. S. Johnson: *Computers and Intractability (A guide to the theory of NP-completeness)*. W.H. Freeman and Company, New York, 1979.

[77] Goemans, M. X. und D.P. Williamson: *.878 approximation algorithms for max cut and max 2sat*. In: *Proceedings of the 26th Annual ACM Symposium on the Theory of Computing*, Seiten 422–431, 1994.

[78] Goldberg, A. V. und R. E. Tarjan: *A new approach to the maximum flow problem*. Journal of the ACM, 35:921–940, 1988.

[79] Golumbic, M. C.: *Algorithmic Graph Theory and Perfect Graphs*. Academic Press, New York, 1980.

[80] Grötschel, M.: *Polyedrische Charakterisierungen kombinatorischer Optimierungsprobleme*. Anton Hain Verlag, 1977.

[81] Grötschel, M., L. Lovász und A. Schrijver: *Geometric Algorithms and Combinatorial Optimization*. Springer-Verlag, Berlin Heidelberg, 1988.

[82] Habel, A.: *Hyperedge Replacement: Grammars and Languages*, Band 643 der Reihe *Lecture Notes in Computer Science*. Springer Berlin, Heidelberg, 1992.

[83] Hall, P.: *On representatives of subsets*. The Journal of the London Mathematical Society, 10(26–30), 1935.

[84] Hamacher, H.W. und S. Tjandra: *Mathematical modeling of evacuation problems: State of the art*. In: Schreckenberg, M. und S.D. Sharma (Herausgeber): *Pedestrian and Evacuation Dynamics*, Seiten 227–266. Springer, 2002.

[85] Harary, F.: *Graph Theory*. Addison-Wesley Publishing Company, Inc., 1972.

[86] Hassin, R.: *Approximation schemes for the restricted shortest path problem*. Mathematics of Operations Research, 17(1):36–42, 1992.

[87] Heawood, P. J.: *Map colour theorems*. The Quarterly Journal of Mathematics, 24:332–338, 1890.

[88] Heuser, H.: *Lehrbuch der Analysis*, Band 1. Vieweg & Teubner, 17 Auflage, 2009.

[89] Hierholzer, C.: *Über die Möglichkeit, einen Linienzug ohne Wiederholung und ohne Unterbrechung zu umfahren*. Mathematische Annalen, 6:30–32, 1873.

[90] Hochbaum, D. S. (Herausgeber): *Approximation Algorithms for NP-hard problems*. PWS Publishing Company, 20 Park Plaza, Boston, MA 02116–4324, 1997.

[91] Hoffmann, C.M.: *Geometric and Solid Modeling*. Morgan, Kaufman publishers, San Mateo, 1989.

[92] Hopcroft, J.E. und R.E. Tarjan: *Efficient planarity testing*. Journal of the ACM, 21:549–568, 1974.

[93] Hoppe, B.: *Efficient Dynamic Network Flow Algorithms*. Dissertation, Cornell University, 1995.

[94] Huang, H., T. Cheung und W.M. Mak: *Structure and behavior preservation by petri-net-based refinements in system design*. Theoretical Computer Science, 328:245–269, 2004.

[95] Huppert, B.: *Endliche Gruppen*. Springer, 1967.

[96] Jensen, T.R. und B. Toft: *Graph Coloring Problems*. John Wiley & Sons, New York, 1995.

[97] Johnson, D. B.: *Efficient algorithms for shortest paths in sparse networks*. Journal of the ACM, 24:1–13, 1977.

[98] Jungnickel, D.: *Graphen, Netzwerke und Algorithmen*. BI-Wissenschaftsverlag, 2 Auflage, 1990.

[99] Karp, R. M.: *Reducibility among combinatorial problems*. In: Miller, R. E. und J. W. Thatcher (Herausgeber): *Complexity of Computer Computations*, Seiten 85–103. Plenum Press, New York, 1972.

[100] Kaufmann, M. und D. Wagner (Herausgeber): *Drawing Graphs*, Band 2025 der Reihe *Lecture Notes in Computer Science*. Springer Berlin, Heidelberg, 2001.

[101] Khuller, S., B. Raghavachari und N. Young: *Balancing minimum spanning and shortest path trees*. In: *Proceedings of the 4th Annual ACM-SIAM Symposium on Discrete Algorithms*, Seiten 243–250, January 1993.

[102] Khuller, S., B. Raghavachari und N. Young: *Approximating the minimum equivalent digraph*. In: *Proceedings of the 5th Annual ACM-SIAM Symposium on Discrete Algorithms*, Seiten 177–186, January 1994.

[103] Klein, M.: *A primal method for minimal cost flows with applications to the assignment and transportation problems*. Management Science, 14:205–220, 1967.

[104] Kloks, Ton: *Treewidth: computations and approximations*, Band 842 der Reihe *Lecture Notes in Computer Science*. Springer-Verlag Inc., New York, NY, USA, 1994.

[105] Kloks, T.: *Treewidth*. Dissertation, Department of Computer Science, Utrecht University, Utrecht, The Netherlands, 1993.

[106] Köbler, J., U. Schöning und J. Toran: *The Graph Isomorphism Problem: Its Structural Complexity*. Birkhäuser Verlag, Basel, 1993.

[107] Köhler, E., K. Langkau und M. Skutella: *Time-expanded graphs with flow-dependent transit times*. In: *Proceedings of the 10th Annual European Symposium on Algorithms*, Band 2461 der Reihe *Lecture Notes in Computer Science*, Seiten 599–611, 2002.

[108] Köhler, E. und M. Skutella: *Flows over time with load-dependent transit times*. In: *Proceedings of the 13th Annual ACM-SIAM Symposium on Discrete Algorithms*, Seiten 174–183, 2002.

[109] Kőnig, D.: *Graphok és matrixok*. Matemaitkai és Fizikai Lapok, 38:116–119, 1931.

[110] Kortsarz, G. und D. Peleg: *Generating sparse 2-spanners*. Journal of Algorithms, 17:99–116, 1994.

[111] Kowalsky, H.-J.: *Lineare Algebra*. de Gruyter, 1979.

[112] Krumke, S. O., M. V. Marathe, H. Noltemeier, R. Ravi, S. S. Ravi, R. Sundaram und H. C. Wirth: *Improving minimum cost spanning trees by upgrading nodes*. Journal of Algorithms, 33(1):92–111, October 1999. Contains a revised version of one part of the paper which appeared in the Proceedings of the 24th International Colloquium on Automata, Languages and Programming, vol. 1256 of Lecture Notes in Computer Science.

[113] Krumke, S. O., M. V. Marathe, H. Noltemeier, R. Ravi, S. S. Ravi, R. Sundaram und H.-C. Wirth: *Improving spanning trees by upgrading nodes*. Theoretical Computer Science, 221(1–2):139–155, 1999. Contains a revised version of one part of the paper which appeared in the Proceedings of the 24th International Colloquium on Automata, Languages and Programming, vol. 1256 of Lecture Notes in Computer Science.

[114] Krumke, S. O., M. V. Marathe, H. Noltemeier, S. S. Ravi und H.-C. Wirth: *Upgrading bottleneck constrained forests*. Discrete Applied Mathematics, 108(1–2):129–142, 2001. A preliminary version appeared in the Proceedings of the 25nd International Workshop on Graph-Theoretic Concepts in Computer Science, 1998, vol. 1517 of Lecture Notes in Computer Science.

[115] Krumke, S. O., M. V. Marathe und S. S. Ravi: *Models and approximation algorithms for channel assignment in radio networks.* Wireless Networks, 7(6):575–584, 2001. A preliminary version appeared in the Proceedings of the Second International Workshop on Discrete Algorithms and Methods for Mobile Computing and Communications, Dallas, Texas, 1998.

[116] Krumke, S. O., H. Noltemeier, R. Ravi, S. Schwarz und H.-C. Wirth: *Flow improvement and flows with fixed costs.* In: *Proceedings of the International Conference on Operations Research (OR'98),* Seiten 158–167. Springer, 1998.

[117] Krumke, S. O., H. Noltemeier, S. S. Ravi, M. V. Marathe und K. U. Drangmeister: *Modifying networks to obtain low cost subgraphs.* Theoretical Computer Science, 203(1):91–121, 1998. A preliminary version appeared in the Proceedings of the 22nd International Workshop on Graph-Theoretic Concepts in Computer Science, 1996, vol. 1197 of Lecture Notes in Computer Science.

[118] Krumke, S. O. und H.-C. Wirth: *On the minimum label spanning tree problem.* Information Processing Letters, 66(2):81–85, 1998.

[119] Kruskal, J. B.: *On the shortest spaning subtree of a graph and the traveling salesman problem.* Proceedings of the American Mathematical Society, 7:48–50, 1956.

[120] Kuratowski, K.: *Sur le problème des courbes gauches en topologie.* Fundamenta Mathematicae, 15:271–283, 1930.

[121] Lauther, U.: *An extremely fast, exact algorithm for finding shortest paths in static networks with geographical background.* In: Raubal, M., A. Sliwinski und W. Kuhn (Herausgeber): *Geoinformation und Mobilität - von der Forschung zur praktischen Anwendung,* Band 22 der Reihe *IfGi prints,* Seiten 219–230.

[122] Lauther, U. Persönliche Kommunikation, April 2005.

[123] Lovász, L.: *Normal hypergraphs and the perfect graph conjecture.* Discrete Mathematics, 2:253–267, 1972.

[124] Mas-Collel, A., M. Whinston und J. Green: *Microeconomic Theory.* Oxford University Press, 1995.

[125] Mehlhorn, K.: *Datenstrukturen und Effiziente Algorithmen: Sortieren und Suchen.* Springer, 1986.

[126] Menger, K.: *Zur allgemeinen Kurventheorie.* Fundamenta Mathematicae, 10:96–115, 1927.

[127] Mezger, J., S. Kimmerle und O. Etzmuß: *Hierarchical techniques in collision detection for cloth animation.* Journal of WSCG, 11(2):322–329, 2003.

[128] Mitchell, J. S. B.: *Guillotine subdivisions approximate polygonal subdivisions: A simple polynomial-time approximation scheme for geometric tsp, k-mst, and related problems.* SIAM Journal on Computing, 28(4):1298–1309, 1999.

[129] Moulin, H. und S. Shenker: *Strategyproof sharing of submodular costs: budget balance versus efficiency.* Economic Theory, 18:511–533, 2001.

[130] Nagl, M.: *Graph-Grammatiken.* Vieweg, Braunschweig, 1979.

[131] Nardelli, E., G. Proietti und P. Widmayer: *Nearly linear time minimum spanning tree maintenance for transient node failures.* Algorithmica, 40:119–132, 2004.

[132] Nemhauser, G. L. und L. A. Wolsey: *Integer and Combinatorial Optimization.* Wiley-Interscience series in discrete mathematics and optimization. John Wiley & Sons, 1999.

[133] Niedermeier, R.: *Invitation to Fixed-Parameter Algorithms*. Oxford Lecture Series in Mathematics and Its Applications. Oxford University Press, 2006.

[134] Nishzeki, T. und N. Chiba: *Planar Graphs: Theory and Algorithms*, Band 32 der Reihe *Annals of Discrete Mathematics*. North-Holland, 1988.

[135] Noltemeier, H.: *Graphentheorie: mit Algorithmen und Anwendungen*. de Gruyter Lehrbuch, 1975.

[136] Noltemeier, H.: *Informatik III: Einführung in Datenstrukturen*. Carl Hanser Verlag, München Wien, 1988.

[137] Okabe, A., B. Boots und K. Sugihara: *Spatial Tessellations: Concepts and Applications of Voronoi Diagrams*. John Wiley & Sons, New York, 1992.

[138] Oliveira, C. A. S. und P. M. Pardalos: *A survey of combinatorial optimization problems in multicast routing*. Computers and Operations Research, 32(8):1953–1981, 2005.

[139] Ottmann, T. und P. Widmayer: *Algorithmen und Datenstrukturen*. Spektrum Akademischer Verlag, Heidelberg-Berlin-Oxford, 2002.

[140] Papadimitriou, C. M.: *Computational Complexity*. Addison-Wesley Publishing Company, Inc., Reading, Massachusetts, 1994.

[141] Peleg, D. und A. A. Schäffer: *Graph spanners*. Journal of Graph Theory, 13(1):99–116, 1989.

[142] Phillips, C.: *The network inhibition problem*. In: *Proceedings of the 25th Annual ACM Symposium on the Theory of Computing*, Seiten 776–785, May 1993.

[143] Pighizzini, G.: *How hard is computing the edit distance*. Information and Computation, 165:1–13, 2001.

[144] Preparata, F. M. und M. I. Shamos: *Computational Geometry*. Springer Verlag, New York, Inc., 1985.

[145] Prim, R. C.: *Shortest connection networks and some generalizations*. The Bell System Technical Journal, 36:1389–1401, 1957.

[146] Prisner, E.: *Graph Dynamics*, Band 338 der Reihe *Pitman Research Notes in Mathematics series*. Longman, Essex, 1995.

[147] Rado, R.: *Note on independence functions*. Proceedings of the London Mathematical society, 3(7):300–320, 1957.

[148] Ringel, G. und J. W. T. Youngs: *Remarks on the Heawood conjecture*. In: Harary, F. (Herausgeber): *Proof techniques in Graph Theory*. Academic Press, 1969.

[149] Robertson, N., D. P. Sanders, P. Seymour und R. Thomas: *The four-color theorem*. Journal of Combinatorial Theory B, 70:2–44, 1997.

[150] Robertson, N. und P. Seymour: *Graph minors IV, treewidth and well-quasi-ordering*. Journal of Combinatorial Theory, Series B, 48:227–254, 1990.

[151] Rohnert, H.: *Moving a disc between polygons*. Algorithmica, 6:182–191, 1991.

[152] Rozenberg, G. und E. Welzl: *Graph theoretic closure properties of the family of boundary nlc graph languages*. Acta Informatica, 23:289–309, 1986.

[153] Sahni, S.: *Approximate algorithms for the 0/1 knapsack problem*. Journal of the ACM, 22:115–124, 1975.

[154] Schiller, F.: *Wilhelm Tell*. 1804.

[155] Schindelhauer, C., K. Volbert und M. Ziegler: *Spanners, weak spanners, and power spanners for wireless networks*. In: *Proceedings of the 15th International Symposium on Algorithms and Computation*, Band 3341 der Reihe *Lecture Notes in Computer Science*, Seiten 805–821, 2004.

[156] Schöning, U. und R. Pruim: *Gems of theoretical computer science*. Springer Berlin, Heidelberg, 1998.

[157] Schrijver, A.: *Theory of Linear and Integer Programming*. John Wiley & Sons, 1986.

[158] Schrijver, A.: *Combinatorial Optimization: Polyhedra and Efficiency*. Springer, 2003.

[159] Schwarz, S. und S. O. Krumke: *On budget constrained flow improvement*. Information Processing Letters, 66(6):291–297, 1998.

[160] Sipser, M.: *Introduction to the Theory of Computation*. PWS Publishing Company, 2001.

[161] Skutella, M.: *Angewandte Netzwerkoptimierung*. Aufzeichnungen zu einer Vorlesung an der TU Berlin im Wintersemester 2001/02.

[162] Skutella, M. und L. Fleischer: *The quickest multicommodity flow problem*. In: *Proceedings of the 9th Mathematical Programming Society Conference on Integer Programming and Combinatorial Optimization*, Band 2337 der Reihe *Lecture Notes in Computer Science*, Seiten 36–53, 2002.

[163] Tarjan, R. E.: *Data Structures and Networks Algorithms*, Band 44 der Reihe *CBMS-NSF Regional Conference Series in Applied Mathematics*. Society for Industial and Applied Mathematics, 1983.

[164] Thomassen, C.: *Every planar graph is 5-choosable*. Journal of Combinatorial Theory B, 62:180–181, 1994.

[165] Toran, J.: *On the hardness of graph isomorphism*. SIAM Journal on Computing, 33(5):1039–1108, 2004.

[166] Uehara, R., S. Toda und T. Nagoya: *Graph isomorphism completeness for chordal bipartite graphs and strongly chordal graphs*. Discrete Applied Mathematics, 145(3):479–482, January 2005.

[167] Warshall, S.: *A theorem on boolean matrices*. Journal of the ACM, 9:11–12, 1962.

[168] Wegener, I.: *A simplified correctness proof for a well-known algorithm computing strongly connected components*. Information Processing Letters, 83:17–19, 2002.

[169] Whitney, H.: *On the abstract properties of linear dependence*. American Journal of Mathematics, 57:509–533, 1935.

[170] Wirth, H.-C.: *Baumspanner und Spanner in gerichteten Graphen*. Studienarbeit, Lehrstuhl für Informatik I, Universität Würzburg, 1996.

[171] Wirth, H.-C.: *Multicriteria Approximation of Network Design and Network Upgrade Problems*. Dissertation, Lehrstuhl für Informatik I, Universität Würzburg, 2001.

[172] Wolsey, L. A.: *Integer Programming*. Wiley-Interscience series in discrete mathematics and optimization. John Wiley & Sons, 1998.

Stichwortverzeichnis